褶皱-冲断带摩擦属性对变形影响的物理模拟

Analogue Modelling of Frictional Properties of Fold-and-Thrust Belts and Their Influence on the Structural Deformation

何文刚　编著

化学工业出版社
·北京·

内容简介

本书在阐述褶皱–冲断带分布特征和构造变形样式的基础上，紧紧围绕褶皱–冲断带的基底摩擦、侧向摩擦和内摩擦，根据构造物理模拟的相似理论，从2D（有前后挡板和侧向挡板）和3D（有后挡板和无侧向挡板）两个维度开展摩擦属性对褶皱–冲断带的变形样式、演化特征以及动力学过程影响的实验研究，应用相关的摩擦属性案例对典型的褶皱–冲断带进行了系统分析。

本书以具体的科学问题和构造地质学研究中的研究热点——摩擦属性对变形的影响为出发点，紧紧围绕摩擦属性、构造变形样式和演化过程展开分析，而且采用的物理模拟技术是当前构造变形研究中经典而又有特色的分析方法，同时实验序列具有一定的系统性，可为充分理解褶皱–冲断带的变形演化过程提供系统的构造物理学证据，可供从事构造物理模拟研究的科研人员和工程师参考，也可供高等学校构造地质学、石油地质学和地球物理学及相关专业师生参阅。

图书在版编目（CIP）数据

褶皱-冲断带摩擦属性对变形影响的物理模拟 / 何文刚编著. -- 北京 : 化学工业出版社，2025. 7. -- ISBN 978-7-122-48689-9

I. P554

中国国家版本馆CIP数据核字第2025FL9206号

责任编辑：刘　婧　刘兴春　　　文字编辑：罗　锦
责任校对：李雨函　　　装帧设计：刘丽华

出版发行：化学工业出版社
（北京市东城区青年湖南街13号　邮政编码100011）
印　　装：涿州市般润文化传播有限公司
787mm×1092mm　1/16　印张22½　字数522千字
2025年10月北京第1版第1次印刷

购书咨询：010-64518888　　　售后服务：010-64518899
网　　址：http://www.cip.com.cn
凡购买本书，如有缺损质量问题，本社销售中心负责调换。

定　　价：268.00元

前言

褶皱–冲断带和增生楔在全世界分布极为广泛。地壳的浅表构造带的大部分区域均发育褶皱–冲断带和增生楔。它们常常形成于板块边界或陆内造山带隆升区域，如比利牛斯山、阿尔卑斯山、喀尔巴阡山、阿特拉斯山、撒哈拉地台、亚平宁山脉、加拿大落基山，喜马拉雅山、阿尔金山、秦岭造山带、龙门山、横断山、昆仑山、祁连山、太行山、天山和扎格罗斯褶皱–冲断带，以及印–缅增生楔和北美阿巴拉契亚山、卡斯卡底古陆增生楔和南美洲安第斯山等。增生楔和褶皱–冲断带的研究对揭示地壳块体的变形演化和资源的勘探具有十分重要的意义，体现在以下几方面：

① 现今的褶皱–冲断带和增生楔仍然在发生变形和演化，由此造成了地震地质灾害的产生，这就需要对褶皱–冲断带的变形进行监测和评估，以降低灾害带来的影响。

② 加强对褶皱–冲断带和增生楔的认识有利于石油地质学家对油气的勘探。现今发现的大部分油气资源都集中分布在褶皱–冲断带及相关的沉积盆地中。褶皱–冲断带的变形演化会导致油气运移、聚集和散失。同时，在部分褶皱–冲断带和增生楔深部常常出现地震剖面反射成像特征极为不清晰，从而导致无法准确识别油气藏的现象。因此，研究褶皱–冲断带和增生楔的变形演化对识别油气藏分布规律具有十分重要的意义。

③ 褶皱–冲断带和增生楔有效圈闭开发利用以后还可以用作储集二氧化碳的有利场所，有利于实现“碳减排”和“碳达峰”，以及绿色环境保护。

④ 褶皱–冲断带和增生楔还有利于矿产资源的富集，它们是有利金、铅、铜和锌等矿产资源发生矿化作用和聚集的重要区域。

⑤ 对褶皱–冲断带和增生楔的理解和研究，还有利于对地热资源的勘探和开发。

因此，在地球科学研究、社会经济活动和环境保护中，对褶皱–冲断带和增生楔的理解和研究具有十分重要的意义。

近年来，地质学家从地球不同构造带的板块属性出发，开展了不同尺度、不同技术层面挤压变形演化的模拟。如物理模拟、数值模拟和数学分析，尤其是构造物理模拟技术的研究，历经了200余年的发展，仍然是褶皱–冲断带和增生楔研究较为重要的分析手段。该方法在理论、技术和具体应用上均取得了重要进展。物理模拟的核心是相似理论，因此相似理论是褶皱–冲断带和增生楔物理模拟的基石。同时，现代先进计算机和物理设备改进，以及人工智能技术的参与，将会提高物理模拟的精度；物理模拟的研究领域从板块内部到板块边界，从地壳表层到深部地幔，通过地壳和岩石圈的物理力学机制和流变学特性，前人开展了大量富有成效的工作，所取得的研究成果为深化板块构造的运动学和动力学特征的理解，提供了全新的视角。

尽管如此，当前针对摩擦属性对褶皱–冲断带和增生楔的变形演化影响的系统物理模拟研究，仍然十分缺乏。侧向摩擦和基底摩擦属性又是变形演化极为重要的控制因素。为此，本书在前人研究的基础上，分别开展了褶皱–冲断带摩擦属性影响的物理模拟分析和探讨，以进一步揭示褶皱–冲断带的变形演化过程及动力学成因，为深刻揭示地壳变形和资源精细勘探提供构造物理学证据。

本书由遵义师范学院工学院土木工程系地质灾害教研室教师何文刚编著。在本书编著过程中，教师杨辰雨、罗朋、李生红等提出了宝贵的编写意见。同时本书的编著工作得到了中国地质大学（武汉）资源学院沈传波教授、葛翔副教授，中国石油大学（北京）地球科学学院周建勋教授和油气资源与探测国家重点实验室副主任钟宁宁教授，以及北京大学地球与空间科学学院张进江教授和张波副教授的帮助。图书中部分实验是作者在葡萄牙里斯本大学博士后期间，与Fernando、Filip和Joao三位教授合作完成的，向他们的辛勤付出表示衷心的感谢。遵义师范学院本科生赵远雯参与了本书的部分实验和图件的清绘工作。本书是在国家留学基金委项目（201908520019）和遵义市富矿精开精细勘探科技创新团队［2025］12号项目共同资助下完成的。

本书可作为高校研究人员和研究生从事构造物理学研究的参考资料，在内容上侧重于摩擦属性对变形影响的理论依据、模型设计和模拟结果的应用，并侧重于褶皱–冲断带和增生楔两个构造单元的变形演化分析研究。许多较为专业的论述需要读者阅读相关的国内外最新参考文献。同时摩擦属性对变形演化影响的物理模拟是一种理论性和实践性较强的实验方法，这需要掌握岩石物理、构造地质和流变学等相关的知识，并熟悉相关的计算机模拟技术等。只有这样才能更深入地理解块体摩擦属性对褶皱–冲断带变形演化过程的影响。

由于作者的研究水平与工作经验有限，书中对摩擦属性对褶皱–冲断带变形影响的物理模拟研究科学问题的认识、分析与总结可能存在欠妥之处，热诚欢迎同行及读者朋友们批评和指正。

何文刚

2025年2月16日于遵义

目录

第1章 概论

褶皱–冲断带一直以来都是构造地质学研究和油气勘探发现的重要领域，在全球分布十分广泛。例如，扎格罗斯褶皱–冲断带、阿尔卑斯山、比利牛斯山、加拿大落基山、北美阿巴拉契亚、南美安第斯山、我国天山、环青藏高原的龙门山、羌塘盆地、柴达木盆地和塔里木盆地等都是褶皱–冲断带。褶皱–冲断带的大部分区域还是石油、天然气、页岩气和金属矿产、煤层，以及非金属矿产的有利区带。同时，褶皱–冲断带又是认识板块汇聚、洋–陆俯冲，以及特提斯洋关闭和典型造山运动等过程的重要窗口。过去的研究表明，褶皱–冲断带的变形演化受多种因素的影响，如构造的抬升与剥蚀、块体汇聚的速率和沉积作用、块体边界几何形态及内摩擦属性、基底与侧向摩擦、地层的脆–韧结构特征和基底的流变学结构等。因此，加强构造变形控制因素的研究有利于进一步提高对褶皱–冲断带变形演化及动力学特征的认识。

1.1 构造变形控制因素及摩擦属性分类

1.1.1 构造变形控制因素

构造变形控制因素有构造抬升和剥蚀、块体的挤压和变形速率、沉积量和沉积速率、块体的地貌作用，以及块体的摩擦属性等。造山带和增生楔，是块体挤压汇聚作用的结果。块体的挤压碰撞导致块体内部增厚和隆升，形成高地貌的造山带或山链，如印度板块与亚欧板块的汇聚和碰撞，形成了平均地壳厚70km的喜马拉雅山及青藏高原，高原平均海拔达4500m。在青藏高原的内部形成了大量的逆冲构造和周缘前陆盆地，喜马拉雅山前缘以逆冲构造为主。巨厚的高原地貌导致了生态环境和气候的变化。太平洋板块与美洲板块的俯冲和汇聚，形成长达8900km的安第斯山脉。安第斯山平均海拔为3600m，是南美洲最大的山链。安第斯山的地形地貌和变形特征影响着南美洲巴西、阿根廷和智利等国家的环境和气候，以及矿产资源的分布。非洲板块与欧亚板块，以及阿拉伯板块的汇聚，形成了现今规模较大的扎格罗斯褶皱–冲断带。该褶皱–冲断带形成了众多断层相关褶皱，聚集了大量的油气资源。尽管上述都是造山带，但由于块体本身的厚度、几何形态和汇聚速率等存在显著差异，最终形成的褶皱–冲断带变形样式差异较大。图1–1为典型造山带平面结构样式。

（1）块体几何特征影响

据研究，块体的几何形态会导致褶皱–冲断带的几何形态发生变化，例如弧形的褶皱–冲断带就是由挤压一侧板块的几何形态、基底和侧向摩擦属性所控制的。平直边界和弧形边界均可形成弧形的褶皱-冲断带。当然块体之间存在差异的运动速率，也可以形成弧形的褶皱-冲断带（He et al，2022）。在构造地质研究中，边界形态对变形演化的影响是最简单，也是最直接的影响因素之一，应引起广泛的重视（Keep，2003）。

（2）块体厚度影响

块体的厚度不同，会导致褶皱-冲断带内部产生不同波长的褶皱，以及形成间距和规模不同的逆断层和逆冲断层。最明显的就是薄皮滑脱层构造和厚皮卷入型构造。因地壳厚度差异，其构造变形样式具有明显的差异。

（3）块体汇聚速率影响

块体之间的汇聚速率是影响变形样式的又一重要因素。阿尔卑斯西段的伊比利亚

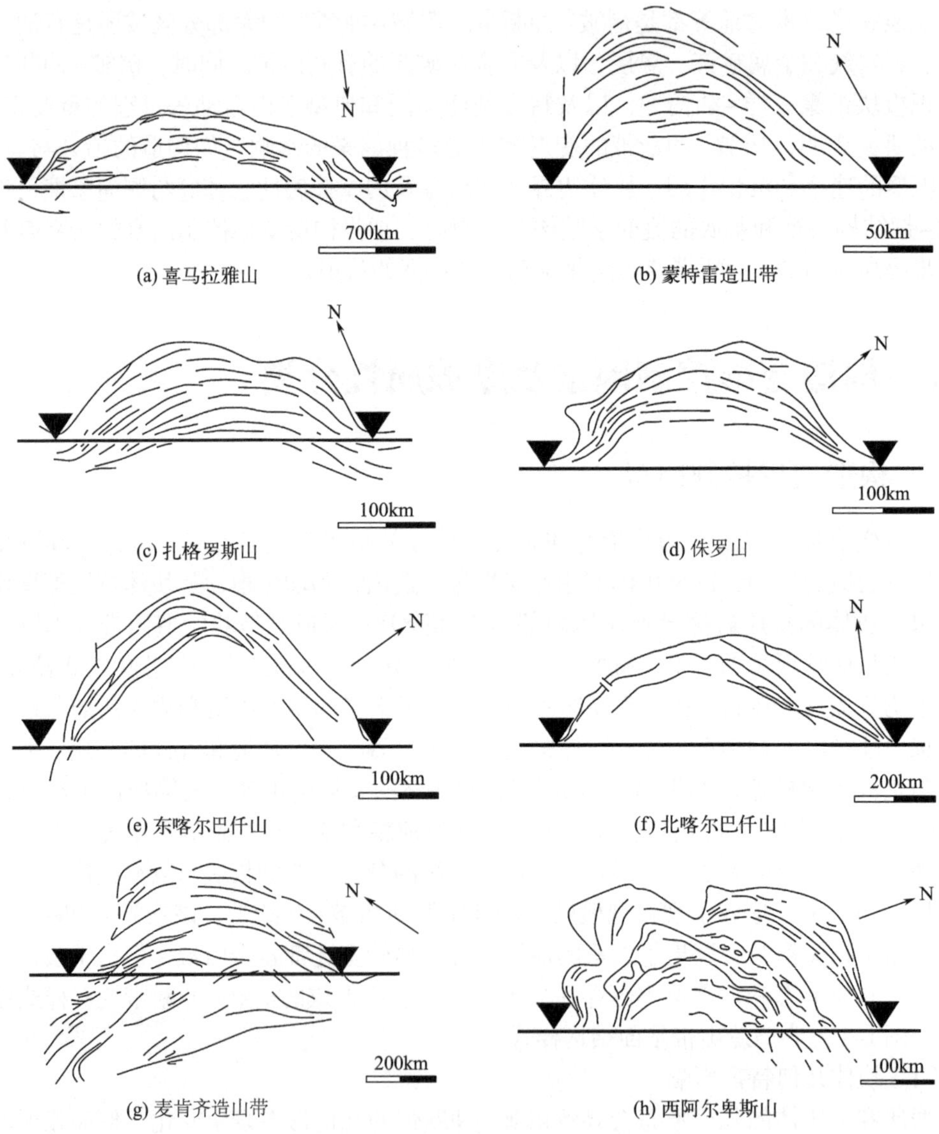

(a) 喜马拉雅山　(b) 蒙特雷造山带　(c) 扎格罗斯山　(d) 侏罗山　(e) 东喀尔巴仟山　(f) 北喀尔巴仟山　(g) 麦肯齐造山带　(h) 西阿尔卑斯山

图1-1　典型造山带平面结构样式

板块与欧洲板块的汇聚速率大约是1.5cm/a，扎格罗斯褶皱–冲断带中段的非洲板块与欧亚板块的汇聚速率是10 ~ 20cm/a，印度与亚洲板块中段的喜马拉雅造山带的汇聚速率是3 ~ 5cm/a。总之，汇聚速率，即挤压碰撞速率对构造变形样式的产生具有重要的控制作用。Gutscher等（2001）研究表明，在地层结构一致的情况下，变形样式的差异由汇聚速率决定。速率在1.0 ~ 10mm/min之间，形成高摩擦属性的前冲型构造；速率在0.5 ~ 1.0mm/min，形成后冲型构造；＜0.5mm/min的速率则形成双向对冲的复合型构造。相关的研究在Zhou and Zhou（2022）的模拟研究中也有再现。总之，物理模拟结果再一次验证了褶皱–冲断带构造变形样式的形成与不同构造带的汇聚速率较为密切。

（4）地层流变学特征差异影响

岩石圈的流变学差异对变形的影响具有重要的控制作用。物理模拟研究表明，特提斯构造域的中段扎格罗斯构造带中间滑脱层对构造变形样式和褶皱波长的形成具有重要的控制作用，特别是膏盐岩软弱层的分布对变形具有极其重要的影响。东段青藏高原变形演化流变学特征、GPS和地震数据均表明青藏高原高地貌是在重力作用下地层发生汇聚而形成的。因此，岩石圈的流变学特征对整个特提斯中、东段具有重要影响。岩石圈结构的流变特征对变形的影响一直以来都是研究的重点。如Rossetti et al.（2000）的流变学差异物理模拟揭示低黏度、高应变速率形成窄而陡的冲断楔；反之，高黏度、低应变速率则形成低缓的冲断楔。以上分析可以揭示，流变特性与变形作用持续的时间共同制约了特提斯褶皱–冲断带变形样式的形成。

（5）剥蚀作用对变形的影响

造山带的剥蚀作用对变形具有明显的控制作用。南阿尔卑斯山、阿特拉斯山、喜马拉雅山、台湾中央造山带和加拿大落基山等均存在强烈的剥蚀作用。强烈的剥蚀对变形演化和构造变形样式的形成具有重要的影响（Konstantinovskaya and Malavieille，2011）。

南阿尔卑斯山地区，侵蚀速率达6 ~ 10mm/a，岩石圈的加载厚度达10 ~ 20km，卸载时间达2Ma（表1–1和表1–2）。其他地区的剥蚀速率则较小。当然岩石圈的加载幅度越小，持续的时间越长，剥蚀速率也就越小。构造与剥蚀和沉积相互作用，形成了褶皱–冲断带根带后冲断裂发育，前缘挠曲褶皱的变形样式。

除了上述影响因素以外，褶皱–冲断带还有其他的影响因素，如基底摩擦属性、侧向摩擦属性和内摩擦、地层的脆–韧性层组合特征，以及基底和地貌倾角等。本节重点对摩擦属性进行系统模拟研究。

表1-1 造山带表面侵蚀速率参数表

侵蚀过程	分布区域	侵蚀速率/（km/Ma）
河流	巴基斯坦	5 ~ 10
河流	喜马拉雅前缘	10
冰川	帕尔巴特山	5 ~ 7
冰川	阿拉斯加、新西兰和亚洲	1 ~ 30
滑坡	南阿尔卑斯山、新西兰	5 ~ 15

表 1-2　造山带表面剥蚀速率参数表

区域	剥蚀速率 /（mm/a）	岩石圈加载 /km	卸载时间 /Ma
南阿尔卑斯山，新西兰	6 ~ 10	10 ~ 20	2
巴基斯坦	5 ~ 7	15 ~ 20	3
尼泊尔	4 ~ 5	25	4 ~ 6
奥林匹克山	1.2	9	11

1.1.2　摩擦属性及分类

在构造地质学和构造变形研究中，块体变形演化影响的摩擦属性主要是指基底摩擦、侧向摩擦和内摩擦。这3种摩擦属性是当今研究变形演化极为重要的因素，逐渐得到构造地质学界的认同。

1.2　构造变形演化分析方法

1.2.1　数学分析方法

褶皱-冲断带的数学分析方法在20世纪80年代得到广泛应用。最著名的理论就是推土机模式和雪橇模式，是造成带和增生楔变形演化研究的经典理论模式（Davis et al，1983；Davis and Engelder，1985；Dahlen et al，1984；Dahlen，1990），如图1-2 ~ 图1-6所示，应用库仑楔理论对增生楔和褶皱-冲断带的成因机制进行了解释（Dahlen，1990；Buiter，2012）。

数学分析理论图解表明，褶皱-冲断楔的形成与基底摩擦、内摩擦和楔形体的基底和表面倾角具有紧密的联系。在宽而且非对称性的褶皱-冲断带中，前冲断裂与后冲断裂发育，前冲断裂的倾角小于后冲断裂的倾角。滑脱层的强度和楔形体的强度较为接近，

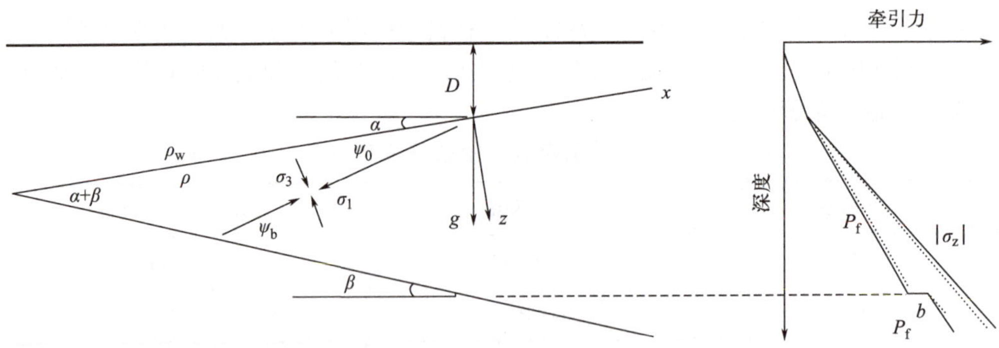

图 1-2　浅海大陆架非黏性临界楔剖面图解释（Dahlen et al，1984）

ρ_w—水的密度；ρ—增生楔的密度；D—水的深度；σ_1、σ_3—最大、最小主应力；
g—重力加速；ψ_b—楔形基底表面与x轴的夹角；ψ_0—最大主应力与x轴的夹角；
α、β—楔形体表面和基底角度；P_f—水压力；｜σ_z｜—上覆压力；b—基底所在位置

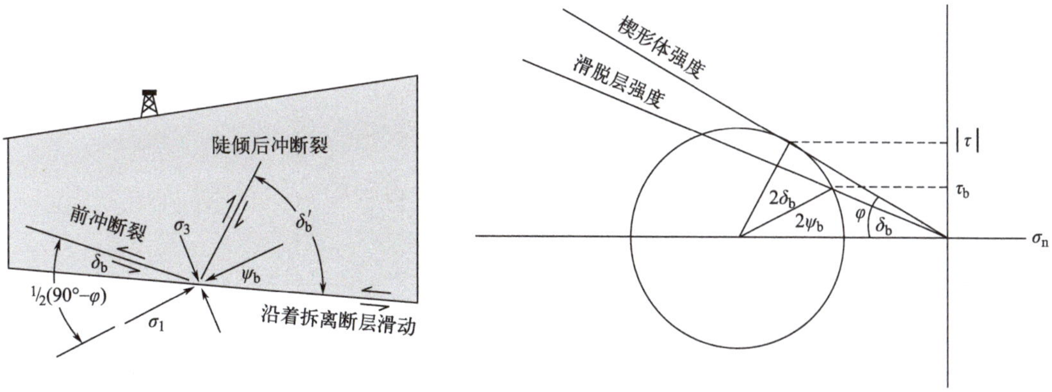

(a) 前冲断裂的倾角较小，后冲断裂的倾角较大　　(b) 应力莫尔圆有效图解

图1-3 非库仑楔条件下逆断层的自相似性（Dahlen，1990）

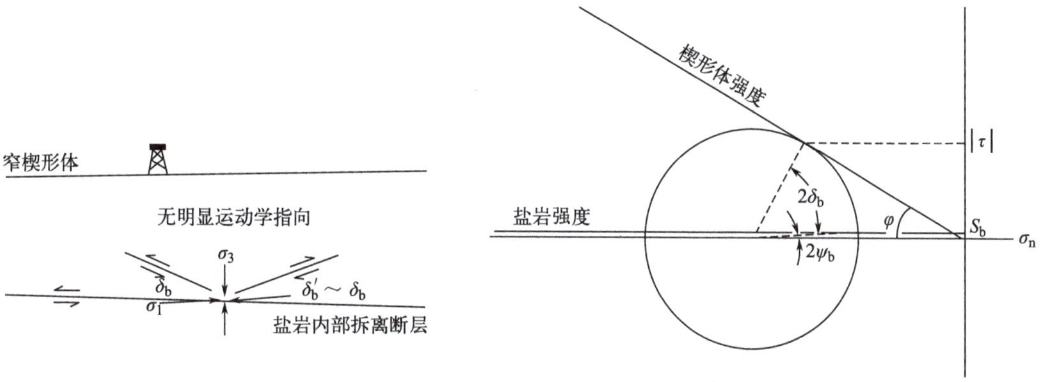

(a) 前冲断裂的倾角与后冲断裂的倾角相等　　(b) 应力莫尔圆有效图解 (Dahlen，1990)

图1-4 盐岩条件下窄楔形体形成冲起构造

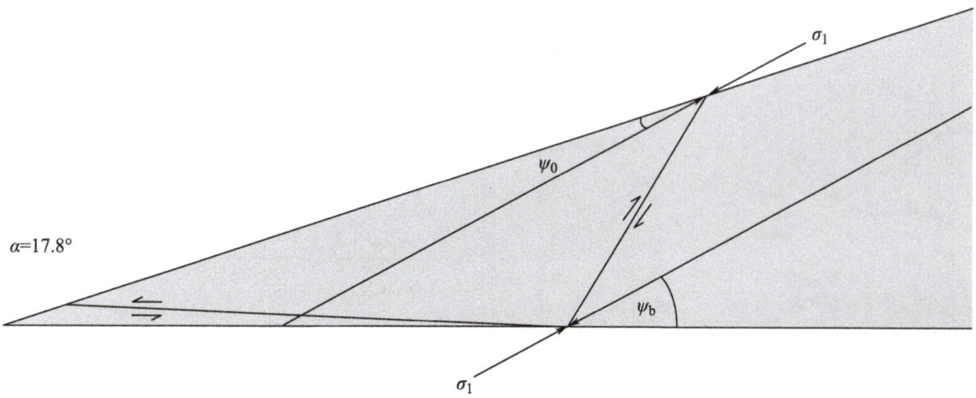

(a) 内摩擦角φ_0=30°，基底摩擦角φ_b=29.9°和基底地层倾角β=0° (Dahlen et al，1984)

图1-5

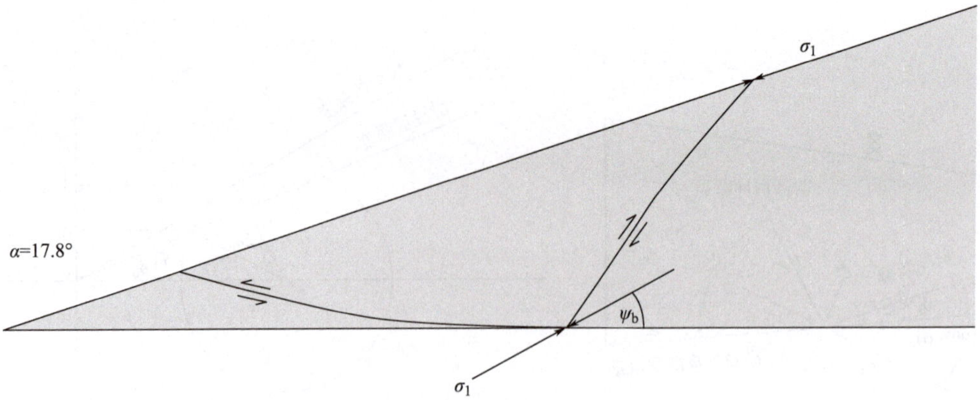

(b) 内摩擦角φ_0=30°，基底摩擦角φ_b=29.9°和基底地层倾角β=0°，最大主应力平行楔形体表面，高基底摩擦强度(Davis et al，1983)

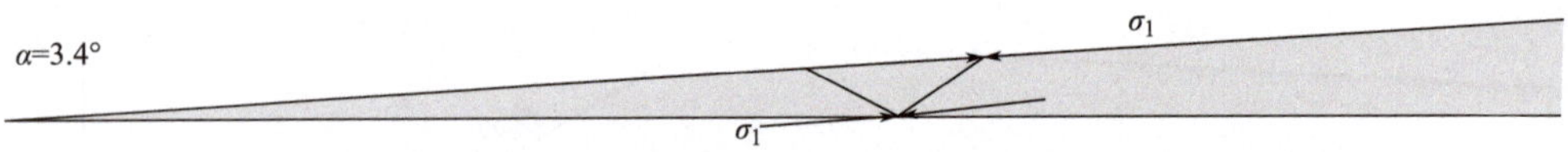

(c) 内摩擦角φ_0=30°，基底摩擦角φ_b=10°和基底地层倾角β=0°，最大主应力平行楔形体表面，低基底摩擦强度

图 1-5　无黏性楔临界角精确解（Davis et al，1983）

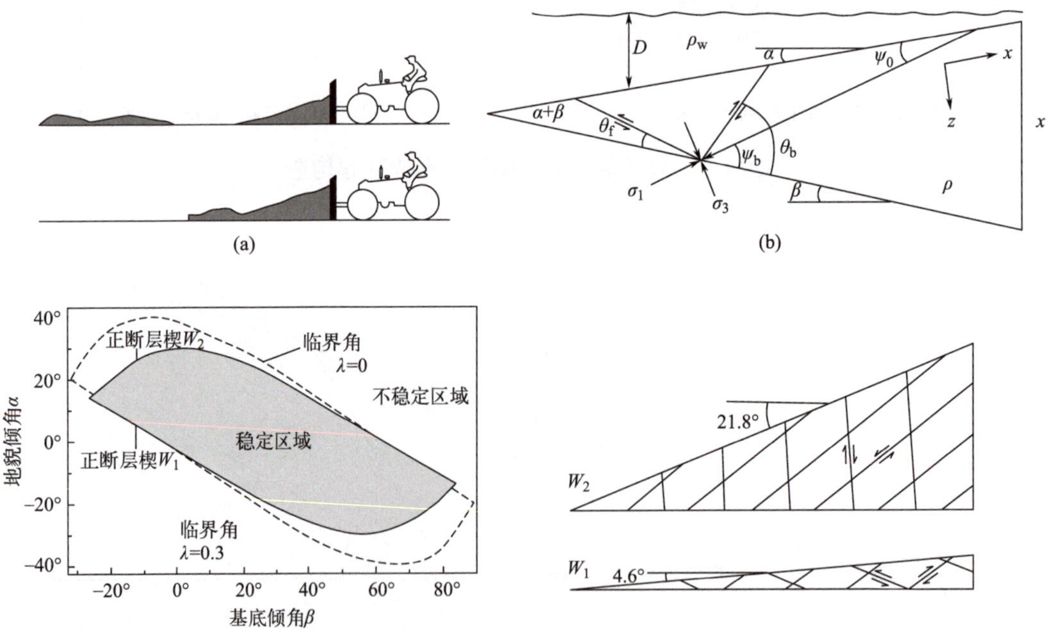

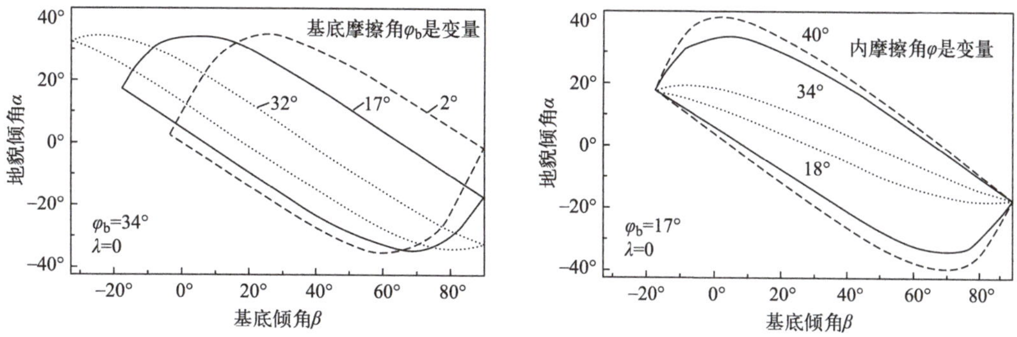

(e)　(f)

图1-6　褶皱-冲断楔理论图解（Dahlen and Suppe，1988；Buiter，2012）

其值均比较大。在基底盐岩发育的软弱结构中，前冲断裂与后冲断裂的倾角相等，形成对称性的冲起构造。因此，在这样的控制因素作用下形成的褶皱–冲断带的宽度变窄。

图1–7中参数物理意义如下：V是挤压变形速率，β为楔形体的基底与水平方向的夹角，τ_b为脆性层的剪应力，τ_d为韧性层的剪应力，箭头方向为挤压应力方向，水平反向坐标是差应力强度，纵坐标为石英砂层的厚度。

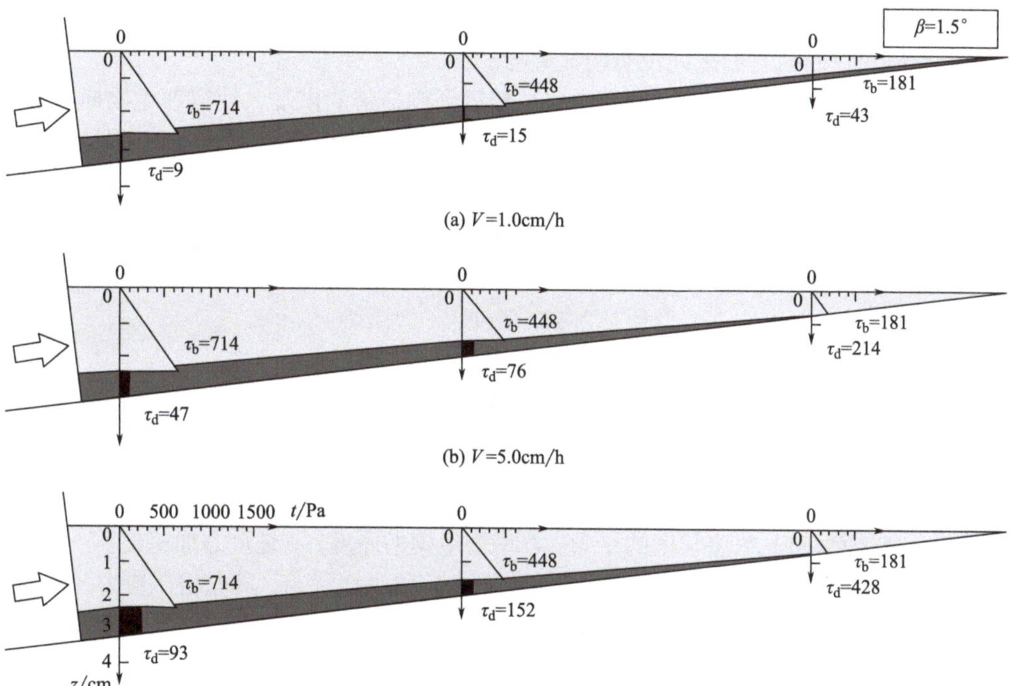

(c) V=10.0cm/h

图1-7　不同挤压速率条件下的褶皱-冲断带受力数值解析（Smit et al，2003）

早期的研究基于库仑冲断楔理论建立数学模型。分析模型主要是推土机模式的力学机制。造山带山的坡角为β，上覆覆盖干石英砂，石英砂层的厚度为h。在未发生挤压变形时，推土机开始按一定的速度推动着增生楔，刮落刚性体上覆的砂体，并且在推土机的前缘形成具有一定临界角的楔形体。当变形楔体的表面倾角达到α时。此时的$\alpha+\beta$为临界角，保持在一定的范围，这就是经典的临界楔理论。因此，可以把造山带随时间变化的物质守恒方程表示为：

$$\frac{\mathrm{d}}{\mathrm{d}t}\left[\frac{1}{2}\rho W^2\tan\left(\alpha+\beta\right)\right]=\rho hV \tag{1-1}$$

单位长度的物质量为ρhV，W为造山带楔形体的宽度，临界角$\alpha+\beta$随时间的增加，并不发生变化。因此，也可以把公式简化为：

$$W\frac{\mathrm{d}W}{\mathrm{d}t}=\frac{hV}{\tan\left(\alpha+\beta\right)} \tag{1-2}$$

方程也可以把造山带或增生楔的宽度W表示如下：

$$W=\left[\frac{2hVt}{\tan\left(\alpha+\beta\right)}\right]^{\frac{1}{2}}\approx\left(\frac{2hVt}{\alpha+\beta}\right)^{\frac{1}{2}} \tag{1-3}$$

这个公式的推导对解释窄的造山带的形成是有效的。此时，$\alpha+\beta\leqslant 1$，这里的α和β均为弧度角。由于基底摩擦强度和石英砂的强度是控制临界角的唯一的参数，因此推土机模式下形成的增生楔或造山带的宽度和高度与$t^{\frac{1}{2}}$有关。造山带的生长具有自相似性，在变形$2t$时和t时它们之间没有明显差异。

当侵蚀作用使得增生楔新增加的物质被搬运到构造带的末端，使得新生物质与被侵蚀掉物质的质量相等时，侵蚀的增生楔实现了动力学稳定状态。通过平衡方程计算出的侵蚀增生楔稳定宽度为：

$$\dot{e}W\sec\left(\alpha+\beta\right)\approx\dot{e}W=hV \tag{1-4}$$

式中，$\dot{e}$为造山带的侵蚀速率。

稳定的增生楔发生连续变形须具备2个条件：

① 要不断调节新生物质搬运到增生楔的末端；

② 保持一定的临界角而不发生任何侵蚀作用。

造山带要满足临界角，必须在内外动力作用下，达到一定的应力平衡状态。

$$F_g=-\rho gH\sin\alpha\mathrm{d}x \tag{1-5}$$

式中，F_g为垂向上单位长度的受力；H是增生楔的厚度；g是重力加速度。

假如挤压应力是负数，在重力场中，要达到一定的平衡状态，此时挤压应力公式为：

$$F_S=\int_0^H\left[\sigma_{xx}\left(x+\mathrm{d}x,z\right)-\sigma_{xx}\left(x,z\right)\right]\mathrm{d}z \tag{1-6}$$

式中，σ_{xx}为挤压拉应力；$x+\mathrm{d}x$为二维坐标下的位移及位移增量。通过一系列的推导公式计算可以得出相关变量。具体见Dahlen（1990）的褶皱–冲断带和增生楔的临界角的相关论述，可以推导出无黏性内聚力条件下的石英砂发生破裂的计算公式为：

$$\frac{\sigma_1}{\sigma_3}=\frac{1+\sin\phi}{1-\sin\phi} \tag{1-7}$$

式中，σ_1和σ_3分别为最大主应力和最小主应力；ϕ为内摩擦系数（Jaeger，1969）。对于窄条带的增生楔或褶皱-冲断带，$\alpha \leqslant 1$和$\beta \leqslant 1$，主应力的方向大约是水平的或者垂直的，即：

$$\sigma_{zz} \approx \sigma_3 \approx -\rho g z \tag{1-8}$$

$$\sigma_{xx} \approx \sigma_1 \approx -\left(\frac{1+\sin\phi}{1+\sin\phi}\right)\rho g z \tag{1-9}$$

由于具有侧向拖拉产生的应力作用，也可把上述方程推导为：

$$\frac{\mathrm{d}}{\mathrm{d}x}\int_0^H \sigma_{xx}\mathrm{d}z \approx -\left(\frac{1+\sin\phi}{1-\sin\phi}\right)\rho g H\left(\alpha+\beta\right) \tag{1-10}$$

$\mathrm{d}H/\mathrm{d}x \approx \alpha+\beta$。通过以上一系列推导，得到干燥石英砂无内聚力的临界楔理论方程为：

$$\alpha+\beta \approx \left(\frac{1-\sin\phi}{1+\sin\phi}\right)\left(\beta+\mu_b\right) \tag{1-11}$$

式中，μ_b为基底摩擦力。

以上就是造山带中的褶皱-冲断带及增生楔的形成数值计算推导。它具有一定的适用范围，即造山带或褶皱-冲断带的地层结构强度或特征满足脆性变形条件，符合库仑-莫尔破裂准则。但是，实际的造山带类型是复杂的，不单是脆性变形，还有脆、韧性变形及其他复杂因素作用下的变形。因此，对造山带和盆地的变形研究，还需在岩石变形的力学机制下开展相关的物理模拟和数值模拟分析。

1.2.2 数值模拟方法

数值模拟方法是近年来比较热的构造变形研究方法。随着计算机技术的进步，以及智能技术AI的快速发展，数值模拟技术会发展得越来越快。在复杂边界条件下，数值模拟计算因比物理模拟技术更容易处理边界问题而得到构造地质学家的青睐。Hagke et al.（2024）应用数值模拟技术，研究了褶皱-冲断带和增生楔构造中滑脱层的强度和断层的运动学指向之间的相互关系。研究表明，后冲断裂的形成与低角度的地层和软弱的基底滑脱层有关。随着基底滑脱层强度和倾角的增大，变形样式逐渐形成冲起构造。通过模拟进一步证实了构造变形和滑脱层的流变学性质差异会导致纯后冲构造的形成。Cucci et al.（2017）利用数值模拟对地中海海脊的地震发生进行了数值模拟研究：泄水会导致应力场的改变，也会导致地震的产生。

数值模拟能够精确再现重复性模拟结果的相似性，它能够灵活处理构造几何特征、材料的属性、模拟参数（如应力、应变、速度和能量）等取值。当然，它在三维空间上的分辨率仍然需要提高（Buiter，2012）。有关褶皱-冲断带数值模拟的研究很多，未来数值模拟的技术还将得到更广阔的发展。当然，数值模拟也存在缺陷，对部分不收敛问题很难处理，对计算机的性能要求太高，部分研究得出的结果可靠性还得认真分析，才能与自然界实际的构造变形更加接近。

前人应用三维数值模拟对挤压型造山带的逆冲构造几何特征及板块碰撞的角度对变形的影响进行了分析探讨，如Braun（1993），表明有的地质问题，由于物理模拟很难精确测量具体的力学参数，同时由于侧向效应的影响，构造变形样式在垂向和水平方向均发生了变形，二维平面模拟难以研究斜向汇聚问题，所以作者采用了三维模拟研究。该研究结果与前人的物理模拟研究成果相比，相似性极大，表明三维数值模拟能够有效应用于褶皱-冲断带的变形演化分析。而且，对许多重要科学问题的不解是因为我们缺乏对三维空间的分析，导致很难再现实际的变形。三维空间的构造变形常常会带来惊人的模拟结果或者会给研究者带来颠覆性的认识（Tikoff and Wojtal，1999）。前人从地层组成及结构、横向地震孕育条件和位置出发，应用数值模拟对青藏高原的中地壳和断坡的结构进行了分析研究。

从地层压力、流动模式和超高压剥蚀作用出发，对造山带的形成进行了数值模拟研究（如Marques et al，2018；Ghosh et al，2020；Hagke et al，2024；图1-8 ~ 图1-11）。前人的这些研究成果及应用，促进了数值模拟在造山带和盆地研究中的应用。随着现代计算机运行能力的提高，数值模拟在计算多节点问题上有了较大改进。因此，未来数值模拟将会与物理模拟一道相互补充，促进造山带和盆地模拟技术的快速发展，同时将为地质学家对造山带和盆地形成机制的理解提供重要的技术支撑。

1.2.3 物理模拟方法

物理模拟技术拥有悠久的历史，发展至今已有200多年，但它仍然非常经典、有效。尽管历史悠久，但它在研究构造变形，如褶皱-冲断带的变形演化方面，仍然得到国际同行的广泛认可和青睐（Hubbert and Rubey，1959；Weijermars and Schmeling，1986；Graveleau et al，2012；Schreurs et al，2016；Butler，2020）。

物理模拟技术的应用可以追溯到19世纪初期，当时用于解释简单的构造变形。Hall

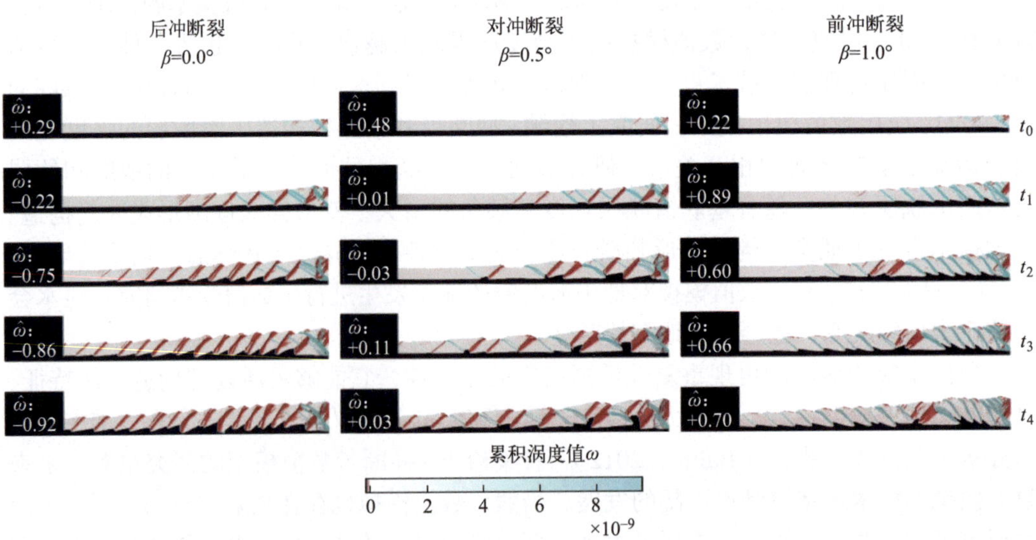

图1-8 褶皱-冲断带构造运动学指向数值模拟结果（Hagke et al，2024；β为地层倾角）

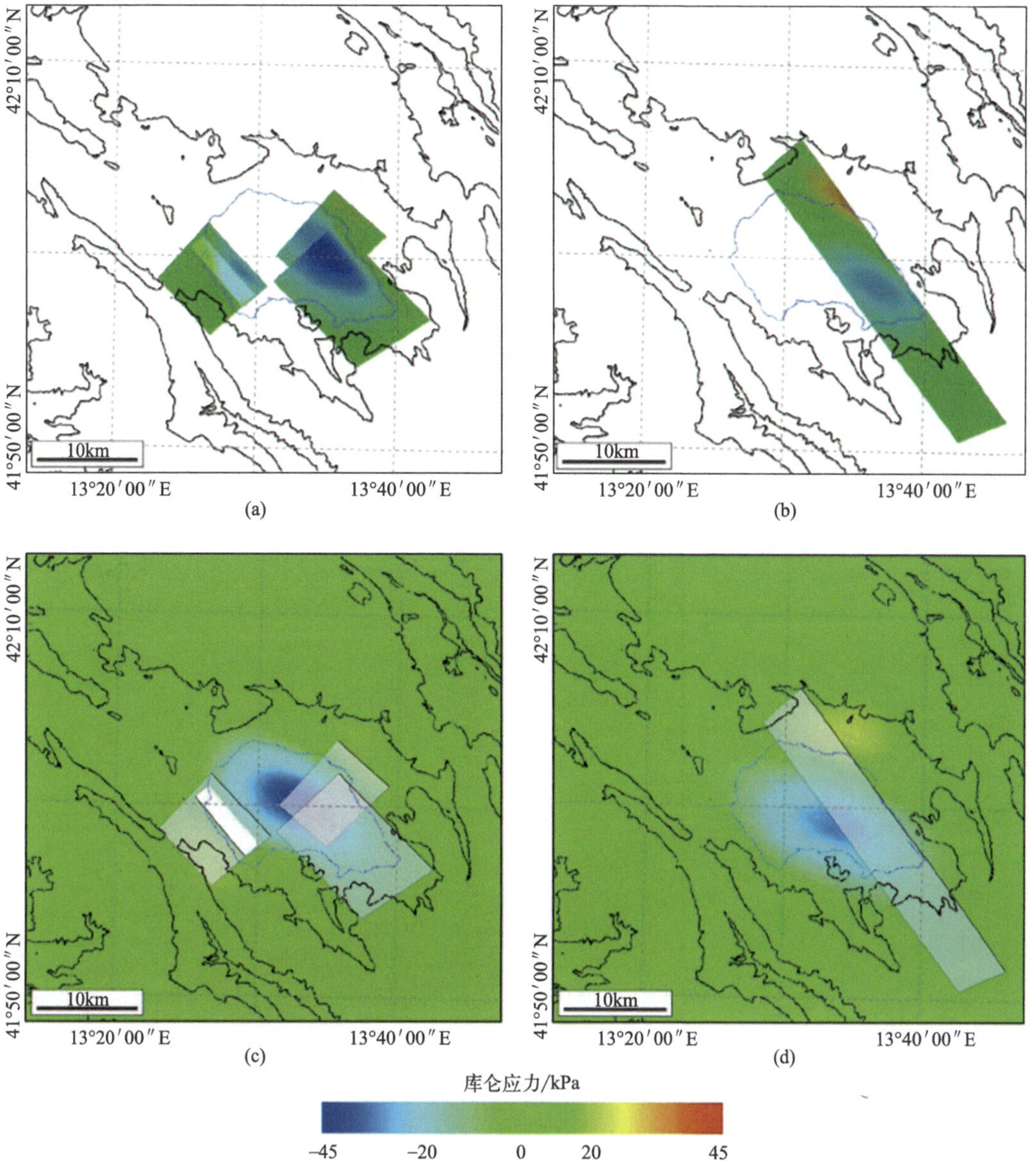

图1-9 泄水作用导致地震的数值模拟结果（Cucci et al，2017）

红色为高应力值分布区；蓝色为低应力分布区

（1815）利用物理模拟方法解释了苏格兰滨岸带所观察到的褶皱成因。物理模拟用来解释造山带的形成最早是1889年。Cadell是利用物理模拟解释造山带形成过程的先驱者。早期的研究主要用来解释Moine逆冲构造的形成，并提出了有名的叠瓦式逆冲推覆构造（Graveleau et al，2012）。

随着模拟技术的不断进步，模型装置也在不断发展完善。早期的模型装置的上覆用重物加载或者横向电机手动挤压，现在的模型装置主要用电机驱动或者用传送带带动模型材料发生变形，离心机条件下的模拟也不断得到应用。模型的具体装置也会因研究的

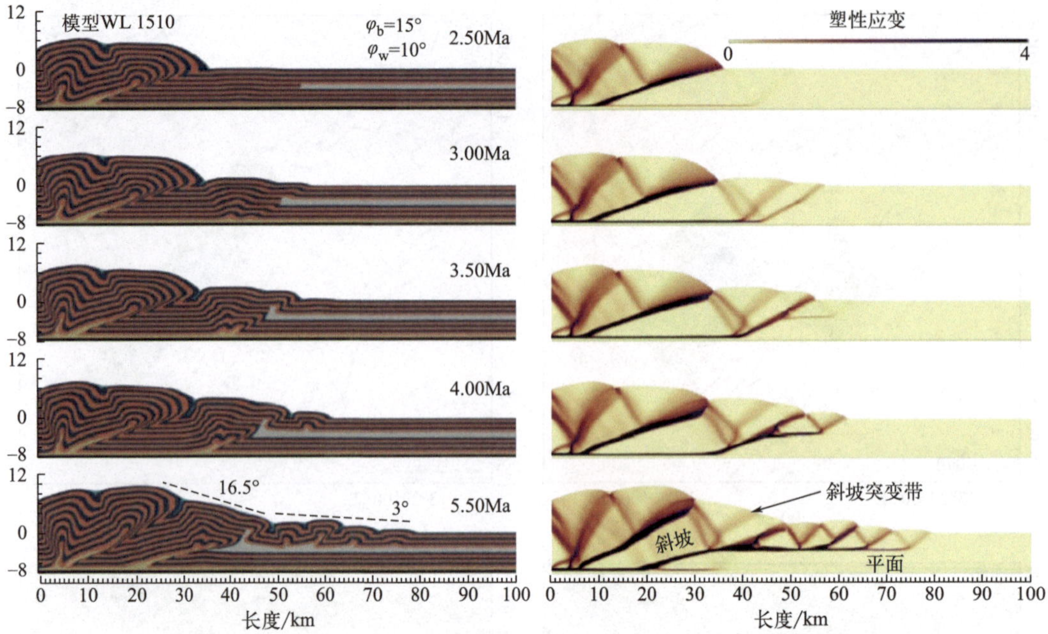

图1-10 喜马拉雅造山带中的褶皱-冲断带数值模拟（Ghosh et al，2020）

φ_b—基底摩擦角；φ_w—薄弱带的摩擦角

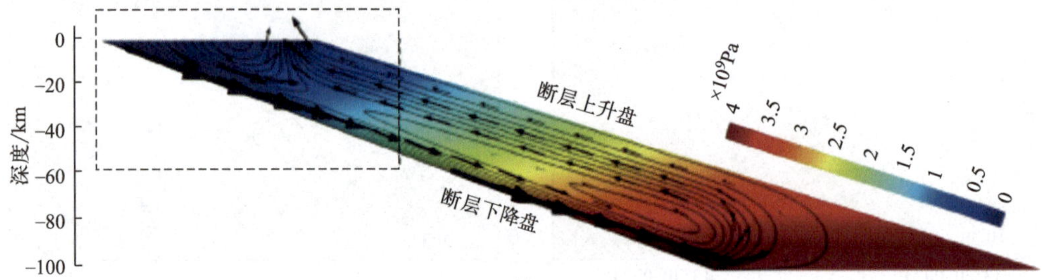

(a)

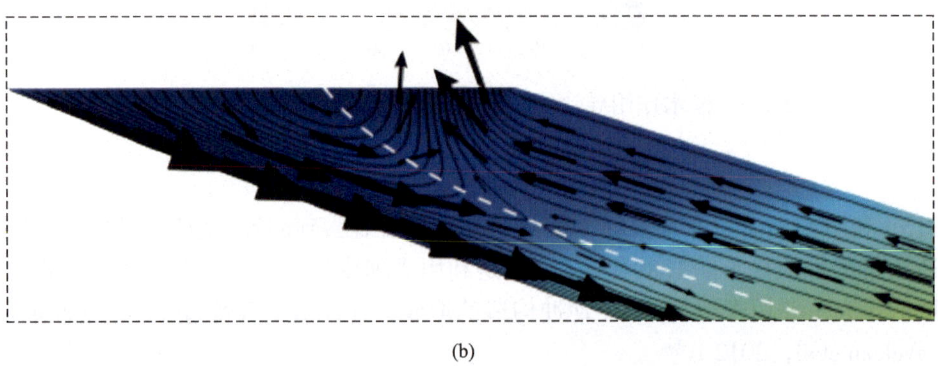

(b)

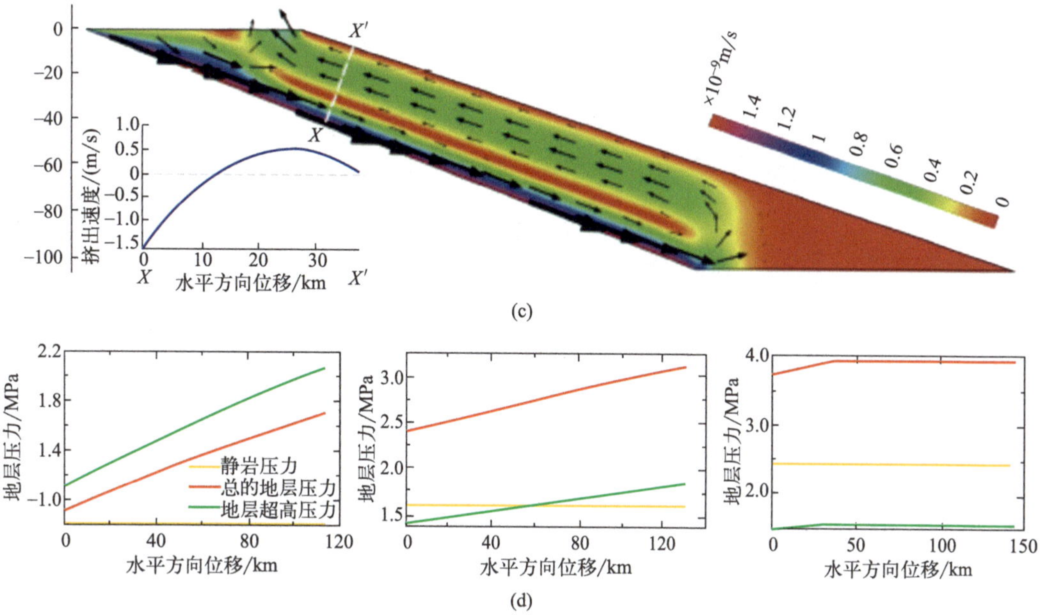

图1-11　造山带压力和速率图谱数值模拟结果（Marques et al，2018）

（a）和（b）为压力图谱；（c）和（d）为速率图谱

需要进行一定的改进。同时，三维成像设备、X衍射、扫描设备和PIV分析技术也在不断投入分析应用。

早期的物理模拟设备和材料与现在差异较大。在Hall（1815）年的实验中用的模拟材料主要是布匹。在19世纪至20世纪初，模型材料主要用书本、黏土、锌、铁、铅片、石蜡、石膏、湿石英砂和铅弹丸。20世纪30年代至今，随着相似理论的逐渐成熟，模型材料主要用石英砂和硅胶代替（Bonini，2007；Graveleau et al，2012；图1-12）。

物理模拟发展至今，主要有3个方面的应用：a.可以揭示逆冲构造的生长和变形；b.应用几何模型可以解决降雨作用对地貌的影响和控制；c.根据气候或构造模拟研究揭示地质体的沉积变形。

物理模拟技术是一种重要的研究方法，发展至今，已经可以利用它分析探讨褶皱-冲断带的形成过程：可以模拟分析褶皱的形成、非对称性褶皱与围压之间的关系、褶皱与埋深的关系、褶皱与断层的关系、岩石与变形之间的关系、褶皱的挠曲流动变形、褶皱轴迹的运动学特征、与地层流变学相关的褶皱变形机理、造山带的生长的周期性与地表变形周期性之间的关系、造山带精确的几何特征、低角度逆冲断层、逆冲推覆构造、板块斜向汇聚、反转构造和底辟作用等一系列的构造变形演化及其动力学特征（Graveleau et al，2012）。

1.2.4　相似理论基础

相似理论是物理模拟的灵魂，也是数值模拟和物理模拟都应遵守的黄金准则。在20世纪30年代，物理模拟领域建立了相似原则，使得微观和宏观、实验室和大自然，

(a)

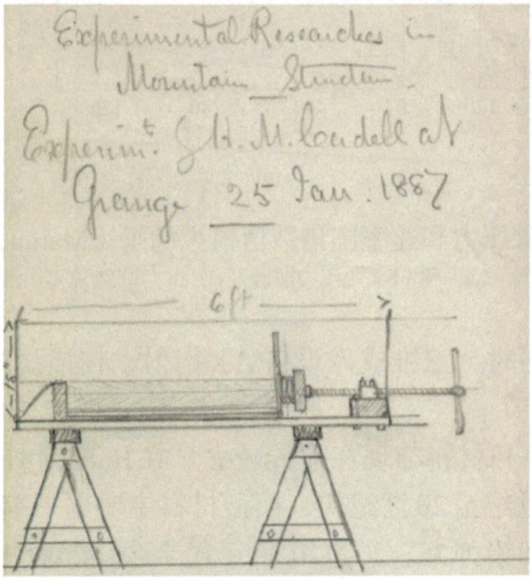

(b)

图 1-12　早期的物理模拟（Cadell，1888；Graveleau et al，2012；Butler，2020）

乃至宇宙空间的变形变位都可以用物理学和数学进行推演研究（Hubbert，1937；1951）。在实际模拟过程中，需要解决物体变形的几何学、运动学、动力学和流变学的相似性。具体的相似原则如表 1–3 所列。

表 1-3　模型力学的相似比系数及计算（Hubbert，1937）

变量	维数计算公式	模型相似比
角度	L^0	1
面积	L^2	λ^2
体积	L^3	λ^3
弯曲度	L^{-1}	λ^{-1}
频率	T^{-1}	τ^{-1}
速度	LT^{-1}	$\lambda\tau^{-1}$

续表

变量	维数计算公式	模型相似比
加速度	LT^{-2}	$\lambda\tau^{-2}$
角速度	L^{-1}	λ^{-1}
角加速度	T^{-2}	τ^{-2}
密度	ML^{-1}	$\mu\lambda^{-1}$
动量	MLT^{-1}	$\mu\lambda\tau^{-1}$
时刻动量	ML^2T^{-1}	$\mu\lambda^2\tau^{-1}$
角动量	ML^2T^{-1}	$\mu\lambda^2\tau^{-1}$
体力	MLT^{-2}	$\mu\lambda\tau^{-2}$
转矩	ML^2T^{-2}	$\mu\lambda^2\tau^{-2}$
工作所需能量	ML^2T^{-2}	$\mu\lambda^2\tau^{-2}$
动能	ML^2T^{-3}	$\mu\lambda^2\tau^{-3}$
运动	ML^2T^{-1}	$\mu\lambda^2\tau^{-1}$
应力	$ML^{-1}T^{-2}$	$\mu\lambda^{-1}\tau^{-2}$
应变	L^0	1
弹性模量	$ML^{-1}T^{-2}$	$\mu\lambda^{-1}\tau^{-2}$
黏度	$ML^{-1}T^{-1}$	$\mu\lambda^{-1}\tau^{-1}$
运动黏度	L^2T^{-1}	$\lambda^2\tau^{-1}$
重力场常量	ML^3T^{-2}	$\mu^{-1}\lambda^3\tau^{-2}$

在物理模拟应用中，m代表模型，n代表实际，部分典型公式具体的推导换算过程如下：

长度相似系数：$L^*=\dfrac{L_m}{L_n}$；质量相似系数：$M^*=\dfrac{M_m}{M_n}$；时间相似系数 $t^*=\dfrac{t_m}{t_n}$；密度相似系数：$\rho^*=\dfrac{\rho_m}{\rho_n}$。韧性层（牛顿流体）剪应力$\tau=\eta\acute{\varepsilon}$，可以推测黏度值$\eta=\dfrac{\tau}{\acute{\varepsilon}}$。剪应力$\tau=\dfrac{F}{A}$，即力与其作用面积之间的关系。应变速率$\acute{\varepsilon}=\dfrac{1}{t}$，为变形时间的倒数。可以推导出：$\tau=\dfrac{F}{A}=\dfrac{Ma}{L\times L}=\dfrac{M\dfrac{L}{t\times t}}{L\times L}=\dfrac{M}{L\times t\times t}$，$\eta=\dfrac{M}{Lt}$，推测黏度相似系数 $\eta^*=\dfrac{M^*}{L^*t^*}$；密度相似系数为$\rho^*=\dfrac{M^*}{L^{*3}}$；体积相似系数为$\dfrac{V_m}{V_n}=V^*=\dfrac{L^{*3}}{t^{*3}}$。

在目前的计算过程中，脆性层服从库仑–莫尔方程：$\tau=c_0+\sigma\tan\varphi$；韧性层（牛顿流体）剪应力$\tau=\eta\acute{\varepsilon}$。物理模拟服从如下相似原则：

$$\sigma^*=\rho^*g^*l^* \tag{1-12}$$

式中 ρ^*——密度相似系数；

g^*——重力加速度相似系数；

l^*——长度相似系数。

这公式是物理模拟的灵魂和核心。

1.3 摩擦属性影响的构造变形物理模拟

1.3.1 基底摩擦影响的物理模拟

基底摩擦对最终的变形样式具有重要的控制作用（Liu et al,1992；图1-13）。褶皱-冲断带形成机制的物理模拟显示，基底摩擦系数为0.37，形成的临界角为1.5°；基底摩擦系数为0.47，形成的临界角为7°；基底摩擦系数为0.55，形成的临界角为18.5°。物理模拟研究表明，随着基底摩擦系数的增加褶皱-冲断带的临界角也在不断增大。

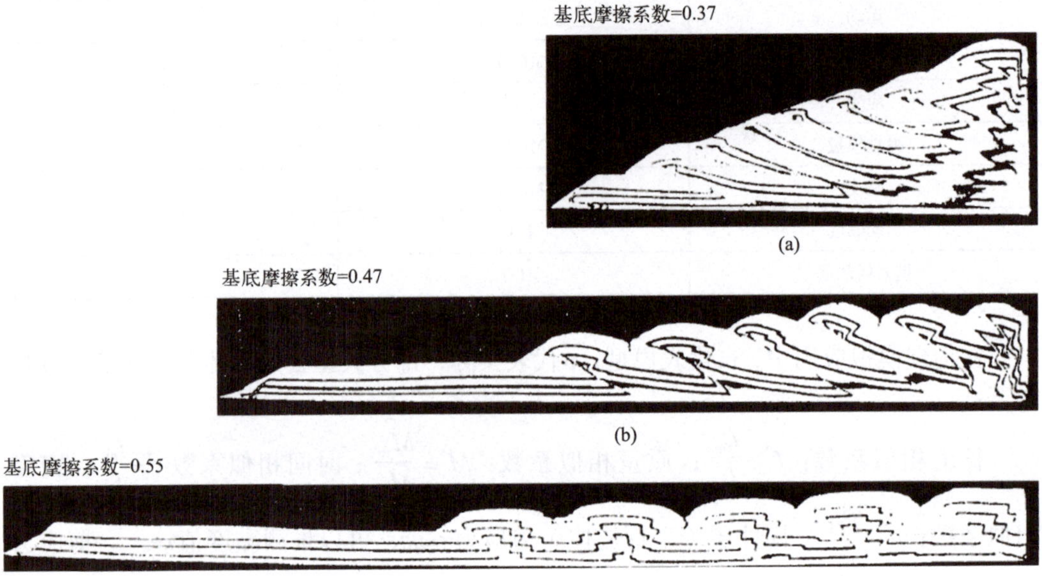

图1-13　不同基底摩擦系数条件下物理模拟结果（Liu et al，1992）

1.3.2 侧向摩擦影响的物理模拟

所谓侧向摩擦，也就是褶皱-冲断带变形体与侧向块体之间的相互作用产生的、与运动方向相反的摩擦力。前人对此已开展了部分物理模拟研究，表明摩擦作用对褶皱-冲断带的变形具有明显的控制作用（Souloumiac et al，2012；Zhou et al，2016；Zhou and Zhou，2022；He et al，2023；图1-14和图1-15）。尽管如此，仍然缺乏应用系统的物理模拟方法对侧向摩擦与变形演化之间的相互关系的深入探讨。

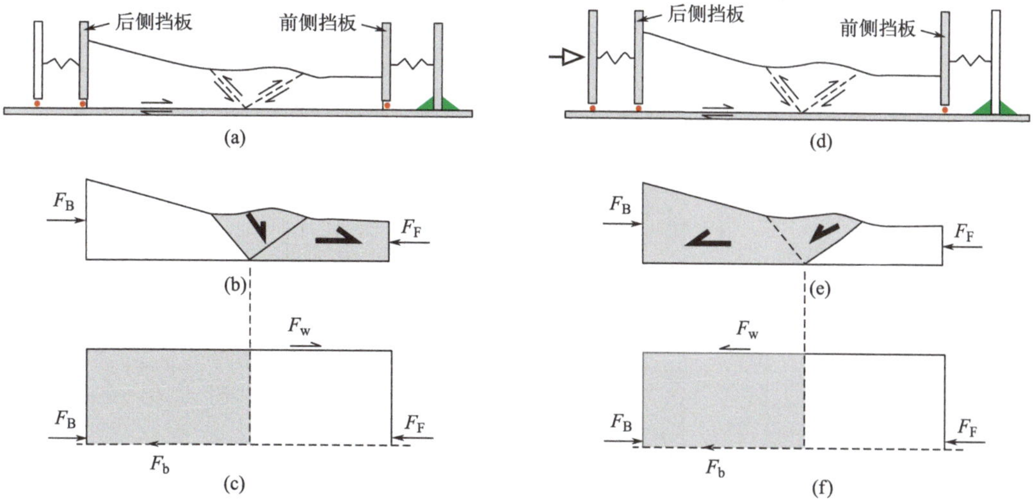

图1-14　侧向摩擦力与挤压变形方向之间的理论图解

（a）~（c）基底和前侧挡板活动，其余挡板固定模型；（d）~（f）所有挡板固定，只有背挡向前沿方向移动

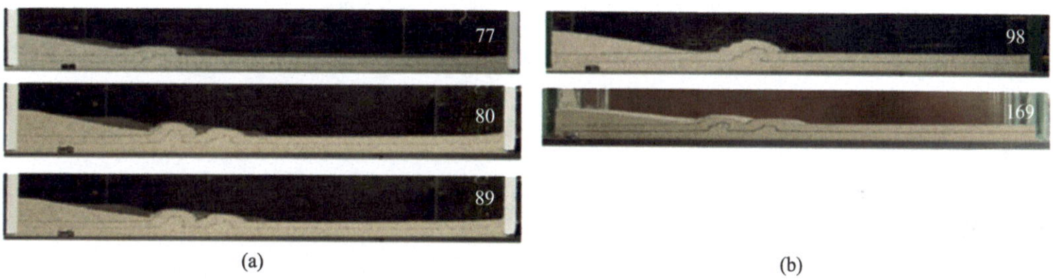

图1-15　不同侧向与基底摩擦面积比条件下的物理模拟结果（Souloumiac et al，2012）

1.3.3　内摩擦影响的物理模拟

Hubbert and Rubey（1959）《在流体压力对逆冲构造形成机理作用》一文中，对内摩擦作用对褶皱-冲断带的变形机制进行了讨论。研究表明，内摩擦影响褶皱-冲断带的剪切强度和变形扩展。内摩擦越大，其抗剪切强度就越大，内摩擦越小，褶皱-冲断带变形后产生的地貌坡角也就越小。但是，内摩擦的减小，有利于逆冲推覆构造的长距离扩展变形（图1-16）。

尽管前人对褶皱-冲断带的变形进行了一定的研究，表明摩擦属性对褶皱-冲断带的变形具有重要的控制作用，但目前开展的物理模拟和数值模拟研究工作仍然比较缺乏。因此，对褶皱-冲断带开展系统的物理模拟研究仍然十分必要。

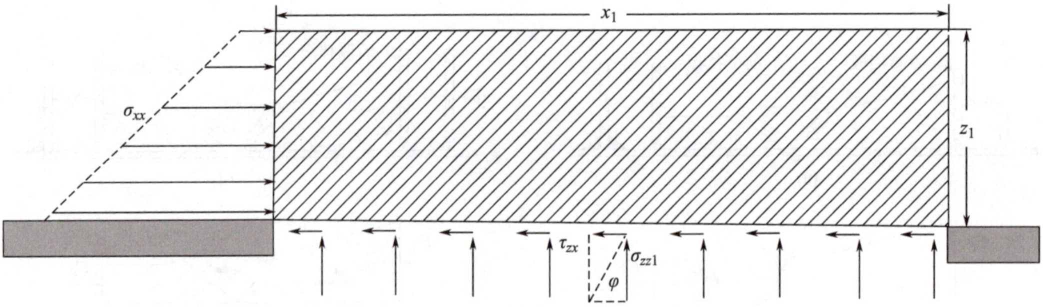

(a) 挤压状态下褶皱-冲断带纵向应力分布模式

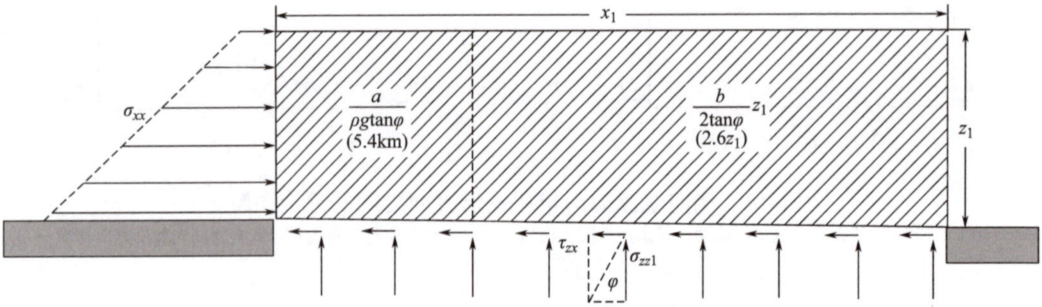

(b) 水平扩展位移与厚度和内摩擦之间的关系

图1-16 内摩擦角与褶皱-冲断带扩展位移之间的关系（Hubbert and Rubey，1959）

参考文献

Braun J，1993. Three-dimensional numerical modeling of compressional orogenies：Thrust geometry andoblique convergence. Geology，21：153-156.

Bonini M，2007. Deformation patterns and structural vergence in brittle-ductile thrust wedges：An additional analogue modelling perspective. Journal of Structural Geology，29：141-158.

Buiter S J H，2012. A review of brittle compressional wedge models. Tectonophysics，530-531：1-17.

Butler R W H，Bond C E，Cooper M A，2020. Henry Cadell's "Experimental researches in mountain building"：their lessons for interpreting thrust systems and fold-thrust structures. The Geological Society of London，490：1-23.

Cadell H M，1888. Experimental researches in mountain building. Transactions of the Royal Society of Edinburgh，35：337-357.

Cucci L，Currenti G，Palano M，et al，2017. The Dewatering of the Fucino Lake Did Not Promote the M7.1 1915 Fucino Earthquake：Insights From Numerical Simulations. Tectonics，37：2633-2646.

Dahlen F A，1984. Noncohesive critical Coulomb wedges：an exact solution. Journal of Geophysical Research 89（B12）：10125-10133.

Dahlen F A，1990. Critical taper model of fold-and-thrust belts and accretionary wedges. Annual Review of Earth and Planetary Sciences，18：55-99.

Dahlen F A, Suppe J, 1988. Mechanics, growth, and erosion of mountain belts. Geological Society of America Special Paper, 218: 161-178.

Davis D M, Engelder T, 1985. The role of salt in fold-and-thrust belts. Tectonophysics, 119: 67-88.

Davis D, Suppe J, Dahlen F , 1983. Mechanics of fold-and-thrust belts and accretionary wedges. Journal of Geophysical Research, 88: 1153-1172.

Ghosh S, Bosea S, Mandal N, et al, 2020. Mid-crustal ramping of the Main Himalayan Thrust in Nepal to Bhutan Himalaya: New insights from analogue and numerical experiments. Tectonophysics, 782-783: 228425.

Gutscher M, Klaeschen D, Flueh E, et al, 2001. Non-Coulomb wedges, wrong-way thrusting, and natural hazard in Cascadia. Geology, 29(5): 379-382.

Graveleau F, Malavieille J, Dominguez S, 2012. Experimental modelling of orogenic wedges: A review. Tectonophysics, 538-540: 1-66.

Hall J, 1815. On the vertical position and convolutions of certain strata and their relation with granite. Transactions of the Royal Society of Edinburgh, 7: 79-108.

Hubbert M K, 1937. Theory of scale models as applied to the study of geologic structures. Bulletin of the Geological Society of America, 48 (21): 1459-1520.

Hubbert M K, 1951. Mechanical basis for certain familiar geologic structures. Bulletin of the Geological Society of America, 62(4): 355-372.

Hubbert M K, Rubey W W, 1959. Role of fluid pressure in mechanics of overthrust faulting: Mechanics of fluid-filled porous solids and its application to overthrust faulting. Bulletin of the Geological Society of America, 70(2): 115-166.

He W G, Shen C B, Wu L, et al, 2022. Deformational in curved fold-and-thrust belts: As a function of backstop shape and basal friction: Insights from analogue modeling and application to the Pamir salient, Hindu Kush region. Journal of Strucutral Geology , 162: 1-14.

He W G, Yu Y X, Luo Y, et al, 2023. Effects of friction properties and rheological structures on the deformation patterns and evolution of fold-and-thrust belts—New insights from analogue modelling. Journal of Strucutral Geology, 173: 1-15.

Jaeger J C, Cook N G W, 1969. Fundamentals of rock mechanics. London: Mathuen: 515

Konstantinovskaya E, Malavieille J, 2011. Thrust wedges with decollement levels and syntectonic erosion: A view from analog models. Tectonophysics, 502 (3-4): 336-350.

Liu H, McClay K R, Powell D, 1992. Physical models of thrust wedges//McClay K R. Thrust Tectonics. London: Chapman and Hall, 71-81.

Marques F O, Mandal N, Subhajit G S, et al, 2018. Channel flow, tectonic overpressure, and exhumation of high-pressure rocks in the Greater Himalayas. Solid Earth, 9: 1061-1078.

Rossetti F, Faccenna C, Ranalli G, et al, 2000. Convergence rate-dependent growth of experimental viscous orogenic wedges. Earth and Planetary Science Letters, 178: 367-372.

Smit J, Brun J, Sokoutis D, 2003. Deformation of brittle-ductile thrust wedges in experiments and nature. Journal of Geophysical Research, 108(B10): 2480.

Souloumiac P, Maillot B, Leroy Y M, 2012. Bias due to side wall friction in sand box experiments. Journal of Structural Geology, 35: 90-101.

Tikoff B, Wojital S F, 1999. Displacement control of geologic structures. Journal of Structural Geology, 21: 959-967.

von Hagkea C, Bauville A, Nils Chudalla N, 2024. Control of d´ecollement strength and dip on fault vergence in fold-thrust belts and accretionary prisms. Tectonophysics, 870: 230172.

Weijermars R, Schmeling H, 1986. Scaling of Newtonian and non-Newtonian fluid dynamics without inertia for quantitative modelling of rock flow due to gravity (including the concept of rheological similarity). Phys Earth Planet Inter, 43 (4): 316-330.

Zhou J X, Zhang B, Xu Q, 2016. Effects of lateral friction on the structural evolution of fold-and-thrust belts: Insights from sandbox experiments with implications for the origin of landward-vergent thrust wedges in Cascadia. Geological Society of America Bulletin, 128: 669-683.

Zhou C, Zhou J X, 2022. Relationship Between Lateral/Basal Shear Stress Ratio and Structural Vergence of Thrust Wedges: Results from Analogue Modeling and Implications for the Origin of Eastern Sichuan-Xuefeng Fold-Thrust Belt in South China. Tectonic, 41 (3): e2021TC007035.

第2章 褶皱-冲断带的分布特征及研究现状

褶皱-冲断带在地球上广泛分布，在亚洲、欧洲、非洲、北美洲、南美洲等板块的边界以及板块内部均十分发育。有关褶皱-冲断带的形成原因，前人认为它是板块汇聚和挤压作用下的产物（Graveleau et al，2012；Buiter，2012；Butler，2020）。研究表明，褶皱-冲断带的结构、构造特征及演化过程与地壳块体之间的相互作用关系十分密切。同时，现今石油及固体矿产资源的分布特征勘探表明，大量固体和液体矿产资源的分布受褶皱-冲断带的变形特征和演化所控制。因此，研究褶皱-冲断带的变形特征及演化过程对揭示地壳块体的运动学和动力学特征、油气及矿产资源的分布规律具有十分重要的意义。

2.1 褶皱-冲断带分布及特征

在不同的板块位置，褶皱-冲断带的分布特征和变形样式存在明显差异。在地理位置的分布上，常见的有欧洲板块的阿尔卑斯山、比利牛斯山、额尔巴阡山；亚洲的喜马拉雅山、帕米尔、昆仑山、阿尔金山、祁连山、扎格罗斯山、天山、阿古拉逆冲褶皱-冲断带、秦岭褶皱-冲断带和台湾中央褶皱-冲断带；美洲安第斯山脉、阿巴拉契亚山、落基山等。其中特提斯-喜马拉雅褶皱-冲断带是全球典型的造山链，汇聚了从欧洲到亚洲东缘的绝大部分褶皱-冲断带（图2-1）。

前人认为褶皱-冲断带及构造变形样式是在挤压和汇聚作用形成的（Buiter，2012）。褶皱-冲断带比较常见的构造有造山带和一定的沉积层序。根据逆冲构造是否卷入结晶基底，可以把褶皱-冲断带分为薄皮构造和厚皮构造。薄皮构造卷入的地层比较浅，基底几乎没有受到变形作用的影响。厚皮构造发育的逆冲断层、褶皱等影响了整个上地壳，甚至影响到了下地壳。因此，与其他变形构造相比，褶皱-冲断带的构造变形样式和分布特征存在明显差异。

由于构造环境和演化特征差异，不同的褶皱-冲断带具有各自的特色。如美国的阿巴拉契亚山和加拿大的落基山，形成典型的前冲式叠瓦状逆冲构造。巴基斯坦盐脊则形成双向对冲型构造，局部发育断层三角带。法国侏罗山式褶皱形成隔挡隔槽式褶皱，我国的川东-湘鄂西构造带也发育隔挡隔槽式褶皱（图2-2）。伊朗扎格罗斯褶皱-冲断带形成大量的逆冲构造和褶皱，是现今大量石油和天然气极为富集的区域。澳大利亚的阿玛迪斯也发育双冲构造。青藏高原发育双向俯冲构造，现今地壳表层断裂体系特征极为复杂，许多构造的成因机制仍然不十分清晰。青藏高原周边的帕米尔弧形褶皱-冲断带、龙门山逆冲构造带等呈现典型的逆冲推覆构造（图2-3）。

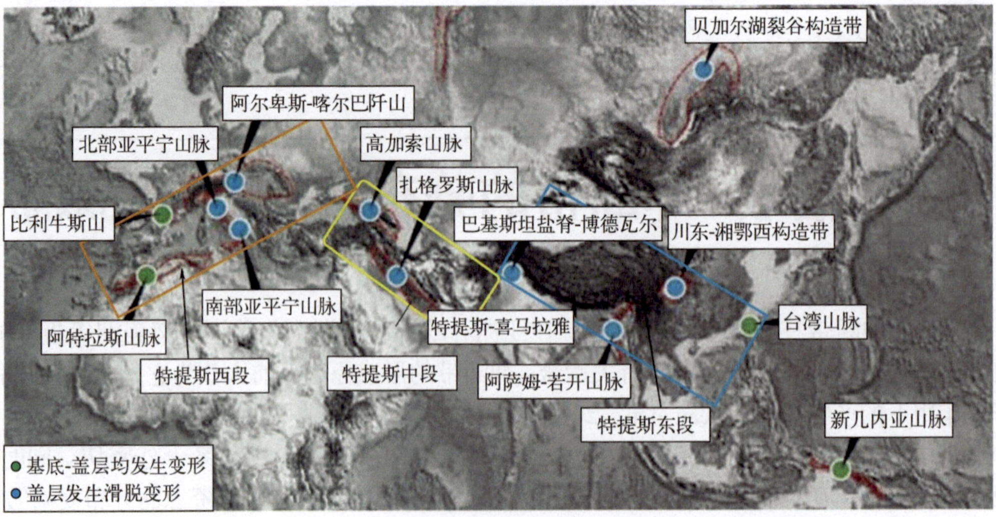

图 2-1　沿特提斯构造域典型褶皱-冲断带分布图

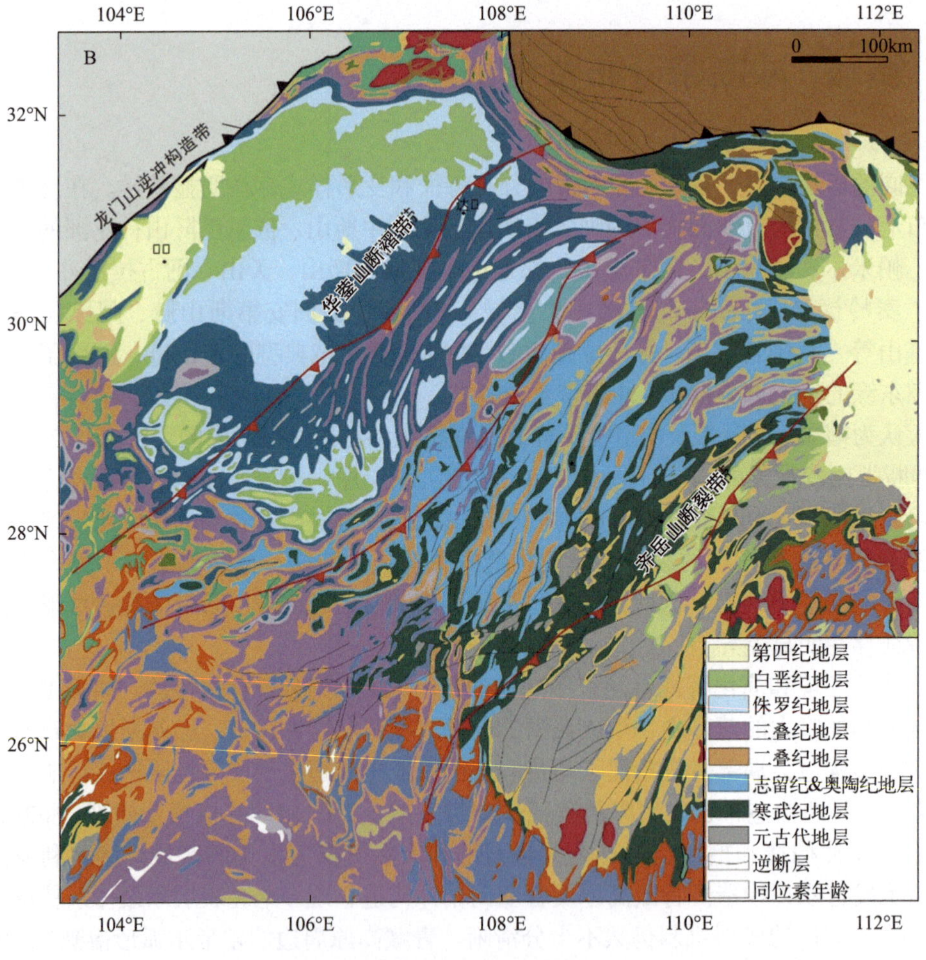

图 2-2　川东-湘鄂西褶皱-冲断带及邻区平面结构特征

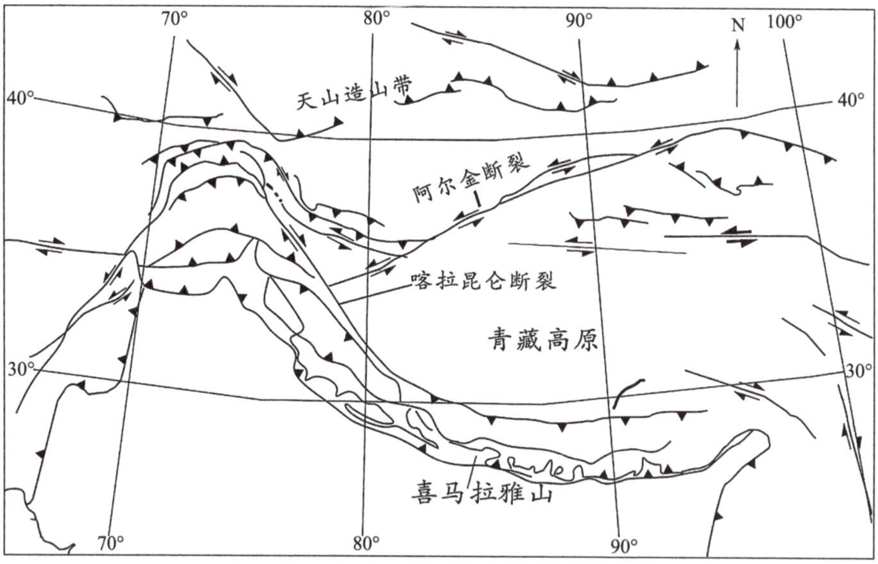

图2-3 帕米尔及邻区断裂体系分布图（Robinson et al，2004；2009）

总之，褶皱-冲断带的构造特征呈现多种类型（图2-4、图2-5）。其成因机制的深入研究探讨，对深化板块运动的理解和褶皱-冲断带的演化过程，以及石油和天然气等矿产资源的勘探和开发具有十分重要的指导意义。

印度板块-亚洲板块汇聚碰撞形成的喜马拉雅山是世界上规模较大，变形极为复杂的区域，一直以来就是地球科学研究的热点。在20世纪80年代，Tapponnier（1982）应用物理模拟技术，建立“逃逸模型”解释了印度板块与亚洲板块的碰撞，以及东亚形成的不同断裂体系的力学机制。可以说，这一模拟技术在动力学机制上回答了整个东亚的变形演化，为东亚变形演化的理解提供了构造物理学证据。当然，印度板块-亚洲板块碰撞形成的青藏高原的有关形成模式存在多种观点。高原内部及边界十分复杂，仍然存在许多科学问题有待进一步的研究。

从现今野外和室内研究可知青藏高原高海拔以及高原内部发育不同级次的断裂特征。有逆冲断裂也有正断层发育，断裂之间的交接关系十分复杂。但整体剖面特征显示，印度板块俯冲到欧亚大陆之下，形成了喜马拉雅逆冲推覆构造和弧形的挤压边界。青藏高原现今平均海拔4500m，高原周边地貌十分陡峻，地震活动频繁。该区域构造、气候、环境和资源及生态效应都十分明显，对东亚具有重要影响。

位于青藏高原东侧的龙门山逆冲推覆构造，逆冲断裂和前缘背驮式盆地发育。在2008年发生的汶川大地震就是逆冲-走滑断裂活动的结果（Burchfiel et al，2008）。野外调查发现：

①龙门山断裂带，地层高陡变形，地质条件很容易孕育地质灾害，尤其是滑坡和泥石流十分常见。

② 从河床沉积发育的植被明显可以判断河流的下切作用和地貌抬升在该区域极为强烈。

③ 局部区域存在由北向南的逆冲推覆构造，如四姑娘山镇河谷区域。

④ 川西褶皱-冲断带发育大量的强烈变形花岗岩、黑色页岩和绿色页岩。

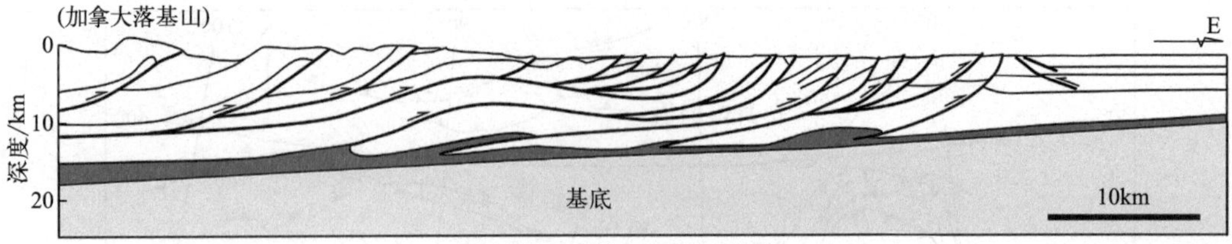

(a) 美洲的落基山逆冲推覆构造

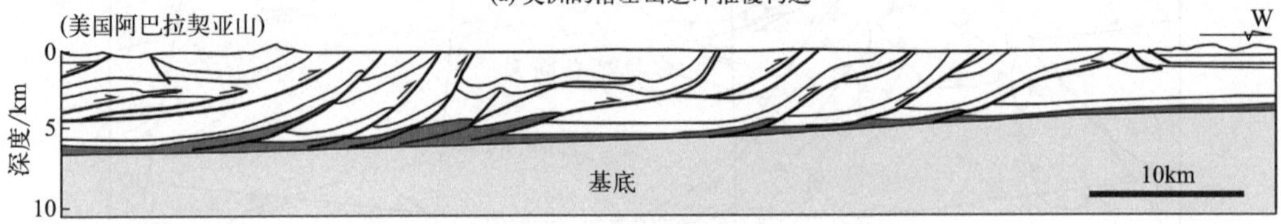

(b) 阿巴拉契亚山逆冲推覆构造(Buiter，2012)

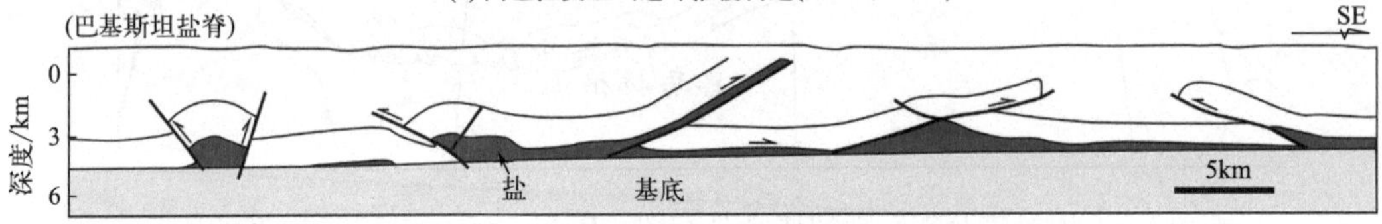

(c) 巴基斯坦盐脊冲起构造

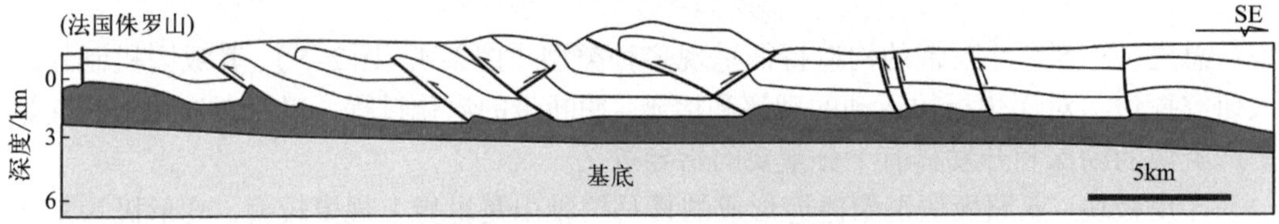

(d) 法国侏罗山冲起构造和断层相关褶皱

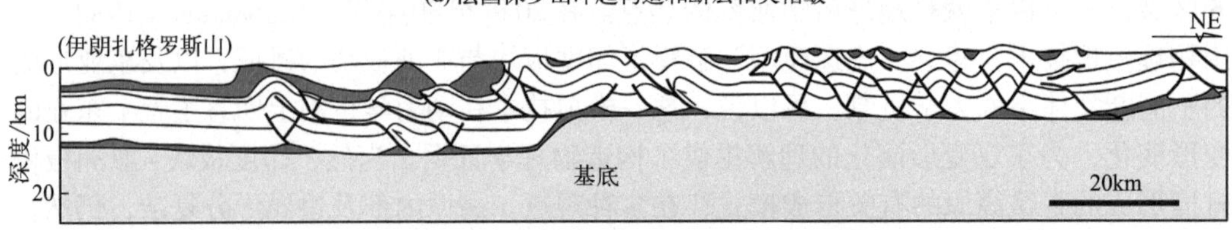

(e) 伊朗扎格罗斯褶皱-冲断带断层相关褶皱和逆冲推覆构造(Sherkati et al，2006)

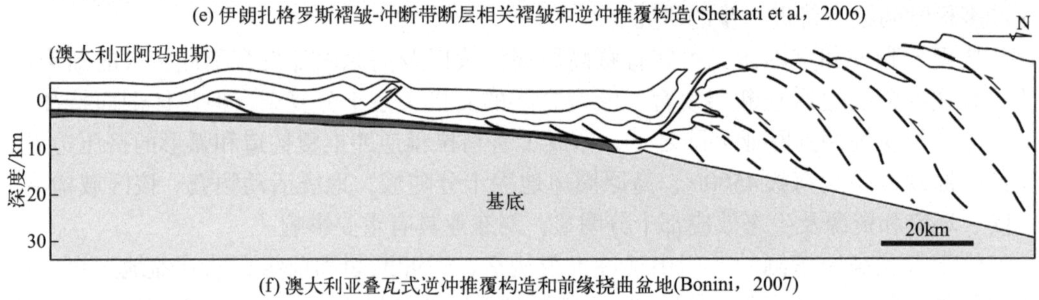

(f) 澳大利亚叠瓦式逆冲推覆构造和前缘挠曲盆地(Bonini，2007)

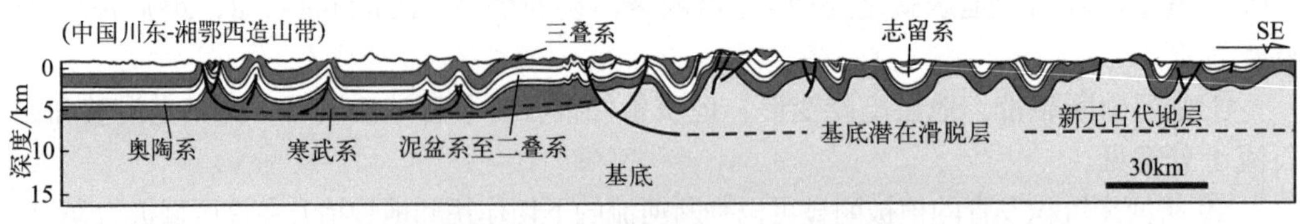

(g) 川东-湘鄂西褶皱-冲断带隔挡和隔槽式褶皱(He et al，2018)

图2-4　典型褶皱-冲断带构造结构及构造特征（一）

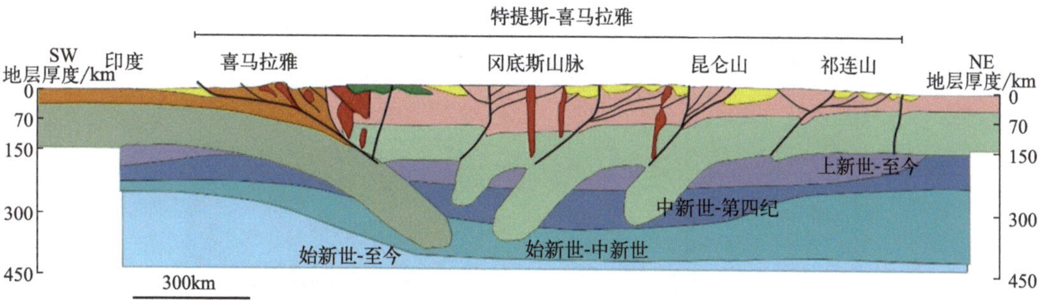

(a) 印度板块-亚洲板块碰撞形成的青藏高原模式图

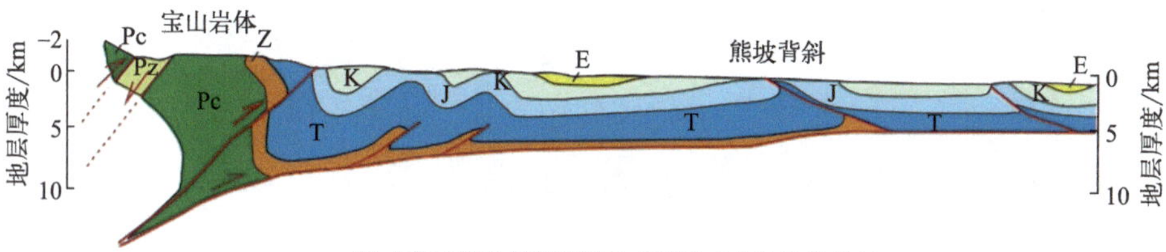

(b) 龙门山逆冲推覆构造及其背驮式盆地结构特征

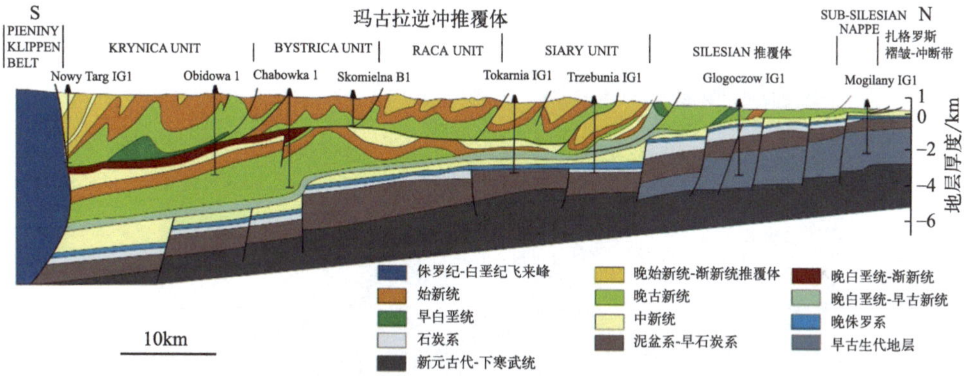

(c) 喀尔巴仟山玛古拉逆冲推覆构造

图2-5　典型褶皱-冲断带构造结构及构造特征（二）

⑤ 通过地貌形态可以判断地貌变形的时代。山峰比较尖、陡，形成的时代较年轻；山峰形态比较平缓，形成的时代比较老。黔中隆起和川西的山峰形态比较尖和陡峻，表明形成的时代均较年轻，但川西的山峰规模更加大（图2-6）。

总之，青藏高原东南一侧的龙门山断裂带地貌起伏异常大，山峰高耸，冰川覆盖，河谷下切，形成异常陡峻的地貌。构造变形强烈，褶皱和逆冲断裂发育，地层的倾角较大，形成复杂的变形样式，该区域滑坡和泥石流等自然灾害也十分发育，是研究自然灾害的重要区域（图2-7和图2-8）。

喀尔巴阡山玛古拉逆冲推覆构造和比利牛斯山双向挤压汇聚逆冲构造也十分典型。前人也采用经典的物理模拟技术对形成演化开展了物理模拟研究（图2-9）。

在葡萄牙南部和里斯本南部区域，也常见到褶皱-冲断带。多重褶皱的叠加和断层相关褶皱，以及水平地层不整合下伏褶皱（图2-10和图2-11）表明被动大陆边缘早期也发生过相关的挤压变形作用，形成了大量的褶皱-冲断带。

图2-6　龙门山逆冲断裂带典型地貌特征

图2-7　龙门山逆冲断裂带发育的褶皱样式

图2-8　龙门山逆冲断裂带发育的黑色页岩及变形样式

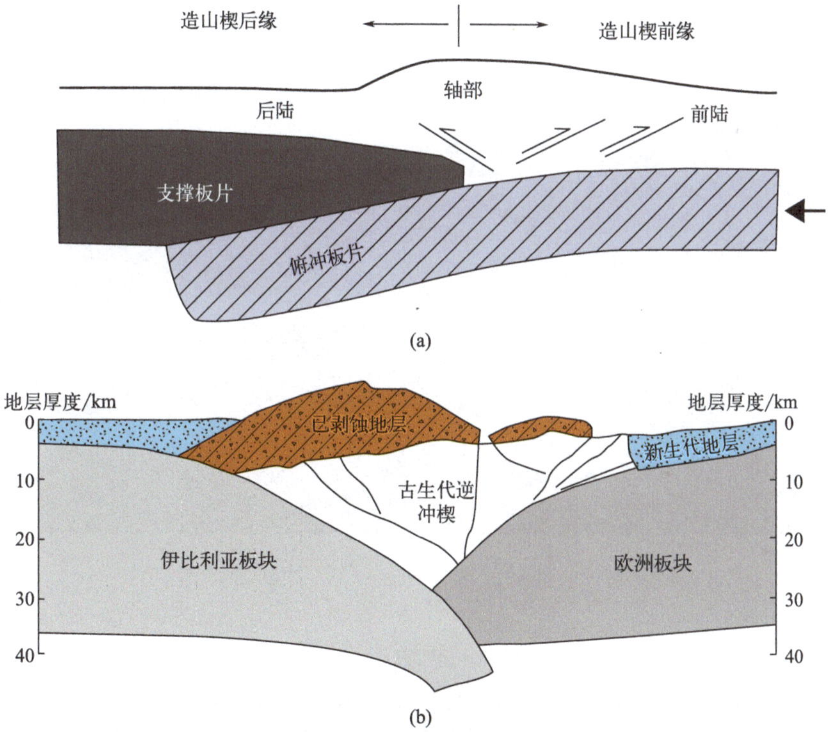

图2-9　比利牛斯山褶皱-冲断带变形特征及演化模式

图2-10　葡萄牙里斯本南部褶皱-冲断带构造变形样式

图2-11　葡萄牙法鲁地区褶皱-冲断带样式

总之，褶皱-冲断带在世界各大洲的板块边界和板块内部的造山带均有分布。它们的构造变形样式主要是叠瓦式的逆冲推覆构造、断层相关褶皱、薄皮的逆冲推覆构造和厚皮的逆冲推覆构造，以及多种构造变形样式的叠加和组合。不同构造位置具有不同的地层结构和流变学特征，导致了不同构造区的褶皱-冲断带的变形特征具有明显的差异。因此，需要加强对褶皱-冲断带具体变形演化特征的研究。

2.2　褶皱-冲断带研究现状

褶皱-冲断带的研究首先是野外地质调查、地质填图。通过野外地质信息复原褶皱-冲断带可能的构造特征和形成模式，以及成因和动力学来源。其次通过地球化学特征分析褶皱-冲断带可能的演化过程；也可以根据盆地和褶皱-冲断带的耦合关系，揭示造山的隆升、剥蚀和沉积演化过程；还可以根据地球物理方法中的地震反射、电磁学特征、航空磁测量，以及航空遥感数据开展褶皱-冲断带变形特征研究。由于褶皱-冲断带构造极其复杂，单一的研究手段很难满足褶皱-冲断带变形特征及其演化过程的研究。同时，对于褶皱-冲断带的成因机制和演化过程，很难利用以上研究方法重建，而且因褶皱-冲断带地壳结构复杂，很多物性数据难以复原。

早在1818年，Hall就开展了褶皱-冲断带变形特征的物理模拟研究，为后来造山的构造变形分析开拓了新的研究领域，并一直影响着当今构造物理模拟技术的发展。在1888年，Cadell利用物理模拟技术开展了Moine逆冲构造的重建。他的研究更好地揭示了该区逆冲构造的形成时间和演化过程。Hubbert（1937，1951）系统论述了物理模拟中的几何学、运动学和动力学相似理论，使得物理模拟技术成为更为系统的科学理论，并朝着半定量化、定量化方向快速发展。Weijermars等（1986，1993）通过物质变形属性研究，系统论述了构造变形的流变学特性。Schreurs等（2006，2016）开展了物理模拟相似性和系统性误差分析，使物理模拟标准化建设和应用迈出了重要步伐。物理模拟经过200多年的发展，技术更加成熟，应用效果非常明显，已得到构造地质学家的广泛应用。该技术对指导褶皱-冲断带和盆地的变形演化研究具有重要意义。随着物理模拟技术的发展和广泛应用，也许会引起国内更多学者对物理模拟技术的关注和重视。

当前的褶皱-冲断带研究主要基于野外实地考察取得的露头、钻测井资料，地震、年代学、古地磁和地球化学数据，以及实验室开展的变形演化分析和模拟。由于褶皱-冲断带和增生楔的构造变形复杂，很难获得准确可靠的地震数据，或者取得的资料分辨率不够。因此，目前的研究主要是在第一手资料的基础上，开展物理模拟和数值模拟，以及数值分析研究，并结合先进的成像技术和分析手段，开展更精细的多因素影响的综合分析研究。

过去，人们对褶皱-冲断带的研究常常是针对单一的构造因素进行分析的。随着计算技术的提升，逐渐开展了如构造、剥蚀和沉积等多因素控制的综合研究（Cruz et al，2010）。随着全球气候研究的拓展，有部分学者甚至开展地貌变形与深部构造之间响应的物理模拟研究（Graveleau et al，2015；图2-12 ~ 图2-14）。同时，应用数值模拟和物理模拟等多手段对比分析，形成更加系统、科学合理的研究成果。

2.3　褶皱-冲断带研究存在的科学问题

褶皱-冲断带的研究对揭示板块的运动和演化具有重要的意义。尽管前人对褶皱-冲断带开展了大量的研究，对褶皱-冲断带可能的结构特征进行了分析和探讨。但是针

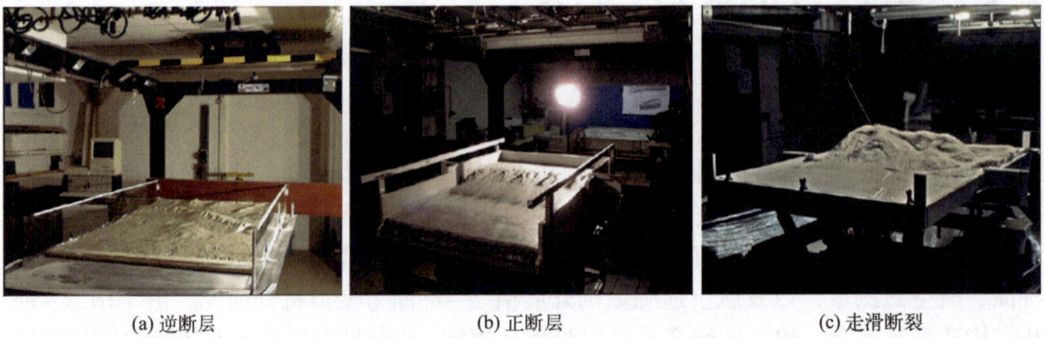

图2-12　构造、剥蚀和沉积作用与挤压、伸展和走滑之间相互作用的物理模拟研究（Graveleau et al，2015）

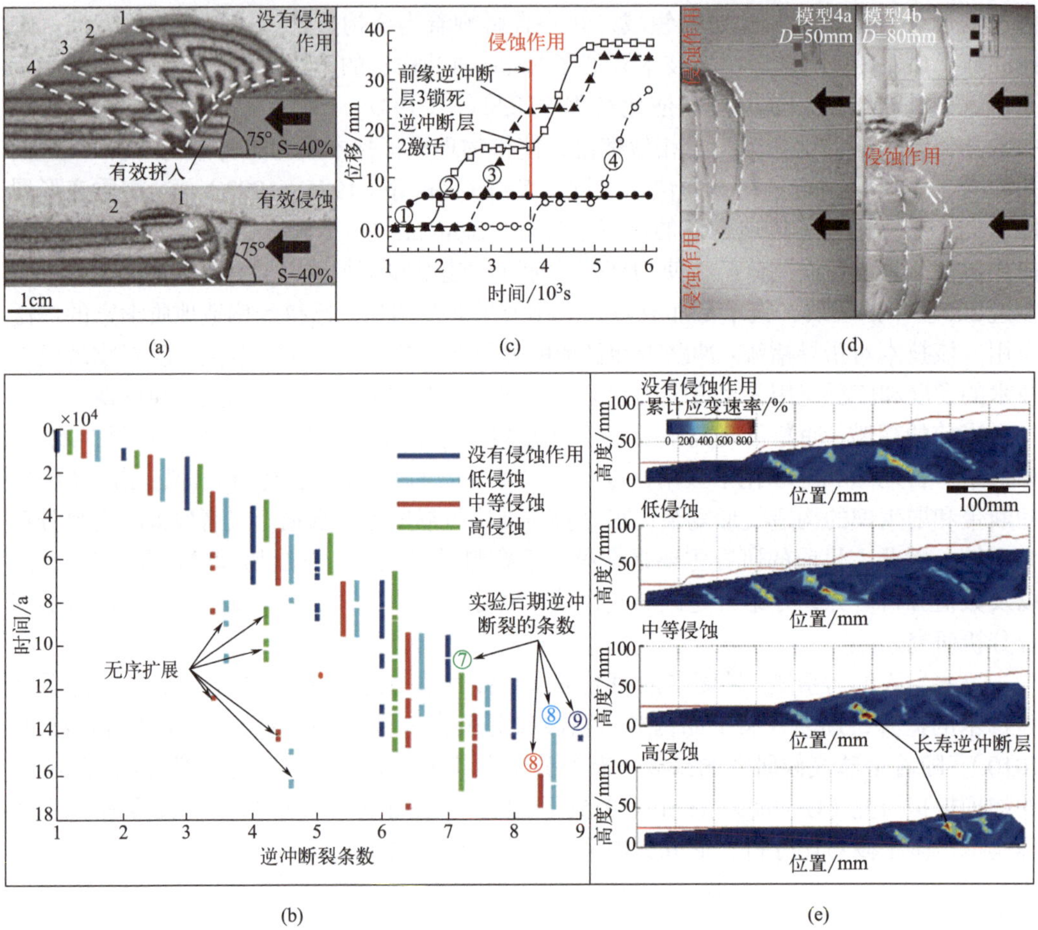

图2-13　褶皱-冲断带经历剥蚀演化的物理模拟综合分析研究（Cruz et al，2008；2010）

对褶皱–冲断带的形成机制和演化过程的研究仍然十分缺乏，目前仍然存在以下科学问题需要进一步分析研究：

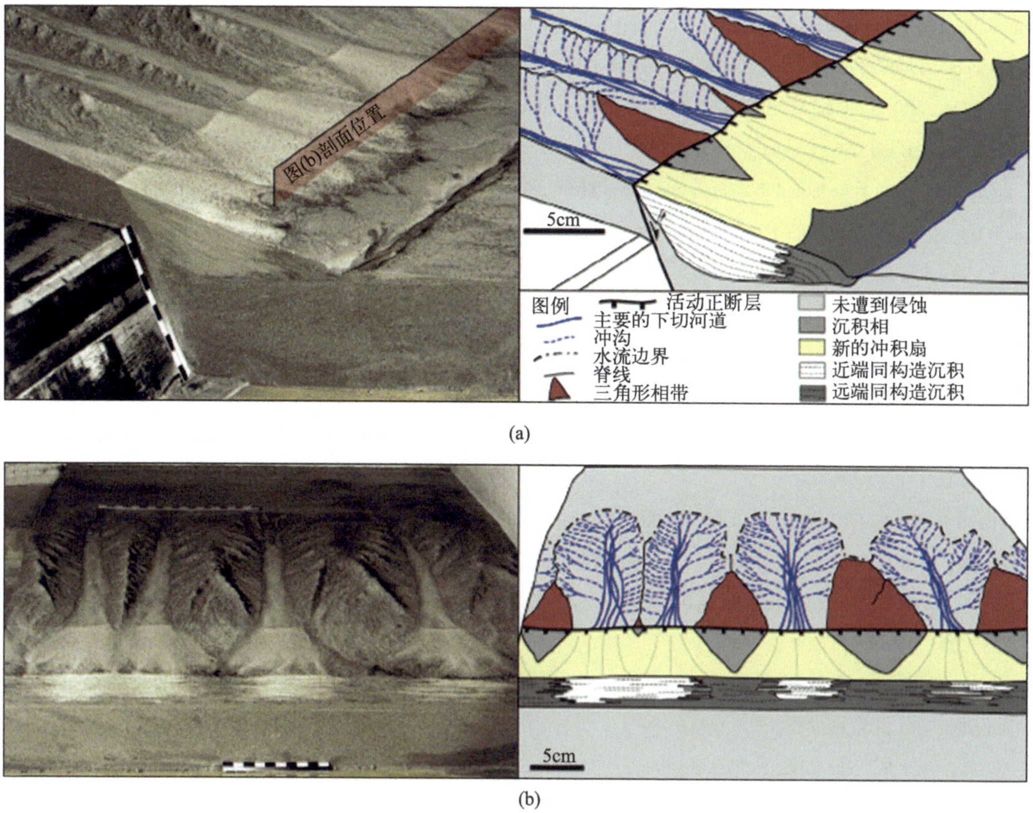

图2-14 褶皱-冲断带深部与浅表地貌变形之间的构造响应关系（Graveleau et al，2015）

① 褶皱-冲断带与盆地之间的变形演化相互关系。

② 造山构造特征的差异性成因机制。

③ 褶皱-冲断带的变形演化过程。

④ 褶皱-冲断带的动力学来源。

⑤ 褶皱-冲断带对板块构造的约束和贡献。

现今的地球物理和野外观察到的褶皱-冲断带断裂、褶皱和复杂的构造组合关系都只是静态特征的显示。有关褶皱-冲断带变形演化的运动学、动力学，甚至流变学作用的过程，则需要应用物理模拟或数值模拟技术，才能更加清晰地理解其变形过程。为此，本书主要根据物理模拟相似理论，对摩擦属性对褶皱-冲断带的变形影响开展系统深入的物理模拟研究。

参考文献

Burchfiel B C，Royden L，van der Hilst R，et al，2008. A geological and geophysical context for the Wenchuan earthquake of 12 May 2008，Sichuan，People's Republic of China. Geol Soc Am Bull，18：4-11.

Bonini M, 2007. Deformation patterns and structural vergence in brittle-ductile thrust wedges: An additional analogue modelling perspective. Journal of Structural Geology, 29: 141-158.

Buiter S J H, 2012. A review of brittle compressional wedge models. Tectonophysics, 530-531: 1-17.

Butler R W H, Bond C E, Cooper M A , 2020. Henry Cadell's "Experimental research in mountain building": their lessons for interpreting thrust systems and fold-thrust structures. The Geological Society of London, 490: 1-23.

Cadell H M, 1888. Experimental research in mountain building. Transactions of the Royal Society of Edinburgh, 35: 337-357.

Cruz L, Malinski J, Wilson A, et al, 2010. Erosional control of the kinematics and geometry of fold and thrust belts imaged in a physical and numerical sandbox. Journal of Geophysical Research, 115: B09404.

Cruz L, Teyssier C, Perg L, et al, 2008. Deformation, exhumation, and topography of experimental doubly-vergent orogenic wedges subjected to asymmetric erosion. Journal of Structural Geology, 30(1): 98-115.

Graveleau F, Malavieille J, Dominguez S, 2012. Experimental modelling of orogenic wedges: A review. Tectonophysics, 538-540: 1-66.

Graveleau F, Strak V, Dominguez S, et al, 2015.Experimental modelling of tectonics-erosion-sedimentation interactions in compressional, extensional, and strike-slip settings. Geomorphology, 244: 146-168.

Hubbert M K, 1951. Mechanical basis for certain familiar geologic structures. Bulletin of the Geological Society of America, 62(4): 355-372.

Hubbert M K, 1937. Theory of scale models as applied to the study of geologic structures. Bulletin of the Geological Society of America, 48 (21): 1459-1520.

He W G, Zhou J X, Yuan K, 2018. Deformation evolution of Eastern Sichuan-Xuefeng fold-thrust belt in South China: Insights from analogue modelling. Journal of Strucutral Geology, 109: 74-85.

Robinson A C, Manning C E, Harrison T M, et al, 2004. Tectonic evolution of the northeastern Pamir: Constrains from the northern portion of the Cenozoic Kongur Shan extensional system, Western China. GSA Bulletin, 116 (78): 953-973.

Robinson A C, 2009. Geologic offsets across the northern Karakorum fault: implications for its role and terrane correlations in the western Himalayan-Tibetan orogen. Earth and Planetary Science Letters , 279: 123-130.

Sherkati S, Letouzey J, Frizon D, et al, 2006. Central Zagros thrust-and-fold belt (Iran): New insights from seismic data, field observation, and sandbox modeling. Tectonics, 25: 1-27.

Schreurs G, Buiter S J H, Boutelier D, et al, 2006. Analogue benchmarks of shortening and extension experiments. The Geologicol Society of London, 253: 1-27.

Schreurs G, Buiter S J H, Boutelier J, et al, 2016. Benchmarking analogue models of brittle thrust wedges. Journal of Structural Geology, 92: 116-139.

Tapponnier P, Peltzer G, Dain A L, et al, 1982. Propagating extrusion tectonics in Asia: New insights from simple experiments with plasticine. Geology, 10: 611-616.

Weijermars R, Jackson M P A, Vendeville B C, 1993. Rheological and tectonic modeling of salt provinces. Tectonophysics, 217 (1-2): 143-174.

Weijermars R, Schmeling H, 1986. Scaling of Newtonian and non-Newtonian fluid dynamics without inertia for quantitative modelling of rock flow due to gravity (including the concept of rheological similarity) . Phys Earth Planet Inter, 43: 316-330.

第3章

2D模拟实验及应用

褶皱-冲断带的变形演化对油气及矿产资源的勘探和开发，以及板块的汇聚和增生过程的理解具有十分重要的意义。同时，物理模拟技术又是对褶皱-冲断带变形演化研究极为有效的工具，在褶皱-冲断带研究中具有广泛应用。Cotton and Koyi（2000）针对脆/韧性滑脱层条件下的逆冲推覆构造进行了物理模拟研究，表明褶皱-冲断带侧向的流变学结构对变形具有重要的控制作用。Smit et al.（2003）对脆韧性褶皱变形的物理模拟研究表明，基底倾角和变形速率对褶皱-冲断带的运动学指向具有重要的控制作用。Souloumiac et al.（2012）利用2D实验探讨了变形体的侧向面积与基底面积比对褶皱-冲断带变形演化的影响。应用2D 物理模拟实验技术已对褶皱-冲断带的变形样式和运动学指向进行了大量的研究。但是，针对改变摩擦属性对褶皱-冲断带变形演化的影响探索，还缺乏系统的研究。对此，下面基于单层滑脱层和双侧滑脱层条件下的摩擦属性对褶皱-冲断带的变形及运动学特征影响，开展了系列的物理模拟实验及分析。

3.1 单层滑脱层

3.1.1 侧向摩擦实验

3.1.1.1 模型结构设计

模型长80cm，宽30cm，基底硅胶层厚0.5cm，上覆石英砂层厚度1.5cm。侧向用硅油减小侧向摩擦力。本装置所有实验在里斯本大学物理模拟实验室完成。模型1和模型2用硅油减小侧向摩擦力，后侧挡板位于基底块体之上。模型3和模型4用仍然用硅油减小侧向摩擦力，但后侧挡板主要位于基底硅胶与石英砂界面位置（图3-1）。

3.1.1.2 模拟结果

（1）模型1结果

挤压速率为5cm/h，挤压量为30cm。挤压挡板位于基底硅胶层的底部一侧。模拟结果显示形成弧形的褶皱-冲断带。产生了7条褶皱和相关断层。断裂剖面特征显示主要形成前冲断裂、后冲断裂和褶皱-冲断带根带的倒转断裂。演化过程显示，在变形的初始阶段（挤压量=0cm），形成与挤压挡板边界近似平行的褶皱和断层。在变形中期，形成对称型的弧形褶皱（挤压量=16.6cm）。变形晚期形成弧形的褶皱-冲断带（挤压量=30cm）（图3-2、图3-3）。

（2）模型2结果

挤压量为30cm。第一阶段的挤压速率为25cm/h，第二阶段的挤压速率为5cm/h。挤

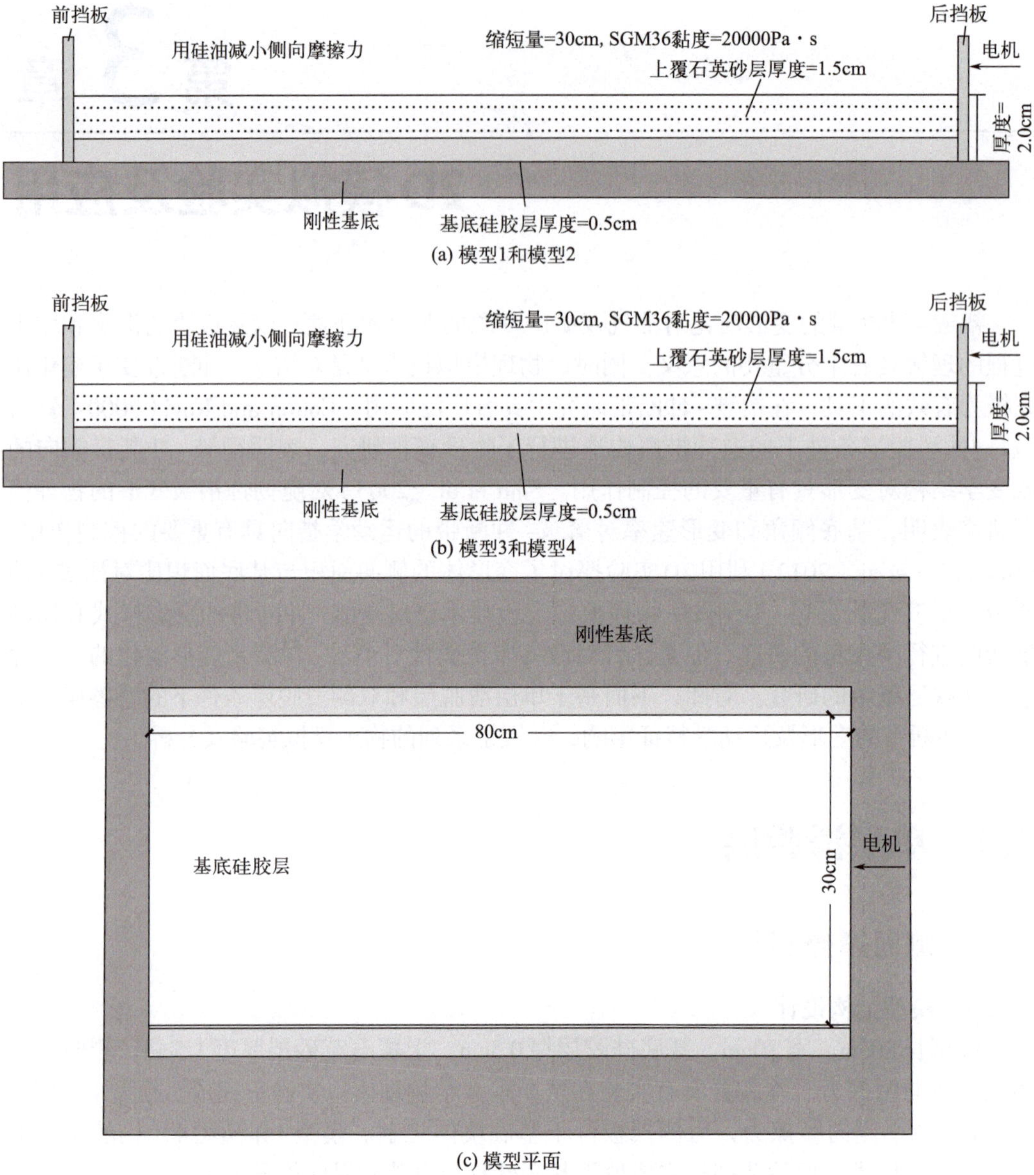

图3-1 挤压速率与背挡埋深对褶皱-冲断带变形影响的模型设计

压挡板位于基底硅胶层的底部一侧。模拟结果显示仍然形成弧形的褶皱-冲断带。产生5条褶皱和相关断层。模型2比模型1产生的褶皱数量要少，但形成单个褶皱的幅度较大。断裂平面特征显示其根带的隆升剥蚀强度较大。断裂剖面特征显示主要形成对称型的冲起断裂和前冲构造（图3-4、图3-5）。

（3）模型3结果

挤压挡板以恒定的速率（5cm/h）作用，总挤压量为30cm。挤压挡板位于基底硅胶层的顶部。模拟结果显示仍然形成弧形的褶皱-冲断带。产生7条褶皱和相关断层，形成的褶皱幅度比模型1和模型2的幅度均小。断裂特征主要是形成前冲断裂和后冲断裂

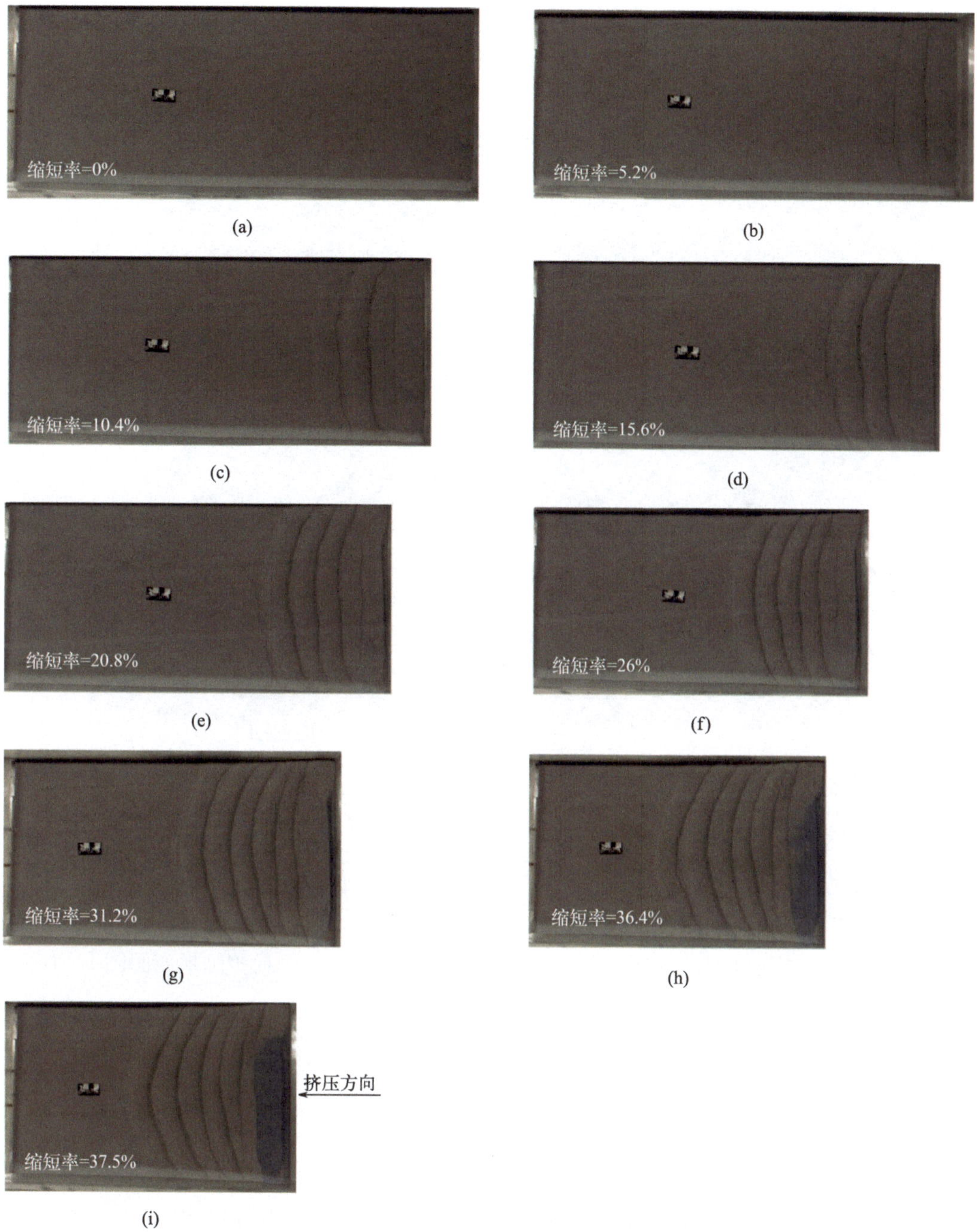

图3-2　模型1减小侧向摩擦力，恒定挤压速率（5cm/h）模拟结果平面图

（图3-6、图3-7）。

（4）模型4结果

挤压量为30cm。第一阶段的挤压速率为25cm/h，第二阶段的挤压速率为5cm/h。挤压挡板位于基底硅胶层的底部一侧。模拟结果显示仍然形成弧形的褶皱-冲断带，但褶

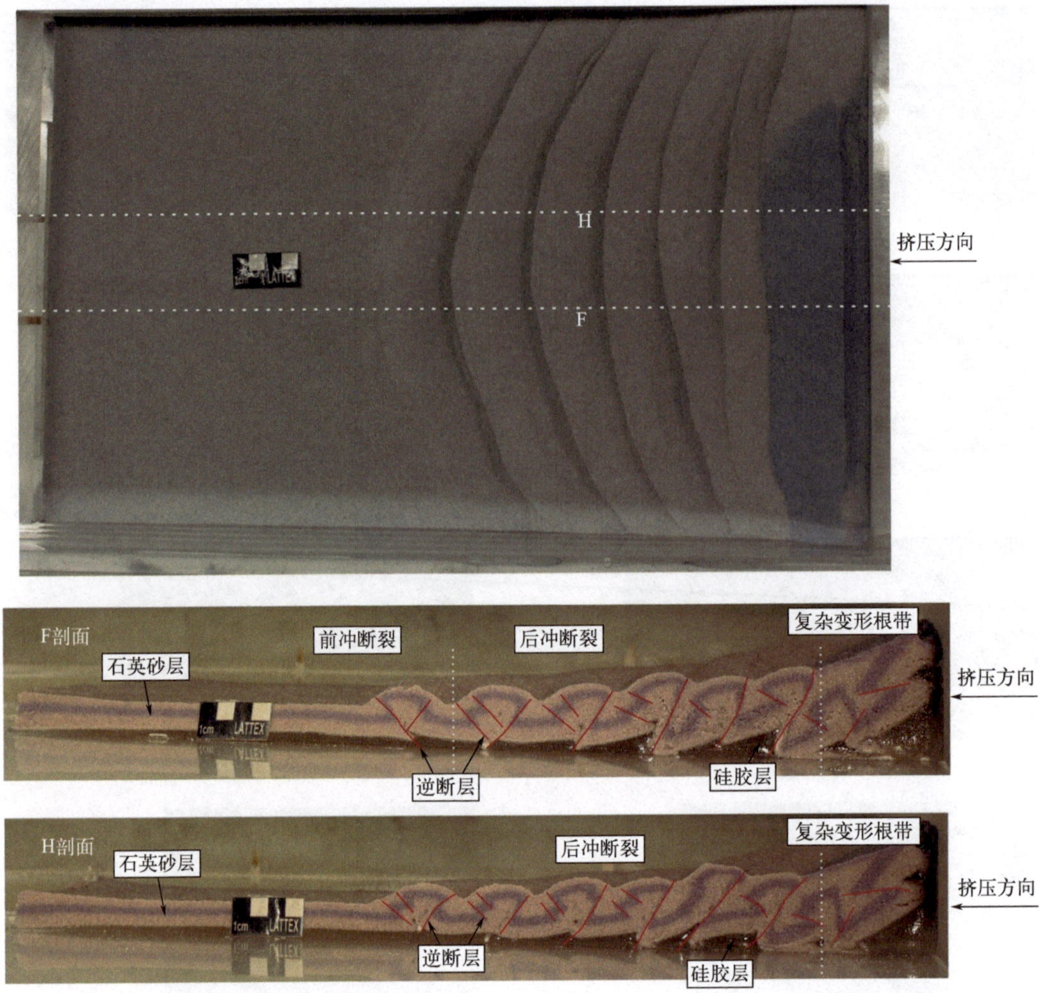

图3-3　模型1减小侧向摩擦力，恒定挤压速率（5cm/h）模拟结果剖面图

皱的轴迹弧线曲率较模型1和模型2的小。产生7条褶皱和相关断层，比模型2产生的褶皱的幅度要小。断裂平面特征显示根带的隆升剥蚀强度较小。断裂剖面特征显示主要为后冲断裂和前冲构造（图3-8、图3-9）。

有关褶皱-冲断带应力对变形演化的影响，前人开展了相关的分析研究（Nalpas and Brun，1993；Smit et al，2003；Bonini，2007；Zhou et al，2016）。以上4个模拟结果可以推断出不同结构的褶皱-冲断带的不同应力状态。模型1中脆性层的剪切应力较大（邻近挡板区域的剪应力为462.5 ~ 480.5Pa），脆性层与韧性层的剪切应力之比在0.7 ~ 13之间。模型2的脆性层与韧性层的剪切应力之比在3.5 ~ 171之间。同时，其基底剪切应力较小，在4.5 ~ 56Pa之间。模型3的基底剪切应力较大（138 ~ 322Pa）。挡板附近区域的脆性层与韧性层的剪切应力之比为1.43。模型4的基底剪切应力在36 ~ 19Pa之间，脆性层的应力值范围为195 ~ 803Pa。脆性层与韧性层的剪切应力之比为3.5 ~ 8.25（图3-10、图3-11）。

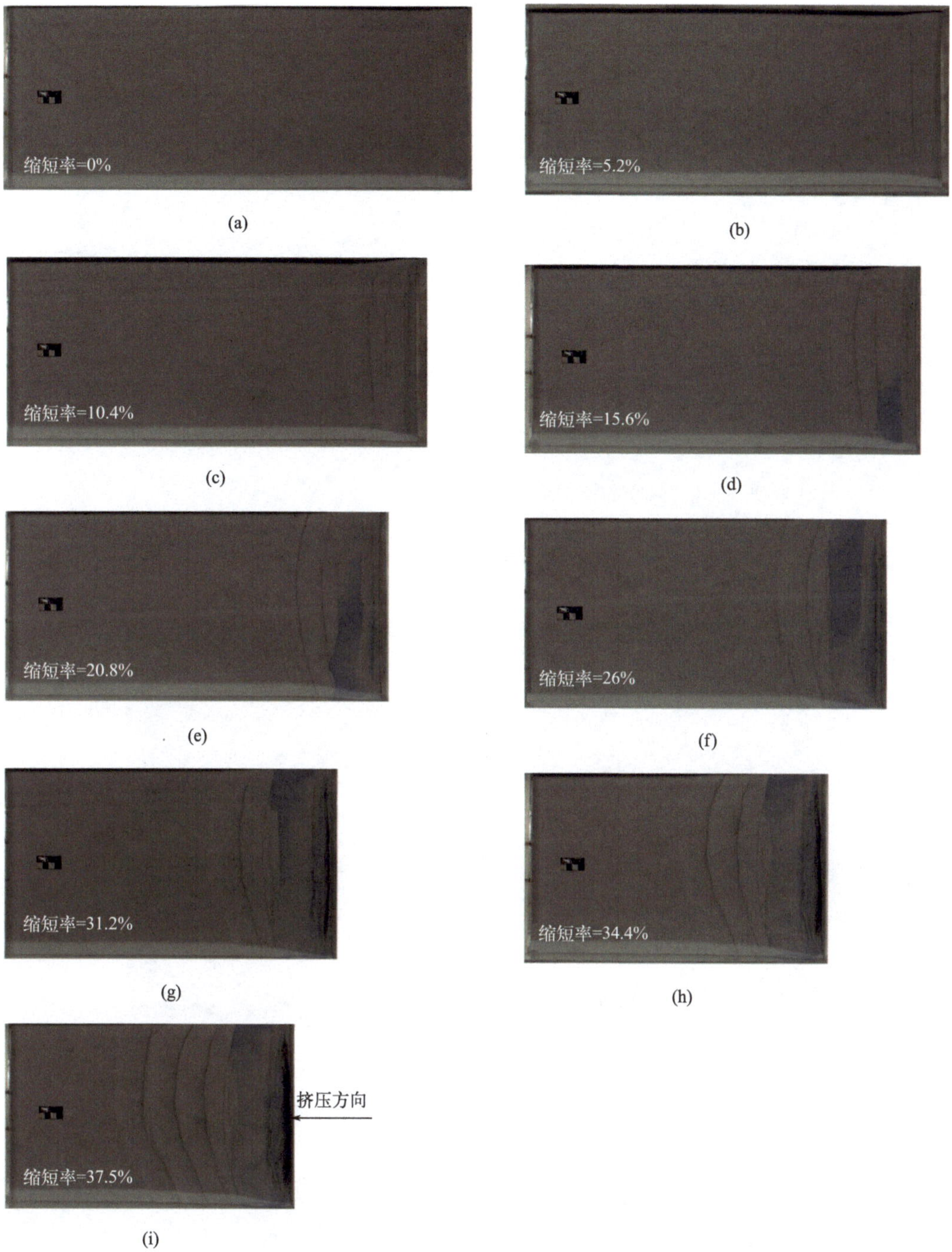

图3-4　模型2减小侧向摩擦力，第一阶段挤压速率=25cm/h，第二阶段挤压速率=5cm/h的模拟结果平面图

不同模型（模型1和模型3）中的差异应力（$\sigma_1-\sigma_3$）的比较分析。模型1中的差异应力大于模型3。不同变形率的模型（模型2和模型4）对比，模型2的挡板埋深较大，表现出更大的压差应力。挡板位置较深的模型（模型1和模型2）中，在不同的应变速

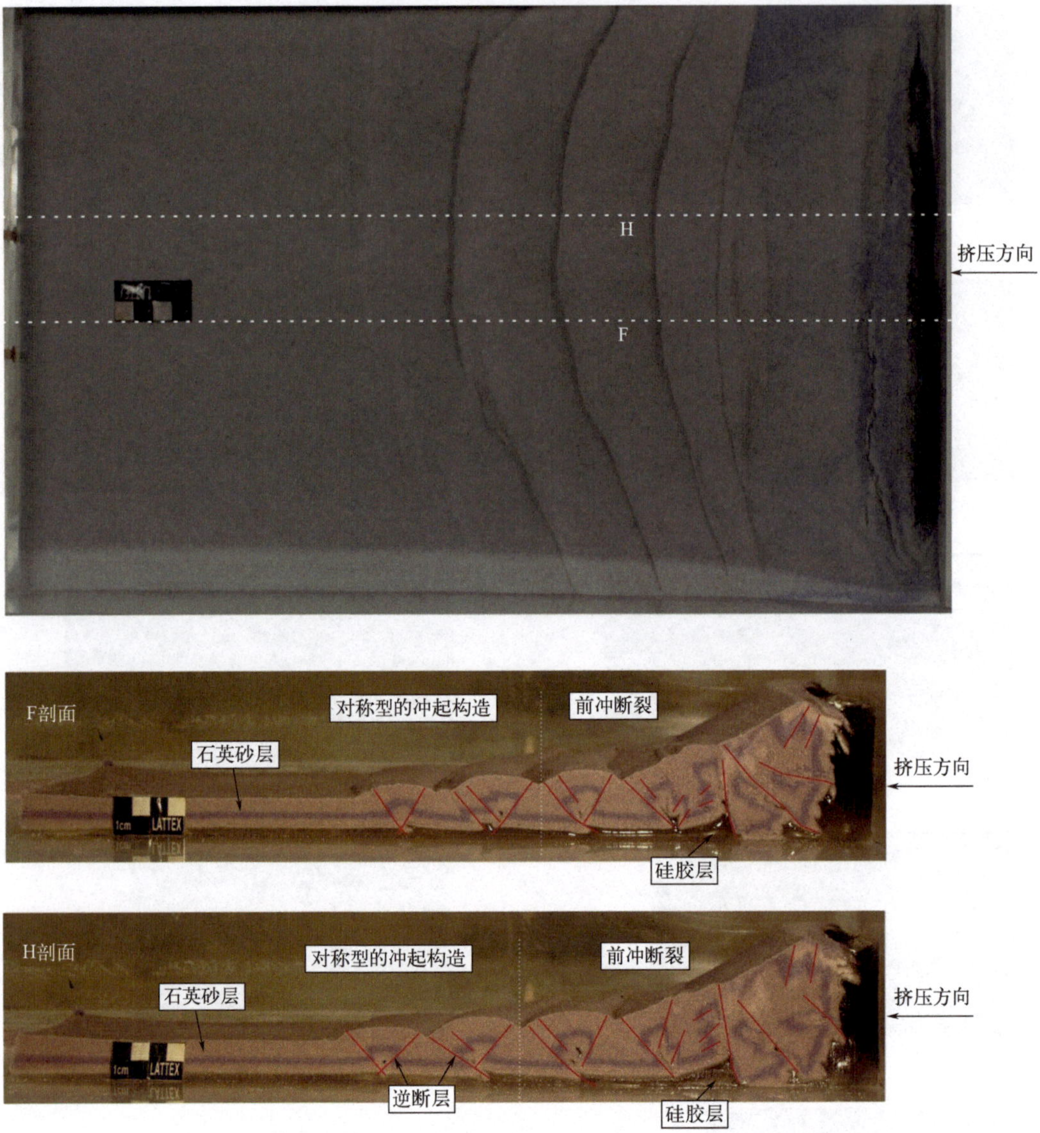

图3-5 模型2减小侧向摩擦力，第一阶段挤压速率=25cm/h，第二阶段挤压速率=5cm/h模拟结果剖面图

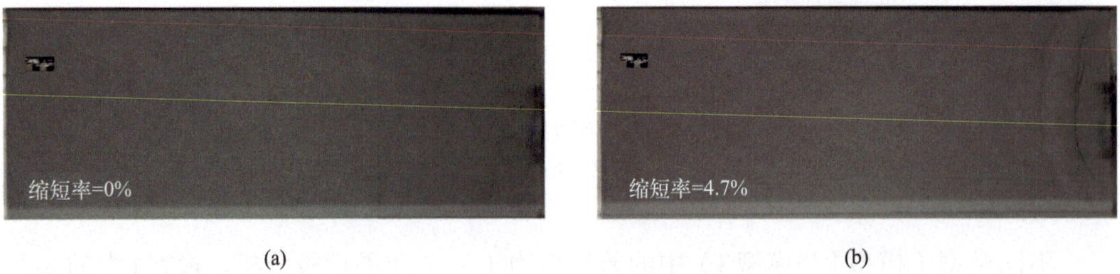

(c)

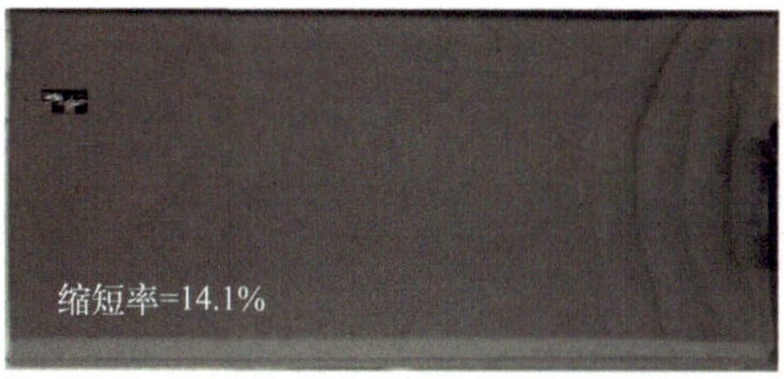

(d)

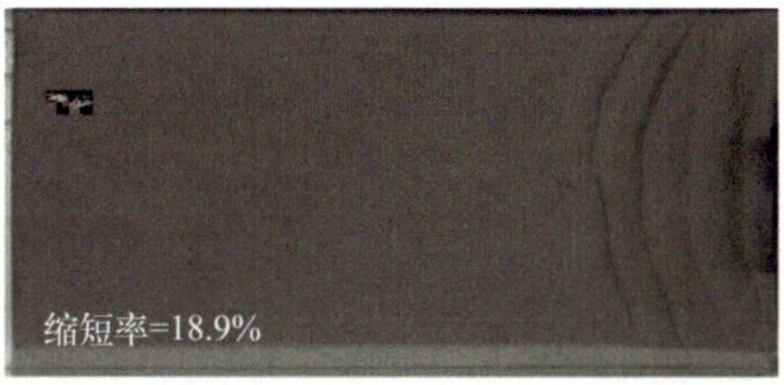

(e)

(f)

(g)

(h)

图3-6 模型3减小侧向摩擦力，恒定挤压速率=5cm/h，挡板位于基底硅胶层顶部模拟结果平面图

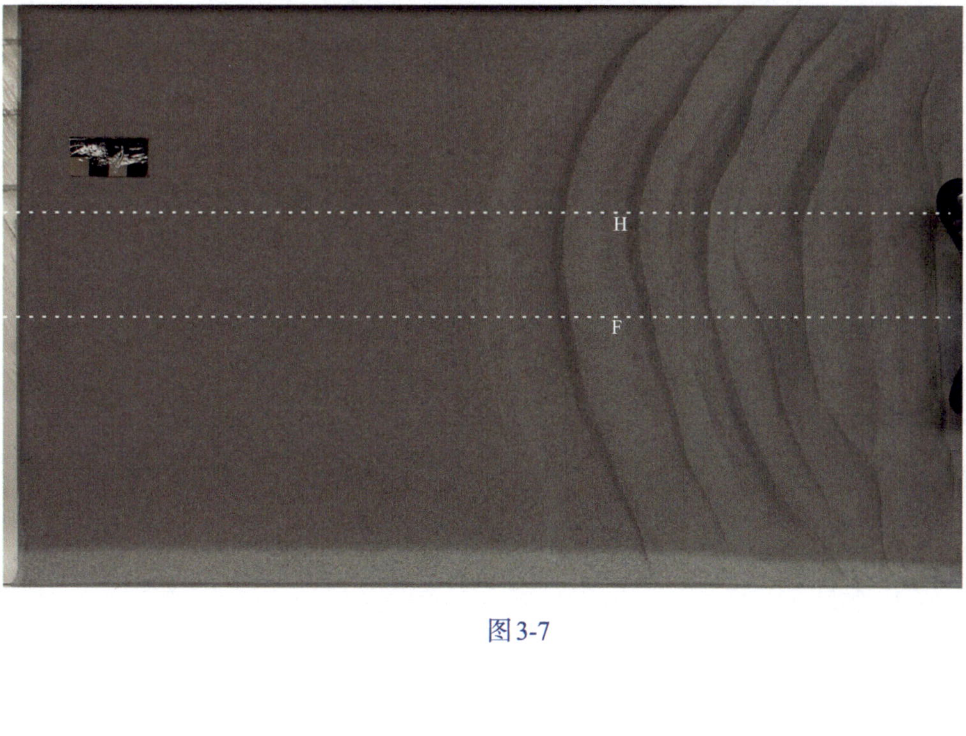

图3-7

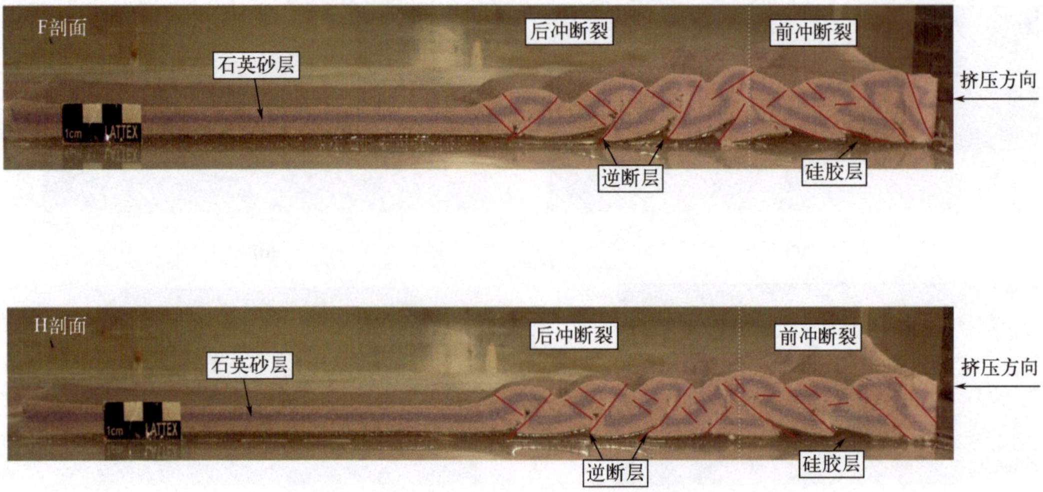

图3-7　模型3减小侧向摩擦力，恒定挤压速率=5cm/h，挡板位于基底硅胶层顶部模拟结果剖面图

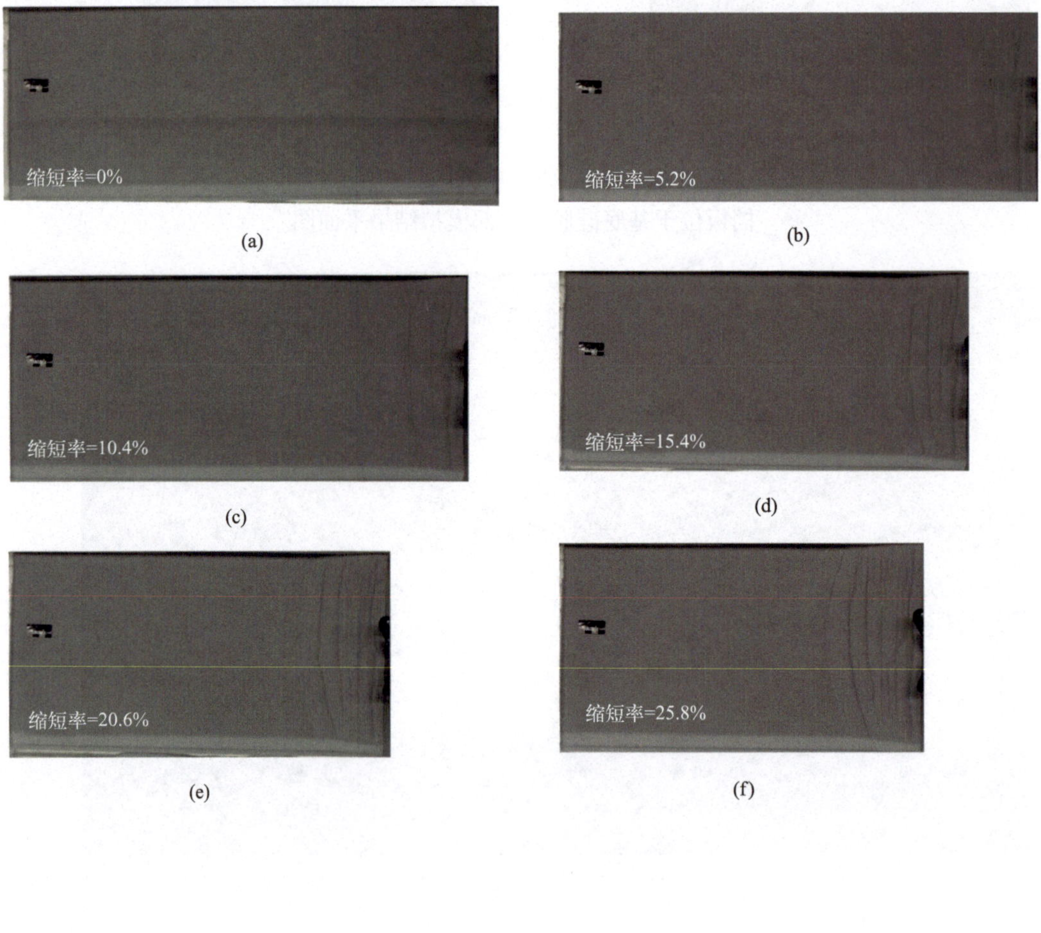

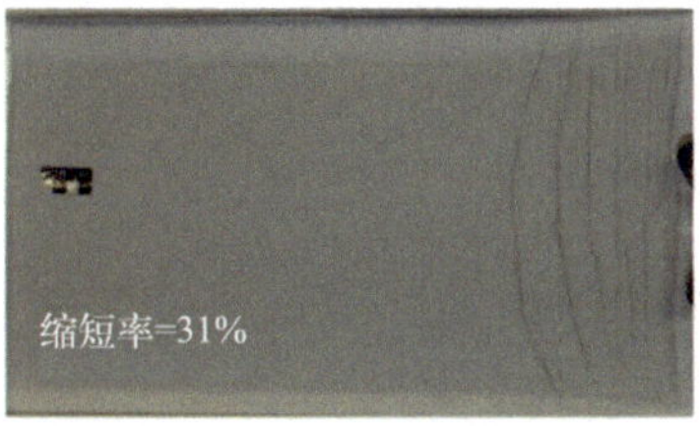

(g)

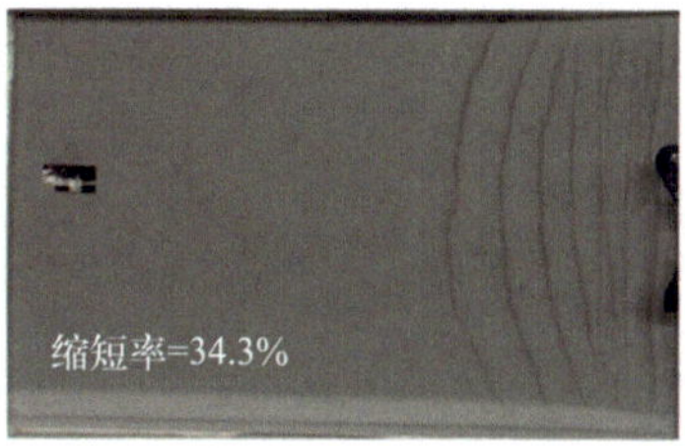

(h)

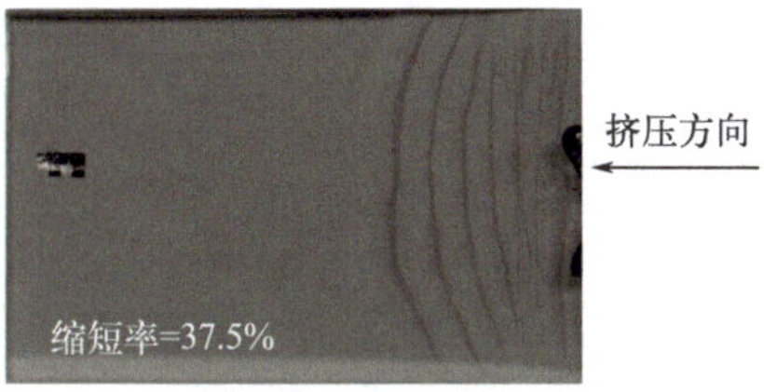

(i)

图3-8　模型4减小侧向摩擦力，挤压挡板位于硅胶层之上，第一阶段挤压速率=25cm/h，第二阶段挤压速率=5cm/h的模拟结果平面图

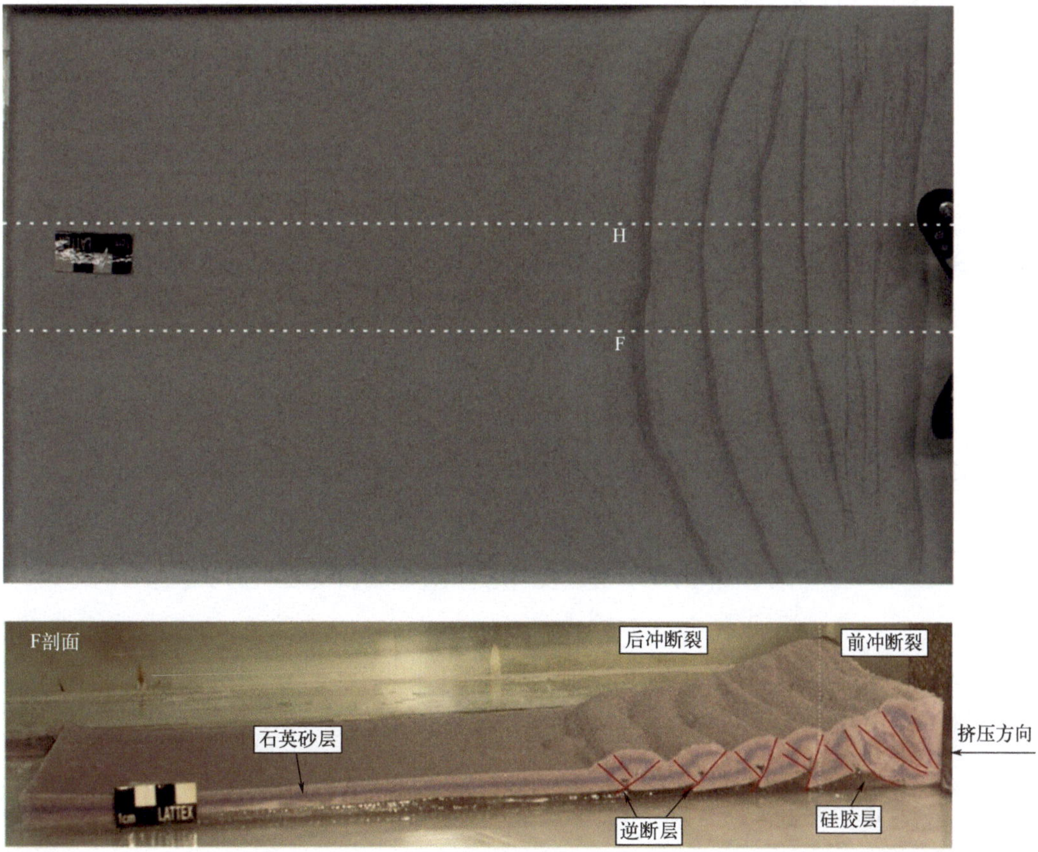

图3-9

图3-9　模型4减小侧向摩擦力，挤压挡板位于硅胶层之上，第一阶段挤压速率=25cm/h，第二阶段挤压速率=5cm/h的模拟结果剖面图

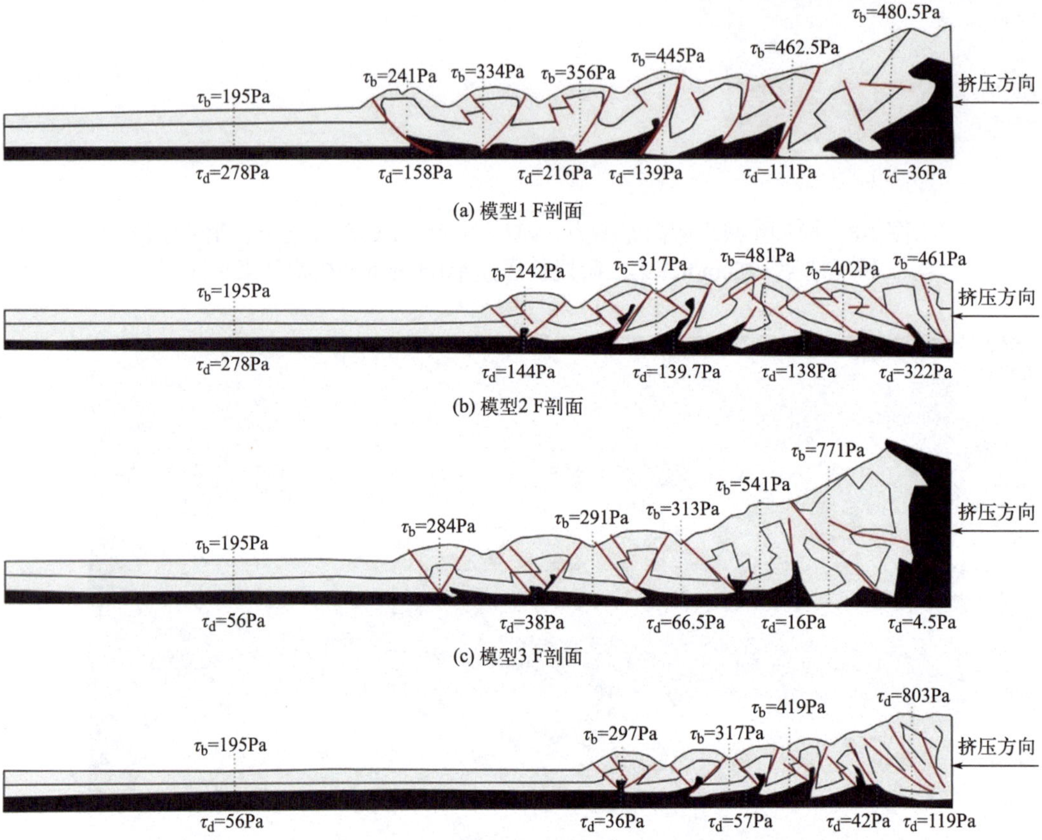

图3-10　减小侧向摩擦力和改变挤压速率模拟结果及剪应力状态图

率下，模型2会产生更高的差应力。相反，在具有相同浅埋挡模型（模型3和模型4）中，模型4产生较低的差应力。

3.1.2　基底摩擦实验

3.1.2.1　模型设计

测试不同基底属性条件下褶皱-冲断带的变形样式。模型宽30cm，长80cm。基底硅

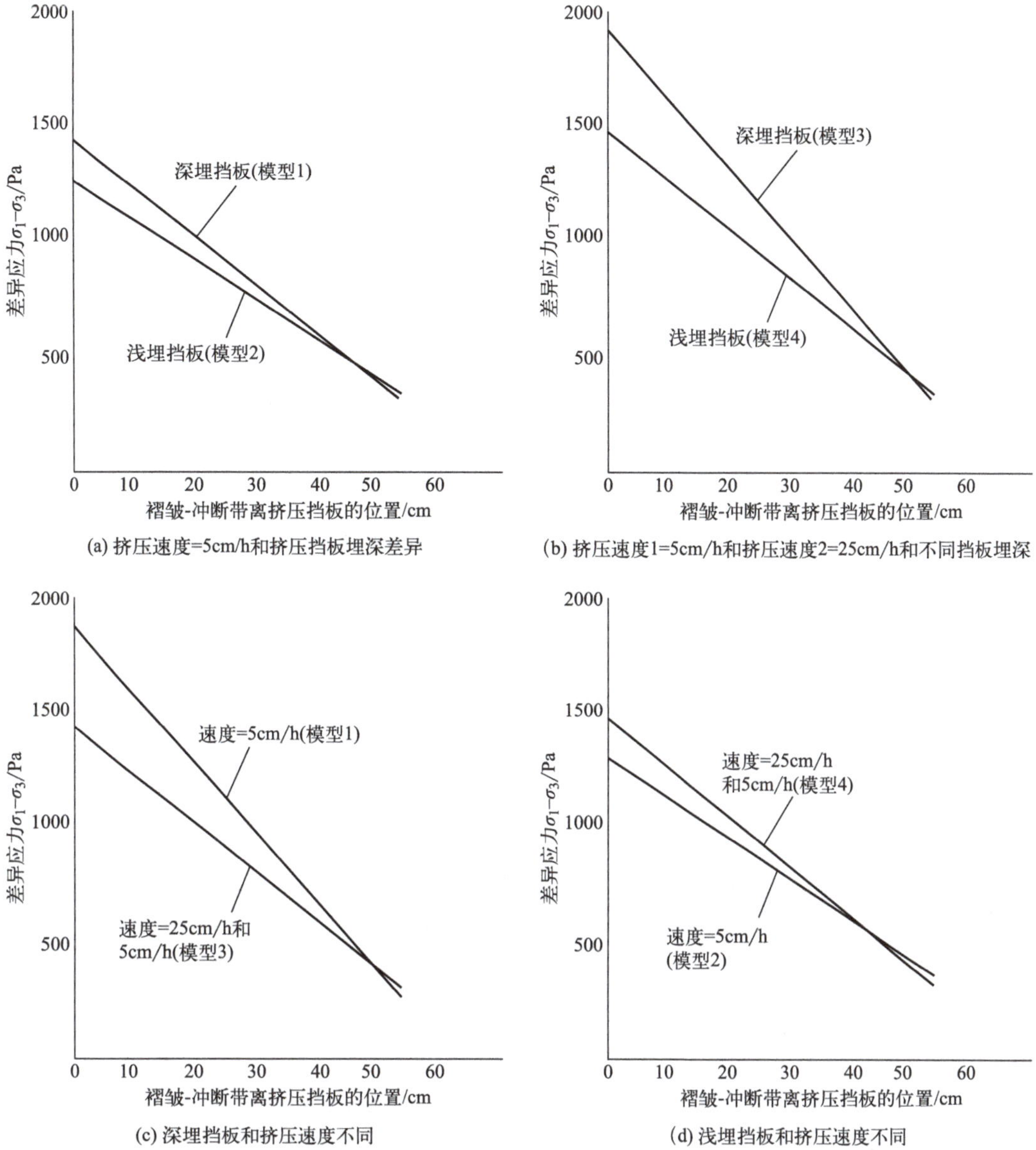

(a) 挤压速度=5cm/h和挤压挡板埋深差异

(b) 挤压速度1=5cm/h和挤压速度2=25cm/h和不同挡板埋深

(c) 深埋挡板和挤压速度不同

(d) 浅埋挡板和挤压速度不同

图3-11　不同埋深模型与差应力之间的关系

胶厚0.5cm，上覆石英砂厚度为1.5cm。两侧具有亚克力挡板。前挡和背挡支撑内部硅胶和石英砂，且活动挡板位于基底刚性块体之上。单侧进行挤压，挤压速率为5cm/h（图3-12）。

实验室石英砂密度为1.60g/cm^3，内摩擦角为30°，满足库仑-莫尔准则，是广泛使用的脆性模拟材料。硅胶黏度为20000Pa·s，属于牛顿流体，也是模拟韧性变形的理想材料，已得到广泛应用。

3.1.2.2　**模拟结果**

（1）模型1结果

模型1在靠近挤压一端减小基底摩擦。挤压缩短率为5.2%，产生了3条弧形逆冲断

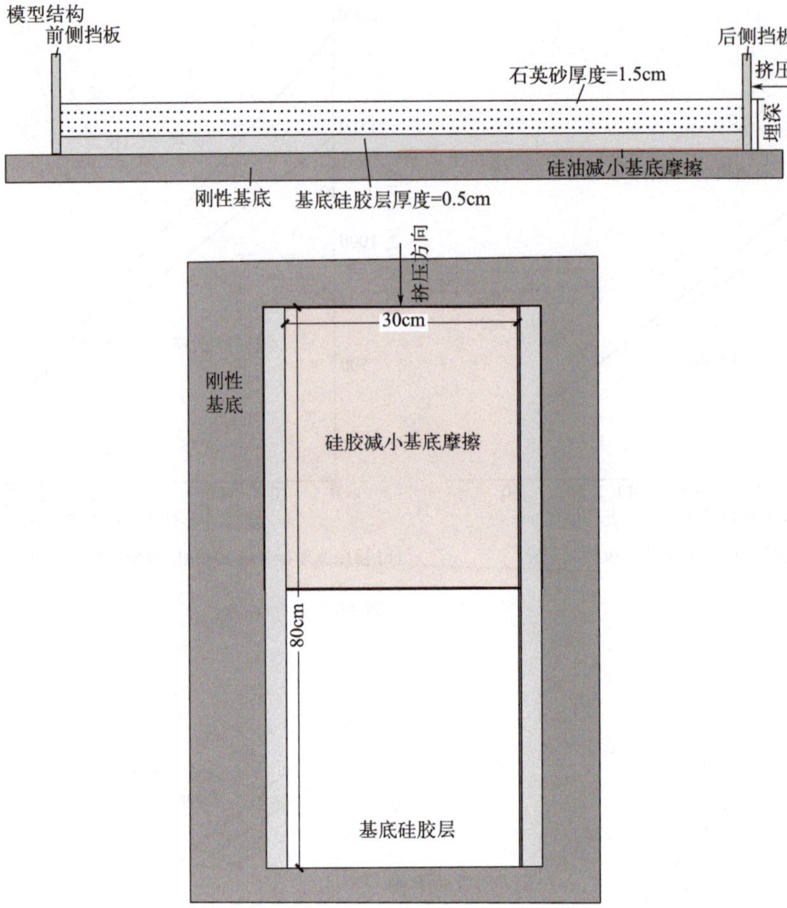

图3-12　模型剖面和平面结构

层及断层相关褶皱。断层与活动挡板之间具有一定的间距。随着挤压量的增加，变形逐渐向前缘扩展，形成的断层和褶皱数量逐渐增加。挤压缩短率为34.2%，形成6条褶皱。靠近挡板位置一侧的褶皱幅度较大，而远离挡板一带的褶皱幅度相对较小。变形剖面特征显示，形成前冲断裂为主。褶皱的内部充满硅胶层，表明挤压构造带的底辟构造也极为发育（图3–13、图3–14）。

（2）模型2结果

模型2用硅油减小整个基底的摩擦力。模型结果显示，挤压缩短率为5.2%，产生2条大的箱状褶皱，同时伴生2条规模较小的褶皱。褶皱的形态仍为弧形弯曲。随着变形缩短量的增加，褶皱的数量逐渐增加，变形扩展的范围增大。挤压缩短率为37.5%，形成了9条褶皱。剖面特征显示，形成后冲断裂为主，前冲断裂调节变形，且冲起构造极为发育的变形样式（图3–15、图3–16）。

模型1与模型2相比，变形样式发生了较大的变化。模型1以前冲断裂为主，形成指向前陆的断层相关褶皱。模型2形成冲起构造和指向后陆的断层。模型2产生的褶皱数量多，规模小，变形扩展的范围明显比模型1产生的变形扩展范围大。

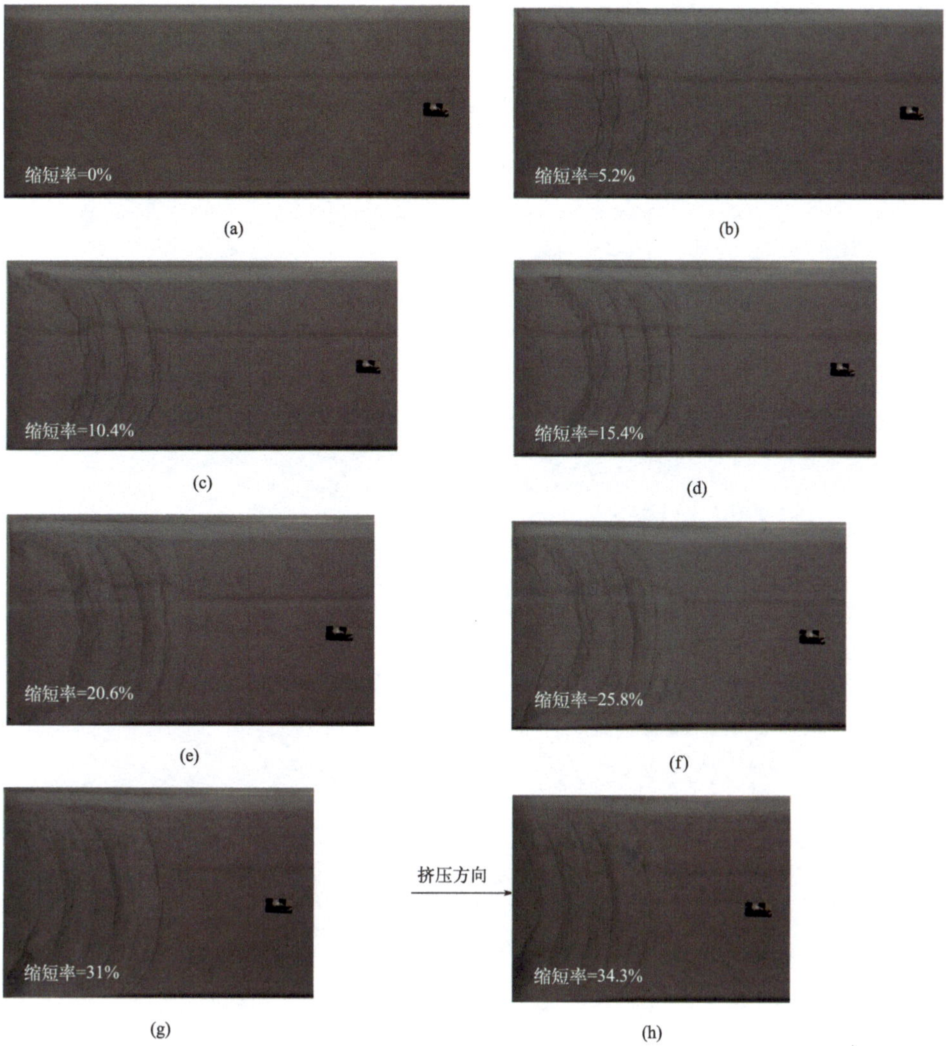

图3-13　模型1 挤压一端减小基底摩擦力的演化过程及变形样式

（3）模型3结果

该模型初始挤压速率较大，中后期挤压速率较小。模拟结果显示，挤压缩短率为5.2%，形成3条断层和2个褶皱。褶皱的运动学指向前缘。随着变形缩短量的增加，产生的褶皱和断层数量不断增加，变形扩展的范围也逐渐增大。挤压缩短率为37.5%时，形成10条褶皱。剖面特征显示，靠近根带，形成以前冲构造为主。在褶皱-冲断带的中前缘，形成冲起和下冲构造，变形样式极为复杂。前陆地区，形成前冲和冲起构造。模型3与模型1和2的变形样式和扩展过程均存在较大差异（图3-17、图3-18）。

（4）模型4结果

模型4与前三组模型均不相同，在减小了基底摩擦的同时把侧向摩擦力也减小。模拟结果显示，变形缩短率为5.2%，产生1条规模较大的褶皱和1条规模较小的褶皱。褶

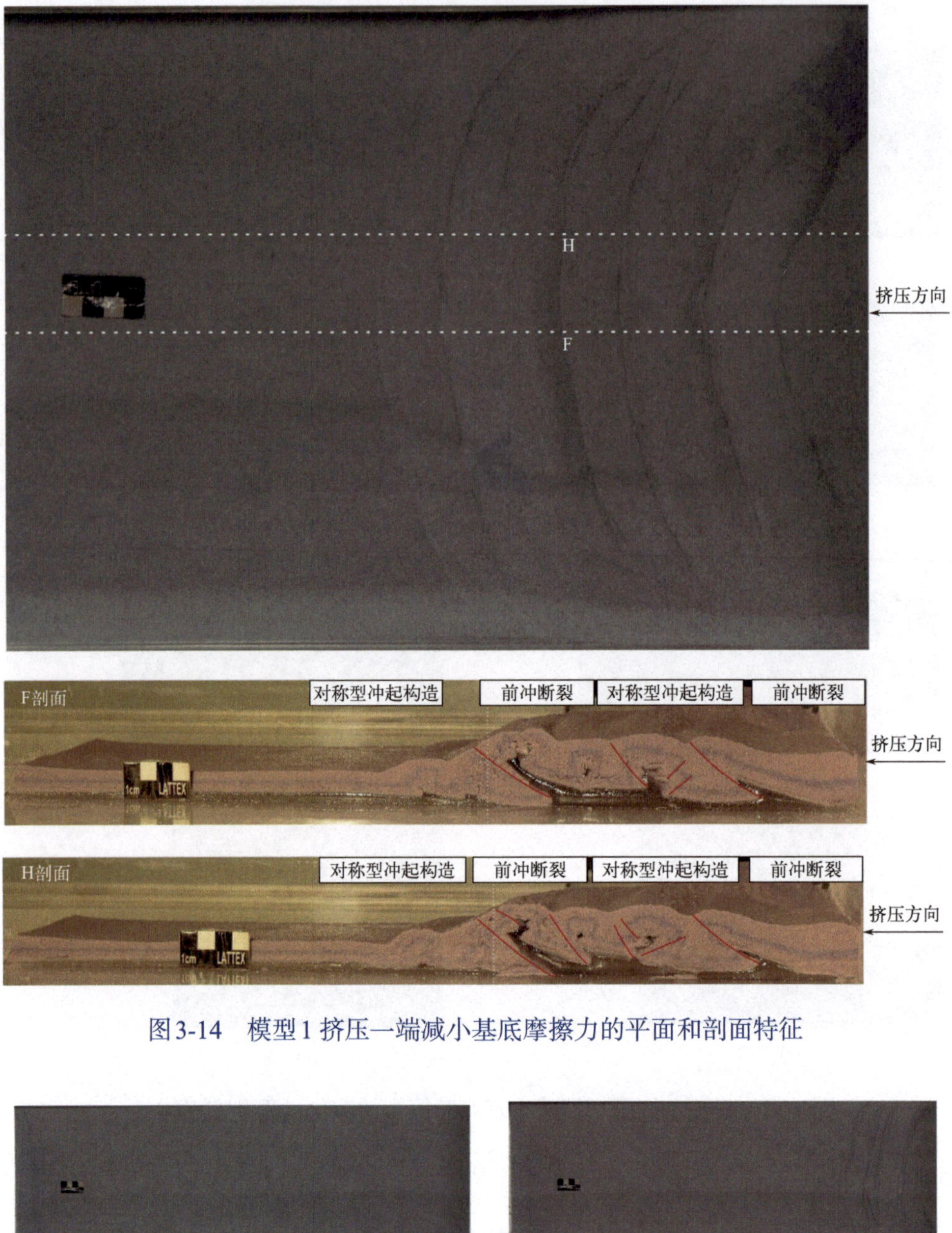

图3-14 模型1挤压一端减小基底摩擦力的平面和剖面特征

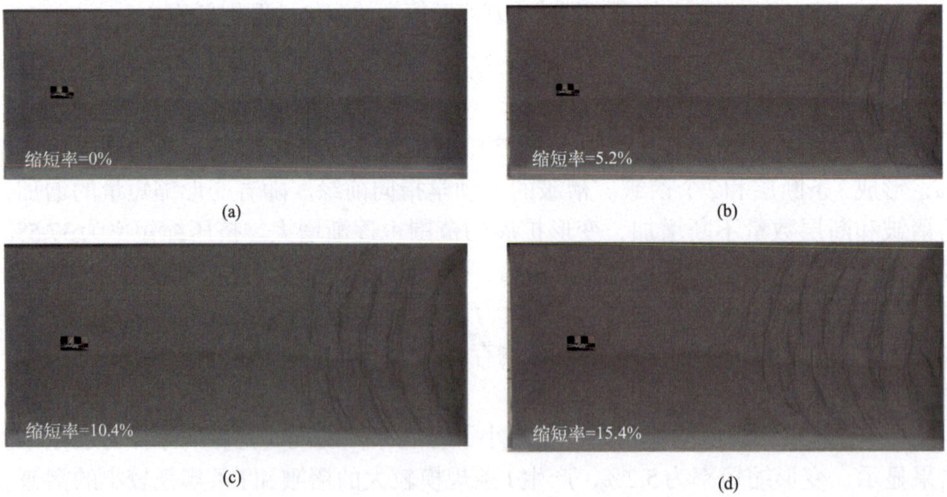

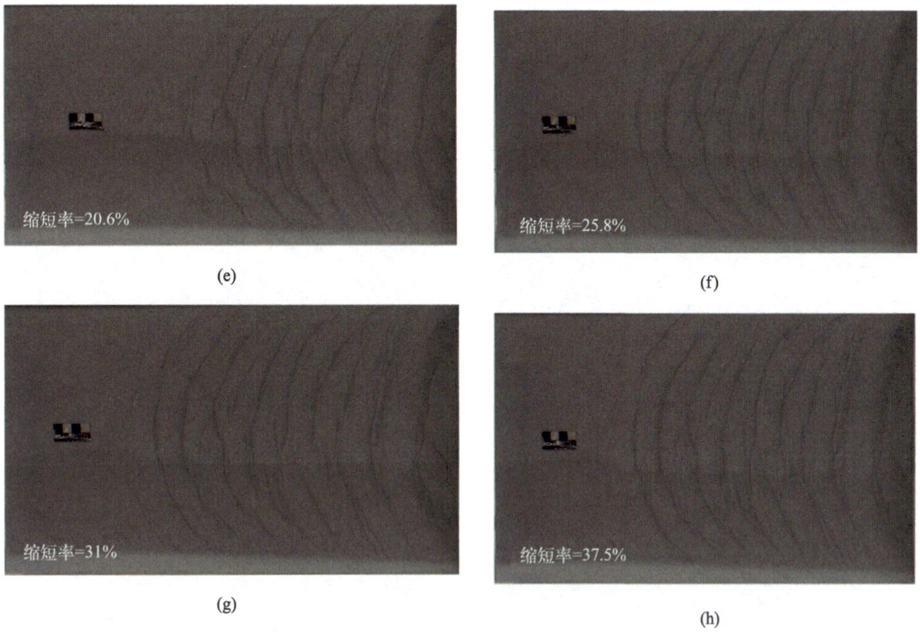

图3-15　模型2减小整个基底摩擦力的演化过程及变形样式

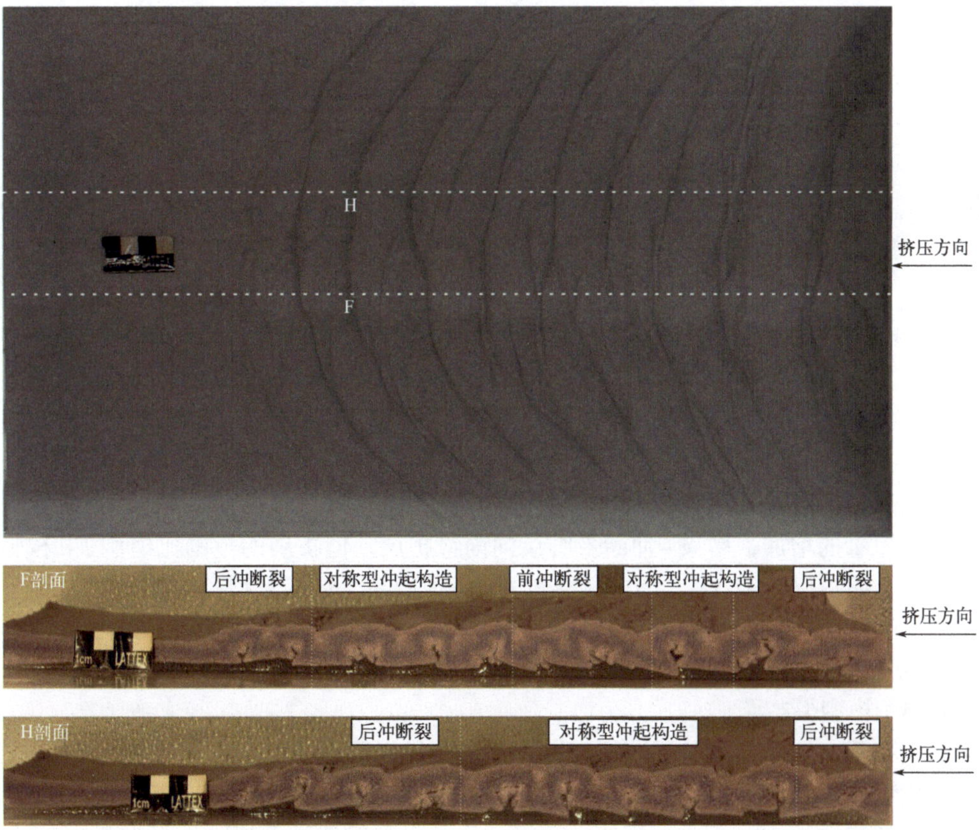

图3-16　模型2减小整个基底摩擦力的平面和剖面特征

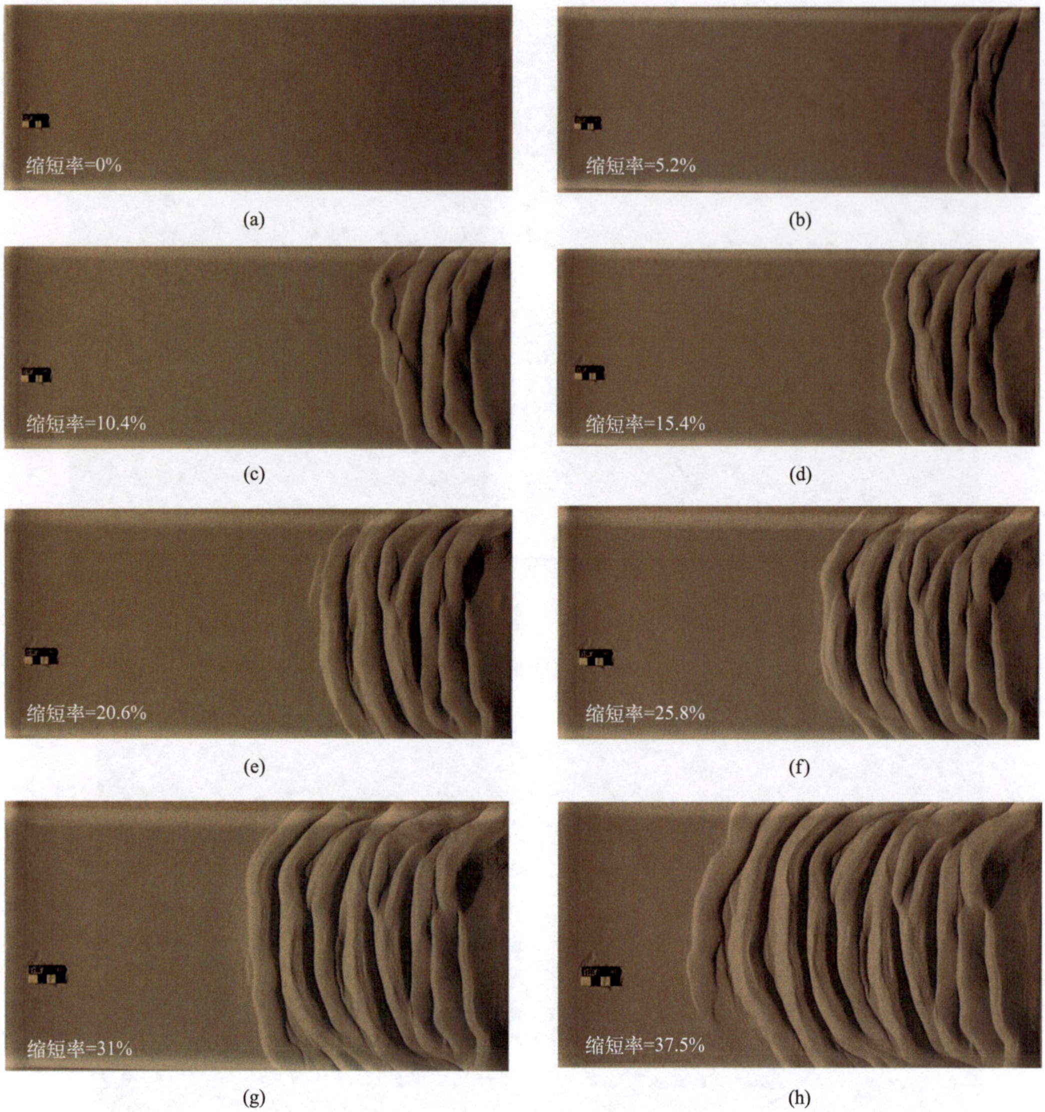

图3-17　模型3变挤压速率条件下减小整个基底摩擦力的演化过程及变形样式

皱的线形特征仍然是弧形，但弧形的弯曲程度比前三组模型的弯曲度有所减小。随着挤压缩短量的增加，褶皱-冲断带继续向前缘扩展，但扩展的范围比模型2和模型3明显减小。缩短率为37.5%，形成规模较大的6条褶皱，局部大型褶皱有分支现象。剖面特征显示，褶皱-冲断带形成根带前冲和前陆后冲的复杂叠加构造变形样式（图3–19、图3–20）。

（5）模型5结果

减小基底挤压一端和侧向的摩擦力。模拟结果显示，挤压缩短率为5.2%，靠近根带形成1条较大的逆冲断层和1条幅度较小的逆冲断层。随着变形缩短量的增加，根带隆升的幅度增大，在变形带的中前缘产生弧形的褶皱和断层，但变形扩展的范围不

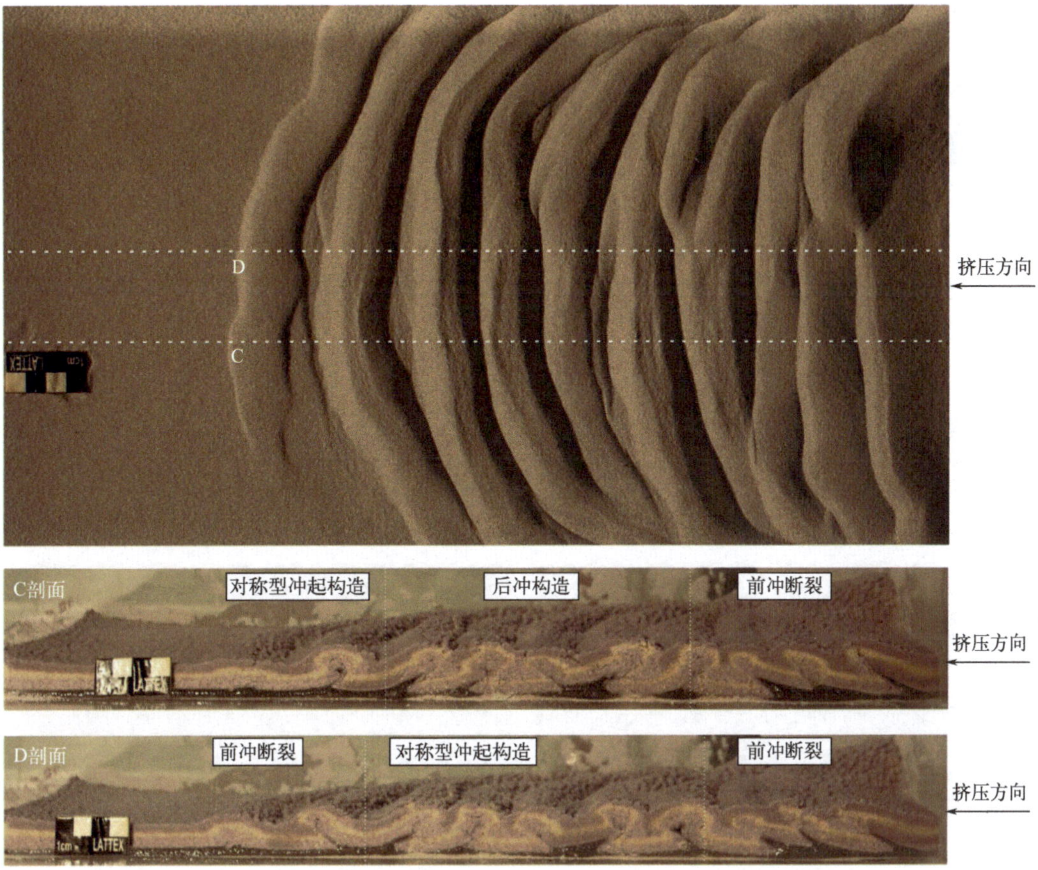

图3-18　模型3变挤压速率条件下减小整个基底摩擦力的平面和剖面特征

大。挤压缩短率为37.5%时，形成根带隆升幅度大、复杂变形叠加的区域。褶皱-冲断带的中前缘，形成3条明显的褶皱分布。与前几组模型相比，模型5的褶皱-冲断带的分布范围明显减小。变形样式主要以根带的倒转构造和前陆的冲起构造为主（图3-21、图3-22）。

（6）模型6结果

与前几组模型不同，模型6更换了减小摩擦力的材料，用微玻璃珠代替硅油。侧向和远离挤压一端减小基底摩擦力。模拟结果显示，挤压缩短率为5.2%，形成2条明显的逆冲断层，且逆冲断层的线形特征比较平直，与挤压方向近似平行，但具有不完全对称性。随着挤压缩短量的增加，变形逐渐向褶皱-冲断带的中前缘扩展。形成的褶皱数量逐渐增多，扩展的范围也增大。缩短率为45%时，形成了8条褶皱。与前几组模型相比，本模型形成的褶皱顶部均比较平坦。剖面特征显示，形成以前展式和叠瓦式为主的逆冲推覆构造。在褶皱-冲断带的前缘，局部形成冲起构造，同时也产生挤压型的底辟构造（图3-23、图3-24）。

（7）模型7结果

与模型6不同，模型7的侧向和远离挤压一端用硅油代替微玻璃珠减小摩擦力。模

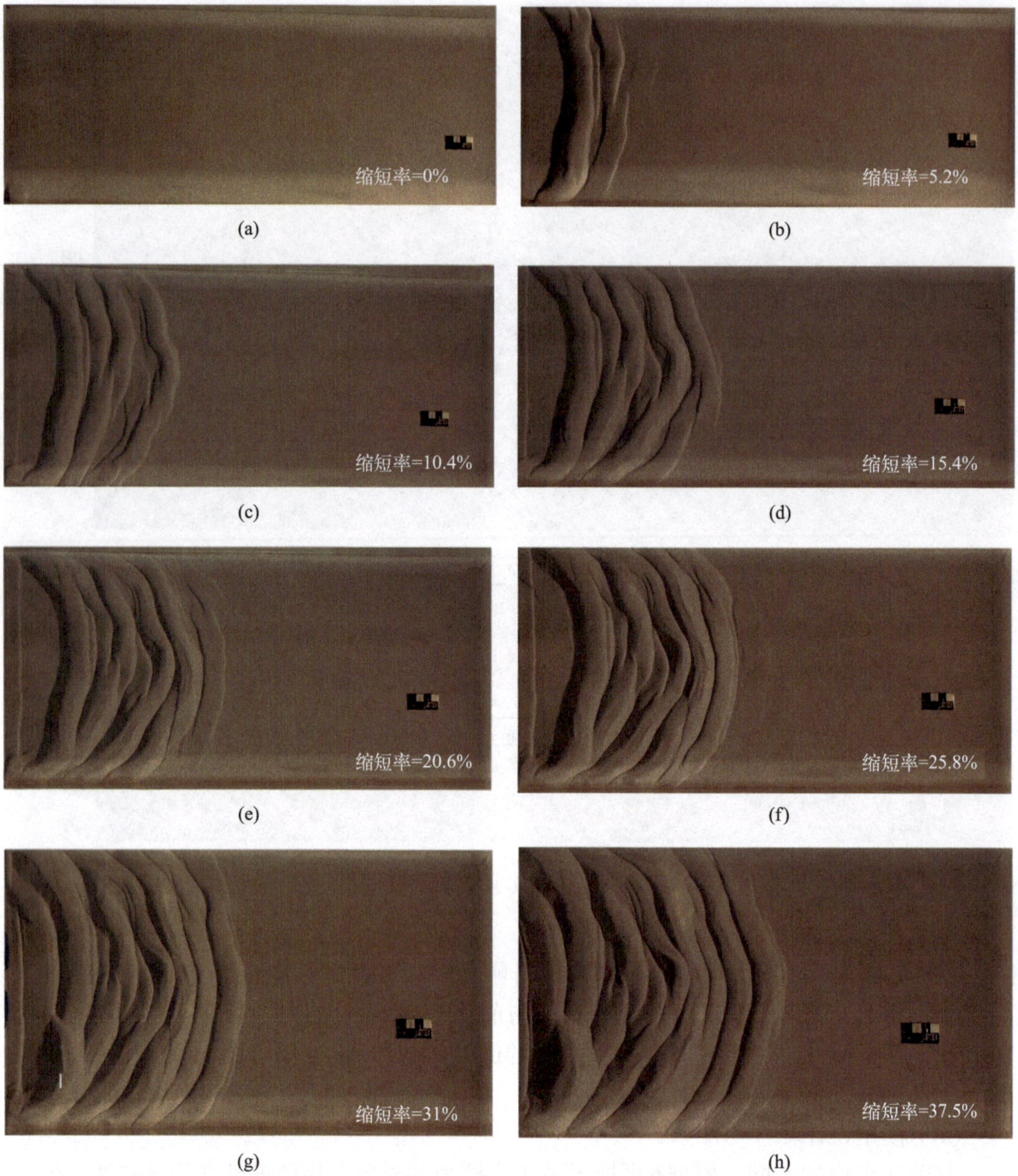

图3-19　模型4减小侧向和基底摩擦力的演化过程及变形样式

拟结果显示，挤压缩短率为5.2%，形成1条大的逆冲断层和3条小幅度的逆冲断层。断层的迹线与挡板近似平行。变形带紧靠活动挡板。随着挤压缩短量的增加，根带的隆升幅度和宽度增大，形成规模较大的变形带，在该带的前缘产生一个窄条带的地貌盆地。挤压缩短率为45%，形成复杂变形的根带、周缘前陆盆地和前陆褶皱－冲断带。根带构造迹线平直，到了前陆区域，形成弧形的褶皱－冲断带。剖面特征显示，根带发生倒转变形，基底韧性层出露地表，前陆局部区域形成箱状褶皱。与前几组模型比，本

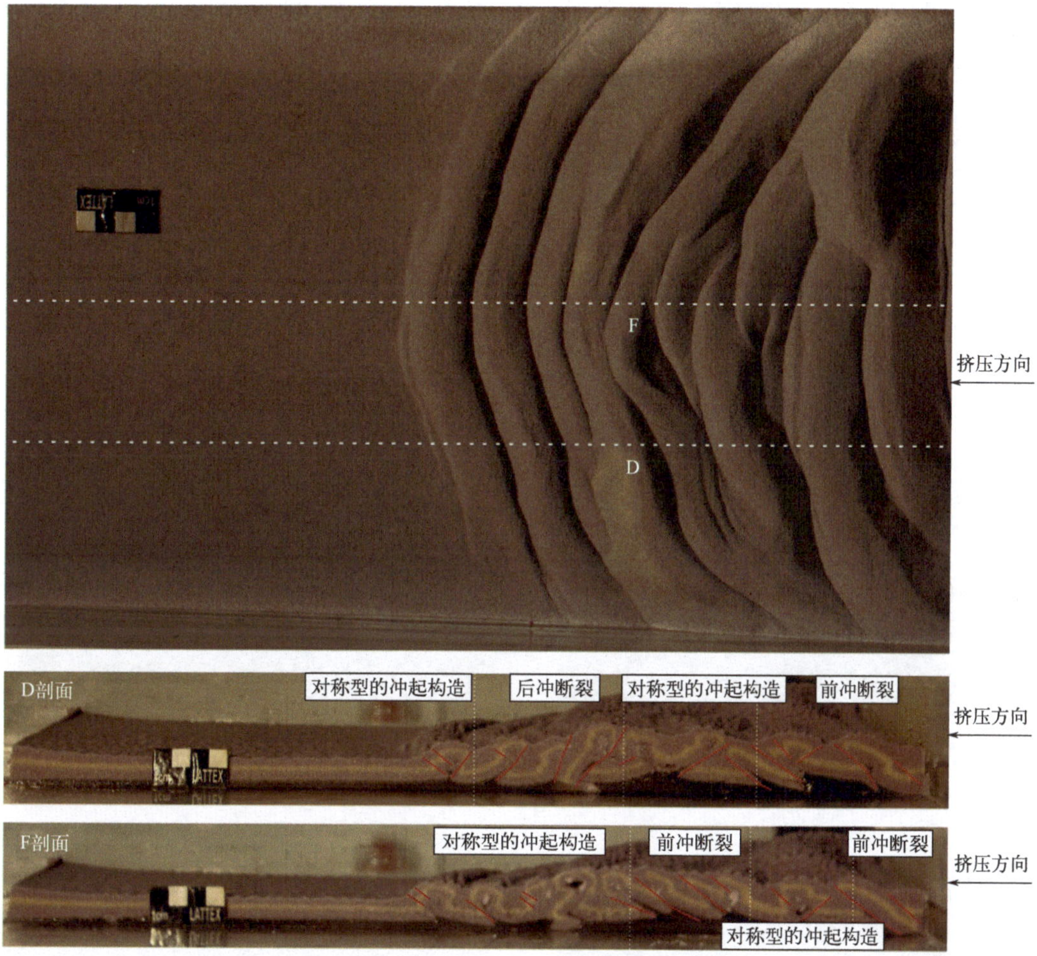

图3-20 模型4减小侧向和基底摩擦力的平面和剖面特征

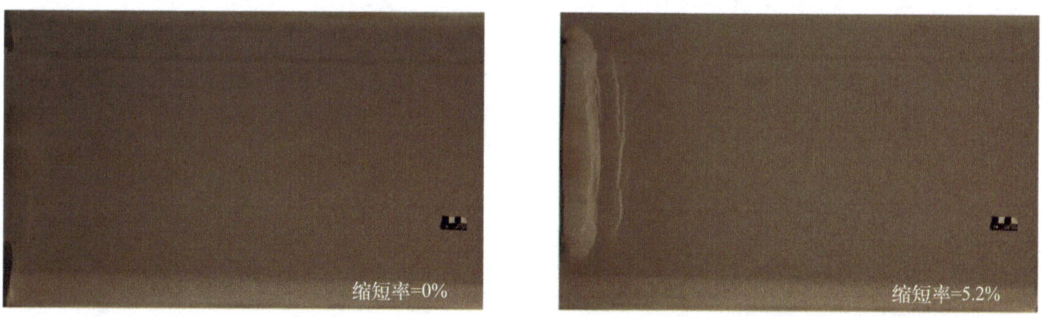

(a)

(b)

图3-21

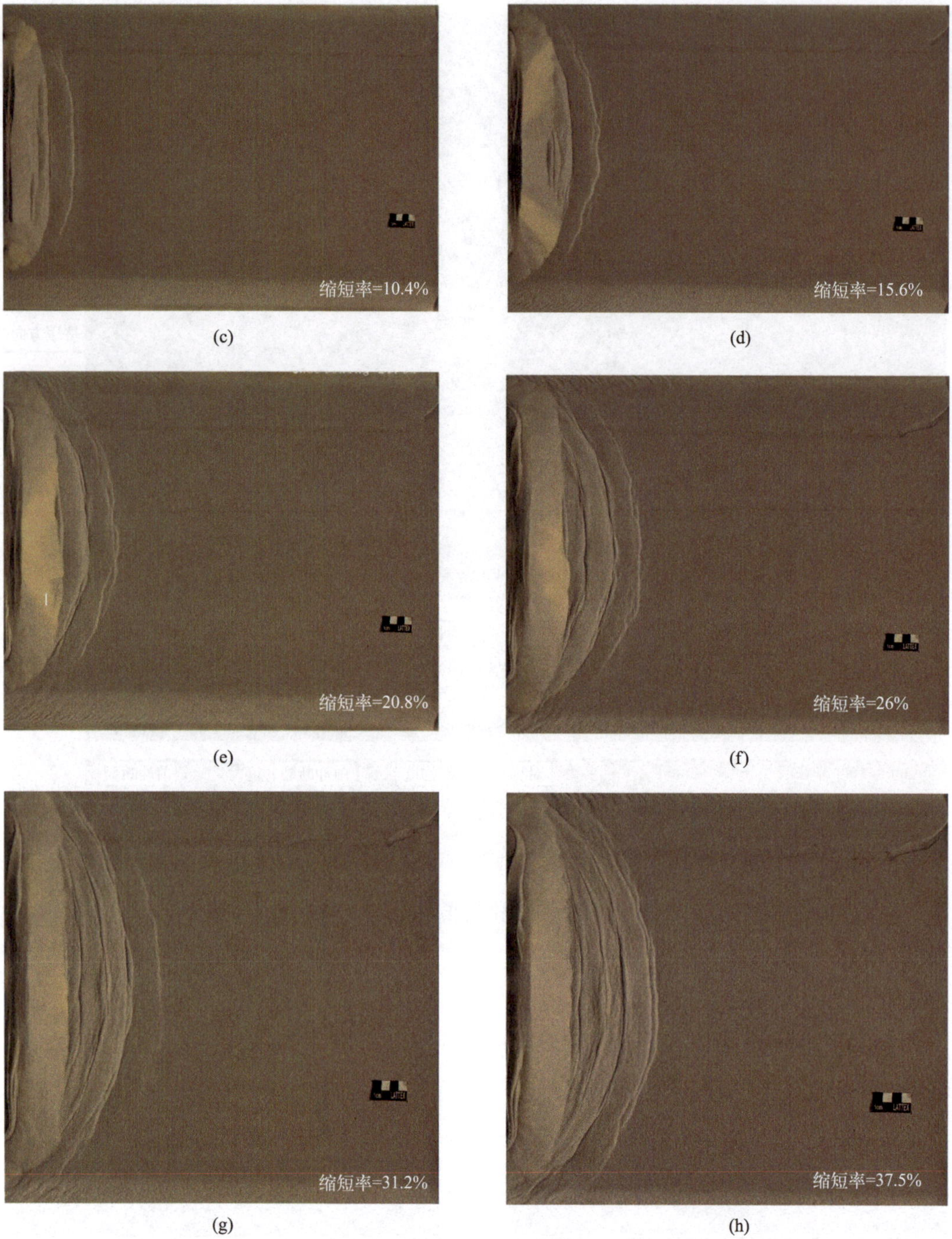

图3-21　模型5减小侧向和挤压端基底摩擦力的演化过程及变形样式

组模型形成典型的背驮式前陆盆地（图3-25、图3-26）。

（8）模型8结果

模型8在模型7的基础上，减小了脆性层的厚度，其余参数与模型7相同。模拟结果显示，挤压缩短率为5.2%，形成1条靠近活动挡板的平直逆冲断层，并且在多个区域

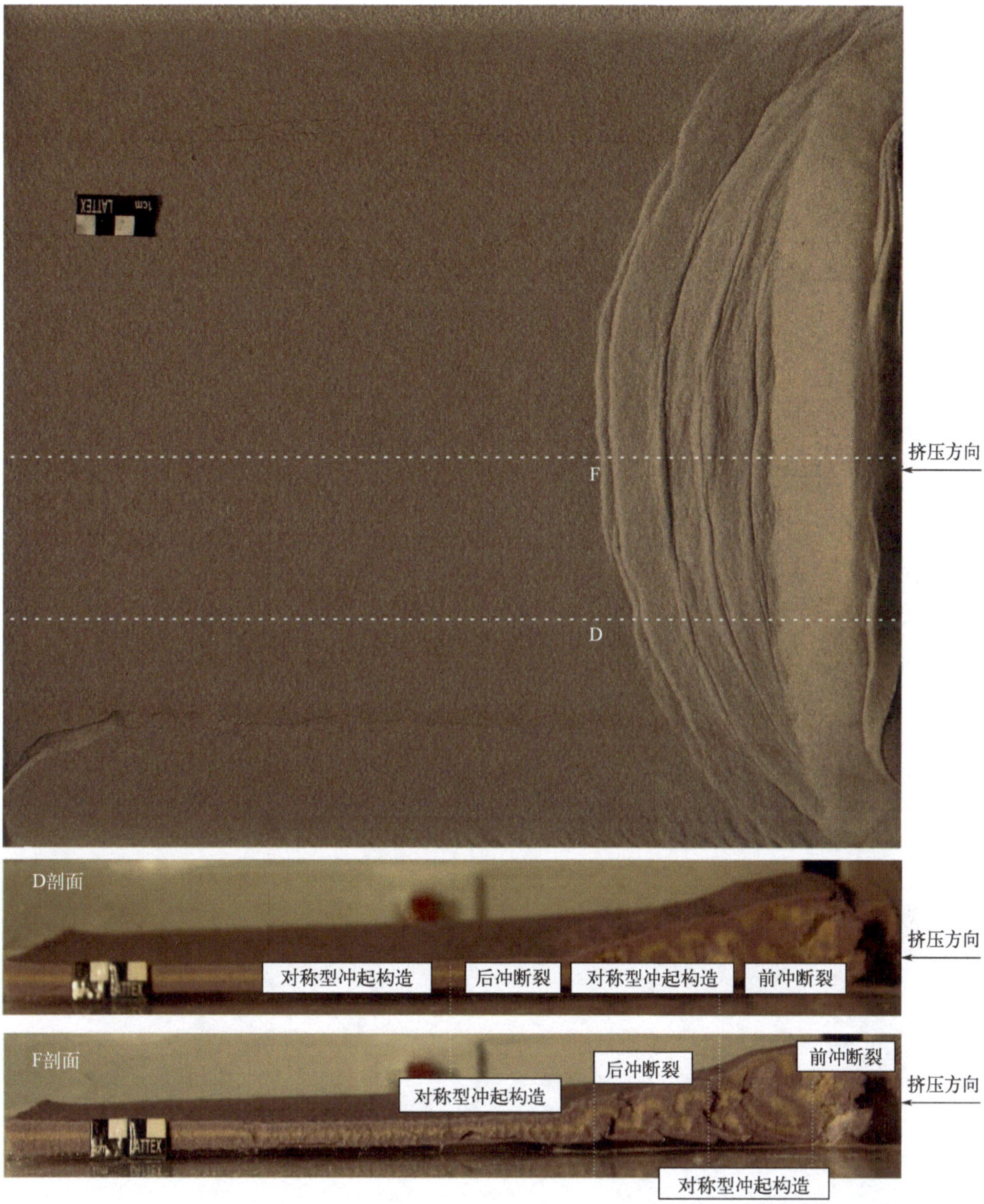

图3-22　模型5减小侧向和挤压端基底摩擦力的平面和剖面特征

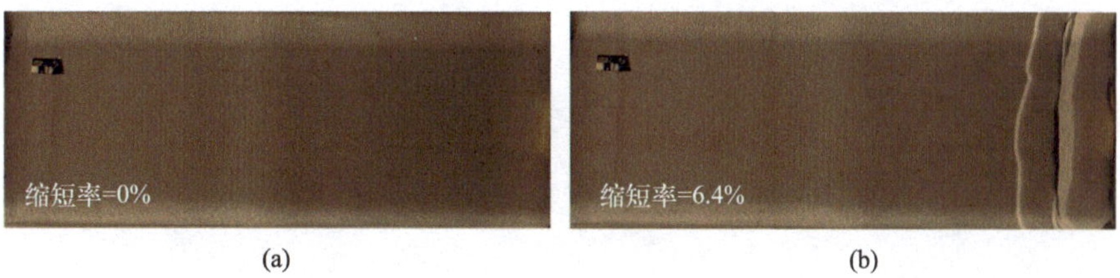

图3-23

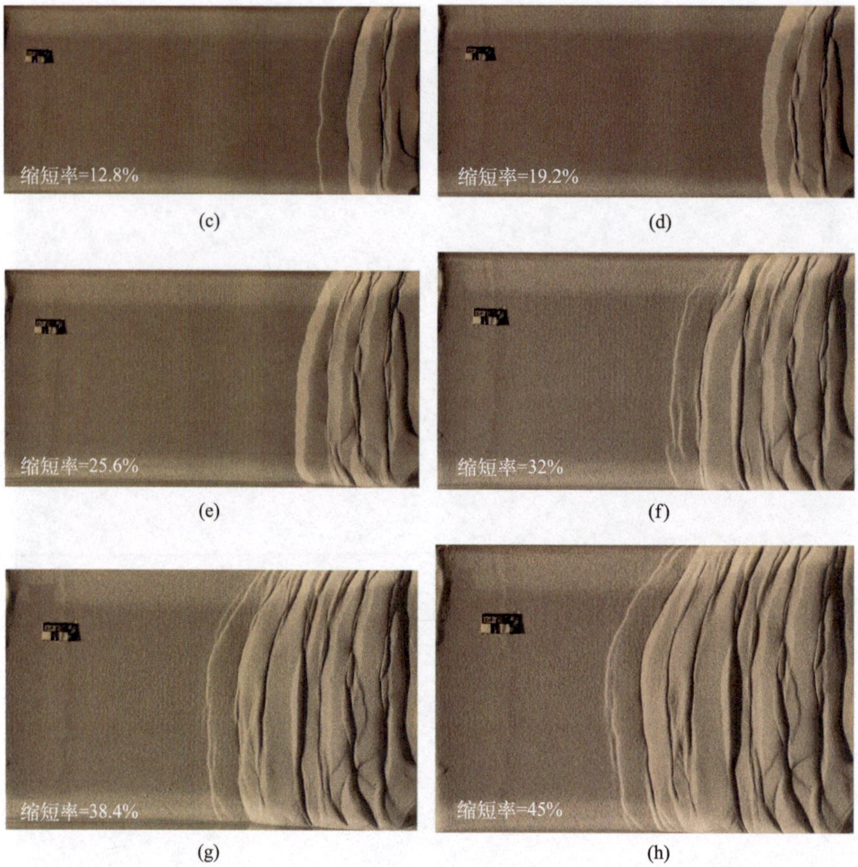

图3-23　模型6 侧向和远离挤压一端用微玻璃珠减小摩擦力的演化过程及变形样式

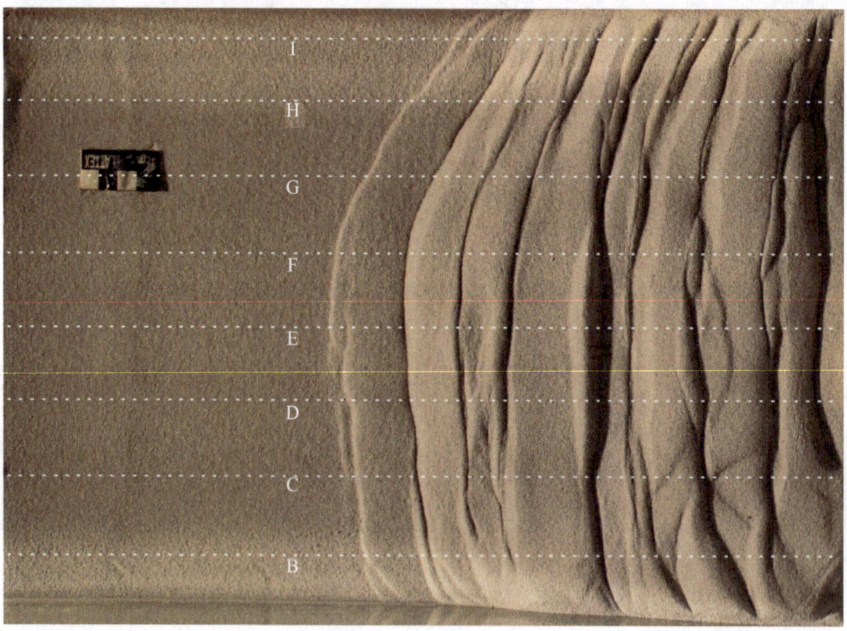

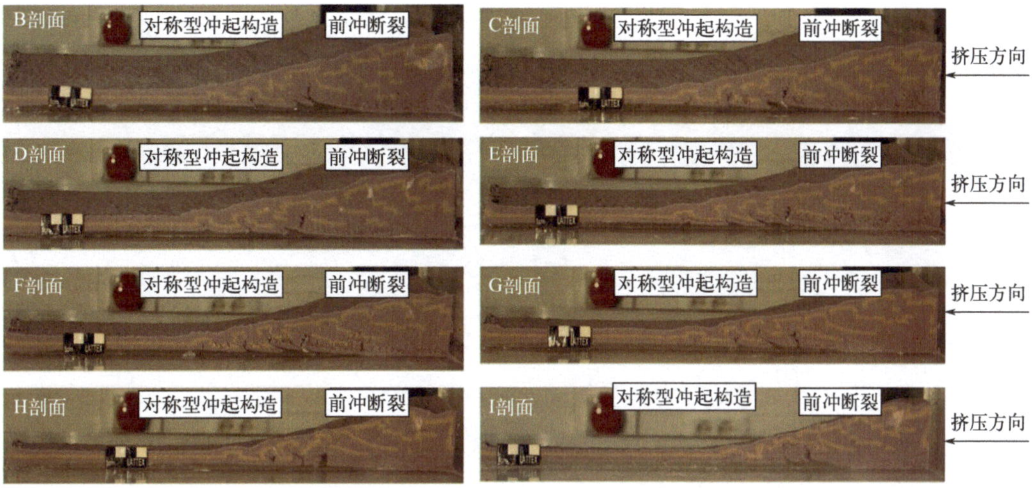

图3-24　模型6侧向和远离挤压一端用微玻璃珠减小摩擦力的平面和剖面特征

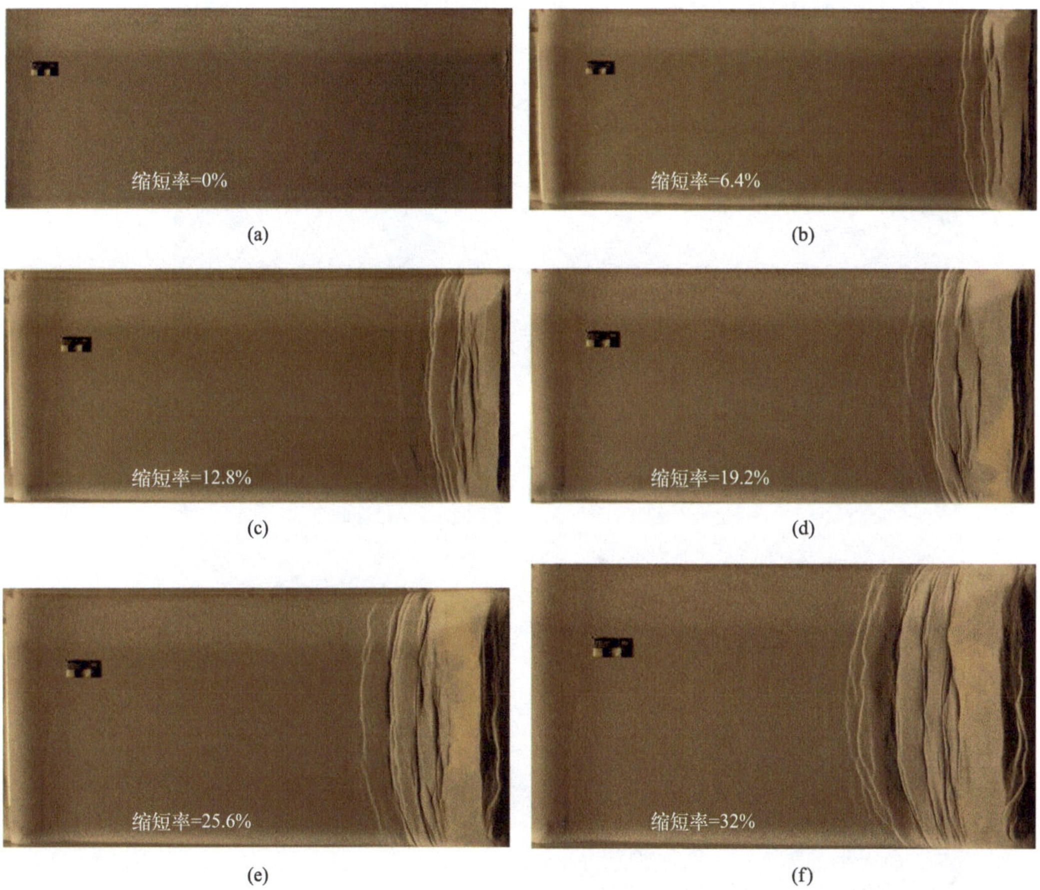

图3-25

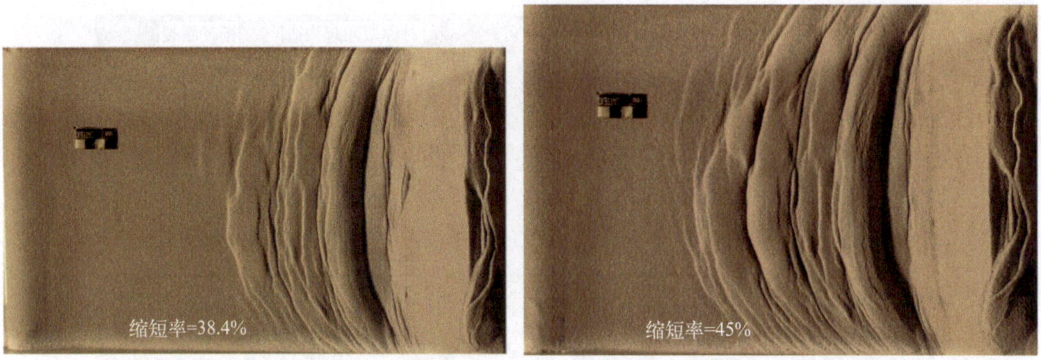

(g) (h)

图3-25　模型7侧向和远离挤压一端用硅油减小摩擦力的演化过程及变形样式

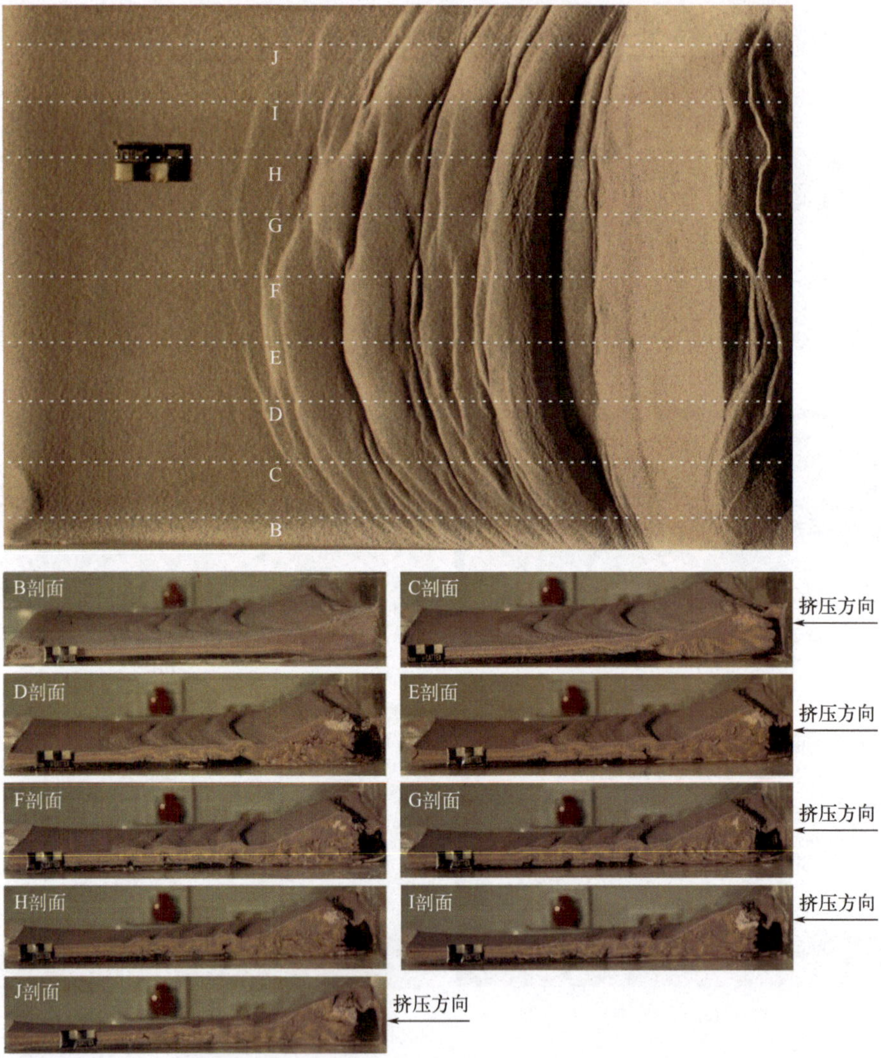

图3-26　模型7侧向和远离挤压一端用硅油减小摩擦力的平面和剖面特征

产生底辟构造。随着挤压缩短量的增加，变形缓慢向前缘扩展。挤压缩短率为45%，根带硅胶层露出地表，也产生规模较小的周缘前陆盆地和褶皱-冲断带。断层和相关褶皱的规模较小，但底辟构造极为发育，韧性流动的变形构造极为发育。剖面特征显示，根带被韧性流体侵入，形成复杂的变形构造。前陆区域，形成冲起构造和底辟构造。与前几组模型相比，模型8的底辟发育较为典型（图3-27、图3-28）。

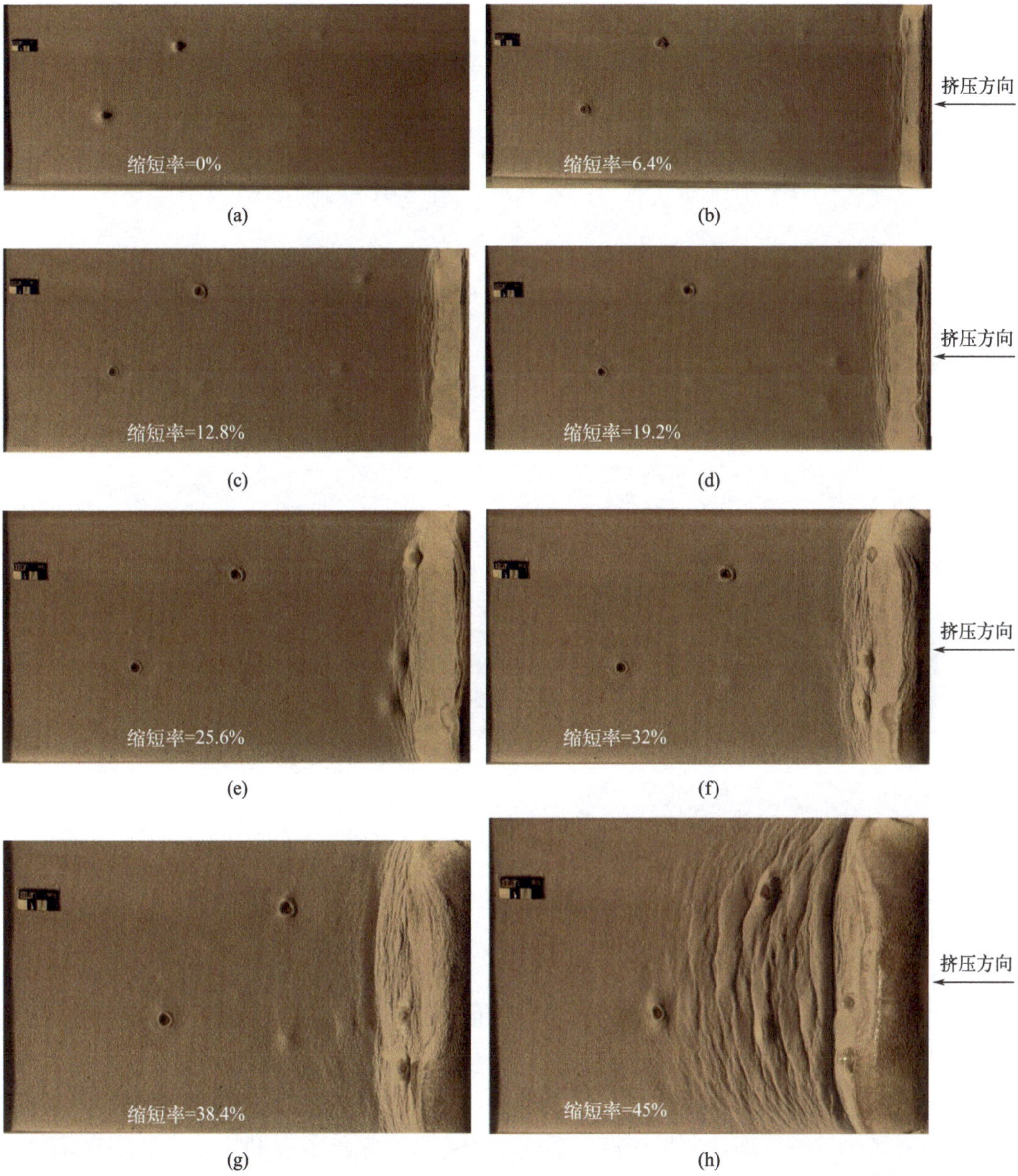

图3-27 模型8侧向和远离挤压一端用硅油减小摩擦力的演化过程及变形样式（脆性层厚度=1cm）

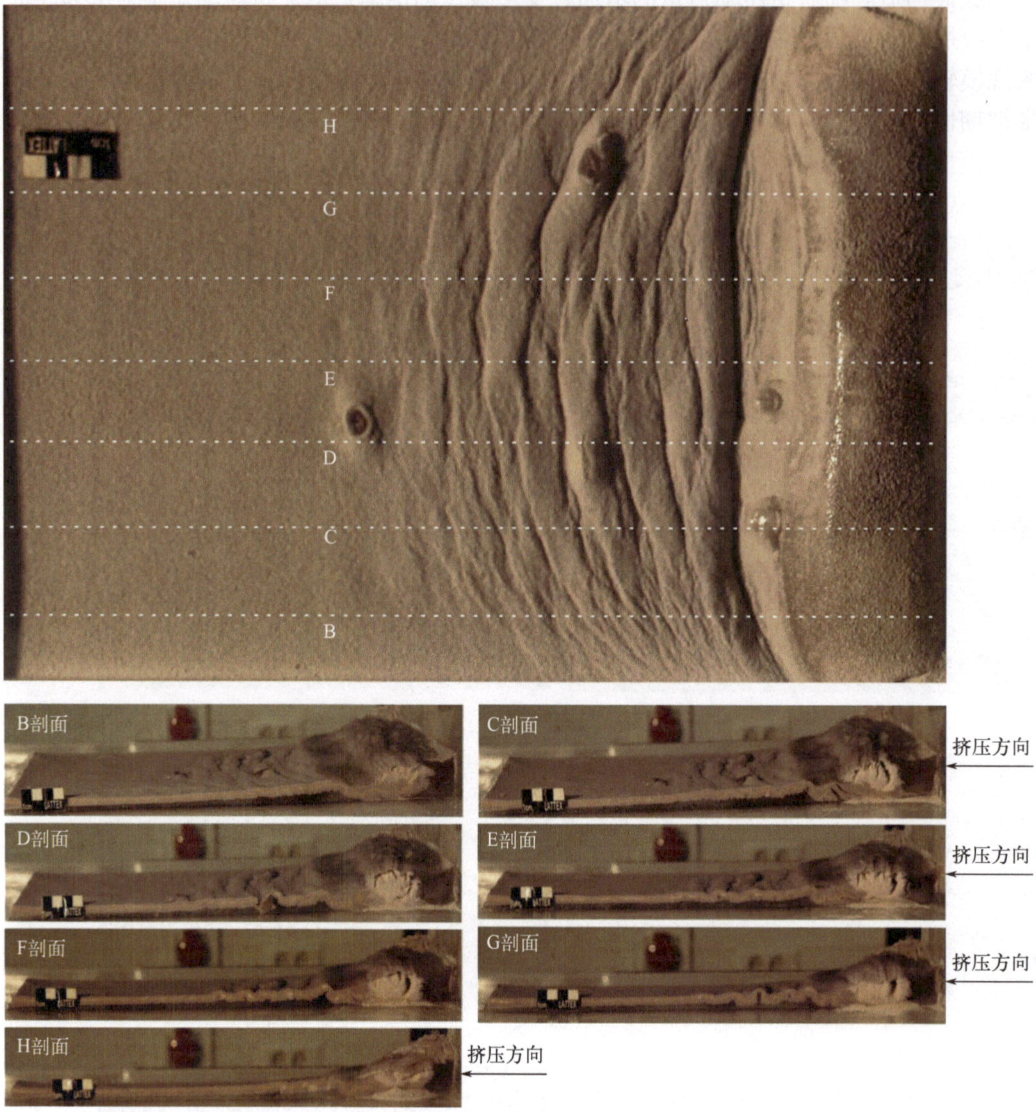

图3-28 模型8侧向和远离挤压一端用硅油减小摩擦力的剖面和平面特征（脆性层厚度=1cm）

（9）模型9结果

前几组模型均有韧性基底，此模型只有一半韧性基底：远离挤压一端用韧性基底和硅油减小基底摩擦，其余区域设有韧性基底，脆性层厚1.5cm。模拟结果显示，挤压缩短率为5.2%，形成1条平直的逆冲断层，同时，逆冲断层一侧伴随1条规模较小的逆冲断层。随着挤压量的增加，变形缓慢向前缘扩展。挤压缩短率为45%，形成与模型7相似的变形样式，但产生的断层相关褶皱的幅度减小，实验结果的顶部形成平顶特征。根带没有硅胶作用，形成叠瓦式的前冲构造。与模型7相比，只是没有整体在基底铺设硅胶，但它们形成的地貌形态具有一定的相似性。这表明周缘前陆地貌特征的形成与基底摩擦强度结构有关，与脆性地层结构的控制关系不大（图3–29、图3–30）。

（10）模型10结果

与模型9相比，模型10用肥皂水替换硅油进行测试，其余参数与模型9相同。模拟结果显示，挤压缩短率为5.2%，形成垂直于挤压方向的逆断层，两端几乎对称分布。随着挤压缩短量的增加，变形扩展缓慢向前缘扩展，形成了较为紧闭的褶皱，变形扩展的范围较小。挤压缩短率为45%，根带形成3条明显的褶皱、并产生周缘前陆盆地，冲断带前缘产生3条弧形弯曲的褶皱。越靠近前缘，褶皱的弯曲程度越高。剖面特征显示，根带形成倒转褶皱和前冲断裂，在前陆构造带，形成后冲断裂和褶皱。本模型模拟结果表明，侧向和基底性质对变形扩展的样式具有极为重要的控制作用（图3–31、图3–32）。

（11）模型11结果

模型11与模型4的不同之处是用肥皂水减小侧向和基底的摩擦力，也就是用肥皂水代替硅油。但模拟结果具有一定的差异性：形成的弧形褶皱–冲断带幅度较小和紧

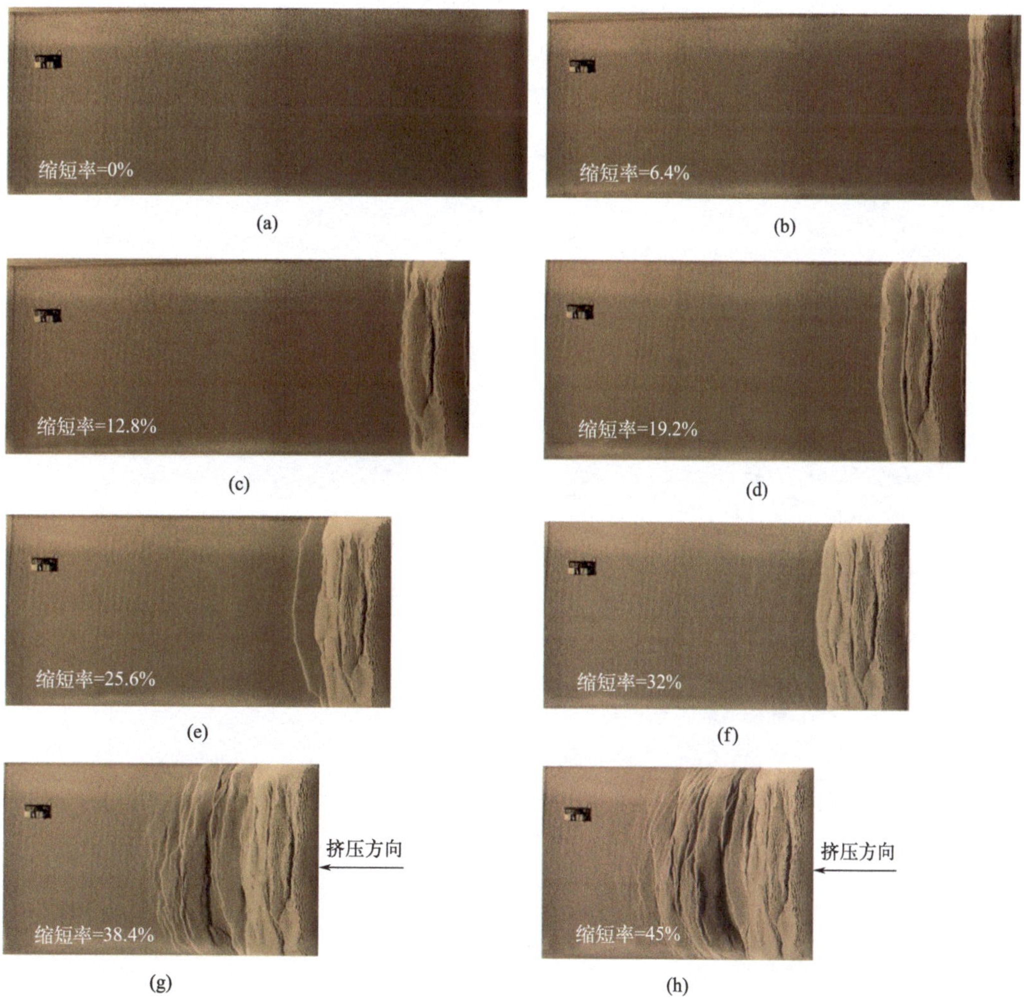

图3-29　模型9侧向和远离挤压一端用韧性基底+硅油减小摩擦力的演化过程及变形样式（脆性层厚度=1.5cm）

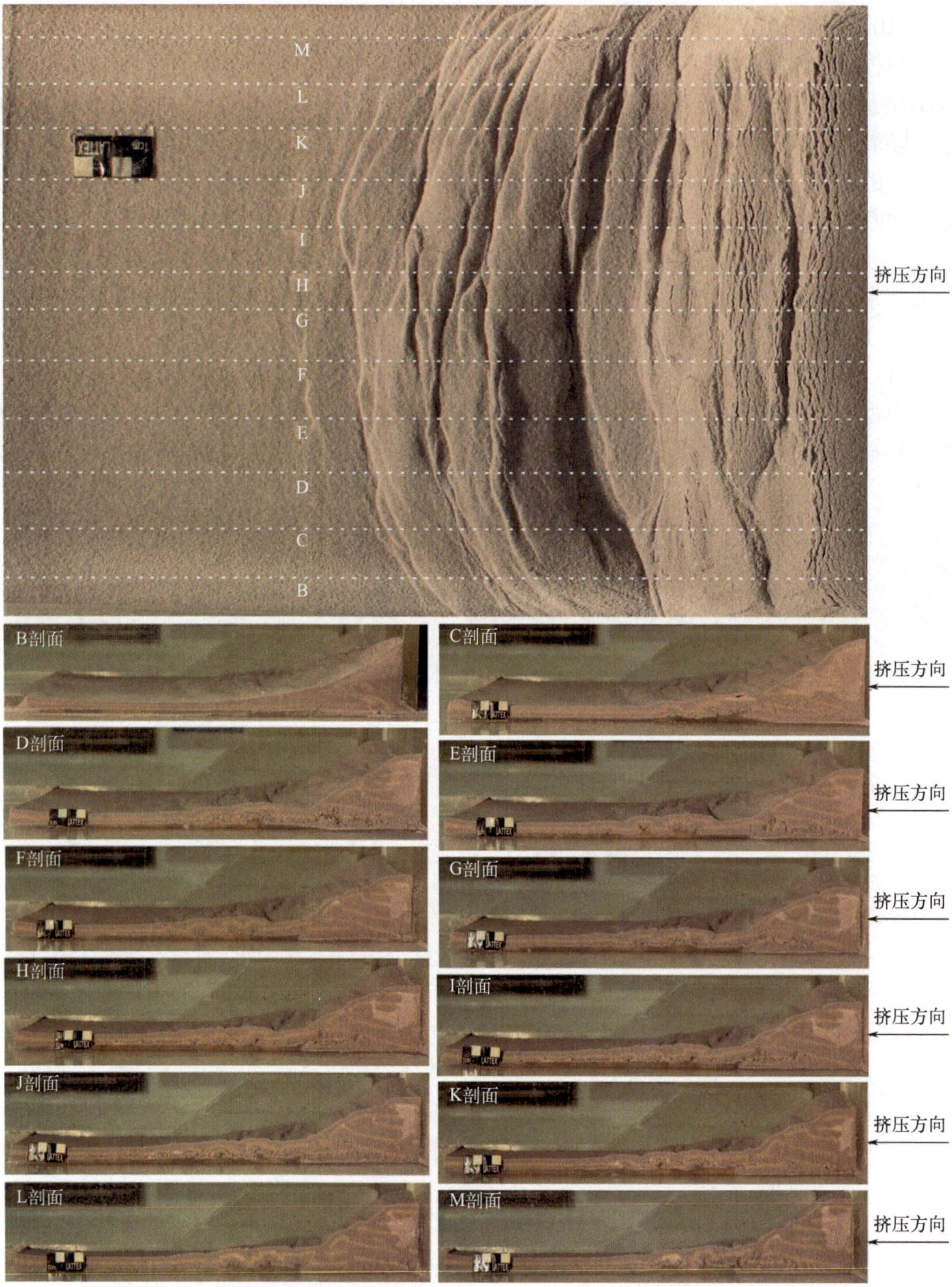

图3-30　模型9侧向和远离挤压一端用韧性基底+硅油减小摩擦力的平面和剖面特征（脆性层厚度=1.5cm）

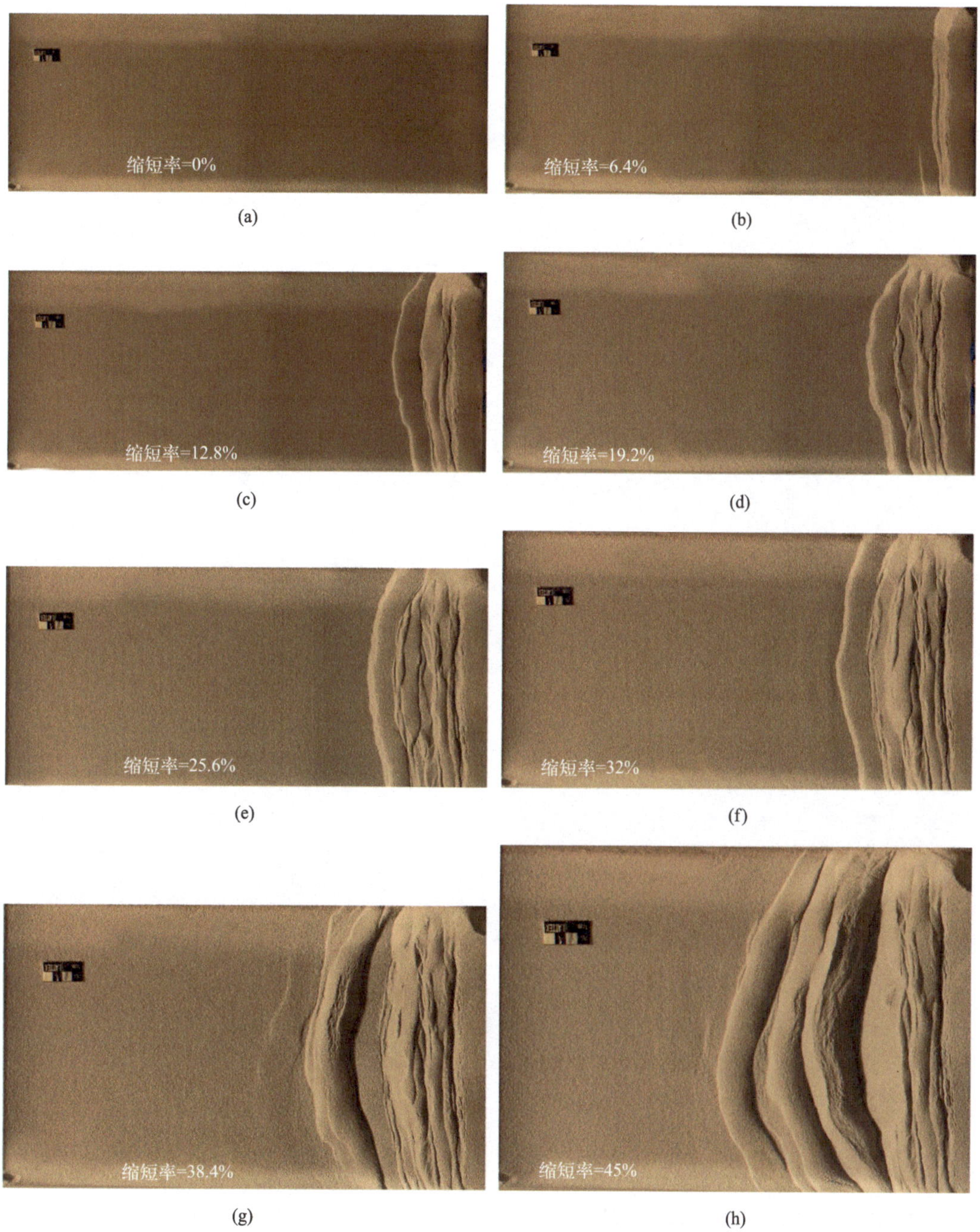

图3-31　模型10侧向和远离挤压—端用韧性基底+肥皂水减小摩擦力的演化过程及变形样式（脆性层厚度=1.5cm）

闭，形成的褶皱形迹没有模型4的清晰。模型4的箱状褶皱形态更加清晰。模型11产生的后冲和冲起构造也十分明显。褶皱的顶部平坦。褶皱与褶皱之间发生扭曲变形（图3-33、图3-34）。

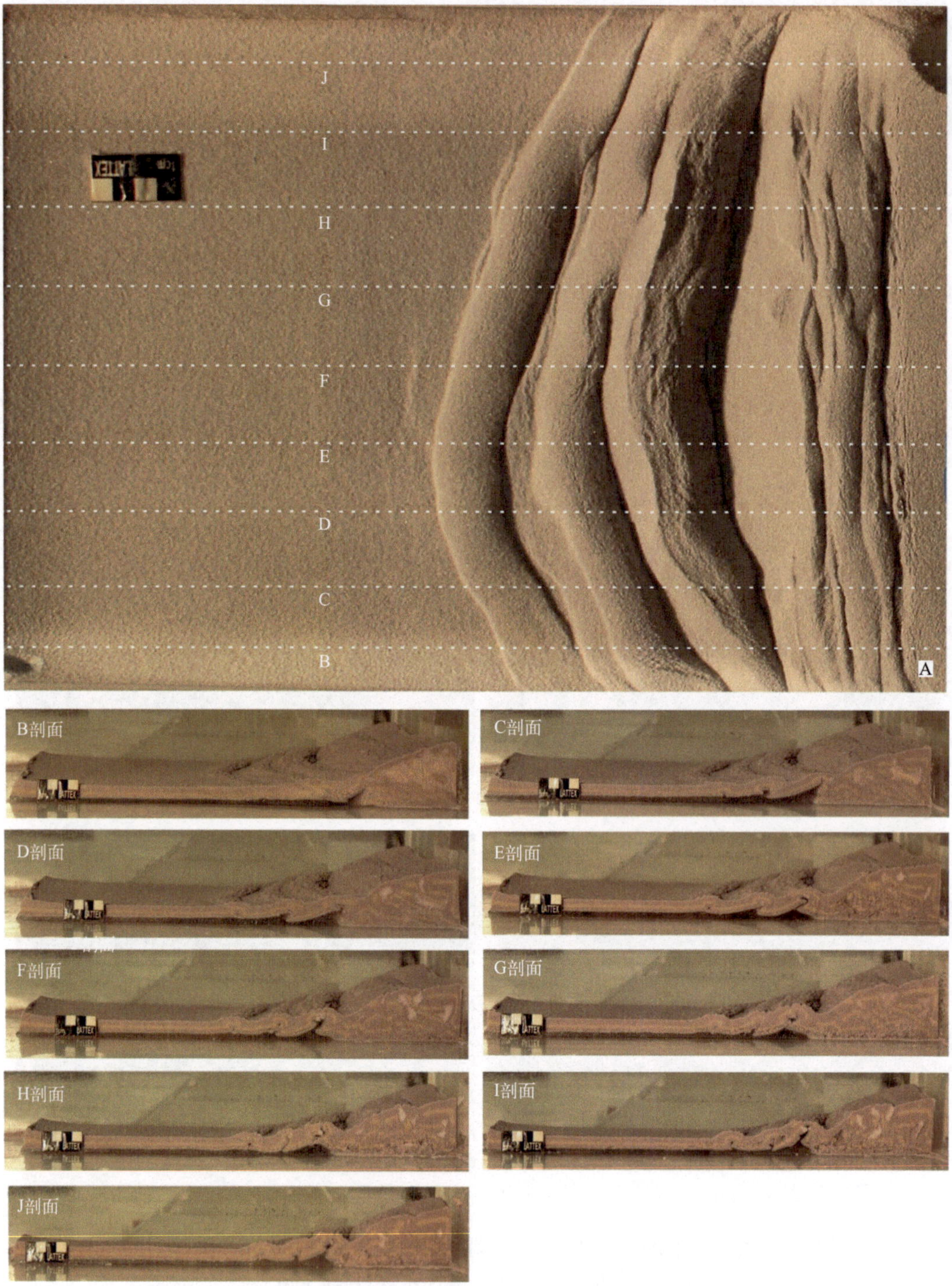

图3-32　模型10侧向和远离挤压一端用韧性基底+肥皂水减小摩擦力的平面和剖面特征（脆性层厚度=1.5cm）

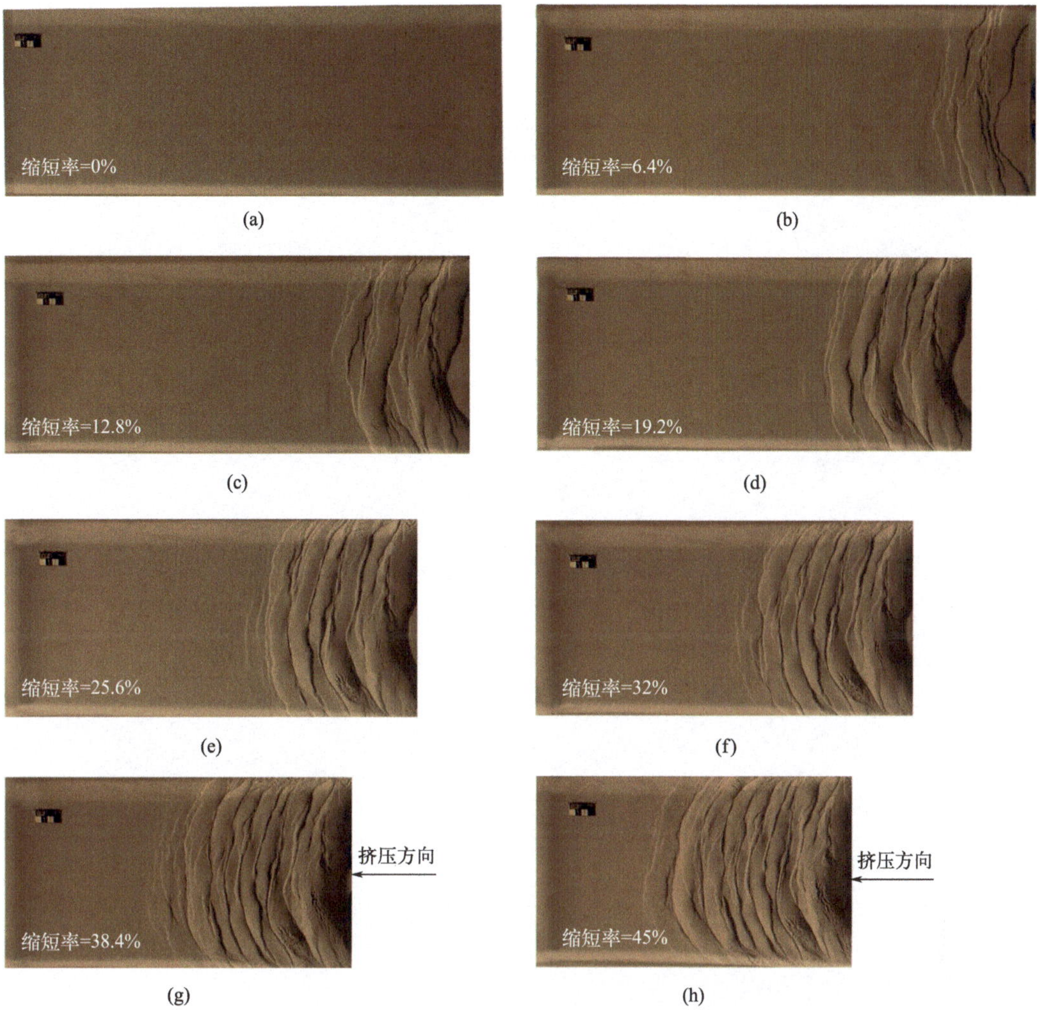

图3-33　模型11侧向和整个基底用韧性硅胶+肥皂水减小摩擦力的演化过程及变形样式（脆性层厚度=1.5cm）

总之，模拟结果表明基底摩擦属性对构造变形样式具有重要的控制作用。基底不同区域摩擦属性不同会导致极为差异的地貌和构造变形样式产生。基底差异的摩擦条件，改变了挤压应力的传递，导致了褶皱–冲断带不同区域形成明显差异的褶皱和断层（图3–35 ~ 图3–37）。同时，减小基底摩擦属性的材料不同，也会导致基底摩擦强度的变化，进而导致构造扩展变形具有差异。因此，褶皱–冲断带的变形演化过程研究，需要重视基底属性，只有准确认识基底属性的差异才能更合理地分析和推断褶皱–冲断带的构造变形和演化过程。

3.1.3　内摩擦作用

脆性层的内摩擦作用对构造变形演化影响的研究是一个十分重要的科学问题，应

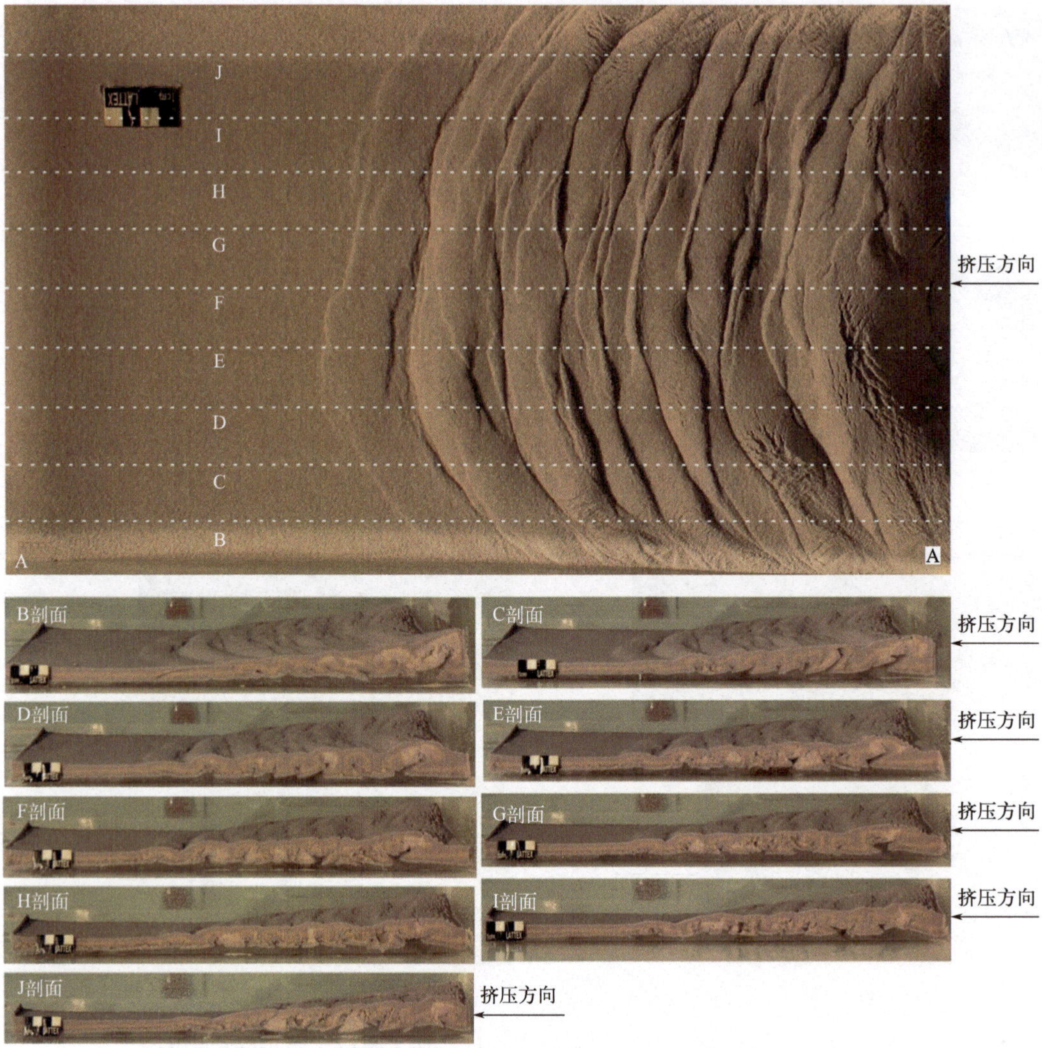

图3-34　模型11侧向和整个基底用韧性硅胶+肥皂水减小摩擦力的平面和剖面特征（脆性层厚度=1.5cm）

引起地质学家的广泛关注。从某种程度上讲，物理模拟发展200多年来，模拟技术的进步就是利用了模拟材料如石英砂所具有的内摩擦系数能够再现自然构造的变形过程，并满足一定的相似原则的特点。早期，学者们应用书本的纸张、布匹、泥土、锌、铁、铅、石蜡、橡胶膜、彩色灰泥、蜂蜡、松节油和一定粒径的石英砂等作为模型材料（Graveleau et al，2012）。而现代实验中，学者们常用松散的石英砂作为模型材料。石英砂具有以下优点：a.它容易获得，购买成本较低；b.在实验过程中容易操作；c.内摩擦角与自然界岩石的内摩擦角相似，内摩擦角数值分布在25° ~ 45°之间；d.密度为1.3 ~ 1.7g/cm^3；e.内聚力较低，数值为0 ~ 500Pa；f.同时，在滑动过程中石英砂还表现出弹性和脆性变形行为。在以上石英砂的优点中，内摩擦角具有重要的作用。在一

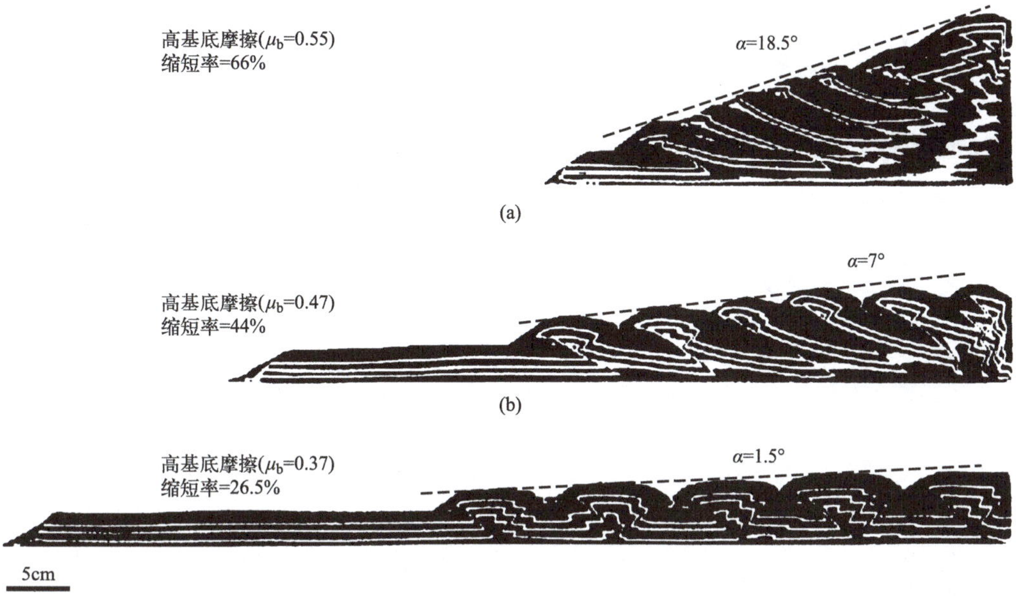

(a)

(b)

(c)

图3-35　基底摩擦系数改变对褶皱-冲断带变形几何特征的控制模拟结果
（Liu et al，1992；Graveleau et al，2012）

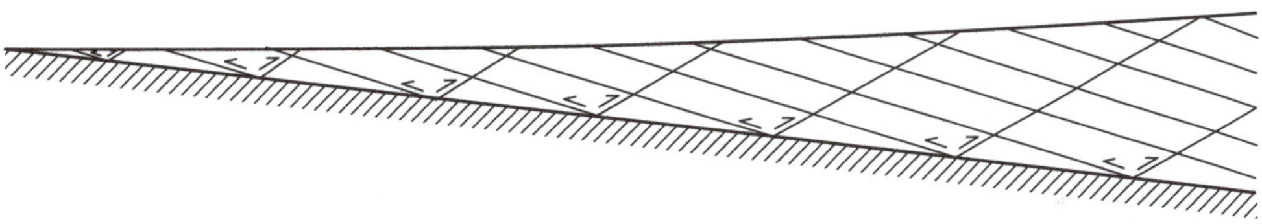

(a) 高基底耦合作用

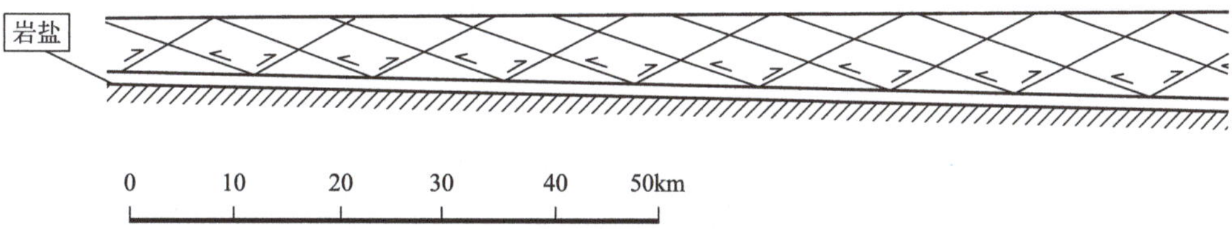

(b) 低基底耦合作用

图3-36　基底耦合强度差异对挤压构造变形的控制作用差异分析
（Davis and Engelder，1985；Graveleau et al，2012）

定程度上，模拟材料不断革新的过程就是内摩擦理论进步的过程。现代构造变形理论研究表明，物质的变形破坏与材料之间具有密切的关系。这可以应用库仑-破裂理论进行解释。

$$\tau=c+\sigma\tan\varphi \tag{3-1}$$

式中，τ为剪应力；c为内聚力；σ为正应力；$\tan\varphi$为内摩擦系数。

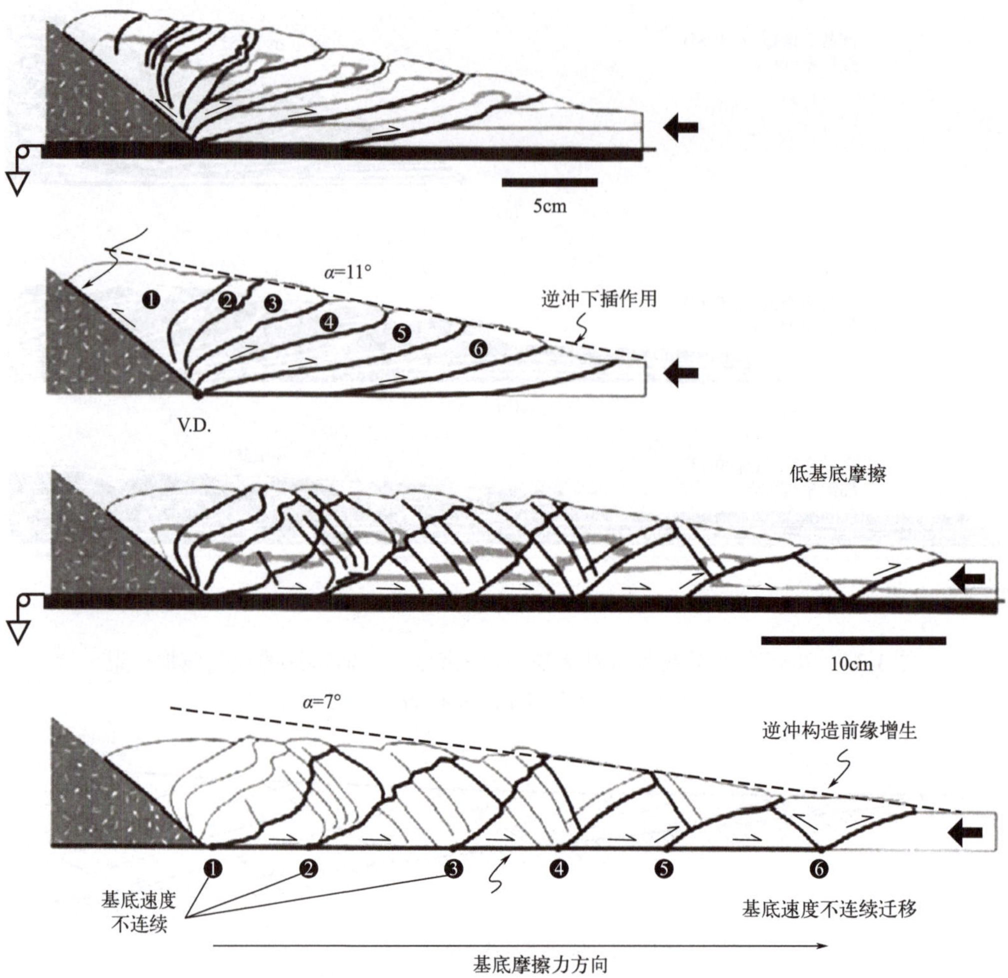

图3-37 基底摩擦系数改变对褶皱-冲断带变形样式的影响模拟结果
（Malavieille et al，1992；Lallemand，1999；Graveleau et al，2012）

岩石的抗压、抗剪和抗拉等变形破坏的过程都可以应用该理论进行图解分析（图3–38、图3–39）。

在地质体的变形中，常用最大主应力σ_1、σ_2和σ_3分别表示最大主应力、中间主应力和最小主应力。应力莫尔圆中，变形破坏的数学表达式就是三者应力之间的差异造成的。

3.1.4 双向挤压实验

双向同时挤压的2D物理模拟实验相对较少，但自然界的确存在相关的双向挤压变形，如青藏高原内部的羌塘盆地。羌塘盆地构造断裂和构造变形样式可以分为南羌塘、中间隆起带和北羌塘盆地。前人对羌塘盆地的形成有多种观点：由南向北的俯冲碰撞、由北向南的俯冲碰撞和双向挤压汇聚等。对此，笔者实验室开展了双向汇聚的物理模拟实验。

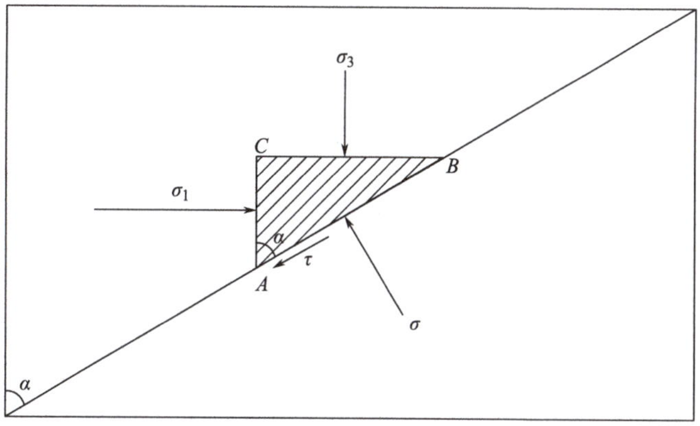

图3-38　应力与破裂角之间的分布关系图解

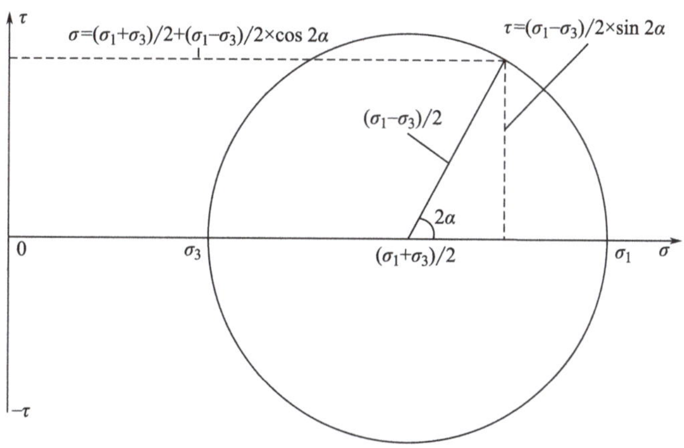

图3-39　应力莫尔圆图解

3.1.4.1　模型设计

设计了5组不同属性的挤压模型。模型长40cm，宽22cm，石英砂厚3cm。挤压速率为20cm/h，单侧电机速率为10cm/h。所有模型的缩短量均为15cm。模型1没有减小基底摩擦。模型2基底增加硅胶2mm减小基底摩擦。模型3基底硅胶2mm下用硅油减小基底摩擦。模型4基底硅胶2mm下用微玻璃珠减小基底摩擦。模型5基底左侧增加2mm硅胶，而右侧基底为石英砂。即左侧基底减小基底摩擦，而右侧基底未减小基底摩擦（图3-40和图3-41）。

3.1.4.2　模拟结果

（1）模型1结果

模拟显示，两侧形成叠瓦式的逆冲推覆构造。逆冲断裂的倾角在30°附近。挤压缩短率为17.5%，一侧形成3条逆冲断层，另一侧形成2条逆冲断层。变形样式为两侧逆冲构造形成的地貌隆起，而构造带内部形成地貌盆地。挤压缩短率为37.5%，在两侧分别形成4条逆冲断层。两侧地貌隆升幅度较大，中部形成V形地貌（图3-42和图3-43）。

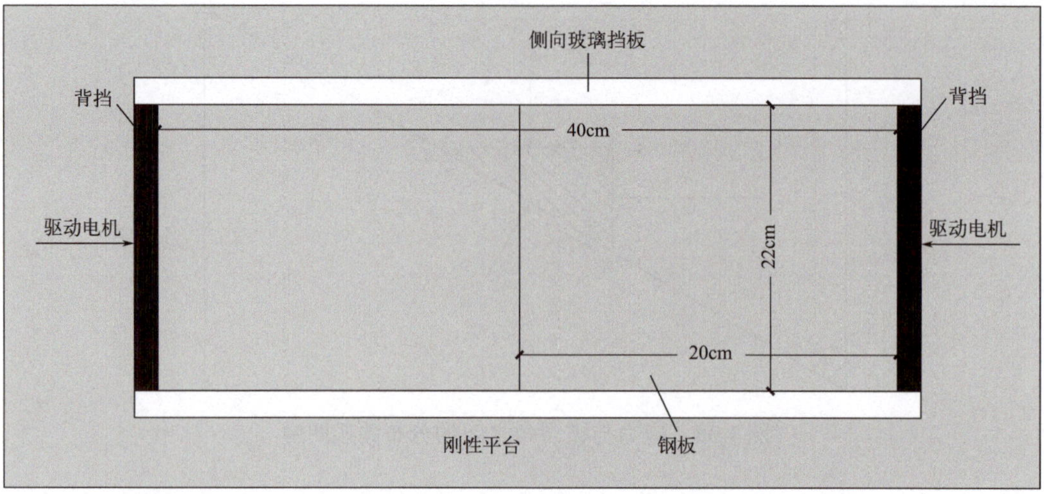

图3-40　双向挤压模型设计平面图

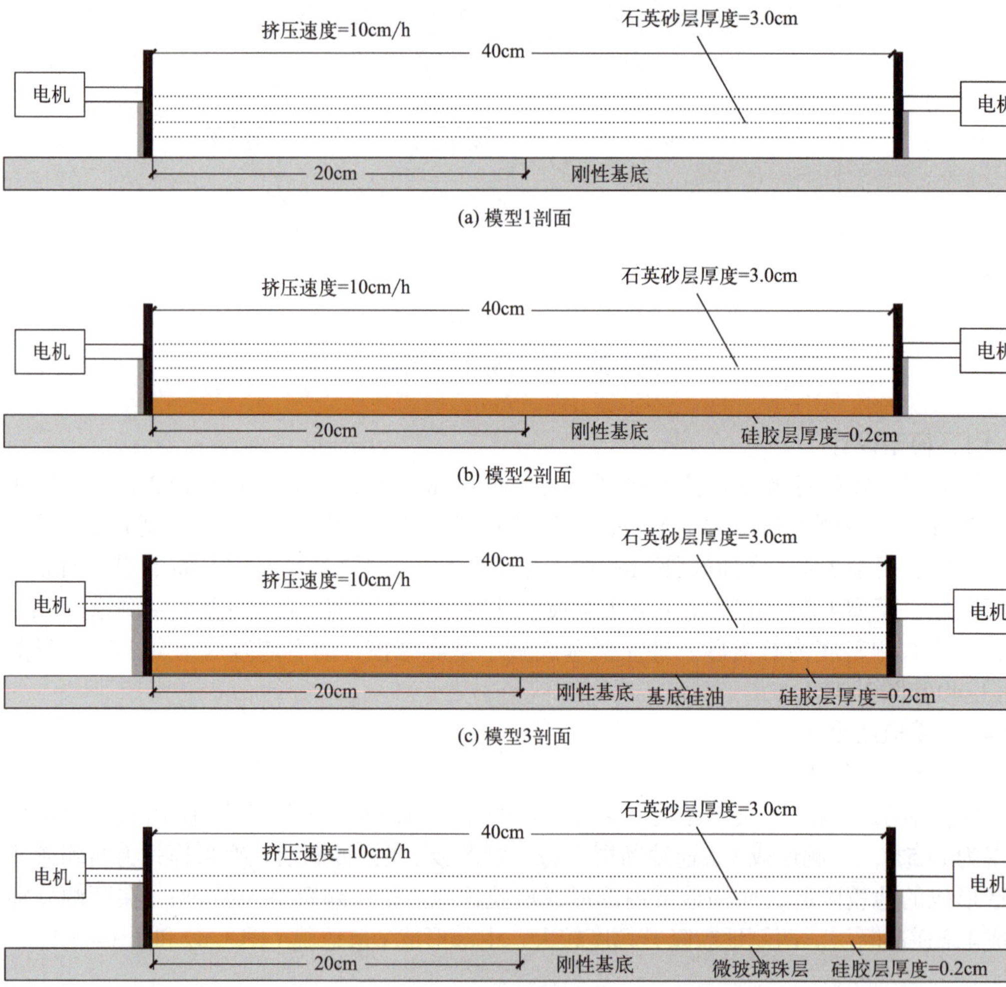

(a) 模型1剖面

(b) 模型2剖面

(c) 模型3剖面

(d) 模型4剖面

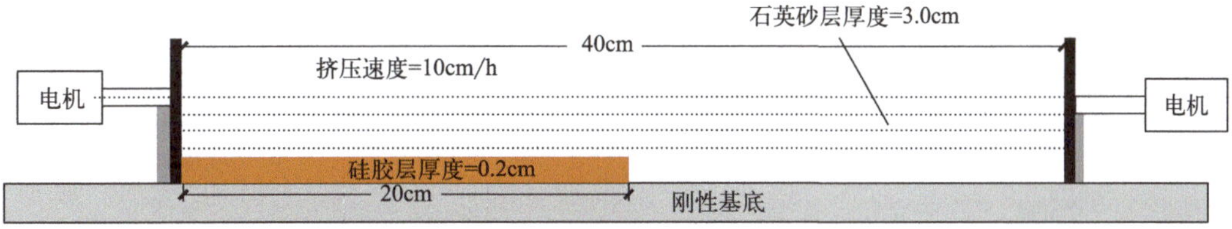

(e) 模型5剖面

图3-41　双向挤压模型设计剖面图

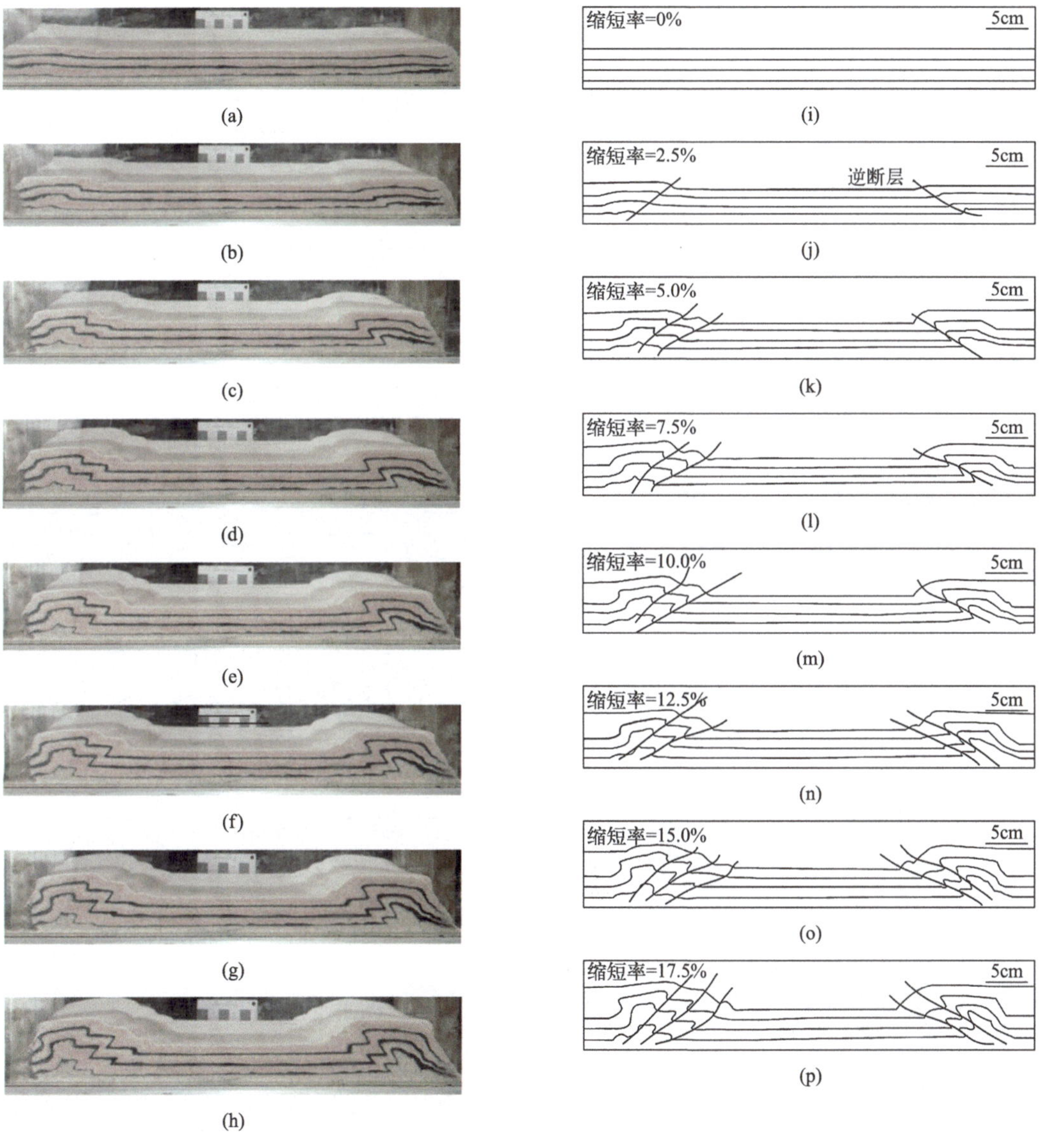

图3-42　模型1未减小基底摩擦结果（缩短率为0 ~ 17.5%）

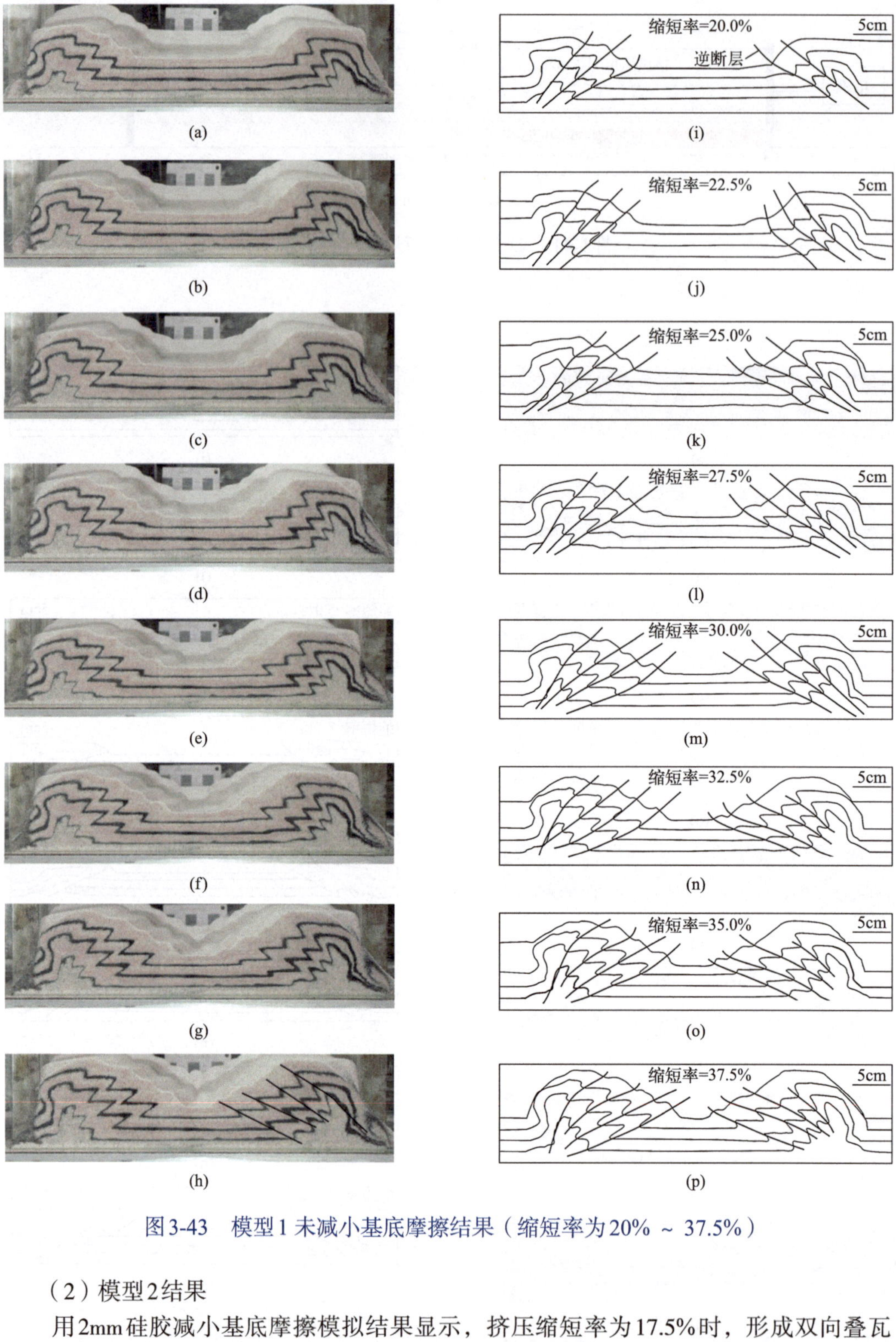

图3-43　模型1未减小基底摩擦结果（缩短率为20% ~ 37.5%）

（2）模型2结果

用2mm硅胶减小基底摩擦模拟结果显示，挤压缩短率为17.5%时，形成双向叠瓦式逆冲构造。两侧分别产生3条逆冲断层，断层的倾角较小。逆断层间距特征显示，右侧小于左侧。仍然形成两侧隆升，中部平缓低洼的地貌盆地。

变形中后期（缩短量37.5%），挤压两端各产生4条断层，仍然形成V形地貌。但与模型1相比，地层有明显挠曲现象（图3-44和图3-45）。

（3）模型3结果

在模型2基础上，用硅油减小基底摩擦模拟结果显示，挤压缩短率为17.5%时，形

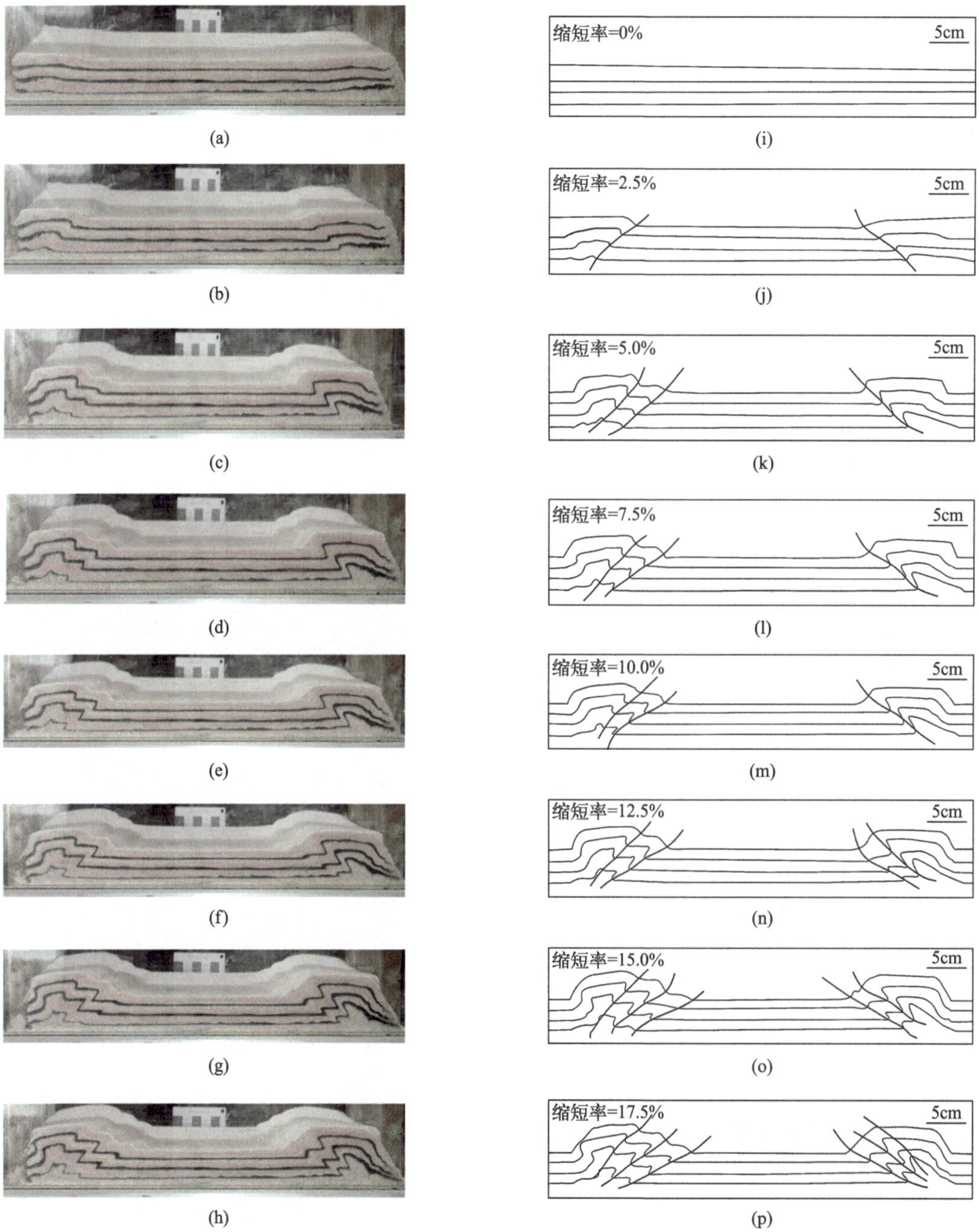

图3-44　模型2减小基底摩擦结果（缩短率为0 ~ 17.5%）

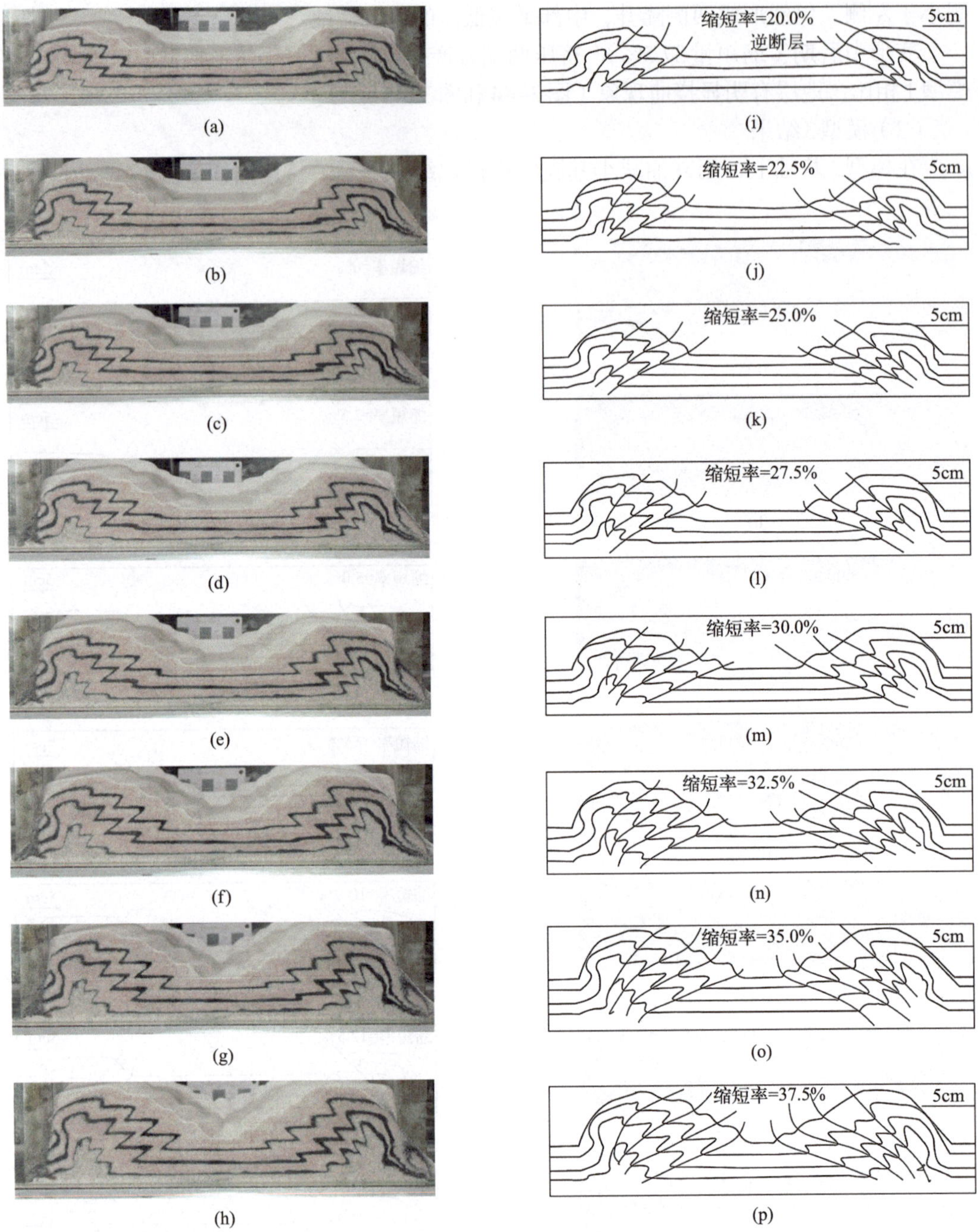

图3-45　模型2减小基底摩擦结果（缩短率为20% ~ 37.5%）

成双向叠瓦式逆冲构造。两侧分别产生1条逆冲断层，断层的倾角较小。逆断层间距特征显示，双侧具有不对称性。仍然形成两侧隆升，中部平缓低洼的地貌盆地。

变形中后期（缩短量为37.5%）。挤压两端各产生4条逆冲断层。两侧断层形成花状分布特征。中间低洼地带形成向斜地貌。

与模型1和模型2相比，模型3的变形样式发生了明显的改变，从叠瓦式逆冲发展为背冲隆起构造；中间的盆地形态也发生了明显的变形，模型1和模型2主要是V形，模型3是低缓盆地形态（图3-46和图3-47）。

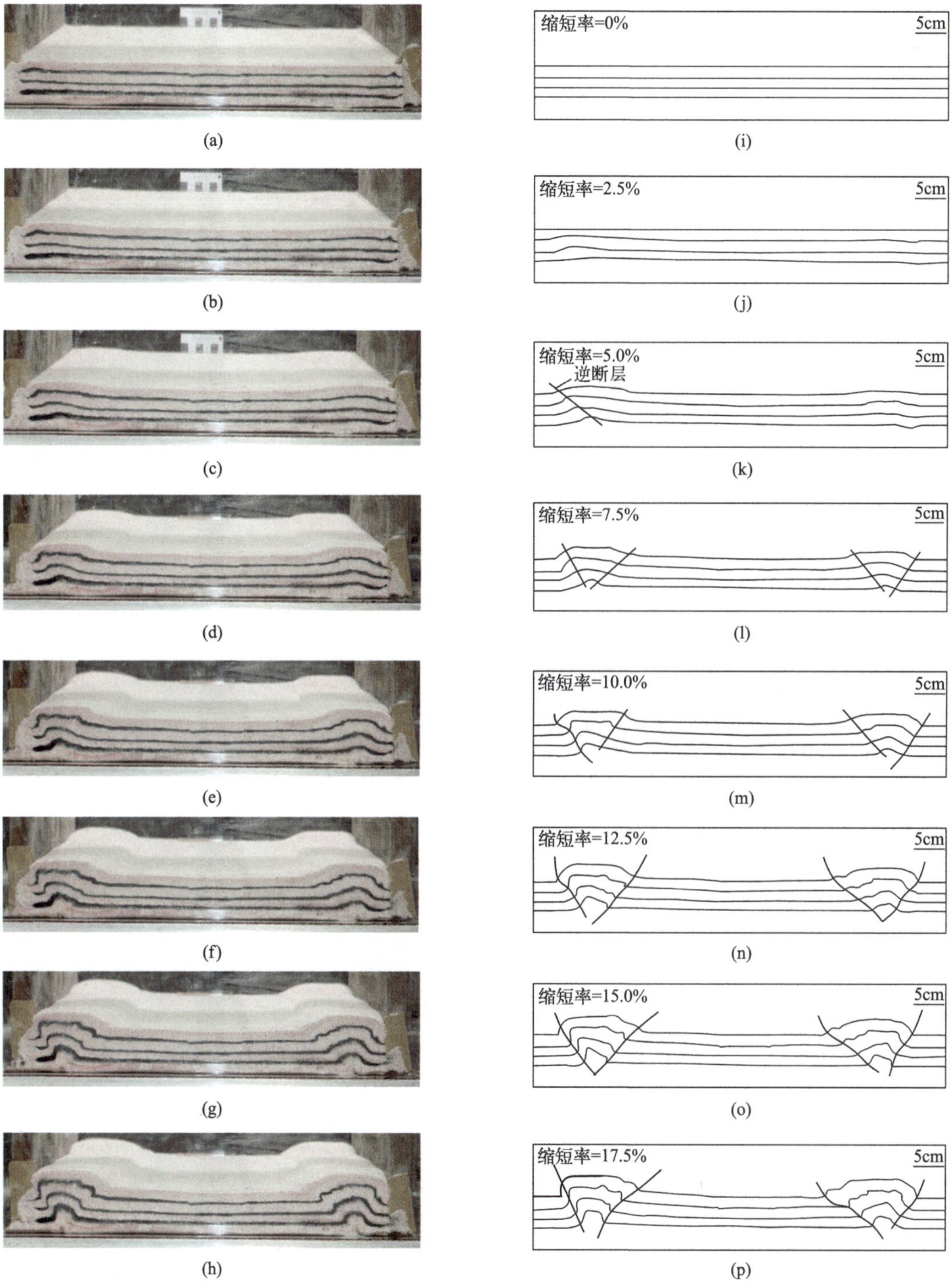

图3-46　模型3硅胶下伏硅油减小基底摩擦结果（缩短率为0 ~ 17.5%）

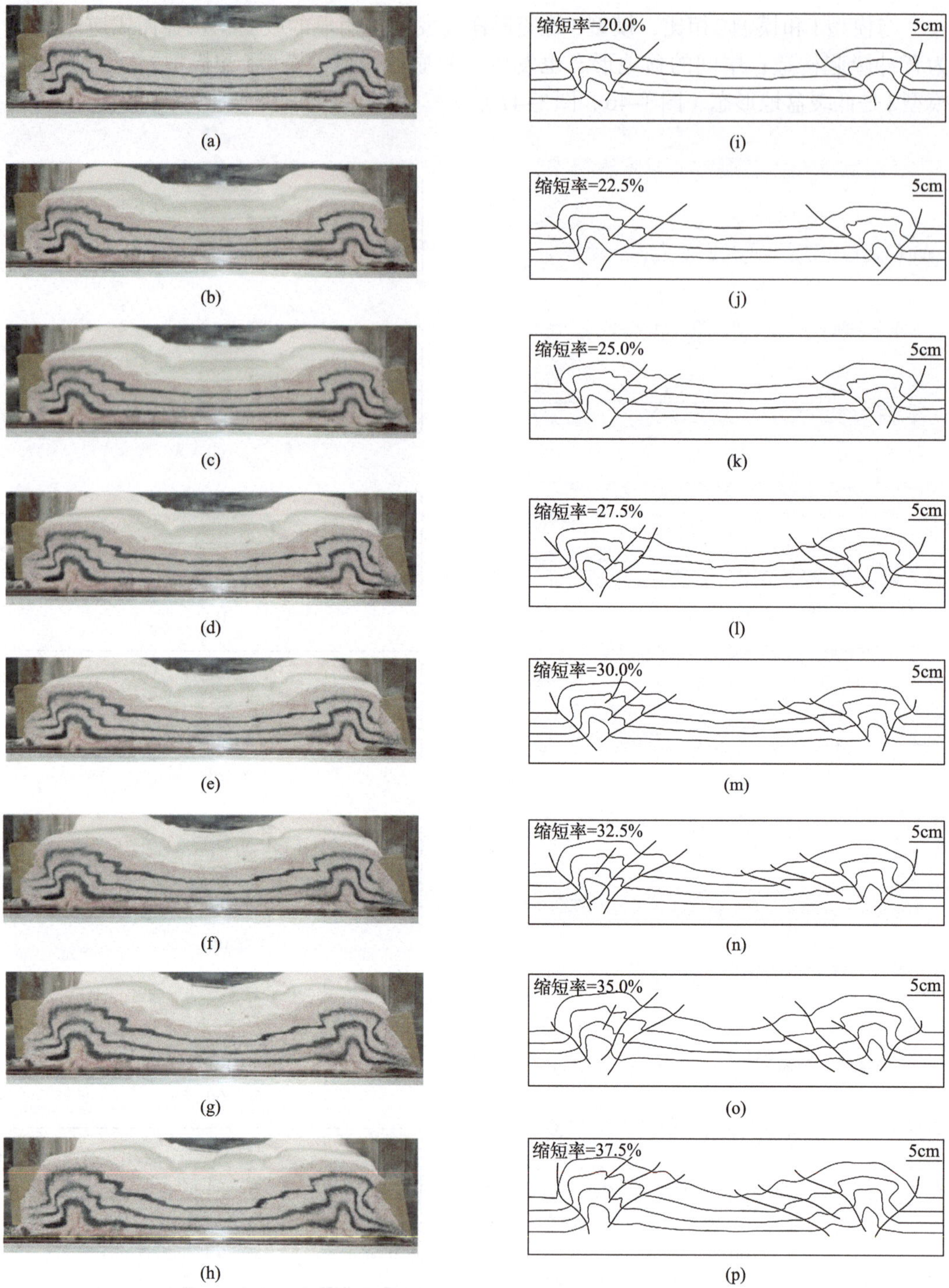

图3-47　模型3硅胶下伏硅油减小基底摩擦结果（缩短率为20% ~ 37.5%）

（4）模型4结果

在模型2基础上，用微玻璃珠减小基底摩擦模拟结果显示，挤压缩短率为17.5%时，形成双向背冲构造。两侧隆起区分别产生3条逆冲断层。隆起区一侧产生2条断层，另一侧产生1条断层。逆断层间距特征显示，两侧具有一定的对称性。仍然形成两侧隆升，中部平缓低洼的地貌盆地。

变形中后期（缩短率为37.5%）。挤压两端各产生4条逆冲断层。两侧断层形成花状分布特征，但背冲隆起区仍然不对称，一侧产生3条逆断层，另一侧产生1条逆断层。中间低洼地带形成向斜地貌。

与模型1、模型2和模型3相比，模型4的变形样式发生了明显的改变。以叠瓦式逆冲断层构成的背冲形隆起构造，叠瓦式的逆冲形态更平直，脆性作用产生的变形特征更明显。整体上，模型4的中部仍然是低缓盆地形态（图3-48和图3-49）。

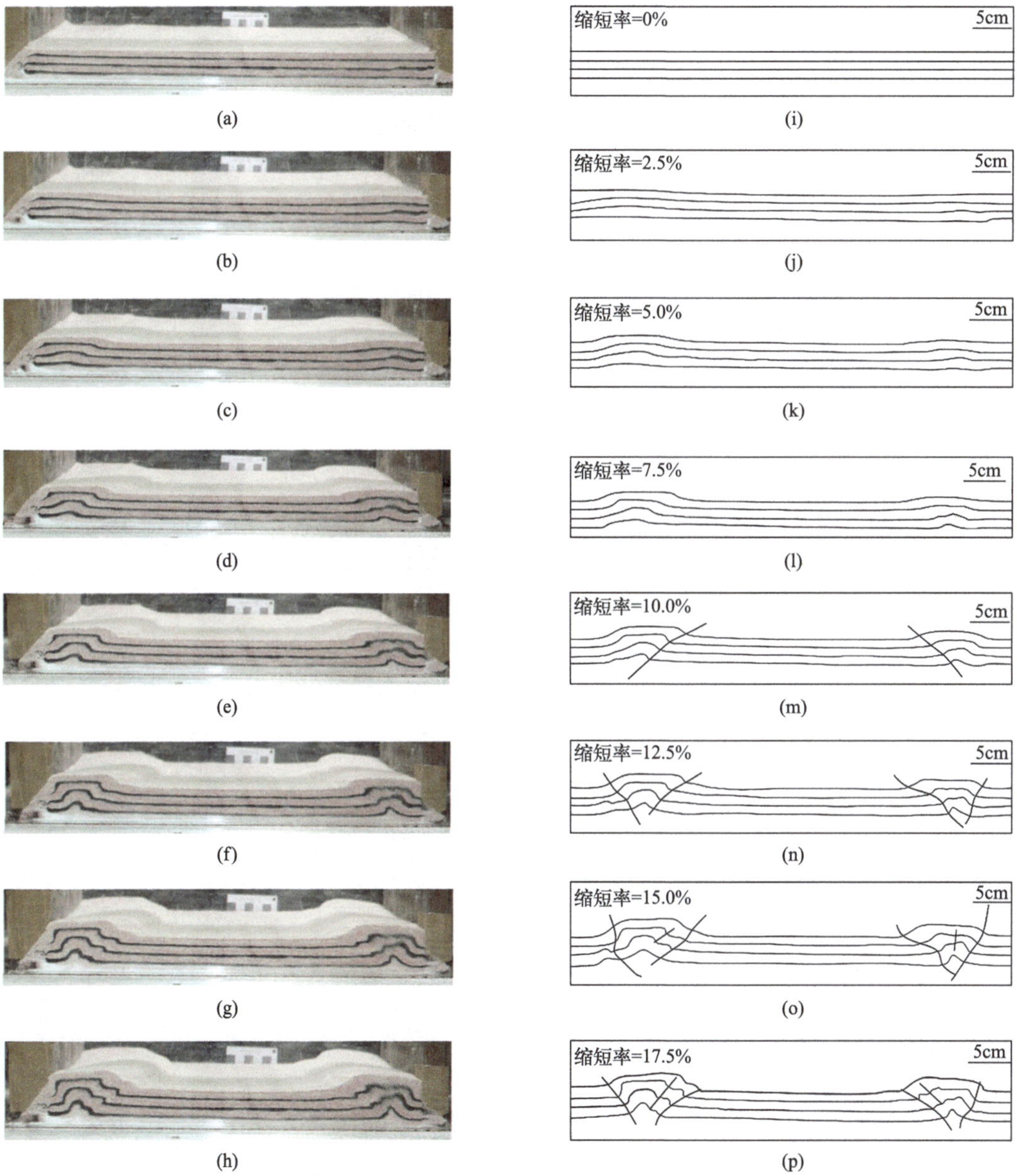

图3-48　模型4用微玻璃珠减小基底摩擦结果（缩短率为0 ~ 17.5%）

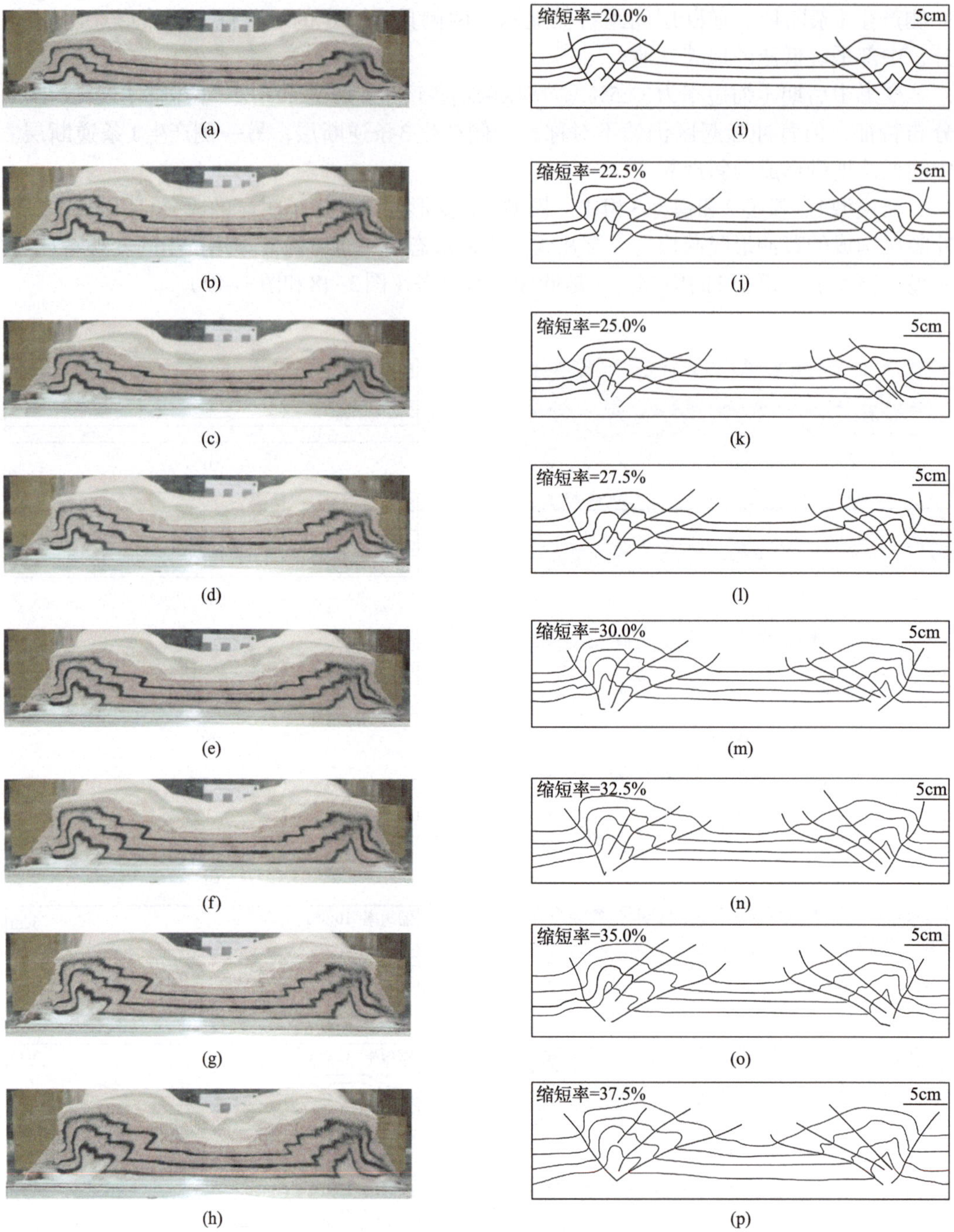

图3-49　模型4用微玻璃珠减小基底摩擦结果（缩短率为17.5% ~ 37.5%）

（5）模型5结果

在模型1基础上，模型右侧铺设2mm厚的硅胶，左侧为石英石，挤压缩短率为17.5%时，形成双向背冲构造。两侧隆起区分别产生3条逆冲断层。隆起区一侧产生2条断层，另一侧产生1条断层。逆断层间距特征显示，双侧不具有对称性。硅胶基底一侧地层挠曲变形。地貌特征显示，仍然形成两侧隆升，中部平缓低洼盆地。

变形中后期（缩短率为37.5%）。挤压左端产生5条逆冲断层，右侧产生4条逆冲断层。地貌特征显示，左端隆升的幅度较右端隆升的幅度高。中间低洼地带形成向斜地貌，但被1条倾向右侧的前冲断裂切割。

与模型1、模型2、模型3和模型4相比，模型5的变形样式左右明显不对称。具有基底硅胶的一侧，形成箱形褶皱，变形扩展的范围较大（图3-50和图3-51）。

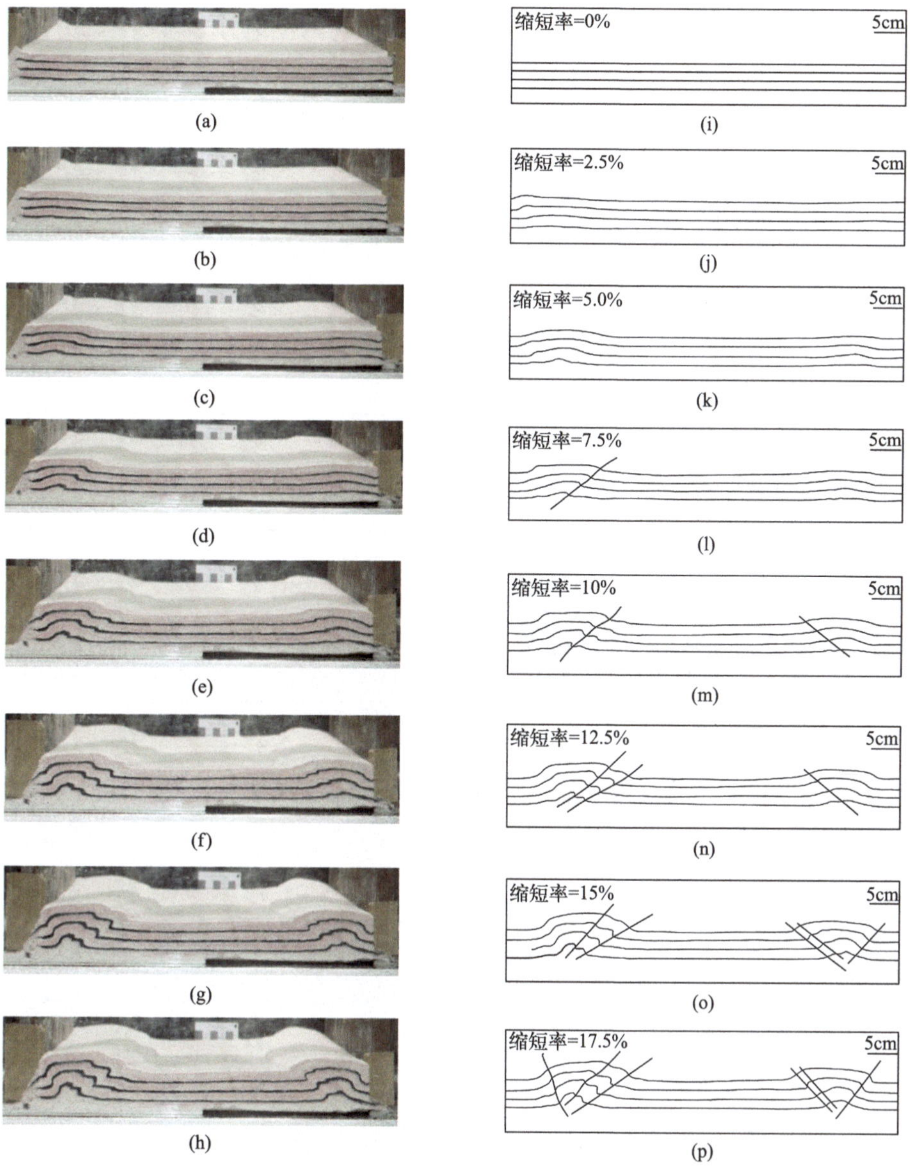

图3-50　模型5一侧减小基底摩擦，另一侧未减小基底摩擦结果（缩短率为0 ~ 17.5%）

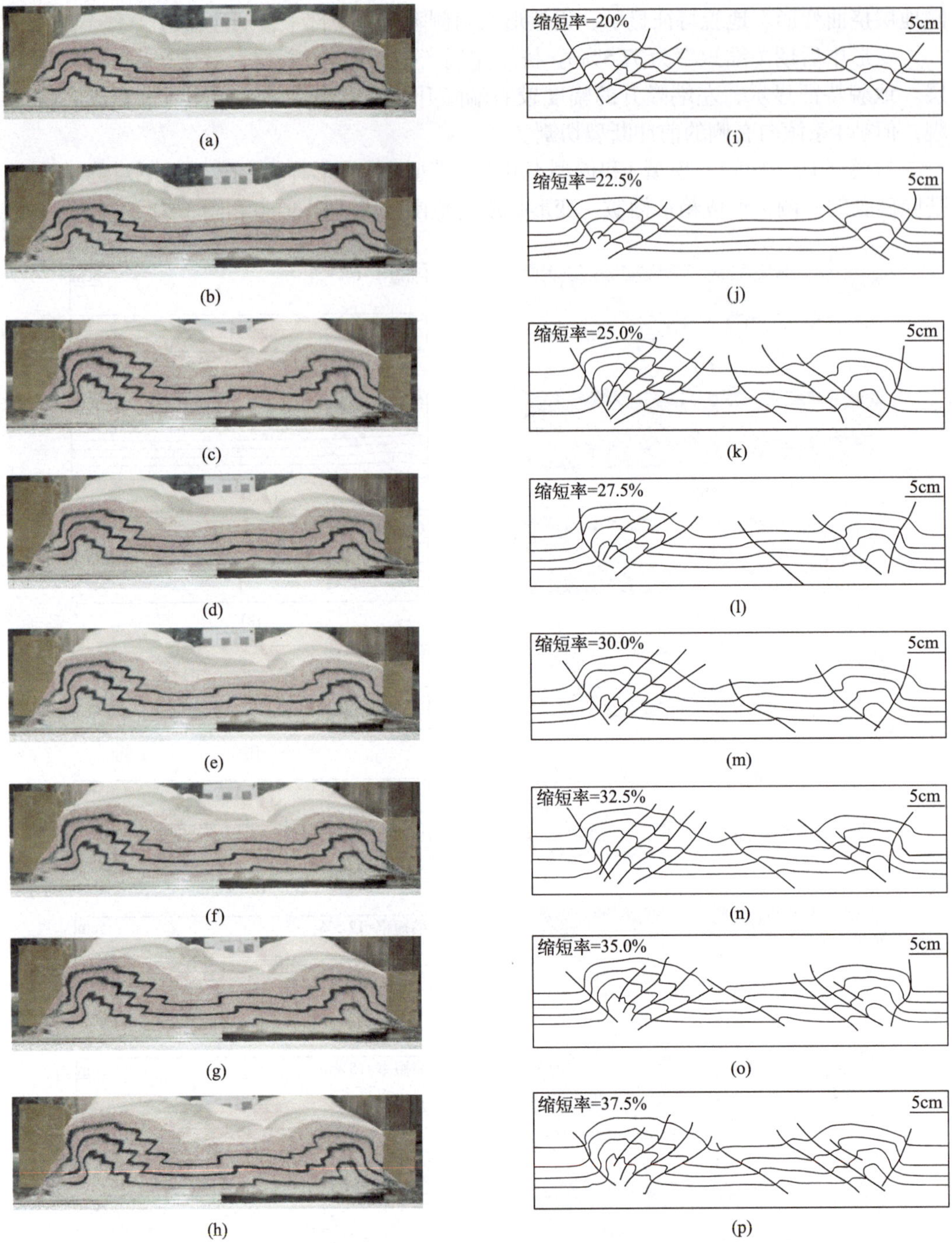

图3-51　模型5一侧减小基底摩擦，另一侧未减小基底摩擦结果（缩短率为17.5%～37.5%）

3.1.5　分析与探讨

侧向和基底摩擦力是相互影响的，也就是侧向和基底摩擦系数的大小对褶皱-冲断带的变形具有极为重要的控制作用。Zhou等（2016；2022）对此进行了尝试性的研究，认为软弱基底的存在会导致侧向与基底的摩擦力比值异常大，形成差异的变形样式。Souloumiac等（2012）对侧向砂体接触面积与基底面积之比对变形的影响进行了探讨，表明接触面积比对变形具有一定的控制作用。以上研究表明，侧向摩擦系数与基底摩擦系数之比对褶皱–冲断带的变形演化具有潜在的控制作用。对此，下文也开展了相关的系统模型测试工作（表3–1）。

表3-1　侧向与基底摩擦系数联合控制定量化分析参数

模型系列	硅胶厚度/cm	石英砂厚度/cm	侧向摩擦力/Pa	基底摩擦力/Pa	侧向与基底摩擦系数比	挡板类型
模型1	0.5	3.0	0	6.52	0	双侧挡板
模型2	0.5	1.5	0	6.52	0	双侧挡板
模型3	0.5	1.5	150	6.52	23	双侧挡板
模型4	0.5	1.5	150	6.52	23	双侧挡板
模型5	0.5	1.5	150	6.52	23	双侧挡板

侧向摩擦力计算：

$$\tau_s=\rho g\mu_s\,(H_b/2) \tag{3-2}$$

式中，τ_s为侧向摩擦力；ρ为地层密度；g为重力加速度；μ_s为侧向摩擦系数；H_b为脆性层的厚度。

基底摩擦力计算：

$$\tau_d=\eta v/H_d \tag{3-3}$$

式中，τ_d为基底摩擦力；η为韧性层的黏度；H_d为韧性层的厚度；v为挤压速率。

上述两个公式引自Bonini（2007）和Zhou et al.（2016）。

为了探讨侧向与基底摩擦应力之间的定量化或半定量测试分析，本研究构建了7组模型进行对比分析探讨。具体结果如下：

（1）模型1的模型设计及结果

实验模型的长、宽、高分别为80cm、30cm和15cm。模型的设计与Souloumiac等（2012）和Zhou等（2016）的实验装置具有一定的相似性。Souloumiac等（2012）的模型主要讨论纯脆性石英砂的变形、变形奇异性的影响。Zhou等（2016）的实验主要讨论有无侧向挡板以及基底韧性层对侧向摩擦的影响。实验的驱动方式为只有基底活动，其余块体固定，挤压速度为5cm/h，总缩短量为30cm，总缩短率为75%。模型1与其他模型的差异是上覆石英砂厚度比较大，为3cm（图3–52）。

模拟结果显示，缩短量为10cm时，后缘产生狭长形凹陷。随着缩短量的增大，凹陷的宽度越来越大，并且在前缘产生1条逆断层。缩短量为30cm时，后缘形成宽度为20cm的凹陷，前缘产生1条向运动方向突出的弧形逆冲断层和褶皱（图3–53）。切片显

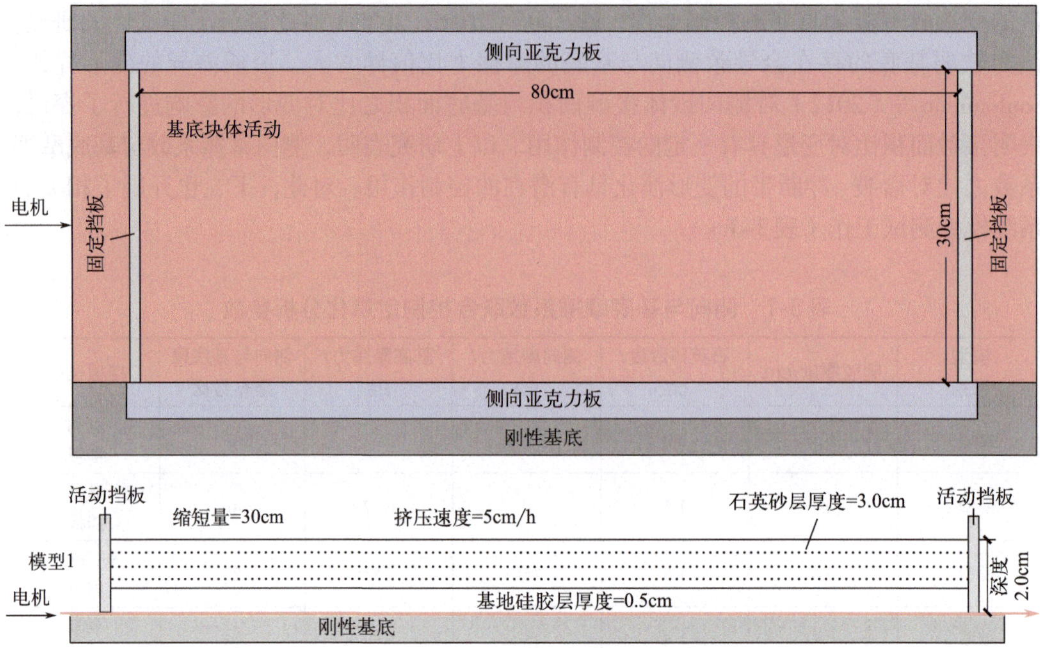

图3-52　模型1设计

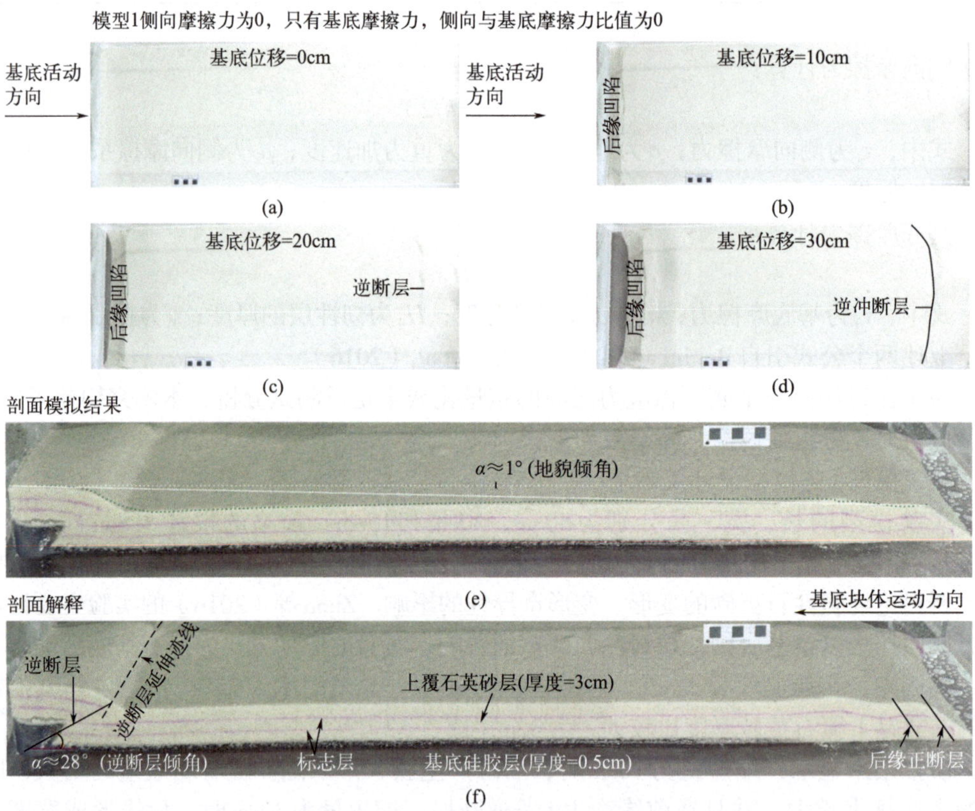

图3-53　模型1模拟结果及解释

示，前缘产生逆冲断层，断层倾角为28°，形成平顶高原结构。后缘局部挠曲下沉，产生2条正断层。整个地貌倾角为1°左右，显示地貌比较平缓。

本组模型静态条件下的侧向与基底摩擦系数比为41。在运动过程中，侧向与基底摩擦条件发生变化。早期变形没有运动，侧向与基底摩擦系数为0。但是在变形中后期，上覆石英砂在基底摩擦的作用下，产生一定的运动趋势。此阶段的摩擦力受到一定的扰动，动摩擦起作用，但侧向静摩擦仍然为0。尽管静摩擦系数仍然为0，但上覆砂体与基底的运动方向一致，在褶皱-冲断带的中部区域运动较快，在前沿形成了弧形的褶皱-冲断带。

应变速率场和累积应变场显示了差异的变形特征。应变速率场特征显示，在变形的初始阶段（基底位移量为0cm），高应变速率值集中在模型的中前部区域。低应变速率值主要分布在前后背挡两侧。从砂体的内部向前后两侧逐渐衰减递变，呈弧形的条带状分布特征。随着基底位移量的增大（基底位移量为5cm），高应变速率值转变为前缘背挡一侧较大，从前缘向后缘逐渐衰减。基底位移量为10cm，此阶段的应变速率高值区主要集中在后缘背挡一侧，而前缘背挡一侧较小。基底位移量为15cm，应变速率高值主要分布在前缘挡板一侧，再次呈条带状向后缘衰减。基底位移量为20cm时，此阶段与前一阶段具有相似性，但数值有所差异，高应变速率值的分布范围较大。基底位移量为25cm时，高应变值分布在靠近前挡和后挡两侧，中等应变值分布范围较大，具有整体变形的特性。基底位移量为30cm，变形从前缘一侧向后缘呈条带状衰减（图3-54）。

尽管平面上看不到明显的特征变化，但不同的演化阶段，累积应变速率场也存在明显的差异。变形的早期主要呈4条弧形弯曲形态。越靠近前挡，累积应变的弧形弯曲度越大。在变形的中后期，累积应变场条带变得平直，与后挡平行（图3-55）。

（2）模型2的模型设计及模拟结果

模型2在模型1的基础上，只是改变了石英砂层的厚度（模型1的石英砂厚度为3cm，而模型2的石英砂厚度为1.5cm），其余参数与模型1相同，仍然是基底块体运动。基底运动速度为5cm/h。侧向与基底摩擦系数比为0。基底从模型的左侧向右侧移动，上覆前挡和后挡，以及侧向挡板均保持相对静止（图3-56）。

在变形初始阶段，前缘背挡一侧形成1个隆起和1个冲起构造，随着基底继续移动，石英砂表面形成多个冲起构造。冲起构造从前缘背挡逐渐向模型中部扩展，呈现后展式的变形。最后，基底移动30cm，形成了6个冲起构造。褶皱-冲断带中部向外突出，指向基底运动的方向（图3-57）。剖面特征显示，靠近褶皱-冲断带根带一侧，形成3个前冲褶皱，1个后冲褶皱和2个箱状褶皱。前冲断裂与后冲断裂几乎对称分布。地貌比较平缓，倾角为3.3°。褶皱-冲断带的根带具有倒转现象。

对比模型1，模型2产生了不同的变形样式，这表明地层的厚度对褶皱-冲断带箱形褶皱数量的产生具有明显的控制作用。

模型2 PIV应变速率场特征和累积应变场特征与模型1差异较大。在缩短量为0cm、10cm和15cm三个阶段的应变速率高值区位于前缘挡板一侧，而应变速率低值区主要分布在后缘背挡的一侧（图3-58）。其余阶段的应变速率场均是从前缘挡板一侧向后缘呈条带状分布，并逐渐由高值区向低值区缓慢衰减。

PIV累积应变场特征显示，变形的初始阶段，高应变值主要位于前挡一侧，呈环带

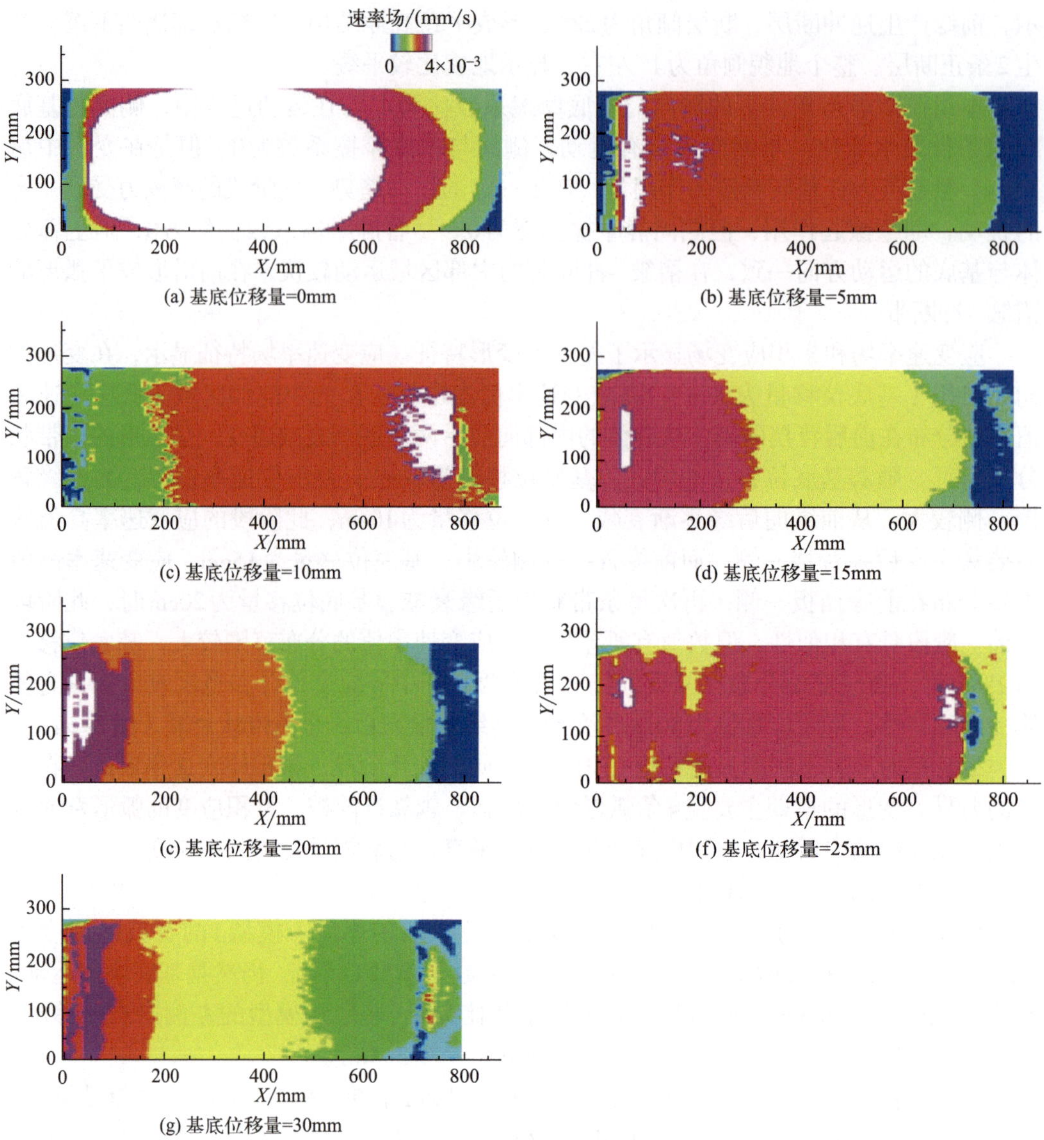

图3-54　模型1速率场特征

分布特征。前缘值较高，后缘值较小。随着基底位移的增大，应变值逐渐减小，环带特征消失，但仍然在后缘形成与后挡平行或弯曲的累积应变条带。在基底位移量较大时，累积应变场高值区主要位于褶皱-冲断带的中后部区域，呈弧形特征分布。此阶段的累积应变值与褶皱-冲断带平面褶皱的变形样式具有一定的相似性（图3-59）。

（3）模型3的模型设计及模拟结果

模型3与模型1和模型2的结构不同。模型3是基底和后缘挡板同时运动。其余参数与模型2相同。基底硅胶层厚度为0.5cm，上覆石英砂层厚度为1.5cm。侧向摩擦力的方向与基底的运动方向相反（图3-60）。侧向摩擦力与基底摩擦力的比值为23。

变形初始阶段，在靠近挡板一侧形成冲起构造，产生的弧形构造带凹面与运动方向

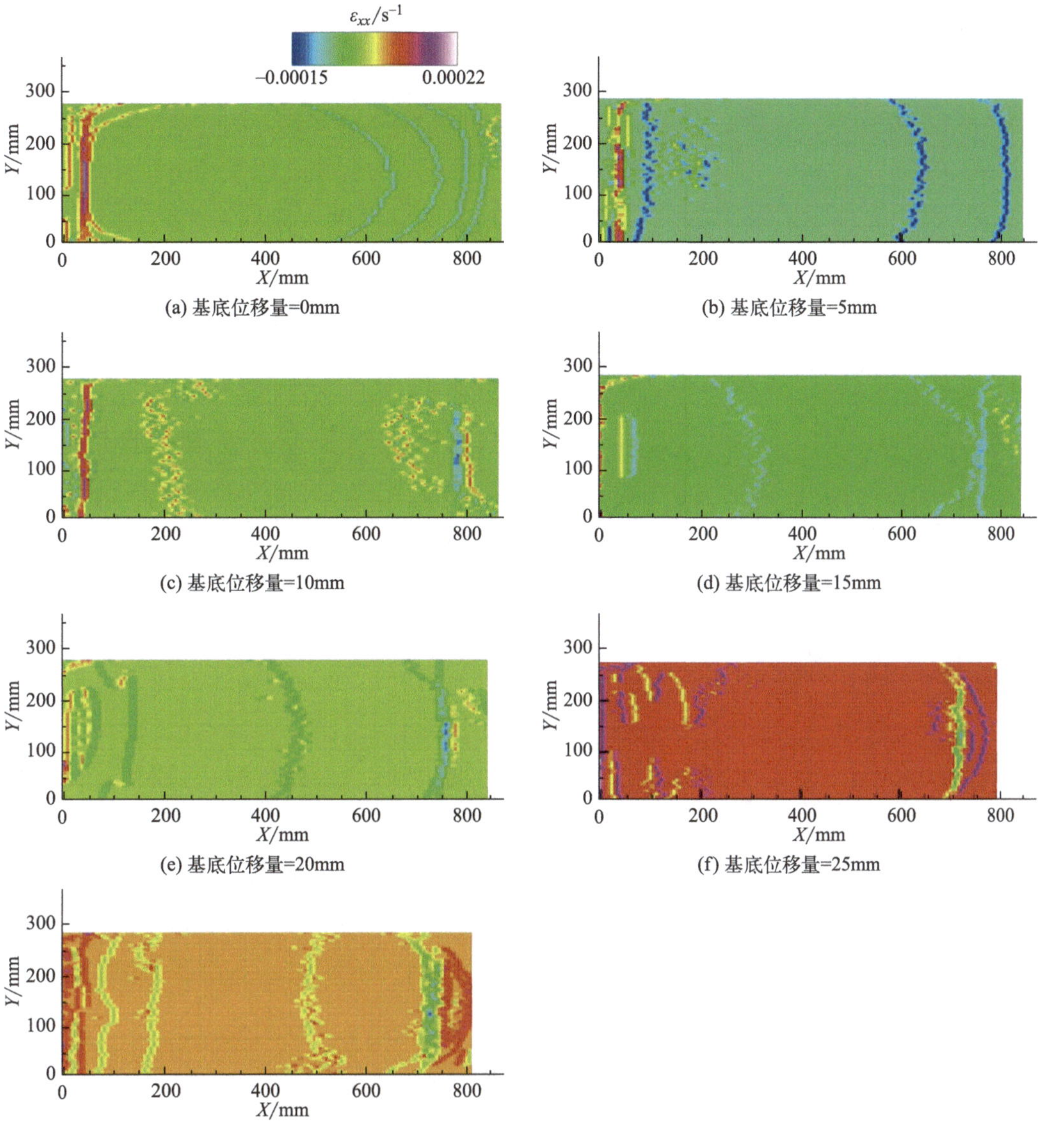

(a) 基底位移量=0mm
(b) 基底位移量=5mm
(c) 基底位移量=10mm
(d) 基底位移量=15mm
(e) 基底位移量=20mm
(f) 基底位移量=25mm
(g) 基底位移量=30mm

图3-55　模型1应变场特征

一致，指向前陆地区。随着变形量的增加，形成的弧形冲起构造数量增加，变形由根带向前陆逐渐扩展，变形带的宽度越来越大。缩短量为30cm时，形成了8个弧形冲起褶皱。弧形褶皱-冲断带的变形时序具有一定的穿时现象。变形早期主要是从根带向前缘扩展，中期应变在前沿向后缘扩展，后期应变传到中部。剖面特征显示，在褶皱-冲断带的不同区域具有明显差异的变形样式产生，根带主要形成倒转构造和前缘坳陷。在中部，形成冲起构造和前冲褶皱，而且褶皱之间的间距较大，具有隔挡式褶皱的变形样式。在靠近前陆构造带，主要形成冲起构造（图3-61）。

对比模型2，模型3具有明显差异的变形样式。模型2的侧向摩擦力与基底摩擦力

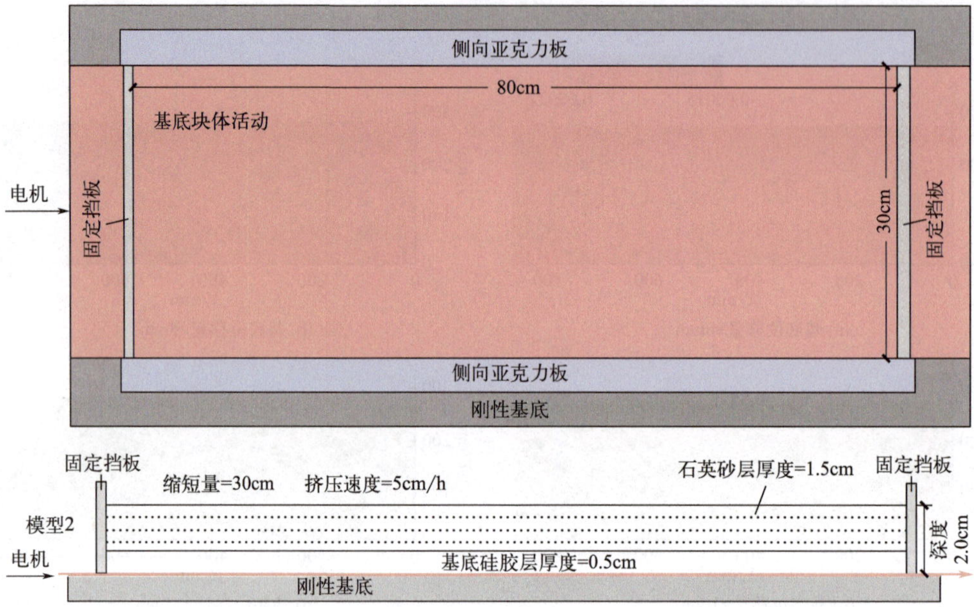

图3-56　模型2设计

模型2侧向摩擦力为0，只有基底摩擦力，侧向与基底摩擦力比值为0

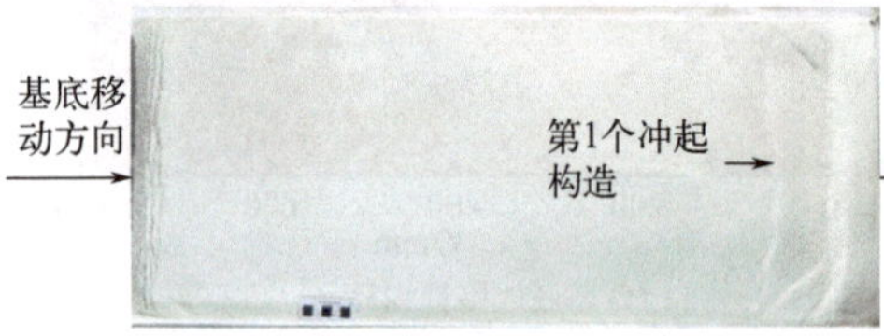

(a)

(b)

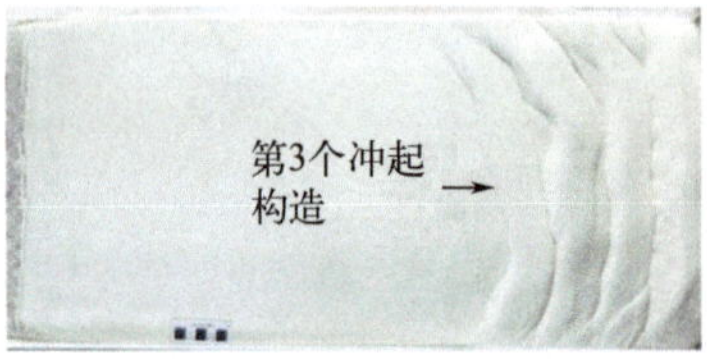

(c)

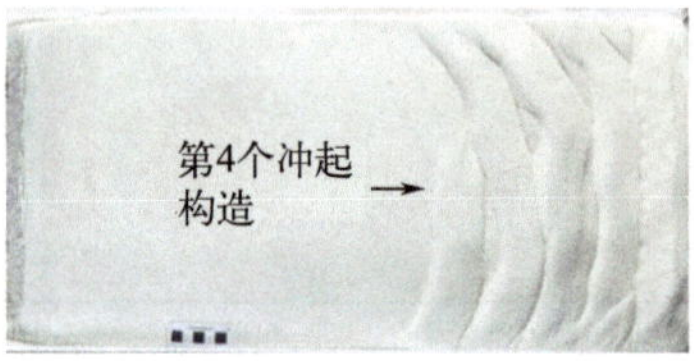

(d)

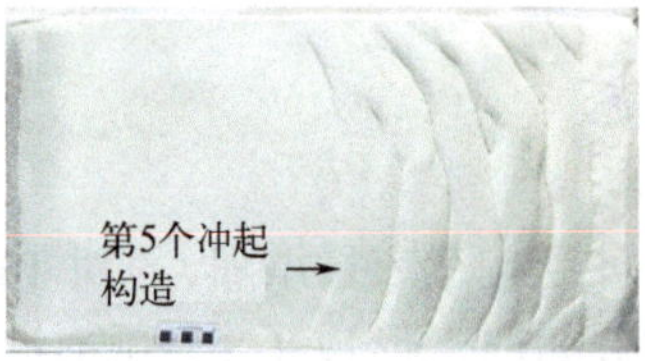

(e)

剖面模拟结果

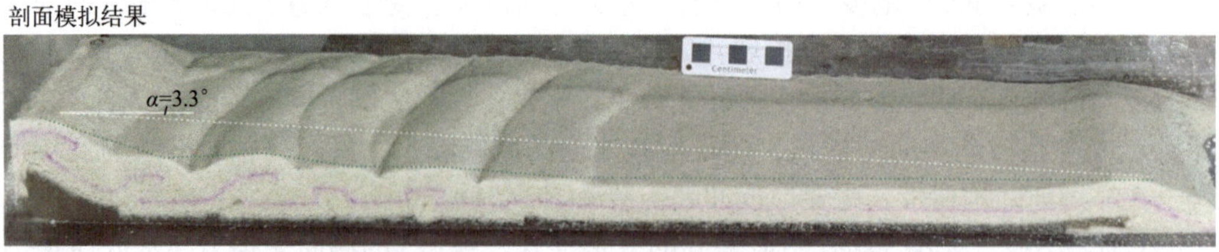

(f)

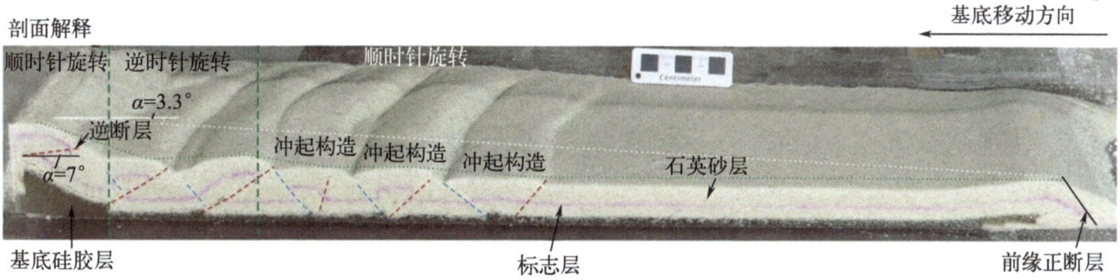

(g)

图3-57 模型2模拟结果及解释

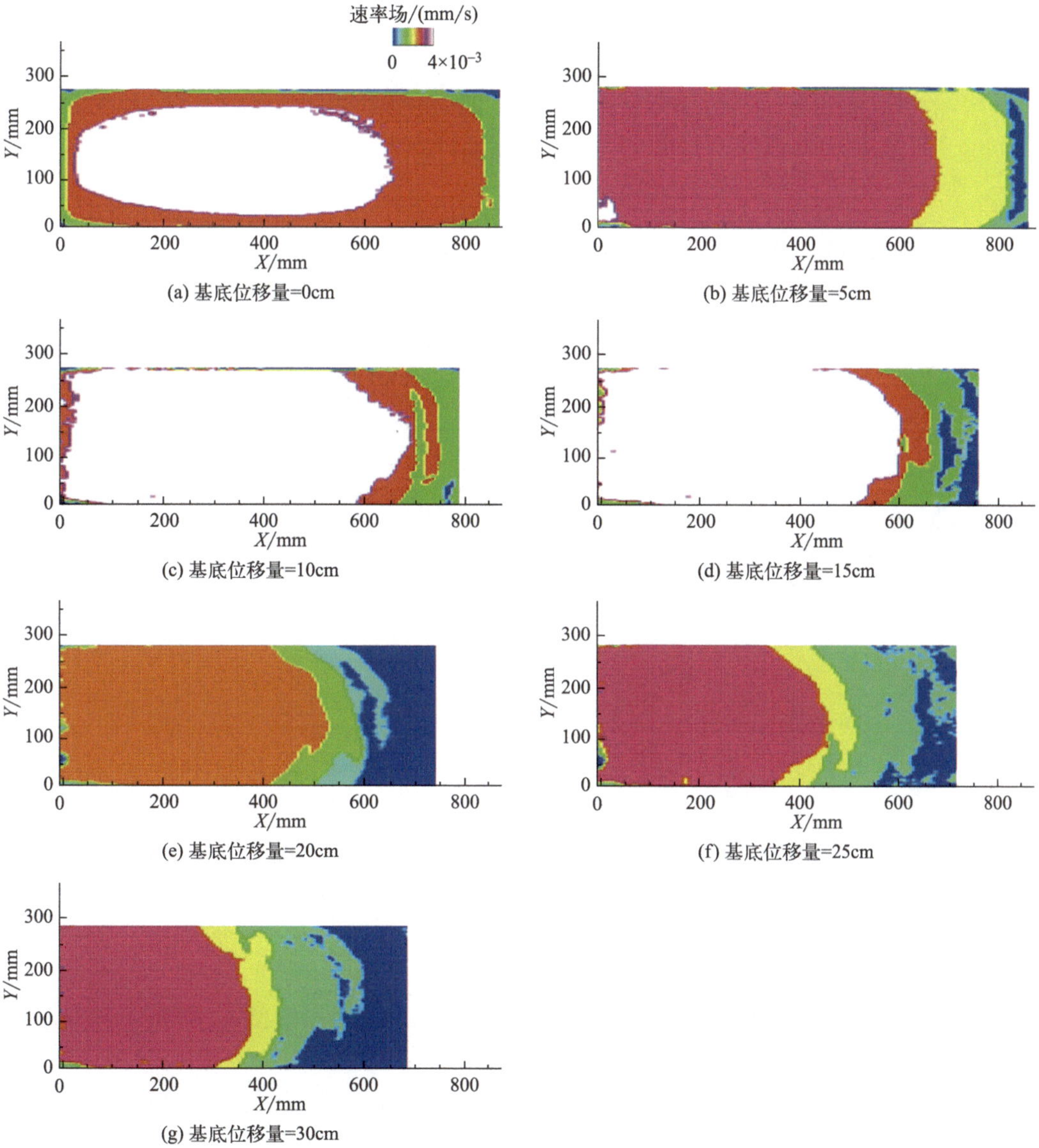

(a) 基底位移量=0cm

(b) 基底位移量=5cm

(c) 基底位移量=10cm

(d) 基底位移量=15cm

(e) 基底位移量=20cm

(f) 基底位移量=25cm

(g) 基底位移量=30cm

图3-58 模型2速率场特征

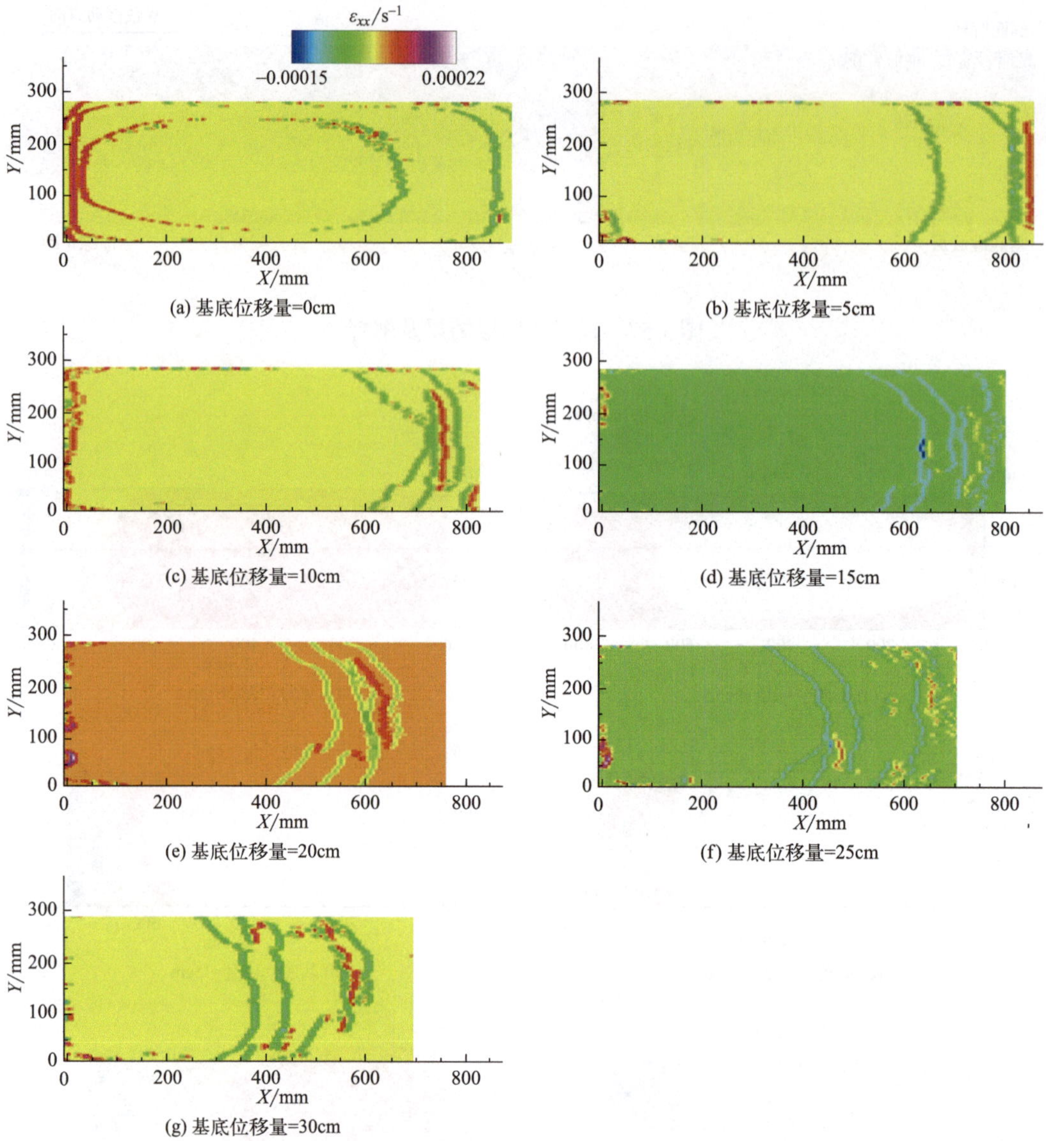

图3-59　模型2应变场特征

之比为0，而模型3的侧向与基底摩擦力之比为23。模型2主要形成对称型的冲起构造，而模型3形成了明显的前冲和隔挡褶皱。这表明，侧向摩擦力与基底摩擦力之比对褶皱-冲断带的变形样式具有潜在的控制作用。

尽管模型1、模型2和模型3三组模型均形成弧形褶皱-冲断带，但它们的构造变形样式存在明显的差异，而且存在不同的运动学指向。模型1和模型2的弧形指向与基底的运动方向相同，而模型3的弧形指向与基底的运动方向相反。

模型3 PIV显示，初始变形阶段，基底位移量为0cm，高应变速率场位于靠近前缘挡板一侧，呈椭圆形分布。从前缘到后缘，高应变速率值有所减小，但整体数值仍然较大。随着基底位移量的增大，前缘的高应变速率值减小，而后缘的高应变速率值较大，

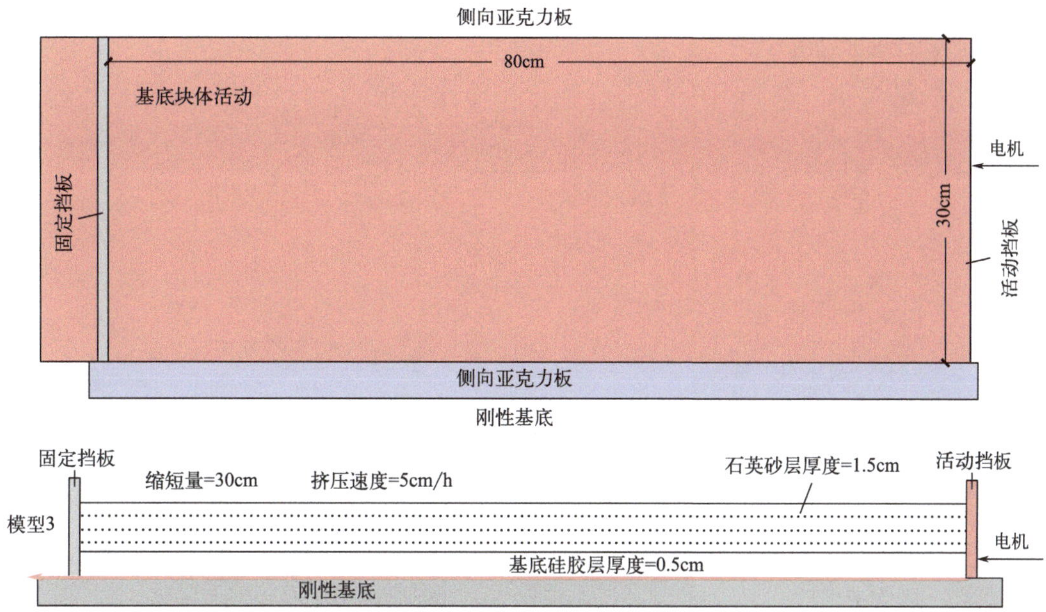

图3-60　模型3设计

但高应变速率值的分布范围逐渐减小，而低应变速率值的分布范围有增大的趋势，整体上呈弧形的条带状分布特征（图3-62）。

此模型的累积应变场在初始阶段数值较低，但局部具有弧形的分布特征。最低应变速率值主要分布在靠近前缘挡板一侧。基底位移量为15 ~ 20cm阶段，区域性的累积应变场高值呈弧形条带状分布，主要体现在从前后缘逐渐向中部扩展，最后整个褶皱-冲断带弧形的高应变值和低应变值呈条带状分布。基底位移量为25 ~ 30cm阶段，尽管应变值的形态特征相似，但累积高应变值从低值逐渐向高值变化（图3-63）。

模型3的应变速率场和累积应变场特征仍然揭示，尽管速率场整体从前缘转换到后缘向前缘扩展，但累积应变的变形演化具有穿时现场，呈现两个阶段的递增循环现象。

（4）模型4的模型设计及模拟结果

模型4只有后缘挡板移动，其余挡板不动。其余参数与模型2相同。此模型属于典型的背挡挤压型运动。基底硅胶层厚度为0.5cm，上覆石英砂层厚度为1.5cm（图3-64）。

变形初始阶段，在靠近根带处形成2条冲起构造。随着变形量的增加，产生的冲起构造越来越多，变形扩展的范围越来越大。缩短量为30cm时，形成1个逆冲构造和5个冲起构造。变形的扩展时序主要是前展式，从根带到前缘逐渐变形。形成的褶皱-冲断带的弧度没有前三组模型的弯曲，显得比较平直。只有在靠近前陆构造带，弧形的弯曲度较大。剖面特征显示，在褶皱-冲断带的根带隆升较高处，发生了倒转现象，其余区域形成箱形褶皱，而且褶皱比较紧闭。地貌倾角为4.5°，整体比较平缓（图3-65）。

对比模型3，尽管二者的挡板运动方向一致，但它们形成的褶皱-冲断带变形样式差异较大。模型3基底与后挡同时运动，侧向摩擦力与基底的摩擦力比值看上去是0，其实变形体内部的石英砂在基底的带动下，仍然具有摩擦力，其侧向与基底的摩擦力比值仍然为23。模型4的侧向与基底摩擦力比值为23。侧向与基底的摩擦力比值在模型3

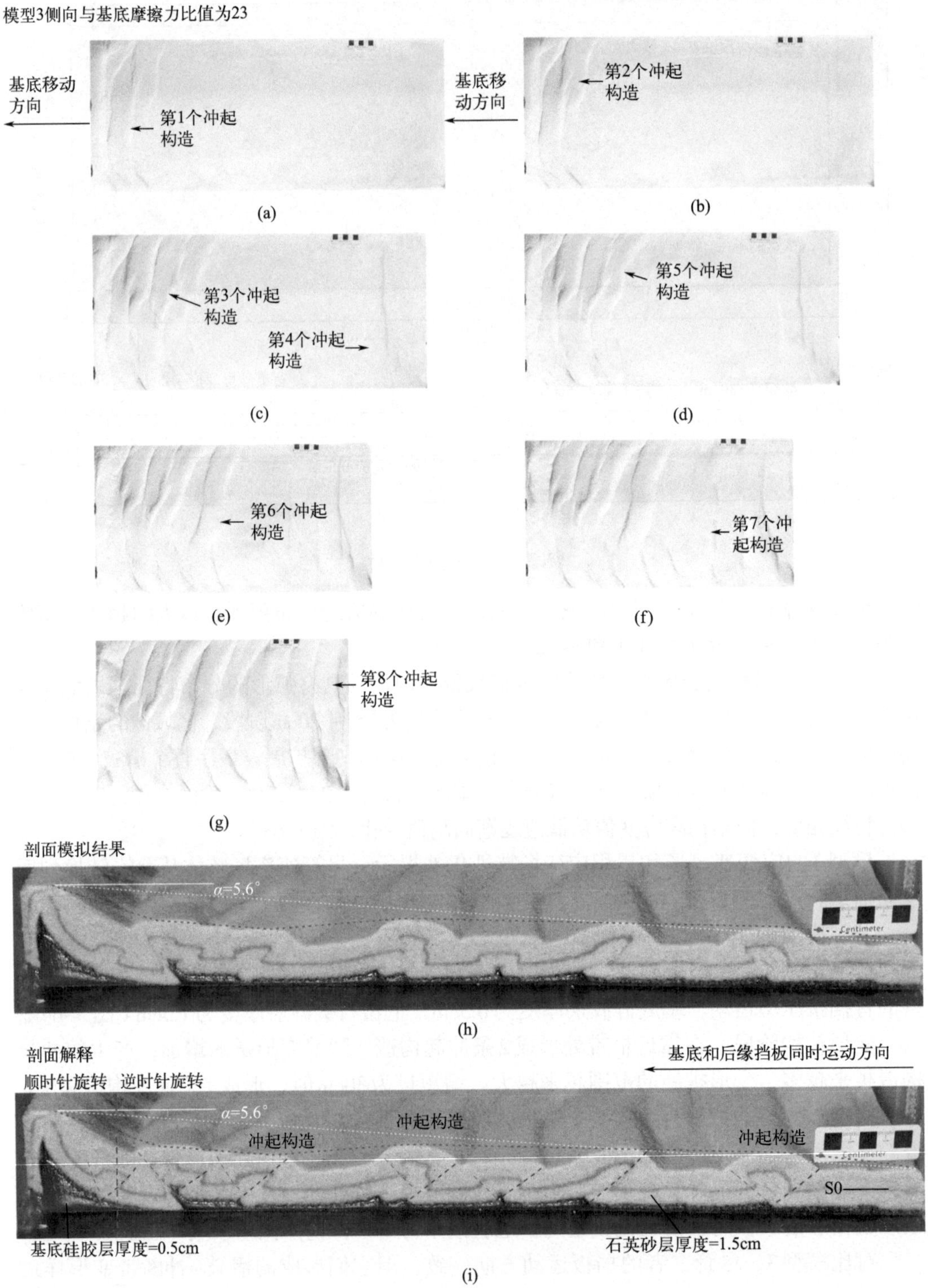

图3-61 模型3模拟结果及解释

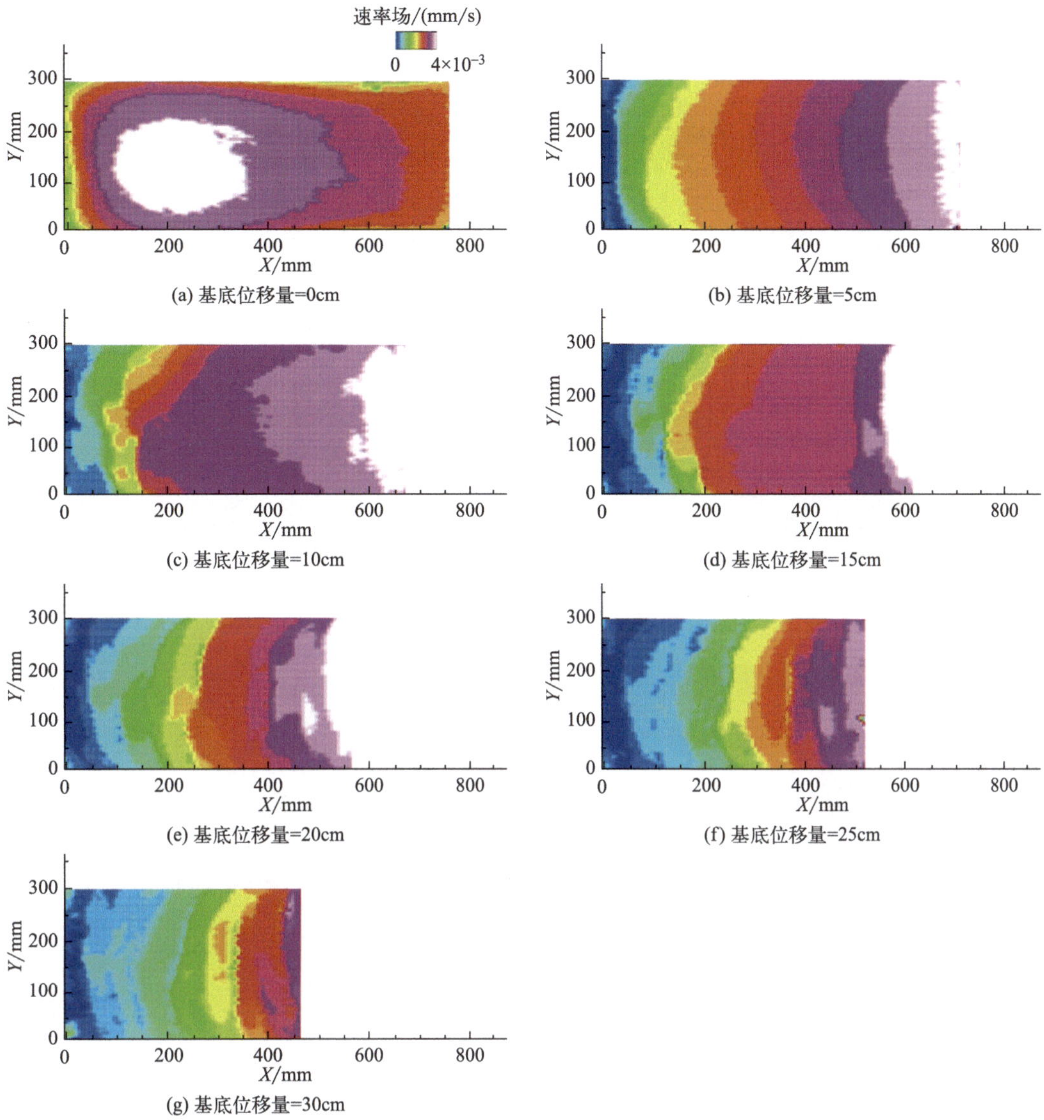

(a) 基底位移量=0cm (b) 基底位移量=5cm

(c) 基底位移量=10cm (d) 基底位移量=15cm

(e) 基底位移量=20cm (f) 基底位移量=25cm

(g) 基底位移量=30cm

图3-62 模型3速率场特征

和模型4中没有明显差异，只是运动的方式和块体的接触发生变化。据推测，潜在的动力影响是块体的直接接触导致了应力场的方向和强度差异所造成的。对此，有必要开展系统深入的研究。

模型4 PIV 分析表明，变形初始阶段（背挡位移量为0cm，应变速率高值区位于背挡一侧。靠近背挡，形态平直，在模型的中前部，形成弧形展布。背挡位移量为5cm，高应变速率值发生变化，尽管高值区仍然位于背挡一侧，但形态发生改变，弧形特征消失，形成条带状分布。中部的应变速率值较小，而靠近挡板两侧的则较大。变形中后期阶段，高应变值整体上从后缘向前缘扩展变小，应变速率值的分布区间十分明显（图3-66）。

累积应变场显示，变形的初始阶段，背挡一侧的应变值较小，高值与低值渐变形成

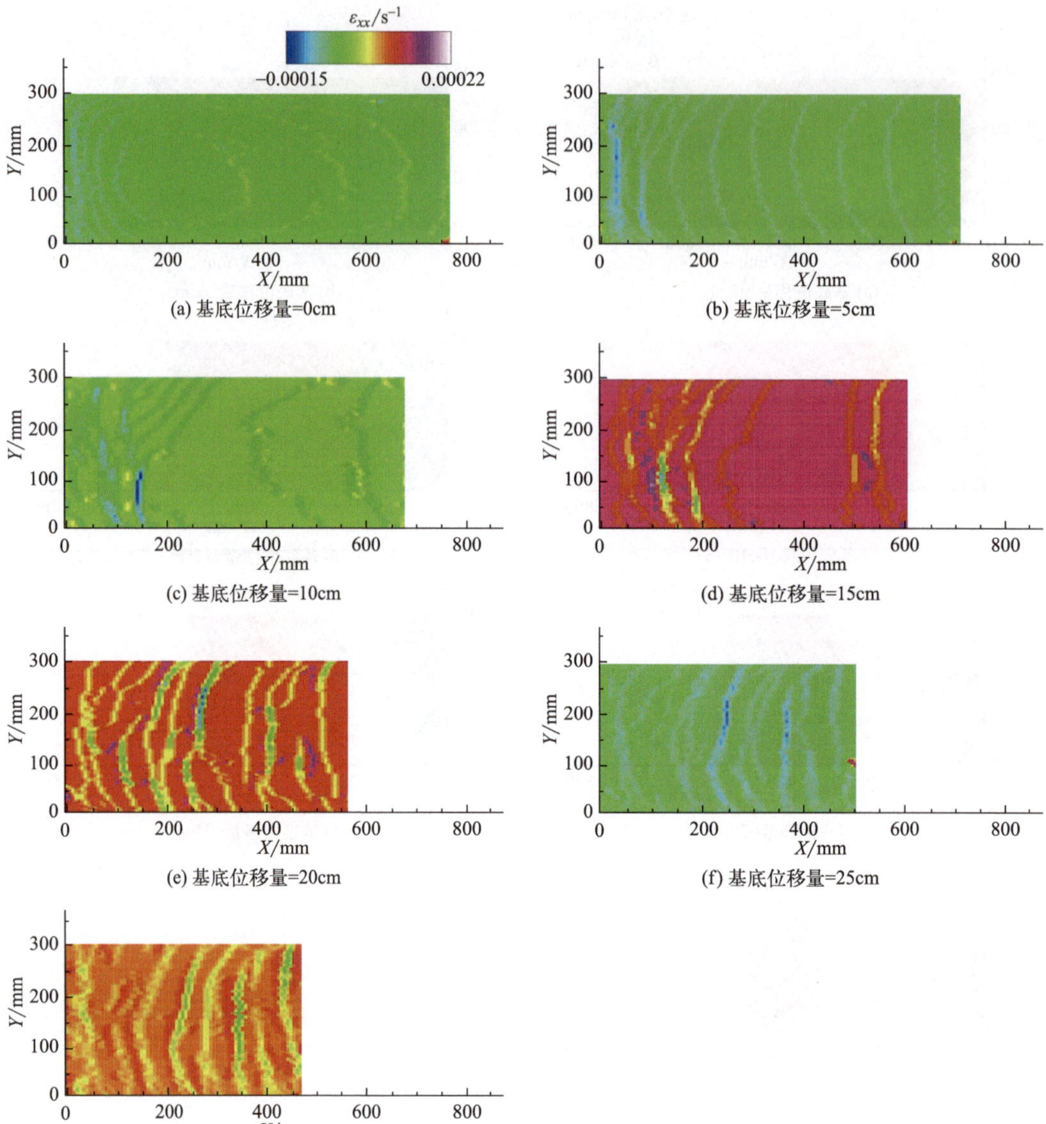

(a) 基底位移量=0cm

(b) 基底位移量=5cm

(c) 基底位移量=10cm

(d) 基底位移量=15cm

(e) 基底位移量=20cm

(f) 基底位移量=25cm

(g) 基底位移量=30cm

图3-63 模型3应变场特征

弧形分布特征。变形的中期阶段，尽管局部的应变值较高，但整体的应变值较低。在变形的后期，低应变值呈弧形环带，在中部区域出现高应变值（图3–67）。

（5）模型5的模型设计及模拟结果

模型5背挡和两侧向挡板同时移动，基底和前挡不动。其余参数与模型4相同。脆性层厚度为1.5cm，基底硅胶层厚度为0.5cm（图3–68）。

模拟结果显示，在变形的初始阶段，形成了2个冲起构造，冲起构造的延伸方向近似平直，与挡板平行。随着变形量的增加，产生的冲起构造数量增多。本模型与前4组模型存在明显的差异，形成的冲起构造在横向上不连续，并不是与背挡平行分布。缩

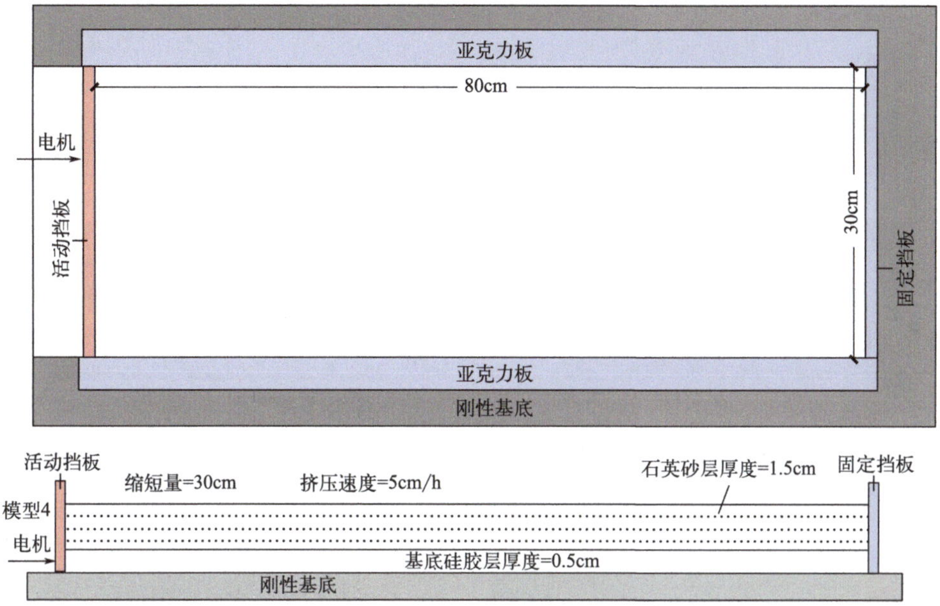

图3-64　模型4设计

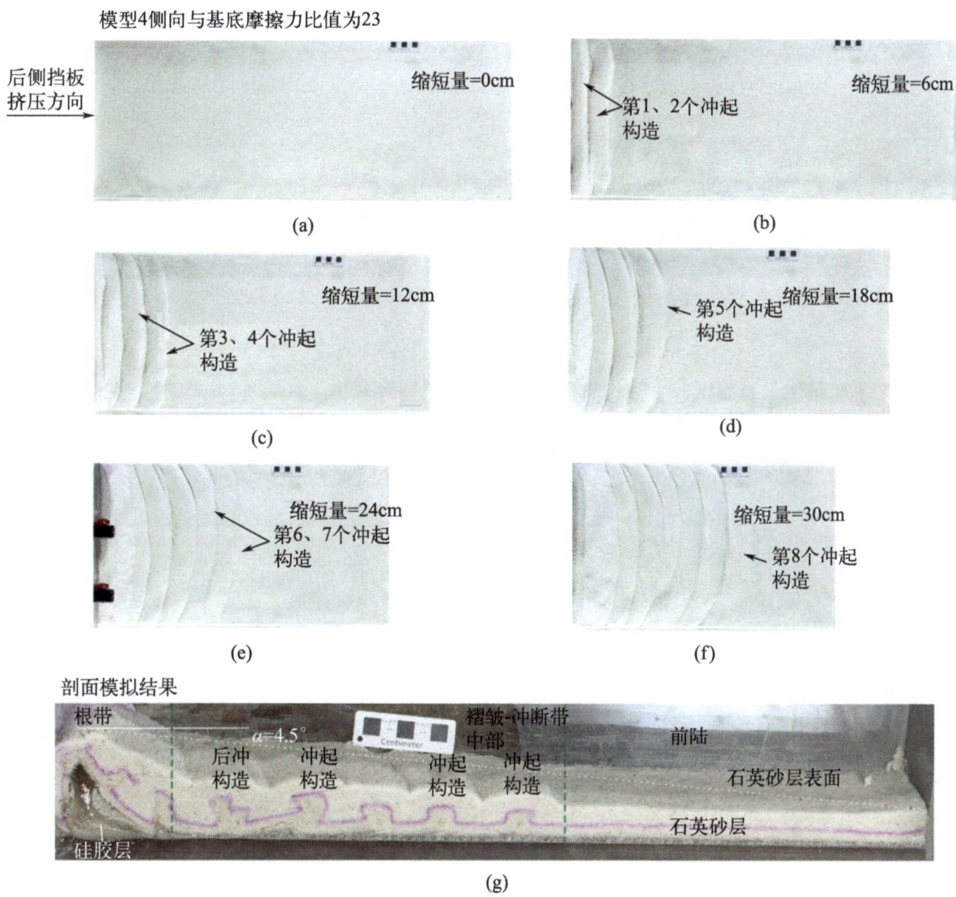

图3-65

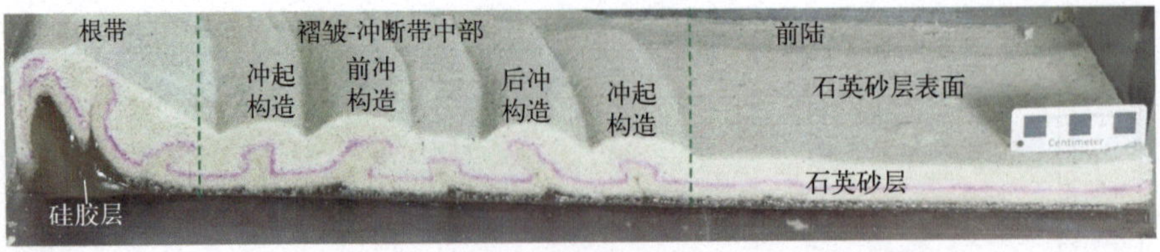

(h)

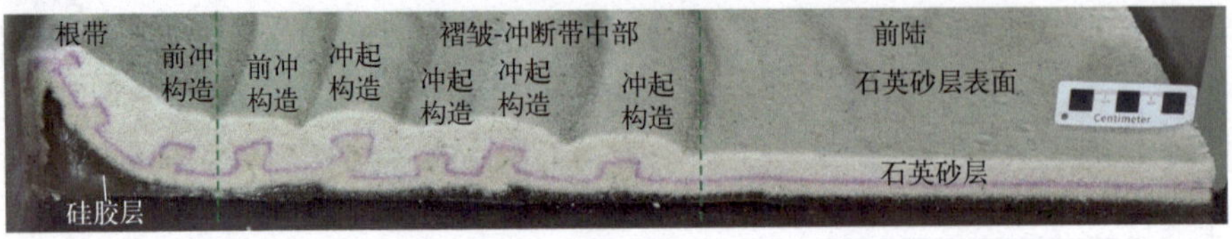

(i)

图3-65　模型4模拟结果及解释

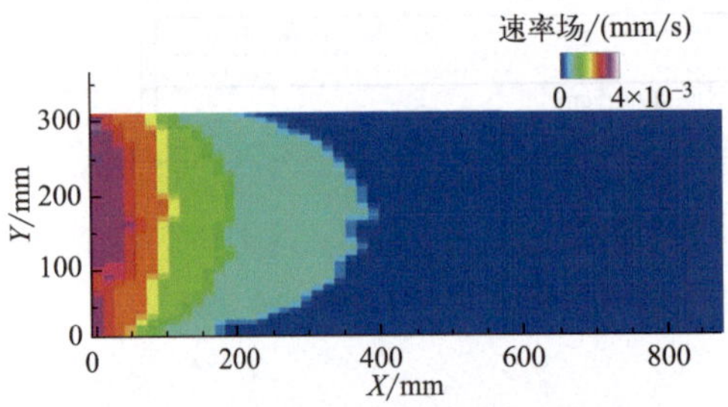

(a) 基底位移量=0cm

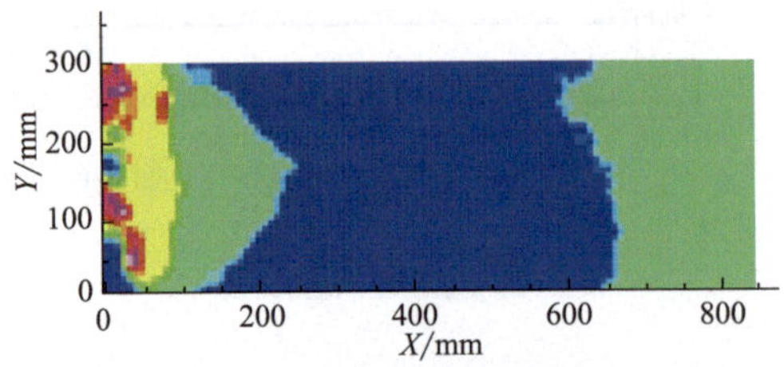

(b) 基底位移量=5cm

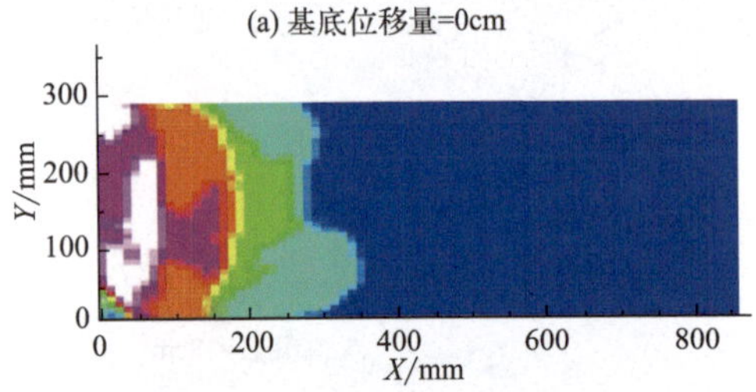

(c) 基底位移量=10cm

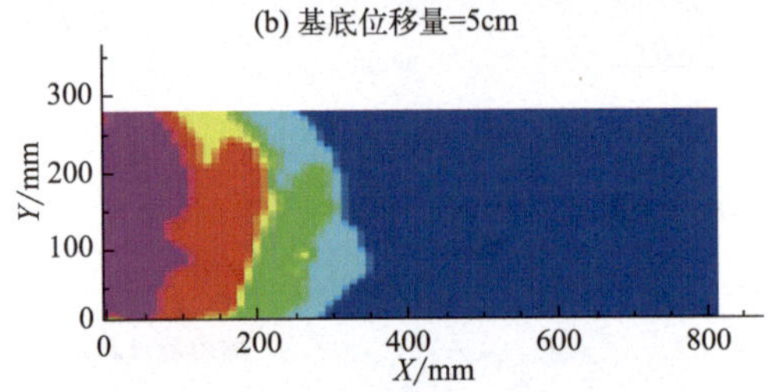

(d) 基底位移量=15cm

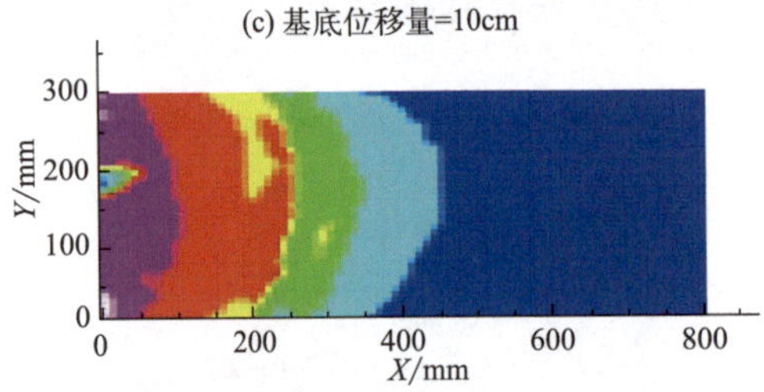

(e) 基底位移量=20cm

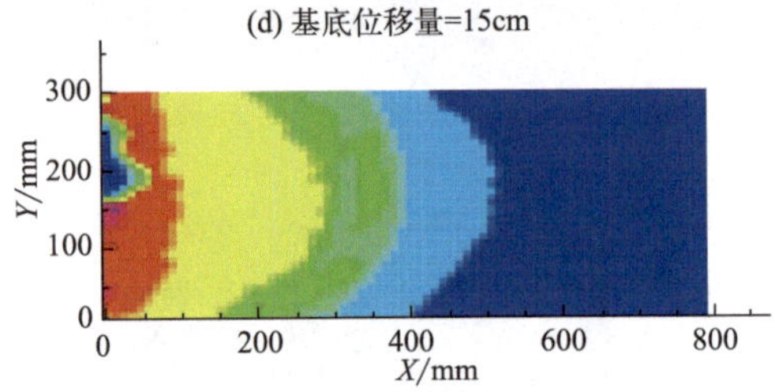

(f) 基底位移量=25cm

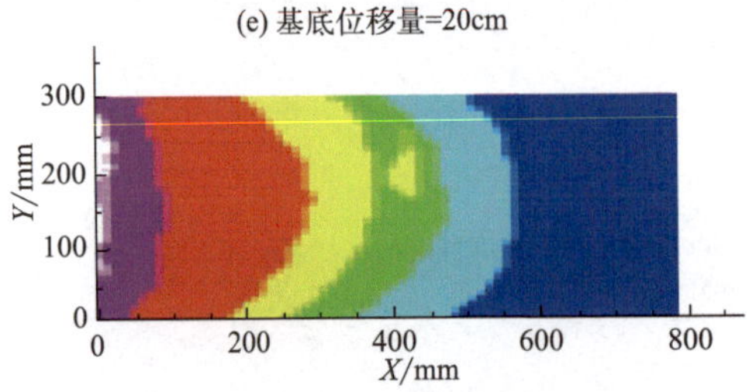

(g) 基底位移量=30cm

图3-66　模型4速率场特征

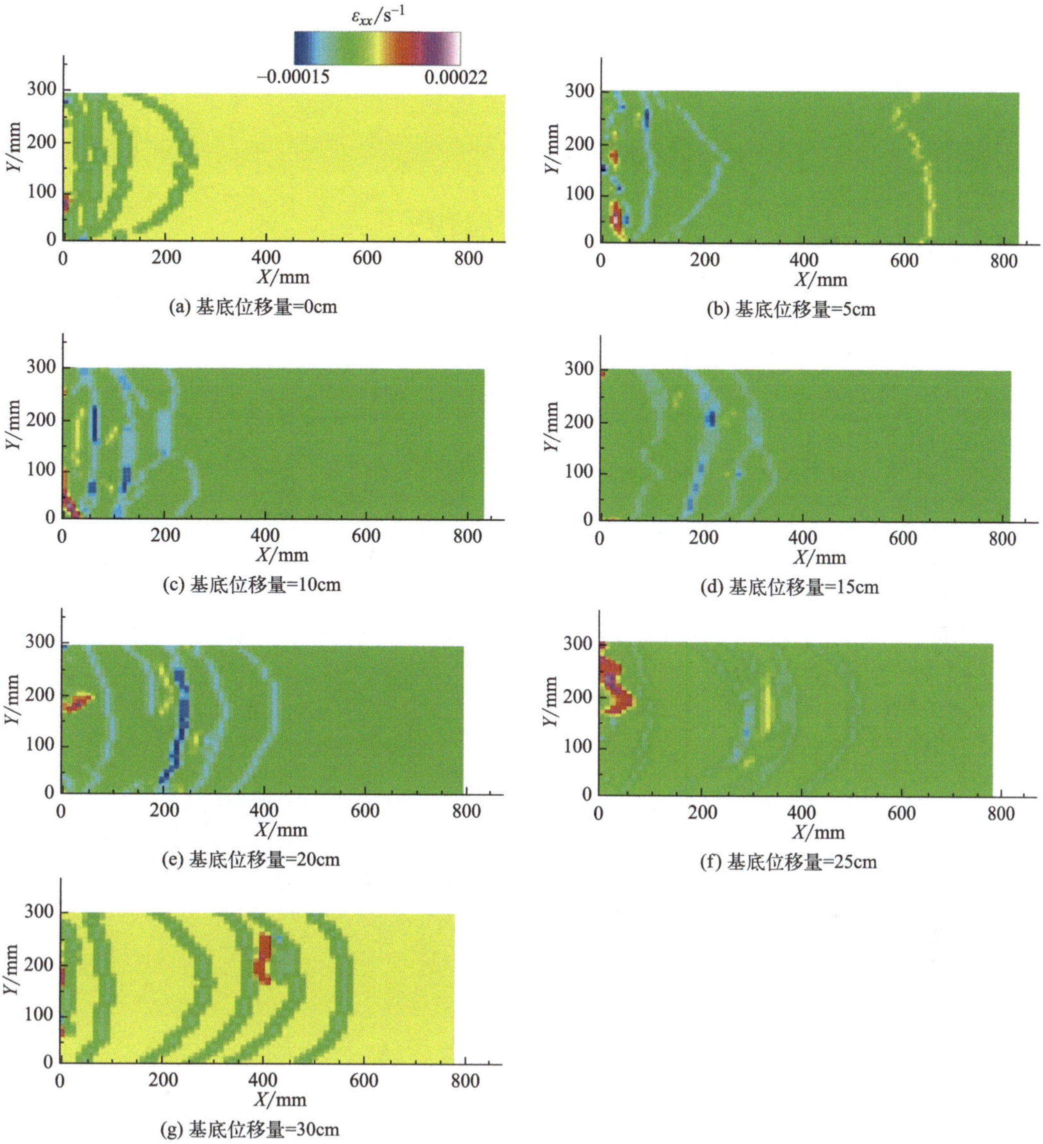

图3-67　模型4应变场特征

短量为30cm时，形成了10个褶皱。褶皱样式主要是箱形和前冲。前冲褶皱的运动方向与背挡的运动方向相反。剖面特征显示，在褶皱-冲断带的中部和两侧，由于侧向的影响，两侧的前冲褶皱发育，而构造带内部，形成的对称型冲起构造较发育（图3-69）。

对比以上5组模型，它们侧向与基底摩擦属性的不同，运动方式的不同，导致了褶皱-冲断带差异的变形样式。这给我们的启示是，褶皱-冲断带的变形具有一定的复杂性，形成演化的控制因素比较多，需要认真分析判断。侧向与基底摩擦属性影响弧形褶皱-冲断带的展布方向，也影响了构造带两侧和中部的变形样式。同时，在相同的侧向摩擦力与基底摩擦力比值条件下，块体之间作用方式的不同也会导致褶皱-冲断带形成差异的变形样式。

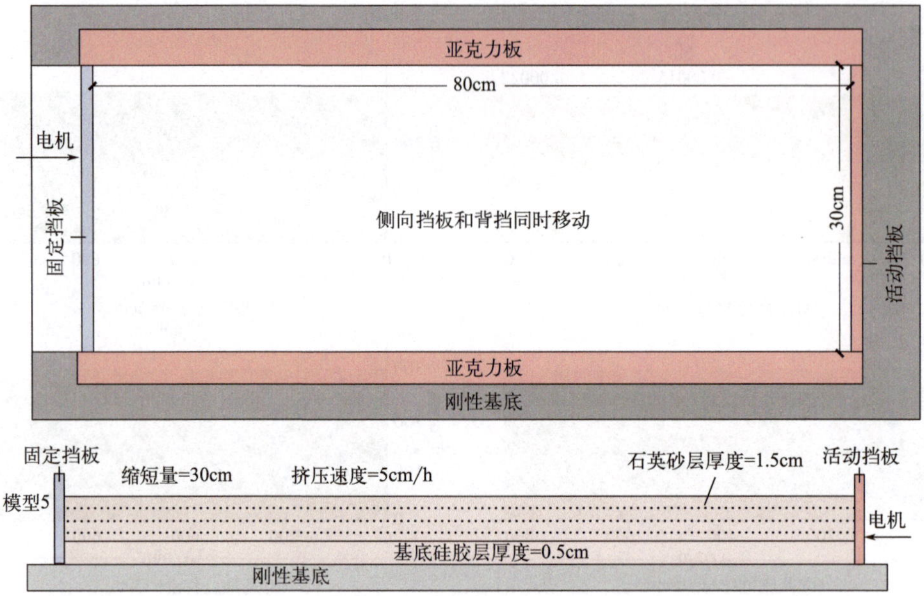
亚克力板
80cm
电机
固定挡板
侧向挡板和背挡同时移动
30cm
活动挡板
亚克力板
刚性基底
固定挡板
缩短量=30cm
挤压速度=5cm/h
石英砂层厚度=1.5cm
活动挡板
模型5
电机
基底硅胶层厚度=0.5cm
刚性基底

图3-68 模型5设计

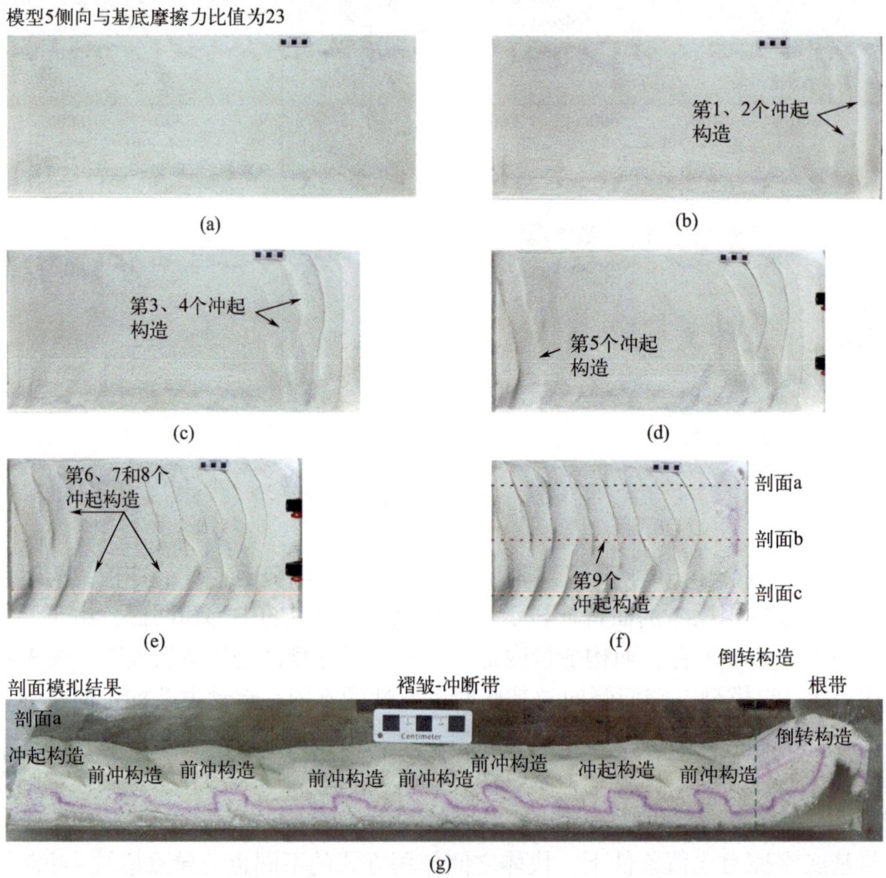
模型5侧向与基底摩擦力比值为23
(a)
第1、2个冲起构造
(b)
第3、4个冲起构造
(c)
第5个冲起构造
(d)
第6、7和8个冲起构造
(e)
剖面a
剖面b
第9个冲起构造
剖面c
(f)
剖面模拟结果
褶皱-冲断带
倒转构造
根带
剖面a
冲起构造
前冲构造
前冲构造
前冲构造
前冲构造
前冲构造
冲起构造
前冲构造
倒转构造
(g)

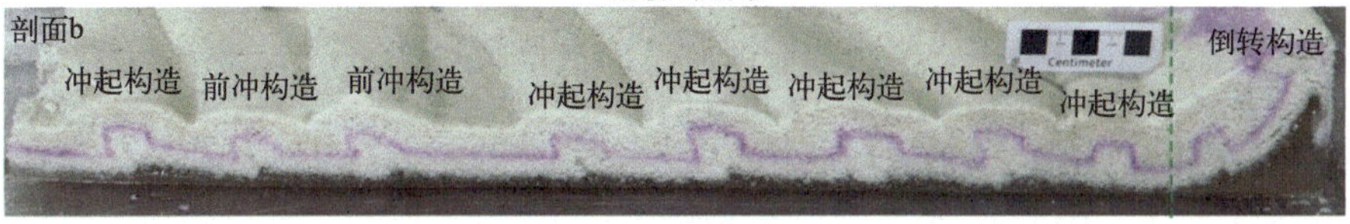

(h)

(i)

图3-69 模型5模拟结果及解释

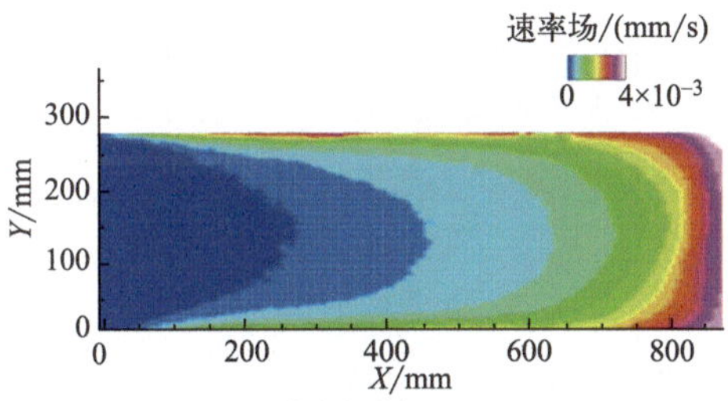

(a) 基底位移量=0cm

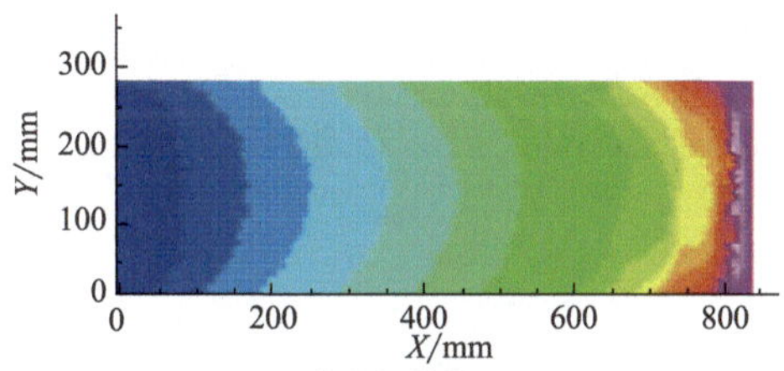

(b) 基底位移量=5cm

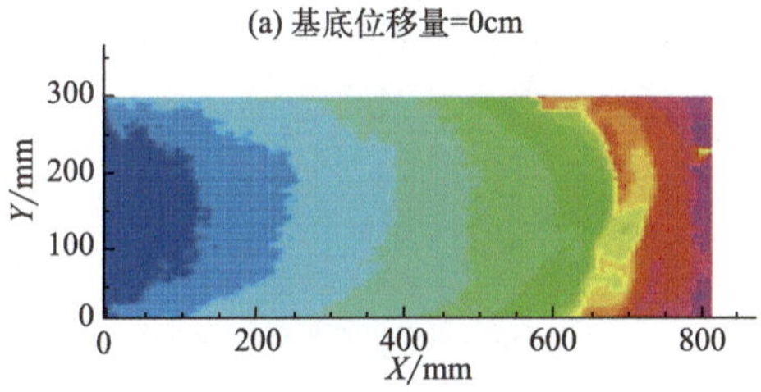

(c) 基底位移量=10cm

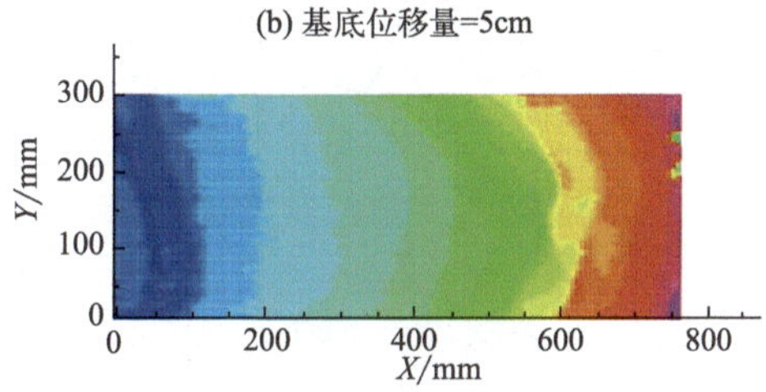

(d) 基底位移量=15cm

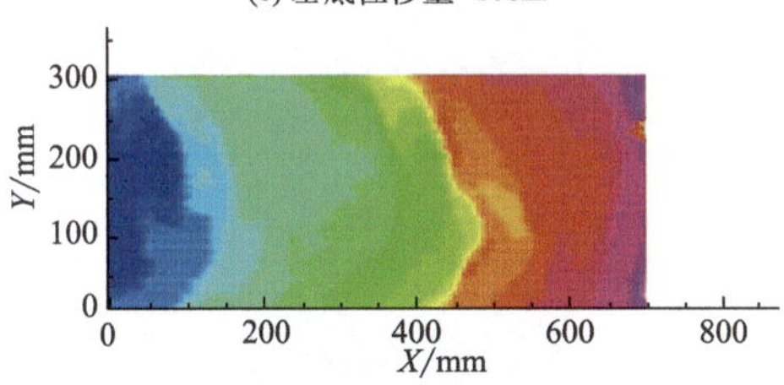

(e) 基底位移量=20cm

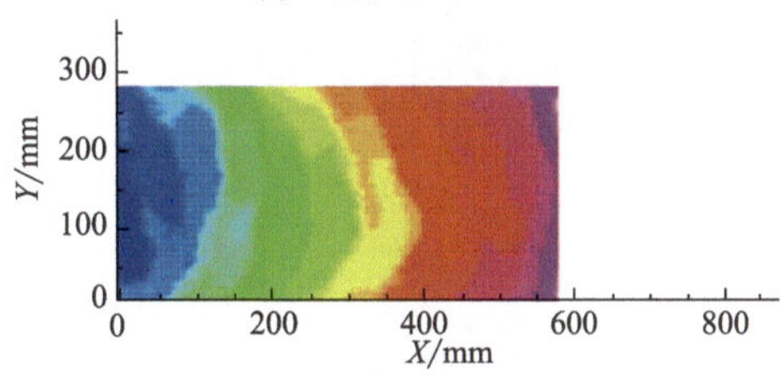

(f) 基底位移量=25cm

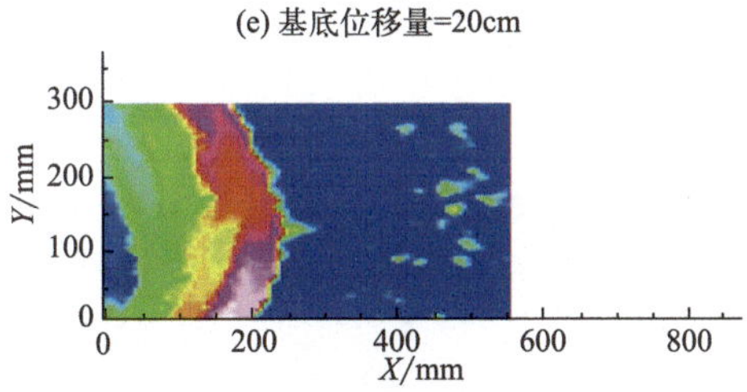

(g) 基底位移量=30cm

图3-70 模型5速率场特征

模型5 PIV分析表明，变形初期，高应变速率值分布在基底和背挡移动一侧。高应变值呈弧形的分布特征，弧形弯曲凹向前缘。随着位移量的增大，整个高应变值的变化并不明显，只是呈现递进趋势，高值的范围增大，而低值的范围较小。基底位移量为30cm时，高应变速率值分布在中前缘，后缘形成低值区（图3-70）。然而，累积应变场在变形初期，形成高度弯曲的环带，随着位移量的增大，累积应变场高值弧形条带的弯曲弧度逐渐较小。位移量为30cm，累积应变高值呈现单弧形特征分布在褶皱-冲断带的中前缘（图3-71）。

以上模型的应变速率场和累积应变场分析表明，褶皱-冲断带的扩展变形模式中，应变速率和应变场在时空上是有差异的，这些差异与褶皱-冲断带的侧向与基底摩擦力

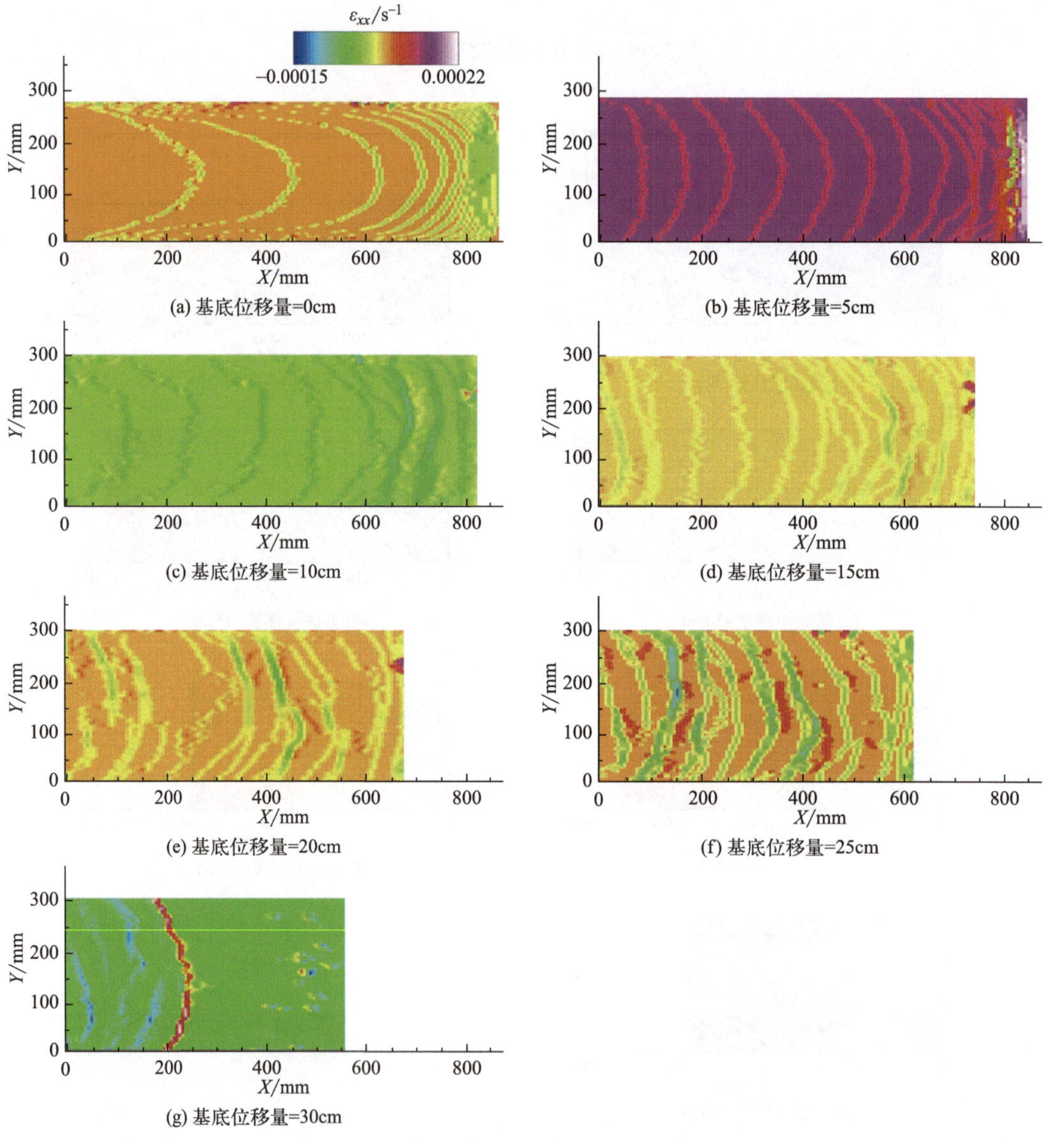

图3-71　模型5 应变场特征

之比具有一定的相关性。不同的摩擦属性条件，其应变速率和应变场是不同的，其在空间的演化过程也是不同。

3.2　双层滑脱层实验

自然界具有多层滑脱层结构的褶皱–冲断带，如扎格罗斯褶皱–冲断带，川东褶皱带等分布十分广泛。滑脱层对区域性的构造变形具有重要的控制作用，但是针对多层滑脱层条件下的侧向和基底摩擦属性影响的系统物理模拟研究十分缺乏。为此，本节进行系统的实验及分析，以进一步探讨褶皱–冲断带相关的控制变形及演化影响。

3.2.1　侧向摩擦实验

所有模型长400mm，宽150mm。模型装置位于刚性平台之上，具有前挡和后挡。根据实验需求调整相关的模型结构，共进行了8组实验。每组模型的总缩短量为16cm，缩短率为40%。

（1）模型1设计及模拟结果

模型1，基底和中间硅胶层厚度均为5mm，中间和上覆石英砂层厚度均为5mm。室温条件下，硅胶的黏度为20000Pa·s。硅胶层模拟韧性变形。石英砂内摩擦角为30°，粒径为0.3mm左右。石英砂模拟脆性变形。本模型未改变侧向与基底摩擦力，以探索摩擦力对变形的影响（图3–72）。

变形初始阶段（缩短量=0 ~ 6.4cm），形成2条褶皱，褶皱与背挡平行。随着缩短量的增加，变形向前缘扩展，除产生与背挡平行的褶皱和逆冲断层以外，还产生弧形的褶皱。在变形的后期（缩短量=6.4 ~ 16cm），形成弧形的褶皱–冲断带。在空间上，形成的褶皱–冲断带的幅度和样式具有明显差异。有的规模较大，有的规模较小；有的连续，有的间断。褶皱–冲断带的根带基底有韧性层露出表面。整体上，呈现为半圆形的褶皱–冲断带（图3–73）。

PIV分析表明，高应变速率值主要从褶皱–冲断带的根带向前缘缓慢扩展，形态似弧形特征（图3–74）。变形的初始阶段（0 ~ 3.2cm），高应变值与背挡仍然平行，并向前缘形成弧形减小。变形的中期阶段（3.2 ~ 9.6cm），根带的高应变值范围扩大，同时，褶皱–冲断带形成从根带至前缘差异的应变速率值条带分布。变形后期（9.6 ~ 16cm），应变速率与中期阶段的形态没有明显差异，只是分布范围有所减小。

累积应变场特征显示，高应变值与高速率值具有很高的相似性。它们之间也存在一定的差异。在变形的初始阶段，高应变值呈弧形条带向前陆区域扩展。在挤压量=3.2cm时，形成的高应变值弧形条带的曲率更大。到了变形的中后期，应变场高值区主要集中在褶皱–冲断带中部的一条弧形条带上，呈现出从中部至前陆有逐渐衰减的趋势（图3–75）。

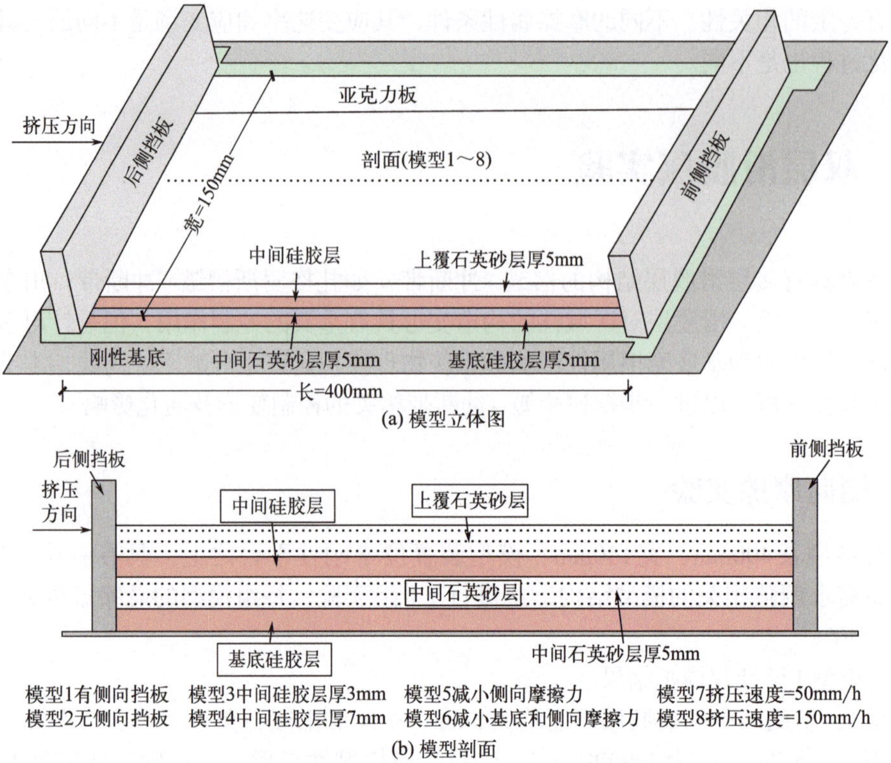

图3-72　双层滑脱层实验模型结构图

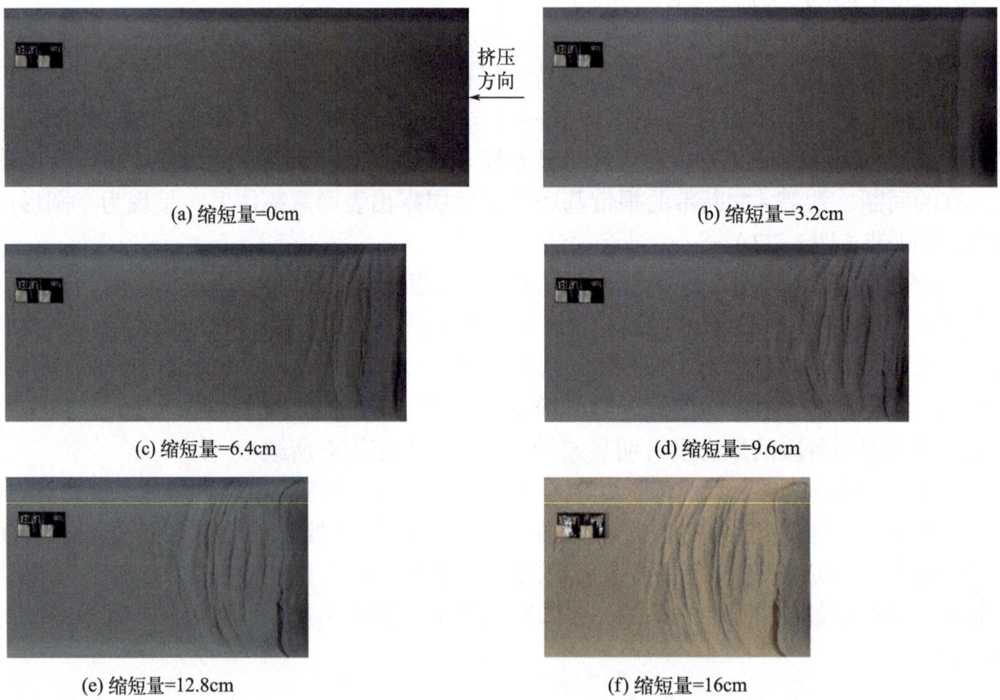

图3-73　模型1模拟结果平面图

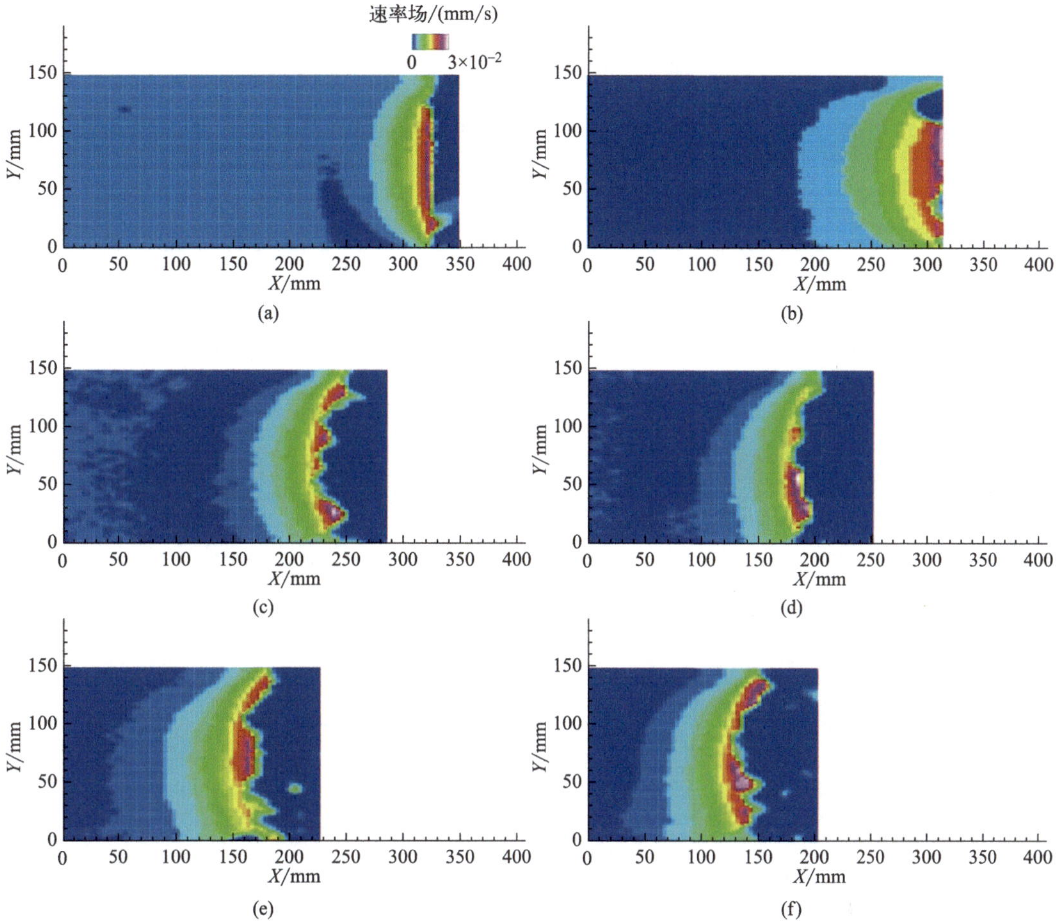

图3-74　模型1速率场

（2）模型2设计及模拟结果

模型2的整体设计结构与模型1相同，只是没有侧向挡板。这意味着只有基底摩擦力作用，而没有侧向摩擦力作用，侧向与基底摩擦系数比为0。

变形初始阶段（缩短量=3.2cm），形成1条平行于背挡的褶皱，褶皱的规模较小，比较平直。随着缩短量的增加，形成的褶皱数量有所增加，褶皱以弧形特征显示。此阶段根带、褶皱比较连续。变形后期，形成4条规模较大的弧形褶皱和2条规模较小的褶皱。相比模型1，褶皱冲断带的分布范围变小，产生褶皱的数量也减小，同时弧形褶皱的曲率有所减小（图3-76）。

PIV应变速率场显示，变形的早期（0 ~ 6.4cm），高应变速率值主要集中在根带。随着变形量的增加，高应变值从根带向前陆逐渐衰减，但褶皱－冲断带内部的衰减速度较小，而在边界两侧衰减较快，呈递变特征。变形的中期（6.4 ~ 12.8cm），高应变速率值比较集中，呈弧形窄条带。表明此阶段的高应变速率值主要集中在褶皱－冲断带的中部区域，前陆和根带的应变速率值都较低。变形后期（缩短量=16cm），高应变速率值集中分布在根带，而且分布的范围增大（图3-77）。

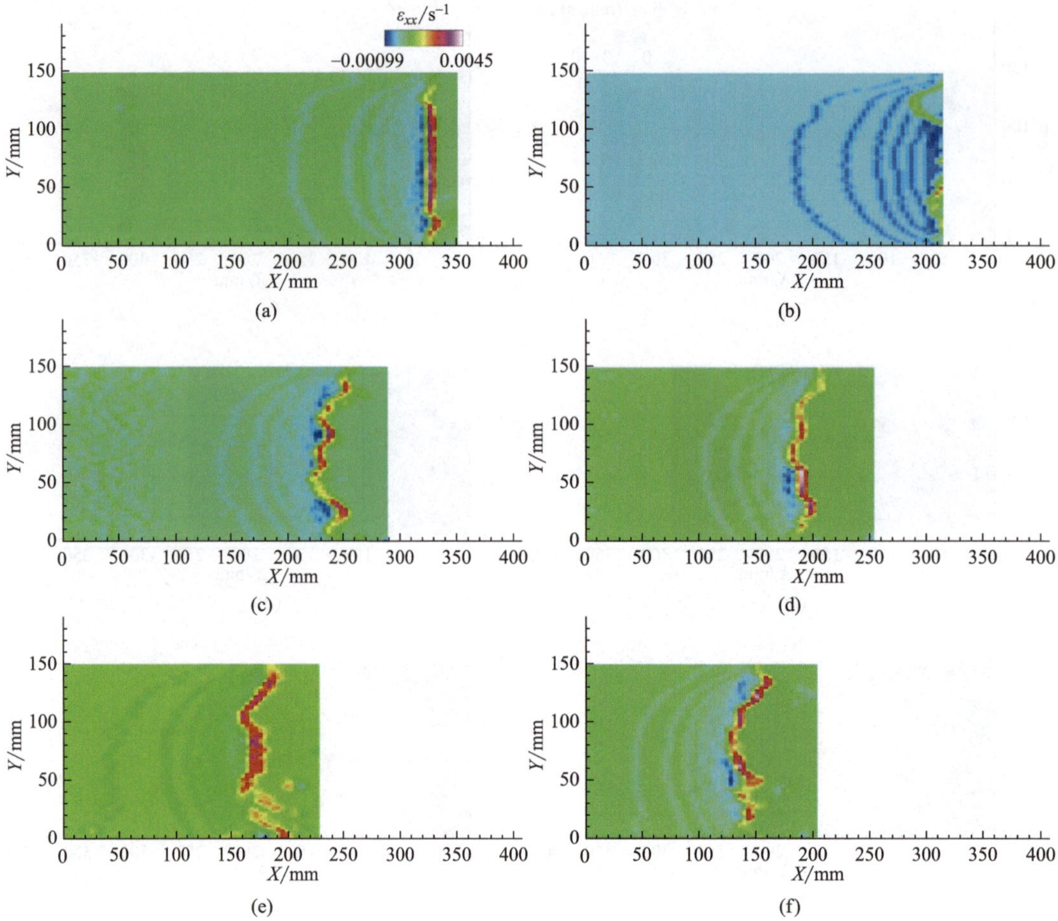

图3-75 模型1应变场

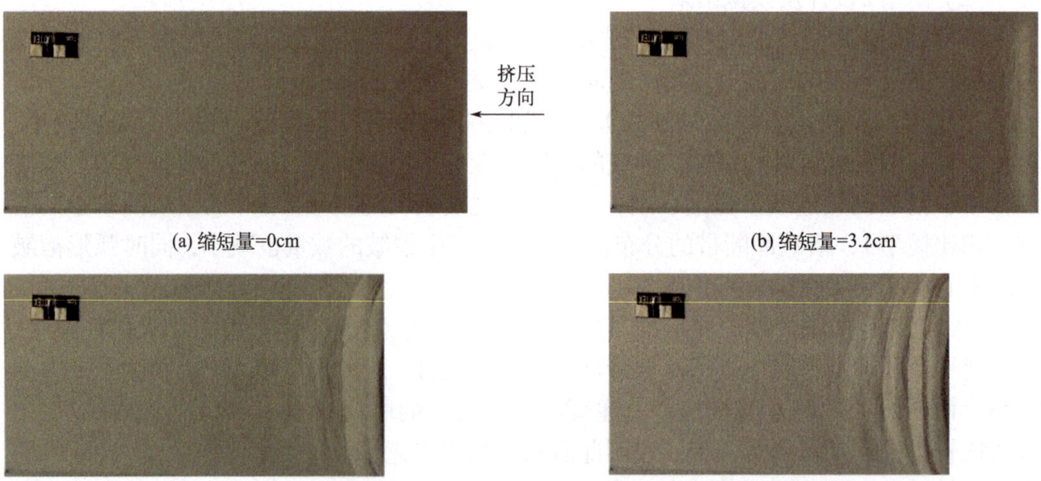

(a) 缩短量=0cm

(b) 缩短量=3.2cm

(c) 缩短量=6.4cm

(d) 缩短量=9.6cm

(e) 缩短量=12.8cm　　　　(f) 缩短量=16cm

图3-76　模型2模拟结果平面图

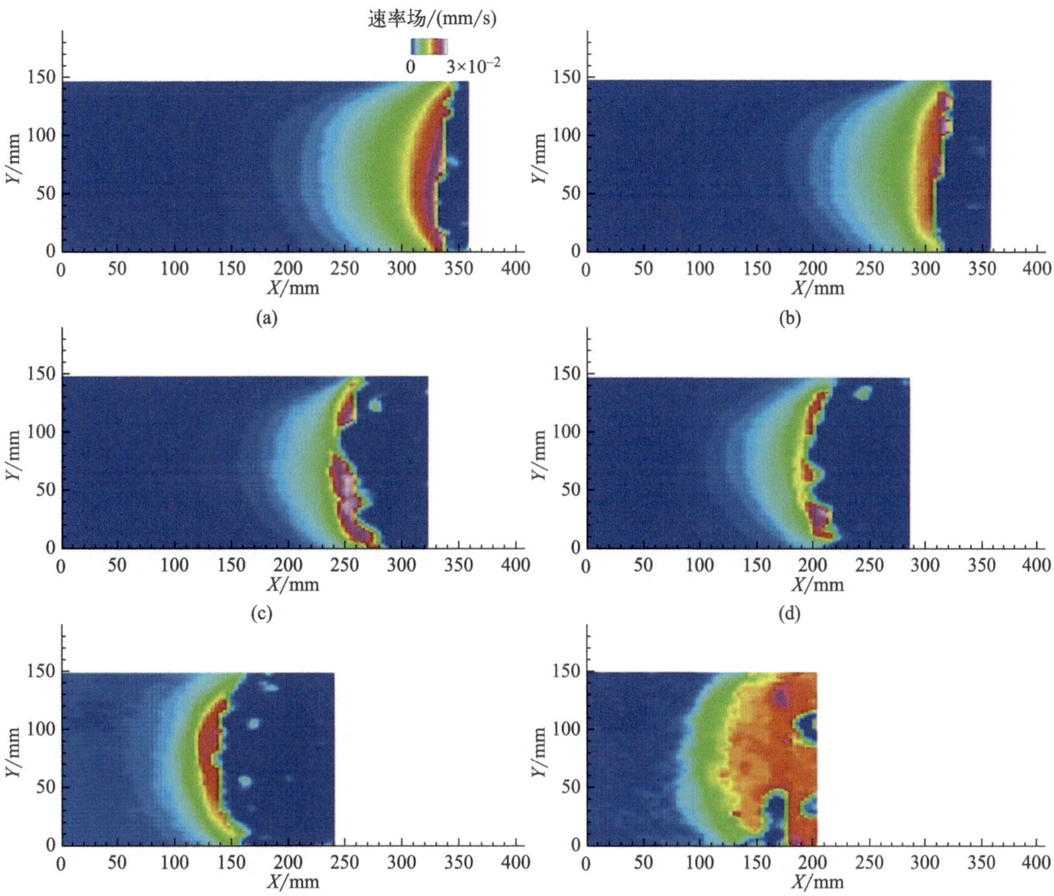

图3-77　模型2 速率场

累积应变场特征显示，应变高值从根带逐渐扩展到褶皱-冲断带的中部。形态特征从直线形逐渐扩展，变成弧形特征，但内部呈不规则弯曲状态。到了变形后期，高应变值零星分布在褶皱-冲断带的根部区域。此阶段，中等应变值比较发育，并且在整个区域上呈现（图3-78）。

从以上模拟结果和PIV分析表明，没有侧向摩擦作用会产生差异的褶皱-冲断带变

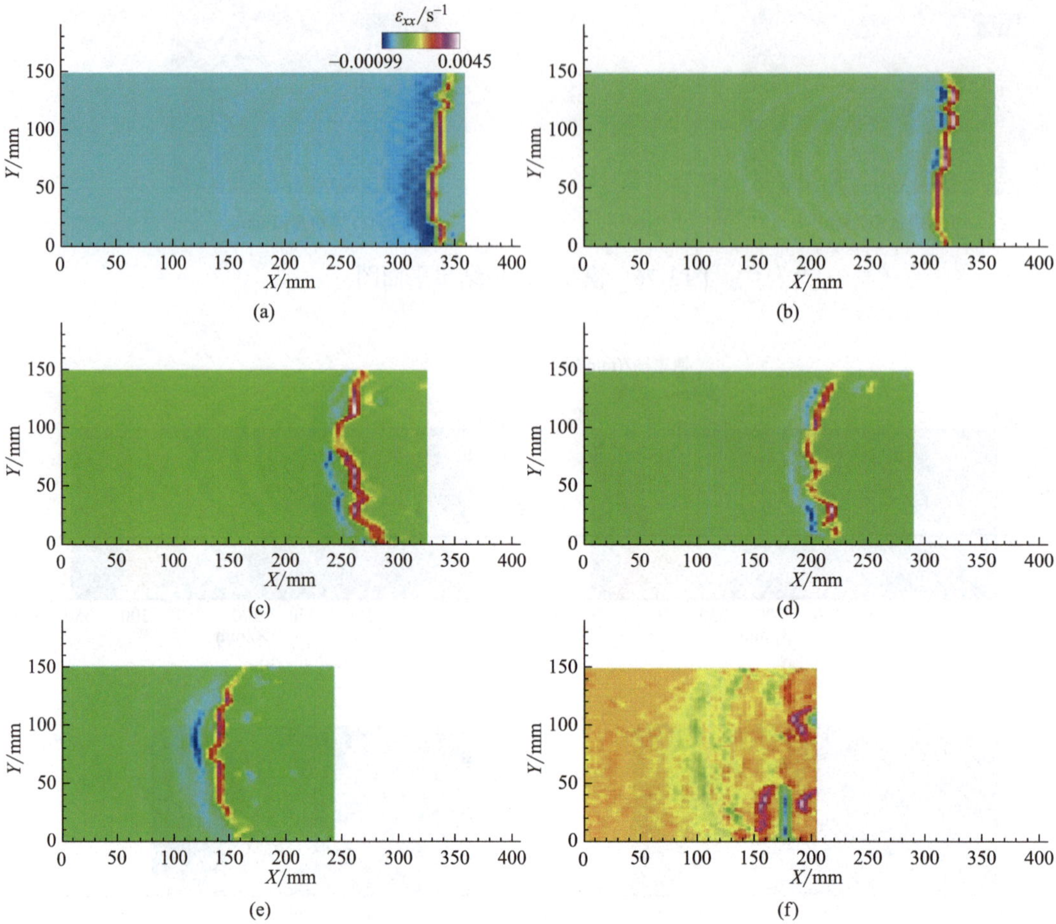

图3-78　模型2应变场

形样式。在空间分布上，形成的褶皱-冲断带的扩展范围变小，产生的褶皱和断层数量减少。在变形过程中，高应变值主要是从根带到中部，再回到根带，呈现差异的变形演化过程。

对比模型1和模型2，有侧向摩擦力和没有侧向摩擦力，形成的褶皱-冲断带具有明显不同的变形演化特征。在平面上，有侧向摩擦力，产生的褶皱数量较多，规模较大。没有侧向摩擦力，产生的褶皱规模较小、数量较少，弧形特征减弱。剖面特征显示，具有侧向摩擦力，形成的剖面样式复杂，产生前冲、包卷褶皱等，上下构造层呈现明显的解耦现象。没有侧向摩擦力，尽管仍然存在上下构造层解耦现象，但褶皱-冲断带主要产生前冲式的断层相关褶皱（图3-73和图3-76）。

3.2.2　基底摩擦实验

（1）模型3和模型4模型设计及模拟结果

模型3和模型4的石英砂层厚度不变，硅胶层厚度分别为3mm和7mm。通过改变硅胶层厚度改变基底摩擦力。

模型3，变形初始阶段（缩短量=3.2cm），产生1条规模较大的褶皱和2条规模较小的褶皱。大褶皱与根带平行，2条小褶皱交切形成弧形特征。缩短量=6.4cm，根带的褶皱增大，在褶皱–冲断带前缘产生规模较小的褶皱。随着缩短量的增大（6.4 ~ 12.8cm），褶皱–冲断带的范围扩大，形成的褶皱幅度增大，连续性增强。同时，此阶段根带隆升的幅度增大，局部有硅胶层露出表面。变形后期（12.8 ~ 16cm），形成了5条褶皱和一个隆起带。前缘的褶皱规模较小，平直分布。整体上，此模型的褶皱曲率较小，只有在两侧挡板位置具有一定的弯曲状态（图3–79）。

PIV分析显示，变形的初始阶段，速率场高值区主要位于根带，呈弧形条带特征分布，在构造带内部分布范围大，而在构造带两侧分布范围较小，明显受边界摩擦所控制。变形中期阶段，速率场高值区主要分布在褶皱–冲断带的中部区域，仍然呈弧形特征分布。变形后期，速率场与中期相似，只是高值区形态变得平直，呈平直条带（图3–80）。

应变场特征与速率场特征相似，均显示从根带向前缘逐渐扩展。整个应变场高值区均近似平直条带分布。早期的应变弧形弯曲特征明显。到了变形中后期，应变场弧形分布特征减弱（图3–81）。

模型4，模拟结果显示，变形的初始阶段（缩短量=3.2cm），在褶皱–冲断带的根带形成一个宽度为3cm的褶皱，隆升的幅度较大。同时，在变形带的前缘产生微小褶皱和

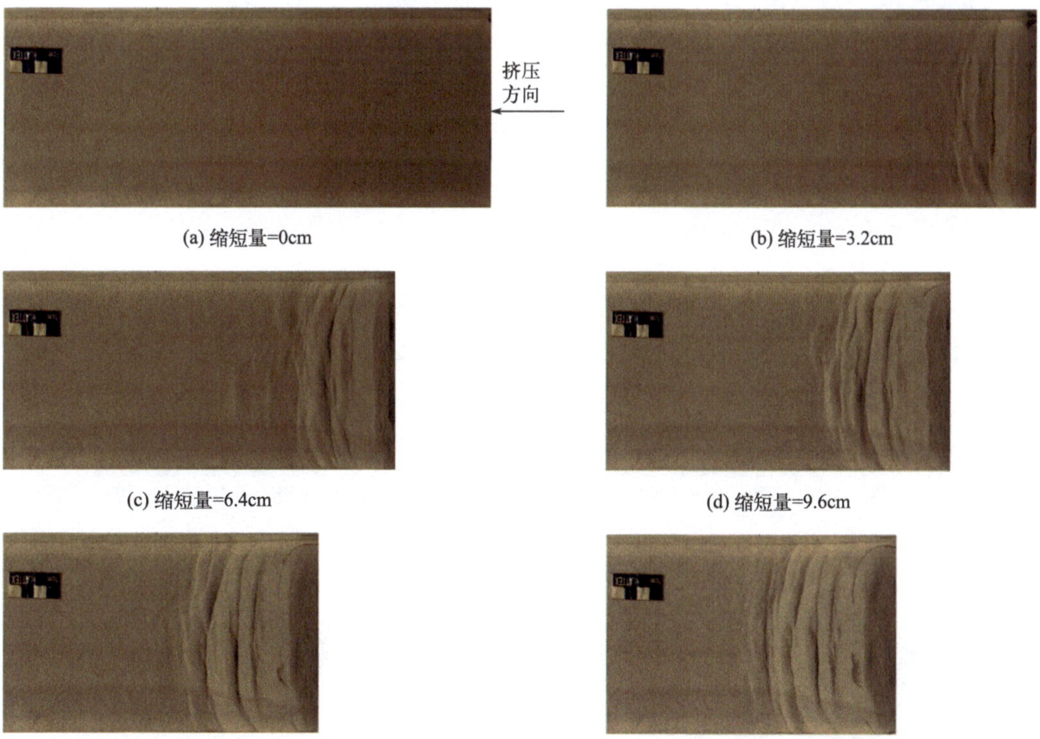

(a) 缩短量=0cm　(b) 缩短量=3.2cm

(c) 缩短量=6.4cm　(d) 缩短量=9.6cm

(e) 缩短量=12.8cm　(f) 缩短量=16cm

图3-79　模型3模拟结果平面图

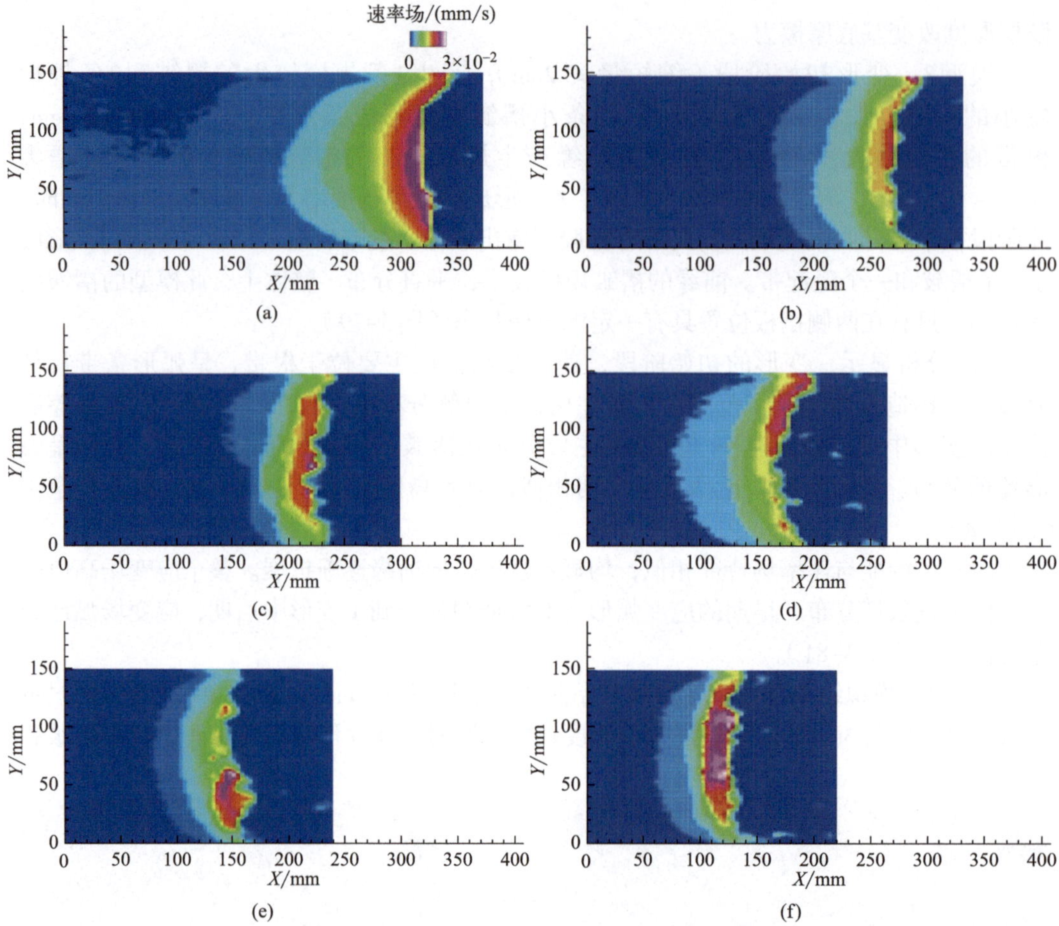
速率场/(mm/s)
0
3×10^{-2}
Y/mm
X/mm
(a)
(b)
(c)
(d)
(e)
(f)

图3-80　模型3速率场

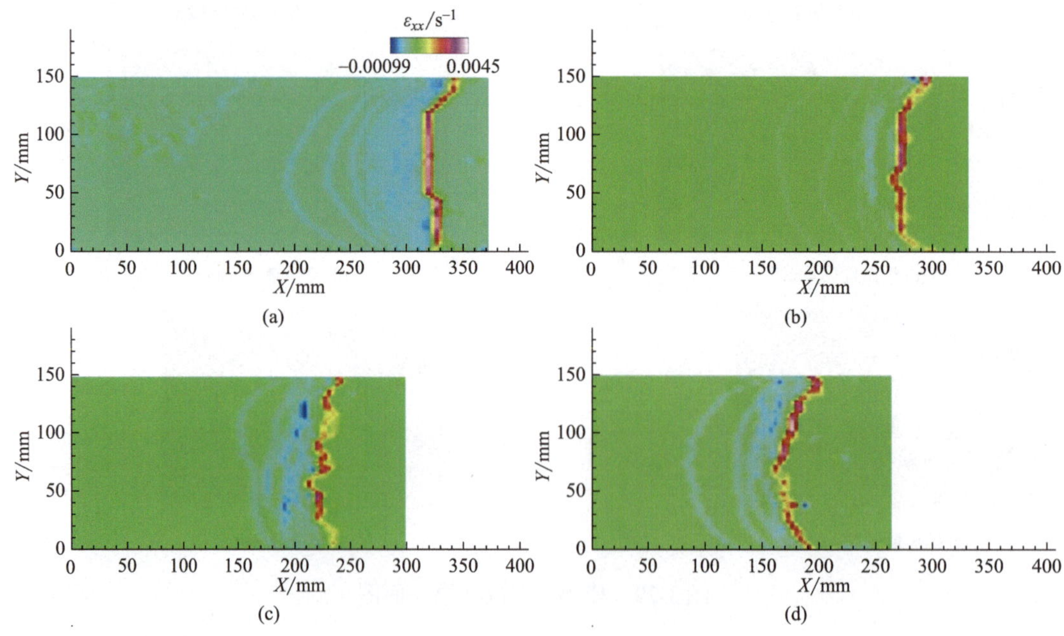
ε_{xx}/s^{-1}
−0.00099
0.0045
Y/mm
X/mm
(a)
(b)
(c)
(d)

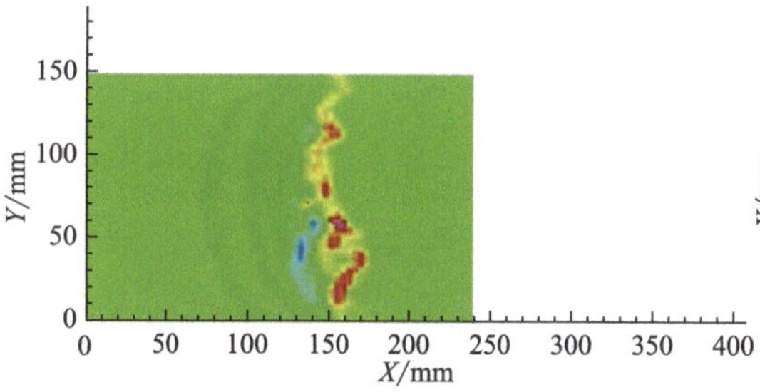

(e)

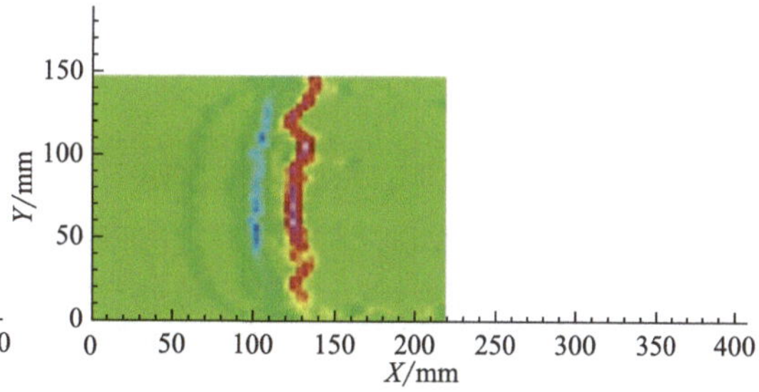

(f)

图3-81　模型3应变场

中等规模的褶皱。微小褶皱近似平行背挡，而规模较大的褶皱与挤压方向并不垂直，斜交构成弧形特征。变形中期（3.2 ~ 9.6cm），变形逐渐向前缘扩展，形成3条大的褶皱和弧形弯曲且规模较小的褶皱。此阶段，根带的下伏硅胶层整体露出表面，呈平坦形态。变形后期（9.6 ~ 16cm），根带平坦顶面宽度增大，褶皱–冲断带形成4条褶皱。构造带中部区域形成3条规模较大的褶皱，其中部宽，两侧减小。仍然是在褶皱–冲断带的前缘形成较多的小褶皱，并且它们的范围面积较大（图3–82）。

PIV显示，模型4的速率场高值区与模型3具有较大的相似性，它们均是从后缘向前缘缓慢扩展。但模型3的高值区条带比较平直，而模型4的高值区比较弯曲，而且，

(a) 缩短量=0cm

(b) 缩短量=3.2cm

(c) 缩短量=6.4cm

(d) 缩短量=9.6cm

(e) 缩短量=12.8cm

(f) 缩短量=16cm

图3-82　模型4模拟结果平面图

在根带区域，呈现零星的应变速率高值斑。这表明中间韧性层厚度的增加，会影响速率场的分布形态（图3-83）。

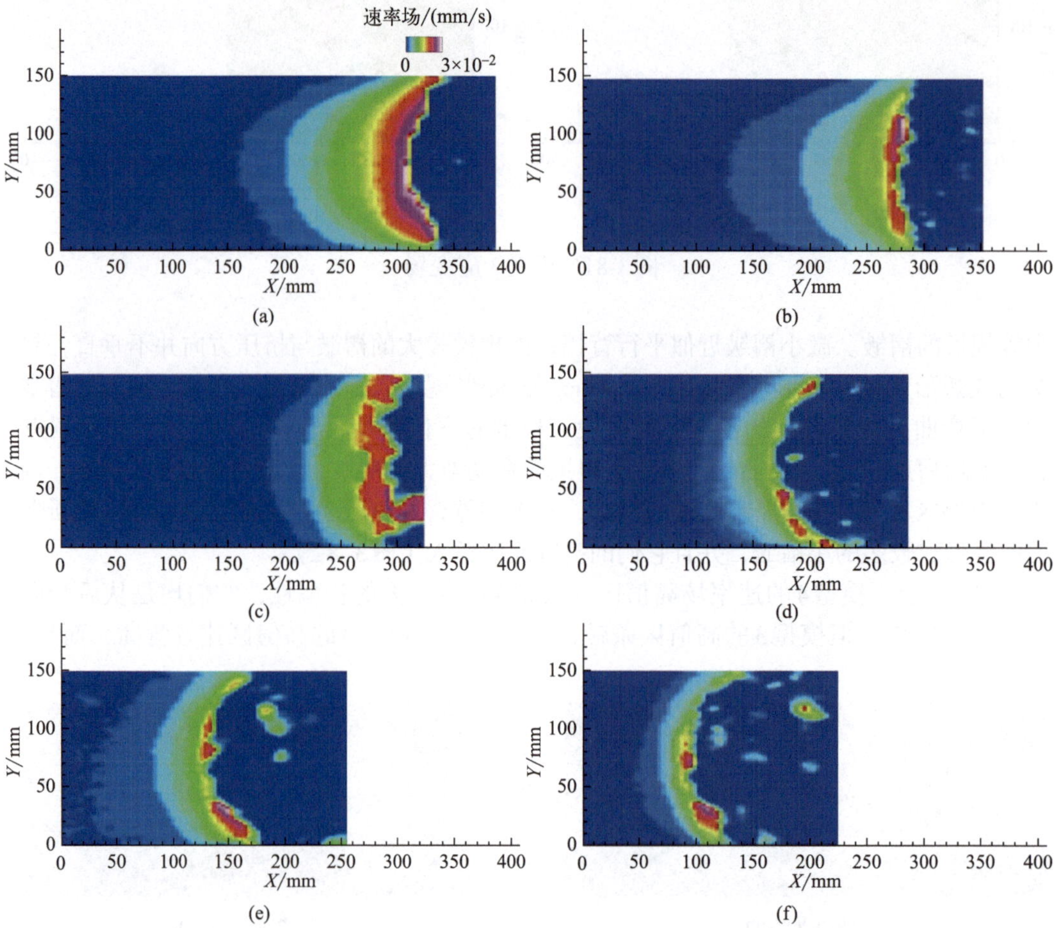

图3-83　模型4 速率场

应变场的演化特征与模型3相似，但是形态特征不同。模型3的应变场条带除初始阶段比较弯曲以外，其余区域比较平直，而模型4在各阶段均比较弯曲。这表明，应变场的扩展模式与中间滑脱层的厚度关系不大，但其形态特征会受韧性层厚度，以及基底摩擦力强度的影响（图3-84）。

对比模型3和模型4，模型3形成的褶皱整体规模较大，褶皱的轴迹较明显，根带隆升的硅胶较少。模型4根带形成较大的平坦区域，形成的褶皱在不同区域差异较大。同时，剖面特征相似，模型4比模型3产生更多沉积建造现象，底辟的形态特征也发生变化。模型3形成更多线状底辟，而模型4形成更多倒立红酒杯形的底辟，而模型4的根带变形样式较模型3复杂。

（2）模型5和模型6模型设计及模拟结果

模型5和模型6是在模型1的基础上，应用硅油减小侧向摩擦力（模型5）和减小侧向和基底摩擦力（模型6），其余参数相同。

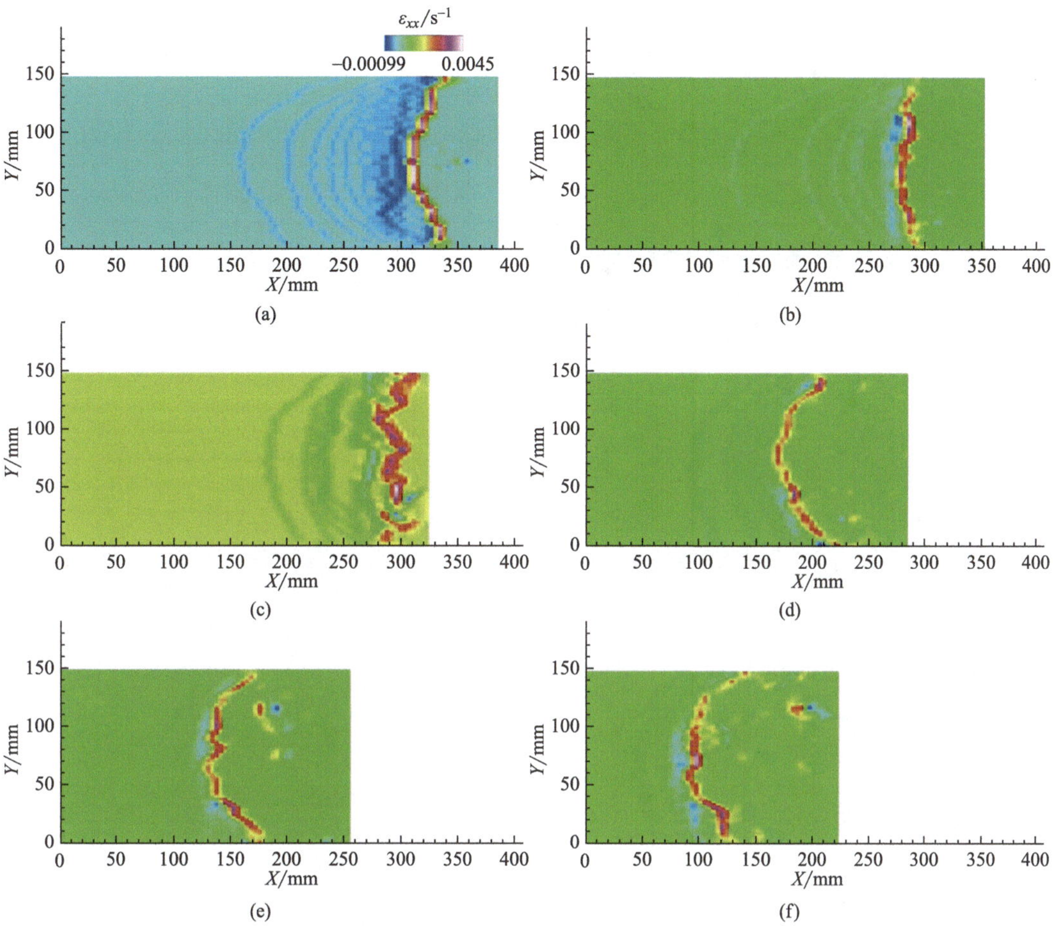

图3-84　模型4应变场

模型5，变形初始阶段（缩短量=0 ~ 3.2cm）形成2条褶皱。靠近背挡的一侧，形成的褶皱幅度较大，靠近前缘一侧，形成的褶皱幅度较小。变形中期（缩短量=3.2 ~ 9.6cm），根带的宽度增大，产生3条规模较大的褶皱，褶皱间距逐渐减小，变得紧闭。前缘由小褶皱逐渐增大，变成规模较大的褶皱。变形后期（9.6 ~ 16cm），褶皱数量从4个增加到5个。根带的范围继续扩大。表面形态显示靠近背挡一侧比较陡，而靠近前缘一侧比较缓（图3-85）。此模型与模型1相比，在根带周缘未见典型的地貌盆地，而模型1具有周缘前陆盆地特征。

PIV分析显示，速率场高值区仍然从根带向前缘弧形递减（图3-86），应变场特征在变形初始阶段，主要是直线状，与背挡平行。随着挤压量的增加，高应变场值分布条带变得弯曲，形成弧形结构特征。此阶段，高应变集中分布在褶皱-冲断带的中部区域（图3-87）。

模型6，模拟结果显示，变形的初始阶段（缩短量=0 ~ 3.2cm），靠近背挡的一侧，形成一个凹陷区域和2条弧形弯曲的褶皱。靠近背挡一侧的褶皱规模较大，而靠近前缘一侧的褶皱硅胶较小，只是在构造带的中央区域产生。变形中期（3.2 ~ 9.6cm），产生的弧形褶皱数量增多，形成了6条褶皱。越靠近根带，褶皱的幅度越大；越靠近前缘，褶皱的幅度越小，并出现不连续现象。此阶段，根带产生的地貌盆地在纵向上的埋深增大。变形后期（9.6 ~ 16cm），褶皱-冲断带的整体形态特征没有较大变化，只是褶

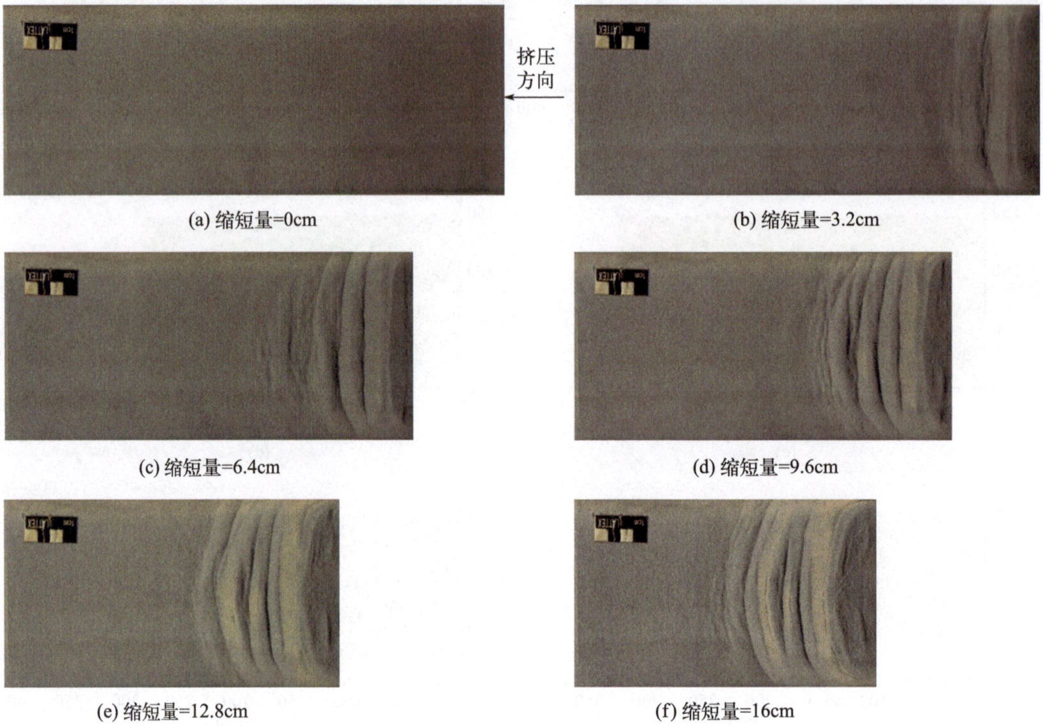

图3-85 模型5模拟结果平面图

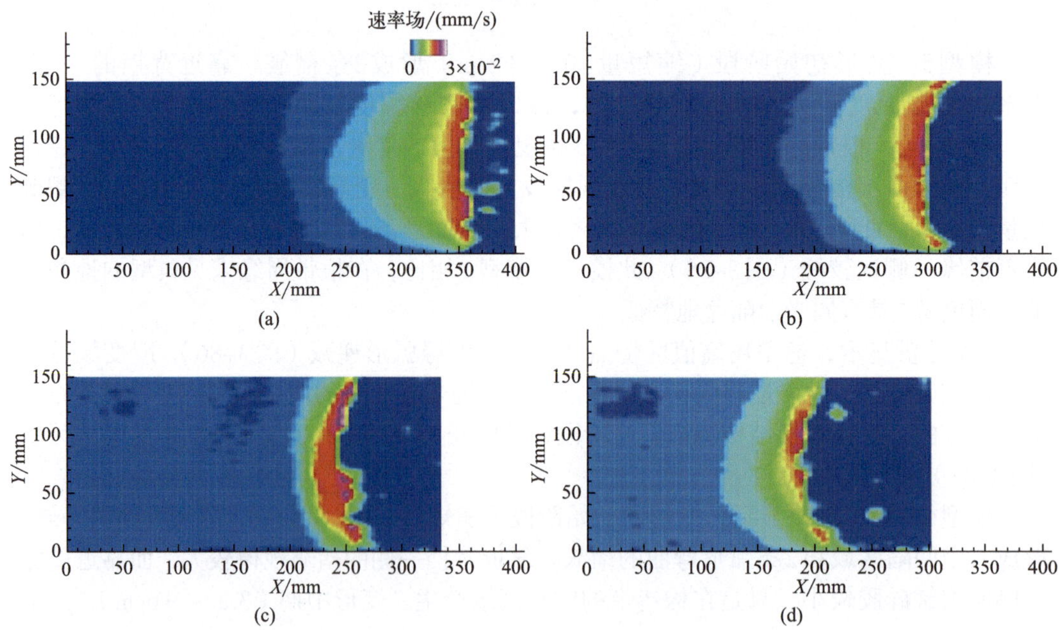

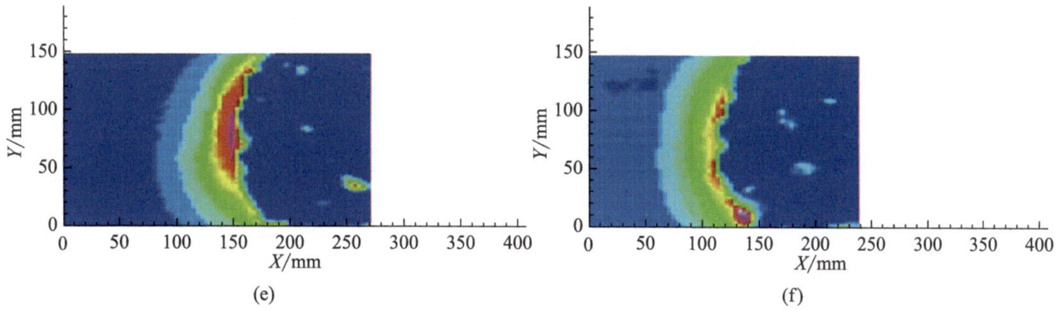

图3-86　模型5速率场

皱的数量增多，形成8个规模较大的褶皱。靠近根带的地貌盆地变小。此阶段，褶皱-冲断带的变形已扩展到了中前缘区域（图3-88）。

PIV分析显示，速率场高值区呈弧形条带特征分布在靠近背挡的一侧。高值区的后缘是速率低值区，表明初始速率最大值在中后缘。这特征恰好与地貌盆地的分布区对

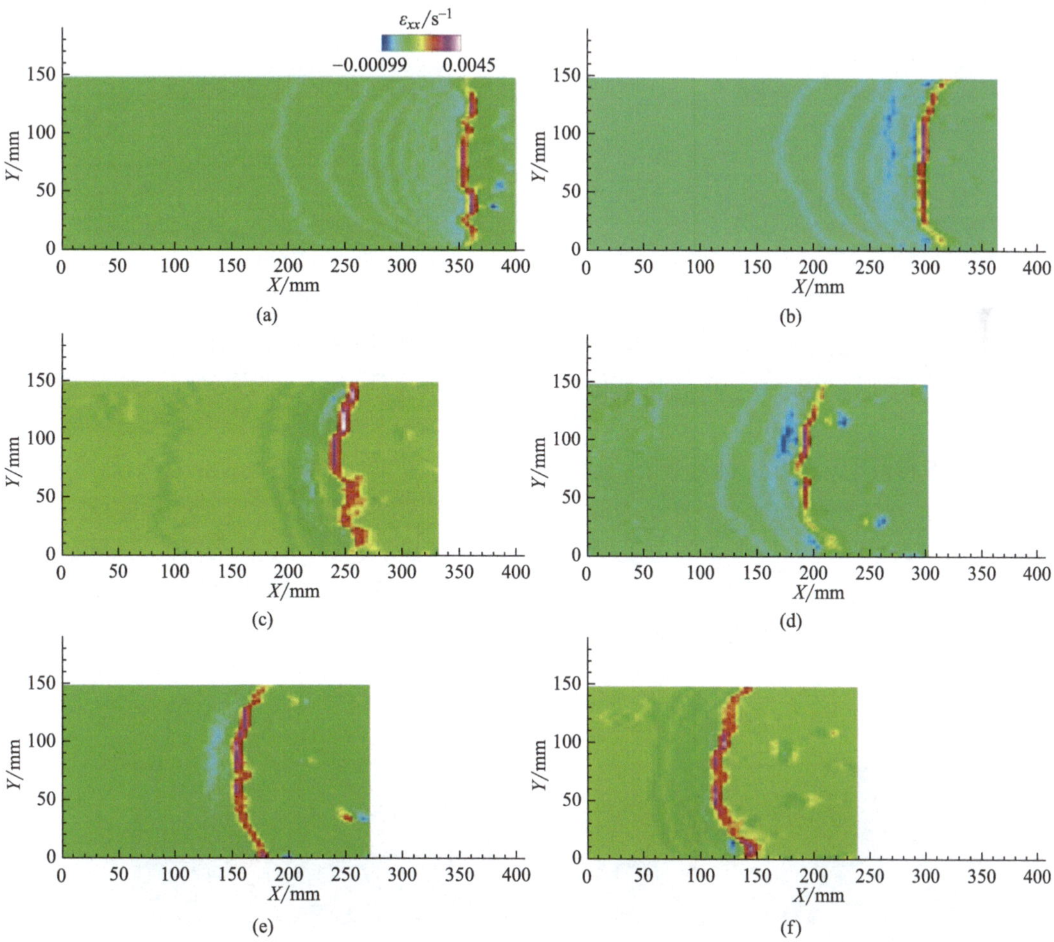

图3-87　模型5应变场

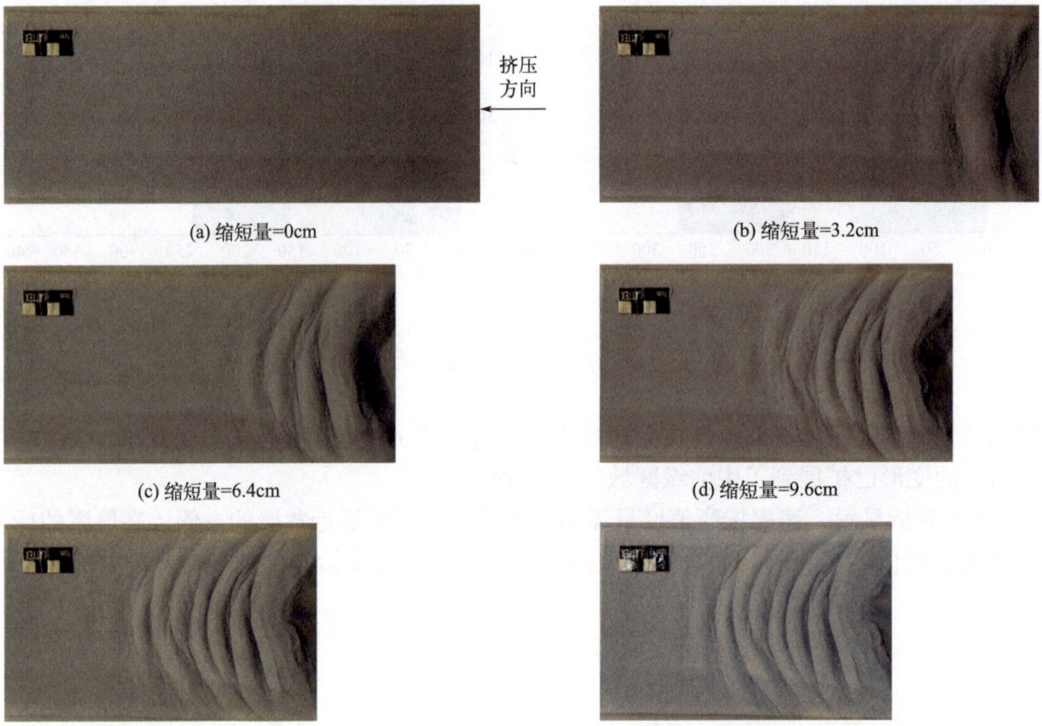

(a) 缩短量=0cm　(b) 缩短量=3.2cm

(c) 缩短量=6.4cm　(d) 缩短量=9.6cm

(e) 缩短量=12.8cm　(f) 缩短量=16cm

图3-88　模型6模拟结果平面图

应。变形的中后期，速率场高值区逐渐扩展到褶皱-冲断带的中前缘，弧形的高值条带变得更加弯曲，最大速率值呈离散斑状特征（图3-89）。应变场特征整体呈弧形条带向前缘扩展，仍然与速率场特征的变化相似。变形的早中期，高低应变值区分度较大，均呈线状分布特征。在后期，应变场高值区的条带宽度有所增大，低值区与高值区紧邻。此阶段，整个区域大面积显示为应变中值特征（图3-90）。

模型5和模型6对比，减小侧向摩擦力，产生的褶皱-冲断带的褶皱弧形弯曲度减小，但整体仍然是弧形的变形样式。减小侧向和基底摩擦力，弧形褶皱的弯曲度增大，形成的褶皱数量增多，变形带的宽度增大。剖面特征显示，减小基底摩擦力，形成的褶曲地貌变得平缓。但在不同区域，褶皱的形态特征差异较大。未减小基底摩擦，根带的韧性层隆升幅度较大，而减小基底摩擦，根带韧性层隆升幅度较小。总之，侧向与基底

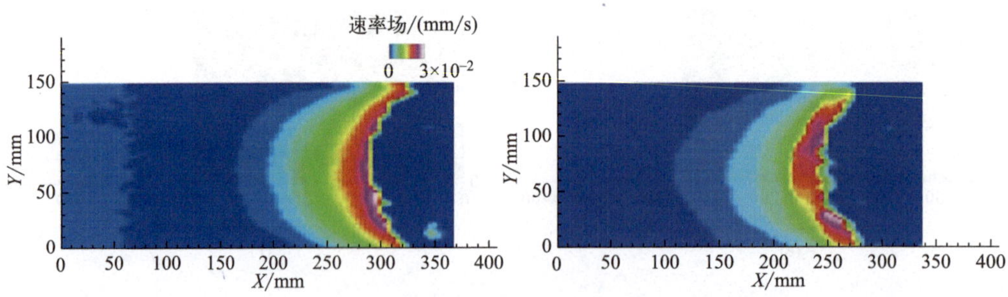

(a)　(b)

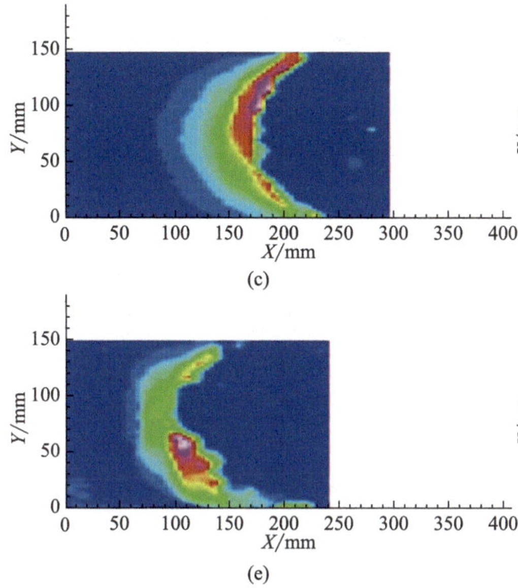

图3-89　模型6速率场

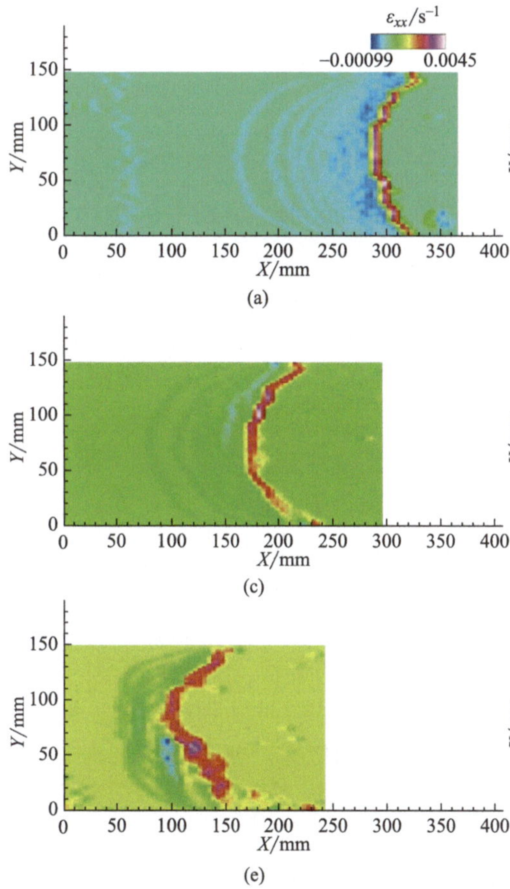

图3-90　模型6应变场

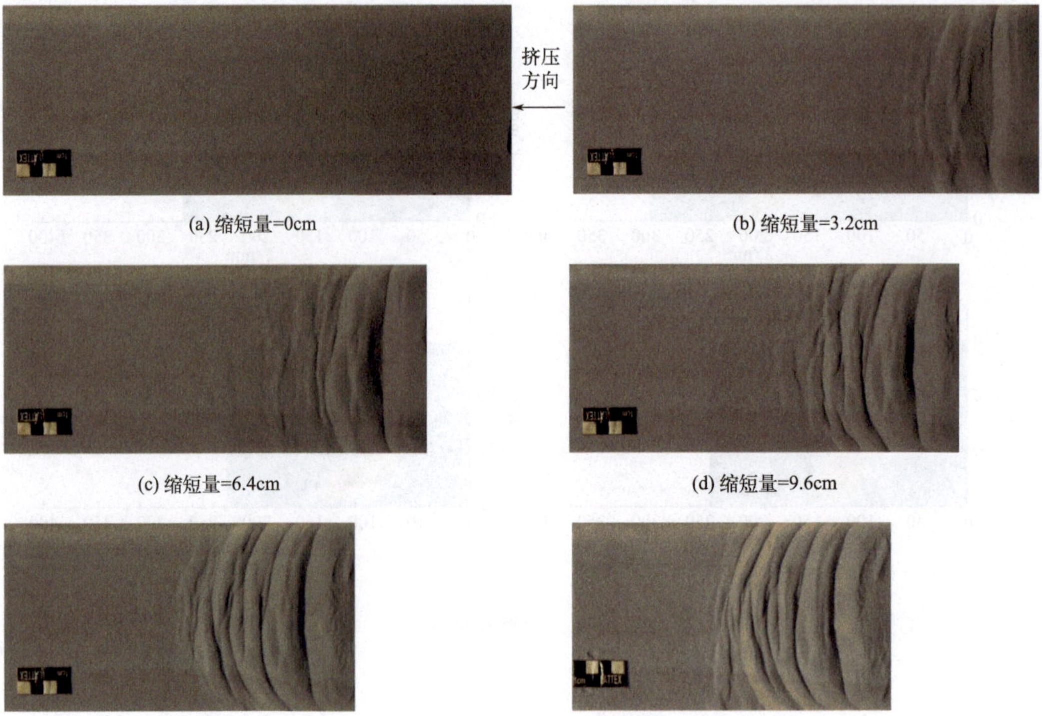

(a) 缩短量=0cm　(b) 缩短量=3.2cm

(c) 缩短量=6.4cm　(d) 缩短量=9.6cm

(e) 缩短量=12.8cm　(f) 缩短量=16cm

图3-91　模型7模拟结果平面图

摩擦强度的差异，也会导致褶皱-冲断带产生明显差异的变形样式（图3–90）。

（3）模型7和模型8设计及模拟结果

模型7和模型8的结构与模型1相同，只是改变挤压变形速率，以改变剪应力强度，探索剪切应力的大小对变形样式的影响，是一组与摩擦变形对比的参考实验。模型7的挤压速率是慢速实验（挤压速率=5cm/h），而模型8是快速实验（挤压速率=15cm/h）。

模型7结果显示，变形初始阶段（缩短量=0 ~ 6.4cm），形成3条褶皱。靠近挤压挡板的褶皱与背挡平行，靠近前缘的褶皱呈弧形分布特征。变形中期（缩短量=6.4 ~ 12.8cm），根带的褶皱幅度较大，隆升的幅度较高。褶皱从根带至前陆，宽度减小，弯曲弧度逐渐增大。变形后期（缩短量=12.8 ~ 16cm），形成7条褶皱。褶皱的形态仍然与模型6的变形具有一定的相似性（图3–91）。

PIV分析表明，变形初始阶段，速率场的高值区仍然分布在褶皱-冲断带的根带一侧，并与背挡具有一定的间距。平面特征显示形成弧形的条带状。随着缩短量的增加，速率场高值区减小，形成窄弧形条带，此阶段的应变向褶皱-冲断带的中部区域扩展（图3–92）。应变场特征显示与模型5的结果具有一定的相似性。整个变形过程中，均以弧形的高应变值向褶皱-冲断带中部缓慢扩展。最后，高应变值的弧度发生变形，近似一条线状分布（图3–93）。

模型8的挤压变形速率是模型7的3倍，导致其基底和侧向摩擦力及其比值发生变化，形成的褶皱-冲断带变形样式也明显不同。变形的初始阶段（缩短量=0 ~ 3.2cm），

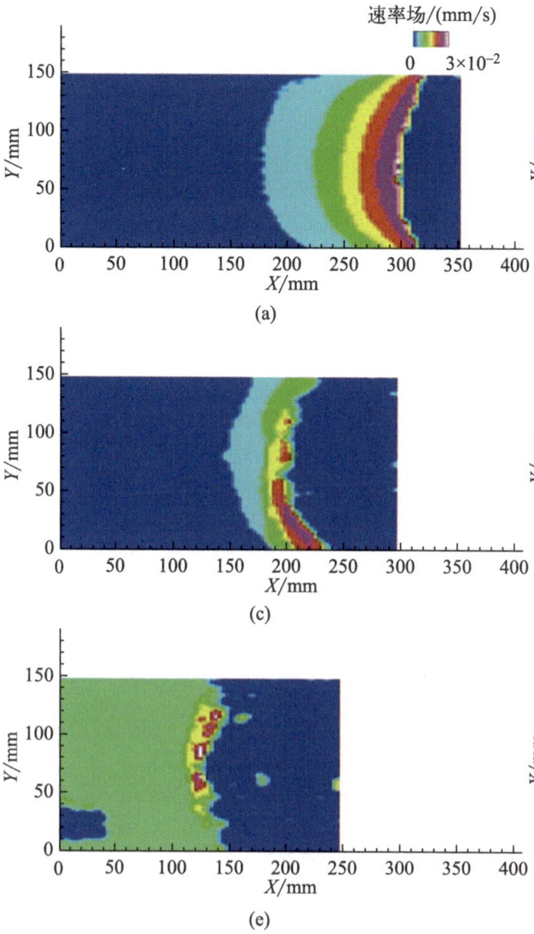

图3-92　模型7速率场

形成1条规模较大的褶皱，且与背挡平行。在规模较大的褶皱前侧，产生部分小褶皱。随着缩短量的增加，根带的褶皱规模继续增大，在变形带的前缘形成3个大的褶皱和多个小褶皱。变形后期（缩短量=12.8 ~ 16cm）形成弧形的褶皱-冲断带（图3-94）。

PIV分析表明，变形初期，速率场高值位于构造带中后缘，呈弧形条带分布。随着变形量的增加，速率场的高值区向褶皱-冲断带的中部区域移动，数值逐渐减小。变形中后期，速率场高值区形成弧形线状结构特征（图3-95）。应变场特征同样显示了相同的变形演化过程。在整个变形过程中，高应变值由弧形特征逐渐变为平直线状（图3-96）。

对比模型7和模型8结果，模型7的变形带宽度较大，形成的褶皱数量较多。产生的单个褶皱幅度较大，横向较连续。而模型8不同，褶皱-冲断的根带分布范围大，隆升的幅度较大。前缘产生的褶皱幅度较小。褶皱-冲断带的变形范围较小。剖面特征显示，模型7和模型8均在根带形成了倒转构造，但高速挤压的变形样式较为复杂。这表明，剪切强度越大，形成的基底和侧向的摩擦力之比越大，对最终形成的褶皱-冲断带的变形样式具有潜在的影响。

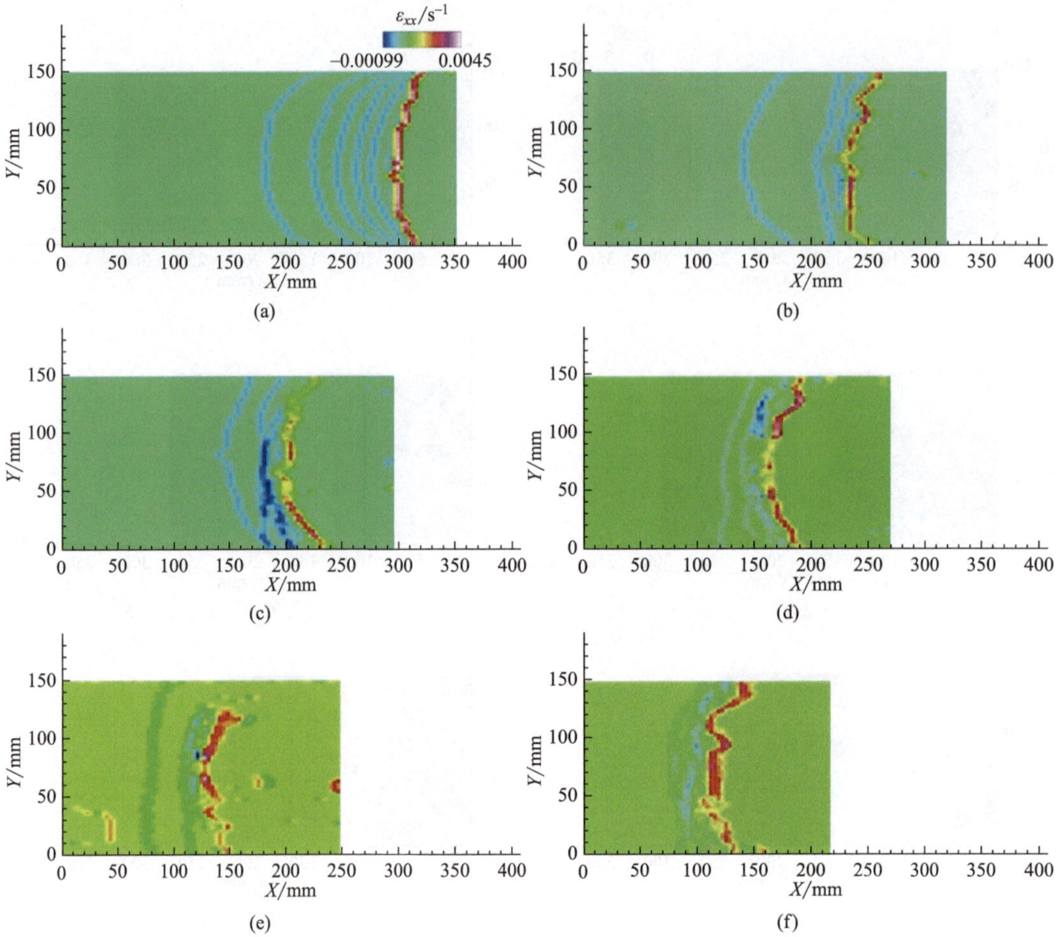

图3-93 模型7应变场

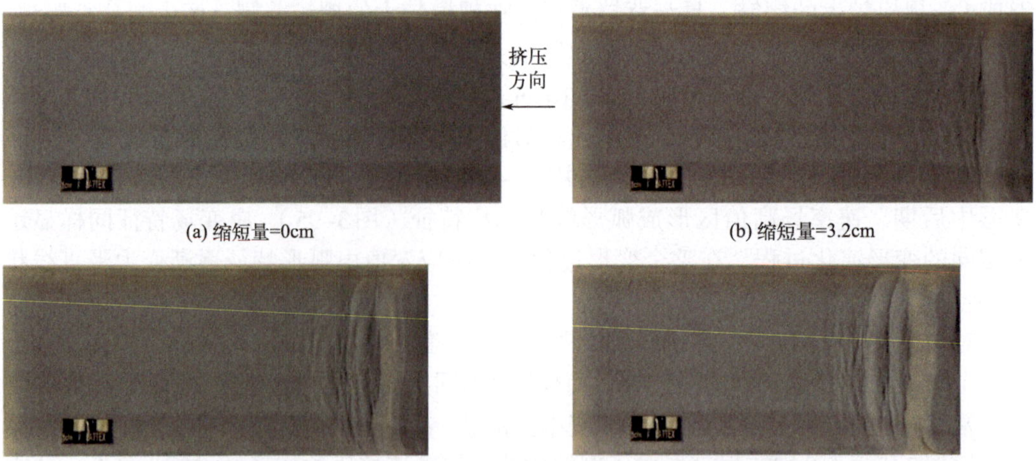

(a) 缩短量=0cm

(b) 缩短量=3.2cm

(c) 缩短量=6.4cm

(d) 缩短量=9.6cm

(e) 缩短量=12.8cm

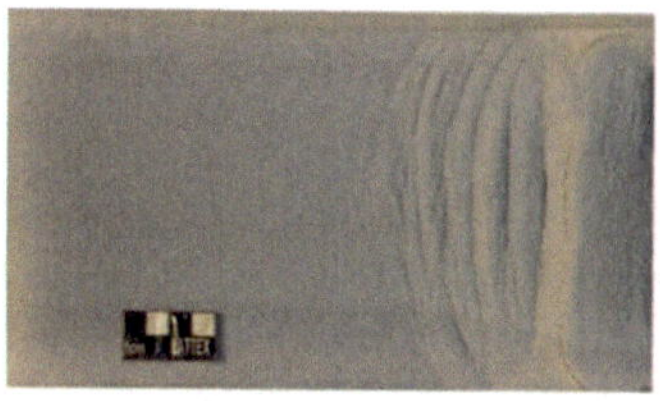

(f) 缩短量=16cm

图3-94 模型8模拟结果平面图

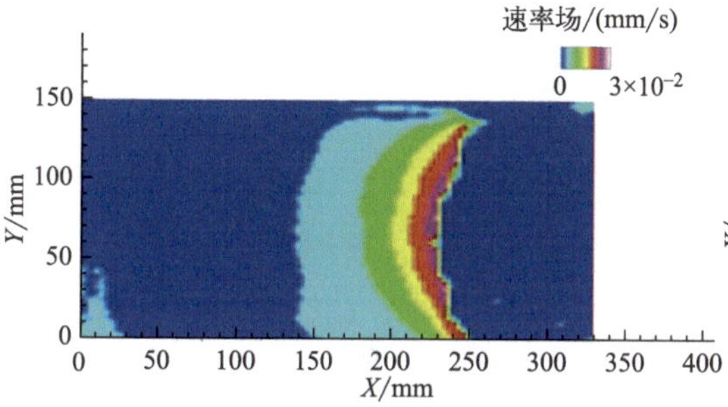

(a)

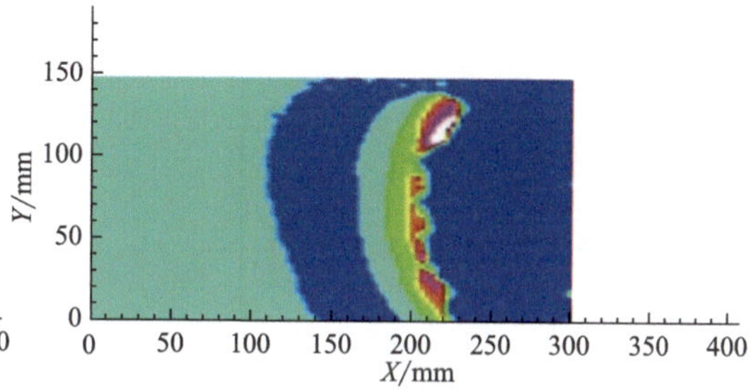

(b)

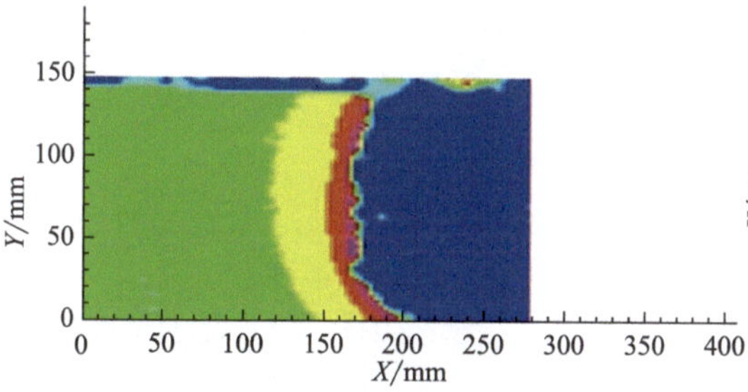

(c)

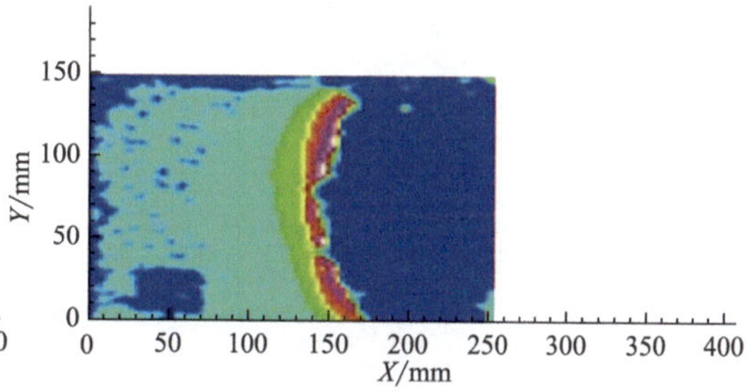

(d)

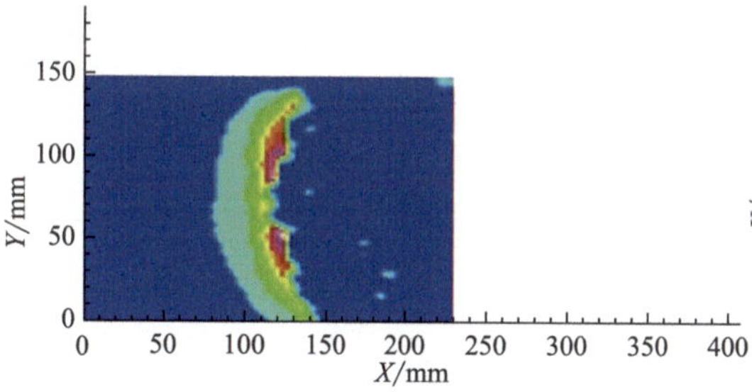

(e)

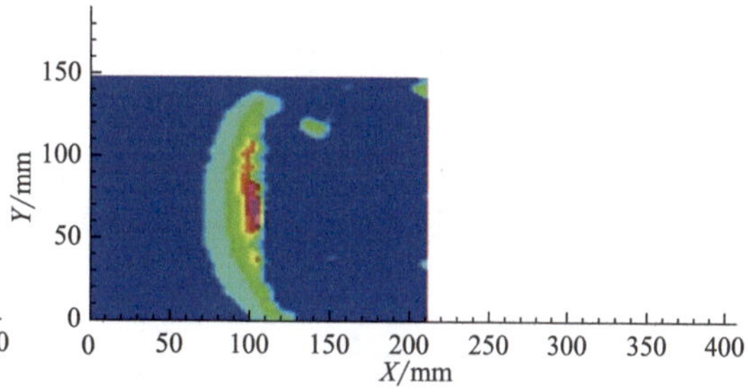

(f)

图3-95 模型8速率场

3.2.3 分析与探讨

应力与应变图解分析表明，韧性层厚度和应变速率对双层滑脱层的变形具有重要的控制作用。应变速率越大，形成的剪应力越大，会在褶皱–冲断带的根带形成隆升

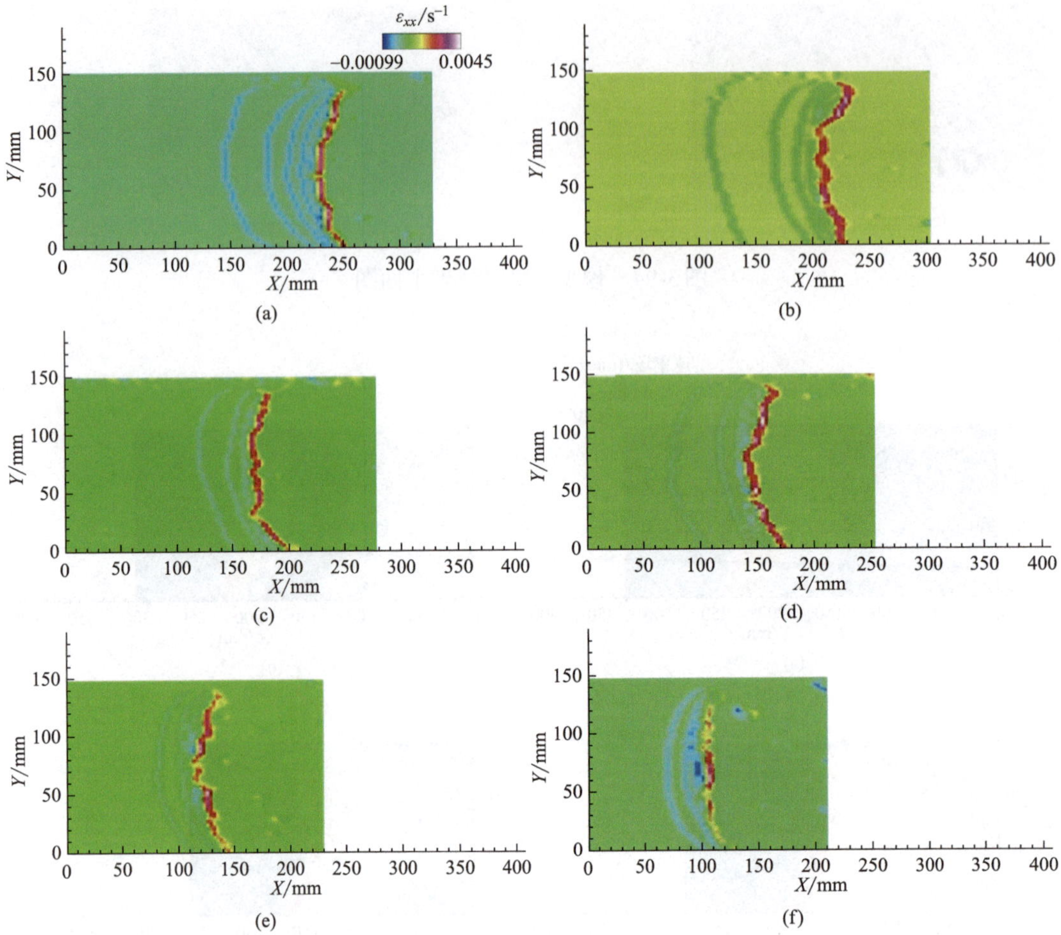

图3-96　模型8应变场

幅度较大的褶皱和逆冲断层。基底剪切应力越小，越有利于褶皱-冲断带向前陆地区扩展，形成的褶皱-冲断带的变形范围也就越大（图3-97）。相关的研究在Bonini（2003，2007）的研究中也有详细的论述。

挤压应变速率的增大，实际上是增大了模型的基底剪切强度。所以模型7和模型8

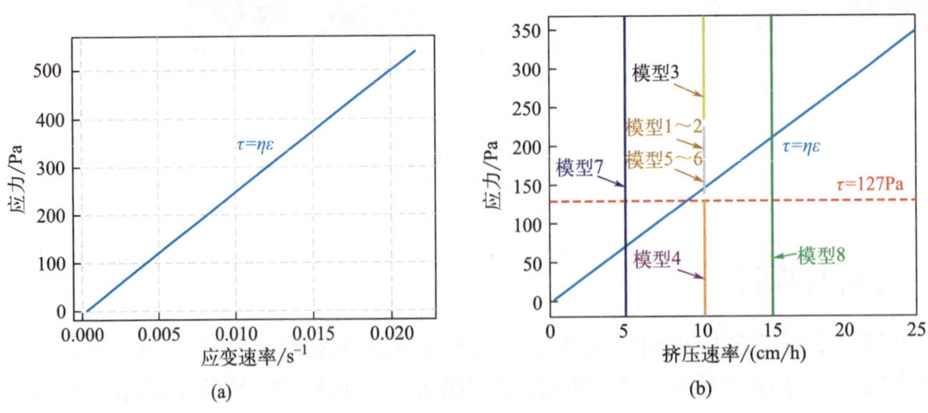

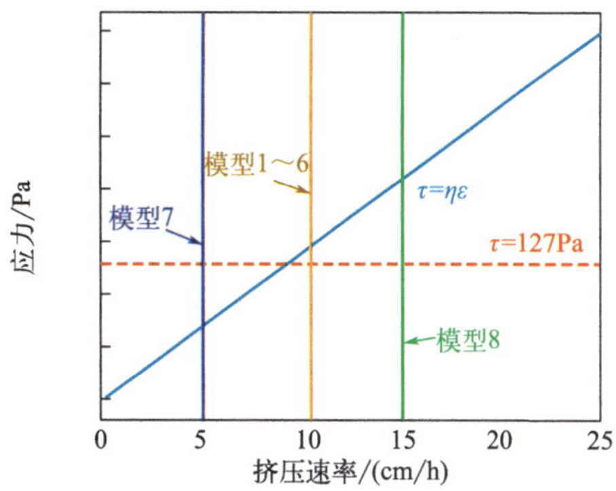

(c)

图3-97　挤压速率与应力关系图解

的速度不同，剪切应力也不同。模拟结果揭示了构造变形样式的差异就是由基底和侧向剪应力的大小所控制的。本模拟结果与Smit et a1.（2003）和Cotton and Koyi（2000）有关褶皱－冲断带变形样式和运动学指向的研究具有较大的相似性。

褶皱－冲断带的模拟研究表明，其常见的变形样式有前展式、后展式，以及前展与后展的叠加（图3-98），同时，也会因复杂的力学性质而形成相对复杂的变形样式，如双层滑脱层导致基底与中间滑脱层发生差异变形。前展式是褶皱－冲断带典型的变形特征。但是由于基底韧性强度，以及侧向和基底摩擦强度的变化，褶皱－冲断带的中部和两侧产生了差异的变形结构（He et al，2023）。

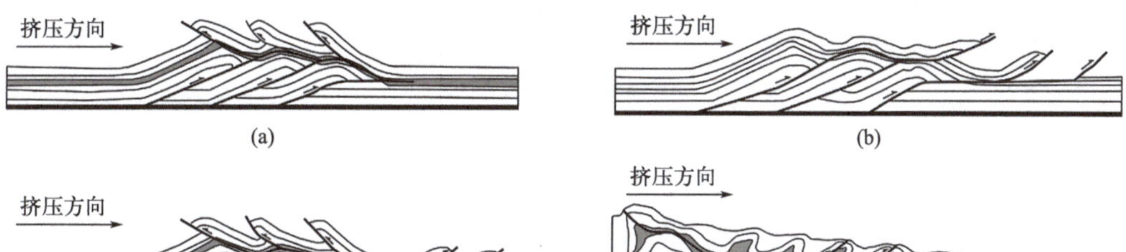

图3-98　双层滑脱层变形扩展模式

（a）～（c）修编自Couzens-Schultz et al.（2003），（d）修编自He et al.（2023）

本物理模拟揭示，不同的基底条件，褶皱－冲断带的扩展位移不同，形成的褶皱也不同。模型4、模型6，因韧性基底强度减小和减小基底摩擦强度，形成了8个褶皱，并且形成的褶皱－冲断带的位移达22.7cm（图3-99）。这表明，基底性质对褶皱－冲断带应变的传递具有极为重要的控制作用。扎格罗斯褶皱－冲断带复杂的构造变形样式以及大范围的变形也许就与研究区潜在的基底滑脱层强度和侧向走滑断裂的作用有关。

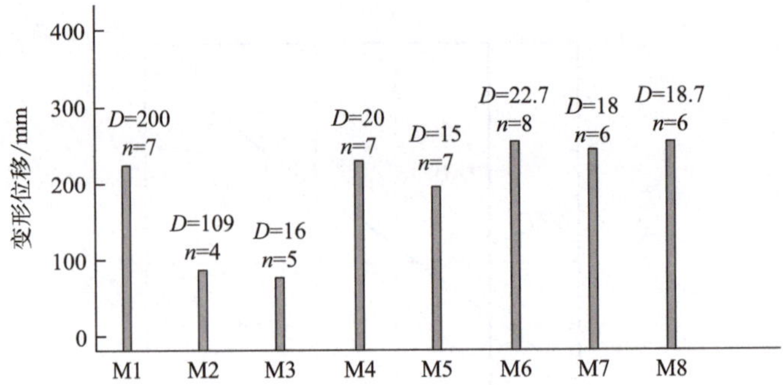

图3-99　双侧滑脱层变形扩展产生的褶皱和变形带宽度

n—褶皱的数量；*D*—褶皱冲断带的宽度，cm；M—模型

3.3　典型案例及应用

3.3.1　案例1：背驮式盆地的形成机制物理模拟

不同的基底摩擦属性对褶皱-冲断带的变形样式及演化过程具有重要的控制作用。最典型的是背驮式盆地成因机制的物理模拟研究，该研究可以清晰地解释褶皱-冲断带的演化过程和变形差异（何文刚等，2022）。

模型1，挤压一端基底硅胶层并用硅油减小摩擦力，其余区域未减小基底摩擦力。模拟结果显示形成5条弧形的褶皱，并且在挤压挡板一侧形成低矮的地貌盆地。变形样式以前冲和冲起构造为主。

模型2，挤压一端脆性基底，远离挤压一端韧性基底并减小基底摩擦力。模拟结果显示形成8条褶皱，靠近挡板一侧几乎未形成凹陷。与模型1相比，断裂更加平直，弧形曲率减小。断裂的运动学指向以前展式为主。

模型3与模型2结构相似，唯一的差异是根带使用石英砂，未减小根带的基底摩擦力。模拟结果显示形成弧形的褶皱-冲断带。越靠近前陆地区，断裂的规模和幅度均越减小。在靠近褶皱-冲断带的根带区域产生背驮式盆地。在前陆构造带，形成底辟构造。

模型4 基底韧性结构，而且靠近前陆地区用硅油减小基底摩擦，脆性层厚10mm。模拟结果显示形成地貌形态较为完美的背驮式盆地。前陆地区的底辟构造极为发育，底辟的形态也很清晰。

模型5 基底韧性结构，而且靠近前陆地区用硅油减小基底摩擦，脆性层厚15mm。模拟结果显示形成地貌形态较为完美的背驮式盆地，但盆地规模较小。前陆地区的底辟构造极为发育，底辟的形态也很清晰。

五组不同方式减小基底摩擦的物理模拟结果显示，如能够形成背驮式盆地，基底的摩擦属性对褶皱-冲断带的变形演化具有重要的控制作用（图3-100）。从褶皱-冲断带的根带、中部到前陆区域，脆性层的剪应力和韧性层的剪应力均逐渐衰减。否则，难以

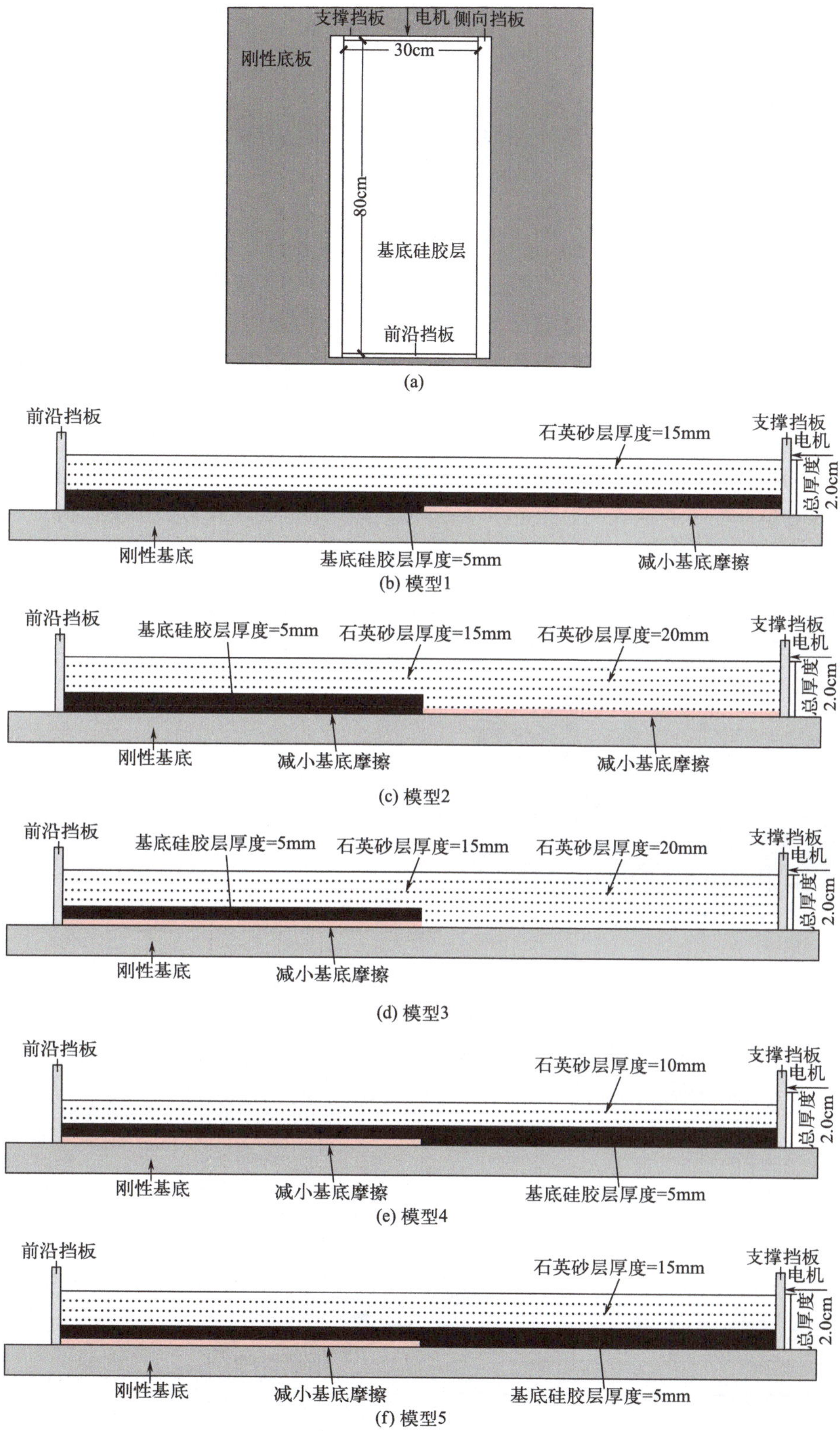

图3-100　周缘前陆盆地形成机制物理模拟设计

形成理想的背驮式盆地。本研究成果为背驮式前陆盆地的形成机制理解提供了构造物理学证据。

（1）模型1模拟结果

模拟结果显示，在靠近挡板一侧形成凹陷结构特征，在褶皱-冲断带的中前缘形成6条弧形的褶皱。剖面特征显示，形成前冲断裂和褶皱，局部形成冲起构造。但没有典型的周缘前陆盆地形成（图3-101）。

PIV分析表明，在变形初始阶段，应变速率高值主要分布在褶皱-冲断带的中后缘，并形成弧形条带特征。平面上形态似弓月形，逐渐向前陆区域递减。本模型与其他模型具有显著差别，如背挡未减小基底摩擦力模型，其初始应变速率高值区主要位于褶皱-冲断带的根带区域。同时，靠近根带的速率场条带几乎与背挡平行。随着变形扩展的增加，速率场高值逐渐向褶皱-冲断带前缘扩展，并显示弧形的条带分布特征，这一阶段的速率场与其他模型具有一定的相似性，均为递进扩展模式（图3-102）。

应变场特征显示，变形初始阶段（缩短量=0cm），高应变值位于褶皱-冲断带的中部，以弧形特征显示。这表明，由于靠近挤压端减小了基底摩擦力，应变很快传递到褶

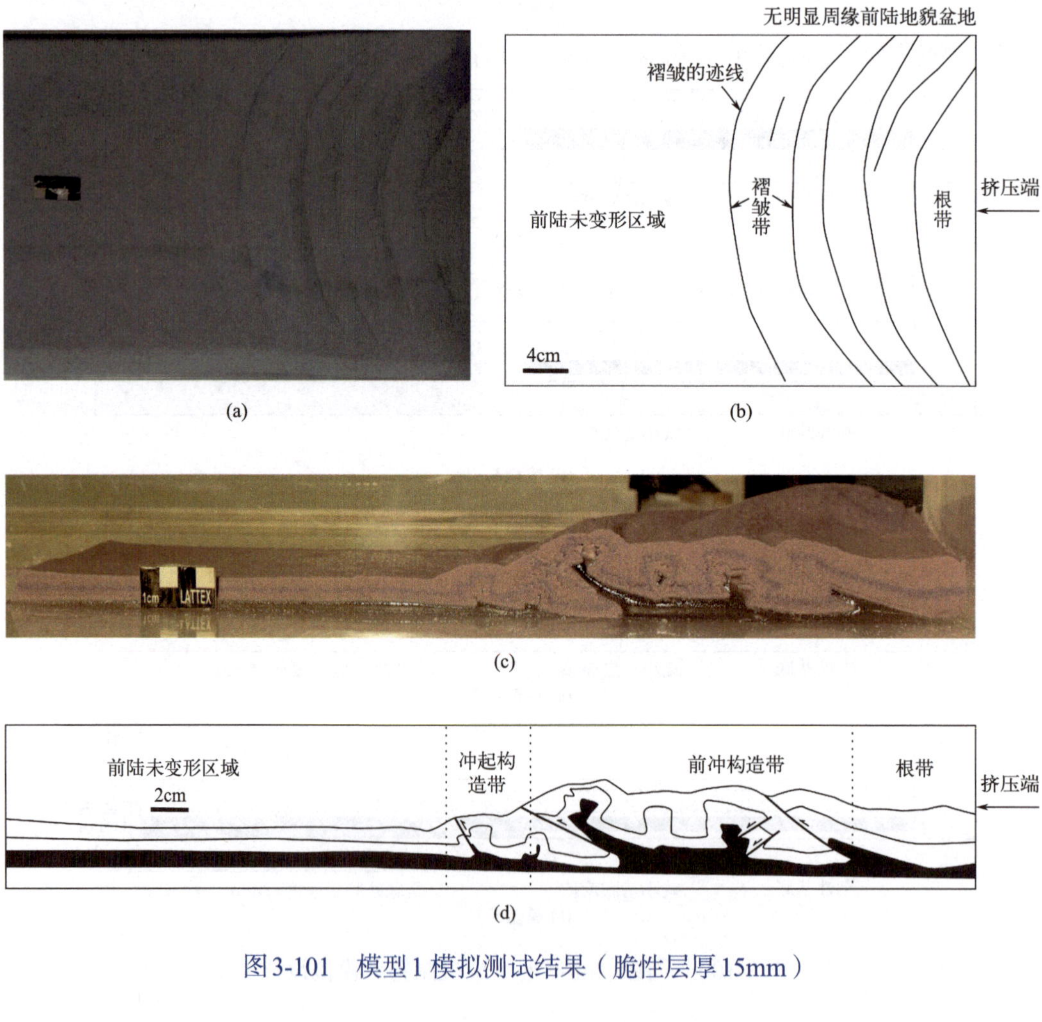

图3-101　模型1模拟测试结果（脆性层厚15mm）

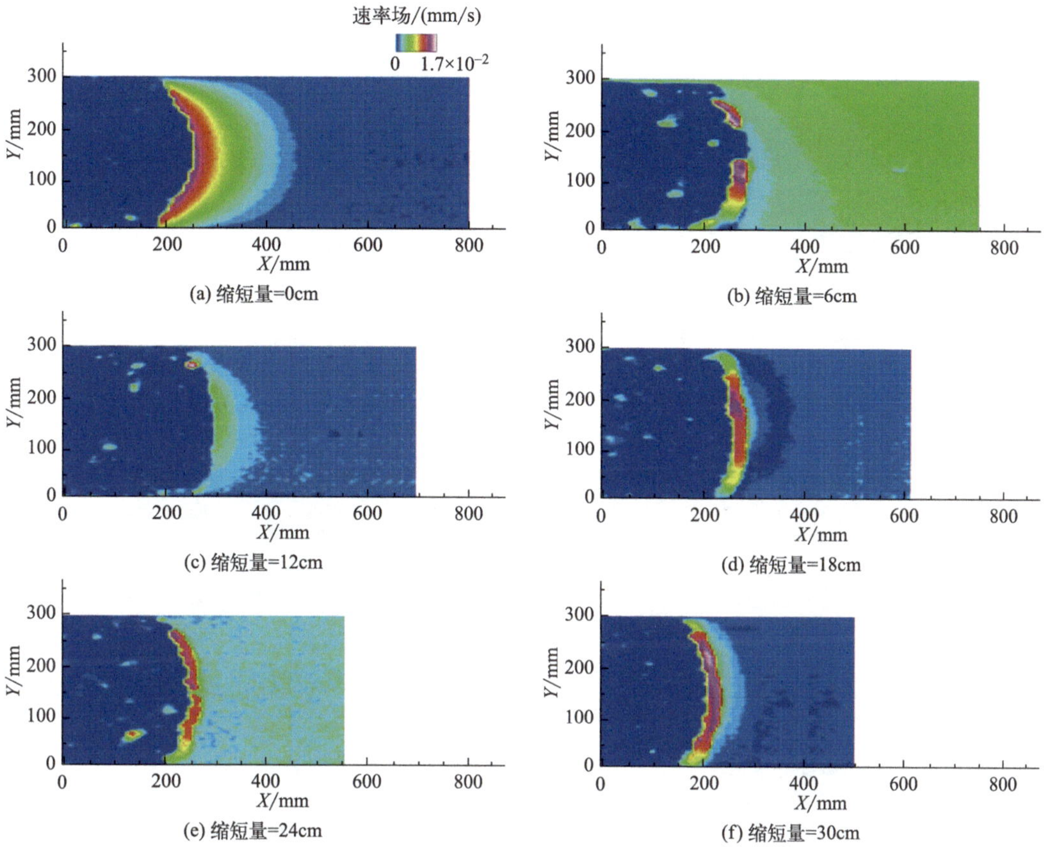

图3-102 模型1速率场

皱-冲断带的中部，且位于减小基底摩擦区域与未减小基底摩擦区域的接触带不连续位置。变形中期，应变高值与低值区域形成双弧形特征，弧形的弯曲度有所较小，中央存在弧形不连续现象。到了变形的后期，弧形带的宽度减小，形成线状条带特征。此阶段应变高值与低值仍然存在双弧形结构（图3-103）。

（2）模型2模拟结果

模拟结果显示，褶皱-冲断带形成8条褶皱，每一条褶皱的大小几乎相同。靠近根带的褶皱平行于背挡，而前陆区域的褶皱弧形展布。剖面特征显示，逆冲断裂均是前冲断裂。层面具有一定的挠曲现象。前陆产生一个箱形褶皱。前缘韧性基底减小了摩擦力，未形成周缘前陆盆地，表明来自根带的应变很快传递到了前陆区域（图3-104）。

PIV分析表明，变形的初始阶段，速率场高值区呈直线条带，并与背挡平行。随着应变的增加，速率场高值在根带逐渐消失，应变传递到了前挡一侧。变形的中期阶段，速率场高值区范围扩大，形成弧形的条带特征，分布在褶皱-冲断带的中部。变形的后期，速率场高值区域减小，形成窄条带、近似弧形的线状特征（图3-105）。与模型1相比，由于靠近背挡一侧基底未减小摩擦力，速率场高值首先从根带开始发育。但在变形的中后期，由于前缘基底减小摩擦力，速率场主要发生在前陆构造带一侧。

应变场特征显示，初始变形阶段，应变高值靠近背挡一侧，并与背挡之间的间距较

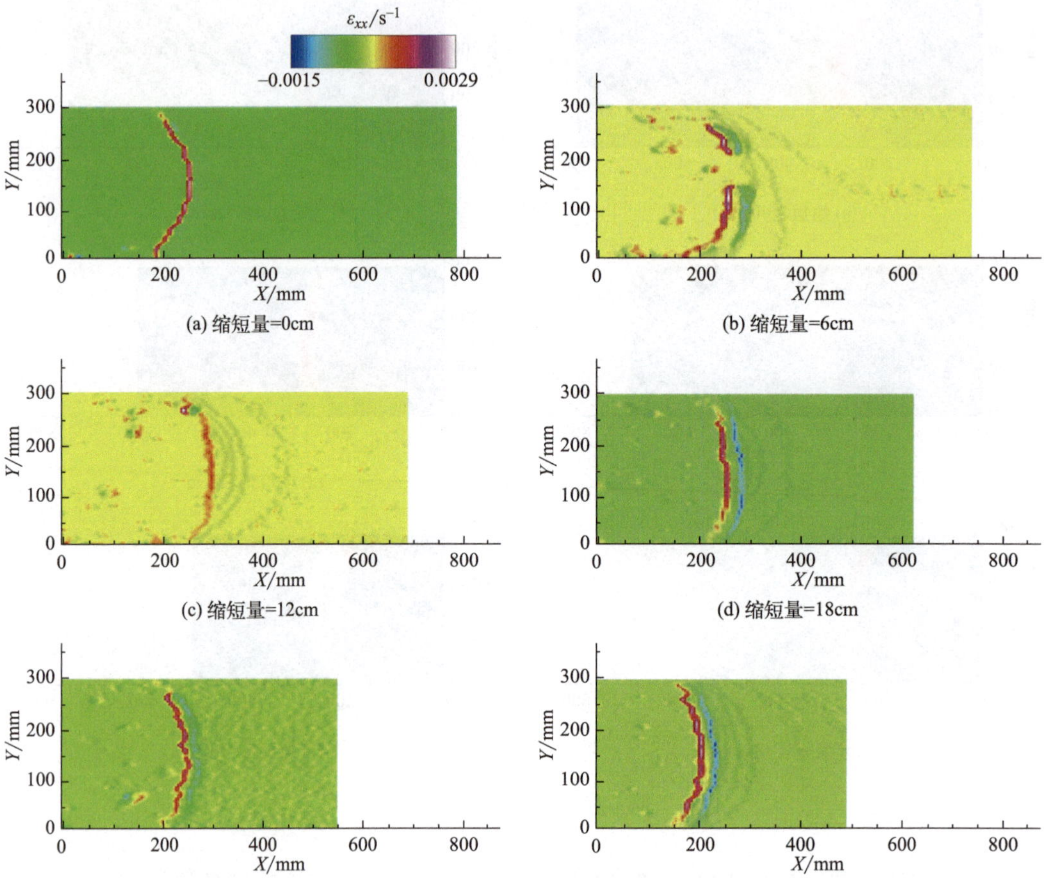

(a) 缩短量=0cm　(b) 缩短量=6cm

(c) 缩短量=12cm　(d) 缩短量=18cm

(e) 缩短量=24cm　(f) 缩短量=30cm

图3-103　模型1应变场

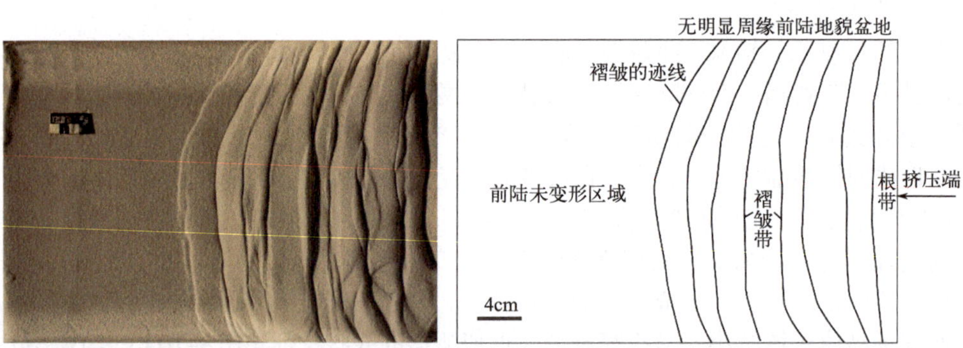

(a)　(b)

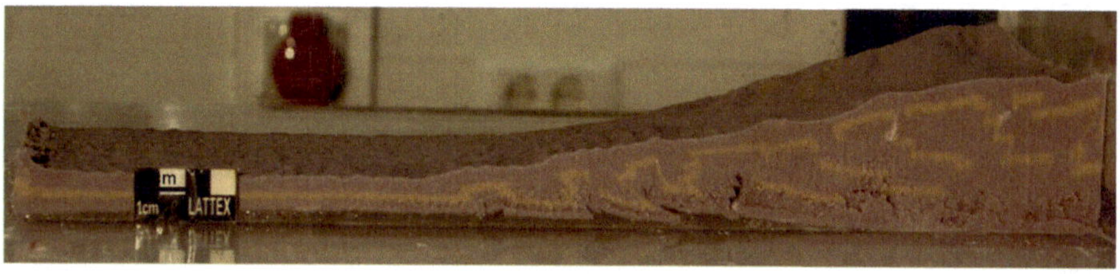

(c)

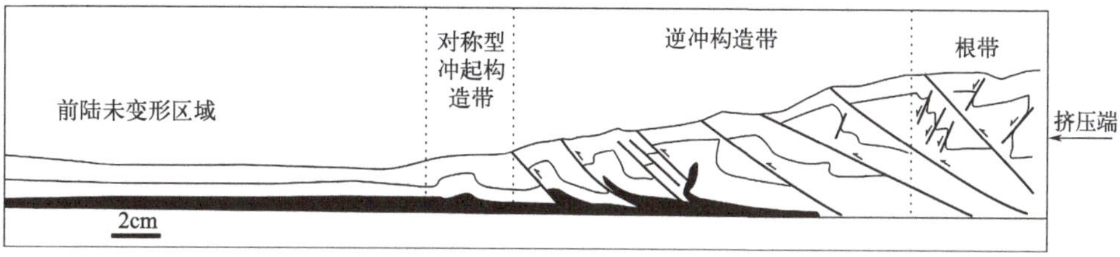

(d)

图3-104　模型2模拟测试结果（脆性层厚20mm）

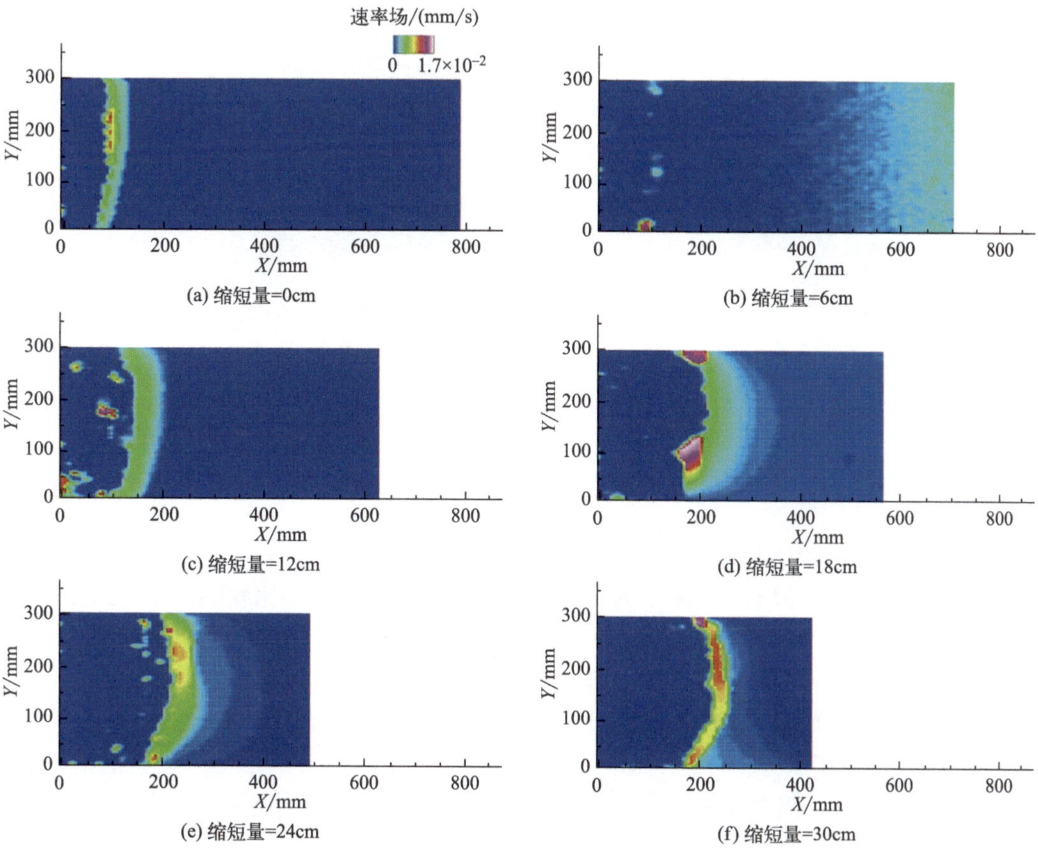

图3-105　模型2速率场

小。缩短量=6cm时，大部分区域属于中等应变值分布，高应变值零星分布。缩短量=12cm 时，靠近背挡一侧应变高值分布范围增大，高值区的前缘形成1条弧形特征。缩短量=18cm时，应变高值位于褶皱-冲断带的中后缘。此阶段的应变高值形态弯曲，局部具有突变现象。变形中后期（缩短量=18 ~ 30cm），应变高值与低值形成双弧形结构特征（图3-106）。模型1和模型2对比表明，整个基底和部分基底减小摩擦力，对褶皱-冲断带的变形样式和应变扩展具有一定的控制作用。

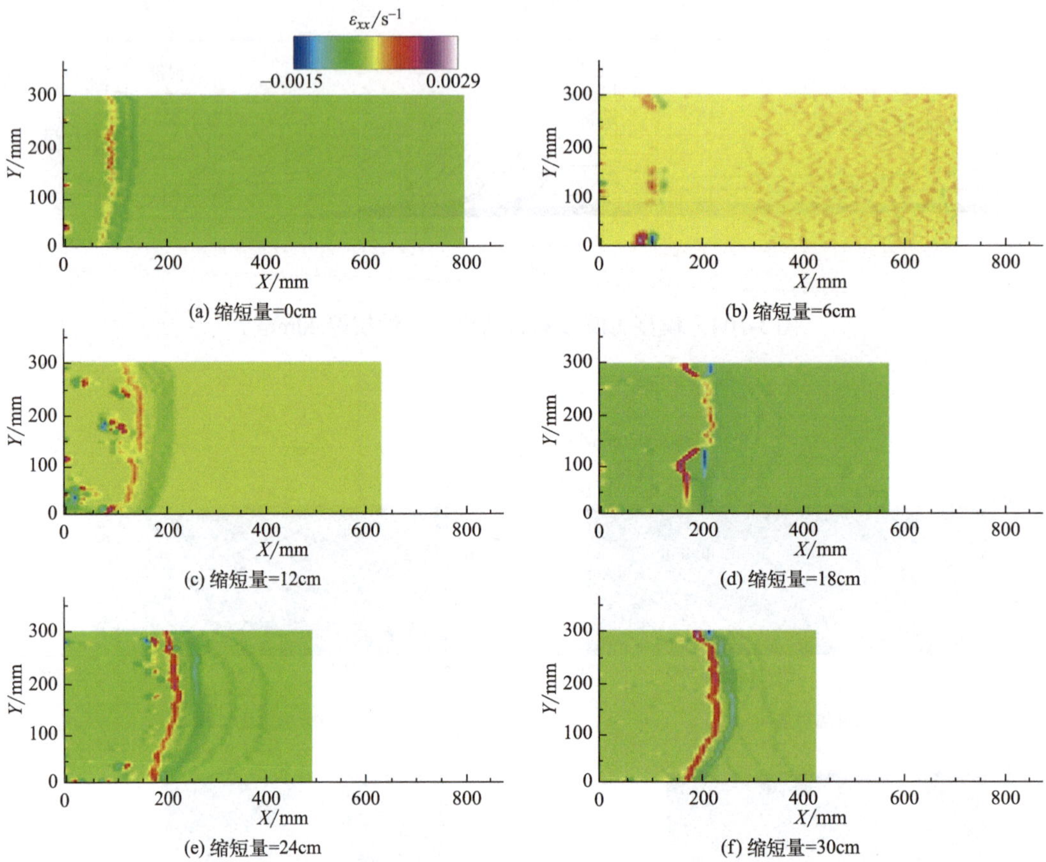

图3-106　模型2应变场

（3）模型3模拟结果

模拟结果显示，褶皱-冲断带的根带隆升的幅度较大，顶部比较陡，多条挤压迹线集中在一起，平行于背挡分布。最典型的特征是形成形态特征比较清晰的周缘前陆盆地。褶皱-冲断带的中部形成多条褶皱。褶皱中部幅度较大。靠近两侧挡板，褶皱规模较小或不发育。剖面特征显示，形成3个箱形褶皱和根带多条逆冲断层。同时，底辟也极为发育（图3-107）。

PIV分析表明，初始变形阶段，速率场高值在褶皱-冲断带的根带零星分布，但整个区域大范围均是低值特征。缩短量= 6cm，在距背挡一侧一定距离有应变高值出现，相邻区域仍然是低值，而前缘的应变为中值特征。缩短量=12cm，速率场高值区又集中

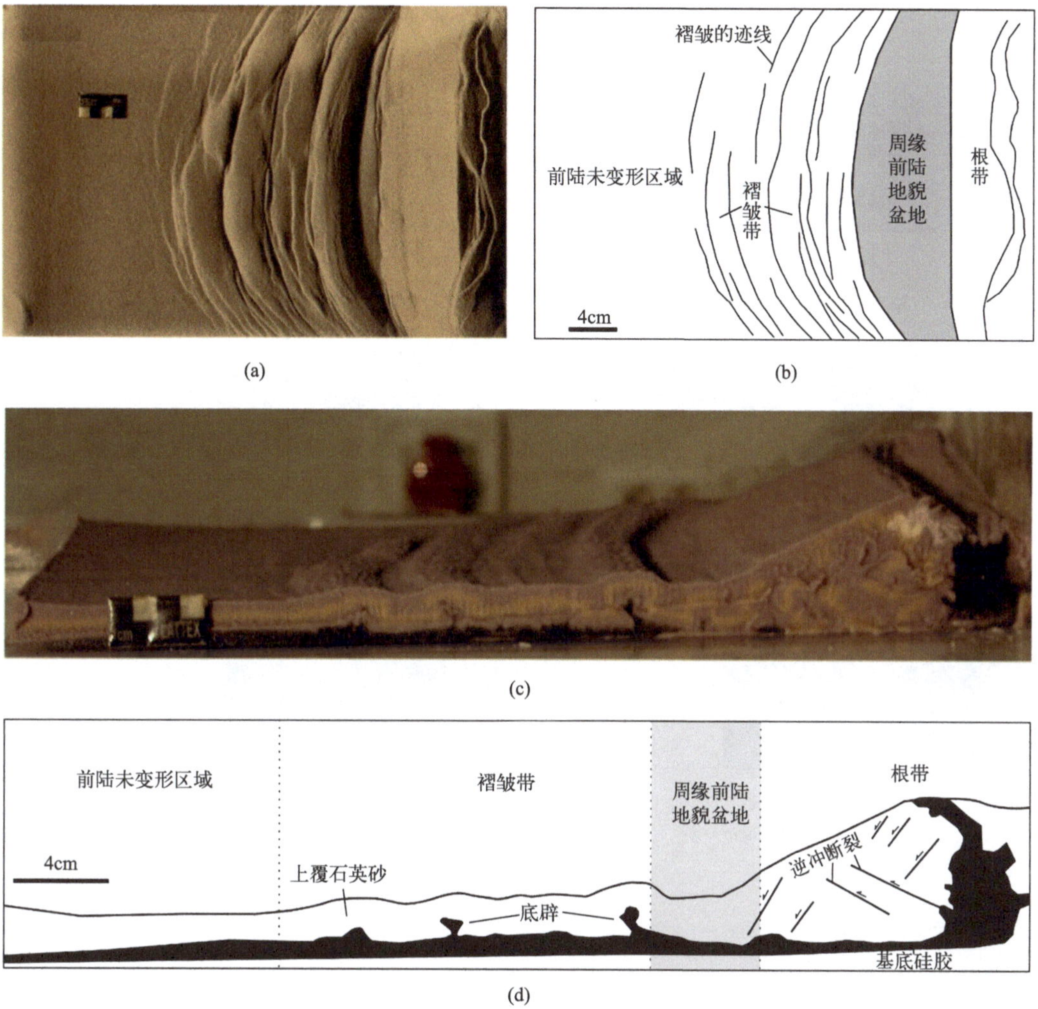

图3-107　模型3模拟测试结果（脆性层厚20mm）

分布在根带，其余区域为低值。缩短量=18cm，高值集中在褶皱-冲断带的中后缘，有向前扩展的趋势。变形后期（缩短量=24～30cm），速率场高值区主要分布在中前缘，呈弧形的条带状分布特征（图3-108）。

应变场特征显示，变形的初期和中期（缩短量=0～12cm），整个变形带均是高应变值，只有靠近根带的局部区域形成应变低值区。表明变形的初始阶段，韧性基底快速传递应变到褶皱-冲断带的中前缘。变形中后期（缩短量=18～30cm），高应变值逐渐向前缘扩展，形成弧形的窄条带状的高值区，而且低应变值的分布范围也逐渐减小。呈现出变形带的中央区域应变扩展最快，而两侧边界的变形扩展较慢的特征（图3-109）。差异的应变场特征，表明周缘前陆盆地的形成具有特殊的应变场和应变速率场。同时，基底的摩擦属性差异会导致周缘前陆盆地的形成，其变形样式的产生可能是由内在的潜在控制因素基底和侧向的剪应力差异造成的。

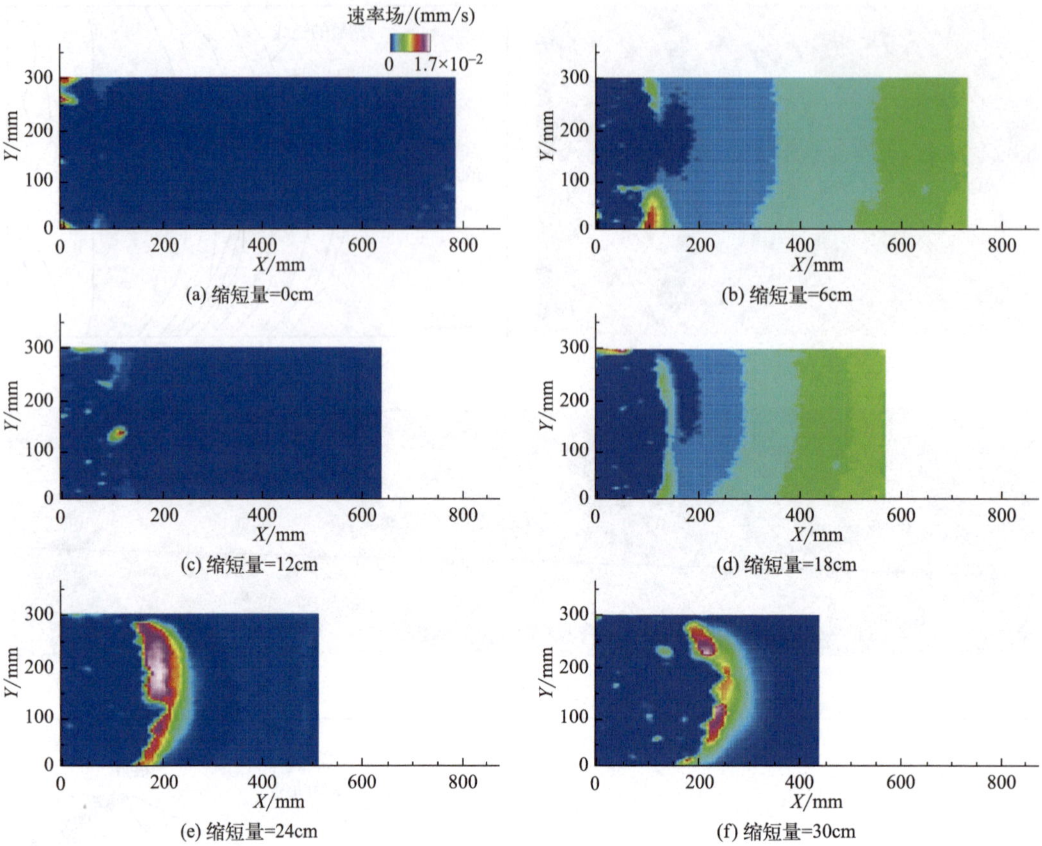

(a) 缩短量=0cm (b) 缩短量=6cm
(c) 缩短量=12cm (d) 缩短量=18cm
(e) 缩短量=24cm (f) 缩短量=30cm

图3-108 模型3速率场

（4）模型4模拟结果

模型4的结构与模型3相似，其差异是脆性层厚度只有1cm。模拟结果显示褶皱-冲断带的变形样式和展布特征相似，但细节上差异较大。根带隆升的幅度较大，但基底硅胶层露出表面，形成平顶结构，中后缘仍然形成弧形的褶皱-冲断带。中部的褶皱规模相对较大，两侧和前缘的褶皱规模较小。剖面特征显示根带形成倒转和断裂构造，而且底辟构造极为发育（图3-110）。

PIV分析表明，变形的初始阶段（缩短量=0～18cm），速率场的高值区域主要位于

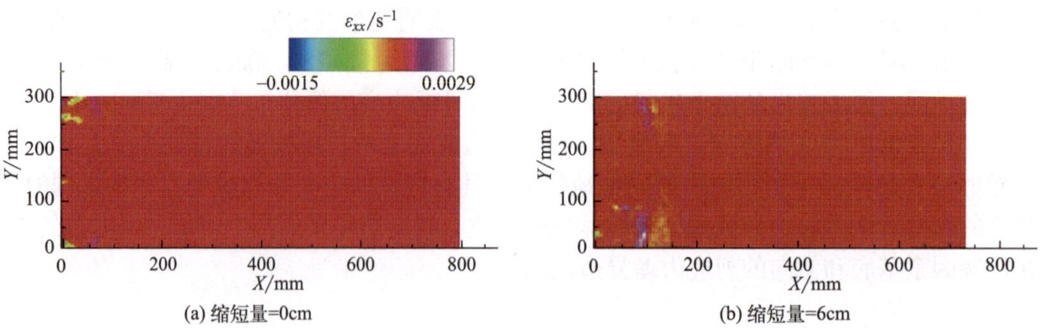

(a) 缩短量=0cm (b) 缩短量=6cm

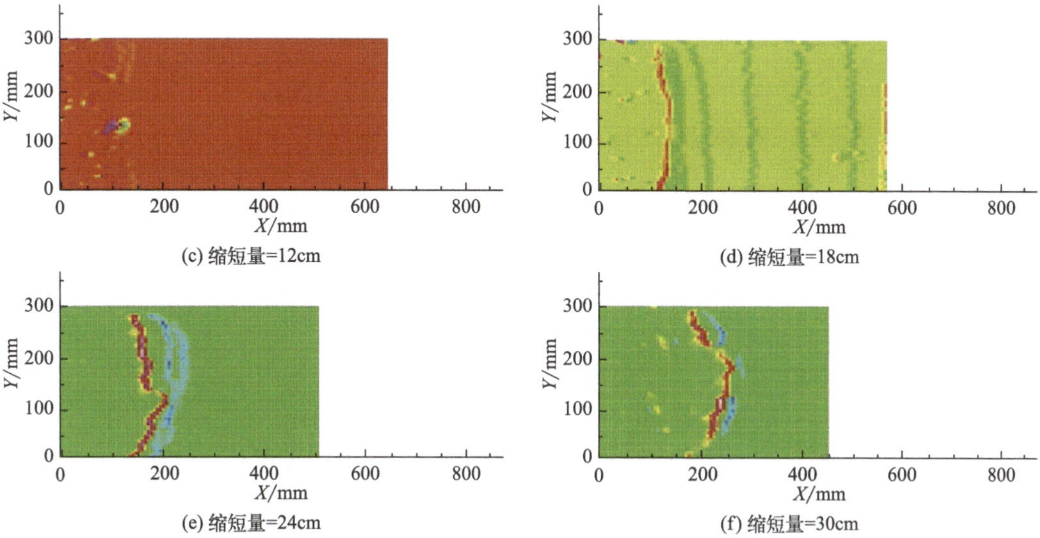

图3-109　模型3应变场

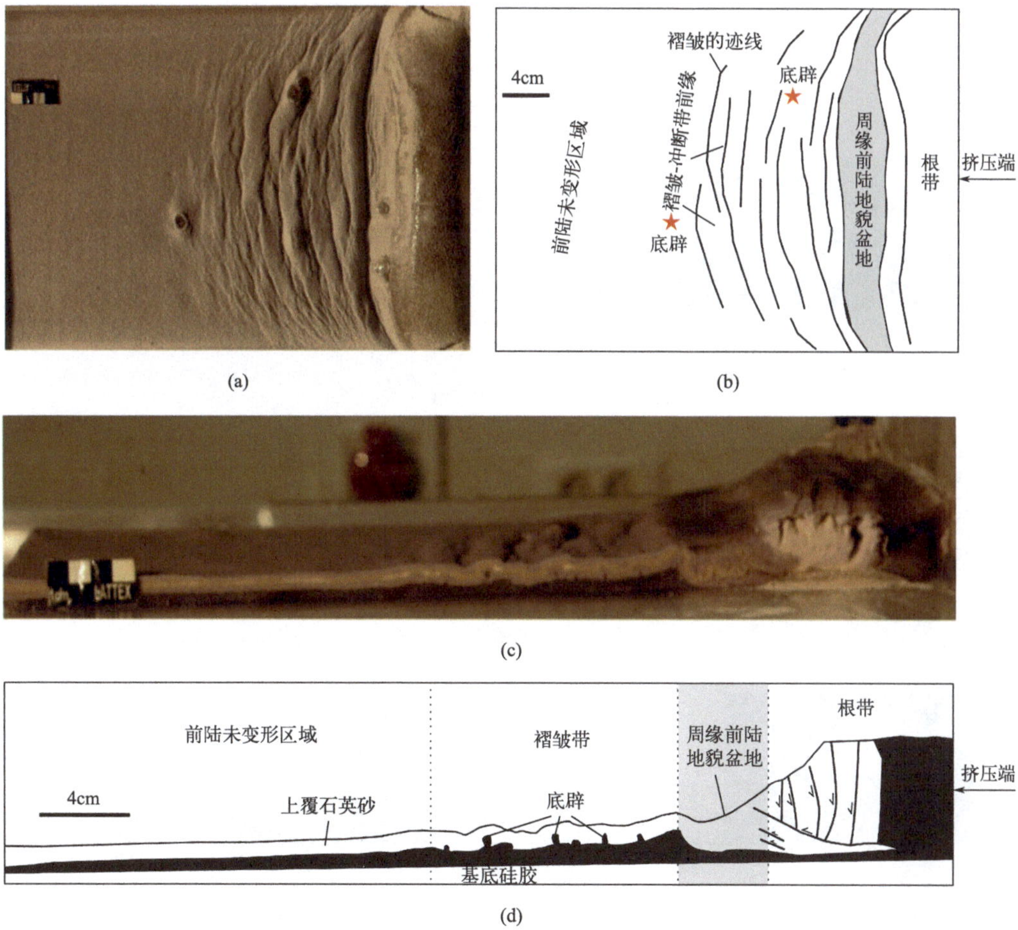

图3-110　模型4模拟测试结果（脆性层厚10mm）

靠近后缘背挡一端。高值条带的后侧与背挡平行，前侧呈扇形结构，并呈条带状逐渐衰减。随着缩短量的增加，高值区缓慢向前扩展。变形后期（缩短量=18 ~ 30cm），速率场高值区域分布范围逐渐增大，最后形成弓月形分布（图3-111）。

应变场特征显示，初始变形阶段（缩短量=0cm），形成直线状的应变条带，其条带平行于背挡。此阶段应变高值分布在根带一侧。缩短量=6cm，应变场高值具有集中现象，近似直线状，但局部有挠曲现象。缩短量=12cm，应变场高值变化不大，但大部分区域显示低值。缩短量=18cm，整个褶皱-冲断带显示高应变值，局部最高值呈线状。缩短量=24cm，应变最高值仍呈线状特征，但大部分区域又再次显示低值特征。缩短量= 30cm，应变高值为弧形特征，中央区域的应变扩展较快，而靠近挡板两侧的应变扩展较慢，弧形的突出方向与背挡的运动方向一致（图3-112）。

（5）模型5模拟结果

基底硅胶层，靠近挤压一侧减小基底摩擦而前陆构造带未减小基底摩擦，模拟结果显示，形成了地貌结构形象的周缘前陆盆地，这表明周缘前陆盆地的形成与基底的摩擦属性相关（图3-113）。

PIV分析显示，变形初始阶段，速率场高值区以平直条带位于背挡一侧，随着缩短量的增大，速率场高值以弧形特征向褶皱-冲断带的中部移动。最后在褶皱-冲断带的

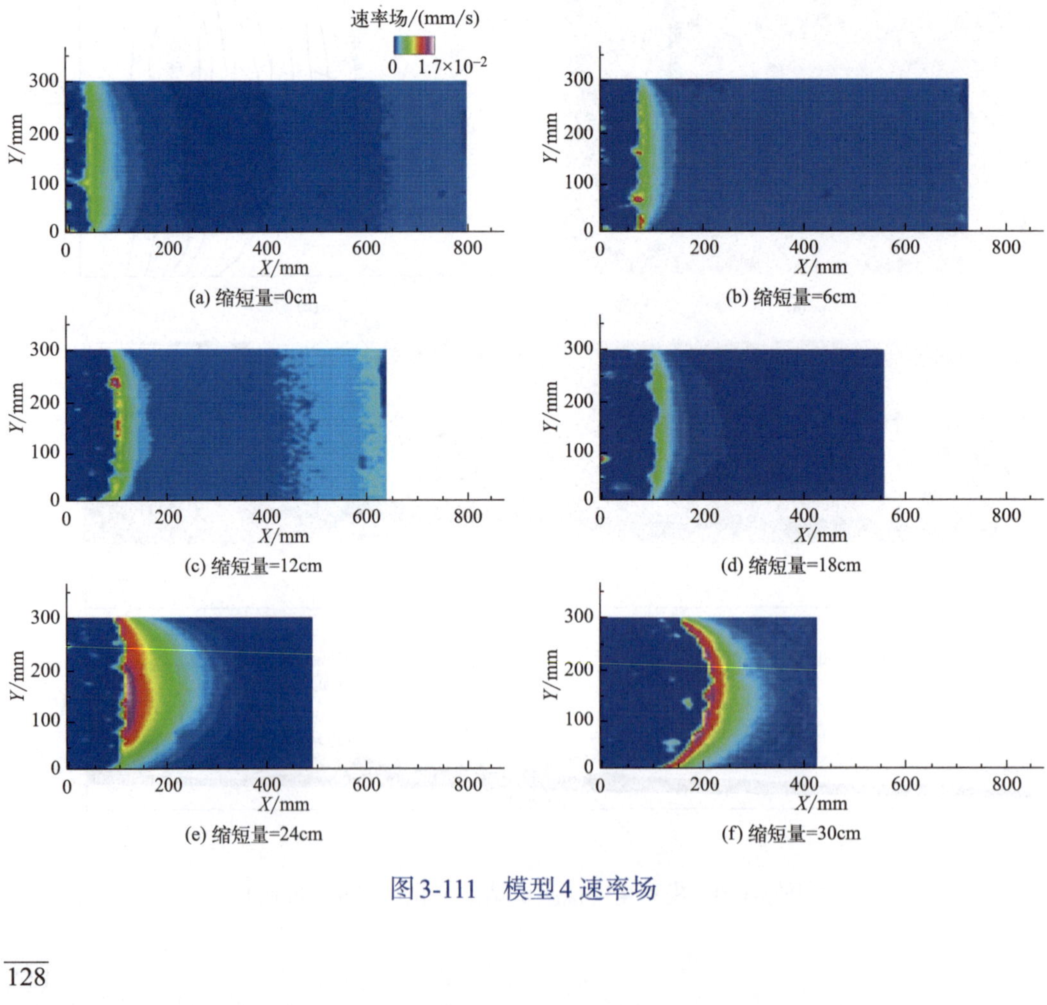

图3-111 模型4速率场

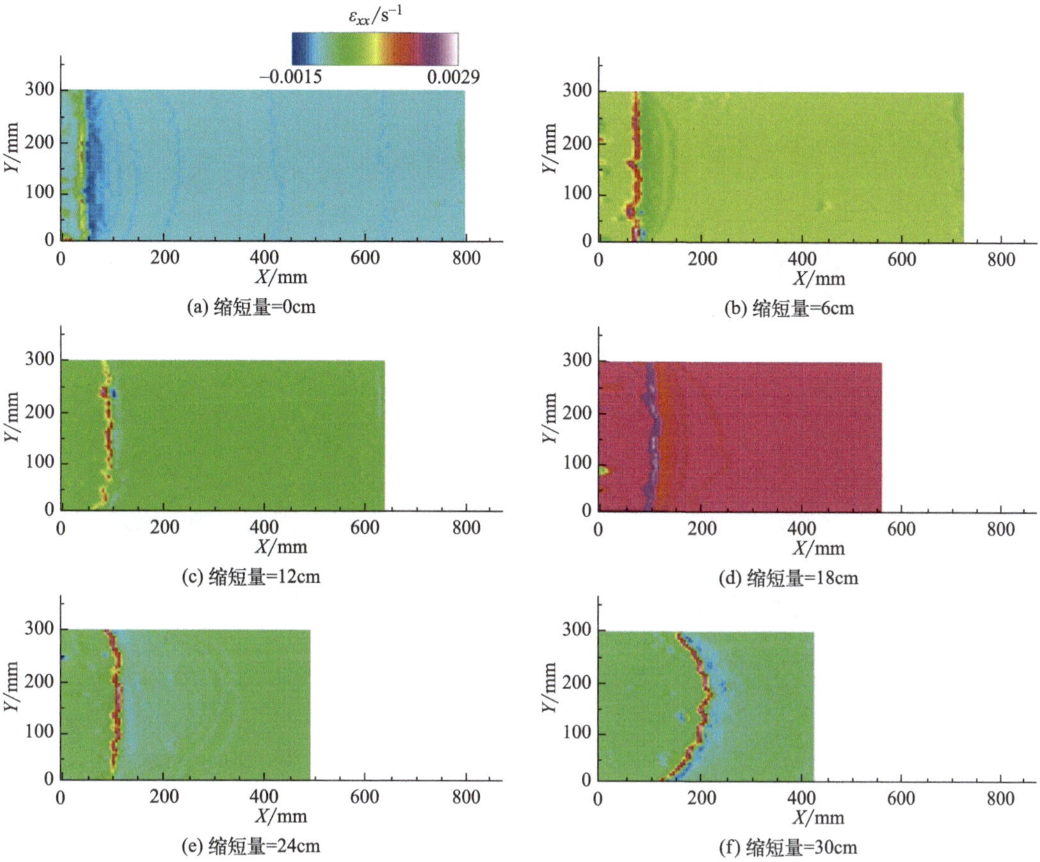

图3-112　模型4应变场

中前缘形成弧形弯曲形态。同时，前缘出现零星的高应变速率值（图3-114）。应变场分析表明，变形初期，高值区形成直线条带，分布在靠近背挡一侧。随着挤压量的增加，高应变缓慢地扩展到褶皱-冲断带的中部区域，形成弧形的条带特征，但布局存在挠曲现象（图3-115）。

模型4基底为韧性结构，而且靠近前陆地区用硅油减小基底摩擦。模拟结果显示形成地貌形态较为完美的背驮式盆地，但规模较小。前陆地区的底辟构造极为发育，底辟的形态也很清晰。

差异的基底摩擦属性模型的模拟结果表明，整个基底为韧性结构，挤压端的基底减小摩擦强度，远离挤压端的韧性基底未减小摩擦强度，褶皱-冲断带形成的变形样式以向前的逆冲构造层序为主。大量的应变累积在褶皱-冲断带的根带，形成向前缘逆冲的褶皱和逆冲断层，无法在地貌上形成背驮式盆地。原因是前陆构造带未减小基底摩擦力，具有较大的剪切强度。尽管根带具有较大的基底摩擦力（图3-116），但当应力传递到褶皱-冲断带的中部和前缘区域时，应变无法被有效释放，使得根带和褶皱带之间难以形成地貌盆地（模型1）。当减小褶皱-冲断带根带的基底强度，应变快速地传递到具有韧性基底的位置，由于来自挤压一端的脆性层剪应力不足以与前缘应力抗衡，来自褶皱-冲断带的物质爬升越过前缘的基底，形成前冲构造而无法产生地貌背驮式前陆盆

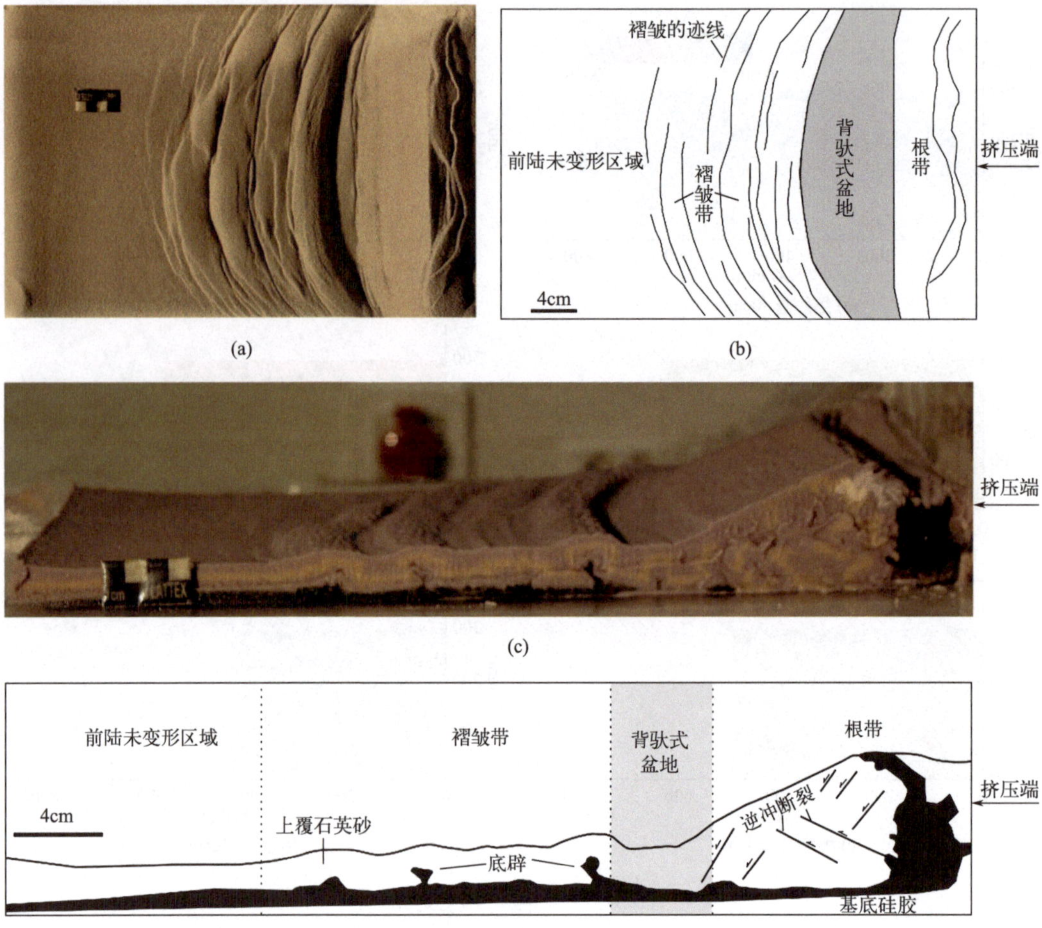

(a) (b) (c) (d)

图3-113　模型5模拟测试结果（脆性层厚15mm）

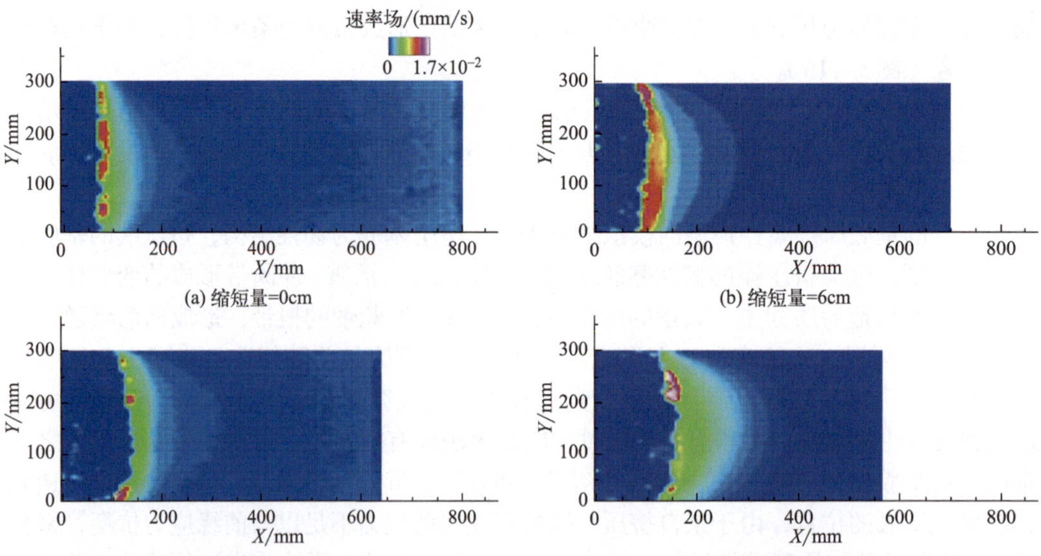

(a) 缩短量=0cm　(b) 缩短量=6cm

(c) 缩短量=12cm　(d) 缩短量=18cm

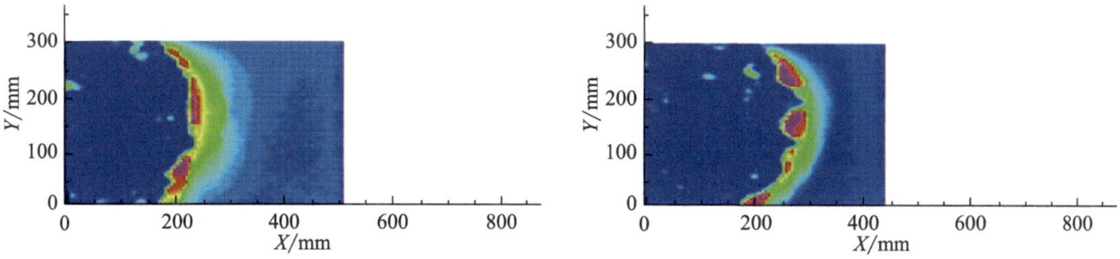

(e) 缩短量=24cm　　(f) 缩短量=30cm

图3-114　模型5速率场

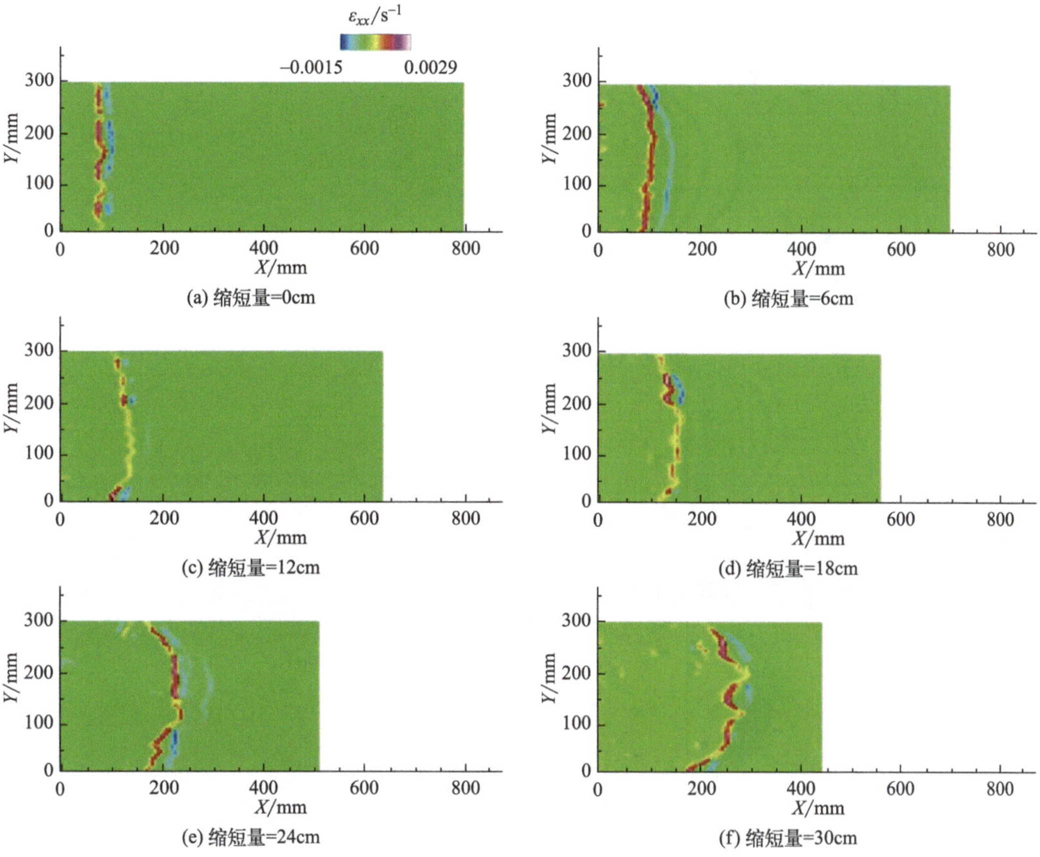

(a) 缩短量=0cm　　(b) 缩短量=6cm

(c) 缩短量=12cm　　(d) 缩短量=18cm

(e) 缩短量=24cm　　(f) 缩短量=30cm

图3-115　模型5应变场

地（模型2）。相反，当褶皱-冲断带的根带是脆性基底，在挤压变形过程中，会形成较大的剪应力，该剪应力传递到前缘构造带，因前缘具有较低的剪应力，使得平行于挤压方向的最大主应力克服了前缘的阻挡，有利于形成地貌形态清晰的背驮式盆地（模型3）。对于脆-韧性层结构的褶皱-冲断带，在变形演化过程中，当靠近根带的基底剪应力大于前缘构造带的基底剪应力，则有利于形成背驮式盆地，而且上覆脆性层的厚度越大，形成的背驮式盆地的地貌特征越明显（模型4和模型5）。因此，褶皱-冲断带不同区域之间的基底具有摩擦强度差，或者在褶皱-冲断带的根带和前陆之间的动力学平衡

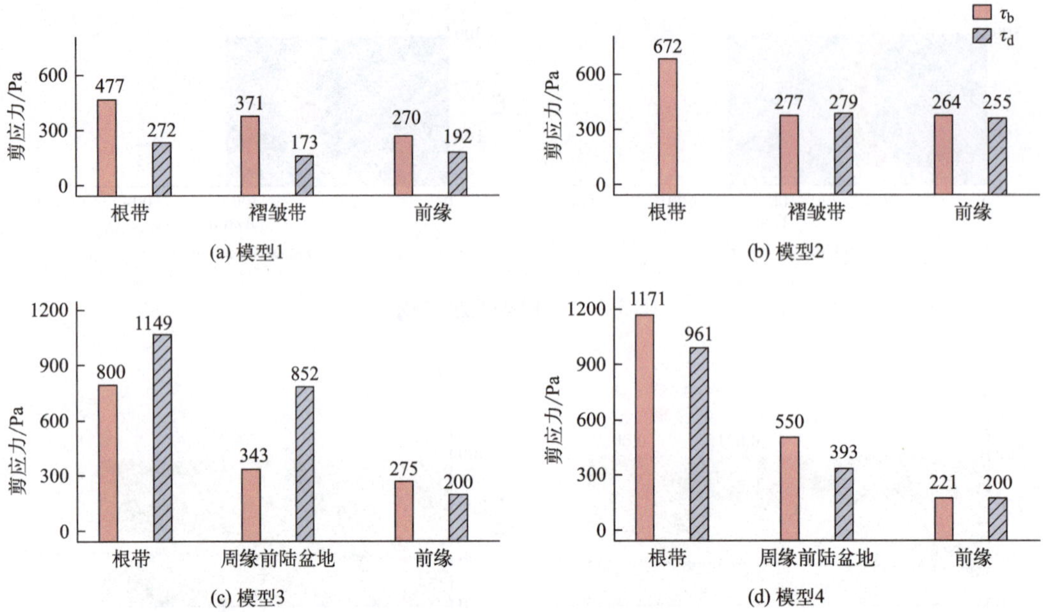

图3-116　模型褶皱-冲断带的根带、褶皱带和前缘的应力分布特征

条件具有明显差异，根带的剪应力大于前缘，而且不会造成局部应变过于集中，这样才有利于背驮式盆地的形成。

3.3.2　案例2：内摩擦和基底摩擦属性对褶皱-冲断带变形影响的物理模拟

Liu et al.（1992）应用砂箱物理模拟实验，对有关内摩擦和基底摩擦对变形的研究进行了系统研究（图3–117）。如下研究内容引用自该研究成果。

（1）引言

逆冲构造的物理模拟可以追溯到很早以前。Cadell（1889）用泥构建了第一个沙箱模拟实验，用来模拟苏格兰高地所发现的构造变形样式。这一个模拟实验与Willis（1892）对阿巴拉契亚构造特征的模拟极为相似。尽管物理模拟具有它的局限性，但仍然可以较好地揭示逆冲构造的变形特征及演化过程，该技术有利于学者对逆冲构造带的

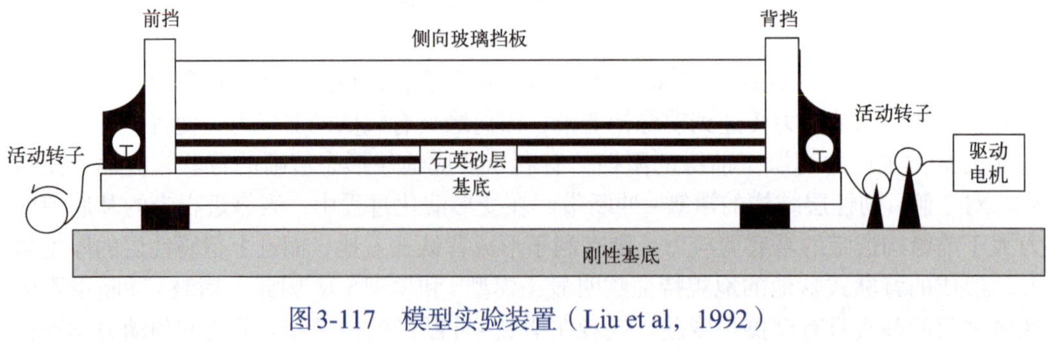

图3-117　模型实验装置（Liu et al，1992）

分析和理解（Hubbert，1937，1951；Mulugeta and Koyi，1987；Mulugeta，1988）。常规重力（一个g）条件下的物理模拟技术，在逆冲构造带的物理模拟研究中已经被广泛采用（Davis et al，1983；Dahlen et al，1984；Malavielle，1984），超重力（多个g）条件下的离心机物理模拟实验则相对较少（如Mulugeta and Koyi，1987；Mulugeta，1988）。

前人提出了临界角、库仑楔理论模型（Davis et al，1983；Dahlen et al，1984；Dahlen，1990），该理论在后来逐渐修改完善并发展起来（Davis and Engelder，1985；Dahlen，1990），为增生楔和前陆褶皱－冲断带中的构造特征和逆冲板片的扩展序列提出了一种合理的解释。依据他们的模型，沿着基底滑脱层，增生楔的变形与该构造带物质的搬运有关。在一定的基底韧性层控制下，可以获得满足临界角特征值的逆冲构造及扩展序列。此状态下临界楔内部的应力状态，犹如每一个增生楔脆性破裂时的应力状态，它们几乎都遵循库仑破裂准则。沿着楔形体的基底，剪应力促使其发生摩擦滑动。

稳定状态的地质楔形体的临界角，如增生楔或者前陆褶皱－冲断带，或者合适的物理模型等，通过地貌坡角（α）和基底滑脱层的倾角（β）是可以对其定义的。通过楔形体材料强度的幅度和基底滑脱层的内摩擦强度，可以对稳定的楔形体的形态进行控制。增加基底摩擦强度，临界角也逐渐增加。然而，楔形体材料的内摩擦强度增加，临界角却逐渐减小（Davis et al，1983；Dahlen et al，1984 ）。其他的因素如增生楔顶部的孔隙流体压力、侵蚀和沉积作用对临界角也具有影响，并且在增生楔的基底形成下插作用（Dahlen and Suppe，1988；Roure et al，1990）。

在临界楔理论中增生楔物质被看成是均质的，具有库仑属性这样的流变学特性。内聚力的差异、内摩擦系数、基底摩擦系数等参数没有得到考虑。同时，力学各向异性、能干性差异和局部应力场的变化也没有被考虑（Price，1988）。在以前的模拟实验中，一些参数也没有得到系统的检验（Mulugeta，1988；Mulugeta and Koyi，1987）。本研究呈现了一些物理模拟研究的细节成果，并且实验研究了模型厚度、基底摩擦强度的变化、各向异性等对临界角库仑楔的影响。模拟实验解释了基底摩擦是怎样影响增生楔的几何特征的。提高力学强度是由于增加的厚度影响了逆冲楔最终的几何特征。同样地，逆冲楔的宽度和各向异性会改变临界角库仑楔的构造变形样式。

（2）物理模拟方法

在这篇论文中，详细描述了4组实验。模型系列Ⅰ到模型系列Ⅲ，用均质的石英砂研究基底摩擦作用和初始模型厚度对构造几何特征及库仑楔运动学特征的各种影响。模型系列Ⅳ是初始恒定厚度2.5cm的石英砂和云母，调查基底摩擦作用发生变化对各向异性冲断楔的影响（表3-2）。

模拟实验的模型装置是一个侧面是玻璃镶嵌的长条形矩形箱体。该实验与Davis et al.（1983）的实验装置相似。通过转动系统，电机以恒定的速度推动模型基底的滑脱层，由于刚性挡板垂直90°支撑力的作用，产生了模拟增生楔和褶皱－冲断带的库仑楔样式。装置的内部长、宽和高分别为100 ～ 150cm、20cm、20cm。基底滑脱层的恒定滑移速度为0.6cm/min。在该论文中，所有实验都进行了描述。变形箱体的基底是水平的（β=0° ），所有模型的初始长度为100cm（图3-118、图3-119）。

表3-2 模拟实验参数简表

实验系列		层厚度/cm	μ_b	$\alpha+\beta$	l/h	缩短率
Ⅰ：均质砂岩模型-塑性基底滑脱层	实验C56	3.0	0.37	2°	5.1	21.0%
	实验C63	2.5	0.37	2°	4.9	26.5%
	实验C62	2.0	0.37	2°	4.2	32.0%
	实验C54	1.5	0.37	2.5° ~ 3.5°	4.1	46.0%
	实验C59	1.0	0.37	3° ~ 4°	3.6	55.0%
Ⅱ：基底薄膜拖拉	实验C102	3.0	0.47	3.5° ~ 4°	5.1	37.5%
	实验C103	2.5	0.47	4° ~ 5°	4.7	44.0%
	实验C104	2.0	0.47	5° ~ 6°	4.6	51.5%
	实验C105	1.5	0.47	6° ~ 8°	4.3	58.0%
	实验C106	1.0	0.47	8° ~ 10°	3.8	70.0%
Ⅲ：基底纸张滑脱层	实验C64	3.0	0.55	17° ~ 22°	5.6	62.0%
	实验C73	2.5	0.55	20° ~ 22°	5.0	66.0%
	实验C68	2.0	0.55	20° ~ 23°	4.7	66.0%
	实验C69	1.5	0.55	20° ~ 24°	4.2	71.5%
	实验C71	1.0	0.55	20° ~ 24°	3.2	81.5%
Ⅳ：各向异性砂岩模型-厚度不变	实验113	2.5	0.37	2° ~ 2.5°	4.4	31.0%
	实验C112	2.5	0.47	8° ~ 10°	4.5	53.0%
	实验C114	2.5	0.55	21° ~ 24°	4.5	67.0%

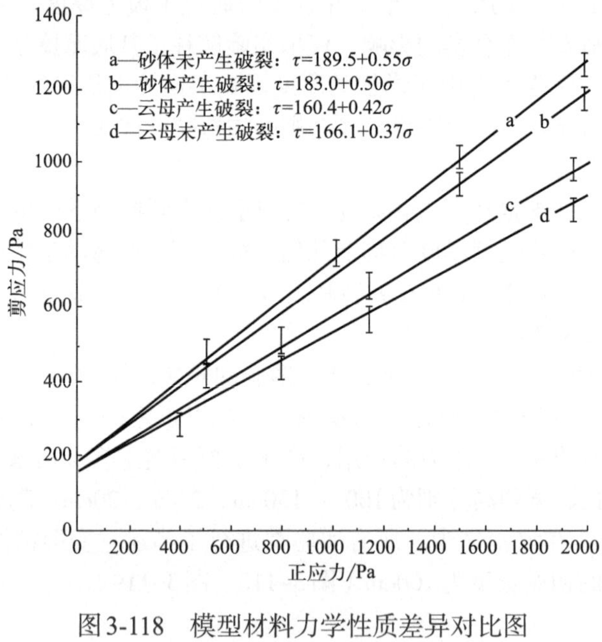

图3-118 模型材料力学性质差异对比图

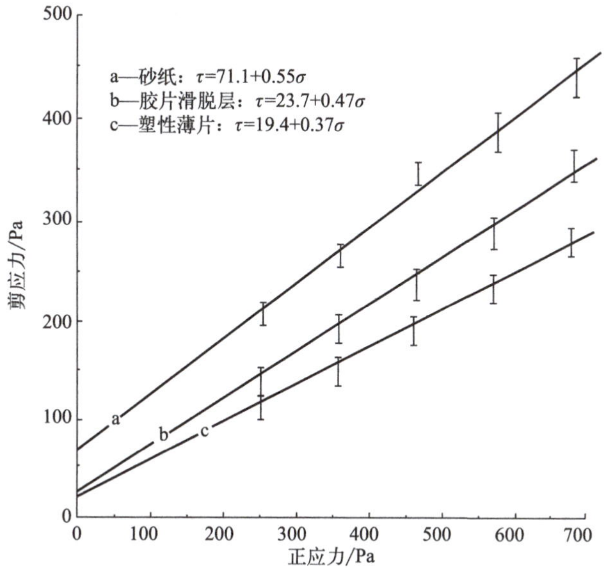

图3-119　三种基底模型材料力学性质差异对比图

应用彩色的石英砂和白色的石英砂作为模型标志层和材料。石英砂放入变形箱体中需要细心操作，保持均匀的层厚度和局部压实度，以减小局部非均质性。各向异性模型的构建是通过将云母薄层（1mm厚）放入石英砂层之间实现的。侧向的玻璃须清洗干净，以减小侧向摩擦力的影响。以恒定的时间间隔拍照，一系列的照片反映连续的变形过程。每一个石英砂层模型都进行到稳定状态为止，如获得了整个临界楔，并且可见内部的变形停止。在这个变形阶段，整个楔形体沿着基底滑脱层（低摩擦实验）滑动，或者模型物质在基底发生连续的下插作用，并且楔形体继续以一定的表面倾角生长（基底高摩擦实验）。侧向摩擦作用将产生逆冲构造，在平面上逆冲构造发生弯曲，但是严重的弯曲变形被限制在玻璃挡板边缘2cm的位置。在变形箱体的中间位置，形成的构造在侧向上与模型保持一致。通过玻璃观察到的变形现象与模型内部的变形特征相似。文章中一系列的照片来自模型中部，它们代表了整个模型的变形。每一组实验都进行了重复实验，并且实验结果是满足可重复性的。

① 摩擦材料的物理属性。干燥无内聚力的石英砂是物理模拟中常见的模拟材料，在实验室中，它满足模拟浅层地壳的库仑楔行为属性（Hubbert，1937；McClay and Ellis，1987；Mulugeta，1988）。干燥的石英砂具有库仑-纳维尔强度流变学特性，内摩擦角30°，与很多沉积岩相似（McClay，1990）。在几何相似性上（Ramberg，1981），模型与实际构造特征之间的相似系数在10^{-5} ~ 10^{-4}之间，如模型1cm的石英砂代表实际100m到1km的沉积岩。尽管如此，模型材料的颗粒压实程度、分布特征和尺寸大小并不能精确模拟，并且最后模型的断裂特征不是离散型断裂，但是随着模型宽度的变化，存在膨胀剪切带（McClay，1990）。

干燥的石英砂（粒径200 ~ 300μm，平均密度$1.58g/cm^3 \pm 0.1g/cm^3$）用来模拟各向同性沉积层的脆性变形（实验Ⅰ~实验Ⅲ），薄层的干燥云母（粒径长轴500μm，平均密度$1.0g/cm^3$）放入砂层之间，以提供力学各向异性，并通过层之间的相对滑动来模拟各向异性的变形（表3-2）。石英砂岩和云母的力学属性体现在具有较低的正应力，并且前人应用相似的实验装置对此进行了描述（Krantz，1991；图3-120）。对非断裂作用和断裂作用的材料，进行了剪切强度的测量（断裂的位移为5mm）。通过线性的应力莫尔圆，对于所有材料，可以发现未断裂的断层，其内摩擦系数μ=0.55；未断裂的云母，内摩擦系数μ=0.55。材料的内聚力强度分布范围为τ=166 ~ 189.5Pa。有断裂发生的石英砂，强度减小10%左右，而有断裂发生的云母，在相同5mm的位移后，其强度则减小14%。后者的破裂可能是由云母恢复变形所致，即在较低的位移作用下，阻止了滑动面形成。尽管如此，对于较大的位移，期望大量的云母颗粒进入剪切带，以减小断裂带的有效摩擦系数。

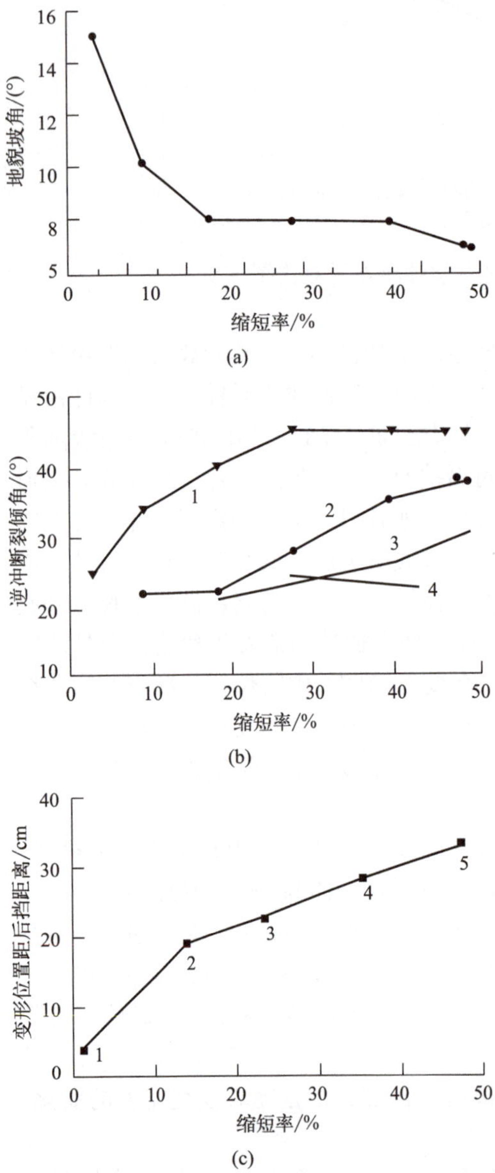

图3-120　3种基底模型材料力学性质差异对比图

② 滑脱层的摩擦属性。滑脱层的组成：a.塑性楔；b.拖拉的薄膜；c.砂纸片。基底滑脱层和砂层之间的摩擦特征在低正应力条件下可以测量。塑性楔拥有极低的摩擦滑动系数μ=0.37；拖拉的薄膜拥有中等的摩擦系数μ=0.47；而砂纸片的基底拥有高的基底摩擦系数μ=0.55，并且与石英砂岩的内摩擦系数相等。对于滑动的砂层，垂直支撑挡板的滑动系数为μ=0.55。

（3）模拟结果

4个实验共计18组实验组数据如表3-2所列。本模拟结果已进行了重复性验证。在模型中，通过一定厚度模型的摩擦强度差异，以形成前陆褶皱-冲断带的扩展层序与库仑楔理论计算相似的几何特征。在所用模型中，垂直的刚性支撑挡板用来产生一定的变形特征，而且需要其与理论计算所产生的楔形体的变形特征相似（Davis et al，1983；Dahlen，1990）。在当前，需要应用不同形态的支撑挡板针对实际变形特征开展进一步的深入研究（图3-120 ~图3-122）。

① 逆冲扩展层序和逆冲断裂几何特征。在典型的库仑楔模型中，应用基底摩擦系数为0.47，均质模型厚度为2.5cm，逆冲系统的扩展演化过程得到了很好的解释。在缩短量为2.5%时，出现了第1条逆冲断层，并且紧接着出现了较为陡立的后冲断裂。随着变形的继续，在第1条逆冲断裂的下盘形成指向前陆的运动学特征，并且在与第

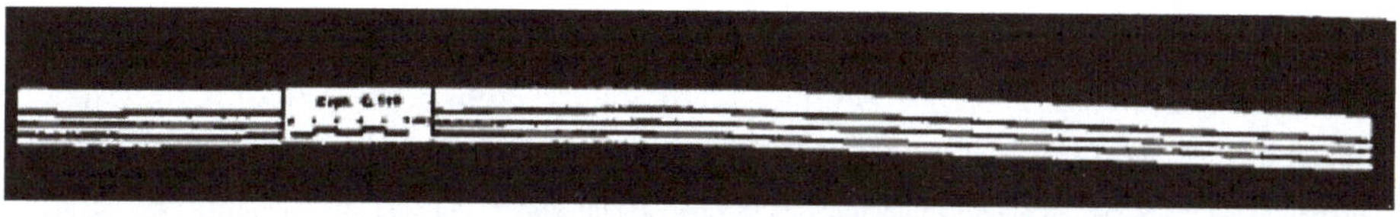

(a) 缩短率=0%

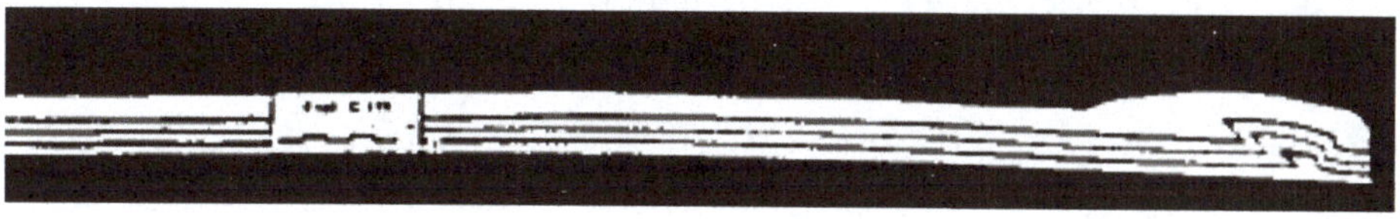

(b) 缩短率=3%

(c) 缩短率=9%

(d) 缩短率=18%

(e) 缩短率=27%

(f) 缩短率=39%

(g) 缩短率=48%

(h) 缩短率=49%

图3-121　均质石英砂，内摩擦系数为0.47，不同缩短率条件下的变形特征

1条逆冲断裂相差5cm的位置产生了指向前陆的第2条逆冲断裂。一旦在逆冲断裂的下盘形成新的前陆逆冲断层，早期形成的、高角度的逆冲断层就会开始变得不活跃起来，并且被动地发生旋转变形。对于大多数的前陆逆冲断层和褶皱–冲断带根带的向后旋转，它们的发育位置和产生的位移具有较大的相似性。变形从初始时的15°减小到7.8°时，即当获得了稳定的临界角之后，地貌坡角和形成楔形体的角度都将减小。前陆指向的逆冲断层发生位置的角度大约在20° ~ 25°之间，也常常通过35° ~ 40°之间初始角的后冲断裂与其相伴生。最大的位移主要发生在前陆逆冲构造带。变形进行的时间越长，高角度的逆冲向前扩展并发生旋转就越大，当它处于褶皱–冲断带后冲断裂和挡板相邻的垂直隆升区域时，其倾角可达45°。库仑楔的几何特征从一个向外突出的弧形特征演化为一个相对矩形的几何特征，但是仍然具有相对向外突出的弧形结构。楔形体的后缘末端几乎是水平的表面，由于大多数指向前陆的逆冲和与垂直支撑挡板相邻的后冲断裂的位移作用，水平表面仍然具有一定的抬升幅度。通过在一定规则空间内形成新的逆冲断层，变形前缘的位置逐渐扩展到前陆地区。在实验的后期阶段，一个稳定的楔形体形

(a) 实验C106

(b) 实验C105

(c) 实验C104

(d) 实验C103

(e) 实验C102

图3-122　基底摩擦系数为0.47，不同缩短率条件下的变形特征

成，并且滑脱层之上的逆冲板片内部并没有发生进一步的缩短变形。

② 初始厚度的变化。论文中描述的实验是有一侧平行于沉积楔形体的，其目的就是调查地层厚度变化对逆冲断裂空间分布和楔形体几何特征的影响。基底摩擦系数 μ=0.47，并且初始模型厚度在1 ~ 3cm之间。对于μ=0.37，初始模型厚度为3.5cm的模型，其没有逆冲作用和库仑楔，但其沿基底滑脱层滑动而没有发生任何变形。对于初始厚度为3.0cm，以及3.0cm以下厚度的模型，具有3个方面的明显影响：a.随着初始厚度的减小，在稳定的临界角达到之前，其缩短量在逐渐增加。b.随着模型厚度的减小，逆冲断裂之间的距离减小，到了变形最后阶段，逆冲断裂的数量相应地在增加。c.随着模型初始厚度从1cm、倾角9.5°到厚度3cm、倾角7°，楔形体的临界角有一定幅度的减小。在所有的实验中，在指向前陆逆冲构造带的末端形成常见的后冲构造。初始厚度薄的模型更容易形成前陆逆冲构造，此时褶皱-冲断带根带逆冲旋转的角度更大。

③ 基底摩擦力的变化。基底摩擦力对增生楔的几何特征具有明显的影响。随着摩擦力的增加，如临界角为1.5°，基底摩擦力μ=0.37变化到临界角为7.0°，基底摩擦力μ=0.47，再到临界角为18.5°，基底摩擦力μ=0.55，增生楔的变形几何特征具有明显的差异。临界角的增加，对应着增生楔逆冲构造带长度的增加。随着摩擦系数的增大，产生的逆冲断裂的数量与每一条指向前陆的逆冲断裂的减小有关。在低摩擦力（μ=0.37）、增生楔低临界角条件下，变形样式最明显的特征是形成非对称型的冲起构造。

④ 模型各向异性的影响。物理模型中的各向异性是通过薄的云母嵌入石英砂层之间，以产生一定的临界角实现的。当模型各向异性增大，临界角有所增加，除各向异性模型中的褶皱作用稍微强烈一点以外，各向异性模型中的变形样式与非均质性模型的变形样式极为相似。

（4）讨论

在增生楔和前陆褶皱-冲断带的库仑临界角模拟上，沙箱物理已经得到成功应用（Davis et al，1983；Dahlen，1990）。在所有的模型中，前陆核部和前陆逆冲运动学指向系统都具有不同倾角的后冲断裂发育。活动的指向前陆的逆冲变形主要集中分布在最后形成的前陆逆冲构造中，如在很多的逆冲构造带物理模拟中，会发现年龄偏老的和高角度的逆冲会发生被动旋转变陡（Bally et al，1966；Dahlstrom，1970；Boyer and Ellion，1982）。在一些模型中，个别逆冲构造的末端发育较小的后冲构造，这样的后冲现象在褶皱-冲断带和增生楔中也是比较常见的（Alonso and Teixell，1991；Lewis et al，1988）。

依据库仑楔理论，松散干燥石英砂的临界角（$\alpha+\beta$）可以通过如下公式计算（Dahlen，1990）：

$$\alpha+\beta \approx \left(\frac{1-\sin\phi}{1+\sin\phi}\right)\left(\beta+\mu_{\mathrm{b}}\right) \tag{3-4}$$

式中，α为增生楔地貌坡角；β为基底滑脱面的倾角；μ_b为基底摩擦系数；ϕ为增生楔物质的内摩擦系数。

对于物理模拟试验，应用塑性楔基底，其理论临界角为7.4°，基底摩擦系数为0.37；对于拖拉的薄膜材料，临界角为9.4°时，基底摩擦系数为0.47；石英砂基底，摩擦系数为0.55，理论临界角为11°。理论计算值与实际对比显示最好的结果是初始厚度比较薄（1.0 ~ 1.5cm）和中等基底摩擦系数μ_b=0.47 的基底薄膜滑脱层结构模型。对于摩擦强度低值的低临界角模型（临界角比预测值要小），其形成是因为前陆指向逆冲和后冲之间的应变分割，即减小增生楔的临界角，形成对称型的隆起构造一样。当楔形体基底所产生的滑动摩擦系数与模型材料所产生的实际临界角18° ~ 24°等同时，则该值大于了临界楔理论计算值11°。模型初始厚度不受影响，则形成典型的增生楔。只要新的物质不断搬运到变形带，并且增生楔临界角与模型材料产生的动力学角度很接近，且临界点没有达到时，增生楔将继续生长。存在一种假设就是当基底强度比材料的内摩擦强度还要小时，超临界楔和库仑楔理论将不再适用。若基底摩擦系数为0.37，且基底之上具有一定的沉积物厚度，则库仑楔不能形成。这就相当于位于基底滑脱层之上的模型在滑动过程中并不产生任何变形，模型具有超临界角，随着基底摩擦系数的增大，超临界厚度也在增加。在这样的模型情况下，此时的模型比基底滑脱层和没有发生任何变形的模型具有更明显的强度（图3-123、图3-124）。

在物理模型中再现的叠瓦扇逆冲构造，可以在自然界中的增生楔（Seely，1977；Westbrook，1982；Lewis et al，1988；Westbrook and Smith，1983）和前陆褶皱-冲断带（Bally et al，1966；Dahlstrom，1970；Lillie et al，1987；Stanley，1990）找到相似的特征。本研究描述的逆冲楔的间距和厚度比范围为3.2 ~ 5.7，并且基底摩擦系数有所增加，与Mulugeta（1988）发现的随着基底摩擦系数减小，模型的逆冲间距和厚度比增加相矛盾。随着模型厚度的增加，产生的逆冲板片的长度也逐渐增加。这样的现象在前陆褶皱-冲断带已发现相似的变形特征，如加拿大落基山剖面（Price，1981）和穆瓦纳逆冲构造带（Elliott and Johnson，1980）。模型显示，基底摩擦系数减小，逆冲断裂的数量增加。在软弱的基底滑脱层条件下，形成对称型的冲起构造和低临界角的前陆褶皱-冲断带（如

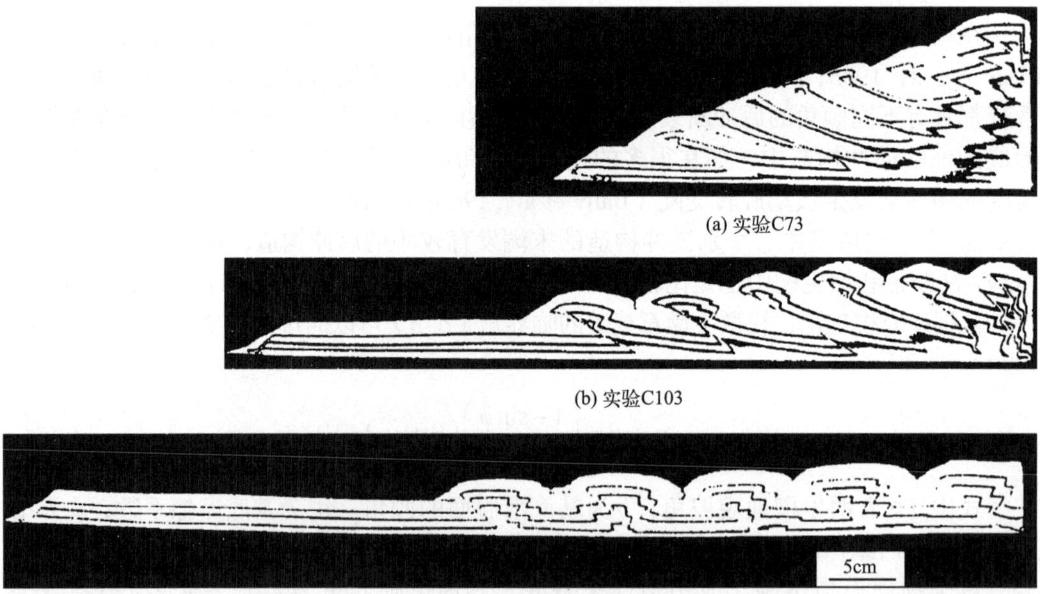

(a) 实验C73

(b) 实验C103

(c) 实验C63

图3-123　各向同性模型

（a）基底摩擦系数为0.55；（b）基底模型系数为0.47；（c）基底摩擦系数为0.37

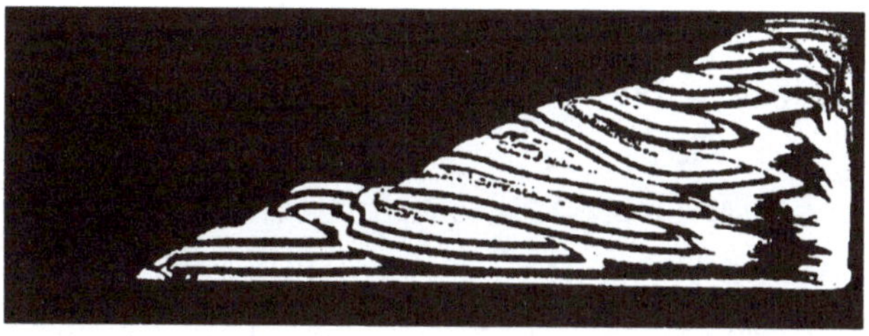

(a) 实验C114

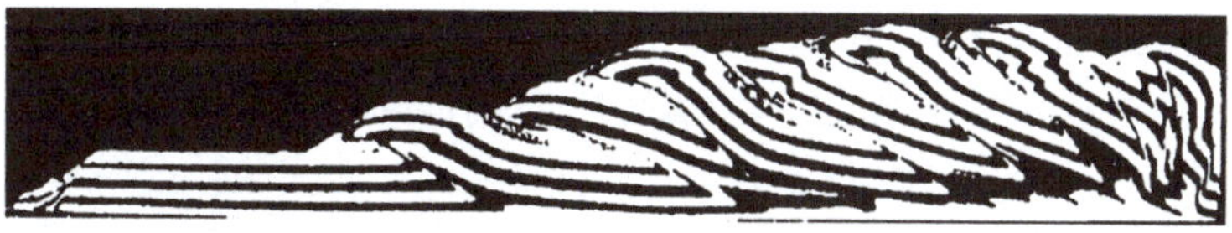

(b) 实验C112

(c) 实验C113

图3-124　砂层之间用云母增加各向异性模型

（a）基底摩擦系数为0.55；（b）基底模型系数为0.47；（c）基底摩擦系数为0.37

巴基斯坦，Davis and Engelder，1985；Jadoon et al，1991）。在各向异性模型中，更多的缩短量需要稳定的增生楔系统，并且前陆逆冲构造之上的逆冲断层上盘发生变形，而且变形是通过后冲断裂的挤压形成褶皱进行应变调节。这就意味着各向异性模型的力学性质比各向同性模型的力学性质要弱。随着基底摩擦系数的变化，前陆指向的逆冲断层的初始断坡角（25° ~ 30°）和后冲断裂的初始断坡角（35° ~ 40°）没有明显的变化。因此，在逆冲断裂一定角度条件下，试图去减小基底摩擦系数进行断坡角的测试需要小心。

本研究对具有库仑楔模型的主要变形特征进行了归纳和解释。在临界后侧挡板的区域，具有最大的缩短量和增厚现象。前陆逆冲构造带发生了大量的被动旋转。在前陆指向滑脱层之上和后冲断裂邻近的支撑挡板附近上覆区域均形成同步运动。有的区域前陆指向的逆冲发生较大的位移，形成规则的逆冲断裂间距和指向前陆的叠瓦扇逆冲构造；在前陆的一些地区未发生变形，并且沉积物在滑脱层之上发生被动的迁移。增生楔形成向内部凹的弧形地貌，指示了在该系统的末端，形成了应变硬化过程（Zhao et al，1986；Mulugeta，1988）。每一个来自逆冲板片前缘松散的物质都是后期超覆形成的，这样的过程是前陆指向的逆冲断层作用所致。此研究结果与侵蚀逆冲构造具有一定的相似性。物质的松散堆积作用在Mulugeta和Koyi（1987）的模拟实验中已报道过，并且这可以与Moore和Shipley（1988）研究中美洲海沟增生楔模拟实验进行对比。本研究中的模拟实验产生的库仑楔显示，与前陆褶皱带和逆冲带，以及增生楔变形样式相似。应该记住一点，本研究用的是干燥的松散石英砂，并且具有孔隙流体压力的情况没有进行模拟。孔隙流体压力在增生楔和褶皱-冲断带的变形中具非常重要的控制作用（Hubbert and Rubey，1959）。

（5）结论

物理模拟技术已成功应用于具有脆性结构的库仑楔的扩展变形。模型中产生的前陆指向的逆冲系统的叠瓦扇，已经在增生楔和前陆褶皱-冲断带中有所发现（图3-125）。对于基底摩擦系数为0.47（中等值）的模型，增生楔的临界角与理论预测值接近；对于低摩擦系数的物理模型，增生楔形成的临界角比理论预测的临界角值还要小；当基底摩擦系数与楔形体的内摩擦系数相等，或者要大的情况下，则形成超临界楔。物理模型的临界楔，随着地层厚度的增加，指向前陆的逆冲构造的间距和地层厚度之比也逐渐增加。这一变形过程揭示了模型具有自相似性。实验数据揭示了随着摩擦系数增大，产生的逆冲断裂之间的间距也在逐渐增大。在模型系统中，高基底摩擦系数和强的各向异性，有利于沿着指向前陆逆冲和挤压型后冲断裂产生位移。在各向异性模型中，层之间的滑动来自云母层在断层上盘产生褶皱并进行应变调节。

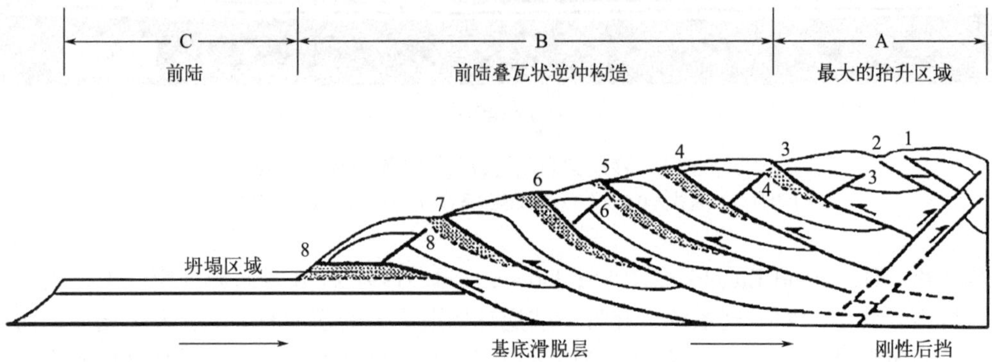

图3-125　逆冲的构造分区和逆冲断裂的扩展层序

3.3.3　案例3：褶皱-冲断带和增生楔的成因机制

沿着挤压块体边界的褶皱-冲断带和增生楔的形成机制被认为通过推土机模式或雪橇模式可以模拟（Davis et al，1983）。楔形体物质变形的临界角是可以获得的，达到临界以后，楔形体开始稳定滑动，即使在根带位置增加新的空间，楔形体仍然以稳定的临界角继续生长。临界角是一种形态。楔形体在水平挤压作用下，发生破裂，也包括基底滑脱层在内。楔形体没有达到临界角时，推它将不能稳定滑动，但是其内部将发生变形，出现地貌倾角变陡的情况，直到形成稳定的临界角状态。常见的硅酸盐岩和沉积岩在地壳10 ~ 15km表现为脆性挤压强度。这大约可以用经验的库仑破裂准则进行计算求解，也可以解释流体空隙压力的影响。简单数值分析理论可以预测浅表和浅海区域的临界角。该临界楔理论已经取得发展，并通过三种定量的方法进行测试。首先，实验室模型用干燥的石英砂满足理论。其次，根据台湾西部活动褶皱-冲断带的地貌坡角、基底倾角和孔隙流体压力可以确定楔形体内摩擦系数（μ_b=1.03）。这一预测值与拜耳莱经验滑动定律对基底的预测值（μ_b=0.85）较为一致。内摩擦强度大于基底摩擦强度意味着虽然台湾发生了强烈变形，产生大量的逆冲断裂，但它并不是普遍发育破裂，而很可能是沿着表面优势方向滑动。相反，褶皱–冲断带内部的强度主要是受沿着优势方向的摩擦滑动控制。对于连续的变形，可以观察到由断裂所构成的复杂几何特征。最后，基于临界角，对于大多数浅表构造和浅海增生楔，可以应用基底摩擦和内摩擦值预测Hubbert–Rubey流体常数$\lambda=\lambda_b$，发现这些值在每一个地方都大于静水柱压力。石油勘探中的钻井数据表明，压力的预测值是合理的。假如基底滑脱层表现为压力不依赖塑性行为，因为它受温度和岩石类型所影响。这样，压力依赖库仑楔理论的希望就将破灭。观察到影响的突然降落点，是因为楔形体厚度超过15km以后，临界角急剧减小。对于在地温梯度条件下的石英岩，地壳15km也是所预测的脆韧性过多的区域。推论出褶皱–冲断带和增生楔，在挤压环境下可以用推土机模式进行成因机制解释。正常的实验室产生的断层和摩擦强度分析适用于脆韧性过渡带之上的上地壳褶皱–冲断带形成机制的解释。

（1）引言

褶皱–冲断带的褶皱和逆冲断层区域是目前被广泛认识的区域，也是理解地壳变形特征最有利的区域（McClay and Price，1981）。过去褶皱–冲断带的模型和理论是基于大量的观察所建立的，但越来越多的地质勘探已经证明，这些观察区域不是构造活动带。这里将以少见的活动褶皱–冲断带喜马拉雅山山前带和台湾西部为例进行探讨。而且，现在可以获得大量的数据模拟褶皱–冲断带中的洋壳或者岛弧前缘的增生楔（Beck and Lehner，1974；Seely et al，1974；Hamilton，1979；Nasu et al，1979）。在本案例中，基于活动的褶皱–冲断带（如台湾西侧）建立了褶皱–冲断带和增生楔的力学模型。虽然在大多数的褶皱–冲断带和增生楔中，大量的地质特征是变化的，但它们也存在共性特征。这些共性特征可以通过力学理论进行解释。Chapple（1978）强调了褶皱–冲断带和增生楔具有以下几个特征：a.滑脱层的基底表面或之下没有任何变形，基底滑脱层倾向褶皱–冲断带内部；b.基底滑脱层之上发生大量的水平挤压变形；c.在褶皱–冲断带的边缘，变形的物质形成楔形结构特征，产生临界角。通过前人的推土机模式和雪橇模式的物理模拟研究，挤压边界的力学性质可以得到较好的揭示（Chapple，1978；Davia and Suppe，1980；Stockmal and Chapple，1978）。推土机模式和雪橇模式拥有相同的上述三个属性，但是尺度较小。泥土、雪和岩石在达到稳定状态之前或形成临界角之前会发生变形。稳定之后才开始滑动，直到形成自相似性。新产生的物质增生到褶皱–冲断带的根部。对于较薄的楔形体，临界过程并不增生新物质，只是逆冲到基底滑脱层之上，内部不发生变形。 这样每一个区域都处于剪破裂的边缘。相反，当楔形体滑动调节流入物质量和保持自身临界角时增生物质内部会发生变形。

在实验室，应用简单的力学模型可以对楔形体的状态进行解释（Davis，1978）。模型由石英砂组成。实验装置箱体无基底，两侧透明玻璃，刚性基底上铺设呢绒席（图3–126）。大多数的沙箱变形实验，水平挤压是通过推动一侧背挡实现的。本研究相同的效果是通过拖拉基底呢绒席实现的。石英砂位于呢绒之上，拖动石英砂阻止模型的后侧挡板，形成刚性支撑。模型装置模拟板块俯冲过程并应用简单的力学知识解释大变形。均匀铺设石英砂，非均质性减小，并且应用石墨减小侧向摩擦力的影响。

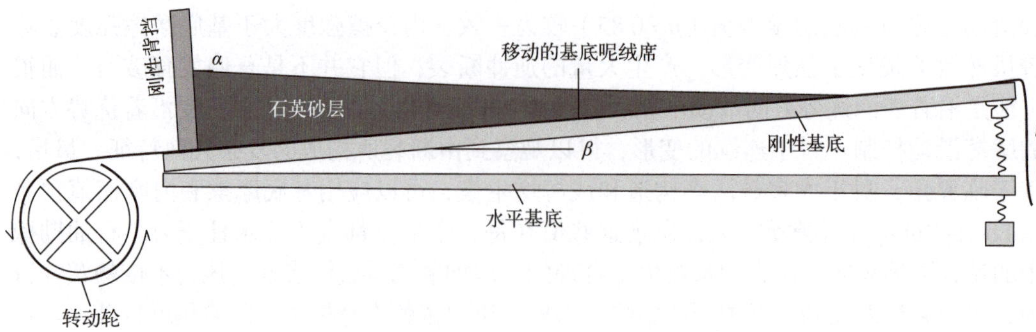

图3-126　楔形体物理模拟实验装置

随着变形过程的进行，楔形体发生增厚现象，活动变形发生的位置逐渐远离刚性支撑位置，直到临界状态达到稳定为止。临界稳定以后开始滑动。假如石英砂在楔形体的根带继续增生，楔形体将继续生长，并保持稳定的临界角。在后续的案例中，将对实验进行定量化的分析。

选择增生楔和褶皱-冲断带模型对岩石楔形体变形进行模拟。在实验中，应用均质的楔形体石英砂开展实验。当然，模型主要是对自然界宏观的变形机理进行模拟，复杂的内部变形细节和具体的变形历史难以再现。对于岛弧前侧的增生楔，推土机代表洋壳正在俯冲的下侧部分。对于褶皱-冲断带，推土机代表造山脊增厚的部分。也可以应用刚性的推土机模拟强度大的材料。太强的材料在地壳中不存在。刚性的不容易发生变形代表岩石圈的强度比较大，这是因为它的厚度比较大。

（2）模型属性

当前模型的基本假设是上地壳岩石的变形受控于压力，时间不依赖库仑楔行为，如脆性破裂（Paterson，1978）或者脆性滑动（Byerlee，1978）。宏观上，经验定律描述了模型的脆性行为相同，与数值模拟描述的内聚力强度值有一定差异。内摩擦系数$\mu=\tan\varphi$相对压力是独立变量。对于剪切破裂，库仑楔公式如下：

$$|S| = S_0 + \mu(\sigma_n - p_f) \qquad (3\text{-}5)$$

在褶皱-冲断带和增生楔力学机制中，主要以硅质岩沉积为主，内聚力S_0相对不重要。在实验室测量到石英砂岩的内聚力的分布范围为5 ~ 20MPa（Hoshino et al，1972）。这比岩石的实际花岗岩的内聚力强度小很多。同时，测量过程中也许高估了岩石样品的内聚力，因为该方法主要依赖崭新的样品以及大型的样品中还有裂陷，可能导致内聚力强度降低。在数公里埋深的地方，挤压环境中应力依赖破裂方程，则内聚力的较小影响可以忽略不计。在楔形体的根带，内聚力对楔形体的几何形态的影响可以观察到。内聚力显著提高了楔形体的强度，产生了较窄的临界角宽度。在楔形体的根带远端，埋深厚度增加，压力的作用明显。有内聚力的临界角与无内聚力的临界角近似逼近。在本案例中，忽略了内聚力对楔形体的影响。则剪切应力公式为：

$$|\tau| = \mu\sigma_n^* \qquad (3\text{-}6)$$

在本案例中，有效应力为$\sigma_n^* = \sigma_n - p_f$。式中，$\sigma_n$为垂向正压力；$p_f$为孔隙流体

压力（见Hubbert and Rubey，1959）。孔隙流体压力对逆冲构造的影响显著，利用它可以解释地壳和浅海逆冲构造的形成机制，但需要谨慎。比较常见的是在地壳近地表，水位位于岩石表面（图3-127）。在这样的情况下，孔隙水压力与静水柱压力相等。尽管如此，仍然存在位于控制点下的孔隙水压力高于静水柱压力现象，最终会达到稳定的水压力梯度（Davis et al，1983）。水压力系数常常用无量纲参数λ表示，即孔隙流体压力与上覆岩石的正应力之比。

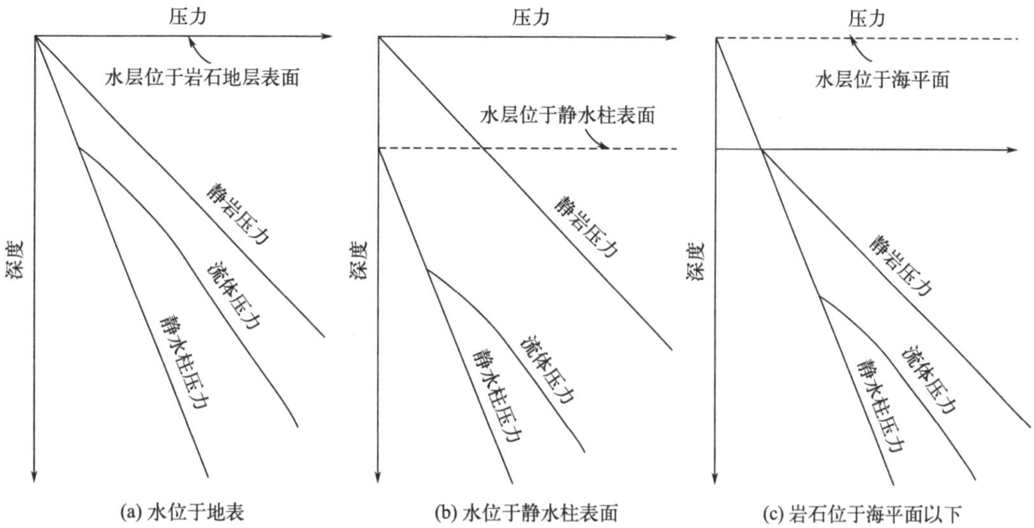

图3-127　流体压力和正应力之间的关系

3.3.4　案例4：库仑楔生长和变化的动力学和运动学特征案例

增生楔和褶皱－冲断带的变形和构造特征之间的成因关系与其动力学特征、几何尺寸、几何形态、楔形体的自身强度和边界条件等因素有关。临界斜坡或临界角概念已经成功应用于解释库仑楔的静态几何特征和应力状态，同时库仑楔已经广泛应用到有限单元模型中，并考虑了楔形体的运动学和动力学特征。数值模拟技术采用库仑破裂准则和基于各向同性的塑性流动的欧拉方程。该方程允许应用数值网格调节大变形，并在一定的空间上相对固定。变形仅仅发生在运动块体的表面（Willett，1992）。

库仑楔理论定义变形域是通过库仑楔解完成的。强加的边界条件和几何特征能够改变楔形体的临界应力包络线状态，使其进入欠稳定或稳定域。在库仑楔增生期间，处于不稳定域会发生转换变形，以调节新产生的楔形体几何特征。

增生楔在增生过程中稳定的边界条件可能会导致自相似性的生长。高应变速率区域代表前缘逆冲和滑脱层生长并分离变形楔体中的逆冲板片沉积物。增加基底摩擦强度将导致楔形体的内部变形增加，临界角增大。减小基底摩擦强度导致变形集中在楔形体的根带。楔形体的基底摩擦强度减小过大将导致伸展型的垮塌发生。复杂的构造历史如周期性的生长和垮塌将导致楔形体在没有侵蚀的地区发生强烈的构造剥蚀（图3-128）。

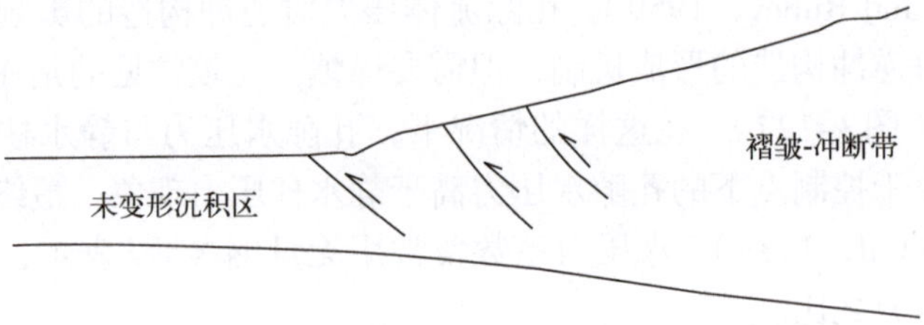

(a) 逆冲与前缘未变形结构特征

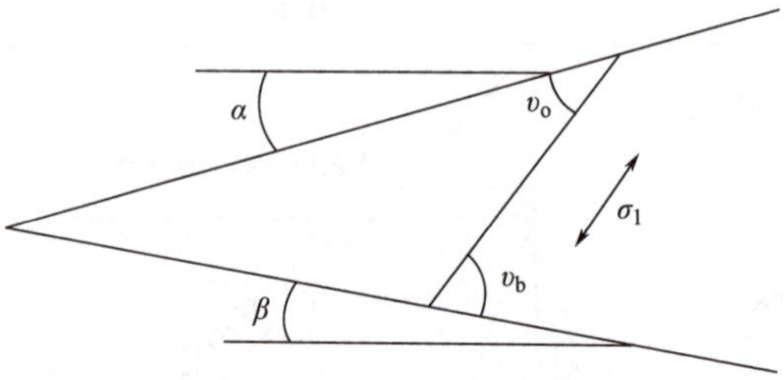

(b) 主应力方向与地貌和基底角度之间的关系

图3-128　褶皱-冲断带库仑楔模型（Willett，1992）

本研究数值模拟回答两个问题：第一是什么样的位移颗粒速度的运动学特征在增生过程中满足临界楔条件，即位于临界楔Ⅰ线上；第二是短暂变形经历的运动学和变形影响是什么？这些短暂变形是由楔形体几何特征和基底强度所形成的。第二个问题可以通过改变基底摩擦强度回答，但也需要对其他参数如基底倾角β和内摩擦系数φ进行确定（图3–129～图3–131）。

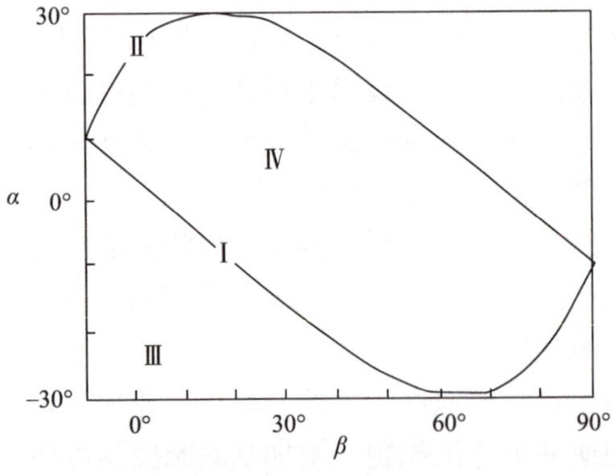

(a) 倾角α，基底倾角β (Dahlen，1984)，内摩擦角φ=30°和基底摩擦角φ_b=30°

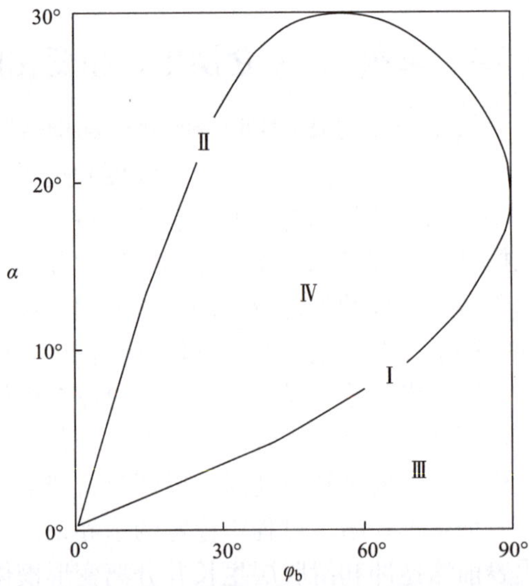

(b) Ⅰ和Ⅱ代表库仑楔解边界值，Ⅲ表示库仑楔未达到临界状态，Ⅳ表示处于稳定状态，应力未超过库仑屈服应力 (Willett，1992)

图3-129　库仑楔解

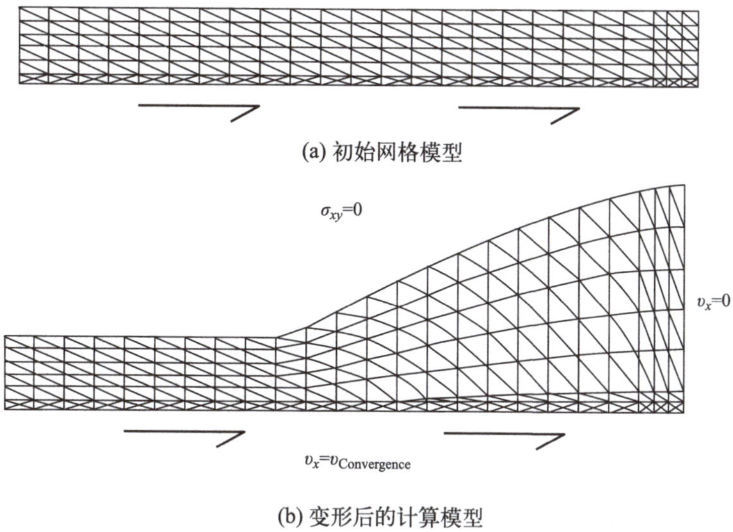

图3-130　库仑楔模型的有限单元网格和边界条件（Willett，1992）

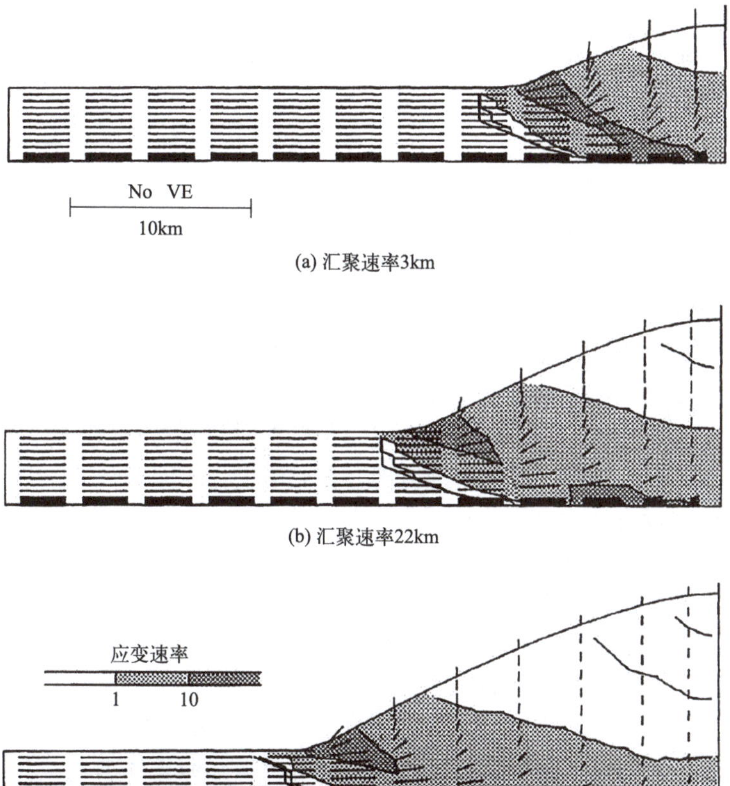

图3-131　基底摩擦强度小于耐摩擦强度的楔形体增长模型（基底φ_b=15°，φ=30°）(Willett，1992)

（阴影部分为应变速率高值区）

模型主要考虑库仑楔在生长过程中的变形和运动学特征。所有模型的几何特征和边界条件相对固定。这包括刚性的基底边界相对固定，基底倾角为0°，所有模型的背挡垂直。基底和背挡上施加的速度恒定。背挡对施加的应力和速度不产生分量影响。这样能够解释条件的对称性。其他参数为常量，沉积厚度4km，内摩擦强度φ=30°。

虽然沿着增生楔基底的汇聚速率是具体值，并且控制了楔形体的变形速率和生长速率，但它不是一维参数。时间独立于塑性。在方程中，时间只是用来计算位移的。时间和汇聚速率范围仅仅是中间参考值，总位移是重要的变形量。换句话说，汇聚速率的减小等同于时间增加。变形速率等比于时间和汇聚速率，因此变形速率极为重要。

在这些模型中，基底摩擦强度是一个主要的参数。为了获得随时间进行，基底摩擦强度不变的模型，要求楔形体保持临界状态，以及应力状态位于图3-129的临界包络线Ⅰ上。当基底的强度等同于楔形体的内摩擦角时，对于给定的基底倾角，最大的地貌坡角和楔形体的强度也就确定。这样的实例见图3-131。随着时间的增加或者汇聚速率的增大，楔形体的几何特征和瞬时变形速率得到显示。楔形体的发展受到背挡作用而产生库仑楔自相似性生长。楔形体的上表面形成斜坡，以保持楔形体生长。对比Dahlen（1984）的数值分析，地貌倾角不是线性的，而存在弯曲现象。弯曲作用是对垂直无摩擦背挡的响应。这些现象在数值解理论中并没有再现。作用在无摩擦作用表面的剪切应力为0，这需要地貌表面最大限度地正交于背挡。楔形体的坡角比数值解理论预测的陡，这样的差异性也许是由背挡造成的。除了这些差异性以外，楔形体的几何特征和应力场分析解具有较好的一致性。

变形的运动学特征与瞬时速率场中的应力场相对应。速率显示未变形的沉积物在恒定速率下向前运动，直到遇到楔形体的根部才转变为汇聚速率（图3-131）。当新的物质进入楔形体时，楔形体表面附近的沉积物立即发生变形。剖面显示，沉积物向前扩展变陡，进一步越过下伏楔形体，直到楔形体发生变形。少量沉积物进入楔形体，物质几乎垂直向上运动，并不经历变形作用。速率场产生高应变速率条带，这些条带分布在根带到背挡基底两侧之间。高应变速率对应于沉积物从俯冲板块进入楔形体的越过区域。依据地质特征和离散断裂的运动学特征，很难解释连续的运动速率场。尽管如此，图3-132模型的运动学特征与Cowan and Silling（1978）模型的位移特征较为相似。

运动学样式揭示了沉积底侵作用的机理。自相似生长是保持楔形体获得临界角的必要条件，而且内部没有发生变形。前缘增生机理需要楔形体内部具有较大的纯剪变形，以保证楔形体临界角。因为沉积变形局限在未变形的沉积物和楔形体内部之间的过渡带，导致模型中没有观察到内部的变形。楔形体后侧的生长伴随下侧变形物质的俯冲和基底的增生。这一变形模式与实际逆冲变形相似。

假如楔形体的基底比其内部的摩擦强度更弱，则会产生明显差异的运动学模式（图3-129）。通过临界楔理论可以预测到，弱的基底形成低缓的地貌坡角。按照自相似性，楔形体再次生长产生的临界角比前一次偏小。运动学模式的变化是十分微妙的。最大的应变速率再一次沿着楔形体根部向背挡基底两侧扩展。尽管如此，高应变速率区域分布较宽，扩展到了楔形体的后侧。从图3-131可知，速度并没有显示从水平到垂直方向的突变现象。图3-132中，模型物质的运动路径从水平到垂直方向的变化较慢，但是从未到达垂直。这里同样没有不变形区域和逆冲沉积。整个运动学样式揭示了伴随楔形体根

(a) 模型基底摩擦强度不变(基底φ_b=15°，缩短量=38km)

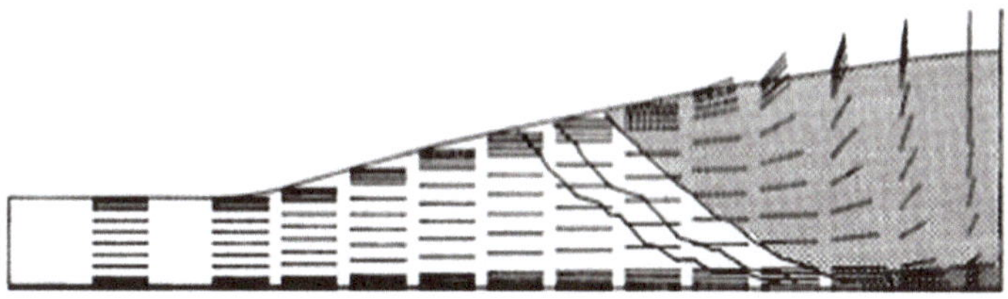

(b) 模型基底摩擦强度增大(基底φ_b=30°，缩短量=38km)

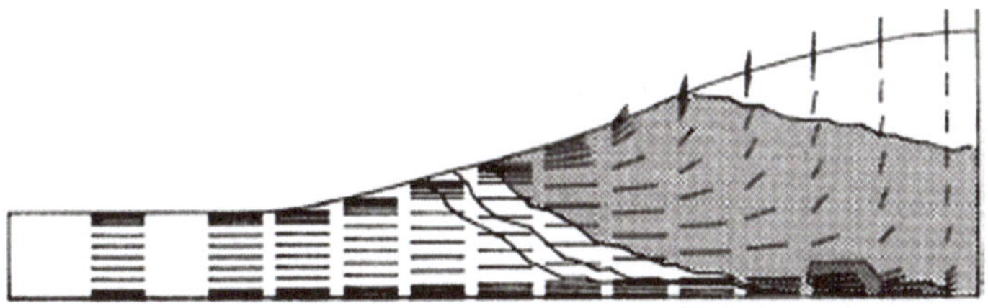

(c) 模型基底摩擦强度增大(基底φ_b=30°，缩短量=41km)

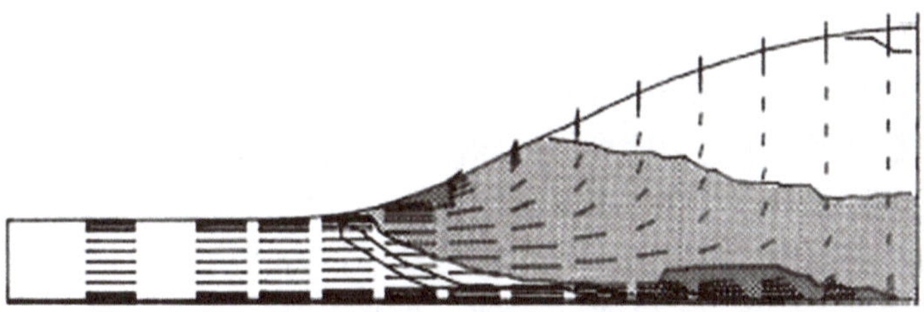

(d) 模型基底摩擦强度增大(基底φ_b=30°，缩短量=44km)

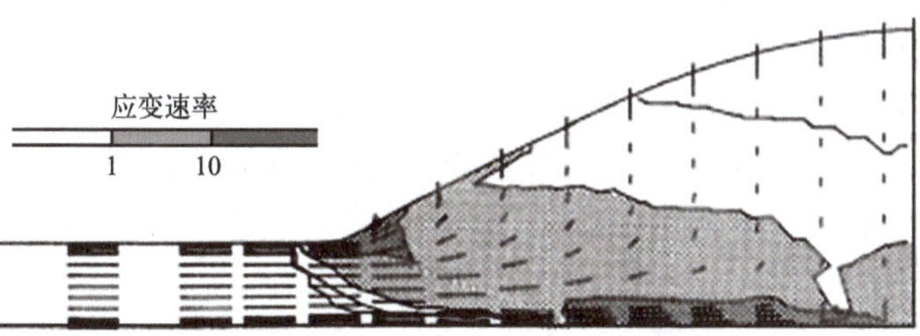

(e) 新的临界楔产生(基底φ_b=30°，缩短量=50km)

图3-132　基底摩擦强度增大模型，阴影部分为应变速率高值区（Willett，1992）

部增生和纯剪缩短作用保持临界角条件下的前缘增生的机理。

图3-131和图3-132模型是挤压型临界楔经历挤压变形样式的实例。在变形的任何阶段，整个楔形体的应力满足库仑屈服应力状态。楔形体保持相同的几何特征，这样其自相似性生长符合临界楔理论。如每一个模型由于位于单一的临界线Ⅰ而存在特定的应力状态（图3-129）。尽管如此，假如某一个参数发生改变，楔形体的状态将离开临界线Ⅰ，形成新的临界特性。特别是基底摩擦强度增大或减小，临界状态将分别进入Ⅲ或者Ⅳ状态。这是本研究重点考虑的两个方面。

（1）增加模型基底摩擦强度

增加基底摩擦强度改变了楔形体的状态，使得地貌倾角不大于所需的临界角。表面倾角和基底摩擦强度共同决定了楔形体的状态位于Ⅲ区域［图3-129（b）］。亚临界区域，施加的应力小于库仑楔屈服应力。亚临界区域，楔形体的内部必须是刚性的，并且楔形体的整体变形停止。楔形体倾角不够大，不能沿着基底滑脱层向前扩展。基底滑脱层发生锁死，楔形体和下侧块体之间的相对位移变为0。这样迫使相对汇聚量出现在背挡一侧。利用图3-132模型，这样的变形行为可以得到展现。在图3-132（a）中，基底摩擦强度φ_b=15°。在这样的情况下，基底摩擦强度参数瞬时值从φ_b=15°增加到φ_b=30°，在图3-131模型中所应用。如期望所示，大多数楔形体变形停止，应力也就低于屈服强度，并且物质变得具有刚性特点［图3-132（b）］。继续移动背挡，刚性的背挡迫使物质不能形成新的、变陡的地貌倾角。楔形体末端的抬升增大了表面倾角，使得变形向前缘扩展［图3-132（c）和图3-132（d）］。当整个表面被新的临界角取代，整个楔形体的应力再次达到屈服强度，并再次产生自相似性生长［图3-132（e）］。

（2）减小模型基底摩擦强度

另一个补充案例，当基底摩擦强度减小，则产生明显不同的变形行为。减小基底摩擦强度，楔形体移动到稳定状态Ⅳ［图3-129（b）］。在稳定区域，或者在亚临界区域，应力低于库仑屈服强度，阻止了楔形体内部任意区域的塑性变形。尽管如此，在这样的情况下，楔形体表面倾角和基底倾角变得足够大，以允许楔形体沿着基底滑脱层稳定滑动，迫使汇聚量集中在楔形体的根部。这样的变形行为在图3-133模型中得到验证。图3-133（a）模型的基底摩擦强度参数φ_b=30°。后来，基底摩擦强度减小［图3-133（b）和图3-133（c）］。楔形体的大部分进入稳定区域，并且内部的应变速率为0［图3-133（c）］。楔形体的根部变形继续增加，汇聚应力迫使楔形体继续增生新的物质。这样的变形模式与亚临界区域Ⅲ的变形形成鲜明的对比。楔形体仍然是刚性的，但变形集中在背挡的邻近区域。相对基底强度，这差异性表现为临界角较大（图3-133）。这样允许楔形体沿着基底向前滑动，发生增生作用，产生新的沉积。假如基底强度保持不变，新产生的楔形体地貌倾角变缓，很可能通过刚性的已形成的楔形体阻止背挡形成。新的物质叠加到老的楔形体之上，表面倾角系统性减小，使得应力状态回到屈服强度线。

假如基底摩擦强度减小的速度比增生速度快，这样能减小地貌倾角，使得楔形体进入临界状态。楔形体表面倾角和基底强度组合，使得楔形体位于临界线Ⅱ上，形成第二临界楔解［图3-133（b）］。整个临界楔未形成，强烈变形模式伴随伸展和向下移动。整个楔形体没有强烈变形，是因为连续汇聚和根部增生作用保持了局部区域处于挤压状态。当基底强度继续减小，楔形体仍然保持一定的方式发生变形。楔形体能不能移动到

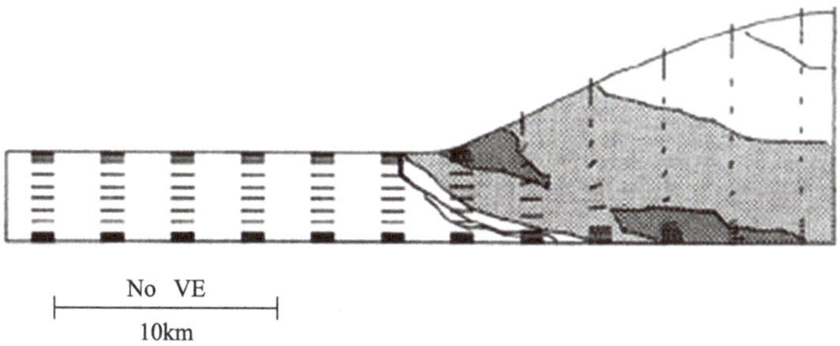

(a) 模型基底摩擦强度(基底φ_b=30°，缩短量=15km)

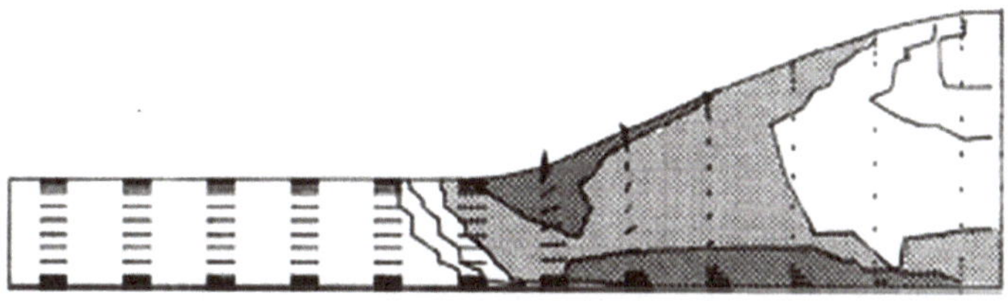

(b) 模型基底摩擦强度减小(基底φ_b=20°，缩短量=12.5km)

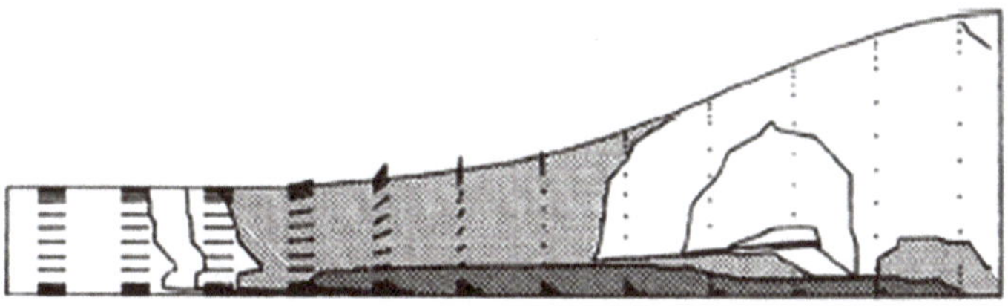

(c) 模型基底摩擦强度减小(基底φ_b=10°，缩短量=13km)

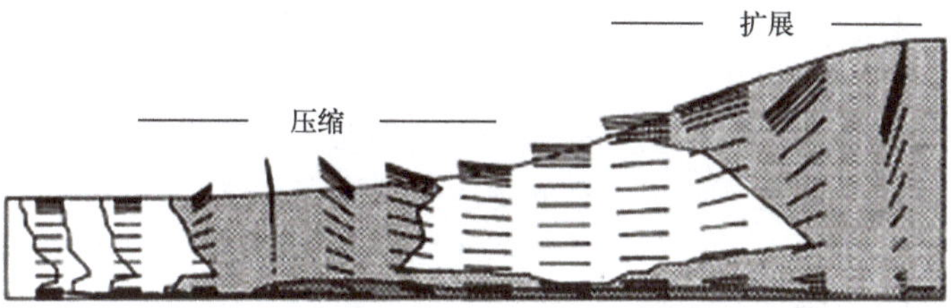

(d) 模型基底摩擦强度继续减小(基底φ_b=6°，缩短量=13.5km)

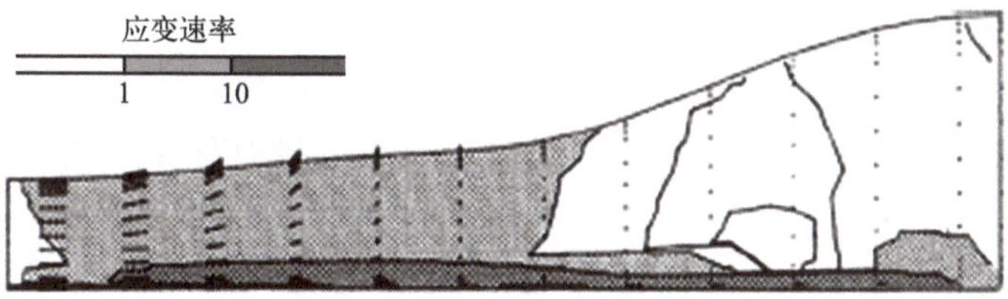

(e) 新的临界楔产生(基底φ_b=6°,缩短量=14.5km)

图3-133 基底摩擦强度间隙模型，阴影部分为应变速率高值区（Willett，1992）

临界线Ⅱ之上取决于表面倾角，表面倾角随着基底强度减小而减小，这样楔形线可以位于临界线Ⅱ。尽管如此，假如基底强度一定，或者再次增加，楔形体的状态立即移动到稳定区域Ⅳ，并且变形停止［图3-133（e）］。只有新的物质产生于根部时楔形体才可能继续发生变形［图3-133（b）和图3-133（c）］。

3.3.5　案例5：摩擦属性及地层流变学结构对褶皱-冲断带变形影响的物理模拟

3.3.5.1　理论应用介绍

褶皱-冲断带的变形和演化过程一直以来都是地球科学研究的热点问题，受到构造地质学家的广泛关注（Hall，1815；Boninin，2007；Buiter，2012；Graveleau et al，2012），而且褶皱-冲断带还是油气及其他固体矿产资源极为富集的重要区带（Koyi，1997；Sherkati et al，2006；Bonini et al，2012；Butler et al，2020）。因此，前人开展了大量的物理模拟和数值模拟分析（Gutscher et al，2001；Smit et al，2003；Souloumiac et al，2012；Wu et al，2014；Zhou et al，2016；He et al，2018；Ghosh et al，2020），以便进一步揭示其可能的演化过程及成因。同时，前人的研究表明，褶皱-冲断带的变形演化与构造初始几何形态、地层的沉积厚度和流变学结构、侧向摩擦强度、剥蚀与侵蚀作用、加载与卸载作用，以及先存构造等因素有关（Konstantinovskaia and Malavieille，2005；Graveleau et al，2012；Souloumiac et al，2012；Zhou et al，2016；He et al，2018；Zhou and Su，2020；Tong et al，2014；Ghosh et al，2020），并且Souloumiac等（2012）应用相似材料与基底和侧向的接触面积及比例大小，探讨了摩擦强度对褶皱-冲断带产生的差异性影响。研究表明，模拟结果的误差性大小与模型材料、侧向和基底接触面积比大小等有紧密的联系。而且，Zhou等（2016）通过挤压速率及其侧向与基底的摩擦力比值对此进行了有益的探索，并表明侧向与基底摩擦强度对褶皱-冲断带构造变形样式的形成具有潜在的影响。尽管前人对此开展了大量的物理模拟研究工作，但是，前人的研究仍然只是对单一滑脱层的摩擦强度进行探讨，对基底韧性层的强度差异，以及同时具有中间和基底两套滑脱层的摩擦强度影响缺乏更多的对比分析和讨论。因此，针对有关摩擦强度对褶皱-冲断带变形演化的影响所开展的物理模拟研究仍然十分缺乏，并未引起足够的重视。

自然界中，同时具有基底滑脱层和中间滑脱层的褶皱-冲断带比较常见，较为典型的区域是扎格罗斯褶皱-冲断带和中国南方的四川盆地东部褶皱带（Sherkati et al，2006；Tavakoli-Shirazi et al，2012；Snideroa et al，2019；Yan et al，2003；Tang et al，2007；Xie et al，2013；Zhang et al，2013；He et al，2018；Zhou and Zhou，2022；图3-134）。但是，有关扎格罗斯褶皱-冲断带的变形样式的形成，仍然存在争议。有的学者研究表明，扎格罗斯褶皱-冲断带的变形样式主要受深部古生代膏盐岩的控制，上覆的中间滑脱层对变形不具有明显的控制作用（Snideroa et al，2019）。相反，有的学者则利用物理模拟研究表明，中间滑脱层的埋深对该构造带的变形样式具有明显的控制作用。但是，该物理模型仅仅从滑脱层的埋深出发开展机制分析，而对构造变形影响的流变学结构、基底与侧向摩擦强度、变形速率等被证明是对构造变形影响极为重要的因素（Smit et al，2003；Bonini，2007；Zhou and Zhou，2022）缺乏更多的模拟探讨。

同时，造山带构造变形研究表明，物理模拟技术是现今研究褶皱–冲断带变形演化过程及其形成机制较为重要而又十分有效的手段（Schreurs et al，2016；He，2020；Butler et al，2020），并已在阿尔卑斯山、扎格罗斯、阿巴拉契亚山、安第斯山，以及喜马拉雅山等褶皱–冲断带的形成演化机制研究中得到了广泛应用，同时进一步揭示，物理模拟技术可为褶皱–冲断带的变形演化理解提供较为有效的构造物理学证据（Davis et al，1983；Bonini，2007；Graveleau et al，2012；Marques et al，2018）。为此，本案例根据侧向边界条件、基底软弱层的厚度、边界摩擦强度及挤压速度差异等设计了同时具有基底和中间滑脱层的4个系列物理模型，对具有双层滑脱变形的褶皱–冲断带的变形样式和演化特征进行了模拟分析和探讨，并与扎格罗斯褶皱–冲断带的变形样式进行了对比分析研究。

3.3.5.2 模型设计方法

（1）模型设计思路

具有多套滑脱层的扎格罗斯褶皱–冲断带，位于波斯湾以东，北西–南东向展布，长达2000多km。垂直构造剖面揭示，可以分为高扎格罗斯褶皱带和扎格罗斯简单褶皱带，构造变形样式以断层相关褶皱为主，且剖面结构特征显示具有典型的基底和中间滑脱层。基底滑脱层的分布及厚度并不十分清晰（Sherkati et al，2006；Tavakoli–Shirazi et al，2012，图3–134）。同时钻井揭示的中新世的滑脱层厚度及分布，在高扎格罗斯褶皱–冲断带几乎被剥蚀掉，只有在扎格罗斯简单褶皱带有比较清晰的显示。因此，扎格罗斯褶皱–冲断带存在多套滑脱层，这是毋庸置疑的，但是滑脱层的结构特征仍然有待更多地质与地球物理资料的证实。为此，本案例中的脆性层和韧性层的厚度探讨也只是从理论分析出发，有待后续进行更深入的研究。因此，对于复杂变形的区域，模拟技术仍然是一种构造成因机制研究的重要手段（Bonini，2007）。尽管过去的物理模拟研究表明，摩擦强度对褶皱–冲断带的变形演化具有重要的影响（Graveleau et al，2012；Zhou et al，2016），但是，基于模型边界条件、模型韧性层厚度和侧向摩擦强度和变形速率的差异等探讨双层滑脱层的变形演化比较缺乏。为此，本研究重点对此开展了物理模拟分析。

（2）模型结构

模型结构由基底滑脱层和中间滑脱层，以及上覆的脆性层所组成，通过改变不同的变量进行模拟探讨。实验在葡萄牙里斯本大学的构造物理模拟实验室进行。模型箱体的长、宽、高分别为400mm、150mm和100mm（图3–135）。在实验过程中，分别对模拟结果进行了延迟拍照，以进一步理解构造变形过程，而且每一组模型均进行了重复性验证。详细的结构特征如下。

① 边界条件差异模型。

构建具有侧向挡板和没有侧向挡板的模型1和模型2。模型1，基底硅胶和中间层硅胶厚度均为5mm，中间石英砂和顶部的石英砂厚度均为5mm。模型2的内部结构与模型1相同，只是箱体两侧没有挡板作用，也就没有侧向摩擦力（表3–3）。模型1有挡板，即模型内部石英砂和硅胶与挡板之间会产生一定的摩擦力。同时，在挤压作用下，模型的基底也会因为石英砂和硅胶层的重力和黏度作用，产生一定的基底摩擦力。尽管模型

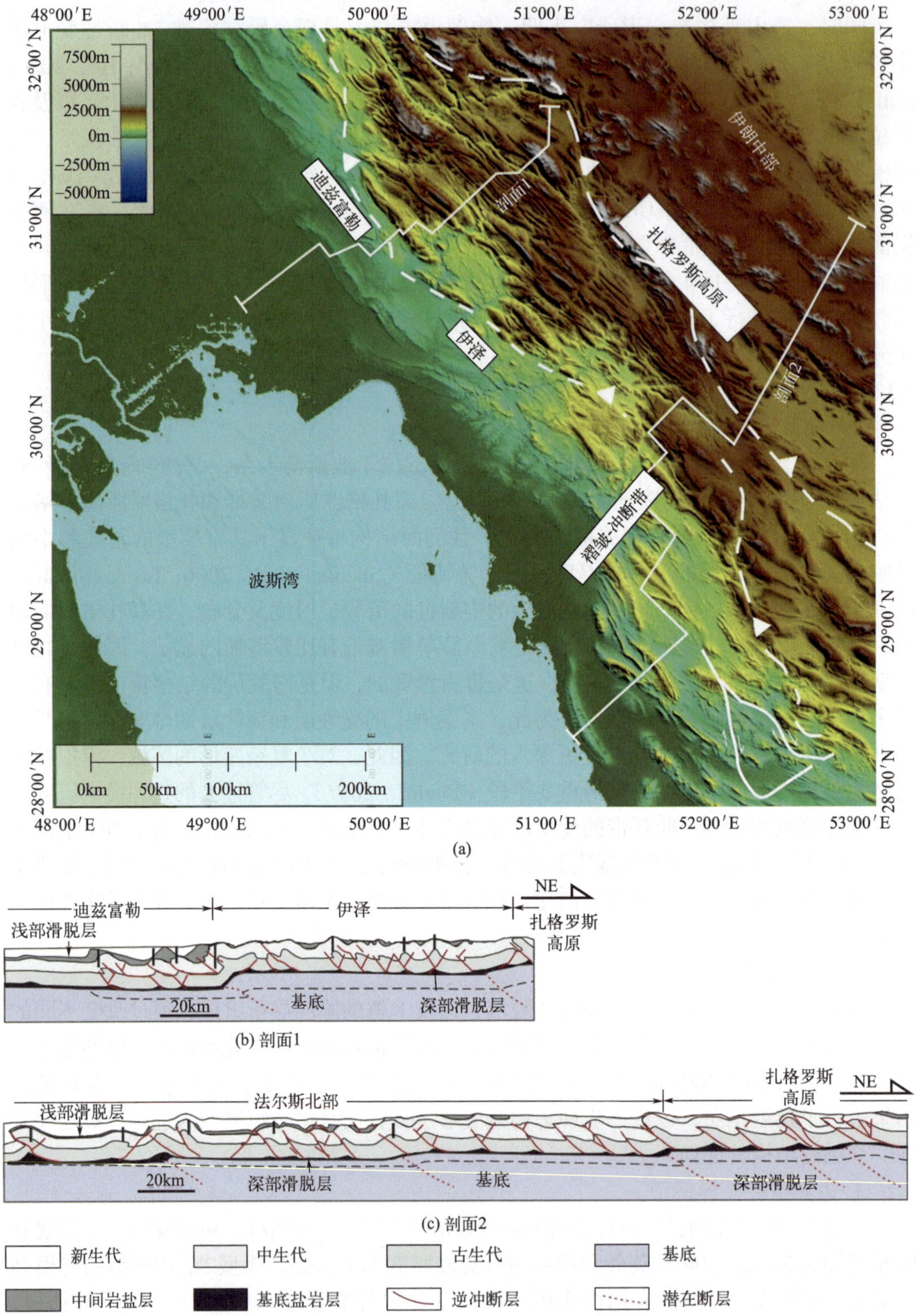

图3-134　扎格罗斯褶皱-冲断带及邻区地貌及构造变形样式特征（据Sherkati et al，2006文献修编）

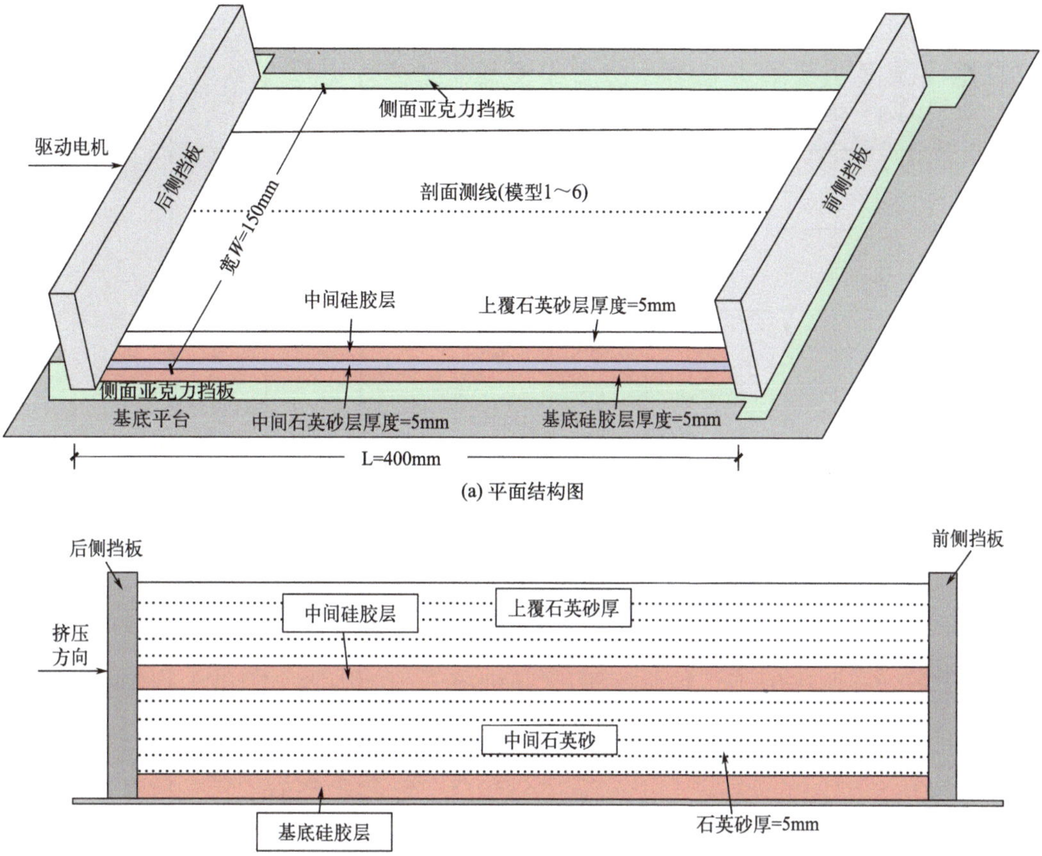

(b) 剖面结构图

模型1—具有双侧挡板；模型3—硅胶层厚3mm；模型5—减小基底摩擦；　　　模型7—挤压速度为50mm/h
模型2—无双侧挡板；　模型4—硅胶层厚7mm；模型6—减小基底与侧向摩擦；模型8—挤压速度为150mm/h

图3-135　模型装置结构图

2与模型1均具有相同的基底摩擦力，但由于模型2没有侧向挡板，在运动过程中不会在边界和模拟内部物质之间产生相对运动作用，也就无侧向摩擦力产生。因此，本设计可以对有无侧向摩擦力对褶皱–冲断带变形演化的影响进行模拟探讨。

② 韧性层厚度差异模型。

在具有侧向挡板的条件下，构建具有韧性层厚度差异的模型3和模型4进行对比分析研究，用来探讨地层脆韧性层厚度差异对变形的影响。模型3 的基底与中间的硅胶层厚度均为3mm，其余参数与模型1相同。模型4的基底滑脱层厚度为5mm，而中间硅胶层厚度为7mm，其余参数仍然与模型1相同（表3–3）。本设计韧性层厚度发生改变，导致模型的基底和侧向摩擦力也发生改变（Bonini，2007；Zhou et al，2016）。中间韧性层厚度发生变化，将导致中间软弱层的剪切应力发生变化，地层的应力状态也会发生变化，当然侧向摩擦强度也发生了相应的变化。对此可以进一步探讨基底与侧向摩擦强度差异对褶皱–冲断带变形演化的影响。

表 3-3　模型参数（参数计算参考 Bonini，2007；Zhou et al，2016；Zhou and Zhou，2022）

模型系列	$H_{b2}=H_{b1}$/mm	中间硅胶层厚度 H_{d2}/mm	H_{d1}/mm	挤压速率 v/（mm/h）	ρ_b/（g/cm^3）	P_d/（g/cm^3）	μ_g	黏度 η/（Pa·s）	τ_{s1}/Pa	τ_{d1}/Pa	τ_{s2}/Pa	τ_{d2}/Pa	τ_{s1}/τ_{d1}	τ_{s2}/τ_{d2}	边界条件
模型 1	5	5	5	100	1.6	0.965	0.15	2.5×10^4	24.73	138.9	5.88	138.9	0.18	0.042	有侧向挡板
模型 2	5	5	5	100	1.6	0.965	0.15	2.5×10^4	0	138.9	0	138.9	0	0	无侧向挡板
模型 3	5	3	5	100	1.6	0.965	0.15	2.5×10^4	23.30	138.9	5.88	173.6	0.17	0.033	有侧向挡板
模型 4	5	7	5	100	1.6	0.965	0.15	2.5×10^4	28.98	138.9	5.88	86.80	0.21	0.067	有侧向挡板
模型 5	5	5	5	100	1.6	0.965	0.15	2.5×10^4	0	138.9	0	138.9	0	0	侧向挡板减小摩擦力
模型 6	5	5	5	100	1.6	0.965	0.15	2.5×10^4	0	0	0	0	0	0	侧向挡板和基底减小摩擦力
模型 7	5	5	5	50	1.6	0.965	0.15	2.5×10^4	24.73	138.9	5.88	43.4	0.18	0.135	有侧向挡板
模型 8	5	5	5	150	1.6	0.965	0.15	2.5×10^4	24.73	138.9	5.88	130.2	0.18	0.045	有侧向挡板

③ 基底与侧向摩擦条件差异模型。

此模型5是在模型1的基础上，用硅油涂抹在模型5侧向硅胶层与挡板之间的边界表面上，以减小侧向摩擦力的影响，同时也降低了侧向与基底的摩擦强度比。模型6是在模型5的基础上，用硅油涂抹在模型6的基底表面上，以减小基底摩擦力的影响（表3–3）。在所有的模型中，模型6的基底摩擦力是最小的，也是唯一减小基底摩擦强度的模型。

④ 变形速率差异模型。

众所周知，韧性层的剪应力强度与硅胶的黏度和挤压速率成正比，而与韧性层的厚度成反比。因此，变形速率越大，韧性层的剪应力也就越大；反之，则剪应力减小。所以，对于脆、韧性结构的褶皱–冲断带，挤压速率是物质属性的一个重要因素，对褶皱–冲断带的变形具有重要影响（Zhou et al，2016；He et al，2018）。因此，模型7是在模型1的基础上应用50mm/h的挤压速率进行模拟。模型8是在模型1的基础上应用150mm/h的挤压速率进行模拟，从而形成差异的基底与侧向摩擦强度（表3–3）。

（3）材料及相似系数

实验材料主要是松散的石英砂和硅胶。松散的石英砂已被证明是目前模拟上地壳脆性变形较为有效的理想材料（Graveleau et al，2012）。本实验中石英砂的密度为1.6g/cm^3，粒径为200 ~ 400mm，内摩擦角为30°。同时，一定黏度的硅胶仍然是模拟地壳中的韧性变形较为理想的材料，目前在底辟构造和软弱层变形模拟中得到了广泛应用（Smit et al，2003；Bonini，2007）。本模拟实验使用的硅胶黏度为25000Pa·s，密度为0.965g/cm^3。具体的长度、密度、时间相似系数见表3–4。模型的运动学和动力学相似性计算参数参照前人方法得出（Hubbert，1937；Weijermar，1986，Weijermar et al，1993）。

表3-4 模型参数及相似系数（参数参照Bonini，2007，He et al，2018）

模型参数	模型	自然地质体	相似比
脆性层密度ρ_b/（g/cm^3）	1.60	2.60	ρ_b^*=0.61
内摩擦系数μ	0.65	0.6 ~ 0.85	μ^* = 0.76 ~ 1.08
内聚力c/Pa	80	4×10^7	$c^*=2\times10^{-6}$
硅胶密度ρ_d/（g/cm^3）	0.965	2.2	ρ_d^*=0.44
硅胶黏度η/（Pa·s）	2.5×10^4	10^{18}	$\eta^*=2.5\times10^{-14}$
长度l/m	0.01	1000	$L^*=1\times10^{-5}$
重力加速度g/（m/s^2）	9.81	9.81	g^*=1
时间t/s	3600	1.13×10^{12}（35000a）	$t^*=3.2\times10^{-9}$
韧性层应变速率 ε	2.7×10^{-3} ~ 8.3×10^{-3}	1.0×10^{-11} ~ 3.2×10^{-11}	$\varepsilon^*=\sigma/\eta=2.44\times10^8$
变形速率V/（m/s）	2.7×10^{-5}	1.0×10^{-8}	$V=L^*\times\varepsilon^*=2.44\times10^3$

3.3.5.3 模型结果描述

（1）侧向挡板和无侧向挡板的模拟结果

模型1有侧向挡板，挤压变形位移16cm（缩短率=40%）之后，模拟结果显示，在平面上形成了7条规模比较明显的褶皱［图3-136（a）和图3-136（b）］。靠近挤压一端的褶皱轴迹对称分布，其余的褶皱轴迹呈不对称分布。靠近挤压端的褶皱幅度较大，而与其相邻区域的褶皱幅度较小。从根带到前陆，每间隔3条小褶皱之后才形成一条规模较大的褶皱，紧接着又是规模较小的褶皱。在整体上，褶皱带为一弧形构造特征，但褶皱的弧形弯曲度差异也很大，变形带的中部弧形特征明显，而根带和前陆构造带，褶皱的弧形弯曲程度则减小。模型的底辟特征极为明显，硅胶层露出表面，尤其是洒水固结后更为明显（图3-136）。模拟切片显示，在褶皱-冲断带的根带形成倒转和平卧褶皱。下构造地层的地层倾角均较小。基底构造层靠近根带一侧，运动学指向前陆，而靠近前陆一侧，运动学指向后陆一侧。上构造层的运动学均是指向前陆一侧，地层倾角较大，与下构造层呈明显的角度不整合关系［图3-136（c）~图3-136（f）］。褶皱-冲断带中间变形区域的褶皱对称性比靠近侧向挡板边缘的褶皱的对称性更明显［图3-136（c）和图3-136（d）］。模型最显著的特征为，底辟构造极为发育、上下构造层倾角差异较大，其构造运动学指向前陆构造带。

模型2没有侧向挡板，挤压变形位移16cm（缩短率=40%）之后，模拟结果显示形成了5条明显的褶皱［图3-136（g）和图3-136（h）］。褶皱-冲断带的根带和中部区域，形成弧形对称型褶皱，而且轴迹连续分布，到了构造带的前沿，褶皱的轴迹呈断续分布特征。与模型1相比，模型2的褶皱数量较少，单个褶皱的规模较大［图3-136（a）和图3-136（g）］。模型2切片显示，仍然与模型1具有较大的相似之处，形成更为明显的对称型构造：下构造层指向前沿，上构造层也是指向前陆一端，但上下构造层形成不协调的叠置关系［图3-136（i）和图3-136（l）］。褶皱-冲断带的中间区域和边缘两侧，仍然是靠近挡板边缘形成的褶皱倾斜度更大，模型中部区域形成的褶皱呈对称分布［图3-136（i）和图3-136（k）］。

模型2与模型1的模拟结果对比，模型1在褶皱-冲断带的根带形成平卧褶皱数量较多，而模型2形成的平卧褶皱数量较少。模型1的底辟比较发育，模型2的底辟幅度较小，而且上构造层的倾角也有较大差异。整体上，它们在褶皱-冲断带的中部和前缘区域，形成的变形样式及其运动学指向具有较大的相似性。

（2）中间软弱层厚度差异的模拟结果

模型3上覆硅胶层厚3mm，挤压变形位移16cm（缩短率=40%）之后，模拟结果显示，在平面上形成了6条褶皱，这些褶皱的轴迹在靠近侧向挡板处稍微有点弯曲以外，其余几乎平行于挤压挡板的边界，而且单个褶皱之间的大小和幅度较为接近。基底的硅胶层呈条带状露出模型表面［图3-137（a）和图3-137（b）］。切片显示，下构造层和上构造层均形成前冲断裂和褶皱。上构造层的地层倾角较大，而下构造层的地层倾角较小，在纵向上呈角度不整合接触［图3-137（c）~图3-137（f）］。模型中部的切片显示，形成更为明显的前冲断裂，而靠近挡板的切片显示形成前冲构造和对称型冲起构造［图3-137（c）和图3-137（e）］。模型3与模型1相比，模型3在褶皱-冲断带根带的反转构造没有模型1的发育，而且基底局部没有出现后冲构造。整体上，从褶皱-冲断带根带、褶皱带中段到前陆地区，它们形成的变形样式具有较大的相似性。模型3与模型2相比，形成的变形样式也基本上是相似的。

模型4上覆硅胶层厚7mm，挤压变形位移16cm（缩短率=40%）之后，模拟结果显

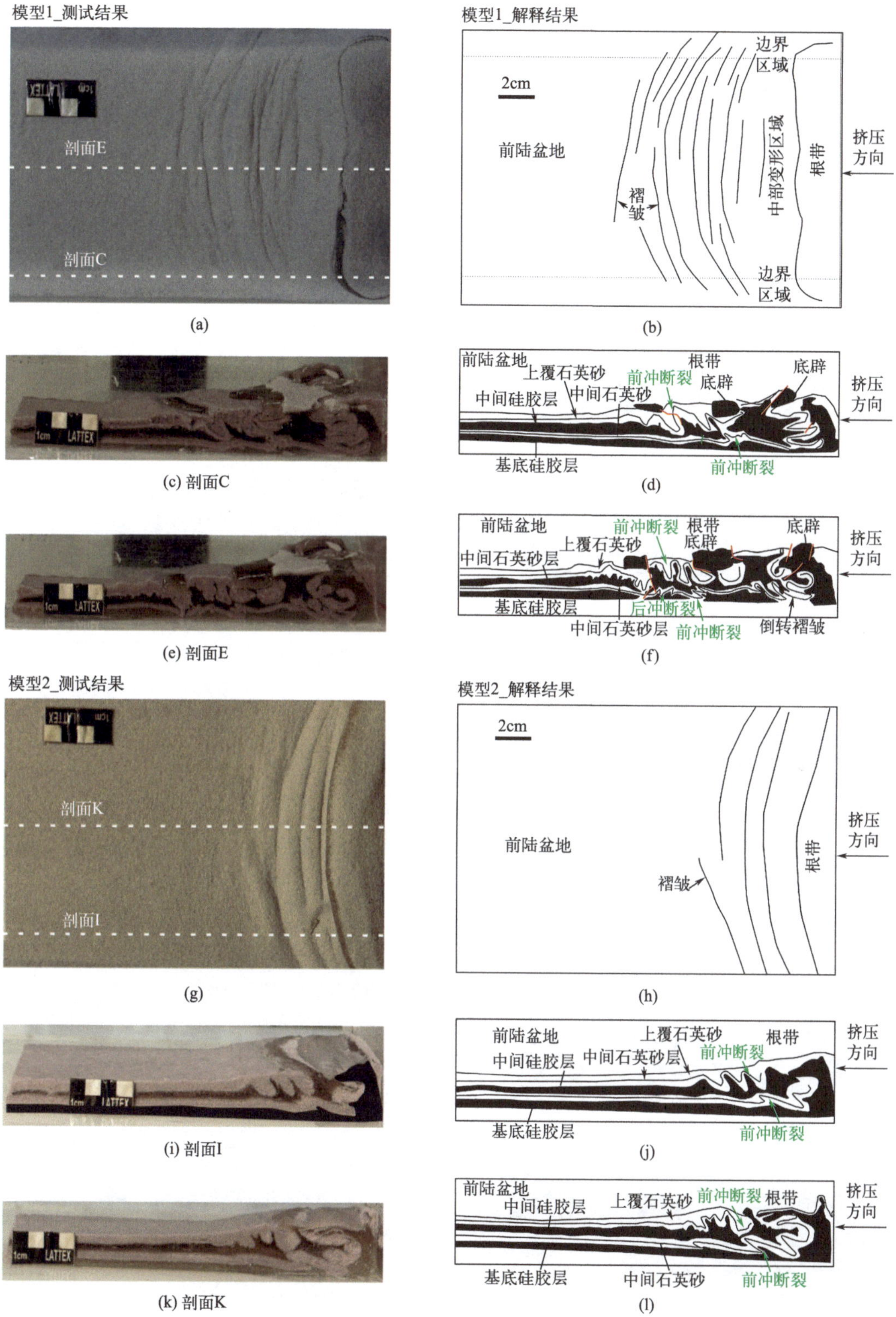

图3-136 模型1和模型2模拟结果

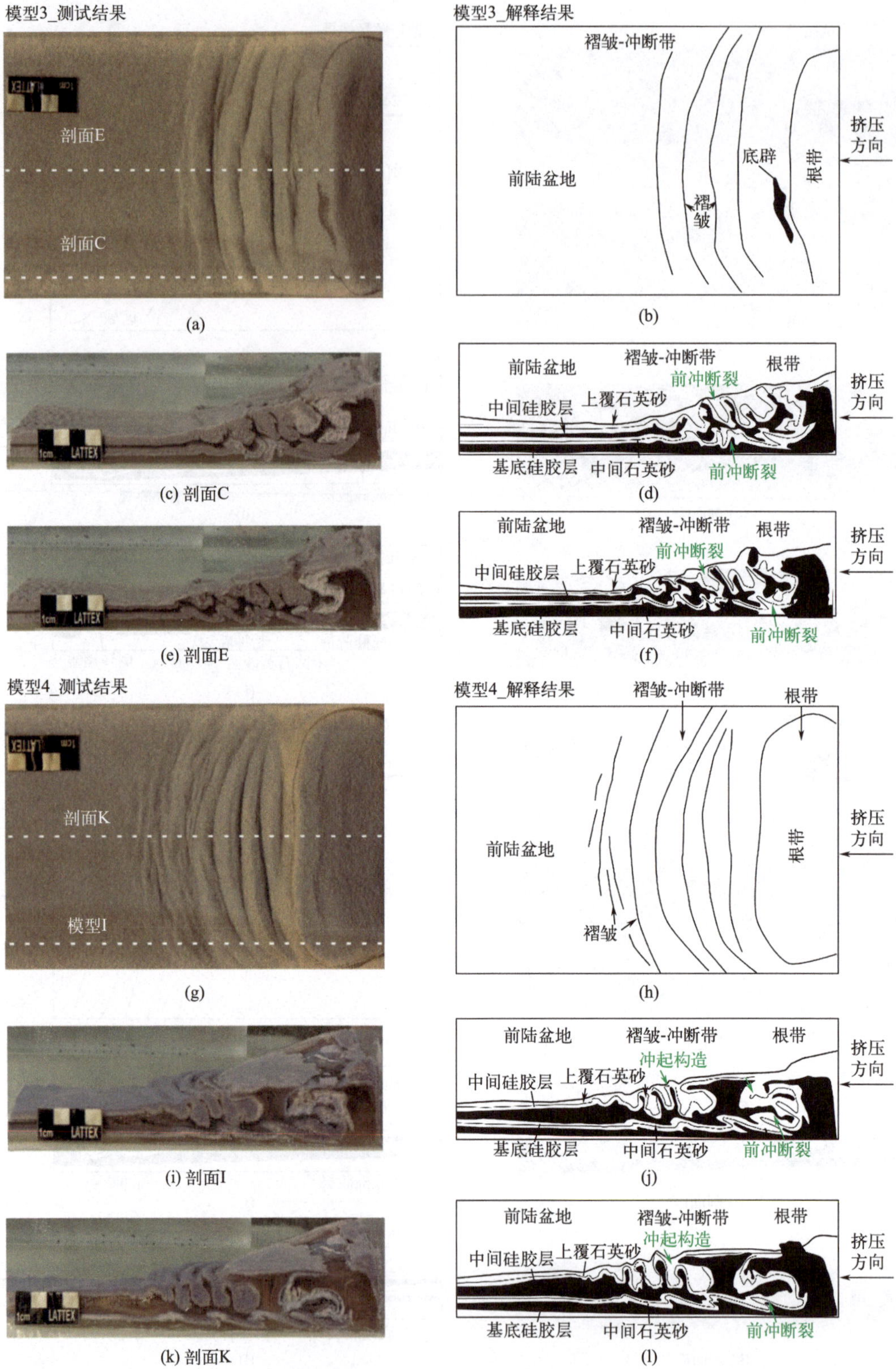

图3-137　模型3和模型4模拟结果

示，在平面上形成了6条规模较大的褶皱和前缘低幅度的褶皱。形成的褶皱轴迹呈弧形弯曲，在靠近褶皱–冲断带的根带，形成的褶皱幅度较大，而到了褶皱–冲断带的前缘，褶皱的幅度逐渐减小［图3–137（g）和图3–137（h）］。切片显示，仍然是在上构造层形成高角度的前冲断裂和褶皱，下构造层形成低角度的前冲断裂和褶皱，在纵向上呈角度不整合接触。靠近边界挡板处形成的变形样式与构造带内部形成的变形样式相似［图3–137（i）~图3–137（l）］。模型4与模型3相比，模型4只是在构造带的中部形成了规模较大的底辟构造，但它们之间的变形样式仍然是相似的。

（3）减小基底与侧向摩擦强度的模拟结果

模型5为减小侧向摩擦力模型，其余参数与模型1相同。挤压变形位移16cm（缩短率=40%）之后，模拟结果显示，在平面上形成了6条规模较大的褶皱和2条规模较小的褶皱。相邻两条褶皱之间的间距分布不均匀，而且幅度差异也较大，呈现靠近挤压一端的褶皱和靠近中前缘的褶皱的幅度相对较大，且靠近侧向挡板边界两侧，褶皱的轴迹交叉相接。有3条规模较大的褶皱弧形平行排列，局部褶皱线状分布［图3–138（a）和图3–138(b)］。切片显示，仍然形成下构造层低角度的前冲和上构造层高角度的前冲构造。靠近侧向挡板处，形成叠瓦状的前冲构造，而靠近构造带的中部区域，则形成叠瓦状的前冲断裂和平卧褶皱［图3–138（c）~图3–138（f）］。

模型6是侧向和基底均减小摩擦强度的模型。挤压变形位移16cm（缩短率=40%）之后，模拟结果显示，形成了8条规模和幅度极为相似的褶皱。褶皱样式主要是线状褶皱，有前冲、后冲和对称型冲起构造。与其他模型相比，模型6产生的褶皱在平面上的变形分布范围较广。在褶皱–冲断带的根带形成了巨大的地貌凹陷［图3–138（g）和图3–138（h）］。切片显示，靠近侧向边界挡板的区域，上构造层和下构造层所产生的前冲构造的倾角较为接近，形成相似的构造运动学指向［图3–138（i）和图3–138（j）］。在褶皱–冲断带的中部区域，下构造层形成振荡型的变形样式，即前冲、后冲断裂和对称型冲起构造均无序排列，而上构造层主要是形成冲起构造为主，即箱型褶皱比较发育［图3–138（k）和图3–138（l）］。可见，该模型的边界与内部之间存在明显的变形样式差异。

（4）挤压速率差异的模拟结果

模型7为低挤压速率（5cm/h）模型。挤压变形位移16cm（缩短率=40%）之后，在平面上形成了6条规模较大的褶皱。褶皱的轴迹在褶皱–冲断带的中部比较弯曲，而在靠近挤压一侧和前缘区域，所产生的褶皱轴迹弯曲度有所减小。呈现越靠近根带，褶皱的幅度越大，越靠近前缘构造带，褶皱的幅度越小。与其他模型的根带区域相比，模型7的表面未见软弱层硅胶露出表面［图3–139（a）和图3–139（b）］。切片显示，形成了下构造层低角度前冲构造和上构造层高角度前冲构造，上下构造层之间呈角度不整合接触［图3–139（c）~图3–139（f）］。不同区域的变形样式也存在差异：上下构造层靠近边界区域，形成前冲构造为主，明显的叠瓦状变形特征，而模型中间区域，则形成对称型的冲起构造［图3–139（d）和图3–139（f）］。

模型8为高挤压速率（15cm/h）模型。挤压变形位移16cm（缩短率=40%）之后，在平面上形成了6条规模较为明显的褶皱。靠近褶皱–冲断带的根带，形成的褶皱规模较大，向前陆构造带，形成的褶皱规模逐渐减小，而且两相邻褶皱之间的间距也是呈

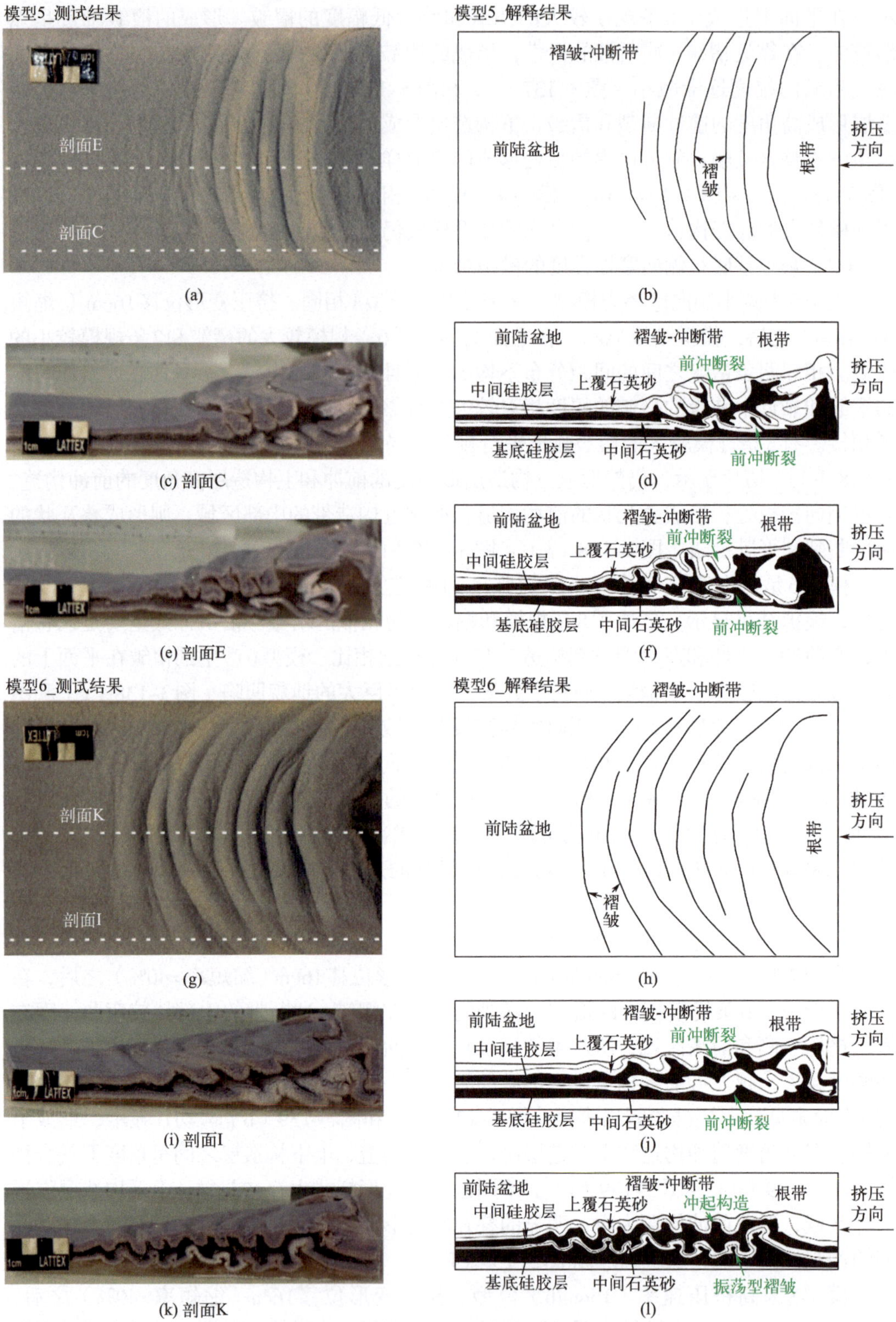

图3-138　模型5和模型6模拟结果

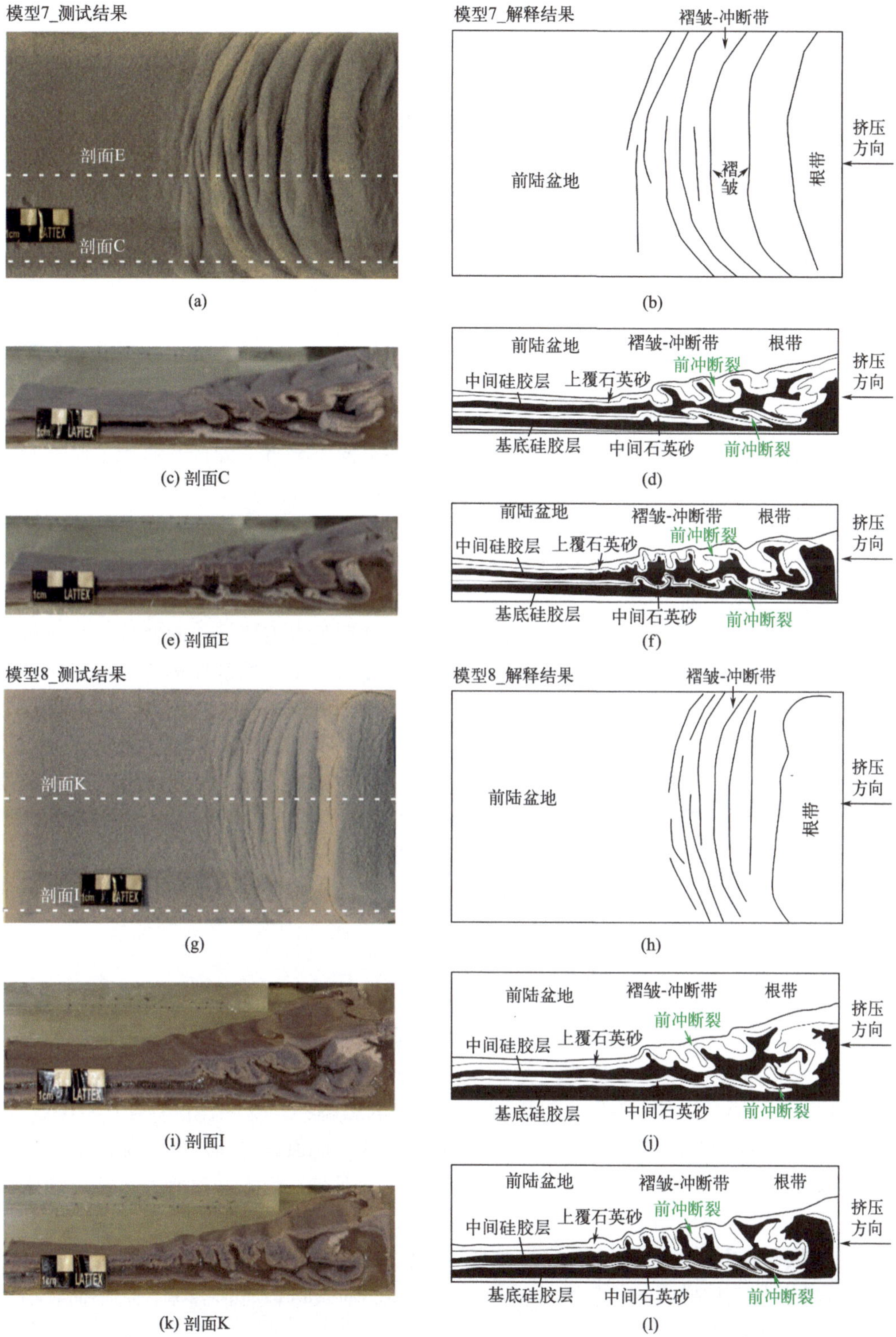

图3-139　模型7和模型8模拟结果

现向前陆构造带逐渐减小的现象。本模型最大的特点是靠近挤压挡板的根带隆升的幅度较大，比其余模型的增厚现象更加明显，形成典型的楔形结构［图3-139（g）和图3-139（h）］。切片显示，仍然是形成上构造层高角度前冲和下构造层低角度前冲的叠置样式［图3-139（i）和图3-139（j）］。不同区域的构造运动学指向仍然存在明显差异，在上构造层靠近边界挡板处褶皱的倾角比模型内部褶皱的倾角要小［图3-139（i）和图3-139（k）］。

模型8与模型7对比，最大的差异是模型7的变形带比模型8宽，形成的单个褶皱幅度大而轮廓清晰。在变形叠置强度上，模型8的根带比模型7的根带要更为剧烈，地层倒转现象更加明显。

3.3.5.4 模拟结果讨论与分析

（1）侧向摩擦条件对褶皱-冲断带构造变形的影响

4个系列（共计8组模型）的模拟结果揭示，褶皱-冲断带的上构造层和下构造层均形成了构造运动学指向前缘的前冲构造，而且在纵向上叠置。即构造演化主要是向前缘逆冲扩展，但是，它们之间仍然因边界摩擦属性的不同而产生了一定的差异：没有侧向挡板，只产生了5条褶皱，而且褶皱-冲断带的根带构造倒转现象不明显；具有侧向挡板的模型，产生了7条明显的褶皱。这表明，侧向挡板的存在，使得侧向摩擦强度增加，影响了褶皱-冲断带褶皱数量的产生（图3-136）。这说明，摩擦属性是产生褶皱的一个必要条件。中间滑脱层厚度的增加，使得上构造层的变形样式由前冲构造向对称型冲起构造转换。模型的应变主要集中在上构造层，使得下构造层的变形样式变得比较单一和连续。随着中间滑脱层厚度的增加，上构造层的地层倾角增大，而且形成数量更多的对称型冲起构造（图3-137）。基底摩擦属性的减小，导致褶皱-冲断带的变形分布范围更大、构造扩展模式以振荡型为主（图3-138）。挤压应变速率的增加与减小，则改变了褶皱-冲断带的隆起幅度。挤压变形速率越大，褶皱-冲断带隆升的幅度越大，扩展的范围越小。挤压变形速率越小，褶皱-冲断带隆升的幅度越小、扩展的范围也就越大（图3-139）。以上模拟结果表明，侧向摩擦条件对褶皱-冲断带的构造变形具有一定的影响，但并不是褶皱-冲断带变形样式产生的重要决定因素。基底摩擦属性的改变，对变形样式形成的影响更加显著。

有关褶皱-冲断带变形样式及影响，前人进行了一定的研究（Souloumiac et al，2012；Zhou et al，2016；Zhou and Zhou，2022）。前人研究表明，侧向摩擦影响的范围与模型侧向的接触面积和模型基底的接触面积有关（Souloumiac et al，2012）。侧向与基底的面积比小于0.1时，几乎可以忽略侧向摩擦力的影响；当这一比值在0.1 ~ 0.35时，侧向摩擦对逆冲构造发育的位置具有较大影响；当这一比值达到0.92时，侧向的剪切应力克服基底应力，逆冲断裂主要发育在模型的末端。但是，前人并没有深入探讨边界性质或者强度改变对变形的影响。部分学者近年来的研究表明，在基底软弱层的控制作用下，侧向摩擦力具有重要的影响，而且认为侧向摩擦力与基底摩擦力的比值，决定了褶皱-冲断带变形样式的产生（Zhou et al，2016；Zhou and Zhou，2022）。然而，本案例则显示，相同基底属性的模型，通过改变侧向摩擦条件，褶皱-冲断的变形样式并没有因边界条件改变而形成明显差异。因此，本案例的模拟研究表明侧向摩擦力对褶皱-冲断带的变形具有一定的影响，但对变形样式的产生不具有决定性作用。这一观点与

Souloumiac et al.（2012）的研究成果具有一定的相似性。

（2）褶皱-冲断带构造变形的影响因素分析

侧向摩擦强度、基底摩擦强度、中间韧性层的厚度和变形挤压速率4个控制因素的模拟结果表明，基底的摩擦属性对褶皱-冲断带的构造变形影响较为明显，其余3个因素的影响较小。减小基底的摩擦强度，可以使得褶皱-冲断带的变形样式由前冲构造向对称型冲起构造和后冲构造转化，形成极为复杂的变形样式，而且也会形成上构造层与下构造层的变形样式在不同的区域具有较大的差异，即褶皱-冲断带的边界区域形成前冲构造，而褶皱-冲断带的内部形成前冲构造、对称型的冲起构造或后冲构造叠置。这就证明软弱的基底摩擦条件或者地壳深部极低软弱层的存在，会导致近地表或者上地壳产生极为复杂的构造叠置现象。

有关这一研究成果的认识，在前人的研究中也有相关报道（Gutscher et al，2001；Smit et al，2003；Bonini，2007；Zhou et al，2016；Zhou and Zhou，2022）。但是基于具有双滑脱层的物理模拟仍然十分少见，绝大多数都是基底软弱层和上覆脆性层结构的模拟。Zhou and Zhou（2022）的双滑脱层的模型探讨也只是对挤压速率进行了探索，未进行更多参数的对比分析。本案例模拟进一步揭示，地壳中极其软弱的基底对复杂变形样式的产生和变形演化的控制也许是一个不争的事实。基底软弱层摩擦属性的改变，对上覆构造层的运动学也具有重要的影响。本案例模拟实验结合前人的分析表明，在同一构造体系中，变形样式的影响强度先后关系应该是，基底摩擦强度、地层的脆韧性厚度比、侧向摩擦强度和挤压变形速率。

当然构造变形的影响因素包括剥蚀、抬升、沉积加载和卸载、边界条件等（Graveleau et al，2012）。本案例只是从构造变形极为关键的4个影响参数出发，对同时具有基底滑脱层和中间滑脱层的构造变形及演化进行了分析探讨，但褶皱-冲断带的构造控制因素的研究，仍然是一个值得深入探讨的问题。因此，本案例研究成果对进一步理解自然界具有多层滑脱层的褶皱-冲断带的变形机制及演化过程仍然具有重要的参考意义。

（3）模拟结果与实际对比

将模拟结果与扎格罗斯褶皱-冲断带的变形样式进行对比，它们在构造变形样式上极为相似（图3-140）。扎格罗斯褶皱-冲断带北西-南东向展布，从土耳其、伊朗一直延伸到霍尔木兹海峡，全长达2000km。它经历了晚白垩阿拉伯板块与中伊朗板块的挤压、渐新世到早中新世的碰撞（Sherkati et al，2006）。地震和钻井资料揭示，地层沉积了寒武纪结晶基底、中-新生代的蒸发岩、白云岩、碳酸盐岩、页岩、砾岩、碎屑岩等多种岩性，地层总沉积厚度达6 ~ 12km。具有两套明显的区域性滑脱层分布。剖面结构特征显示，基底构造层和上覆构造层均形成向前扩展的变形样式［图3-140（a）和图3-140（b）］。而且上下构造层之间的变形扩展时序具有一定的不同步现象，基底与中间软弱层增厚的高点不在同一褶皱轴迹上，它们之间具有一定间距，形成了上下构造层中的脆性层对冲交叉现象［图3-140（a）和图3-140（b）］。这表明，该区的变形明显不同于单一滑脱层所控制的变形，与本案例双滑脱层控制的变形极为相似［图3-140（c）］。尽管高扎格罗斯褶皱带变形十分强烈，剥蚀严重，但它与扎格罗斯简单褶皱带的变形样式仍然是十分相似的，并没有实质性的变化，只是遭受到了强烈的剥蚀变形而已。因

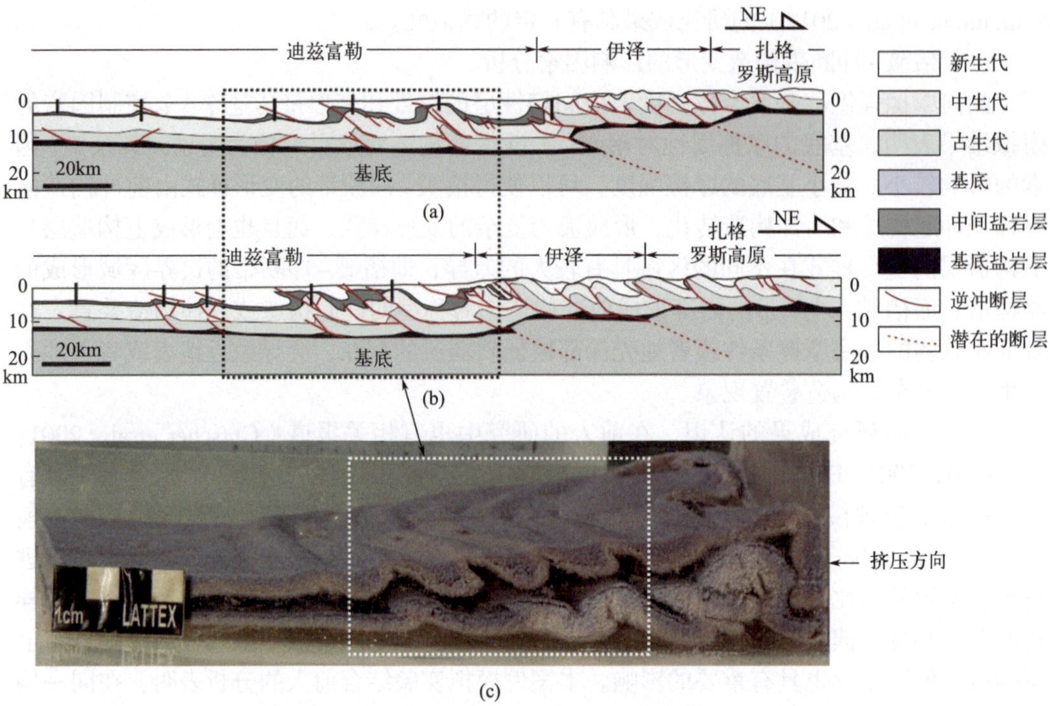

图 3-140　扎格罗斯褶皱-冲断带构造变形样式

（a）、（b）该区域内部的典型构造变形样式（Sherkati et al，2006）；（c）减小侧向与基底摩擦强度，同时具有一定的边界摩擦效应的条件下的变形演化结果

此，本案例的模拟结果，为扎格罗斯褶皱-冲断带的形成机制的理解提供了极为重要的参考。

在早期，有很多学者对扎格罗斯褶皱进行了相关的模拟研究（Sherkati et al，2006）。但他们的模型结构主要对滑脱层的埋深进行讨论，而本案例从侧向和基底摩擦条件、地层结构和挤压变形速率出发，进行系统的分析和探讨，表明扎格罗斯褶皱-冲断带变形样式的形成极有可能与基底摩擦属性和地层的流变学结构具有重要的关系，而并非一定是由中间滑脱层的埋深所控制（Sherkati et al，2006），而是基底与中间滑脱层共同作用才形成了现今变形样式极为独特的扎格罗斯褶皱-冲断带。本案例基底与中间滑脱层的模拟表明，因地层多套软弱层的存在，以及摩擦属性、地质体结构和变形速率的差异，使得褶皱-冲断带在变形过程中，会形成极为复杂的变形现象。由此说明，自然界的复杂变形，未必一定是多期构造变形的结果。这一研究成果对进一步理解褶皱-冲断带的构造变形过程及形成机制具有极为重要的参考意义。

3.3.5.5　研究结论与认识

本案例采用基底硅胶层和中间硅胶层，以及上覆石英砂组合模型，并改变侧向与基底摩擦条件、硅胶层的厚度、挤压变形速率等变量，模拟了具有双层滑脱层的褶皱-冲断带的变形及演化特征。取得的认识及结论如下：

模拟结果表明褶皱-冲断带的构造样式及演化过程与模型的边界条件、地层流变学结构和摩擦属性等有关。但是，侧向摩擦强度并不是控制构造变形样式的唯一潜在因素，这有别于前人的认识。与其他因素相比，基底摩擦属性对褶皱-冲断带的扩展范围和构造变形样式的改变比较敏感。因此，软弱基底和基底摩擦力较小，会使得褶皱-冲断带的变形样式变得十分复杂。

具有双层滑脱层的褶皱-冲断带会产生各种类型的变形样式。双向前冲、基底前冲、基底后冲，以及各种构造样式的复合。如扎格罗斯褶皱-冲断带，基底滑脱层和中间滑脱层的存在，形成了扎格罗斯褶皱-冲断带上下构造层明显差异的断层相关褶皱，而且它们向前缘的扩展并不同步。因此，扎格罗斯褶皱-冲断带现今的变形样式很有可能是基底和中间滑脱层共同作用的结果。

尽管本案例的研究只是从理论上进行模拟分析和探讨，但模拟结果显示在具有多套滑脱层沉积的区域会产生惊人的复杂变形样式。因此，自然界复杂的变形未必一定是多期变形的结果，极有可能与地质体存在着多套软弱层有关。

参考文献

何文刚，余一欣，郑学贤，等，2022. 基底摩擦属性和脆性层厚度对背驮式盆地地貌形态及形成演化的影响：来自物理模拟的启示. 地质科学，57（4）：975-990.

Alonso J L，Teixell A，1991. Forelimb deformation in some natural examples of fault-propagation folds：175-180.

Bally A W，Grody P L，Stewart G A，1966. Structure，seisimic data，and orogenic evolution of the southern Canadian Rocky Mountains. Bulletin of Canadian Petroleum Geology，14：337-381.

Beck R H，Lehner P，1974. Oceans，new frontier in exploration. American Association of Petroleum Geological Bulletin，14：376-395.

Bonini M，2007. Deformation patterns and structural vergence in brittle-ductile thrust wedges：An additional analogue modelling perspective. Journal of Structural Geology，29：141-158.

Bonini M，2003. Detachment folding，fold amplification and diapirism in thrust wedge experiments. Tectonics，22（6），1065-1076.

Bonini M，Sani F，Antonielli B，2012. Basin inversion and contractional reactivation of inherited normal fault：A review based on previous and new experimental models. Tectonophysics，522-523：55-88.

Boyer S E，Ellion D，1982. Thrust systems. Bulletin of the American Assocation of Petroleum Geologists，66：1196-1230.

Buiter S，2012. A review of brittle compressional wedge models. Tectonophysics，530-531：1-17.

Butler R W H，Bond C E，Cooper M A，2020. Henry Cadell's "Experimental researches in mountain building"：their lessons for interpreting thrust systems and fold-thrust structures. London：Special Publications：490.

Byerlee J，1978. Friction of rocks. Pure Application of Geophysics，116：615-626.

Cadell H M，1889. Experimental researches in mountain building. Transactions of Royal Society of Edinburgh，35：337-357.

Chapple W M，1978. Mechanics of thin-skinned fold-and-thrust belts. Geological Society of American Bulletin，89：1189-1198.

Cotton J T，Koyi H A，2000. Modeling of thrust fronts above ductile and frictional detachments：Application to structures in the Salt Range and Potwar Plateau，Pakistan. Geological Society of Amercia Bulletin，112（3）：351-363.

Couzens-Schultza B A，Vendeville B C，David V，et al，2003. Duplex style and triangle zone formation：insights from physical modeling. Journal of Structural Geology，25：1623-1644.

Cowan D S，Silling R M，1978. A dynamic scaled model of accretion at trenches and its implications for the tectonic evolution of subduction complexes. Journal of Geo-physical Research，83（B11）：5389-5396.

Dahlen F A，1990.Critical taper model of fold-and-thrust belts and accretionary wedges. Annual of Review of Earth Plante Science，18：55-99.

Dahlen F A，Suppe J，1988. Mechanics，growth，and erosion of mountain belts. Geological Society of America Special Paper，218：161-178.

Dahlen F A，Suppe J，Davis D，1984. Mechanics of Fold-and-Thrust Belts and Accretionary Wedges：Cohesive Coulomb Theory. Journal of Geophysical Research，89（B12）：10087-10101.

Dahlen F A，1984. Noncohesive critical Coulomb wedges：an exact solution. Journal of Geophysical Research，89：10125-10133.

Dahlstrom C D A，1970. Structural geology of the eastern margin of the Canadian Rocky Mountains. Bulletin of Canadian Petroleum Geology，18：332-406.

Davis D M，1978. The mechanics of thrust faults：A sand box model，B.S. thesis. New Jersey：Princeton University Princeton.

Davis D M，Engelder T，1985. The role of salt in fold-and-thrust belts. Tectonophysics，119：67-89.

Davis D M，Suppe J，1980. Critical taper in mechanics of fold-and-thrust belts. Geological Society of Amercian Abstract Programs，12：410.

Davis D，Suppe J，Dahlen F，1983. Mechanics of fold-and-thrust belts and accretionary wedges. Journal of Geophysical Research，88：1153-1172.

Elliott D，Johnson M R W，1980. Structural evolution in the northern part of Moine thrust belt，NW Scotland. Transactions of Royal Society of Edinburgh（Earth Sciences），71：69-96.

Ghosh S，Bosea S，Mandal N，et al，2020. Mid-crustal ramping of the Main Himalayan Thrust in Nepal to Bhutan Himalaya：New insights from analogue and numerical experiments. Tectonophysics，782-783：228425.

Graveleau F，Malavieille J，Dominguez S，2012. Experimental modelling of orogenic wedges：A review. Tectonophysics，538-540：1-66.

Gutscher M，Klaeschen D，Flueh E，et al，2001，Non-Coulomb wedges，wrong-way thrusting，and natural hazards in Cascadia. Geology，29：379-382.

Hall J，1815. On the vertical position and convolutions of certain strata and their relation with granite. Transactions of the Royal Society of Edinburgh，7：79-108.

Hamilton W，1979. Tectonics of the Indonesian region. US Geology Survey Prof Pap，1078：345.

He W G，Yu Y X，Luo Y，et al，2023. Effects of friction properties and rheological structures on the deformation patterns and evolution of fold-and-thrust belts—New insights from analogue modelling. Journal of Structural Geology，173：104904.

He W G，2020. Influence of mechanical stratigraphy on the deformation evolution of fold-thrust belts：Insights from the physical modeling of Eastern Sichuan-Western Hunan and Hubei，South China. Journal of Earth Science，31（4）：795-807.

He W G，Zhou J X，Yuan K，2018. Deformation evolution of Eastern Sichuan-Xuefeng fold-thrust belt in South China：Insights from analogue modelling. Journal of Structural Geology，109：74-85.

Hoshino K，Koide H，Inami K，et al，1972. Mechanical properties of Japanese Tertiary sedimentary rocks under high confining pressures. Geological Survery of Japan，Kawasaki，244：200.

Hubbert M K，1937. Theory of scale models as applied to the study of geologic structures. Bulletin of the Geological Society of America，48（21）：1459-1520.

Hubbert M K, 1951. Mechanical basis for certain familiar geologic structures. Bulletin of the Geological Society of America, 62: 355-372.

Hubbert M K, Rubey W W, 1959. Role of fluid pressure in mechanics of overthrust faulting. Bulletin of the Geological Society of America, 70: 115-166.

Jadoon L A K, Lawrence R D, Lillie R J, 1991.Balanced and retrodeformed geological cross-section from the frontal Sulaiman Lobe, Pakistan: Duplex development in thick strata along the western margin of the Indian Plate// Thrust Tectonics. Dordrecht: Springer: 343-356.

Konstantinovskaia E, Malavieille J, 2005. Erosion and exhumation in accretionary orogens: Experimental and geological approaches. Geochemistry Geophysics Geosystems, 6 (2): 1-25.

Koyi H, 1997. Analogue modelling: from qualitative to quantitative technique—a historical outline. Journal of Petroleum Geology, 20(2): 223-238.

Krantz R W, 1991. Measurements of friction coefficients and cohesion for faulting and fault reactivation in laboratory models using sand and sand mixtures. Tectonopyhsics, 188: 203-207.

Lallemand S E, 1999. La subduction océanique. Amsterdam: Gordon and Breach Science Publishers: 194.

Lewis S D, Ladd J W, Bruns T R, 1988. Structural development of an accretionary prism by thrust and strike-slip faulting: Shumagin region. Geological Society of America Bulletin, 100: 767-782.

Lillie R J, Johnson G D, Yousu M, et al, 1987. Structural development within the Himalayan foreland fold -and- thrust belts of Pakistan. Canadian Society of Petroleum Gelogists Memoir, 12: 379-392.

Liu H, McClay K R, Powell D, 1992. Physical models of thrust wedges.//McClay K R. Thrust Tectonics. London : Chapman and Hall: 71-81.

Mackay, M. E., Moore, G. F., Cochrane, G. R., Moore, J. C., Kulm, L. V. D. 1992. Landward vergence and oblique structural trends in the Oregon margin accretionary prism: Implications and effects on fluid flow. Earth and Planetary Science Letters, 109: 477-491.

Malavielle J, 1984. Modelisation experimentale des chevauchements imbriques: Application aux chaines de montagnes. Geological Society of France Bulletin, 7: 129-138.

Malavieille J, Calassou S, Lallemand S, et al, 1992. Modélisation analogique des prismes d'accrétion océanique. France: Produit et réalisé par SNEA (P): 28.

Marques F O, Mandal N, Ghosh S, et al, 2018. Channel flow, tectonic overpressure, and exhumation of high-pressure rocks in the Greater Himalayas. Solid Earth, 9: 1061-1078.

McClay K R, 1990. Deformation mechanics in analogue models of extension fault systems. Deformation Mechanisms, Rheology and Tectonics, 54: 445-453.

McClay K R, Ellis P G, 1987. Analogue models of extensional fault geometries. Geological Society of London Special Publications, 28: 109-125.

McClay K R, Price R A, 1981. Thrust and Nappe Tectonics. Geological Society of Landon, 9: 539.

Moore G F, Shipley T H, 1988. Mechanics of sedunent accretion in thr Middle America Trench off Mexico. Journal of Geophysical Research, 93: 8911-8927.

Mulugeta G, Koyi H, 1987. Three-dimensional geometry and kinematics of experimental piggyback thrusting. Geology, 15: 1052-1056.

Mulugeta G, 1988. Squeeze box in a centrifuge. Tectonophysics, 148: 323-335.

Nalpas T，Brun J P，1993. Salt flow and diapirism related to extension at crustal scale. Tectonophysics，228：349-362.

Nasu N，Tomoda Y，Kobayashi K，et al，1979. Multi-channel seismic reflection data across the Japan Trench，IPOD-Japan Basic Data Ser. Ocean Res Institution，University of Tokyo，3：22.

Paterson M S，1978. Experimental Rock Deformation：The Brittle Field. New York：Springer-Verlag：16-50.

Price R A，1981. The Cordilleran foreland thrust and fold belt in the southern Canadian Rocky Mountains. Thrust and Nappe Tectonics，9：427-448.

Price R A，1988. The mechanical paradox of large overthrusts. Geological Society of America Bulletin，100：1898-1908.

Ramberg H，1981. Gravity deformation and the earth' s crust. In theory，experiments and geological application. London：Academic Press Inc.

Roure F，Howell D G，Guellec S，et al，1990. Shallow structures induced by deep-seated thrusting. Petroleum and Tectonics in Mobile Belts，43：15-30.

Schreurs G，Buiter S J H，Boutelier J，et al，2016. Benchmarking analogue models of brittle thrust wedges. Journal of Structural Geology，92：116-139.

Seely D R，Vail P R，Walton G G，1974. Trench slope model.// Burk C A，Drake C L. The Geology of Continental Margins. New York：Springer-Verlag：249-260.

Seely D R，1977. The significance of landward vergenceand oblique structural trends on trench inner slopes// Talwani M，Pitman W C. Island arcs，deep sea trenches，and back-arc basins：Maurice Ew-ing Series：Volume 1. Washington D C：American Geophysical Union，187-198.

Sherkati S，Letouzey J，de Lamotte D F，2006. Central Zagros fold-thrust belt（Iran）：New insights from seismic data，field observation，and sandbox modeling. Tectonics，25：1-27.

Smit J，Brun J，Sokoutis D，2003. Deformation of brittle-ductile thrust wedges in experiments and nature. Journal of Geophysical Research，108（B10）：2480.

Snideroa M，Muñoz J A，Carrera N，et al，2019. Temporal evolution of the Darmadan salt diapir，eastern Fars region，Iran. Tectonophysics，766：115-130.

Souloumiac P，Maillot B，Leroy Y M，2012. Bias due to side wall friction in sand box experiments. Journal of Structural Geology，35：90-101.

Stanley R S，1990. The evolution of mesoscopic imbricate thrust faults—an example from the Vermont Foreland，USA. Journal of Structural Geology，12：227-241.

Stockmal G S，Chapple W M 1981. Modelling accretionary wedge deformation using a rigid-perfectly plastic rheology（abstract）. AGU，62：397-398.

Tang L，Guo T，Yu Y，et al，2007. Salt-related structures in the foreland thrust-and-fold belt of the northeastern Sichuan basin，south China. Acta Geologica Sinica，81：1048-1056.

Tavakoli-Shirazi S，Lamotte D F，Wrobel-Daveau J C，2012. Pre-Permian uplift and diffuse extensional deformation in the High Zagros Belt（Iran）：integration in the geodynamic evolution of the Arabian plate. Arab Journal of Geosicence，6（7）：2329-2342.

Tong H M，Koyi H，Huang S，et al，2014. The effect of multiple pre-existing weaknesses on formation and evolution of faults in extended sandbox models. Tectonophysics，626：197-212.

Weijermars R，1986. Flow behaviour and physical chemistry of Bouncing Putties and related polymers in view of tectonic laboratory applications. Tectonophysics，124：325-358.

Weijermars R，Jackson M P A，Vendeville B C，1993. Rheological and tectonic modeling of salt provinces. Tectonophysics，217（1-2）：143-174.

Willis B，1892. The mechanics of Appalachian structure. US Geological Survey 13th Annual Report：271-281.

Westbrook G K，1982. The Barbados Ridge complex：Tectonics of a mature forearc system. Geological Society of London Special Publication，10：275-290.

Westbrook G K，Smith M J，1983. Long decollements and mud volcanoes：evidence from the Barbados Ridge complex for the role of high pore-fluid pressure in the development of an accretionary complex. Geology，11：279-283.

Willett S D，1992. Dynamic and kinematic growth and change of a Coulomb wedge//McClay K R. Thrust Tectonics. New York：Chapman and Hall：19-31.

Wu Z Y，Yin H W，Wang X，2014. Characteristics and deformation mechanism of salt-related structures in the western Kuqa depression，Tarim basin：Insights from scaled sandbox modeling. Tectonophysics，612-613：81-96.

Xie G，Jia D，Zhang Q，et al，2013. Physical modeling of the Jura-type folds in Eastern Sichuan. Acta Geologica Sinica，87：773-788.

Yan D，Zhou M，Song H，et al，2003. Origin and structural significance of a Mesozoic multi-layer over-thrust system within the Yangtze Block（South China）. Tectonophysics，361：239-254.

Zhang G，Guo A，Wang Y，et al，2013. Tectonics of south China continent and its implications. Sci China Earth Sci，56：1804-1828.

Zhao W L，Davis D M，Dahlen F A，et al，1986. Cross section of an accretionary wedge：Barbados Ridge complex. Geology，16：631-635.

Zhou C，Zhou J X，2022. Relationship Between Lateral/Basal Shear Stress Ratio and Structural Vergence of Thrust Wedges：Results from Analogue Modeling and Implications for the Origin of Eastern Sichuan-Xuefeng Fold-Thrust Belt in South China. Tectonic，41（3）：e2021TC007035.

Zhou J X，Su H，2020. Site and Timing of Substantial India - Asia Collision Inferred from Crustal Volume Budget. Tectonics，38：1-16.

Zhou J X，Zhang B，Xu Q，2016. Effects of lateral friction on the structural evolution of fold-and-thrust belts：Insights from sandbox experiments with implications for the origin of landward-vergent thrust wedges in Cascadia. Geological Society of America Bulletin，128：669-683.

第 4 章

3D模拟实验及应用

3D物理模拟越来越受到构造地质学家的青睐，在变形演化研究中已得到了广泛的应用（图4-1）。3D物理模拟技术可以探索变形物体在空间上的变化，从而更加逼近实际的变形状态。Tikoff and Wojtal（1999）和He and Zhou（2018）在有关位移控制构造变形研究中，认为很多地质问题在认识上存在缺陷是由于缺乏空间上的3D研究。Reiter et al.（2011）利用3D模拟技术探讨了相邻块体的相互作用对褶皱–冲断带的变形演化影响。Zhou et al.（2016）开展有关侧向摩擦力对构造变形演化影响的研究时，仍然强调了3D物理模拟对研究变形演化的重要性。2D 物理模拟探讨在两个方向上的变形及控制因素，无法同时获得三个方向上的力学参数信息。因此，利用3D物理模拟技术，可以获得*XYZ*三维空间上的信息，更加接近客观实际，这为深入理解褶皱–冲断带的变形演化具有十分重要的意义。

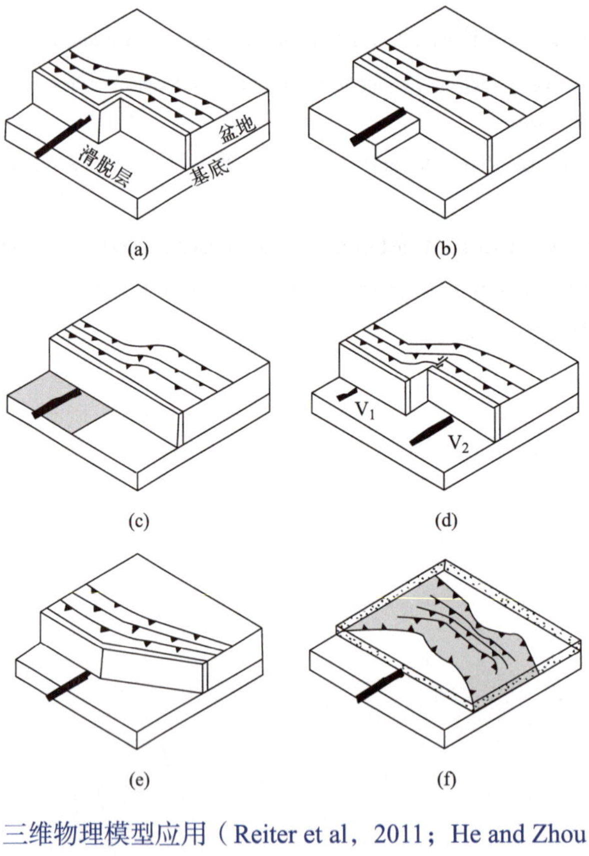

图4-1　三维物理模型应用（Reiter et al，2011；He and Zhou，2018）

尽管前人利用3D物理模拟技术开展了大量的构造变形演化研究，但是针对摩擦属性对褶皱–冲断带变形演化影响的研究仍然十分缺乏。为此，本章针对单一滑脱层和双层滑脱层系统，从侧向摩擦、基底摩擦和内摩擦3个方面对褶皱–冲断带的变形演化过程进行了3D物理模拟研究，系统探讨了摩擦属性对褶皱–冲断带的构造变形样式、运动学特征和动力学过程的影响及控制。

4.1　单层滑脱层实验

4.1.1　减小侧向摩擦实验

本实验模型的基底设置了20mm硅胶层，边界减小了侧向摩擦力，开展了不同脆性层的密度、厚度、挡板的埋深、挤压速率、硅胶层的厚度和黏度等一系列测试（图4–2）。本系列实验在遵义师范学院构造物理模拟实验室和葡萄牙里斯本大学构造物理模拟实验室完成。

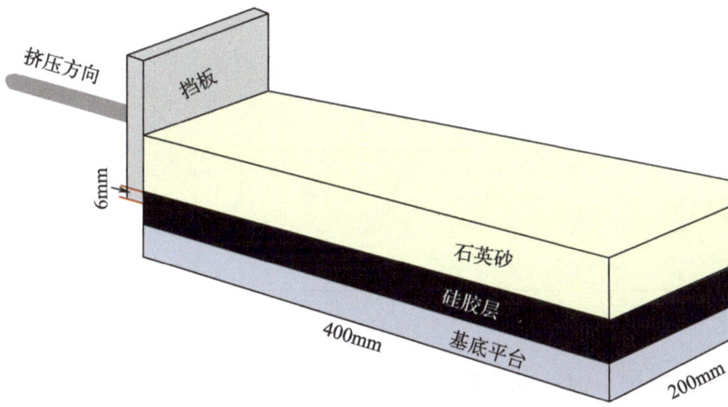

图4-2　褶皱-逆冲带扩展变形物理模型设计

4.1.1.1　减小脆性层厚度实验

模型1，减小侧向摩擦力，测试脆性层厚度对逆冲构造扩展位移的影响。模拟结果揭示，挤压速率为4cm/h，测试位移为10cm，挤压挡板与基底硅胶层接触处埋深为6mm时，逆冲构造扩展的位移为8.5cm，产生一条规模较大的走滑断裂（图4–3）。

模型2，减小侧向摩擦力，测试脆性层厚度对逆冲构造扩展位移的影响。模拟结果揭示，挤压速率为4cm/h，测试位移为10cm，挤压挡板与基底硅胶层接触处埋深为6mm时，逆冲构造扩展的位移为10cm，未产生逆断裂，但前缘局部有正断层产生（图4–4）。

模型3，减小侧向摩擦力，测试脆性层厚度对逆冲构造扩展位移的影响。模拟结果揭示，挤压速率为4cm/h，测试位移为10cm，挤压挡板与基底硅胶层接触处埋深为6mm时，逆冲构造扩展的位移为9cm，前缘产生3条正断层（图4–5）。

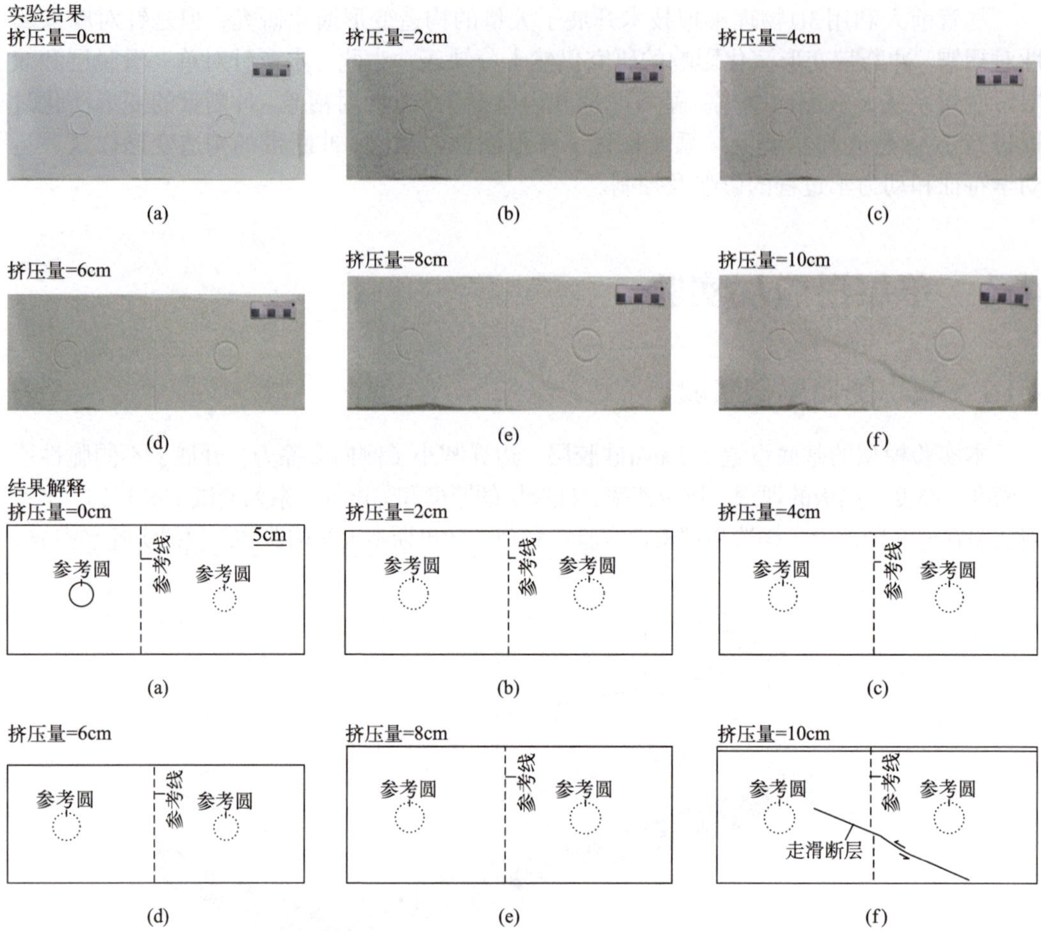

图4-3 模型1（覆盖层厚度为40mm）减小侧向摩擦力模拟结果

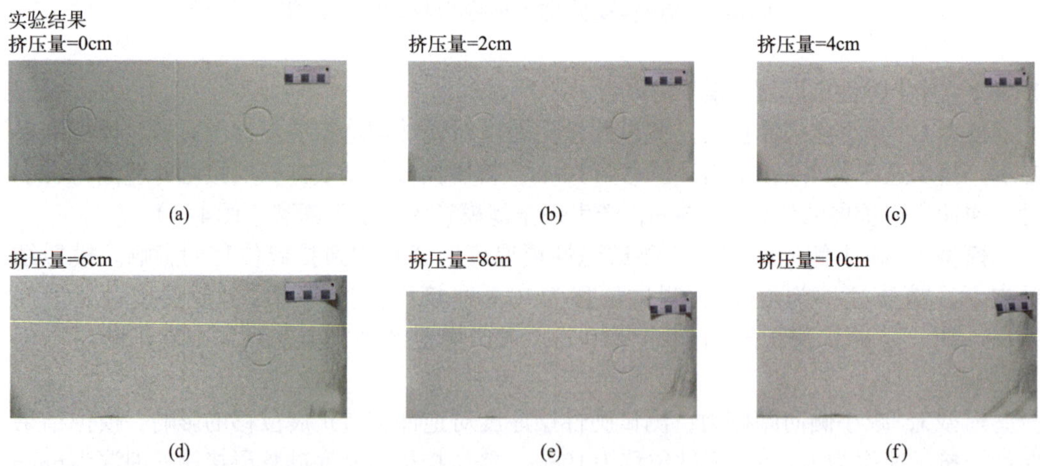

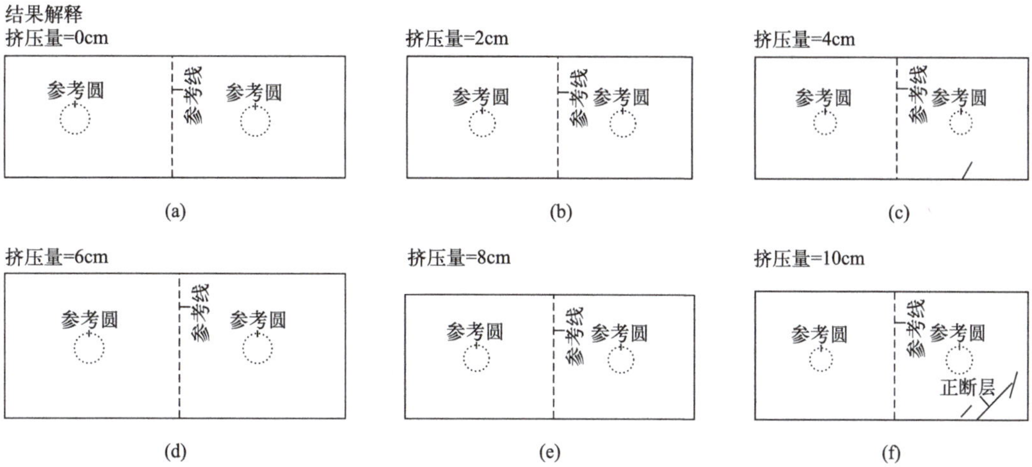

图4-4　模型2（覆盖层厚度为30mm）减小侧向摩擦力模拟结果

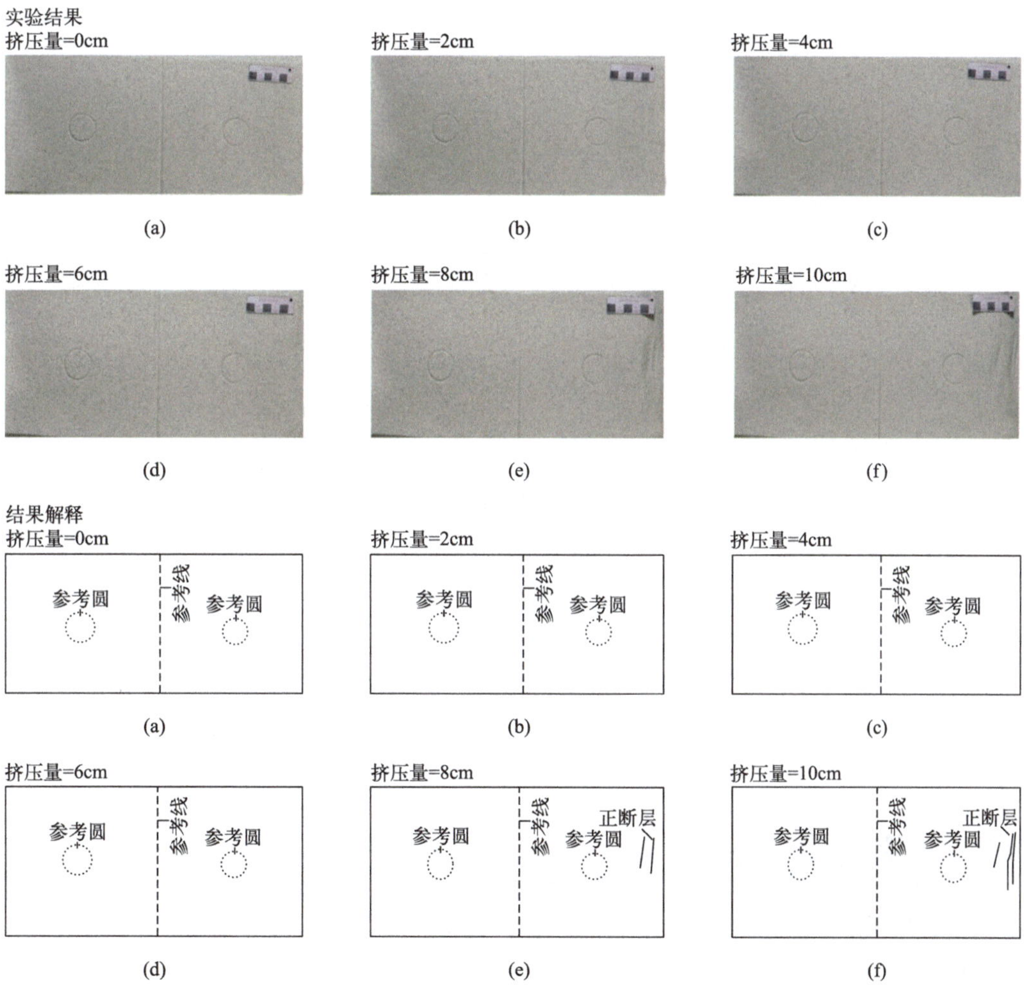

图4-5　模型3（覆盖层厚度为20mm）减小侧向摩擦力模拟结果

模型4，减小侧向摩擦力，测试脆性层厚度对逆冲构造扩展位移的影响。模拟结果揭示，挤压速率为4cm/h，测试位移为10cm，挤压挡板与基底硅胶层接触处埋深为6mm时，逆冲构造扩展的位移为4.2cm，在靠近挤压挡板一侧隆起。靠近挡板产生逆冲断裂的同时，在中后缘产生一条走滑断裂（图4-6）。

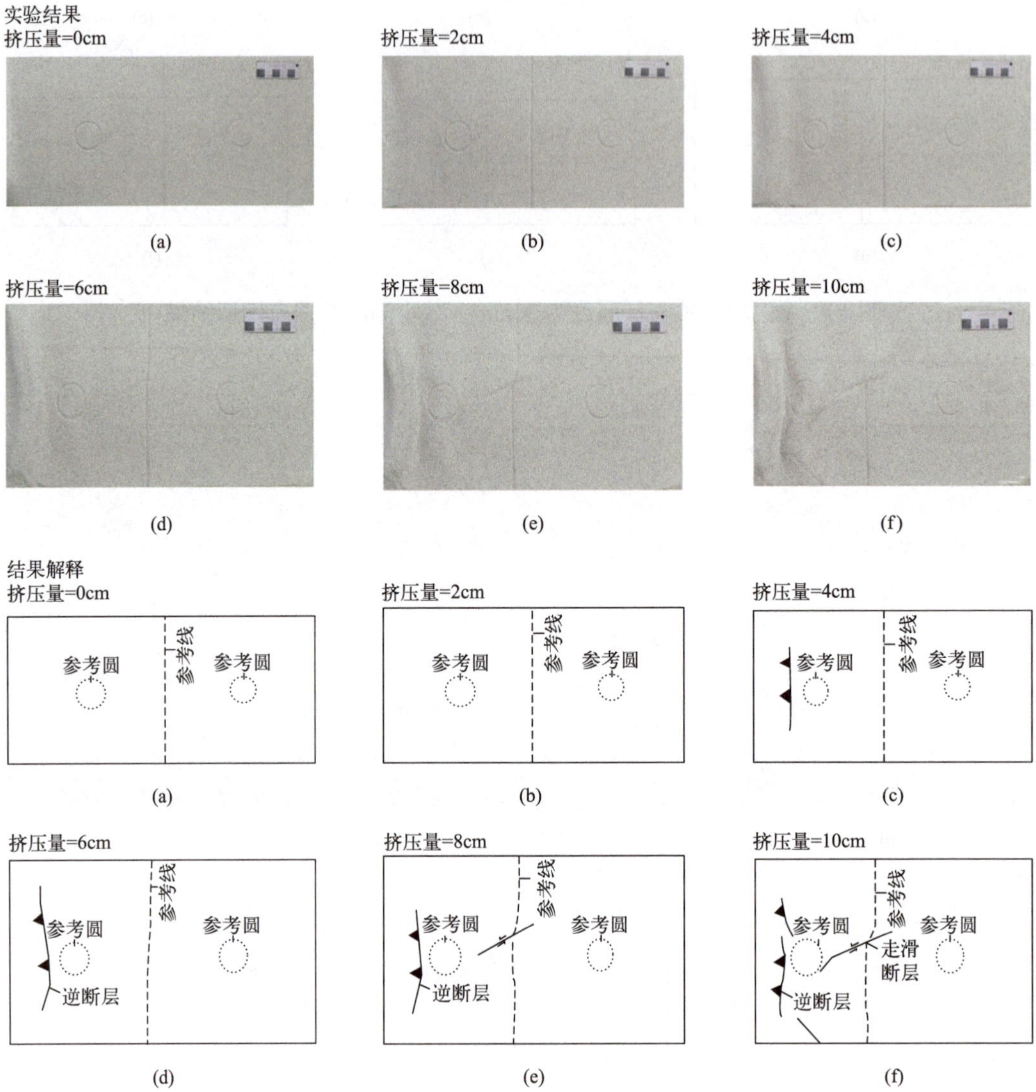

图4-6　模型4（覆盖层厚度为10mm）减小侧向摩擦力模拟结果

4.1.1.2　改变挤压速率实验

模型1，减小侧向摩擦力，测试挤压速率对逆冲构造扩展位移的影响。模拟结果揭示，脆性层厚度为3cm，挤压速率为20cm/h，测试位移为10cm，挤压挡板与基底硅胶层接触处埋深为14mm时，逆冲构造扩展的位移为7cm，产生3条剪切断裂（图4-7）。

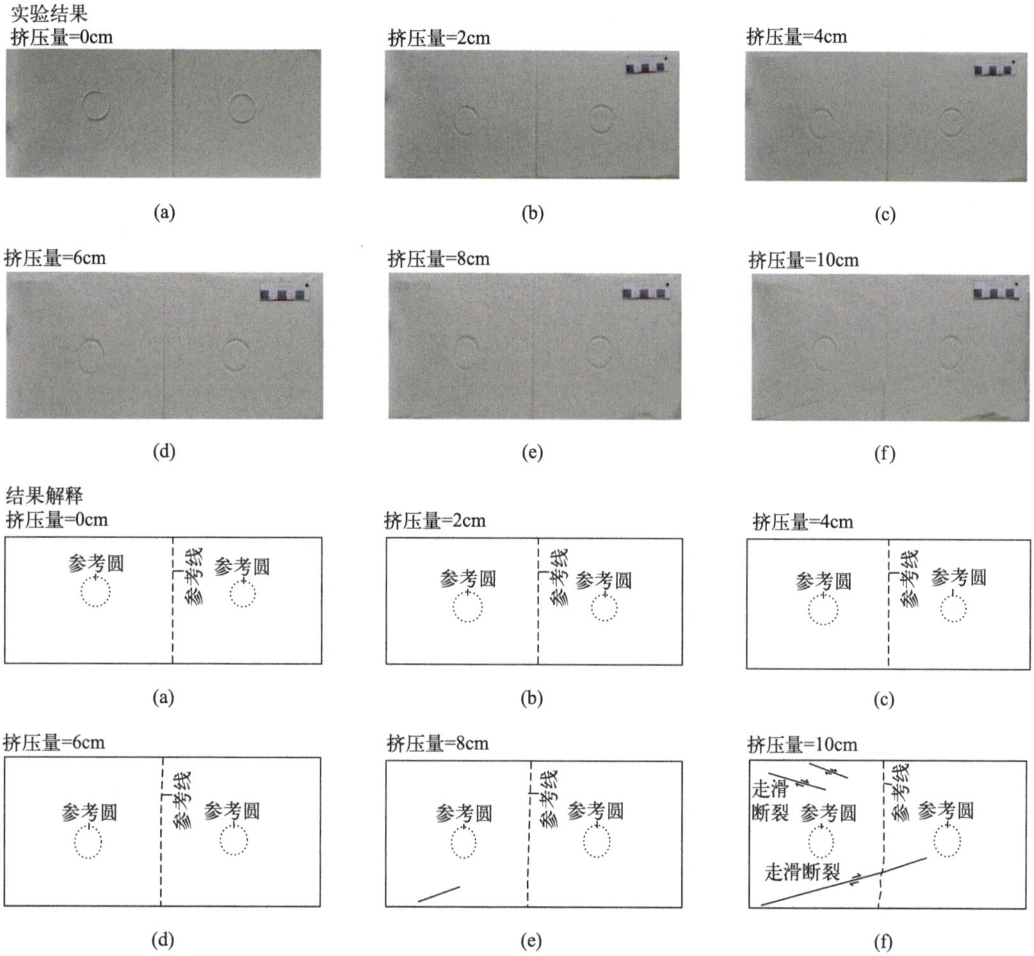

图4-7　模型1（挤压速率为20cm/h）减小侧向摩擦力模拟结果

模型2，减小侧向摩擦力，测试挤压速率对逆冲构造扩展位移的影响。模拟结果揭示，脆性层厚度为3cm，挤压速率为20cm/h，测试位移为10cm，挤压挡板与基底硅胶层接触处埋深为6mm时，逆冲构造扩展的位移为7.1cm，产生1条剪切断裂（图4–8）。

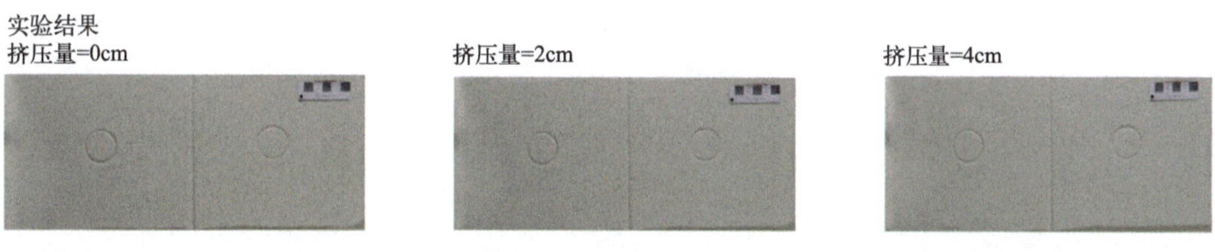

图4-8

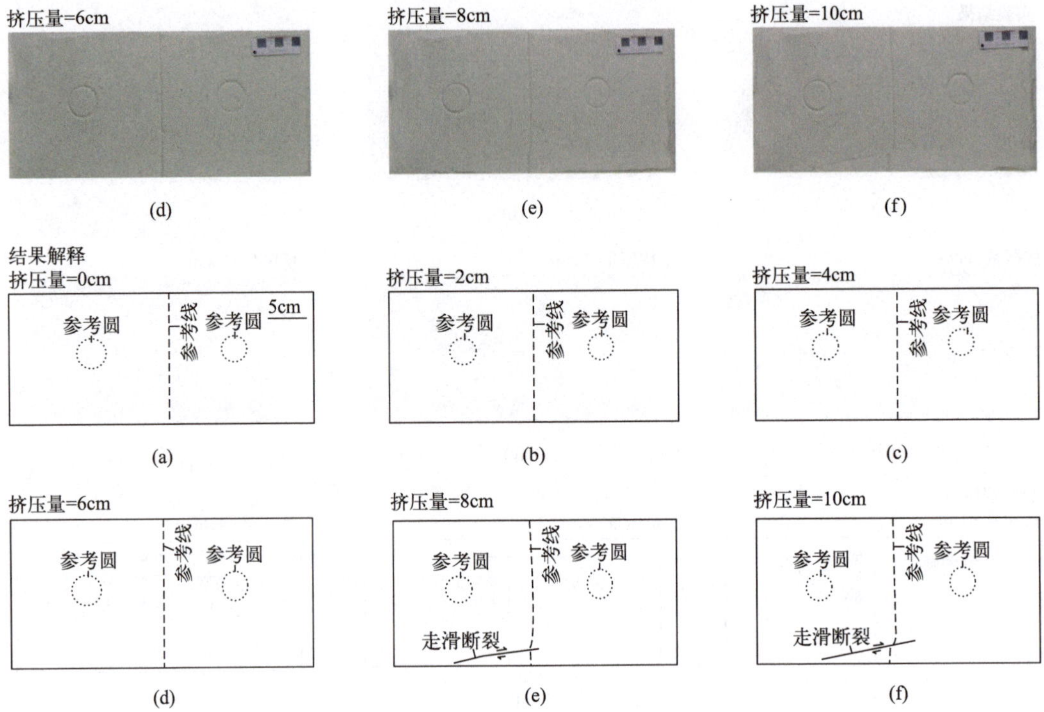

图4-8　模型2（挤压速率为20cm/h）减小侧向摩擦力模拟结果

模型3，减小侧向摩擦力，测试挤压速率对逆冲构造扩展位移的影响。模拟结果揭示，脆性层厚度为3cm，挤压速率为10cm/h，测试位移为10cm。挤压挡板与基底硅胶层接触处埋深为6mm时，逆冲构造扩展的位移为8.3cm，靠近挤压挡板产生1条逆冲断裂（图4–9）。

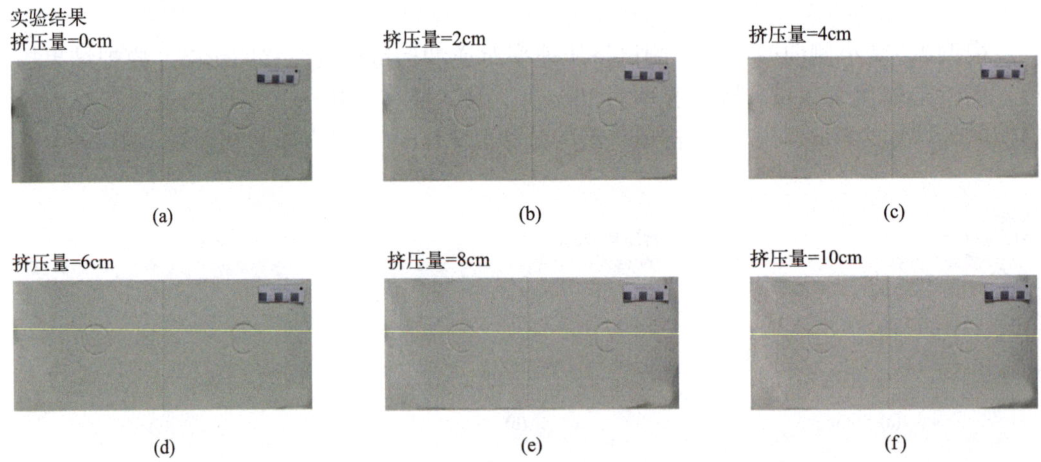

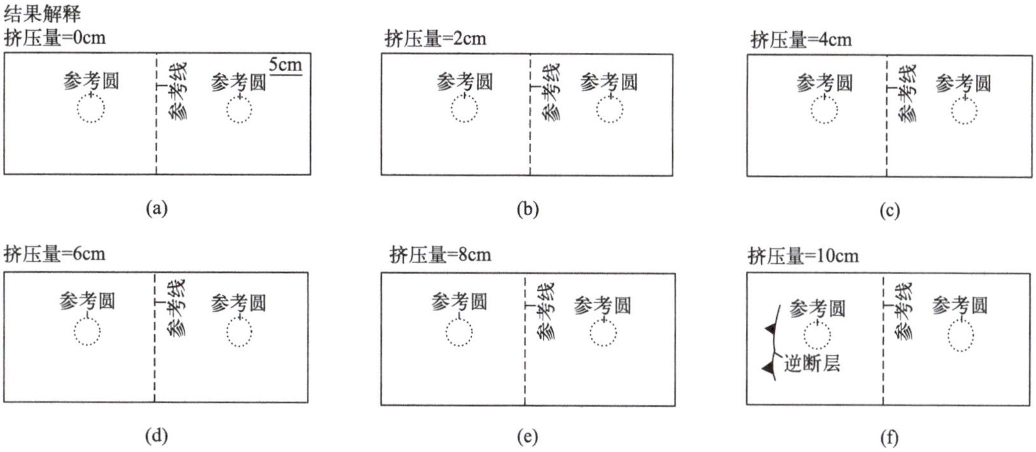

图4-9 模型3（挤压速率为10cm/h）减小侧向摩擦力模拟结果

模型4，减小侧向摩擦力，测试挤压速率对逆冲构造扩展位移的影响。模拟结果揭示，脆性层厚度为3cm，挤压速率为40cm/h，测试位移为10cm，挤压挡板与基底硅胶层接触处埋深为6mm时，挤压方向的左侧扩展位移为6.0cm，挤压方向的右侧扩展位移为5.1cm，靠近挤压挡板产生1条逆冲断裂，并在中后缘形成2条共轭剪切断裂（图4–10）。

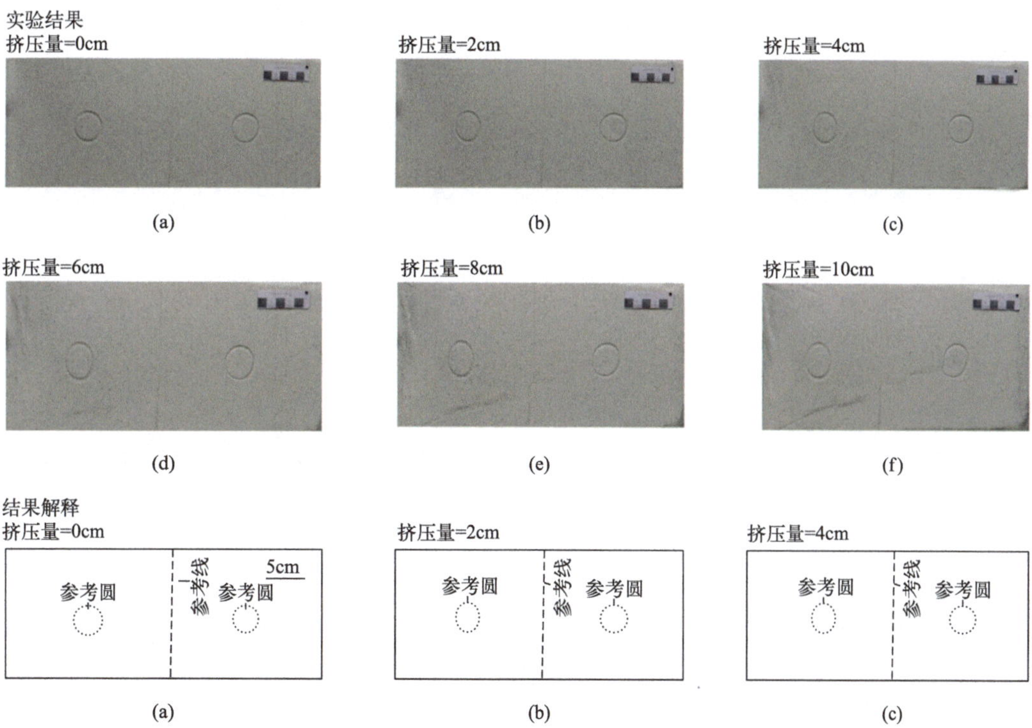

图4-10

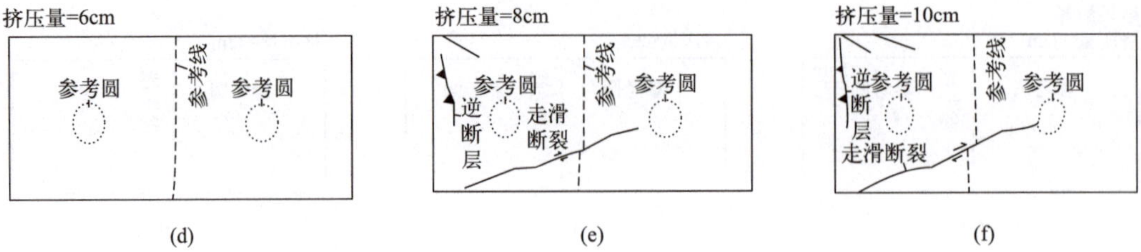

图4-10　模型4（挤压速率为40cm/h）减小侧向摩擦力模拟结果

模型5，减小侧向摩擦力，测试挤压速率对逆冲构造扩展位移的影响。模拟结果揭示，脆性层厚度为3cm，挤压速率为30cm/h，测试位移为10cm，挤压挡板与基底硅胶层接触处埋深为6mm时，挤压方向的左侧扩展位移为6.1cm，挤压方向的右侧扩展位移为5.7cm，靠近挤压挡板产生1条逆冲断裂，并在中后缘形成2条共轭剪切断裂（图4–11）。

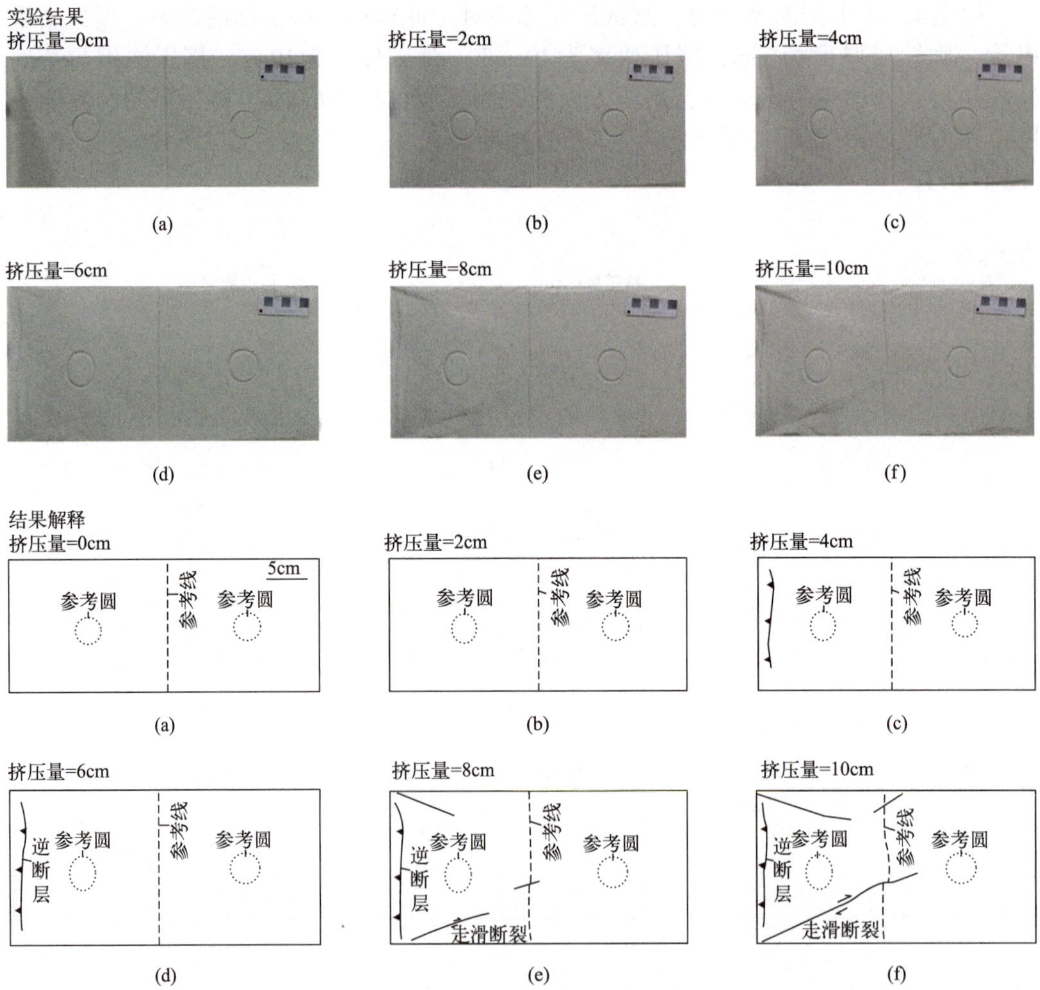

图4-11　模型5（挤压速率为30cm/h）减小侧向摩擦力模拟结果

4.1.1.3 改变覆盖层密度实验

模型1，减小侧向摩擦力，测试覆盖层密度对逆冲构造扩展位移的影响。模拟结果揭示，脆性层厚度为1.5cm，挤压速率为4cm/h，石英砂密度为1.60g/cm^3，测试位移为10cm，挤压挡板与基底硅胶层接触处埋深为6mm时，扩展位移为7.0cm，靠近挤压挡板产生1条逆冲断裂（图4-12）。

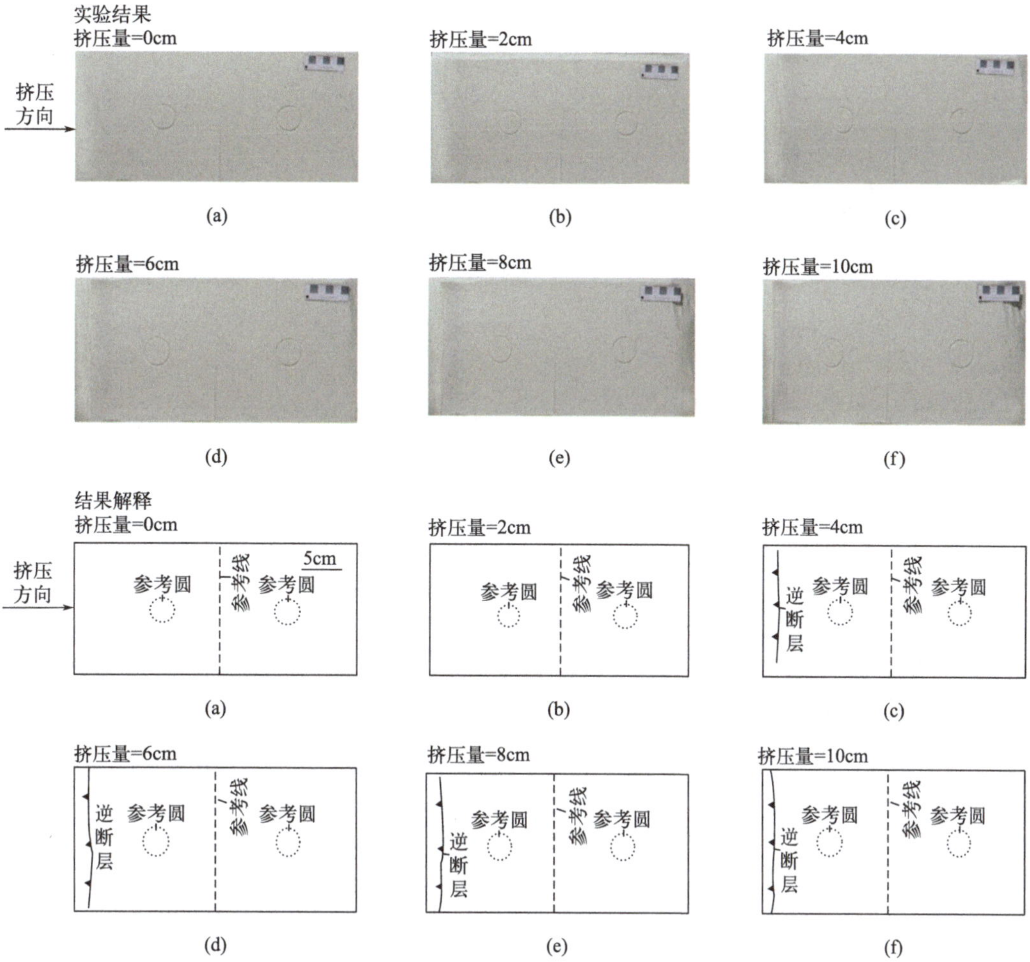

图4-12　模型1（石英砂密度为1.60g/cm^3）减小侧向摩擦力模拟结果

模型2，减小侧向摩擦力，测试覆盖层密度对逆冲构造扩展位移的影响。模拟结果揭示，脆性层厚度为1.5cm，挤压速率为4cm/h，石英砂密度为0.24g/cm^3，测试位移为10cm，挤压挡板与基底硅胶层接触处埋深为6mm时，扩展位移为3.5cm，靠近挤压挡板产生3条逆冲断裂，并且在与挤压方向平行的两侧产生多条雁列式断裂（图4-13）。

模型3，减小侧向摩擦力，测试覆盖层密度对逆冲构造扩展位移的影响。模拟结果揭示，脆性层厚度为1.5cm，挤压速率为4cm/h，石英砂密度为0.94g/cm^3，测试位移为10cm，挤压挡板与基底硅胶层接触处埋深为6mm时，扩展位移为3.3cm，靠近挤压挡板产生1条逆冲断裂，并且产生3条走滑断裂（图4-14）。

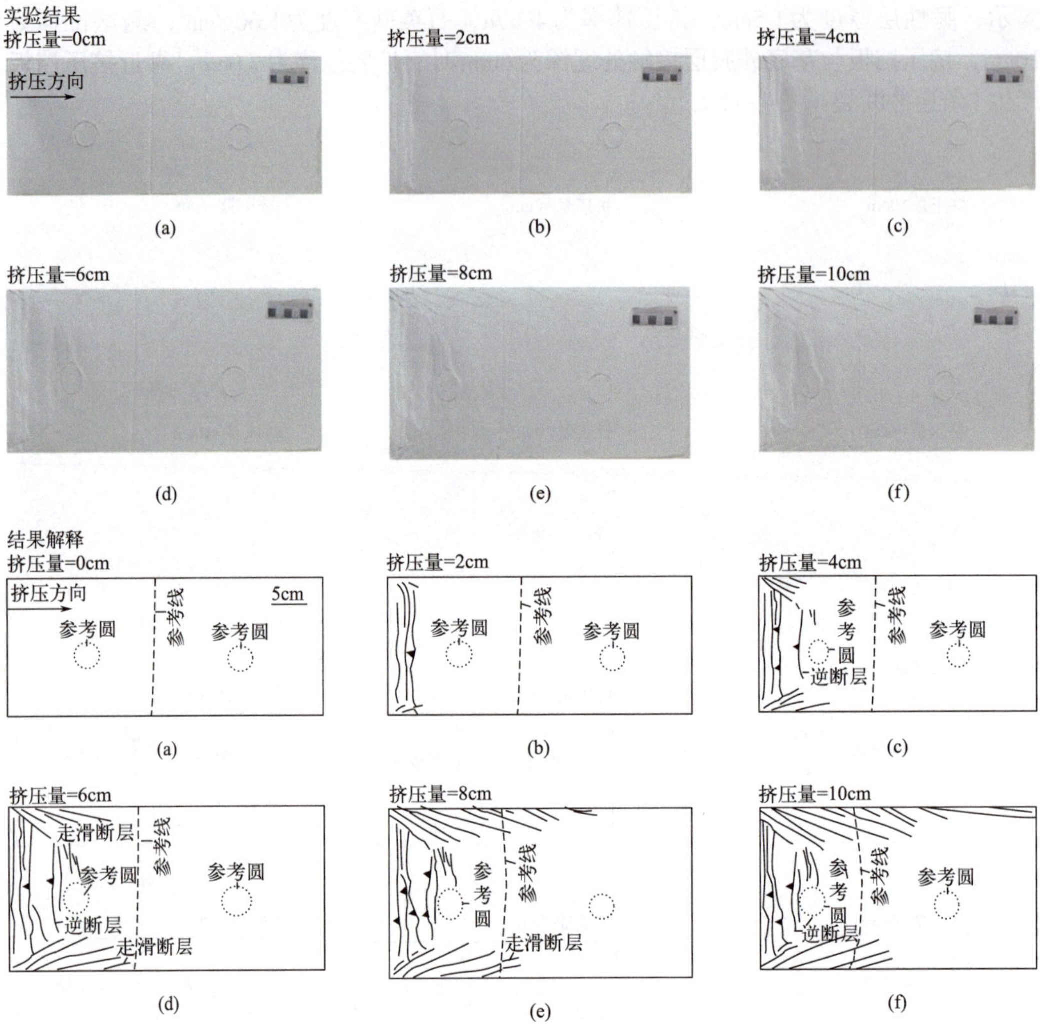

图4-13 模型2（石英砂密度为0.24g/cm^3）减小侧向摩擦力模拟结果

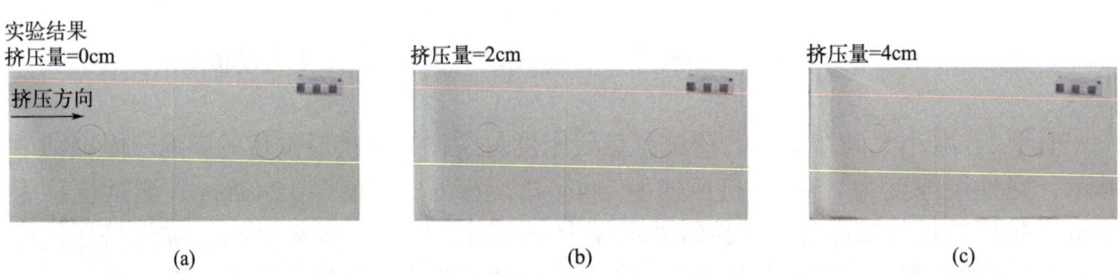

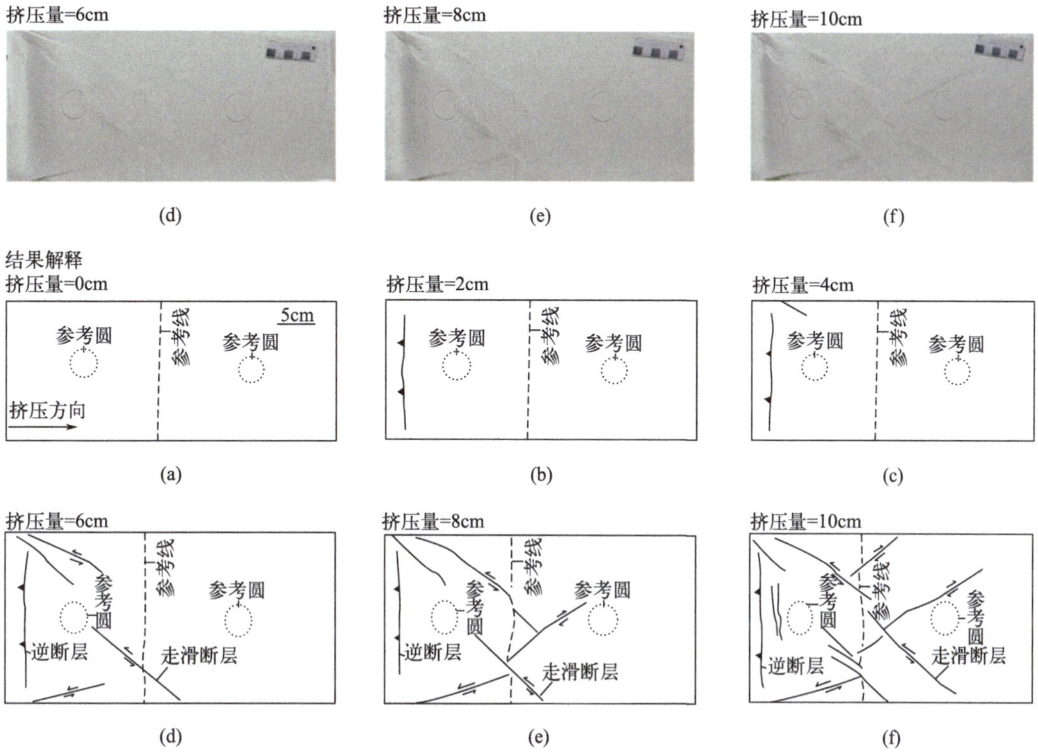

图4-14　模型3（石英砂密度为0.94g/cm^3）减小侧向摩擦力模拟结果

模型4，减小侧向摩擦力，测试覆盖层密度对逆冲构造扩展位移的影响。模拟结果揭示，脆性层厚度为1.5cm，挤压速率为4cm/h，石英砂密度为4.0g/cm^3，测试位移为10cm，挤压挡板与基底硅胶层接触处埋深为6mm时，挤压方向的左侧位移为6.5cm，右侧为7.5cm。靠近挤压挡板产生1条逆冲断裂，并且产生1条走滑断裂（图4-15）。

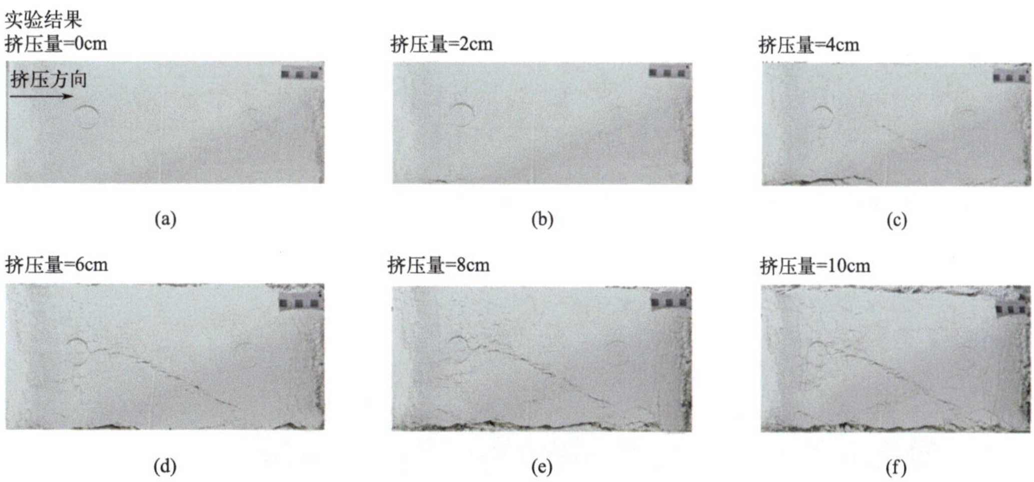

图4-15

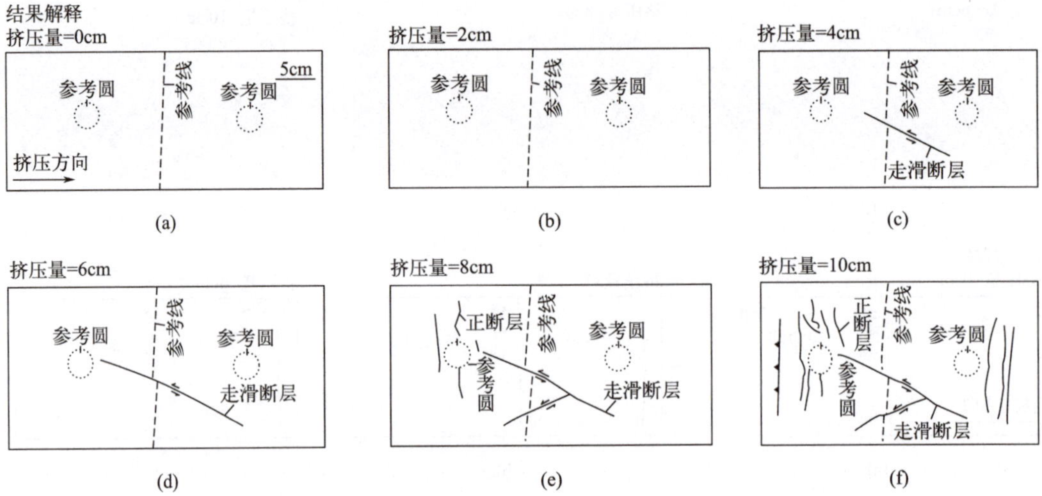

图4-15 模型4（石英砂密度为4.0g/cm^3）减小侧向摩擦力模拟结果

4.1.1.4 改变脆性层厚度和挤压速率实验

模型1，减小侧向摩擦力，测试脆性层厚度及挤压速率对逆冲构造扩展位移的影响。模拟结果揭示，脆性层厚度为1.5cm，挤压速率为10cm/h，石英砂密度为1.60g/cm^3，测试位移为10cm，挤压挡板与基底硅胶层接触处埋深为6mm时，扩展位移为4.0cm，产生1条逆冲断层和2条剪切断裂（图4–16）。

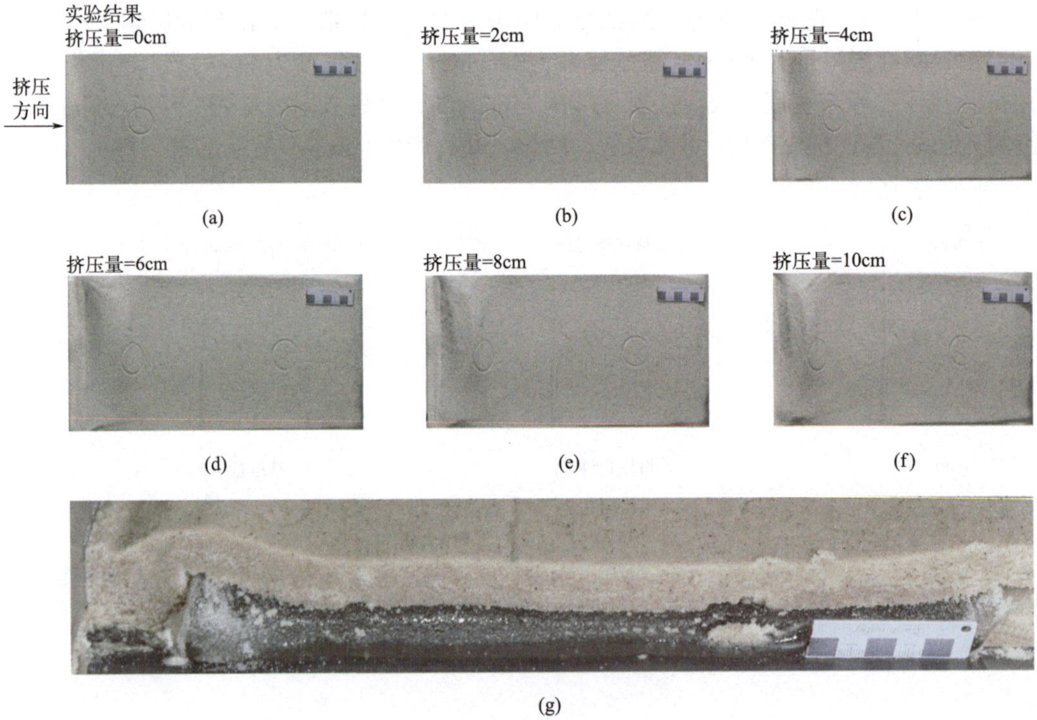

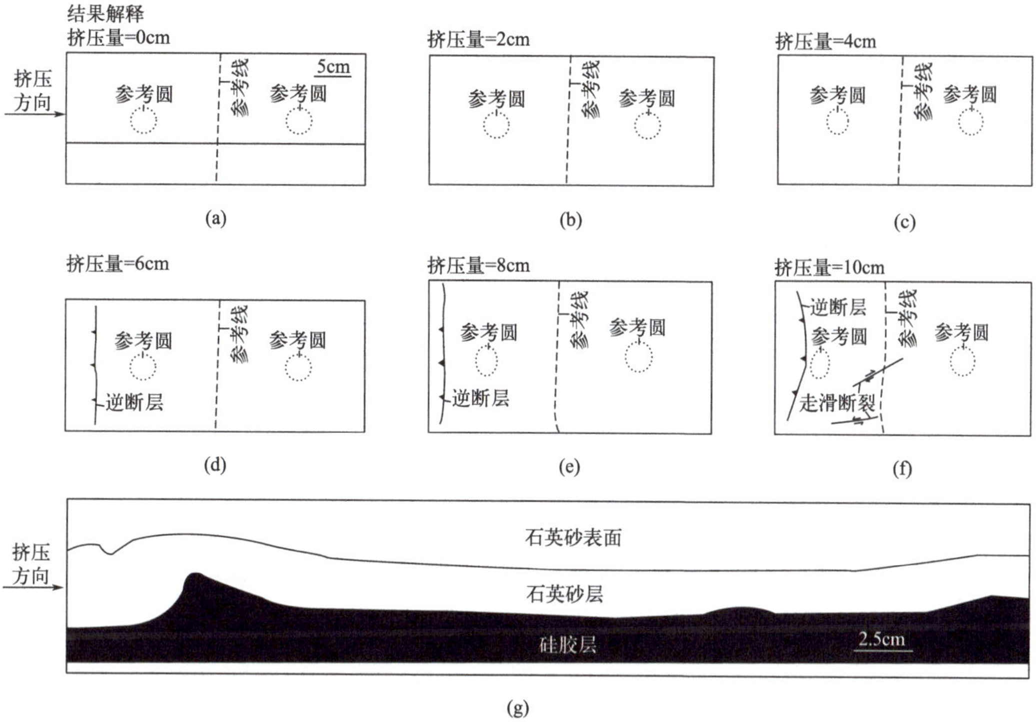

图4-16 模型1（石英砂密度为1.60g/cm^3，速率为10cm/h）减小侧向摩擦力模拟结果

模型2，减小侧向摩擦力，测试脆性层厚度及挤压速率对逆冲构造扩展位移的影响。模拟结果揭示，脆性层厚度为1.5cm，挤压速率为20cm/h，石英砂密度为1.60g/cm^3，测试位移为10cm，挤压挡板与基底硅胶层接触处埋深为6mm时，扩展位移为3.7cm，产生1条幅度较大的逆冲断层和2条剪切断裂（图4-17）。

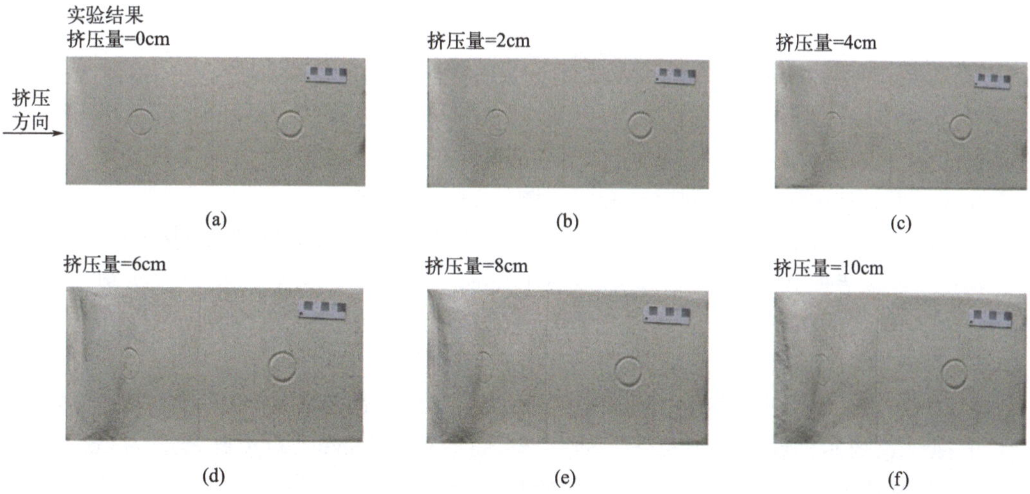

图4-17

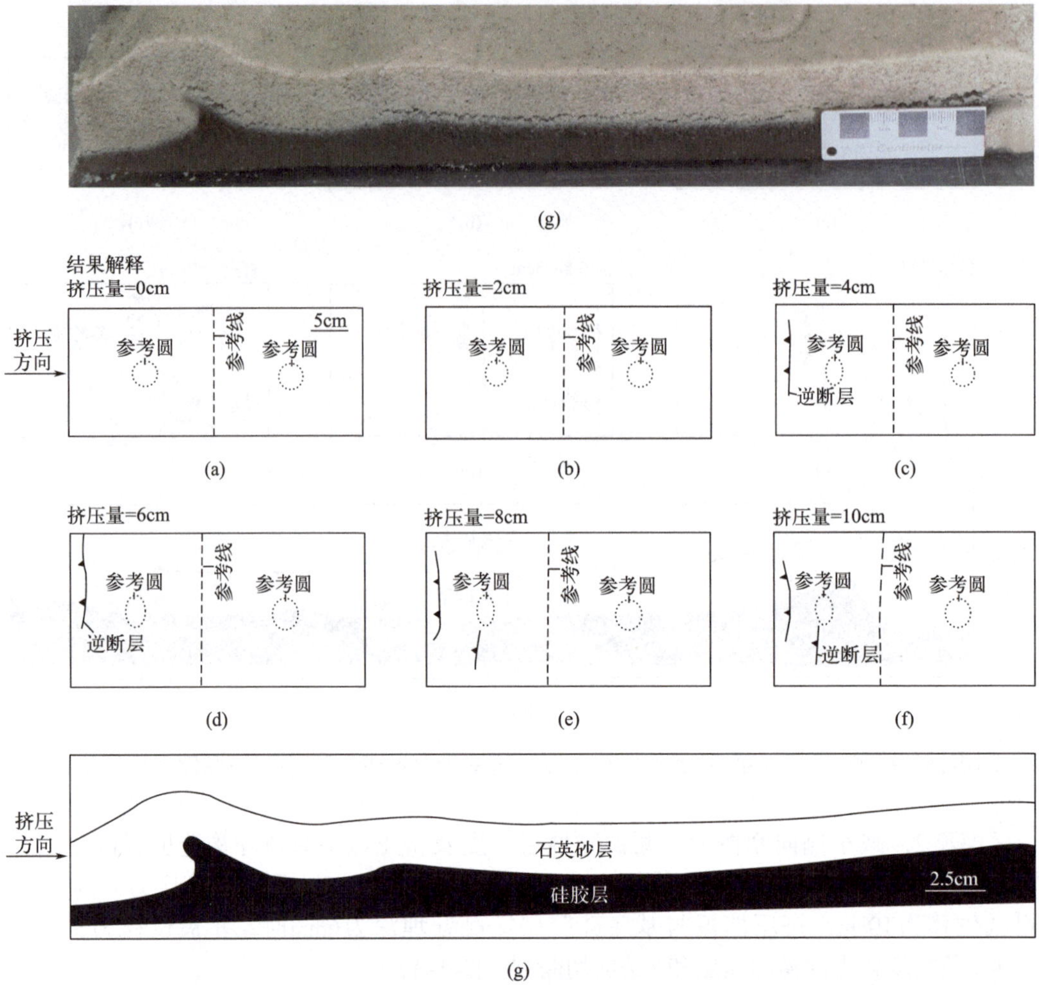

图4-17 模型2（石英砂密度为1.60g/cm^3，速率为20cm/h）减小侧向摩擦力模拟结果

模型3，减小侧向摩擦力，测试脆性层厚度及挤压速率对逆冲构造扩展位移的影响。模拟结果揭示，脆性层厚度为1.5cm，挤压速率为30cm/h，石英砂密度为1.60g/cm^3，测试位移为7.5cm，挤压挡板与基底硅胶层接触处埋深为6mm时，扩展位移为2.1cm，产生1条幅度较大的逆冲断层（图4–18）。

模型4，减小侧向摩擦力，测试脆性层厚度及挤压速率对逆冲构造扩展位移的影响。模拟结果揭示，脆性层厚度为1.5cm，挤压速率为40cm/h，石英砂密度为1.60g/cm^3，测试位移为10cm，挤压挡板与基底硅胶层接触处埋深为6mm时，扩展位移为1.7cm，产生1条幅度较大的逆冲断层和1条剪切断裂（图4–19）。

模型5，减小侧向摩擦力，测试脆性层厚度及挤压速率对逆冲构造扩展位移的影响。模拟结果揭示，脆性层厚度为1.5cm，挤压速率为35cm/h，石英砂密度为1.60g/cm^3，测试位移为10cm，挤压挡板与基底硅胶层接触处埋深为6mm时，扩展位移为1.7~2.0cm，产生1条幅度较大的逆冲断层（图4–20）。

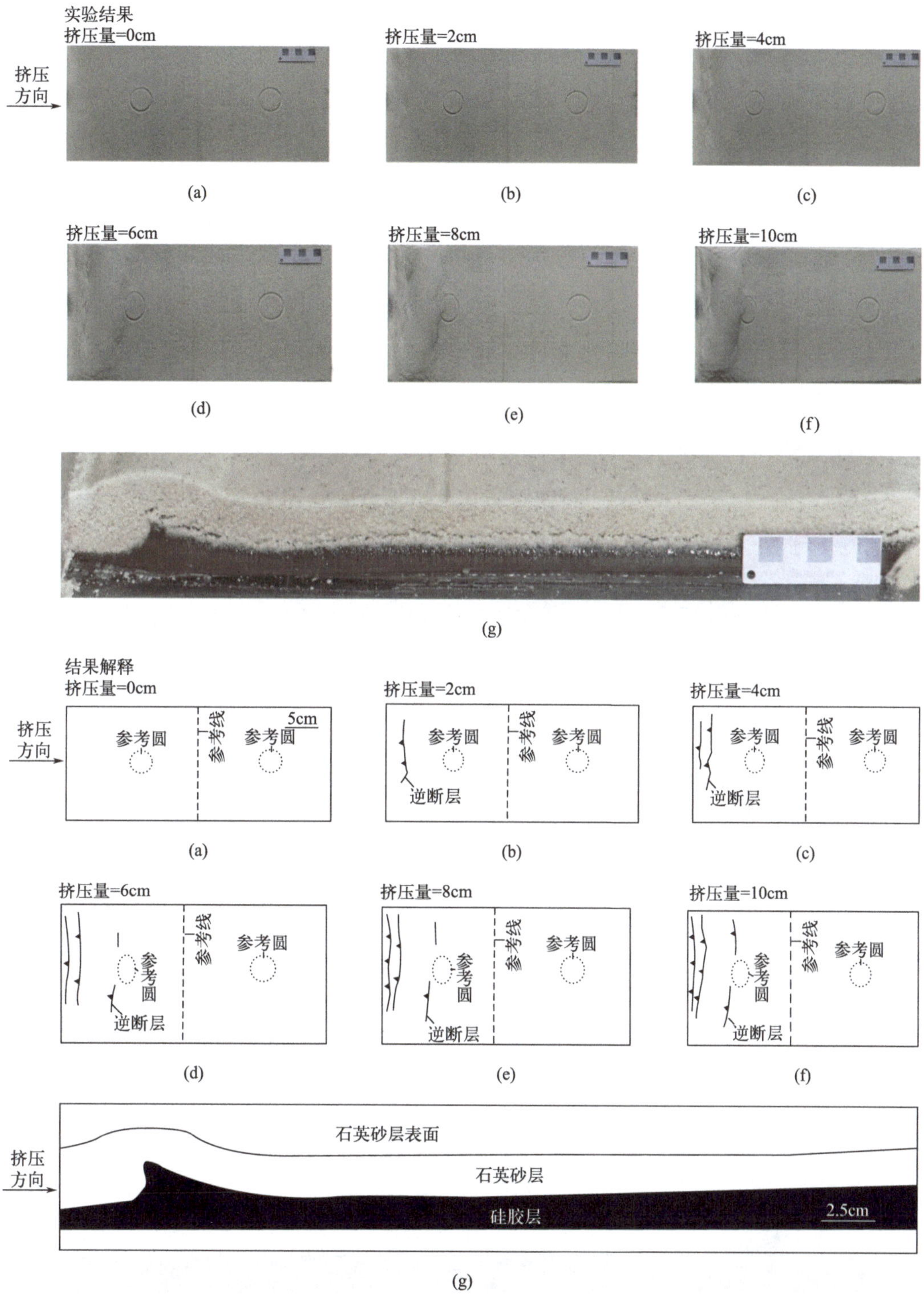

图4-18　模型3（石英砂密度为1.60g/cm³，速率为30cm/h）减小侧向摩擦力模拟结果

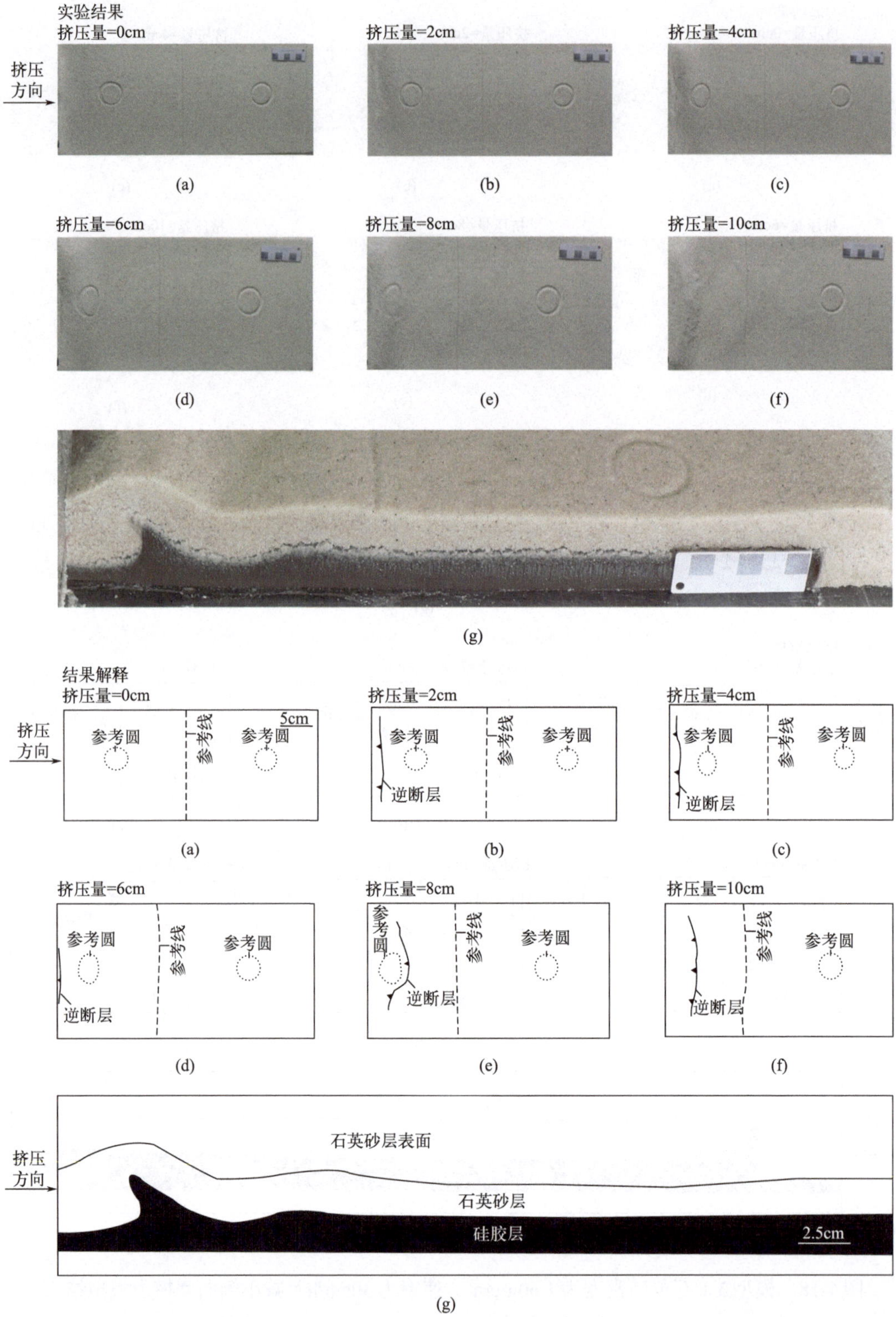

图4-19　模型4（石英砂密度为1.60g/cm^3，速率为40cm/h）减小侧向摩擦力模拟结果

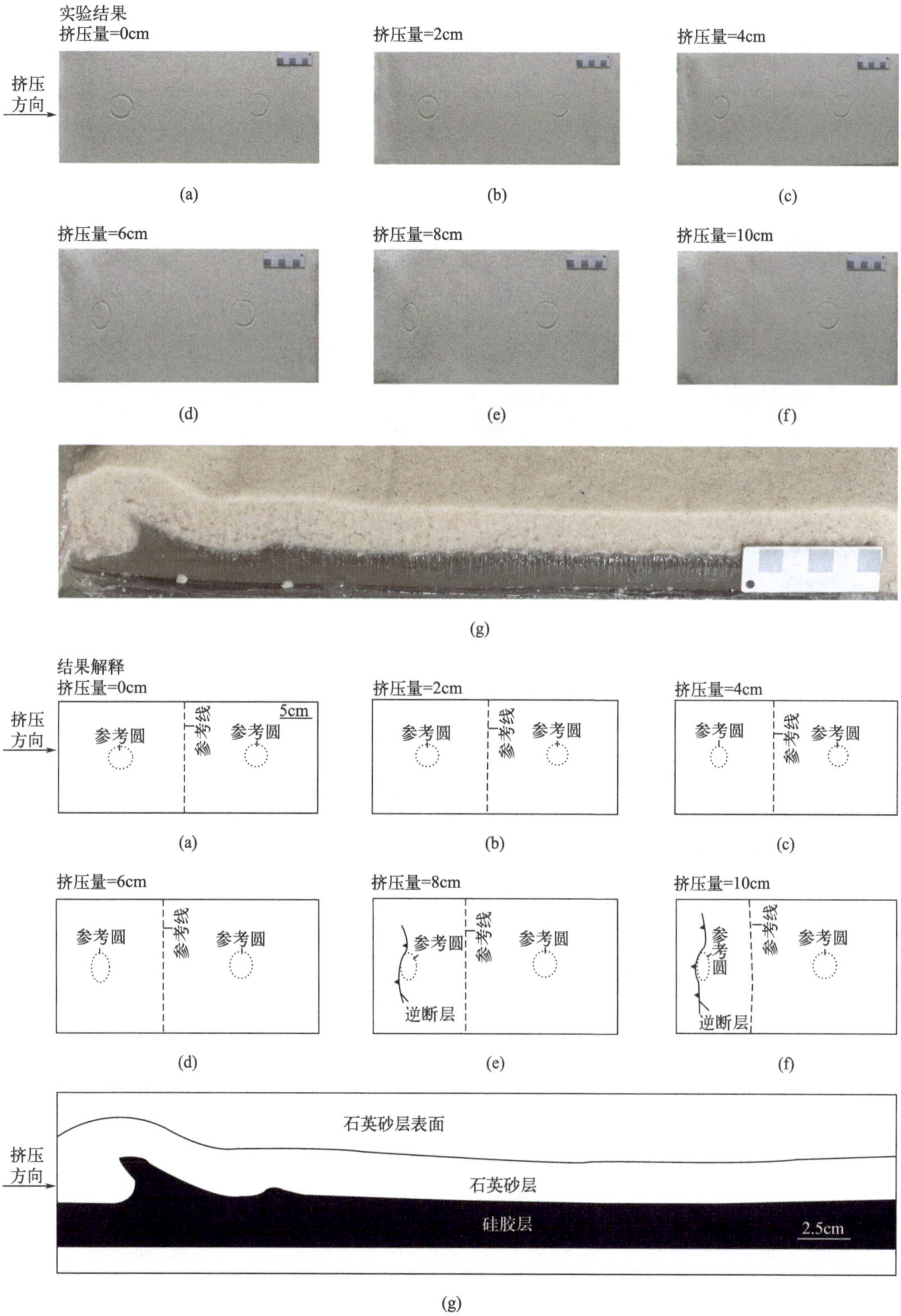

图4-20 模型5（石英砂密度为1.60g/cm^3，速率为35cm/h）减小侧向摩擦力模拟结果

4.1.1.5 改变硅胶层厚度及基底剪切应力大小实验

以下模型韧性层硅胶PDMS黏度为20000Pa·s。模型1，减小侧向摩擦力，挤压速率从100mm/h变为50mm/h，石英砂厚度=15mm，基底硅胶层厚度=5mm，没有侧向挡板。结果显示为变形过程中，基底硅胶层没有变形，且脆性层的变形主要集中在靠近挤压挡板的一侧，逆冲构造向前的扩展位移较小（图4-21）。

图4-21 模型1模拟

模型2，测试的挤压速率=20mm/h，基底硅胶层厚度=5mm，石英砂厚度=15mm，其余参数与模型1相同。测试结果显示基底硅胶移动一定距离，表明逆冲构造向前的扩展距离是可以实现的（图4-22）。

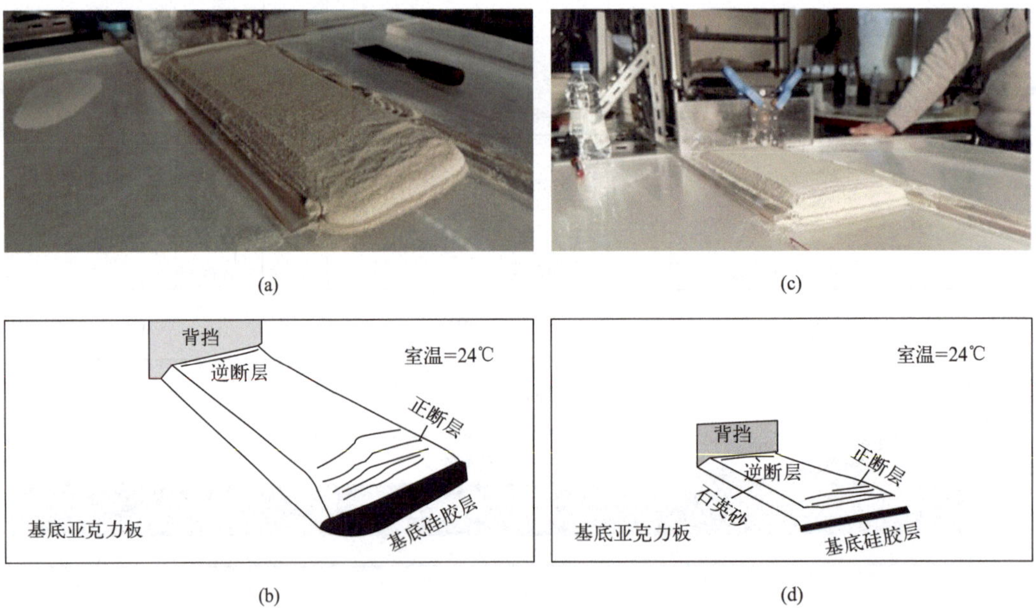

图4-22 模型2模拟结果（挤压速率为20mm/h，基底硅胶层厚度=5mm）

模型3，挤压速率=20mm/h，石英砂厚度=15mm，在后侧挡板的下方有一个微小垂直挡板以阻止基底硅胶层的扩散。基底硅胶层厚度=10mm。模拟结果显示基底硅胶层向前扩展位移较小，并且硅胶层向挤压方向流动，形成典型的底辟流动构造（图4-23）。

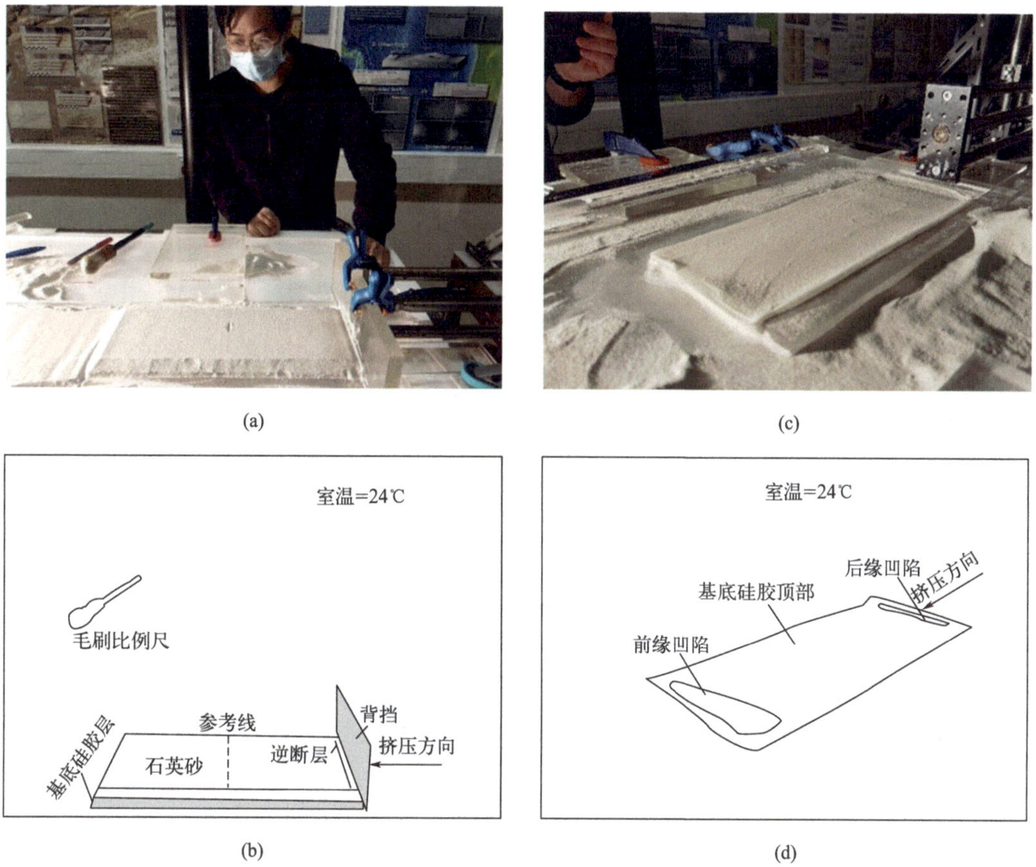

图4-23　模型3模拟结果（挤压速率=20mm/h，基底硅胶层厚度=10mm）

模型4，挤压速率=40mm/h，石英砂厚度=15mm，其他参数与模型3保持不变，硅胶厚度=10mm。模拟结果显示基底硅胶层仍然扩散到侧向挡板的两侧，上覆石英砂层的扩展位移较小（图4-24）。

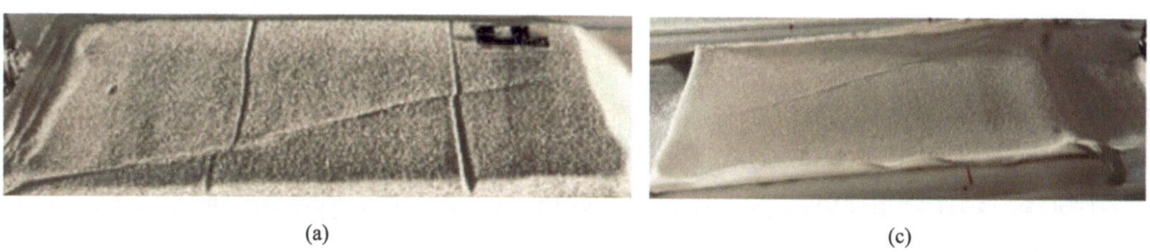

图4-24

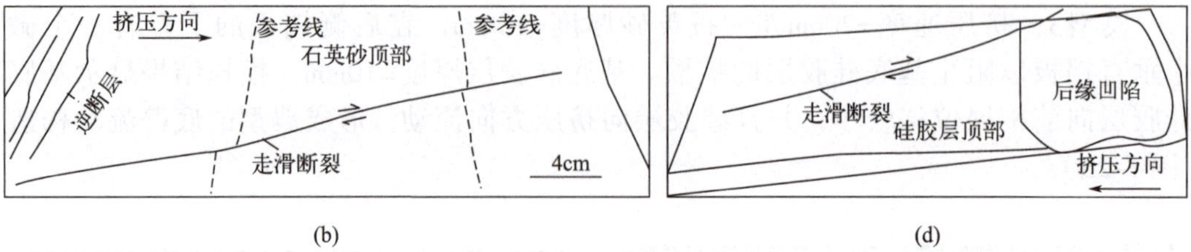

图4-24　模型4模拟结果

模型5，挤压速率=40mm/h，上覆石英砂层的厚度=15mm，基底硅胶层的厚度=20mm，挤压位移=10cm。测试结果显示基底硅胶层仍然扩散到侧壁的两侧，上覆石英砂向前沿扩展的距离=30mm（图4–25）。

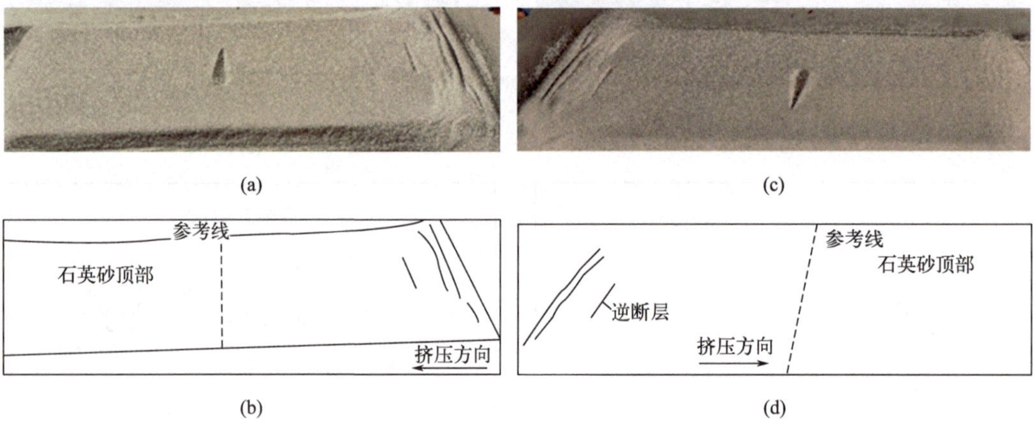

图4-25　模型5测试结果

模型6，挤压速率=40mm/h，硅胶厚度=20mm，石英砂厚度=15mm，缩短量约为100mm。20mm厚的挡板位于挤压挡板的下侧。模拟结果显示基底硅胶层仍然扩散到侧壁的两侧，但硅胶的扩散量较少，上覆石英砂向前的扩展位移较小。在推覆体的前缘产生4条正断层。硅胶层顶部靠近挤压一端形成较大的凹陷（图4–26）。

模型7，挤压速率=40mm/h，石英砂厚度=15mm，硅胶厚度=20mm，缩短量=100mm。20mm厚的挡板位于挤压挡板的下侧。模拟结果显示靠近挡板一层形成逆冲隆起和前沿凹陷。上覆石英砂向前的扩展位移较小。硅胶顶部靠近挡板一侧形成巨大凹陷（图4–27）。

模型8，挤压速率=200mm/h，基底硅胶层厚度=20mm，上覆石英砂层厚度=15mm，总缩短量=100mm。20mm厚的挡板位于挤压挡板的下侧。模拟结果显示上覆石英砂层的扩展距离仍然较小。靠近挤压挡板一侧形成4条逆断层，断层之间的间距比较小，近似平行挤压挡板（图4–28）。

模型9，挤压速率=40mm/h，基底硅胶厚度=20mm，上覆石英砂层厚度=15mm，总的缩短量=100mm。20mm厚的挡板位于挤压挡板的下侧。模型结果显示在初始阶段，基底硅胶层略有变形，上覆石英砂层的扩展距离仍然较小（图4–29）。

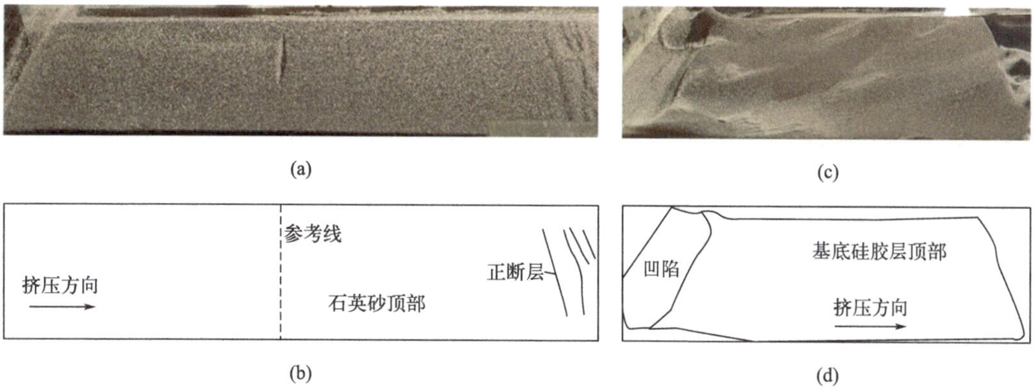

图4-26　模型6测试结果

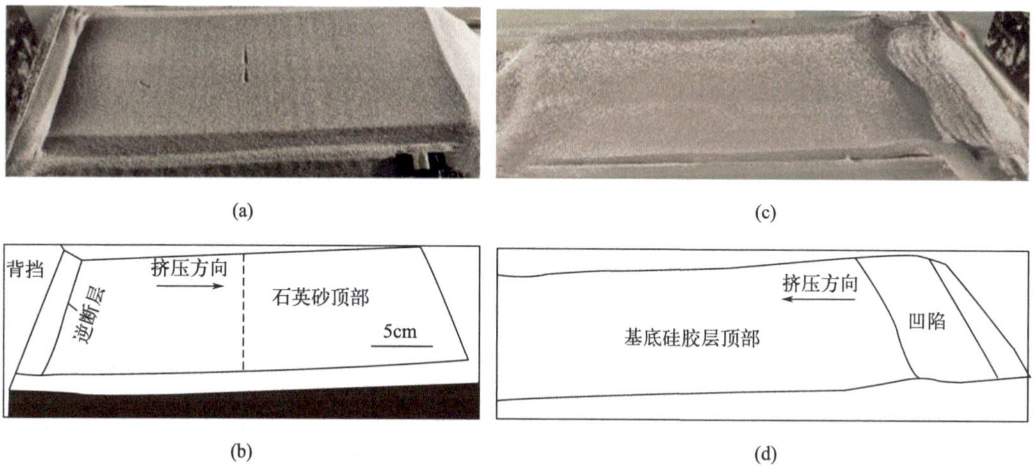

图4-27　模型7测试结果

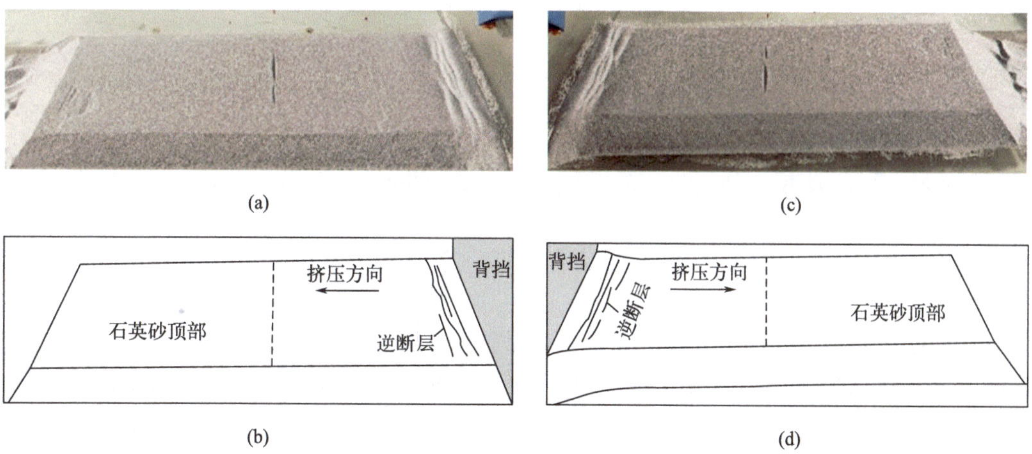

图4-28　模型8测试结果

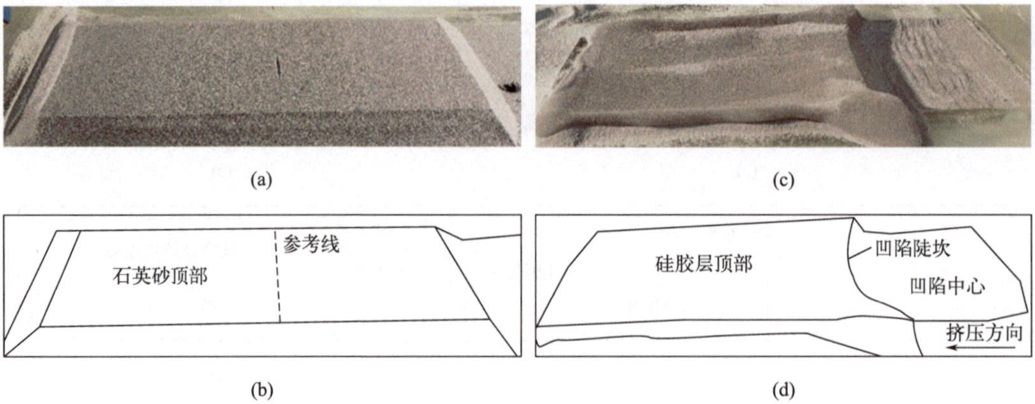

图4-29　模型9测试结果

模型10，挤压速率=40mm/h，基底硅胶层厚度=20mm，石英砂厚度=15mm，缩短量=100mm，混合石英砂密度=0.965g/cm^3。20mm厚的挡板位于挤压挡板的下侧。模拟结果显示靠近挡板的硅胶层略有变形。尽管改变了上覆脆性层的厚度，但逆冲构造的传播位移仍然较小（图4–30）。

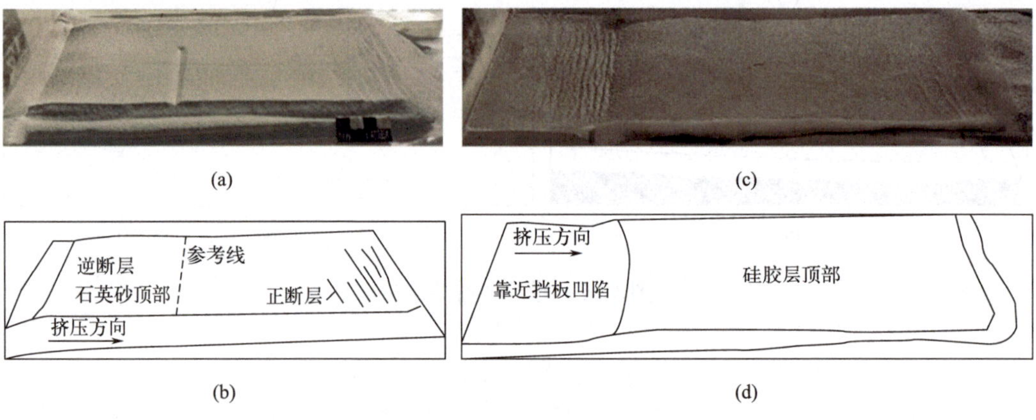

图4-30　模型10测试结果

模型11，挤压速率=40mm/h，基底硅胶层厚度=20mm，上覆石英砂层厚度=15mm，缩短量=100mm，混合石英砂密度=0.240g/cm^3。20mm厚的挡板位于挤压挡板的下侧。模拟结果显示靠近挡板的硅胶层略有变形，靠近挤压挡板一侧形成多条逆冲断裂（图4–31）。

模型12，挤压速率=40mm/h，上覆石英砂层厚度=15mm，基底硅胶层厚度=20mm，缩短量=90mm，石英砂层密度=1.60g/cm^3。20mm厚的挡板位于挤压挡板的下侧。模拟结果显示，靠近挡板一侧基底硅胶略有变形，硅胶表面形成突变陡坎。上覆石英砂在靠近挡板一侧隆起，但其前缘一侧未变形（图4–32）。以上模型扩展变形对比表明在硅胶黏度=20000Pa・s的条件下，不同的挤压速率对应变的扩展和褶皱–冲断带产生的变形样式具有重要的影响（表4–1）。

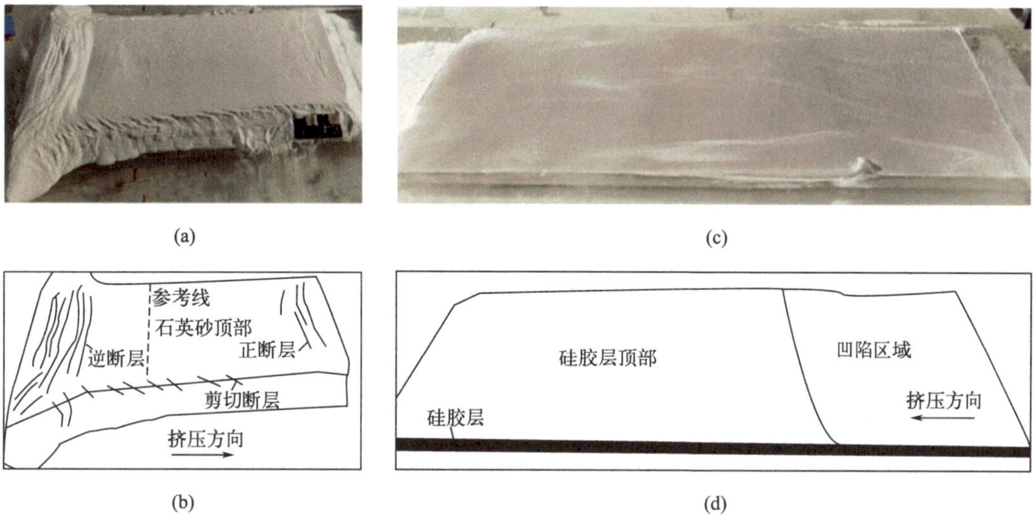

图4-31　模型11测试结果

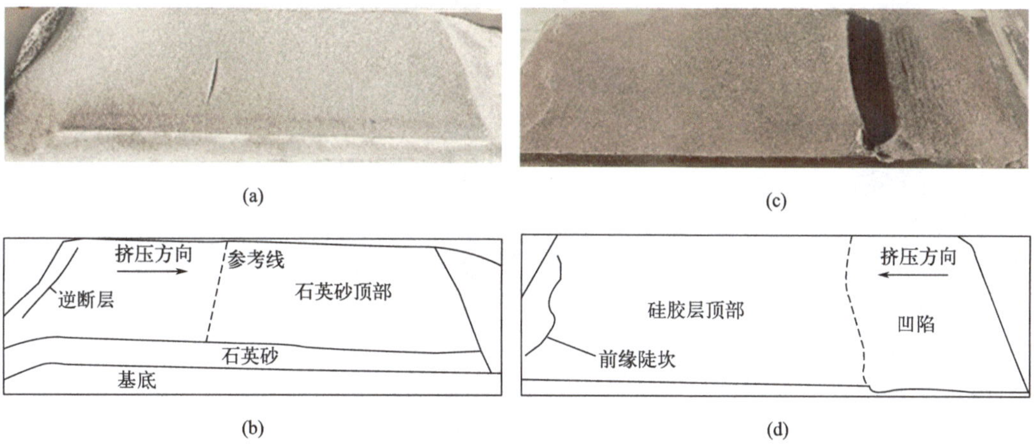

图4-32　模型12测试结果

模型13，挤压速率=40mm/h，硅胶层厚度=20mm，缩短量约为100mm。没有基底挡板，上部挡板的埋深=17mm，比石英砂的厚度15mm还深2mm。模型的前侧没有挡板。砂层密度=0.965g/cm^3。模拟结果显示靠近挤压挡板的脆性层隆升，硅胶层流向两侧挡板外。上覆石英砂层向前移动了3cm（图4–33）。

模型14，挤压速率=40mm/h，基底硅胶层厚度=20mm，缩短量=100mm，石英砂层密度=0.965g/cm^3。没有基底挡板，上部挡板埋深=19mm，比上覆石英砂层的厚度15mm还深4mm。模型的前沿没有挡板。模拟结果显示靠近挡板形成2条逆冲断裂和1个狭长凹陷。基底硅胶层流出两侧挡板，逆冲推复体的扩展距离=3cm（图4–34）。

表 4-1　模型 1~模型 12 测试结果对比

模型 1	模型 2	模型 3	模型 4	模型 5	模型 6
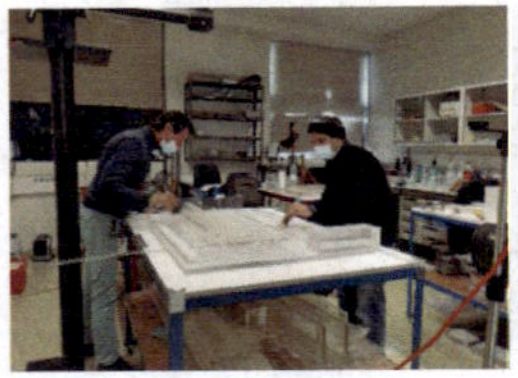			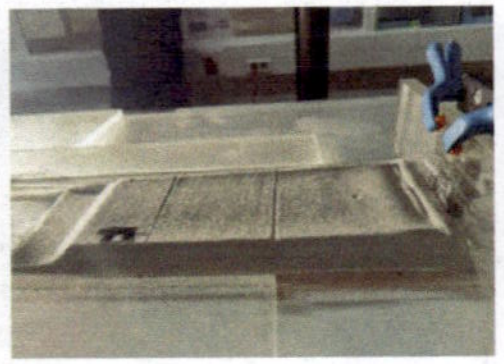		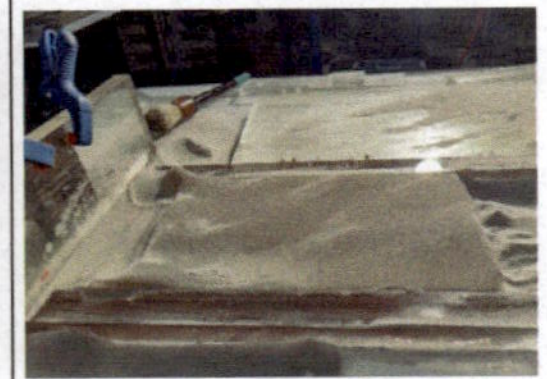
石英砂密度= 1.6g/cm^3 硅胶层厚度=5mm 挤压速率=50~100mm/h 石英砂厚度=15mm	石英砂密度= 1.6g/cm^3 硅胶层厚度= 5mm 挤压速率= 20mm/h	石英砂密度= 1.6g/cm^3 硅胶层厚度= 10mm 挤压速率= 20mm/h	石英砂密度= 1.6g/cm^3 硅胶层厚度=10mm 挤压速率= 40mm/h	石英砂密度= 1.6g/cm^3 硅胶层厚度=20mm 挤压速率= 40mm/h 缩短量=30mm	石英砂密度= 1.6g/cm^3 硅胶层厚度=20mm 挤压速率= 40mm/h 缩短量=100mm
模型 7	**模型 8**	**模型 9**	**模型 10**	**模型 11**	**模型 12**
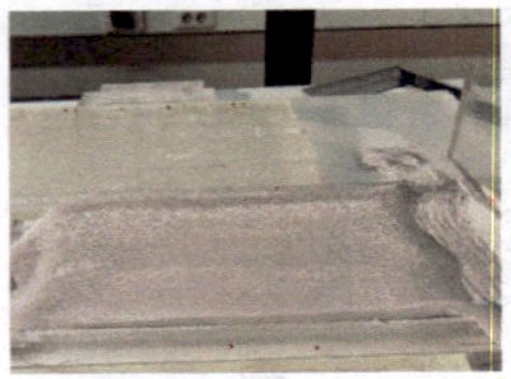				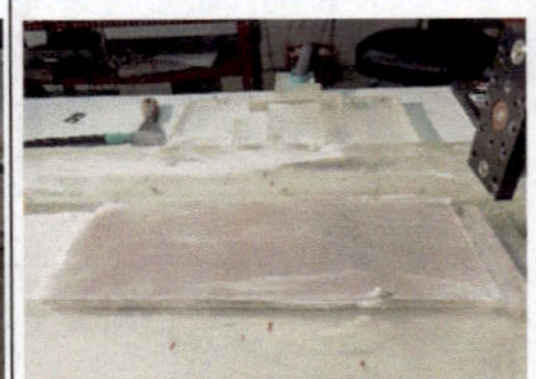	
石英砂密度= 1.6g/cm^3 硅胶层厚度=20mm 挤压速率= 40mm/h 缩短量=100mm 后侧初始挡板作用	石英砂密度= 1.6g/cm^3 硅胶层厚度=20mm 挤压速率= 200mm/h 缩短量=100mm 后侧初始挡板作用	石英砂密度= 1.6g/cm^3 硅胶层厚度=20mm 挤压速率= 40mm/h 缩短量=100mm 后侧和前沿初始挡板作用	石英砂密度= 0.965g/cm^3 硅胶层厚度=20mm 挤压速率= 40mm/h 缩短量=100mm 后侧初始挡板作用	石英砂密度= 0.24g/cm^3 硅胶层厚度=20mm 挤压速率= 40mm/h 缩短量=100mm 后侧初始挡板作用	石英砂密度= 1.6g/cm^3 硅胶层厚度=20mm 挤压速率= 40mm/h 缩短量=90mm 后侧初始挡板作用

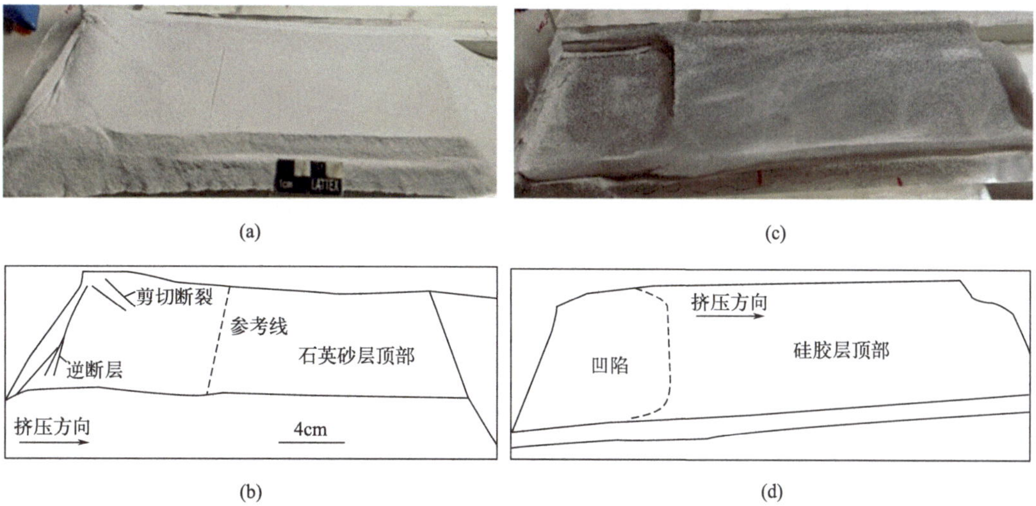

图4-33　模型13测试结果

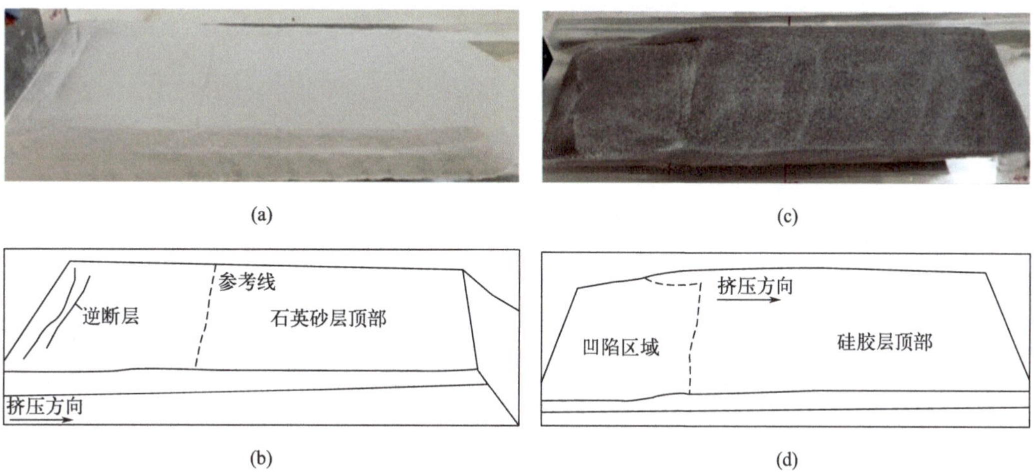

图4-34　模型14测试结果

模型15，挤压速率=40mm/h，基底硅胶层厚度=20mm，缩短量=100mm，石英砂层密度=0.965g/cm^3。没有基底挡板，上部挡板厚度=21mm，比上覆石英砂层的厚度15mm深6mm。模型前沿没有背挡。模拟结果显示靠近挡板形成2条逆冲断裂和1个狭长凹陷。基底硅胶层流出两侧挡板，逆冲推覆体的扩展距离=4.5cm（图4-35）。

模型16，挤压速率=40mm/h，硅胶层厚度=20mm，缩短量=100mm，石英砂层密度=0.965g/cm^3。没有底部挡板，上部挡板厚度=16mm，比上覆石英砂层的厚度15mm深1mm。模型前沿没有挡板。模拟结果显示靠近挡板形成1条逆冲断裂和1个狭长凹陷。基底硅胶层表面略有起伏，流出两侧挡板。逆冲推覆体的扩展距离=2.5cm（图4-36）。

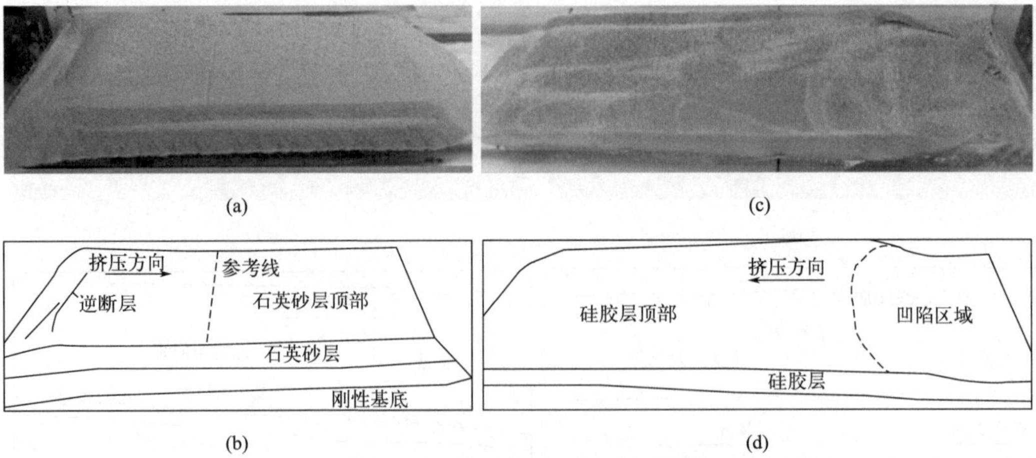

图4-35　模型15测试结果

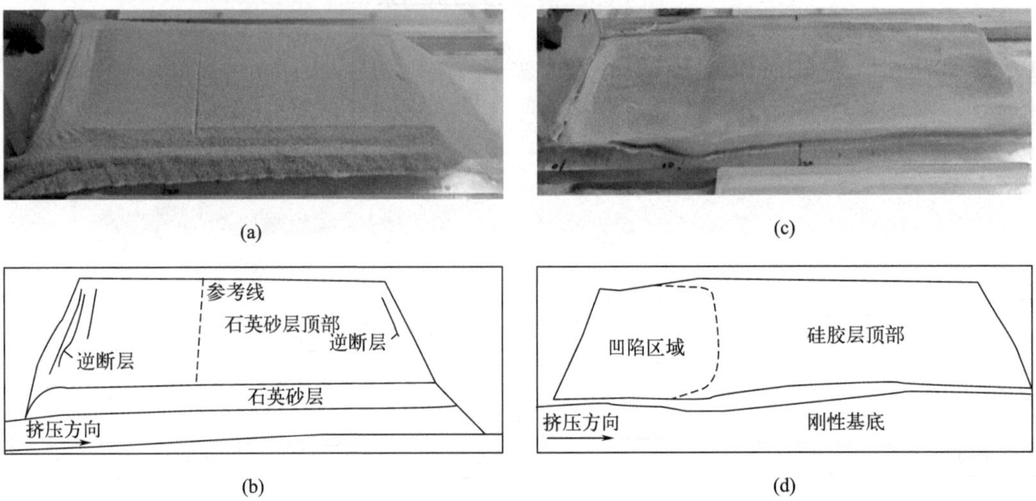

图4-36　模型16测试结果

模型17，挤压速率=40mm/h，基底硅胶层厚度=20mm，缩短量=100mm，石英砂层密度=0.965g/cm^3。没有底部挡板，上部挡板厚度=13mm，比上覆盖石英砂的厚度15mm小2mm。模型前沿没有挡板。模拟结果显示靠近挡板形成1条逆冲断层。基底硅胶层流出两侧挡板，逆冲推覆体的扩展距离=1.0cm（图4-37）。

模型18，挤压速率=40mm/h，基底硅胶层厚度=20mm，总的缩短量=100mm，石英砂层密度=0.965g/cm^3。没有底部挡板，上部挡板埋深=27mm，比覆盖层石英砂的厚度25mm深2mm。模拟结果显示产生沉积建造，硅胶层流向两侧挡板。脆性层向前移动了5.0cm（图4-38）。

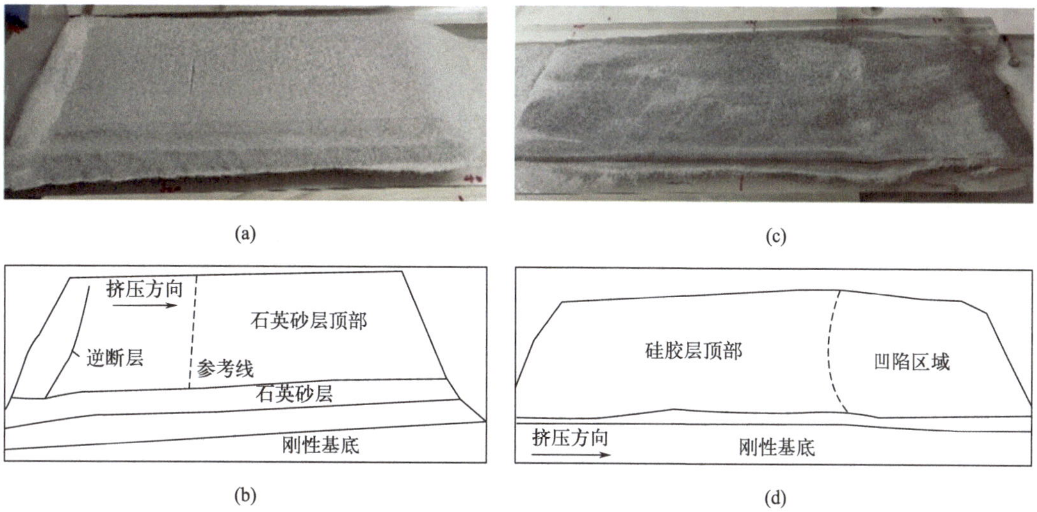

图4-37　模型17测试结果

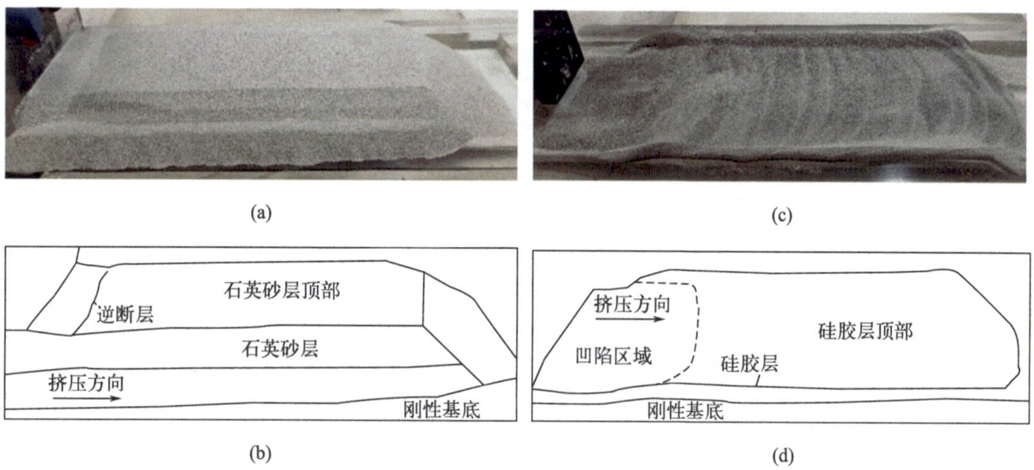

图4-38　模型18测试结果

模型19，挤压速率=40mm/h，基底硅胶层厚度=20mm，总的缩短量=100mm，石英砂层密度=0.965g/cm^3。没有底部挡板，上部挡板埋深=12mm，比上覆石英砂层厚度10mm深2mm。模拟结果显示产生沉积建造，硅胶层流向两侧挡板。脆性层向前移动了2.5cm。硅胶层顶部靠近挤压背挡一侧形成凹陷（图4-39）。

模型20，挤压速率=40mm/h，基底硅胶层厚度=20mm，总的缩短量=100mm，石英砂层密度=0.965g/cm^3。没有底部挡板，上部挡板埋深=25mm，比上覆石英砂层厚度15mm深10mm。模拟结果显示产生沉积建造，硅胶层流向两侧挡板。脆性层向前移动了3.5cm（图4-40）。

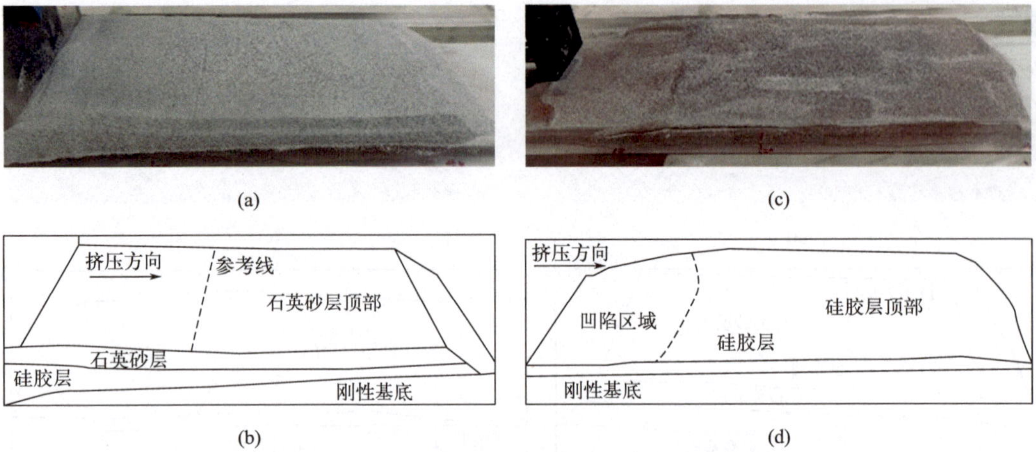

图4-39　模型19测试结果

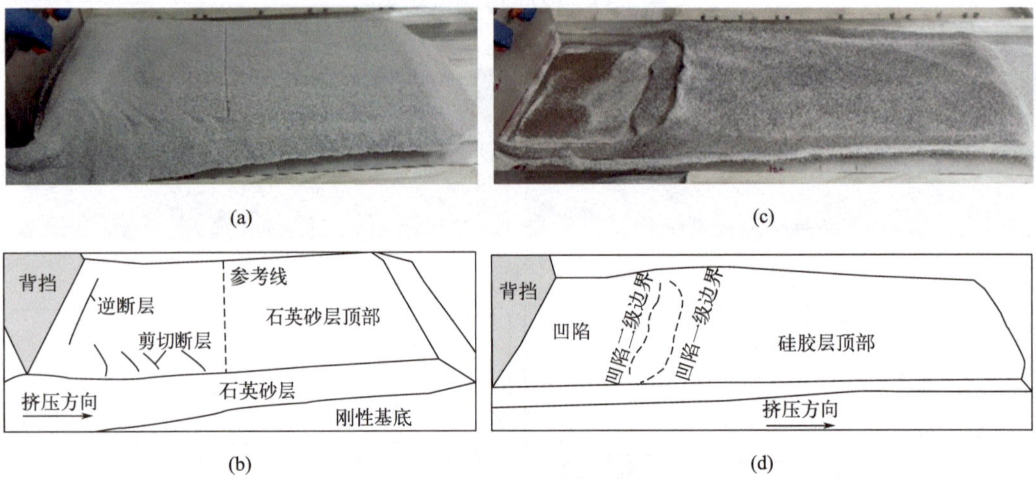

图4-40　模型20测试结果

模型21，挤压速率=40mm/h，基底硅胶层厚度=20mm，总的缩短量=100mm，石英砂层密度=1.67g/cm^3。没有底部挡板，上部挡板埋深=21mm，比上覆石英砂层（1.0kg，密度=1.60g/cm^3）和水泥粉（0.5kg）混合层的厚度15mm深6mm。模拟结果显示产生沉积建造，硅胶层流向两侧挡板。脆性层向前移动了6.8cm，产生了2条逆冲断层（图4-41）。

模型22，挤压速率=40mm/h，基底硅胶层厚度=20mm，总的缩短量=100mm，石英砂层密度=1.60g/cm^3。没有底部挡板，上部挡板埋深=46mm，比上覆石英砂层的厚度40mm深6mm。模拟结果显示产生沉积建造，硅胶层流向两侧挡板。脆性层向前移动了6.5cm，产生了2条走滑断层（图4-42）。

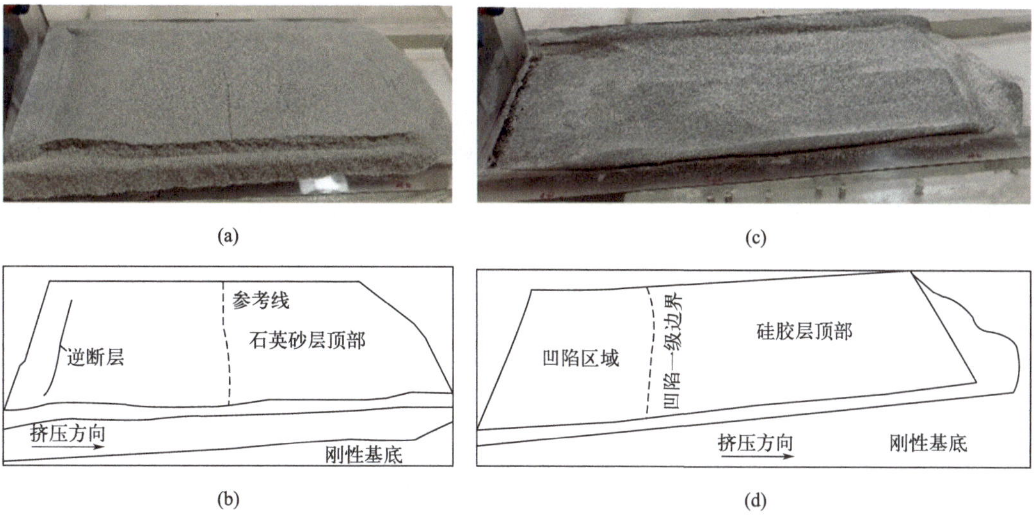

图4-41　模型21测试结果

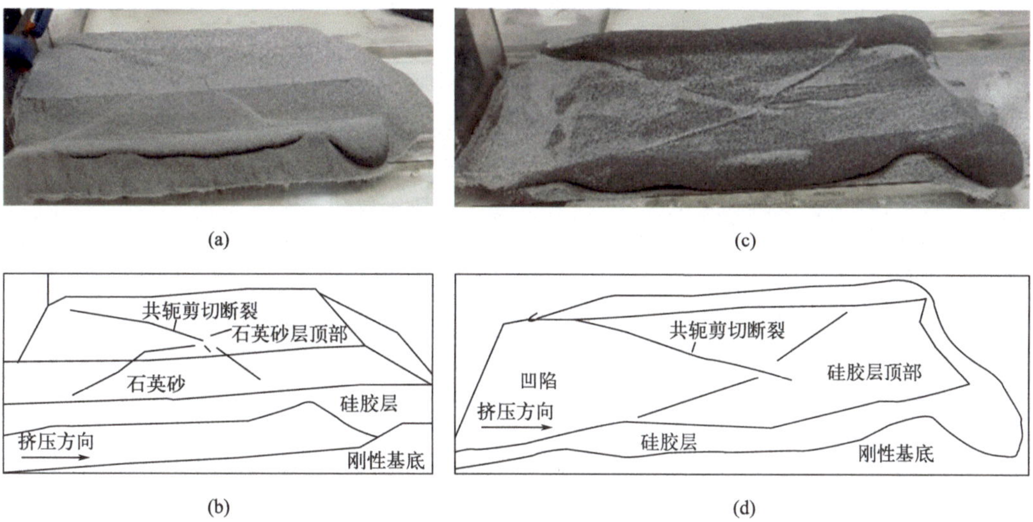

图4-42　模型22测试结果

模型23，挤压速率=40mm/h，基底硅胶层厚度=20mm，总缩短量=100mm，石英砂层密度=1.60g/cm^3。没有底部挡板，上部挡板埋深=31mm，比上覆石英砂层的厚度25mm深6mm。模拟结果显示产生沉积建造，硅胶层流向两侧挡板。脆性层左侧向前移动了5cm，右侧向前移动了3cm，产生了1条走滑断层（图4–43）。

模型24，挤压速率=40mm/h，基底硅胶层厚度=20mm，总的缩短量=100mm，石英砂层密度=1.67g/cm^3。没有底部挡板，上部挡板埋深=21mm，比上覆石英砂层（1.0kg，密度=1.60g/cm^3）和水泥粉（0.5kg）混合层的厚度15mm深6mm。模拟结果显示产生沉积建造，硅胶层流向两侧挡板。脆性层向前移动了5cm，产生了2条走滑断层（图4–44）。

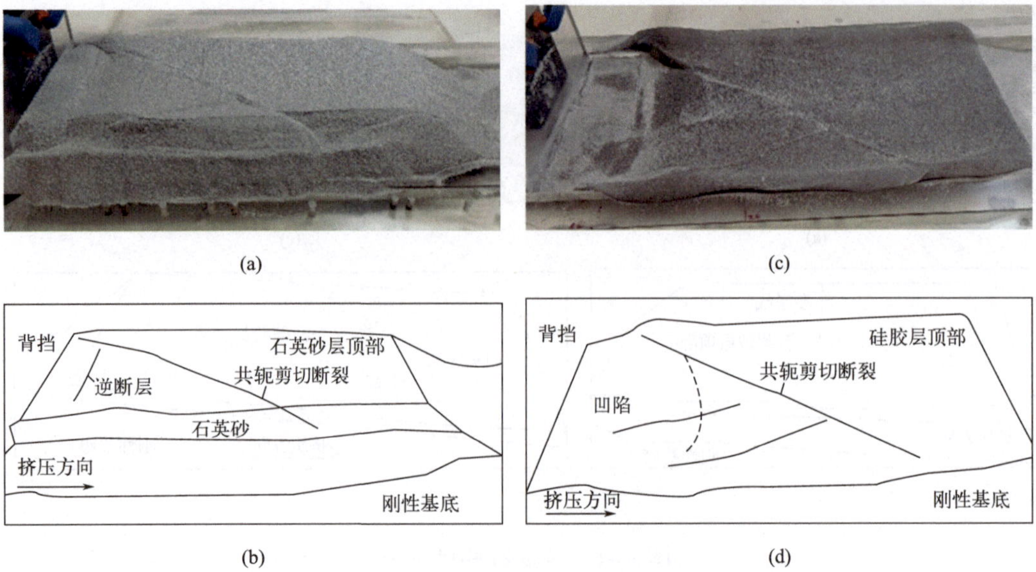

图4-43　模型23测试结果

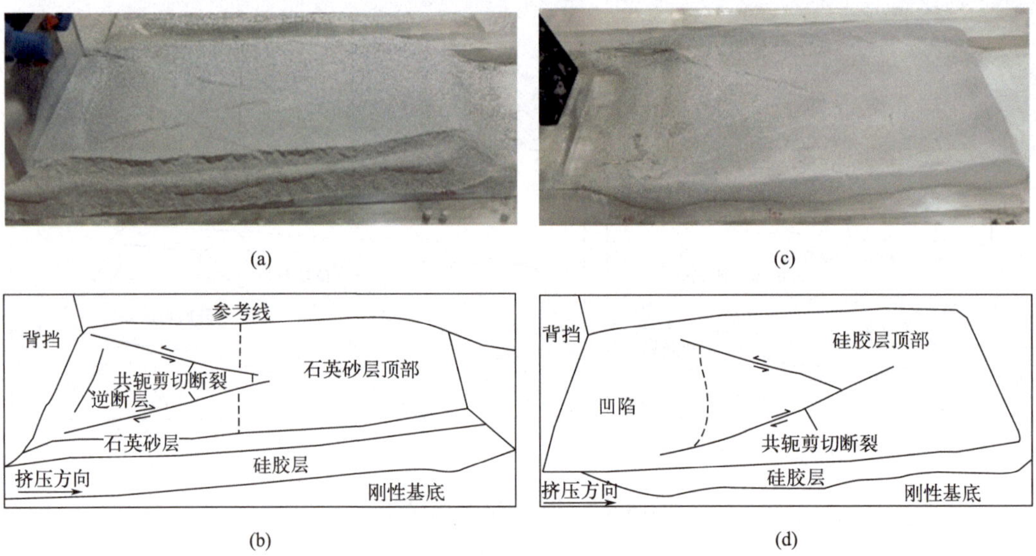

图4-44　模型24测试结果

模型25，挤压速率=40mm/h，基底硅胶层厚度=20mm，总的缩短量=100mm，石英砂层密度=0.965g/cm^3。没有底部挡板，上部挡板埋深=21mm，比上覆石英砂和LDPE（较低密度的石英砂）的混合物的厚度15mm深6mm。模拟结果显示产生沉积建造，硅胶层流向两侧挡板。模型右侧出现2条小断层，左侧出现2条大断层。石英砂表面与挤压方向平行的右侧移动了5.0cm，左侧移动了4.5cm（图4–45）。

模型26，挤压速率=40mm/h，基底硅胶层厚度=15mm，总的缩短量=100mm，石英砂层密度=1.67g/cm^3。没有底部挡板，上部挡板埋深=21mm，比上覆石英砂层（1.0kg，密度为1.60g/cm^3）和水泥粉（0.5kg）混合层的厚度15mm深6mm。模拟结果显示产生沉积建造，硅胶层流向两侧挡板。脆性层向前移动了5.5cm，产生了2条走滑断层（图4-46）。

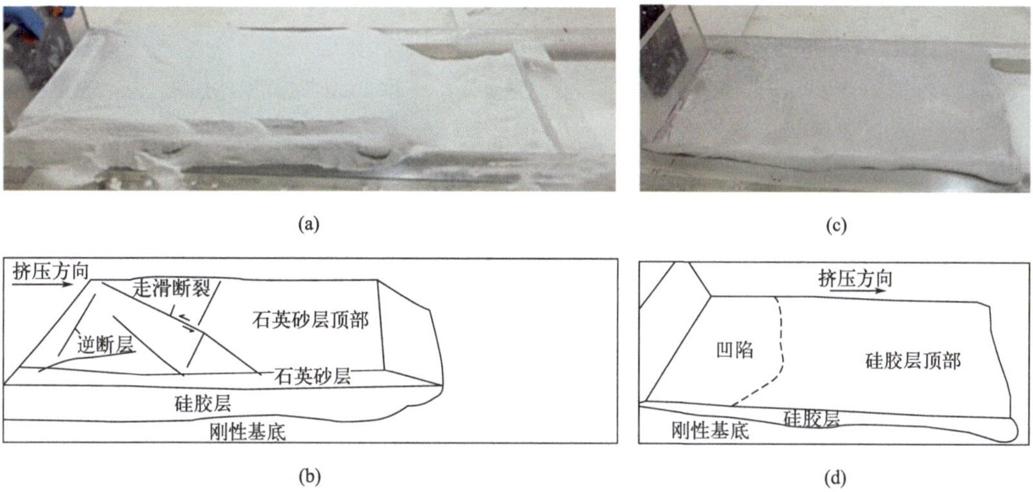

图4-45　模型25测试结果

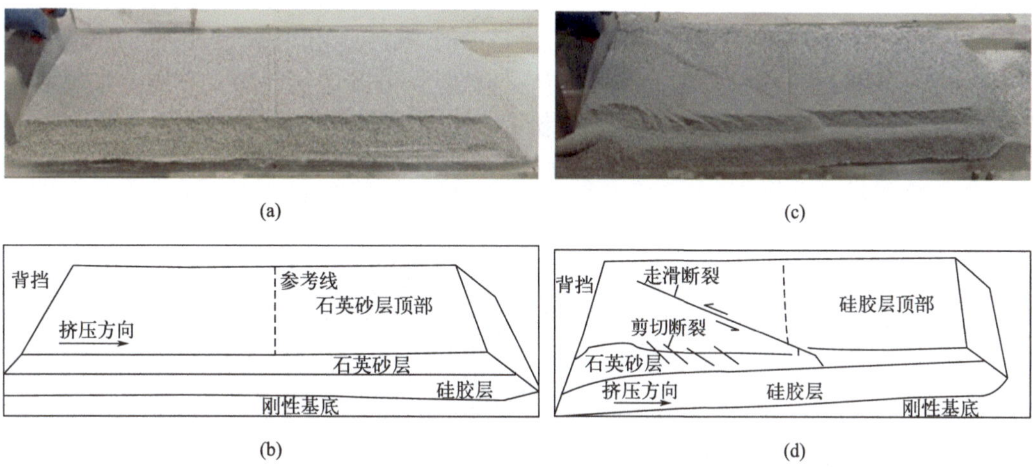

图4-46　模型26测试结果

模型27（减少硅胶层厚度），挤压速率=40mm/h，基底硅胶层厚度=30mm，总缩短量=100mm，石英砂层密度=1.67g/cm^3。没有底部挡板，上部挡板埋深=21mm，比上覆石英砂层（重为1.0kg，密度=1.60g/cm^3）和水泥粉（0.5kg）混合层的厚度15mm深6mm。模拟结果显示产生沉积建造，硅胶层流向两侧挡板。脆性层向前移动了3.6cm，产生了2条逆冲断层（图4-47）。

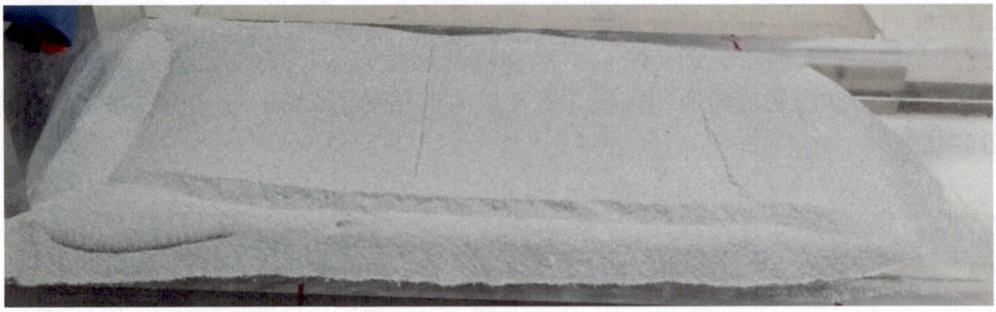

(a)

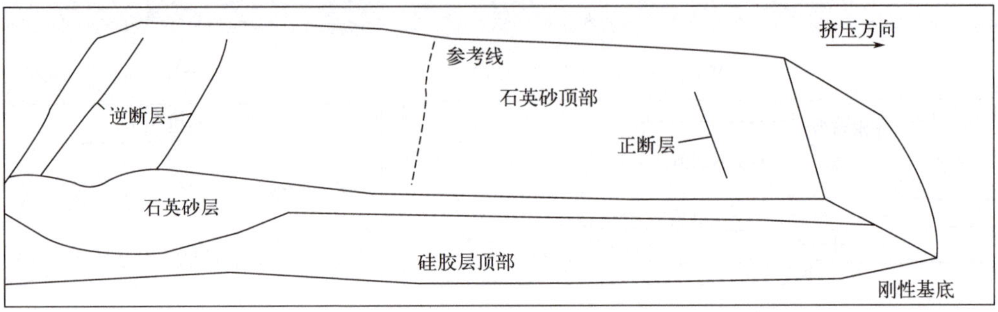

(b)

图4-47　模型27测试结果

模型28（增加挤压速率），挤压速率=100mm/h，基底硅胶层厚度=20mm，总缩短量=100mm，石英砂层密度=1.67g/cm^3。没有底部挡板，上部挡板埋深=21mm，比上覆石英砂层（1.0kg，密度=1.60g/cm^3）和水泥粉（0.5kg）混合层的厚度15mm深6mm。模拟结果显示产生沉积建造，硅胶层流向两侧挡板。脆性层向前移动了3.8cm，未产生断层（图4–48）。

(a)

(c)

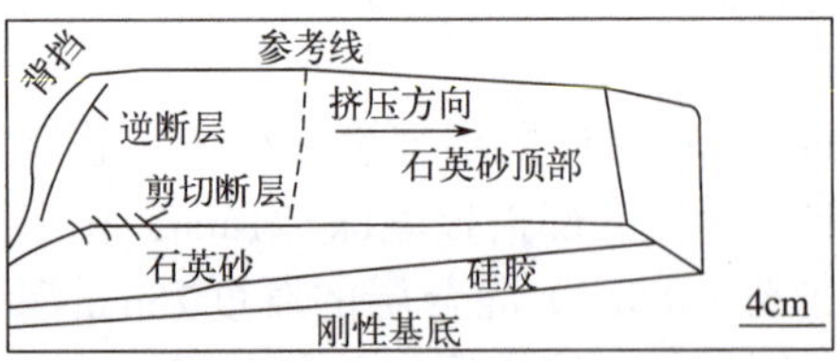

(b)

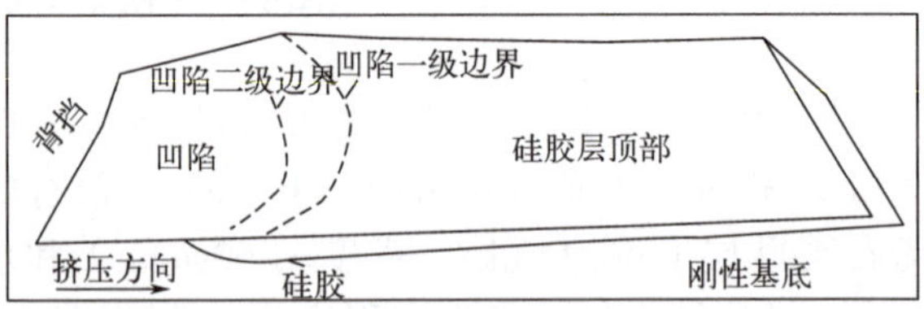

(d)

图4-48　模型28测试结果

模型29（基于模型10），挤压速率=100mm/h，基底硅胶层厚度=20mm，总缩短量=100mm，混合LDPE密度=0.965g/cm^3。使用20mm厚的前挡和后挡。上部挡板埋深=15mm，与上覆LDPE的厚度相同。模拟结果显示产生沉积建造，硅胶层流向两侧挡板。脆性层向前移动了3.0cm，产生1条逆断层（图4-49）。

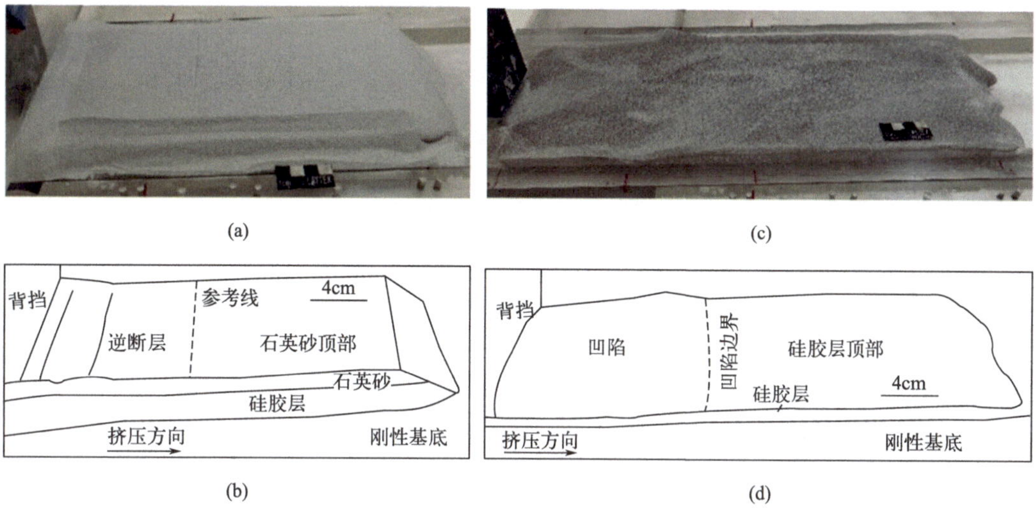

图4-49 模型29测试结果

模型30，挤压速率=10mm/h，基底硅胶层厚度=20mm，总缩短量=100mm，石英砂层混合密度=0.965g/cm^3。没有底部挡板，上部挡板埋深=21mm，比上覆石英砂层（1.0kg，密度=1.60g/cm^3）和水泥粉（0.5kg）混合层的厚度15mm还深6mm。模拟结果显示产生沉积建造，硅胶层流向两侧挡板。脆性层向前移动了3.0cm，扩展的位移比较小。变形的后期，形成1条逆冲断裂。累积应变主要集中在挤压挡板一侧，参考圆一半的左侧被隆升的石英砂改造（图4-50）。

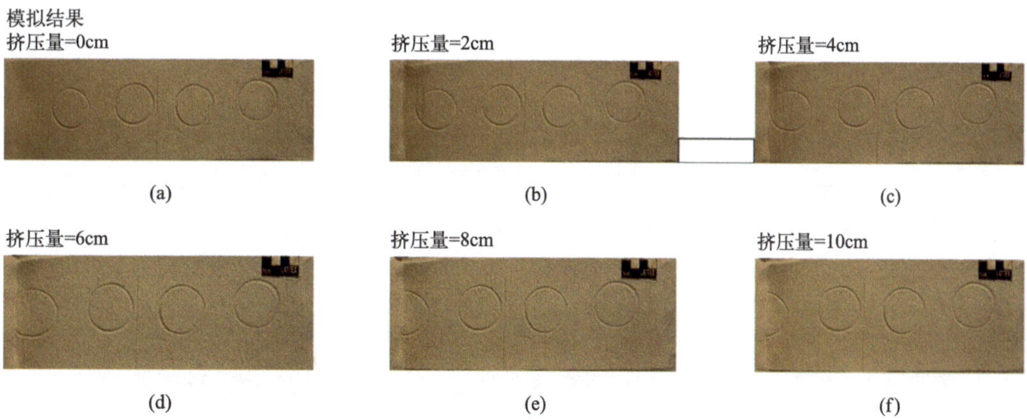

图4-50

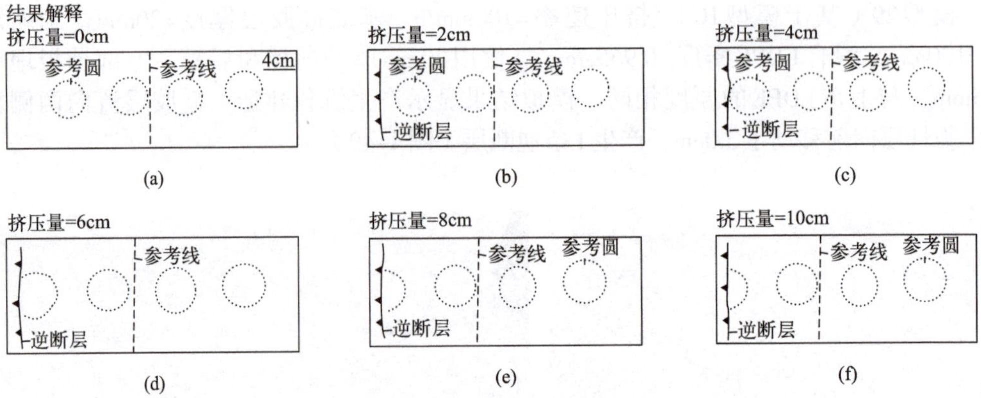

图4-50　模型30测试结果

模型31，挤压速率=40mm/h，基底硅胶层厚度=20mm，总缩短量=100mm，石英砂层密度=1.67g/cm^3。没有底部挡板，上部挡板埋深=21mm，比上覆石英砂层（1.0kg，密度=1.60g/cm^3）和水泥粉（0.5kg）混合层的厚度15mm深6mm。模拟结果显示产生沉积建造，硅胶层流向两侧挡板。脆性层左侧向前移动了6.5cm，右侧向前移动了5.5cm，产生2条逆冲断层和2条走滑断裂（图4–51）。

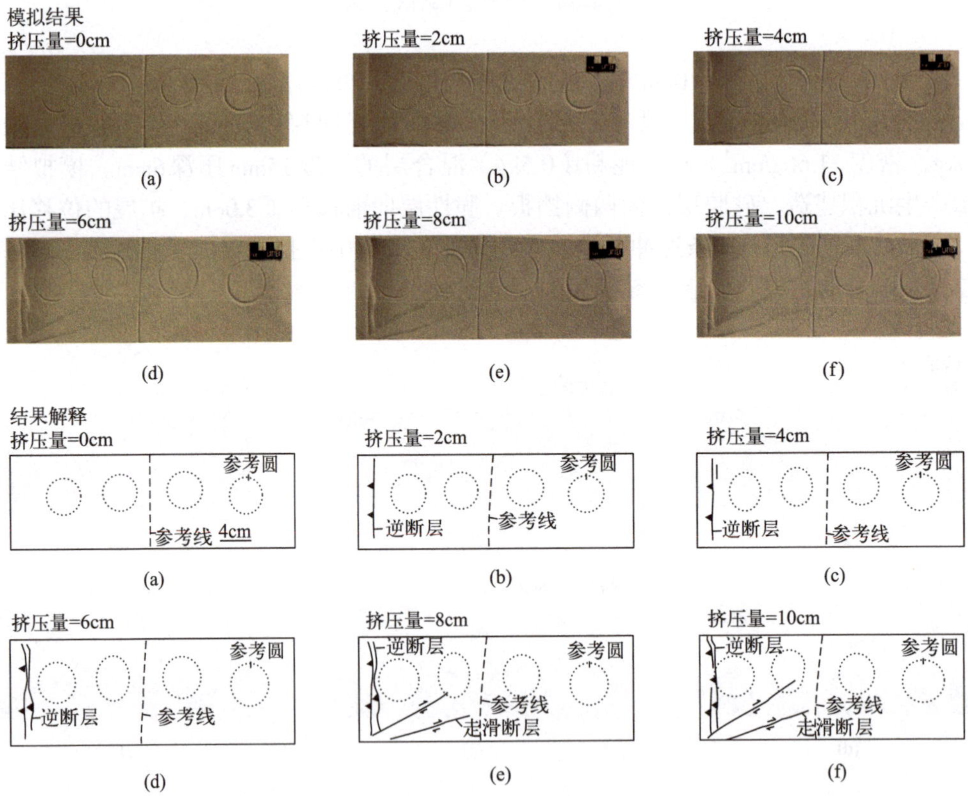

图4-51　模型31测试结果

模型32，挤压速率=40mm/h，基底硅胶层厚度=20mm，总缩短量=100mm，石英砂层密度=1.67g/cm^3。没有底部挡板，上部挡板埋深=19mm，比上覆石英砂层（1.0kg，密度=1.60g/cm^3）和水泥粉（0.5kg）混合层的厚度15mm深4mm。模拟结果显示产生沉积建造，硅胶层流向两侧挡板。脆性层向前移动了3.0cm，产生1条逆断层（图4-52）。

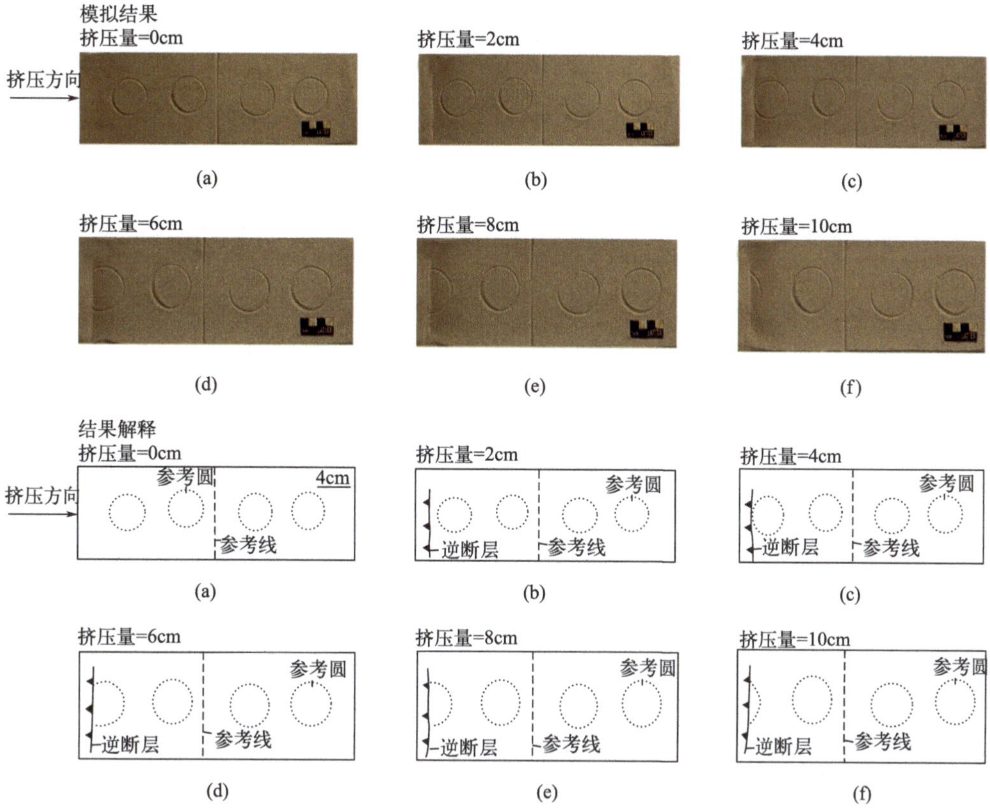

图4-52　模型32测试结果

模型33，挤压速率=40mm/h，基底硅胶层厚度=20mm，总缩短量=100mm，石英砂层密度=1.67g/cm^3。没有底部挡板，上部挡板埋深=17mm，比上覆石英砂层（1.0kg，密度=1.60g/cm^3）和水泥粉（0.5kg）混合层的厚度15mm深2mm。模拟结果显示产生沉积建造，硅胶层流向两侧挡板。脆性层向前移动了3.2cm，产生1条逆断层（图4-53）。

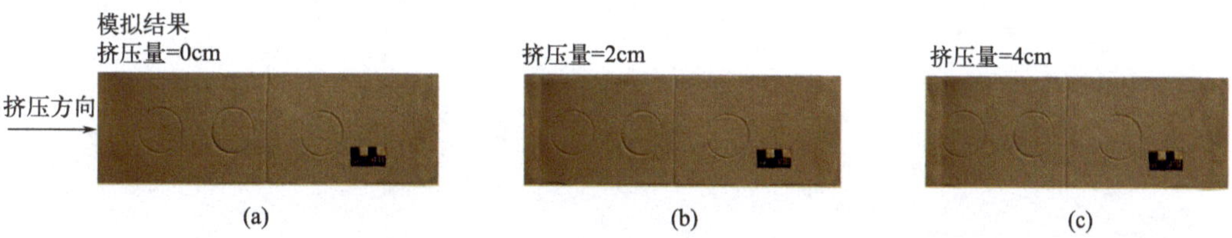

图4-53

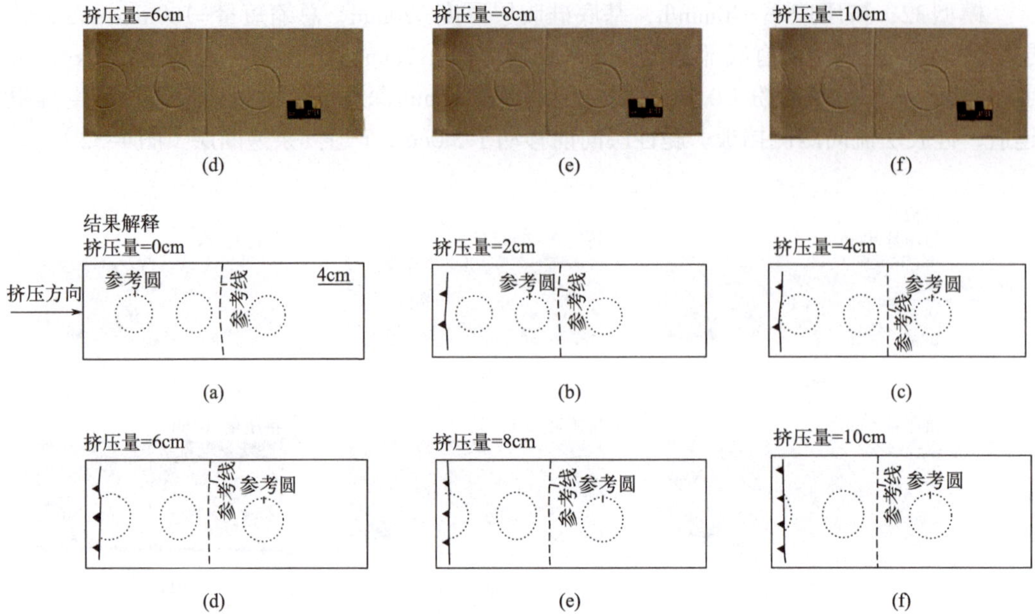

图4-53　模型33测试结果

模型34，挤压速率=40mm/h，基底硅胶层厚度=20mm，总缩短量=100mm，石英砂层密度=1.67g/cm^3。没有底部挡板，上部挡板埋深=15mm，与上覆石英砂层（1.0kg，密度=1.60g/cm^3）和水泥粉（0.5kg）混合层的厚度15mm相等。模拟结果显示产生沉积建造，硅胶层流向两侧挡板。脆性层向前移动了2.6cm，产生1条逆断层（图4-54）。

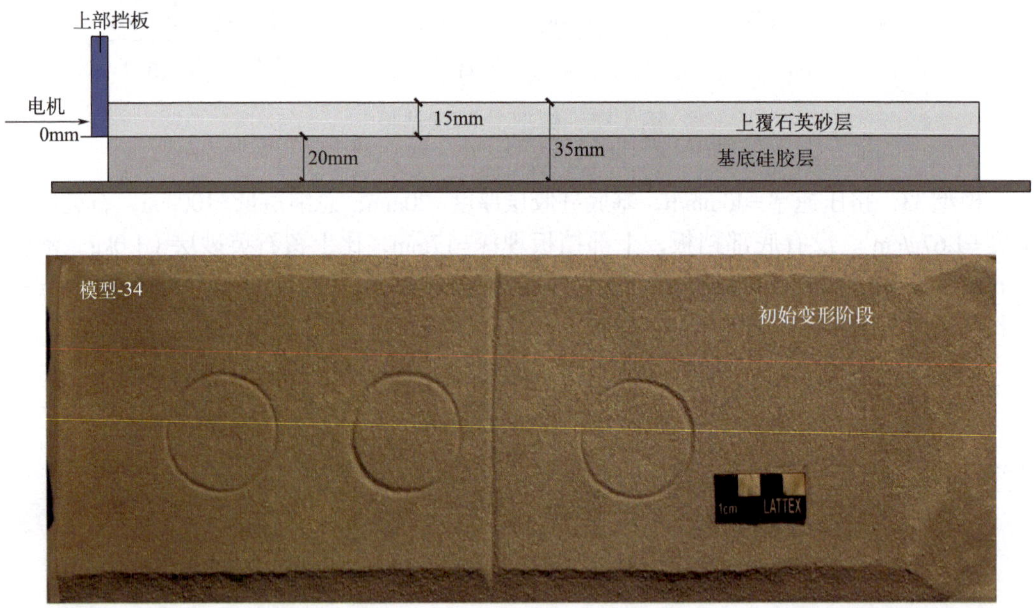

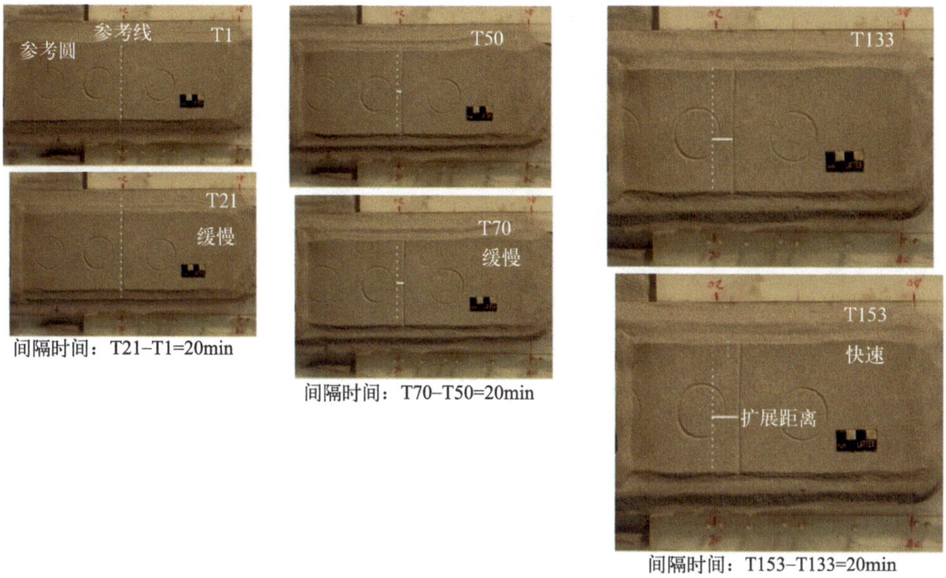

图4-54 模型34测试结果

模型35，挤压速率=40mm/h，基底硅胶层厚度=20mm，总缩短量=100mm，石英砂层密度=1.67g/cm^3。没有底部挡板，上部挡板埋深=23mm，比上覆石英砂层（1.0kg，密度=1.60g/cm^3）和水泥粉（0.5kg）混合层的厚度15mm还大9mm。模拟结果显示产生沉积建造，硅胶层流向两侧挡板。脆性层向前移动了5.6cm，产生2条走滑断层（图4–55）。

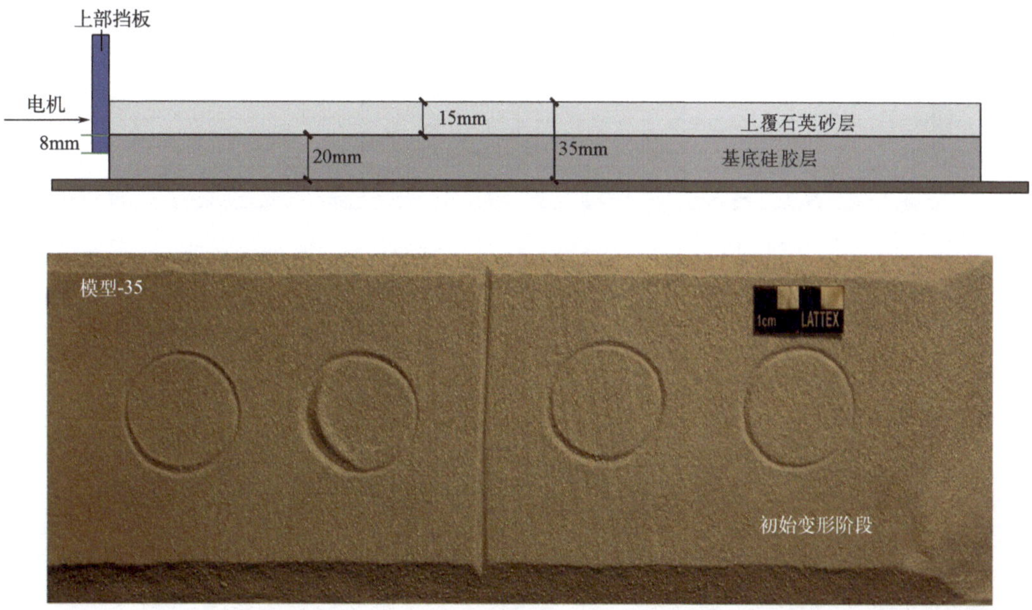

图4-55

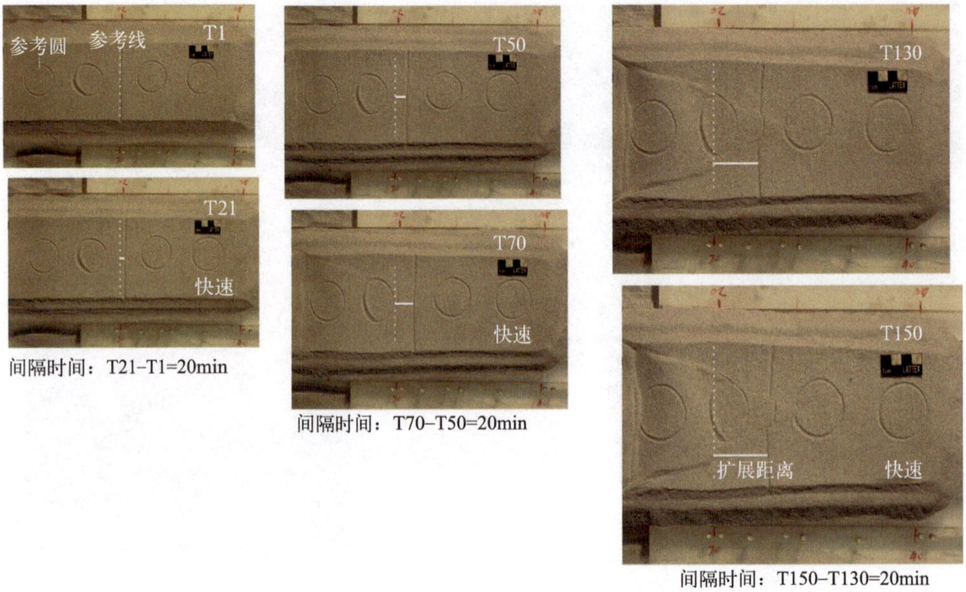

图4-55 模型35测试结果

模型36，挤压速率=40mm/h，基底硅胶层厚度=20mm，总缩短量=100mm，石英砂层密度=1.67g/cm^3。没有底部挡板，上部挡板埋深=25mm，比上覆石英砂层（1.0kg，密度=1.60g/cm^3）和水泥粉（0.5kg）混合层的厚度15mm还大10mm。模拟结果显示产生沉积建造，硅胶层流向两侧挡板。脆性层向前移动了5.7cm，产生4条走滑断层。剪切变形强度分布范围较大（图4–56）。

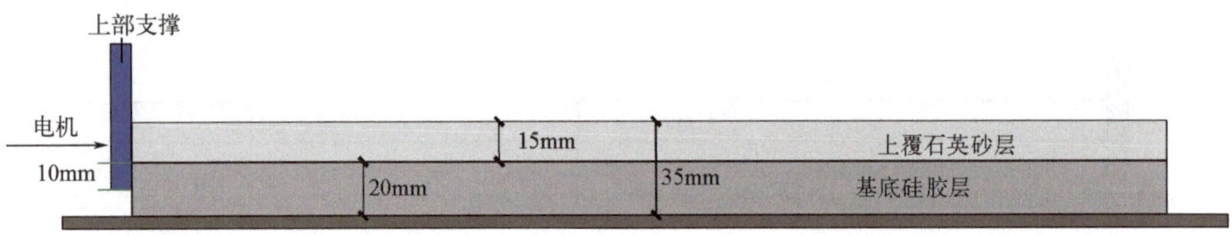

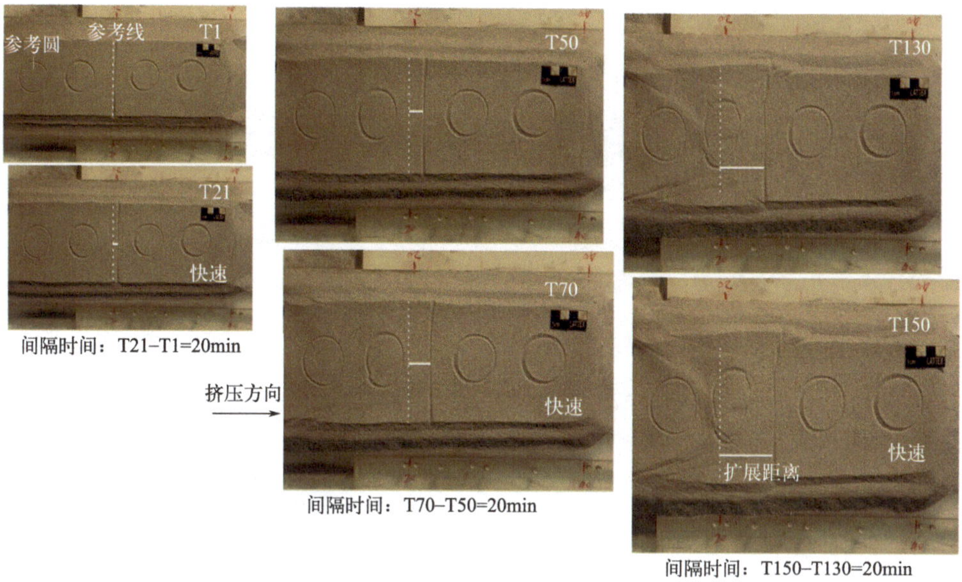

图4-56　模型36测试结果

模型37，挤压速率=40mm/h，基底硅胶层厚度=20mm，总缩短量=100mm，石英砂层密度=1.67g/cm^3。没有底部挡板，上部挡板埋深=30mm，比上覆石英砂层（1.0kg，密度=1.60g/cm^3）和水泥粉（0.5kg）混合层的厚度15mm还大15mm。模拟结果显示产生沉积建造，硅胶层流向两侧挡板。脆性层向前移动了5.5cm，产生4条走滑断层。剪切变形强度较为集中，与模型36存在一定差异（图4-57）。

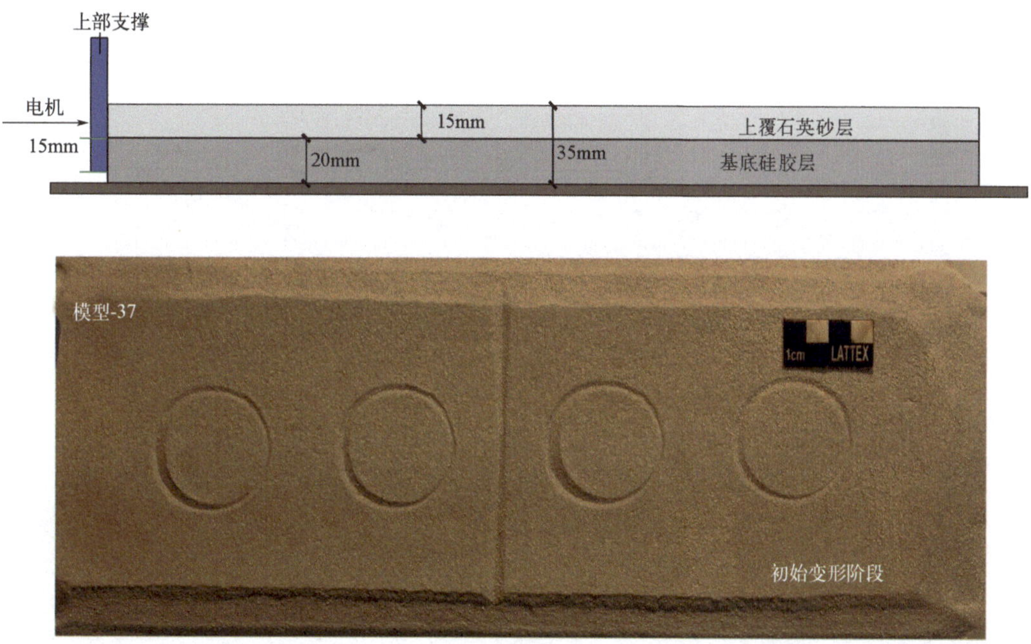

图4-57

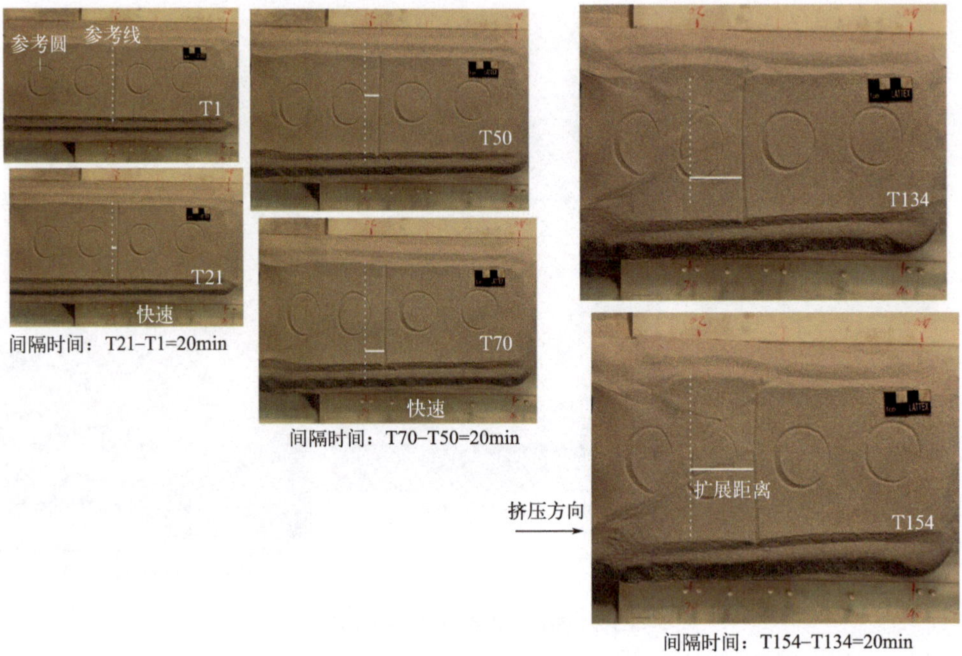

图4-57　模型37测试结果

模型38，挤压速率=40mm/h，基底硅胶层厚度=20mm，总缩短量=100mm，石英砂层密度=1.67g/cm^3。没有底部挡板，上部挡板埋深=35mm，比上覆石英砂层（1.0kg，密度=1.60g/cm^3）和水泥粉（0.5kg）混合层的厚度为15mm还大20mm。模拟结果显示产生沉积建造，硅胶层流向两侧挡板。脆性层向前移动了3.3cm，产生7条走滑断层（图4–58）。

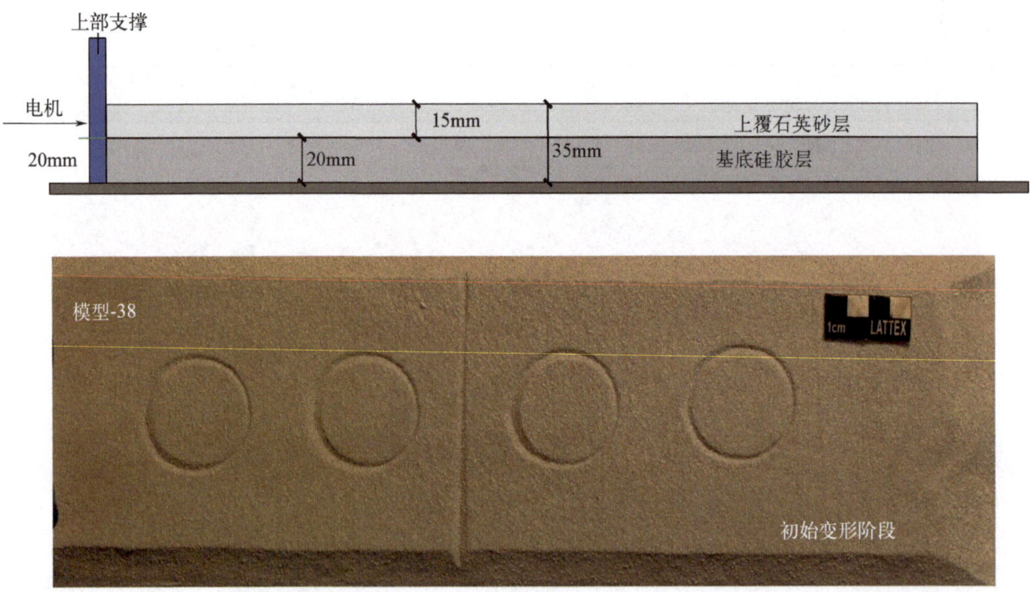

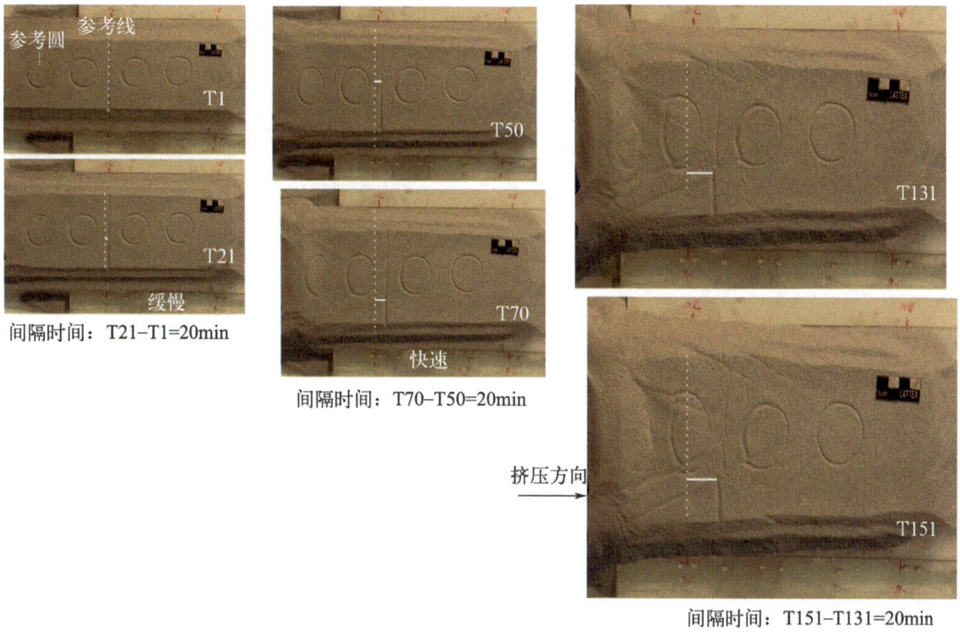

图4-58　模型38测试结果

4.1.1.6　应变速率场分析

模型脆性层厚度=1.5cm，挤压速率=1.1×10^{-3}m/s的PIV结果显示，在变形的初期（缩短量=0cm），累积应变速率主要集中在靠近挡板一侧。随着应变的逐渐增加，累积应变速度逐渐向前沿扩展（缩短量=2~6cm）。到了变形作用的中后期（缩短量=8~10cm），累积应变速率主要集中在挤压挡板一侧，呈线状分布（图4-59）。应变速率的总体特征表现为从褶皱-冲断带的根带逐渐扩展到前陆构造带，再回到根带，呈一次循环特征。

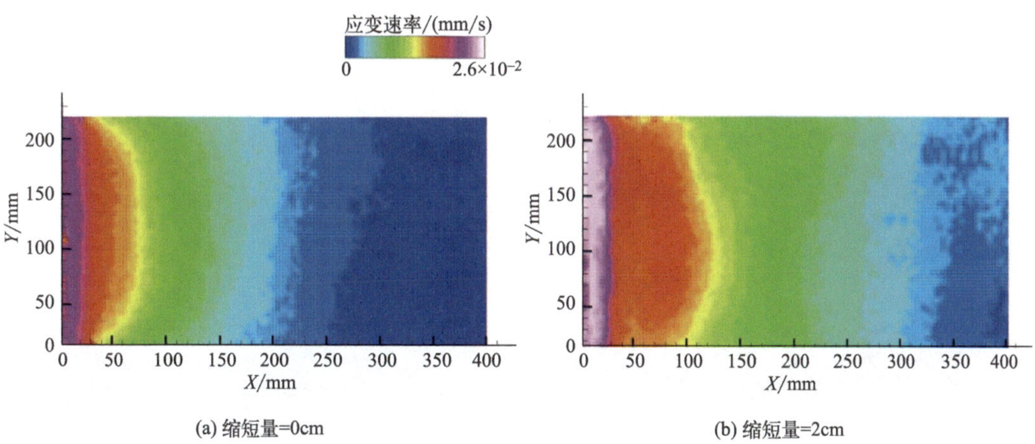

图4-59

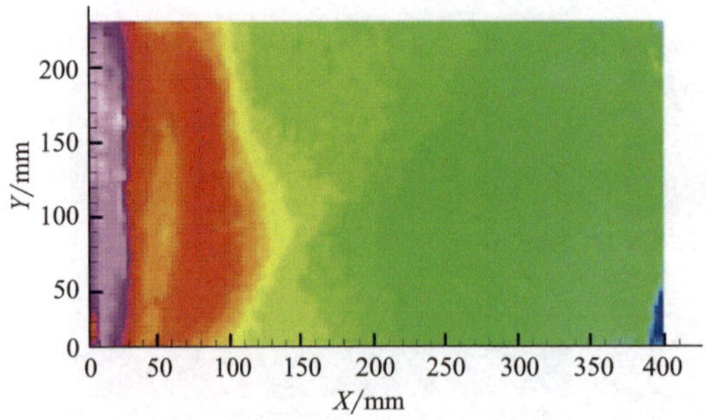

(c) 缩短量=4cm

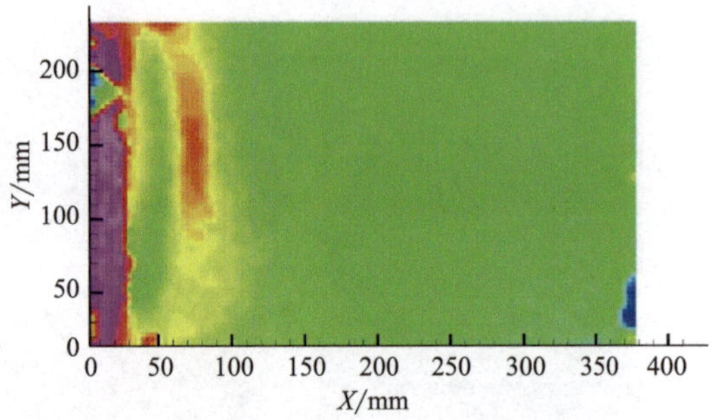

(d) 缩短量=6cm

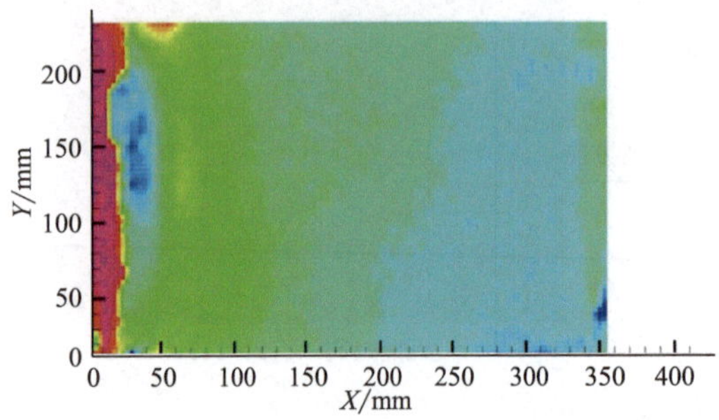

(e) 缩短量=8cm

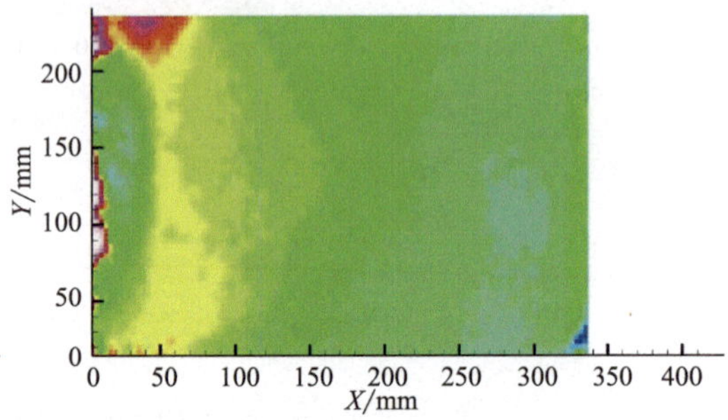

(f) 缩短量=10cm

图4-59　物理模拟结果PIV应变速率场分析（脆性层厚度=1.5cm）

模型脆性层厚度=3cm，挤压速率=1.4×10^{-3}m/s的PIV结果显示，在变形的初期（缩短量=0cm），累积应变速率主要集中在靠近挡板一侧。随着应变的逐渐增加，累积应变速率逐渐向前沿扩展，应变区集中在前沿（缩短量=2cm）。到了变形作用的中后期（缩短量=4~10cm），累积应变速率主要集中在前沿区域，呈线状分布特征（图4-60）。应变速率的总体特征表现为从褶皱-冲断带的根带逐渐扩展到前陆构造带，而且高应变值主要集中分布在前沿区域。

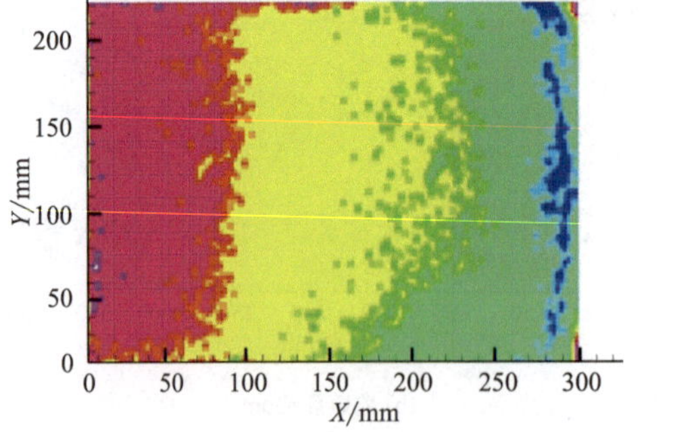

(a) 缩短量=0cm

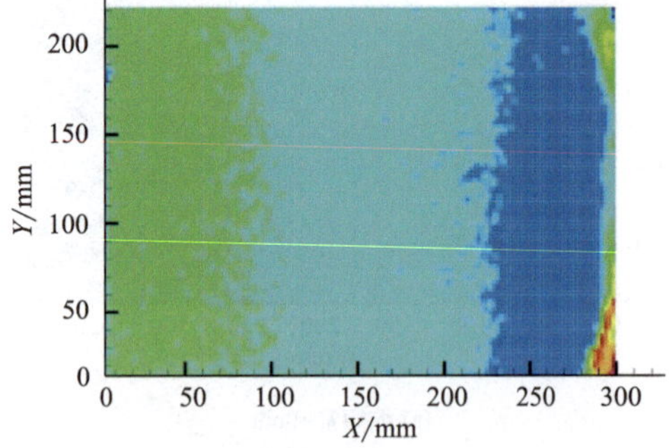

(b) 缩短量=2cm

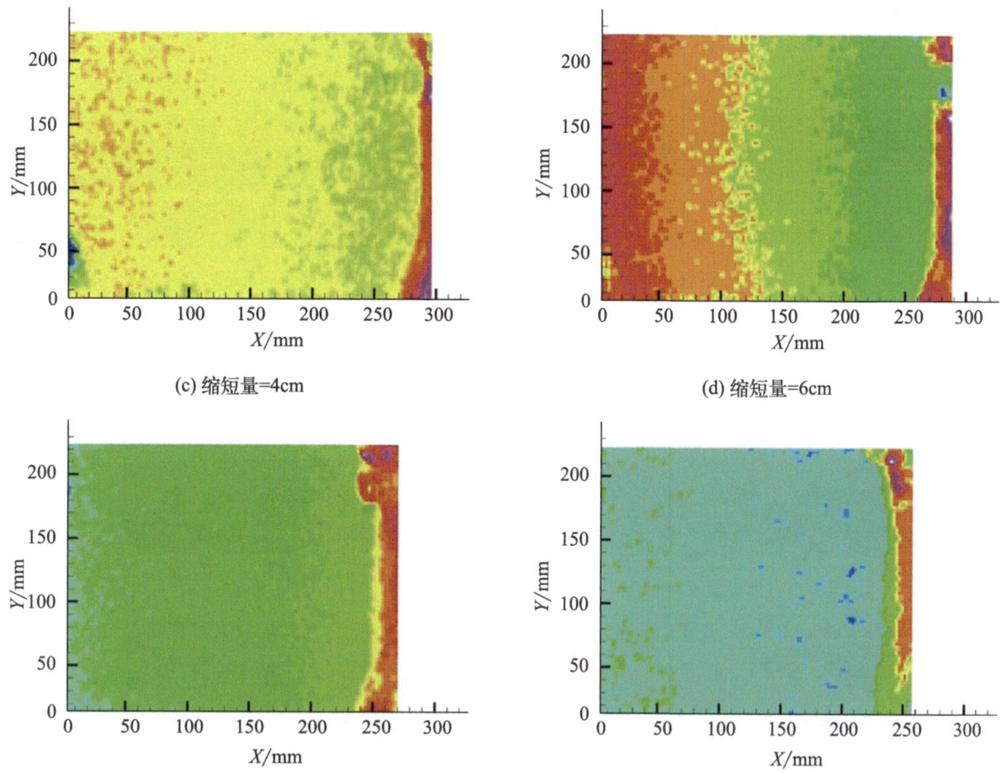

(c) 缩短量=4cm　(d) 缩短量=6cm

(e) 缩短量=8cm　(f) 缩短量=10cm

图4-60　物理模拟结果PIV应变速率场分析（脆性层厚度=3cm）

4.1.2　基底摩擦实验

在单一滑脱层作用下，开展只有背挡、没有侧向挡板和前挡条件下的平面模拟实验。

（1）模型1_脆性基底

变形的初始阶段，形成与背挡平行的逆冲断层。随着缩短量的增加，形成弧形的褶皱冲断带。整个变形带的扩展范围比较窄，根带的隆升幅度较大（图4–61）。

(a) 缩短量=3cm　(b) 缩短量=6cm

图4-61

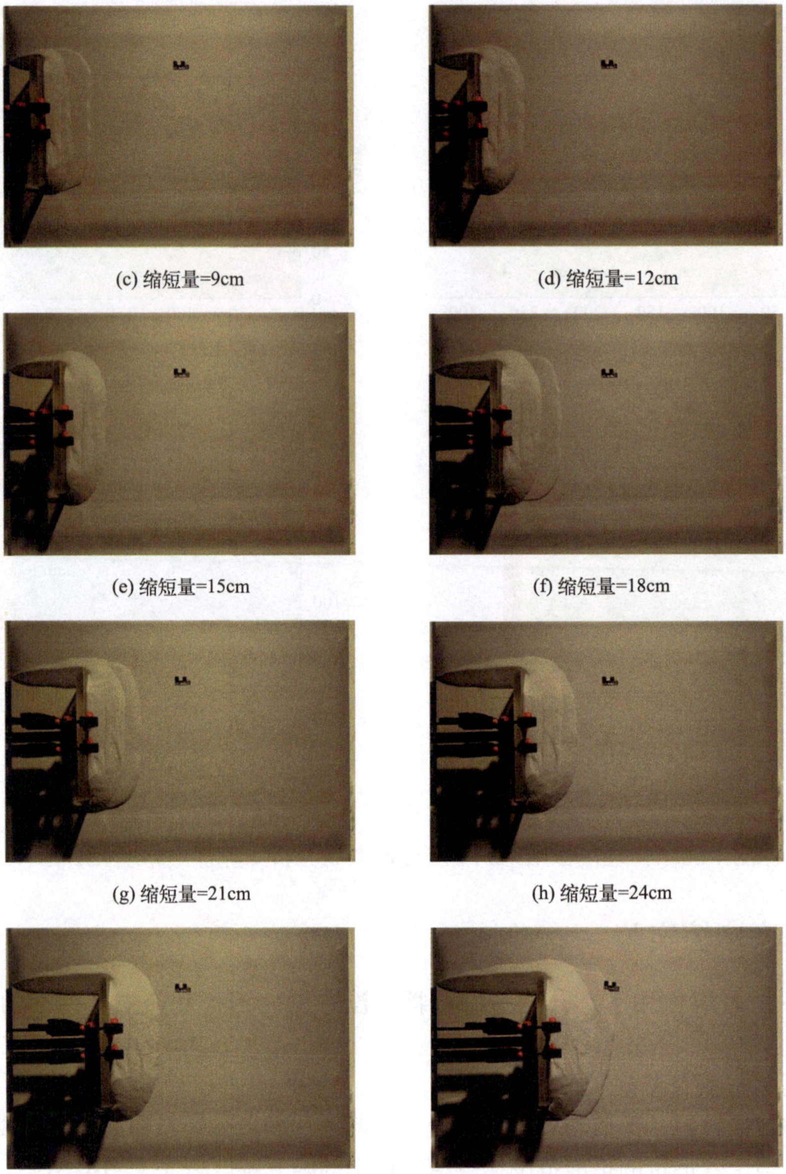

(c) 缩短量=9cm　(d) 缩短量=12cm

(e) 缩短量=15cm　(f) 缩短量=18cm

(g) 缩短量=21cm　(h) 缩短量=24cm

(i) 缩短量=27cm　(j) 缩短量=30cm

图4-61　脆性基底结构模型模拟平面图

切片显示，形成叠瓦式的逆冲构造，产生4条逆冲断层和一个冲起构造。叠瓦式逆冲构造内部的层序界面出现挠曲现象。在变形带的两侧隆升幅度较小，中部的隆升幅度较大（图4–62）。

（2）模型2_微玻璃珠基底

模拟结果显示，变形的初始阶段，仍然形成与背挡平行的逆冲断层。与模型1相比，弧形的逆冲构造产生的时间已提前。同时，随着变形量的增加，褶皱–冲断带逐渐向前缘扩展，形成多条逆冲断层（图4–63）。与模型1相比，模型2的变形带扩展范围较大。

(a)

(b)

(c)

图4-62　脆性基底结构模型模拟剖面图

模型2_微玻璃珠基底

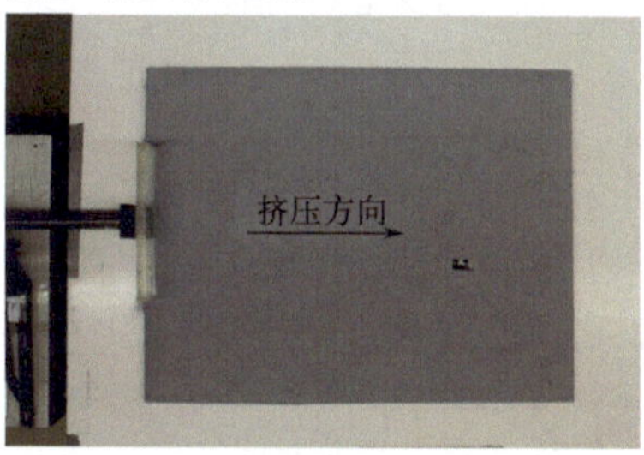

(a) 缩短量=3cm

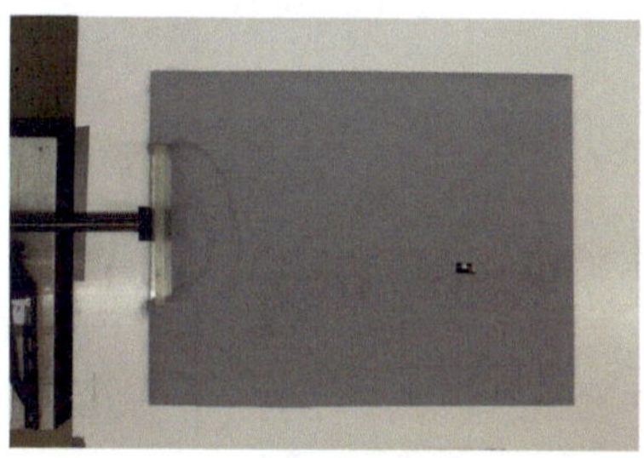

(b) 缩短量=6cm

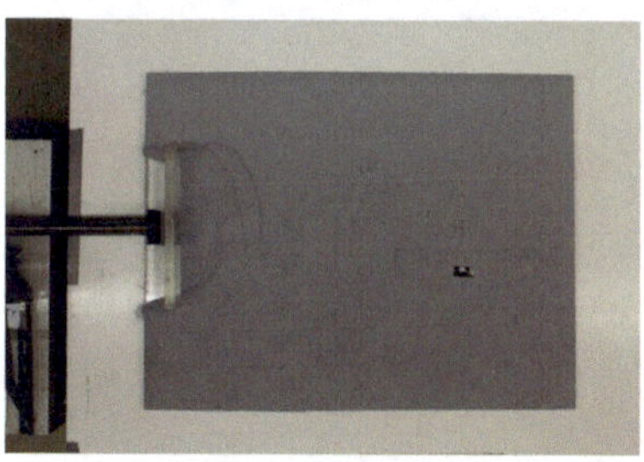

(c) 缩短量=9cm

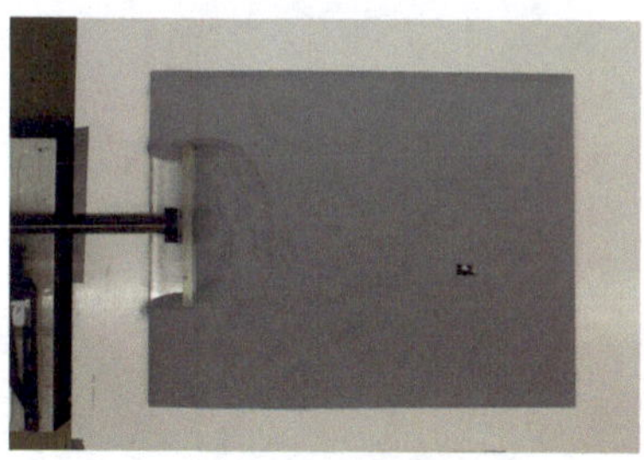

(d) 缩短量=12cm

图4-63

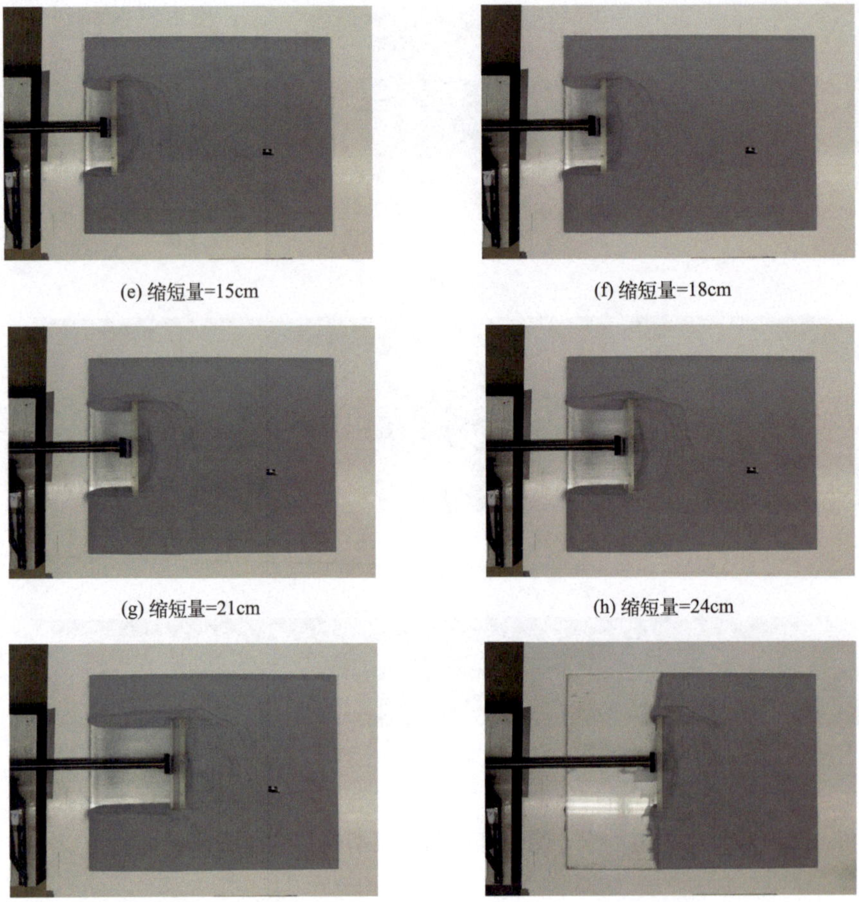

(e) 缩短量=15cm　(f) 缩短量=18cm

(g) 缩短量=21cm　(h) 缩短量=24cm

(i) 缩短量=27cm　(j) 缩短量=30cm

图4-63　微玻璃珠基底结构模型模拟平面图

切片显示，形成长距离的逆冲构造。产生7条叠瓦式的逆冲构造和一个对称型的冲起构造。与模型1相比，模型2内部的逆冲断裂更多，层序界面挠曲现象更明显。仍然是构造两侧隆升幅度较小，中间的隆升幅度较大（图4–64）。

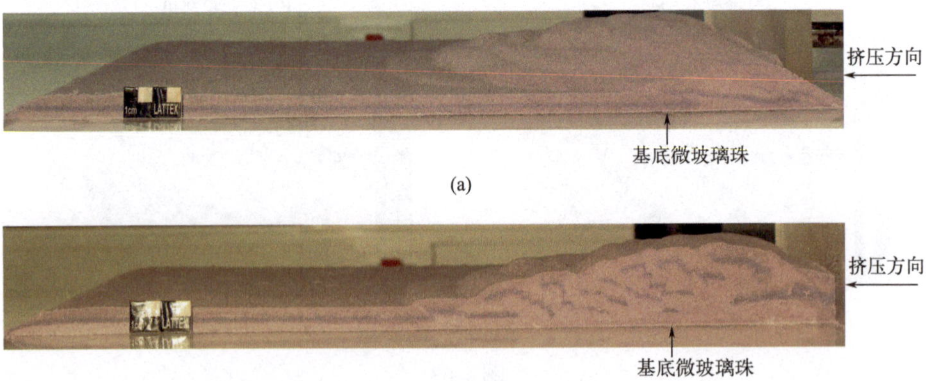

(a)

(b)

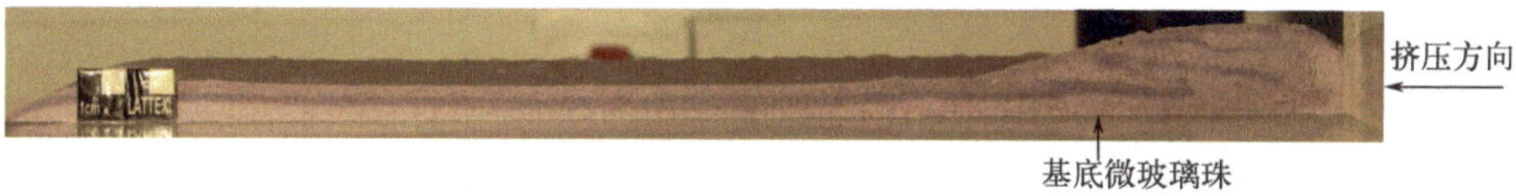

(c)

图4-64　微玻璃珠基底结构模型模拟剖面图

（3）模型3_韧性硅胶层基底

模拟结果显示，在变形的初始阶段，形成与背挡平行的逆冲断层。随着缩短量的增加，长条带的逆冲断层逐渐扩展为弧形的逆冲断层，形成弧形褶皱－冲断带。褶皱－冲断带的根带隆升的幅度较大，但变形的宽度比较小（图4–65）。

切片显示，在褶皱－冲断带的根带，形成倒转的逆断层和断层相关褶皱。褶皱数量比模型1和模型2产生的要多（图4–66）。

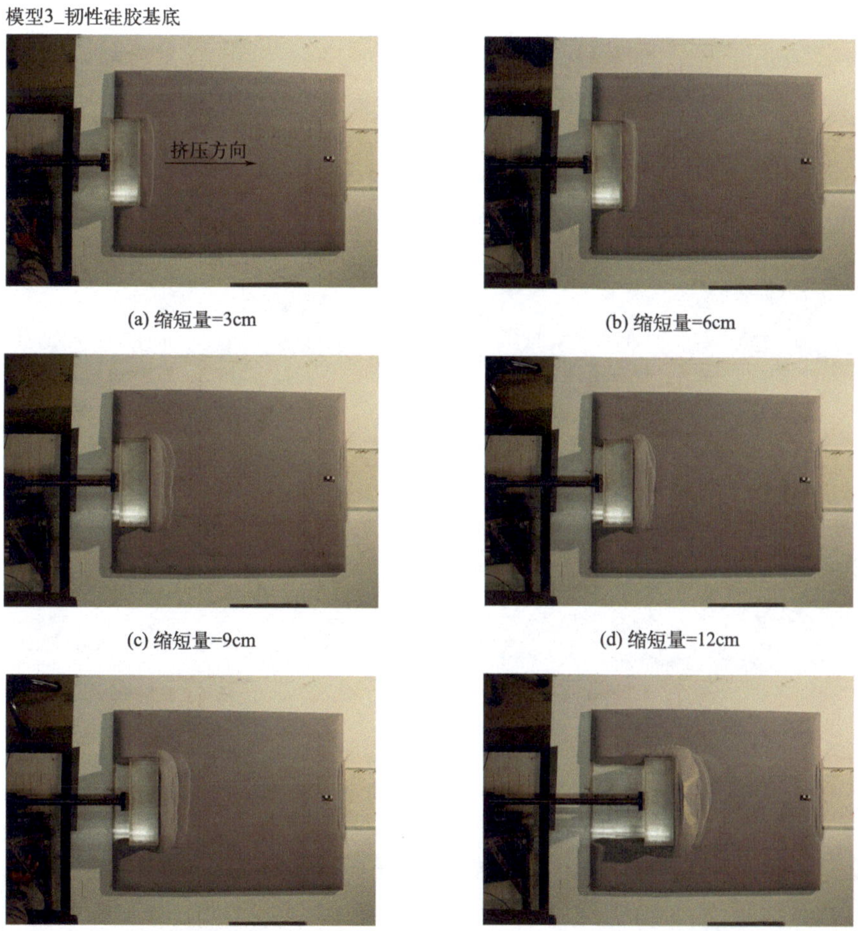

(a) 缩短量=3cm　(b) 缩短量=6cm

(c) 缩短量=9cm　(d) 缩短量=12cm

(e) 缩短量=15cm　(f) 缩短量=18cm

图4-65

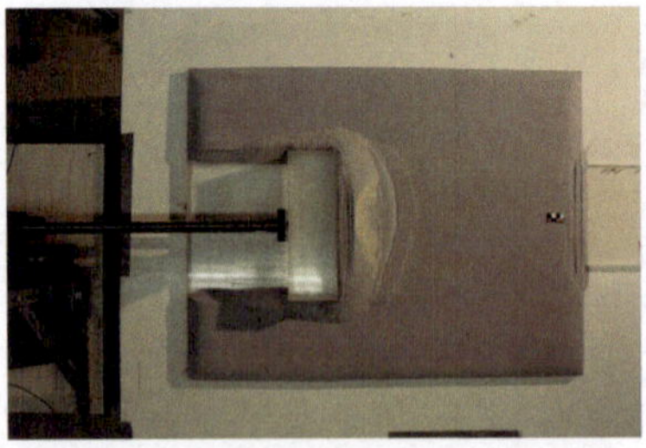

(g) 缩短量=21cm

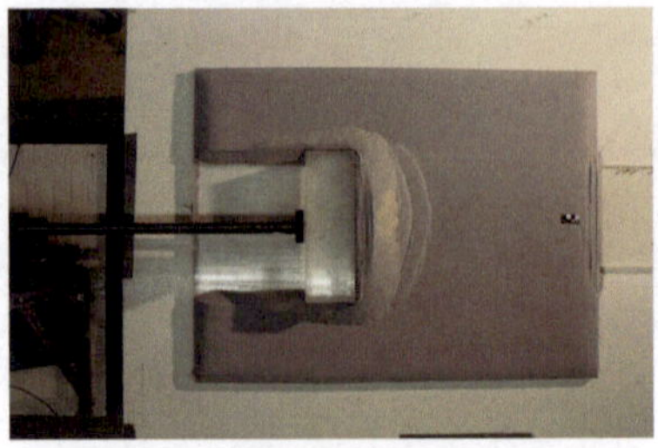

(h) 缩短量=24cm

(i) 缩短量=27cm

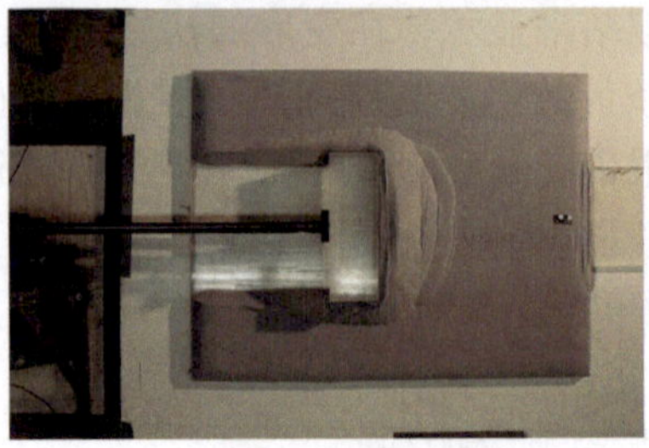

(j) 缩短量=30cm

图4-65　韧性硅胶基底结构模型模拟平面图

(a)

(b)

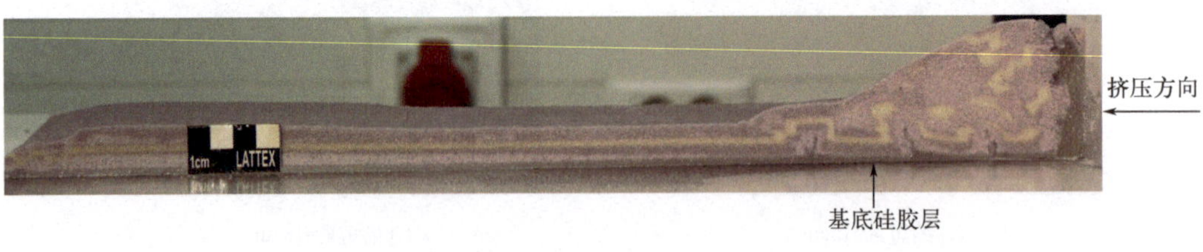

(c)

图4-66　韧性硅胶基底结构模型模拟剖面图

三组不同基底性质的模型对比表明，基底性质的差异，使得褶皱－冲断带存在明显的差异。脆性基底和微玻璃珠基底，均形成前冲断裂，没有倒转断裂产生。但微玻璃珠基底形成的褶皱－冲断带范围较大。韧性基底，形成倒转构造和断层相关褶皱。相比脆性基底和韧性硅胶基底，微玻璃珠基底的变形扩展的范围较大。这就意味着褶皱－冲断带的变形样式和扩展范围与其基底性质具有密切的关系。

4.1.3　分析与探讨

部分实验模拟结果对比分析表明，随着挤压速率的增加，褶皱－冲断带的累积应变逐渐增加，在靠近根带区域增厚，形成逆冲断层和走滑断裂。在挤压的模型中，不同的脆性厚度，导致褶皱－冲断带的扩展位置差异较大，如图4–67和图4–68所示。脆性层厚度为3cm模型的褶皱－冲断带的扩展位移较脆性层为1.5cm模型的扩展位移大，而且它们的线性特征也存在差异。

在石英砂密度差异对比中，低密度石英砂，扩展的位移较小，而在高密度石英砂条件下，褶皱－冲断带扩展的位移较大，最大可以达70%。

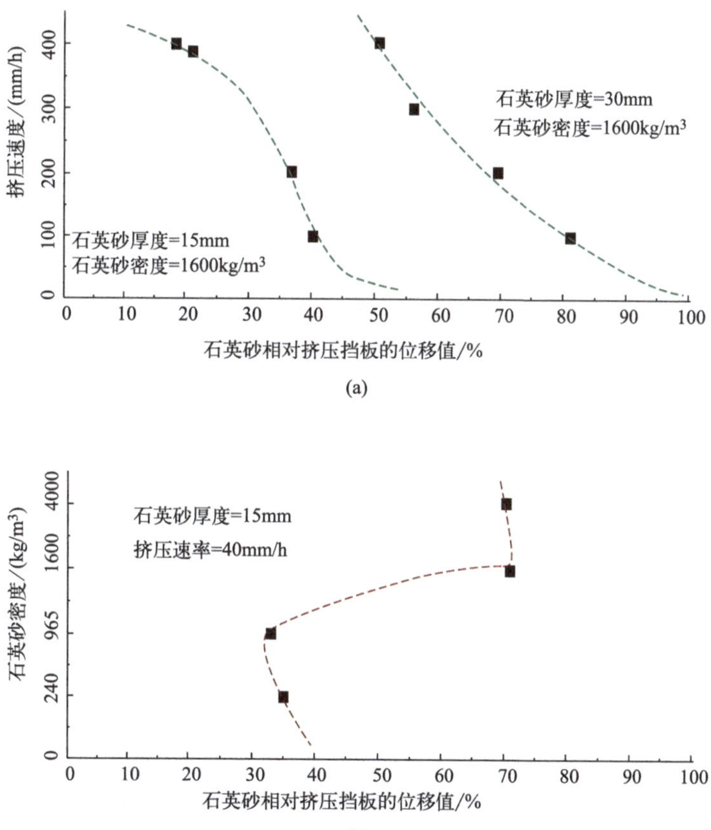

(a)

(b)

图4-67　典型模拟结果1对比分析

脆性层的厚度对褶皱-冲断带的相对扩展位移也具有显著的影响。在石英砂厚度小于30mm时，随着厚度的增加，褶皱-冲断带的扩展位移呈线性增大趋势。当石英砂的厚度大于30mm后，褶皱-冲断带的厚度有减小的趋势。当然脆、韧性厚度的变化，对侧向和基底的摩擦强度也具有重要影响，脆性层越厚，作用在基底的摩擦强度就越大，脆性层越薄，作用在基底的摩擦强度也就越小。基底韧性层越厚，在一定程度上可以减小基底的摩擦强度，有利于褶皱-冲断带向前沿扩展。相关的结论在前人的物理模拟实验研究中也得到论述（Cotton and Koyi，2000；Bonini，2007）。

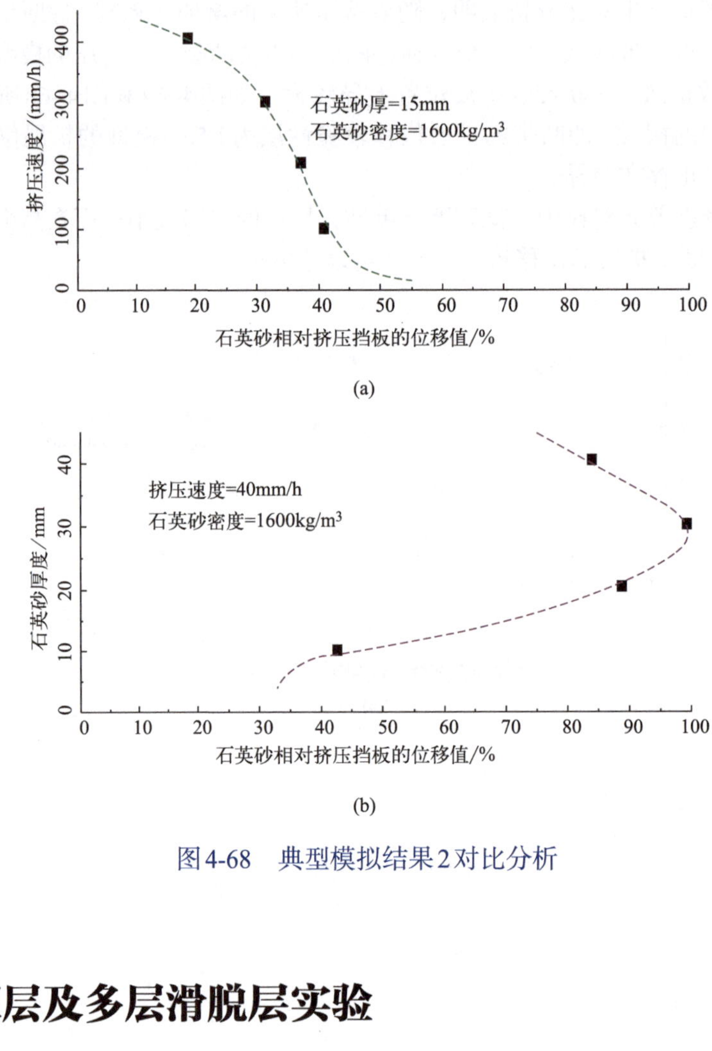

图4-68　典型模拟结果2对比分析

4.2 双层及多层滑脱层实验

多层滑脱层的褶皱-冲断带在国内外十分常见。国外扎格罗斯褶皱-冲断带分布有古生代、中生代和新生代三套滑脱层，不同层次的滑脱层均对褶皱-冲断带的变形具有重要的控制作用；意大利亚平宁地区发育三叠纪膏盐岩和白垩纪膏盐岩两套滑脱层，这些滑脱层对深埋构造和浅埋构造具有差异的控制作用。国内的四川盆地川东-湘鄂西构造带发育新元古代板岩、古生代寒武系页岩和三叠系膏盐岩等多套滑脱层；羌塘盆地发育多套煤层滑脱层、柴达木盆地博格达山北缘发育中侏罗统窑组和下侏罗统八道湾组两套滑脱层；塔里木盆地也发育基底煤层和上覆膏盐岩两套典型的滑脱层。两套或多滑脱层发育的区域性滑脱褶皱、断弯褶皱和断展褶皱，有的褶皱前冲、有的褶皱后冲、有的形成对称型的冲起构造，表明褶皱的形态因滑脱层的分布形成差异的变形样式。开展相关的物理模拟研究，对理解双层滑脱层条件下的构造变形演化过程及分布规律具有十分重要的意义。

4.2.1 侧向摩擦实验

模型1为双侧向摩擦力为0的实验。模拟结果显示，表面形成了靠近褶皱-冲断带根带的隆起区。隆起区褶皱宽度为4cm，顶部呈圆弧形。走向上与背挡近似平行。在变形的晚期，在背挡的两侧形成多条走滑断裂，中部形成褶皱和逆冲断层（图4-69）。切片剖面特征显示，在褶皱-冲断带的根带形成叠瓦式逆冲断层，断层的倾角在两侧比较陡，在中部比较平缓。靠近根带，形成前渊盆地。前陆构造带的地层近似水平，没有明显的扰动现象（图4-70）。

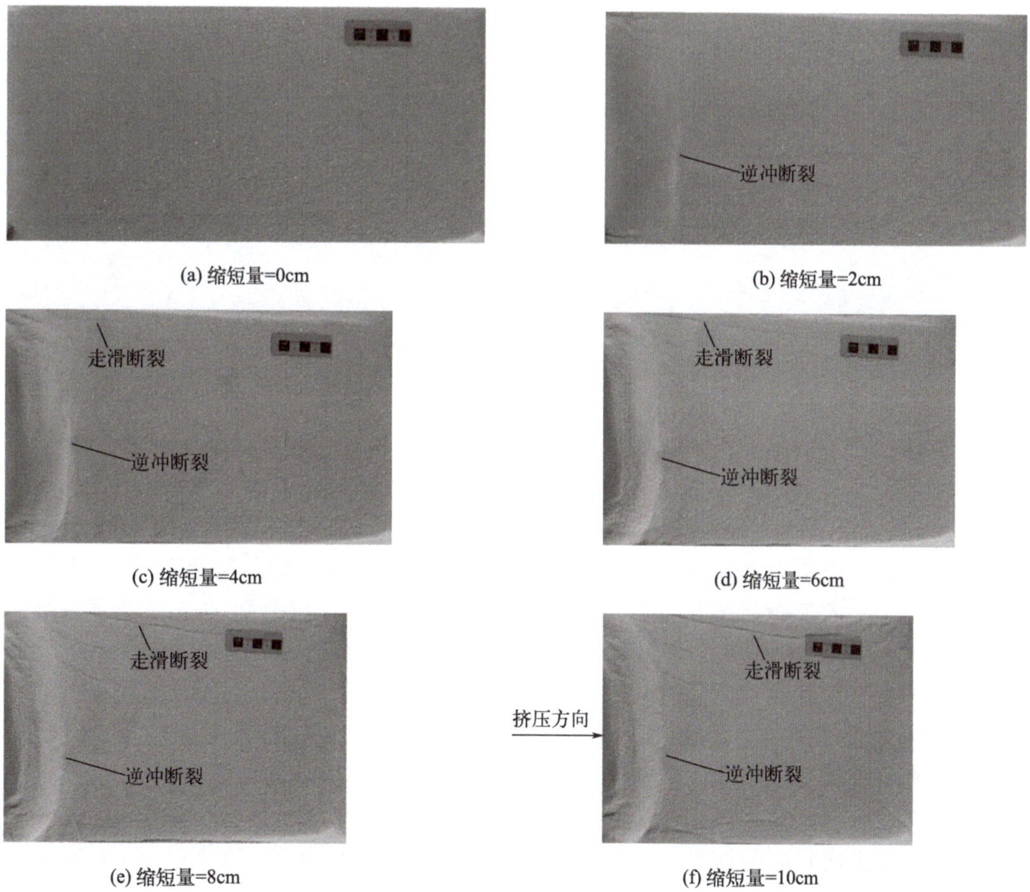

图4-69 模型1双侧向摩擦力为0的模拟结果平面图

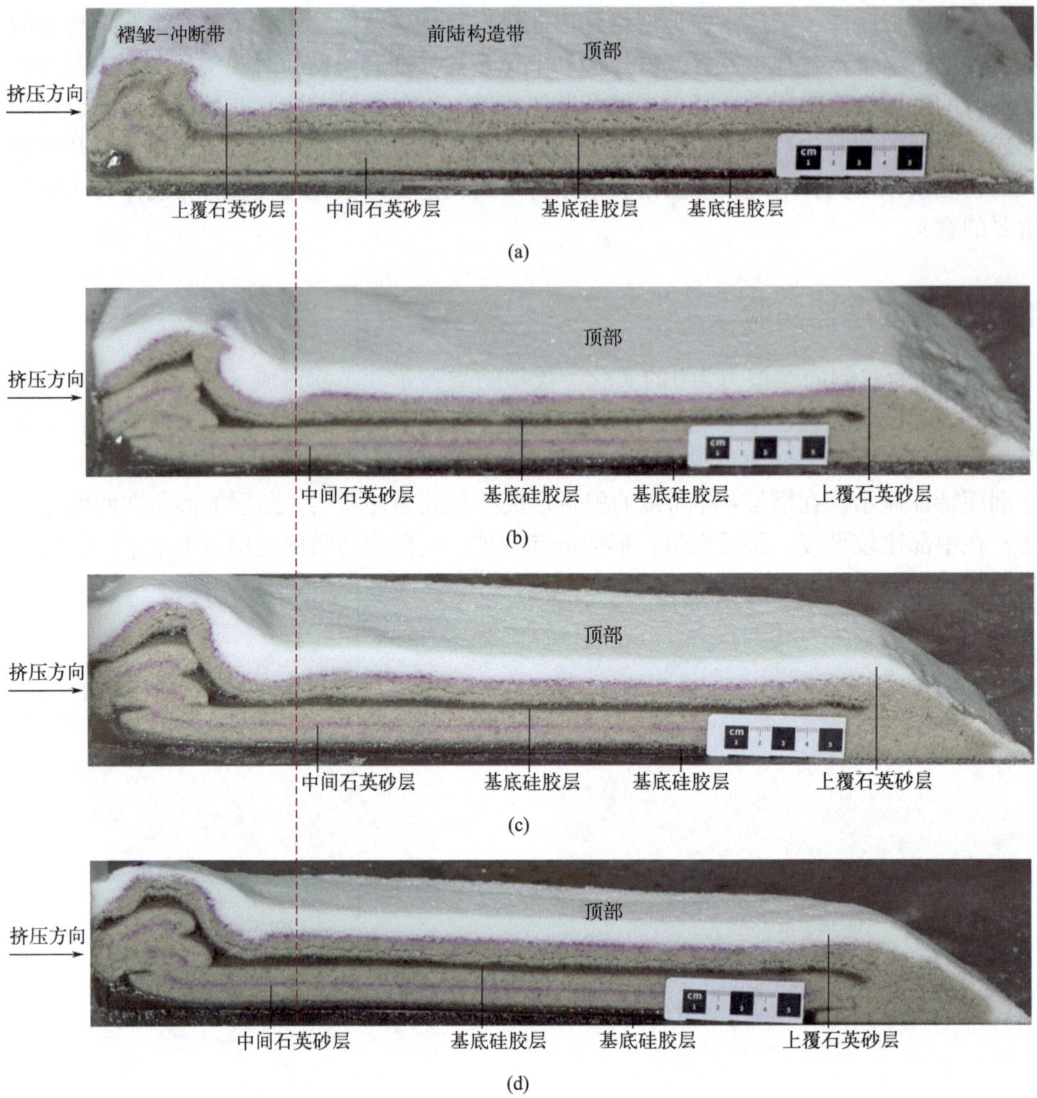

图4-70　模型1双侧向摩擦力为0模拟结果剖面图

变形初始阶段（缩短量=0cm），速率场高值区位于褶皱-冲断带根带，呈弧形特征向前缘突出。随着缩短量的增加，速率场的特征发生改变。缩短量=2cm，速率场高值区形态发生改变，在根带呈矩形。此阶段前缘的速率场不对称，与运动方向一致的左侧高，而右侧低。缩短量=4cm，褶皱-冲断带根带的速率场高值区分布范围减小，前缘速率场的值有所增大。缩短量=6cm，根带的速率场高值继续减小，前缘的速率场数值比前一阶段所有减小，但整体向前缘推进。缩短量=8cm，根带的高值和低值间隔分布，部分区域存在剪切现象。缩短量=10cm，靠近根带形成速率场低值区。在褶皱-冲断带的中后缘，形成块状的剪切现象。此阶段的速率场低值区域主要分布在褶皱-冲断带的根带位置（图4-71）。

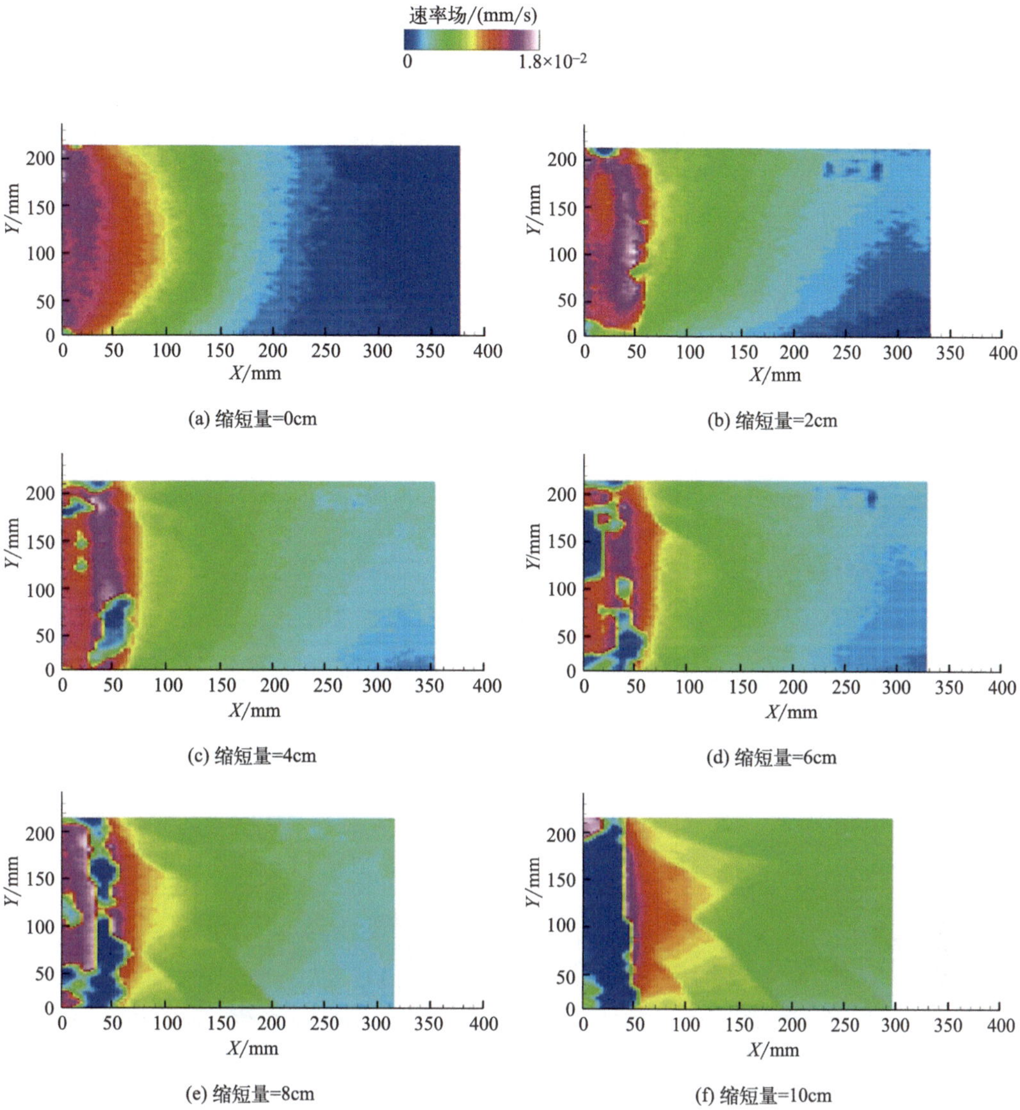

图4-71　模型1双侧向摩擦力为0速率场

应变场特征显示，不同阶段的应变场均显示呈直线状，与背挡近似平行。在早期和后期，应变场高值呈单一的线状特征。在变形的中期，应变高值呈双线状，而且局部区域呈弯曲的形态特征。在后期，应变场还有一个异常的特征；呈现多条斜向分布的低值区，它们与运动方向斜交分布（图4–72）。

模型2为单侧向摩擦力为0实验。模型2与挤压方向平行的左侧有挡板，而右侧没有挡板。模拟结果显示，缩短量=2cm，在褶皱–冲断带的根带形成褶皱，隆升的幅度较大。随着缩短量的增加，缩短量=4cm，在左侧形成剪切断裂，此阶段形成的褶皱–冲断带隆升的幅度增大，形成弧形的褶皱和逆冲断层。缩短量=6cm，在靠近挡板一侧形成雁列式的走滑断裂。缩短量=8cm，雁列式的断裂数量减小，产生的不连续主位移增大，形态逐渐变得连续。缩短量=10cm，逆冲断裂规模增大，隆升的幅度增大，根带的前缘具有垮塌现象。此阶段左侧雁列式的走滑断裂减小，形成比较连续的主位移带（图4–73）。

切片剖面特征显示，在褶皱-冲断带的根带，中间滑脱层下伏形成叠瓦式的逆冲构造，产生断层相关褶皱。中间滑脱层上覆形成褶皱，具有一定的剥蚀现象。根带的前缘局部具有一定的隆升挠曲现象。大量的应变主要集中在褶皱-冲断带的根带区域（图4–74）。

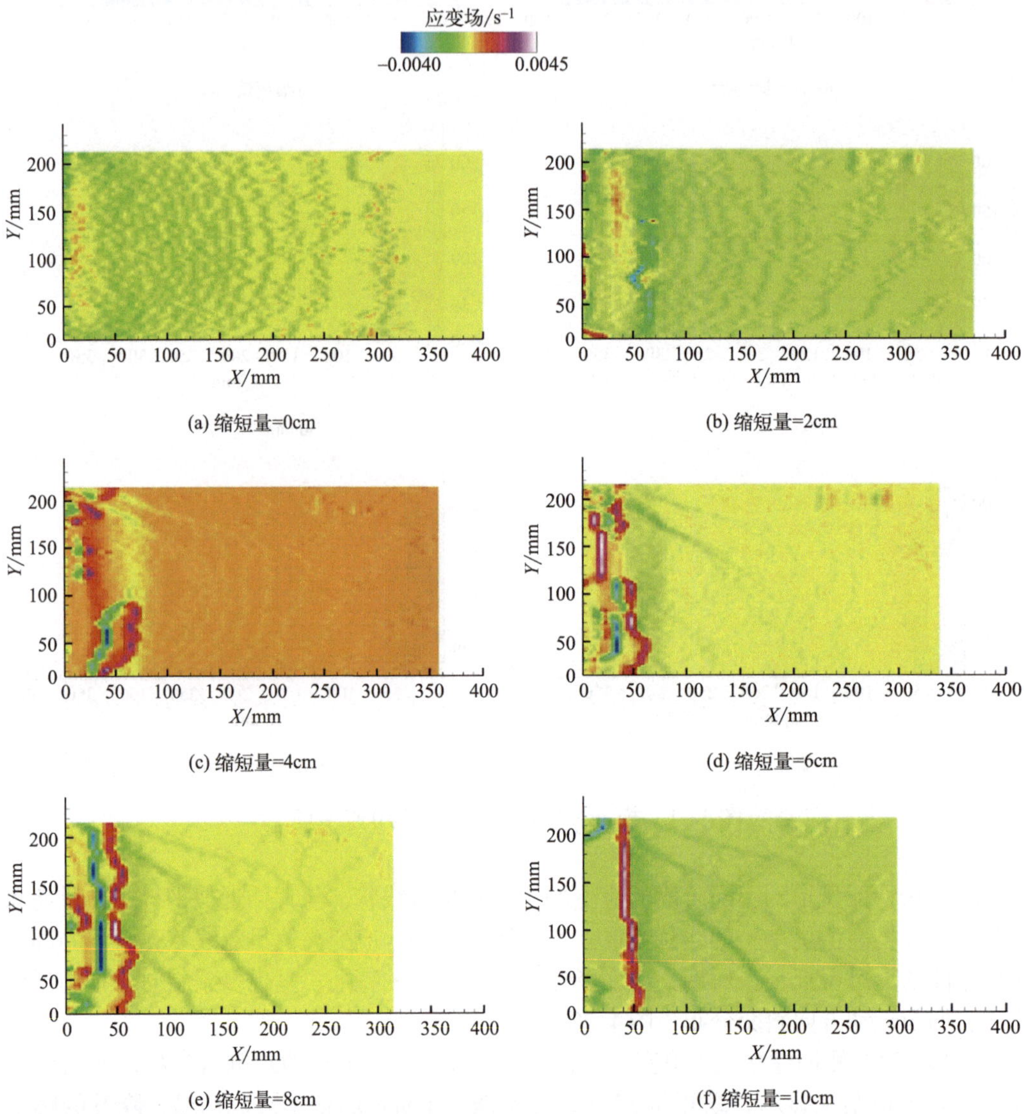

(a) 缩短量=0cm　(b) 缩短量=2cm

(c) 缩短量=4cm　(d) 缩短量=6cm

(e) 缩短量=8cm　(f) 缩短量=10cm

图4-72　模型1侧向摩擦力为0应变场

(a) 缩短量=0cm

(b) 缩短量=2cm

(c) 缩短量=4cm

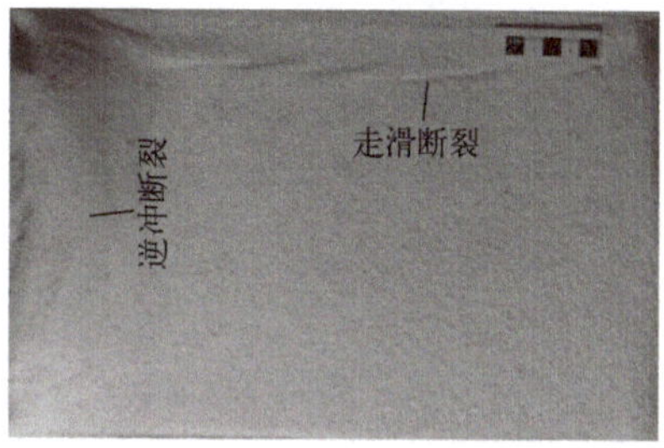

(d) 缩短量=6cm

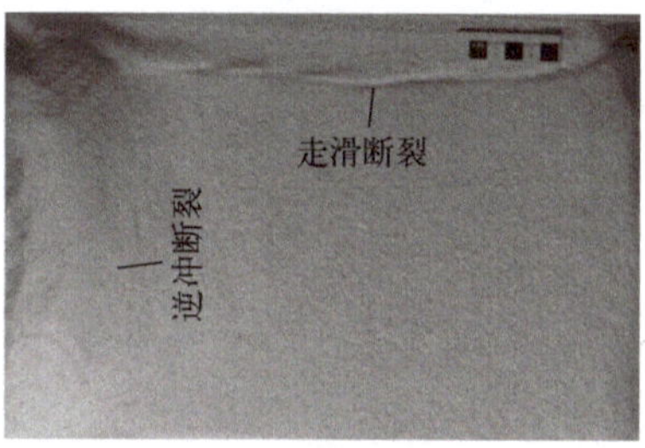

(e) 缩短量=8cm

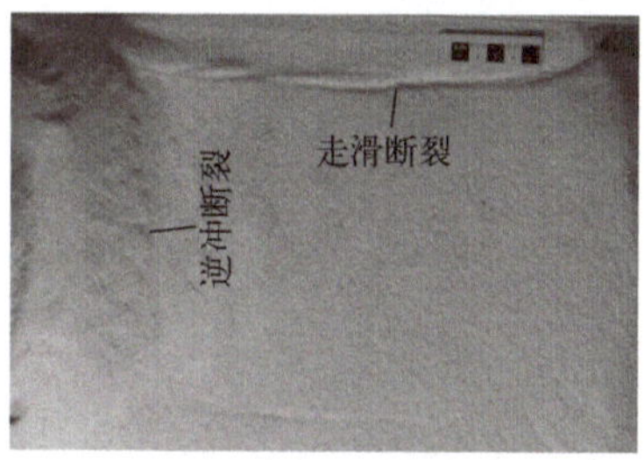

(f) 缩短量=10cm

图4-73　模型2单侧向摩擦力为0模拟结果平面图

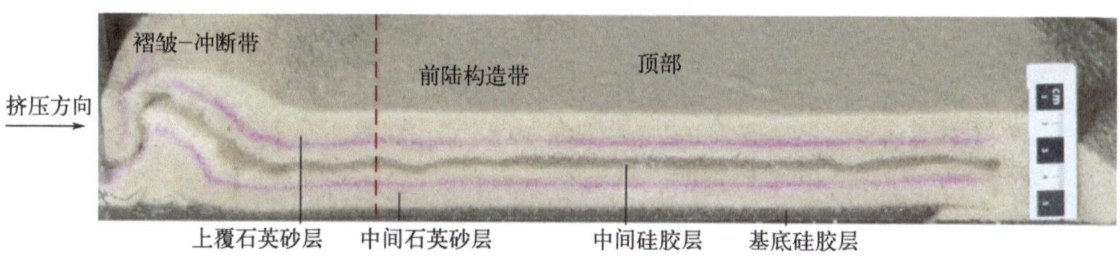

(a)

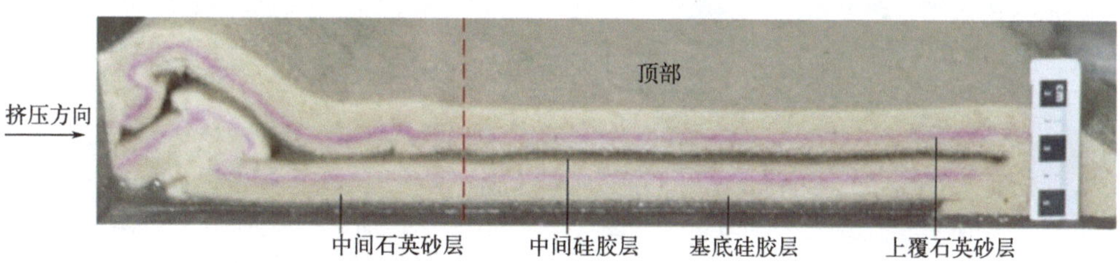

(b)

图4-74

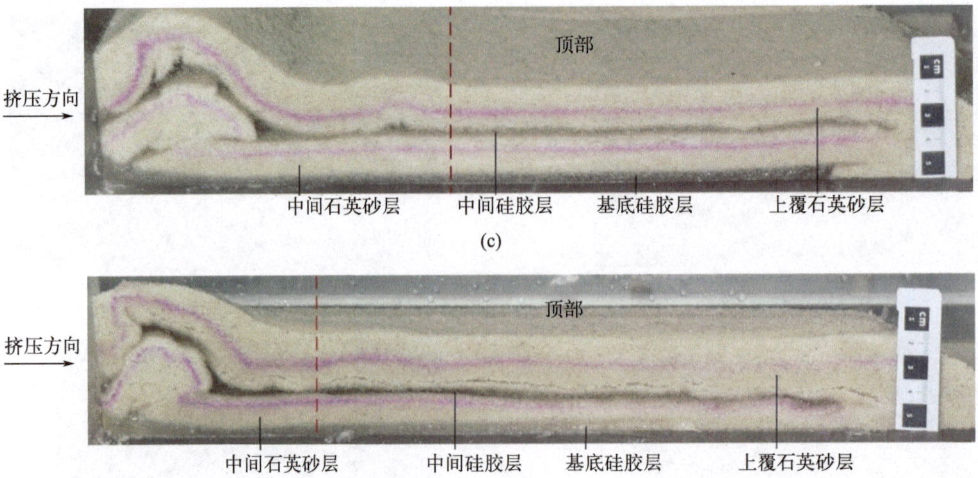

(d)

图4-74　模型2单侧向摩擦力为0模拟结果剖面图

PIV分析显示，变形的初始阶段，应变速率场高值区主要分布在褶皱-冲断带的根带区域。随着缩短量的增加，速率场高值区主要分布在根带区域，但是在整个变形阶段，靠近侧向挡板一侧存在速率场低值现象。速率场的高值区域比较集中分布在根带（图4-75）。

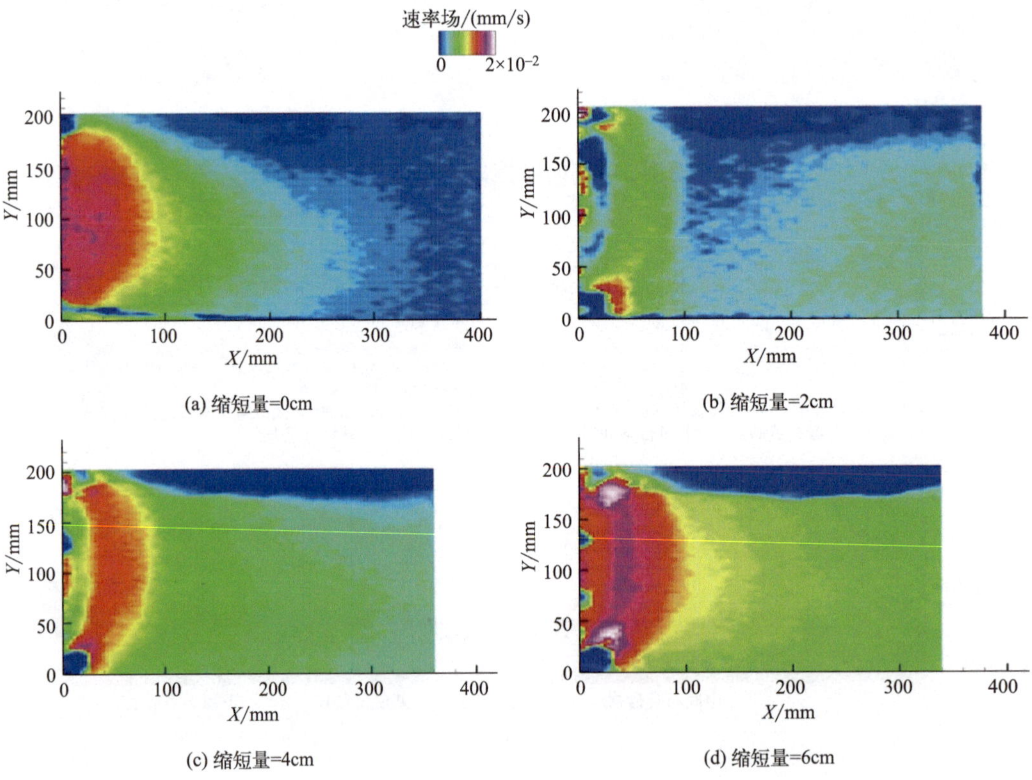

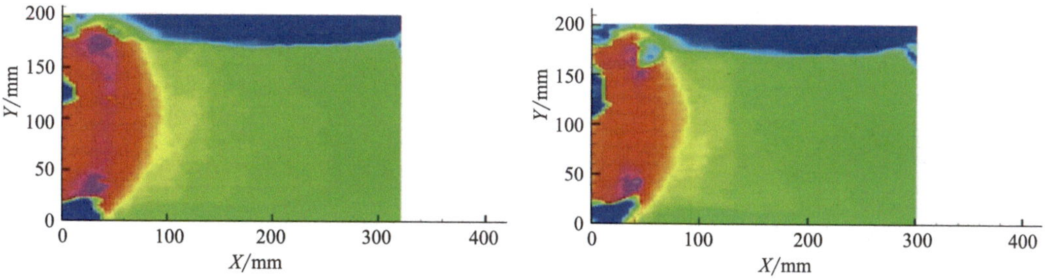

(e) 缩短量=8cm　　(f) 缩短量=10cm

图4-75　模型2单侧向摩擦力为0速率场

应变场特征显示，变形初始阶段，高应变场值呈线性分布在根带。到了变形中后期，应变场高值呈复杂的形态分布在根带。在褶皱－冲断带的中前缘，应变高值与低值呈线性的条带展布（图4–76）。

对比模型1和模型2，模型1没有侧向挡板，也就是没有侧向摩擦力，形成弧形的褶皱－冲断带，大量的应变集中在褶皱－冲断带的根带。在褶皱－冲断带形成了比较典型的叠瓦式逆冲构造。侧向存在剪切断裂，但不具有模型2所见的雁列式的走滑断裂。

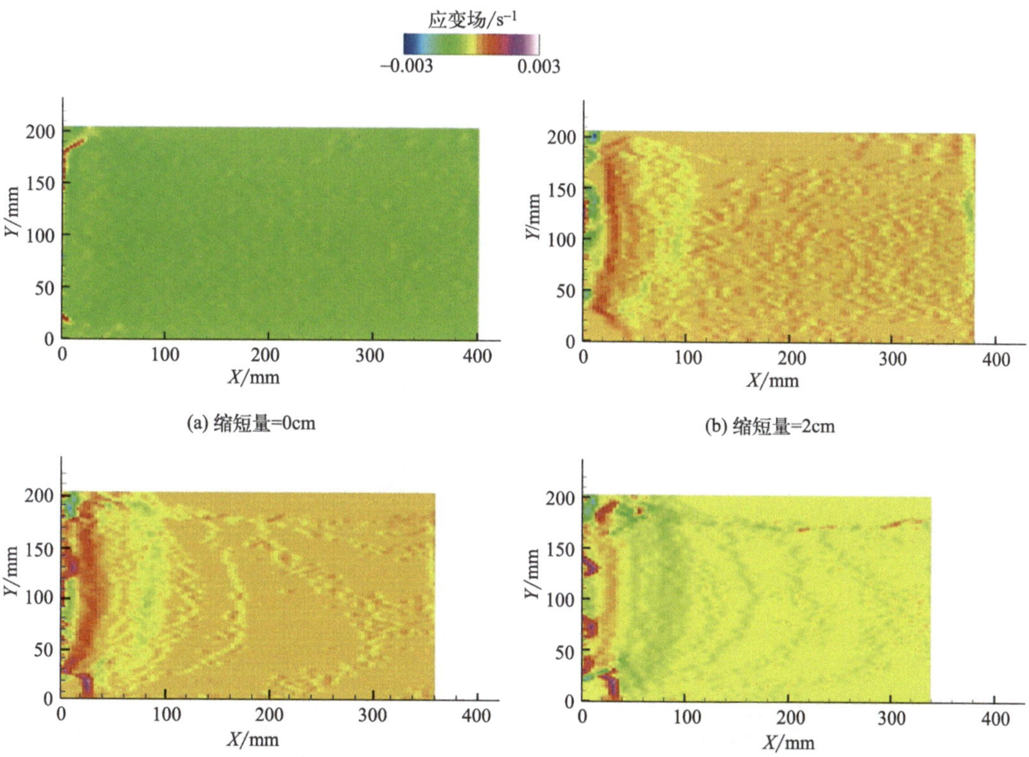

(a) 缩短量=0cm　　(b) 缩短量=2cm

(c) 缩短量=4cm　　(d) 缩短量=6cm

图4-76

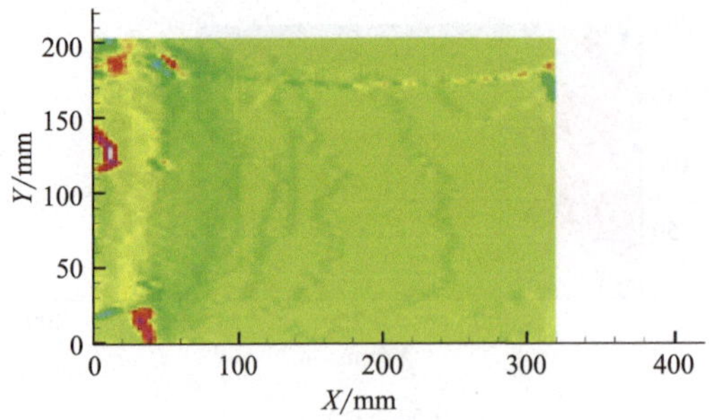

(e) 缩短量=8cm

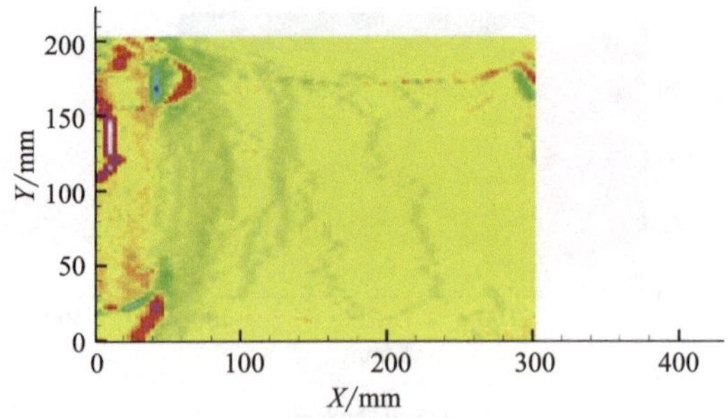

(f) 缩短量=10cm

图4-76　模型2单侧向摩擦力为0应变场

这表明，侧向摩擦力的存在，改变了褶皱-冲断带的应力和应变状态，形成了差异的变形样式。侧向摩擦强度对具有双滑脱层的褶皱-冲断带具有明显的控制作用。

4.2.2　基底摩擦实验

模型1用洗手液减小整个基底摩擦力。模拟结果显示，在变形的初始阶段（缩短量=2cm），背挡两侧形成与挤压方向斜交的剪切断裂。左侧产生1条剪切断裂，右侧产生3条剪切断裂［图4-77（a）和（b）］。缩短量=4cm，产生10条共轭剪切断层。右侧产生5条走滑断裂，左侧产生5条走滑断裂和1条逆冲断层。同时右侧的走滑断裂已经扩展到褶皱-冲断带的前缘［图4-77（c）］。缩短量=6cm，产生13条共轭走滑断裂和1条逆冲断层。右侧指向左侧的有7条走滑断裂。左侧指向右侧的有6条走滑断裂。缩短量=8cm，产生1条逆冲断层和15条共轭走滑断裂。其中左侧指向右侧有8条走滑断裂，右侧指向左侧有7条走滑断裂。缩短量=10cm，此阶段的断裂与前一阶段产生的共轭走滑断裂的数量相同，只是变形的强度比较大。

(a) 缩短量=0cm

(b) 缩短量=2cm

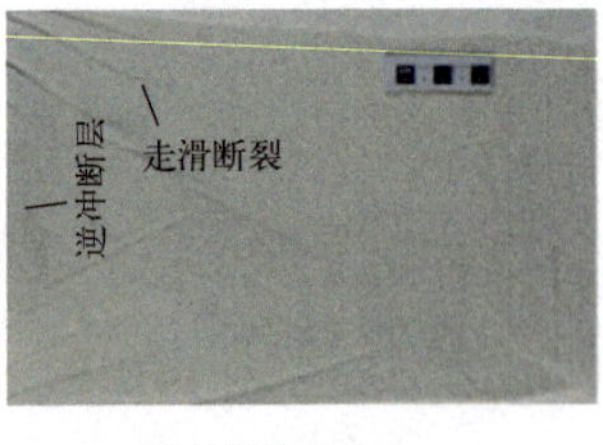

(c) 缩短量=4cm

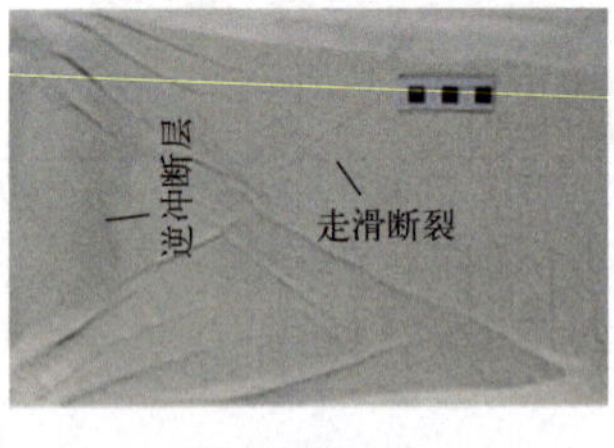

(d) 缩短量=6cm

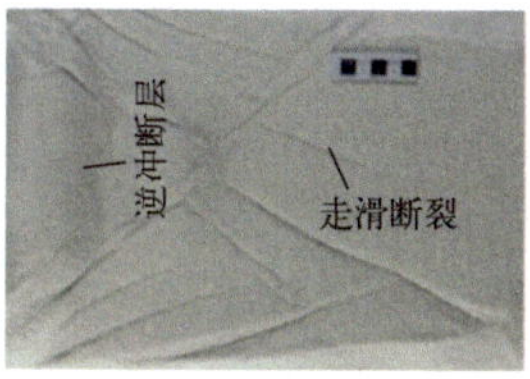

(e) 缩短量=8cm

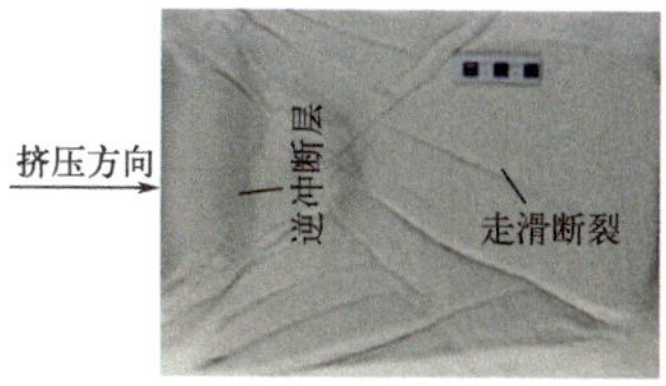

(f) 缩短量=10cm

图4-77　双滑脱层减小基底摩擦力模拟结果平面图

剖面特征显示，形成了褶皱冲断带根带的基底平卧褶皱和断层相关褶皱，上覆形成断滑褶皱。褶皱-冲断带的中部形成不对称褶皱。滑脱层三维模型的中间滑脱层下伏出现解耦现象，形成了不协调变形褶皱（图4-78）。

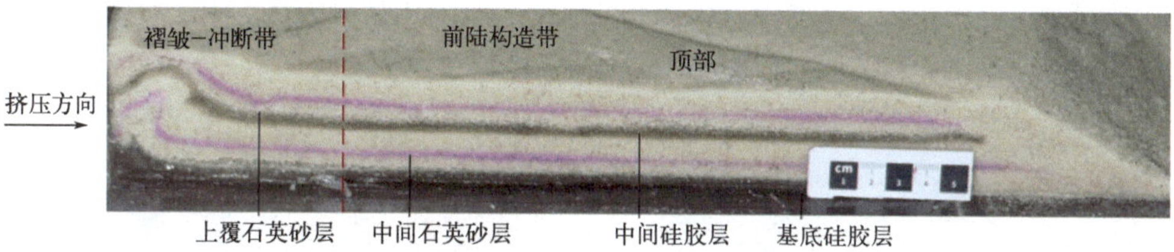

(a)

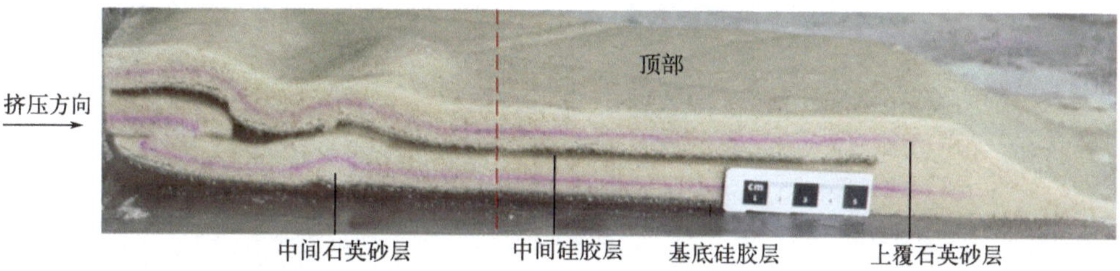

(b)

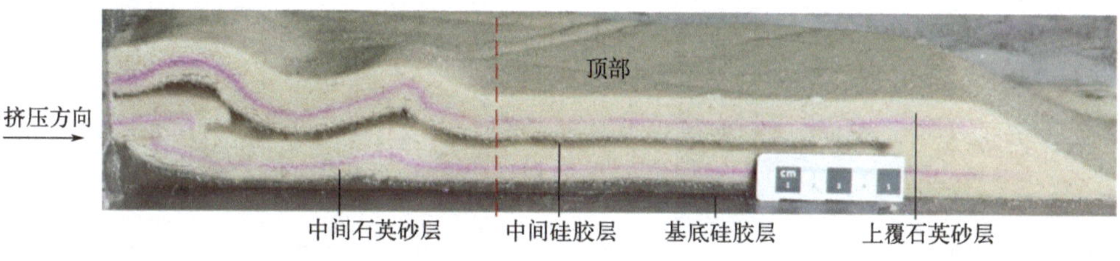

(c)

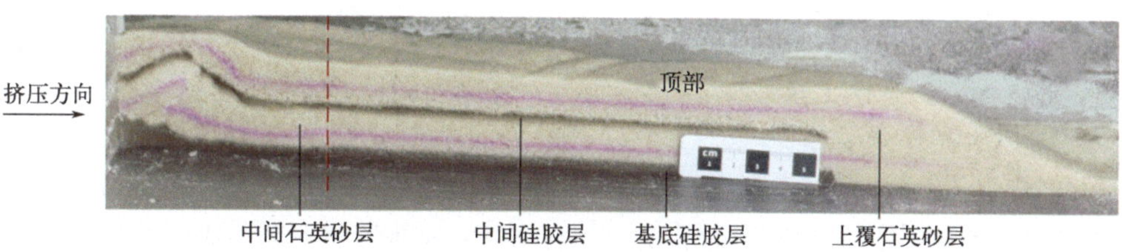

(d)

图4-78　双滑脱层减小基底摩擦力模拟结果剖面图

PIV分析表明，变形初始阶段，速率场高值区主要分布在靠近背挡一侧，呈条带状特征。随着变形增加，速率场高值区仍然主要分布在靠近背挡一侧，但前缘应变场出现明显的多重剪刀式结构。而且在双向共轭剪切交会处，出现速率场高值现象（图4-79）。

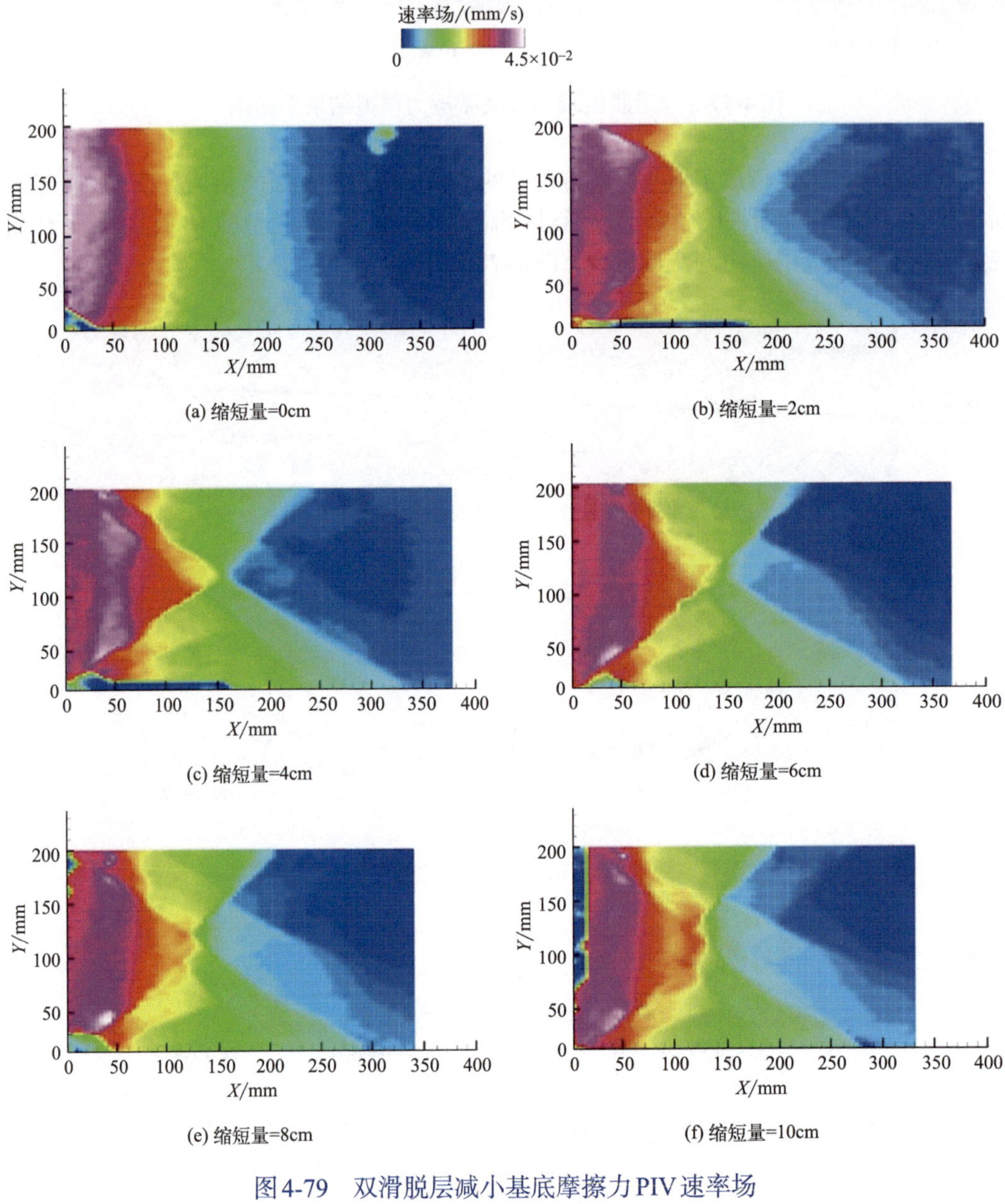

(a) 缩短量=0cm　(b) 缩短量=2cm　(c) 缩短量=4cm　(d) 缩短量=6cm　(e) 缩短量=8cm　(f) 缩短量=10cm

图4-79　双滑脱层减小基底摩擦力PIV速率场

应变场分析显示，初始阶段的应变场高值和低值呈条带状平行于背挡分布。随着挤压量的增加，来自背挡两侧的走滑剪切作用在褶皱-冲断带的中部形成应变场高值与低值相互剪切现象。到了变形的晚期，应变场的整体值减小，褶皱-冲断带的根带产生与背挡平行的应变场高值区。同时，此阶段的应变场剪切现象仍然十分明显（图4-80）。

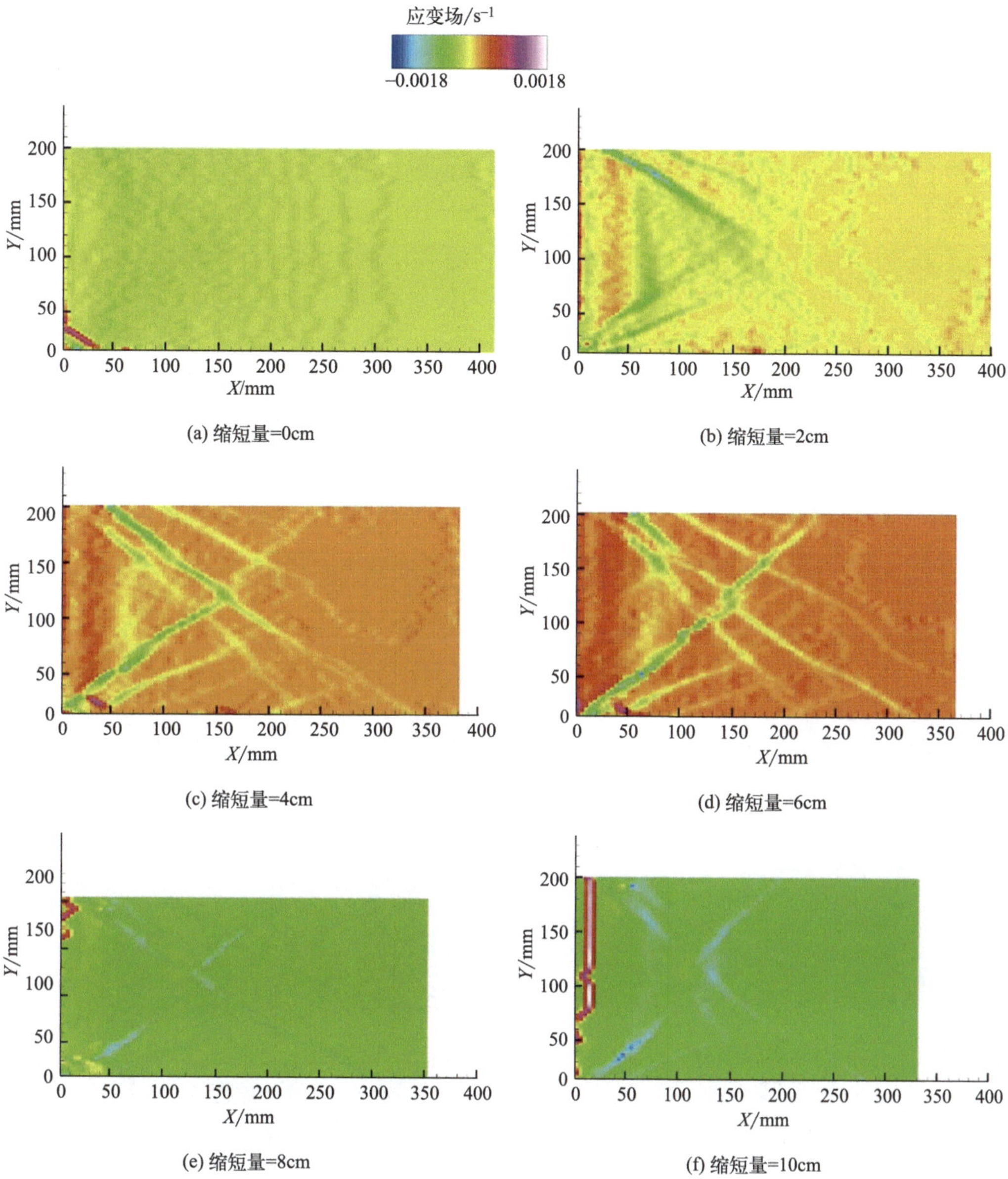

图4-80 双滑脱层减小基底摩擦力PIV应变场

无侧向摩擦和减小基底摩擦，其褶皱－冲断带的变形样式存在显著的差异。无侧向摩擦，大部分的应变集中分布在褶皱－冲断带的根带。而减小基底摩擦，形成数条走滑断裂，应变向褶皱－冲断带的中部传播，形成了低缓的地貌隆起和平缓的褶皱样式，其运动学指向前陆区域。

模型2用洗手液减小靠近挡板一侧一半基底的基底摩擦力。平面特征显示，变形初始阶段（缩短量=0cm），靠近褶皱－冲断带的根带产生1条逆冲断层和在挡板的两侧各产生1条剪切断裂。缩短量=4cm，根带隆升的幅度继续增大，两侧的剪切断裂数量增多。缩短量=6cm，除了产生逆冲断裂和剪切断裂以外，在褶皱-冲断带的中前缘还产生明显的走滑断裂。同时，在褶皱-冲断带的逆冲断裂前缘产生局部隆起构造。缩短量=8cm，褶皱-冲断带整个区域产生6条剪切断裂，此阶段的走滑断裂扩展到了前缘。缩短量=10cm，褶皱-冲断带产生的断裂规模和幅度增大的同时，根带隆升的幅度更大，产生严重的抬升剥蚀现象，即根带存在垮塌现象（图4-81）。

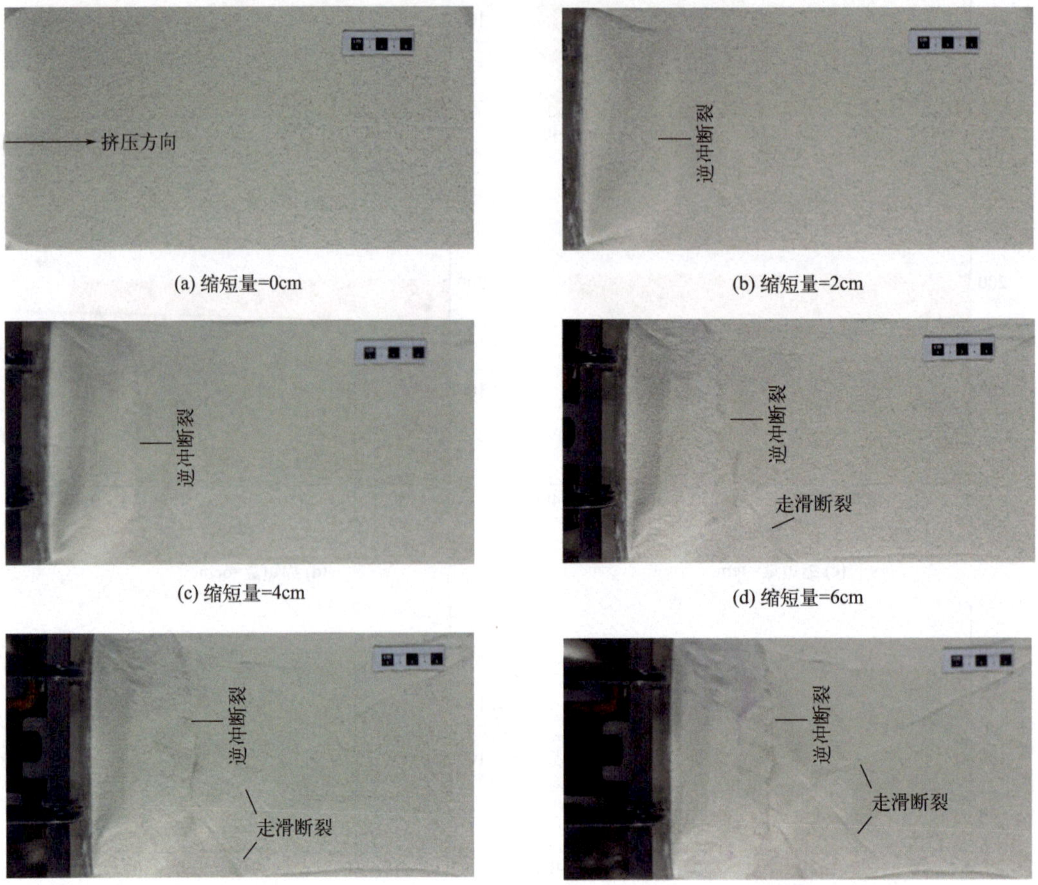

(a) 缩短量=0cm　(b) 缩短量=2cm
(c) 缩短量=4cm　(d) 缩短量=6cm
(e) 缩短量=8cm　(f) 缩短量=10cm

图4-81　双滑脱层基底减小靠近挤压挡板一侧1/2基底的基底摩擦力模拟结果平面图

剖面特征显示，在褶皱-冲断带的根带形成了逆冲断裂和断层相关褶皱。中间滑脱层下伏形成低角度的叠瓦状的逆冲断层。靠近挡板两侧隆升的幅度较大。在中间滑脱层之上形成了褶皱和前缘凹陷（图4-82）。

PIV分析显示，初始变形阶段，速率场高值区以弧形的特征分布在背挡一侧，而且高值区的分布面积比较大。随着缩短量的增加，速率场高值区的分布面积减小，呈宽条带状分布在靠近挤压挡板一侧，前缘区域为速率场低值区。随着缩短量的变化，根带速率场的高值区扩展的形态呈现不规则现象（图4-83）。

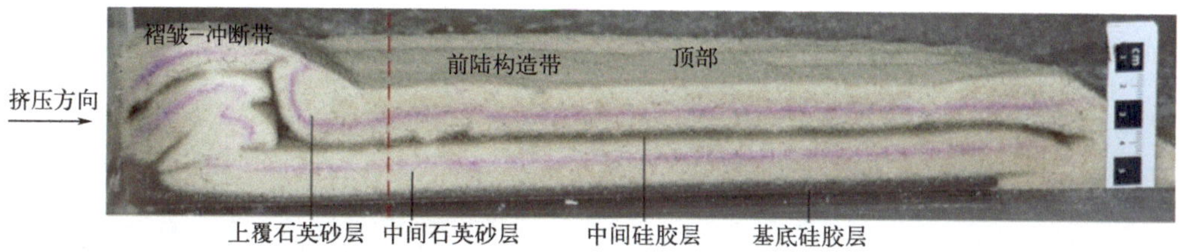

(a)

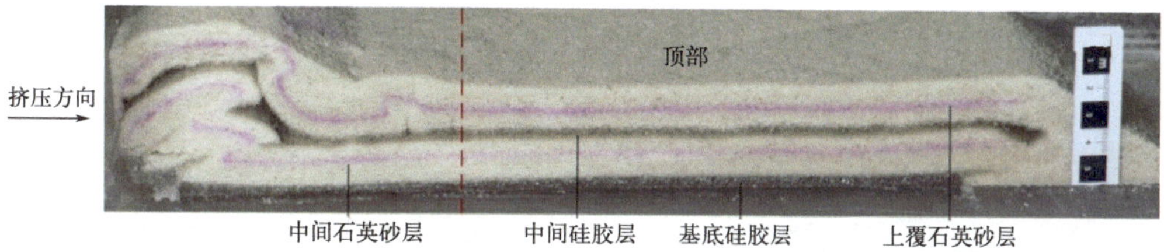

(b)

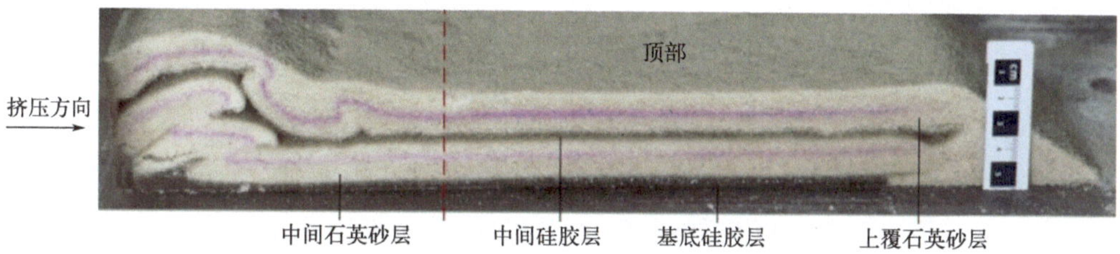

(c)

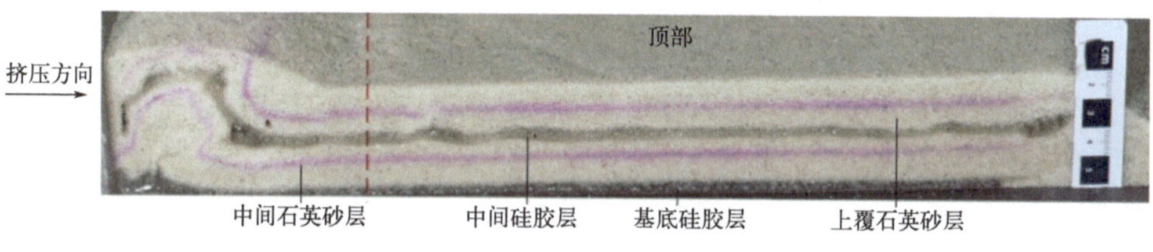

(d)

图4-82 双滑脱层靠近挤压挡板一侧1/2基底减小基底摩擦力的模拟结果剖面图

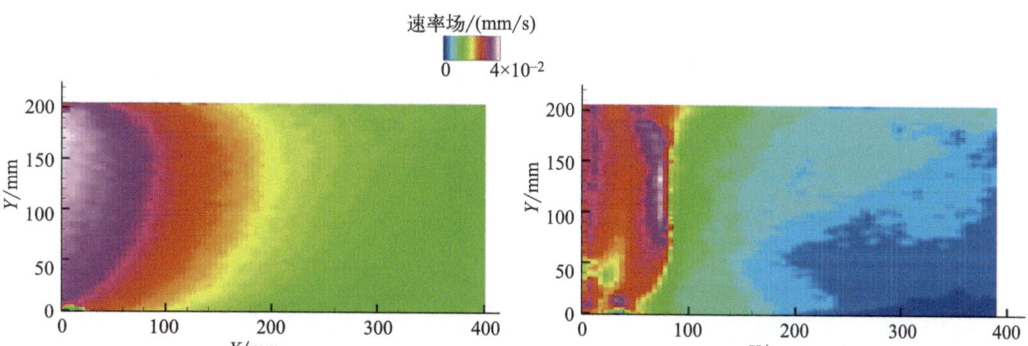

(a) 缩短量=0cm

(b) 缩短量=2cm

图4-83

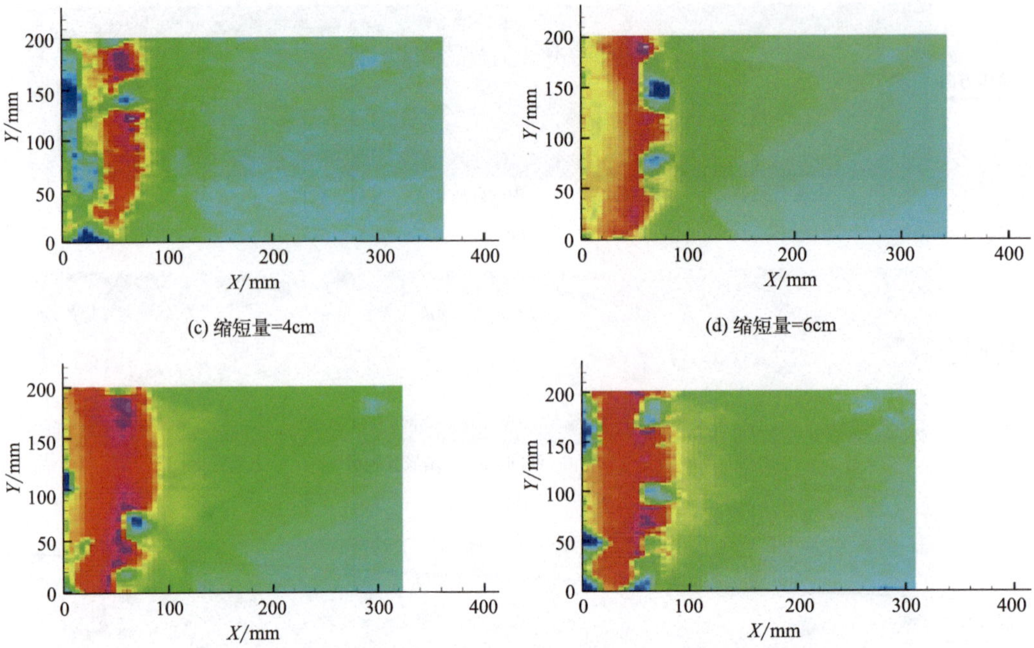

(c) 缩短量=4cm (d) 缩短量=6cm

(e) 缩短量=8cm (f) 缩短量=10cm

图4-83 双滑脱层靠近挤压挡板一侧1/2基底减小基底摩擦力的模拟结果速率场

应变场分析表明，初始阶段的应变场呈弧形特征分布在褶皱-冲断带的根带。但随着缩短量的增加，应变场的特征发生明显的变化。从弧形特征逐渐变为条带状分布特征和不规则的块状特征，但整体上主要分布在褶皱-冲断带的根带区域。中前缘主要是低应变场值（图4-84）。

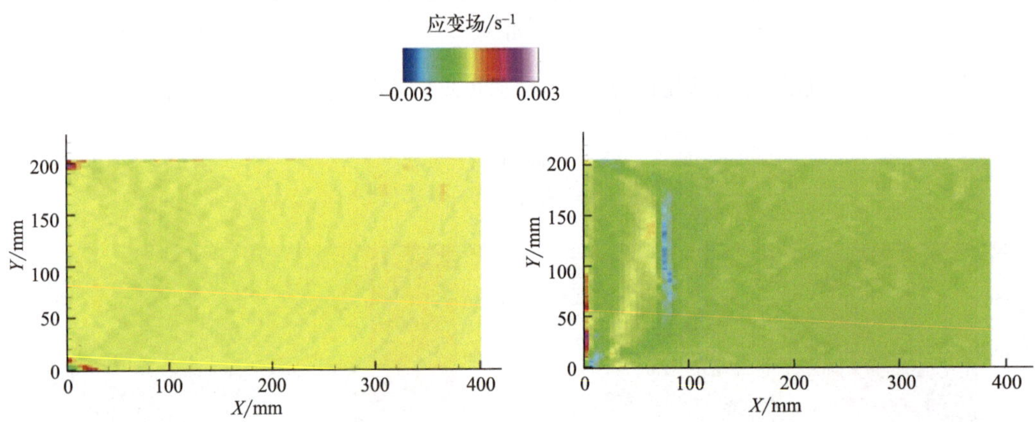

(a) 缩短量=0cm (b) 缩短量=2cm

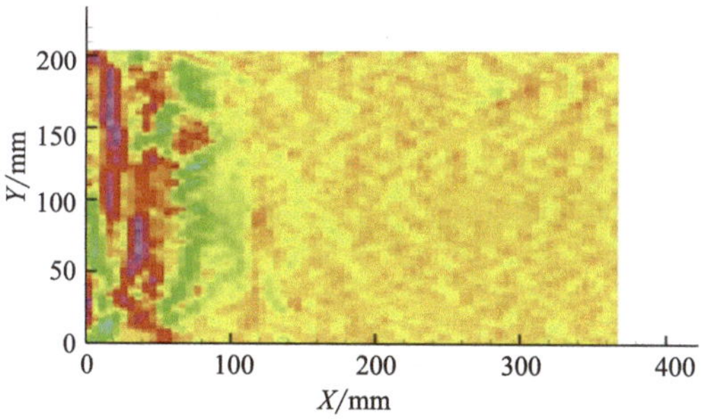

(c) 缩短量=4cm

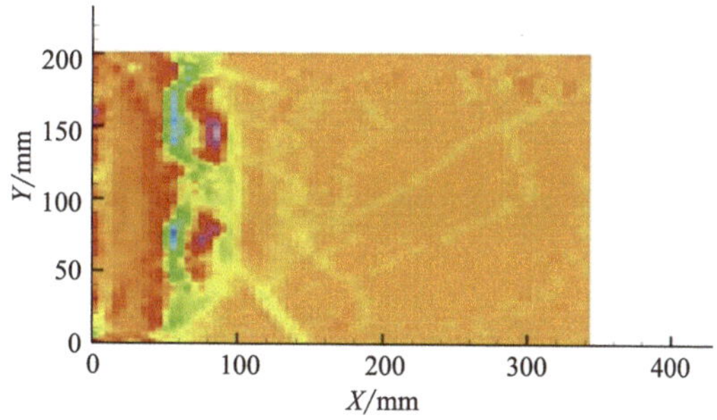

(d) 缩短量=6cm

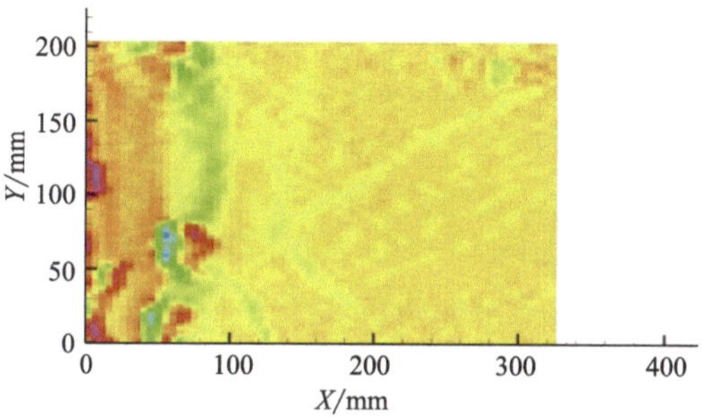

(e) 缩短量=8cm

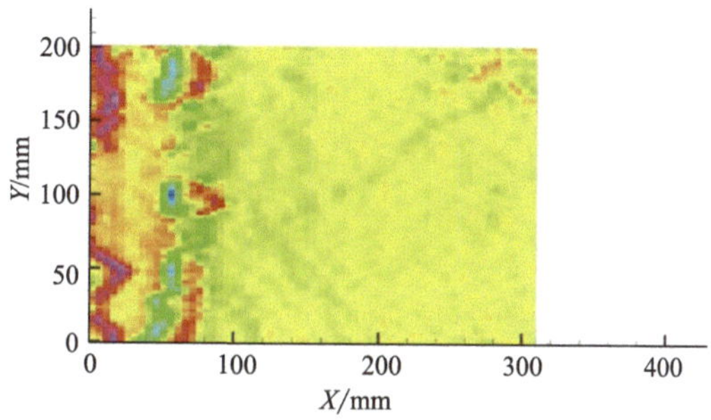

(f) 缩短量=10cm

图4-84　双滑脱层靠近挤压挡板一侧1/2基底减小基底摩擦力的模拟结果应变场

以上特征显示，减小靠近挤压挡板一侧的基底摩擦，在挤压变形过程中，大部分的变形及应变主要集中在褶皱-冲断带的根带，形成了褶皱-冲断带强烈的隆升和中前缘的剪切和走滑断裂。

模型3用洗手液减小前缘一侧1/2基底的基底摩擦力。模拟结果显示，在平面上，共轭剪切断裂相对不发育。只是在前缘和挤压挡板的两侧产生剪切断裂和走滑断裂。褶皱-冲断带根带前缘的隆起不明显（图4–85）。

剖面特征显示，模型3与模型2的褶皱-冲断带的根带特征相似，均形成基底叠瓦状的逆冲断裂和上覆挠曲褶皱。但模型3中间滑脱层的汇聚量较大，形成规模较大的虚脱空间（图4–86）。

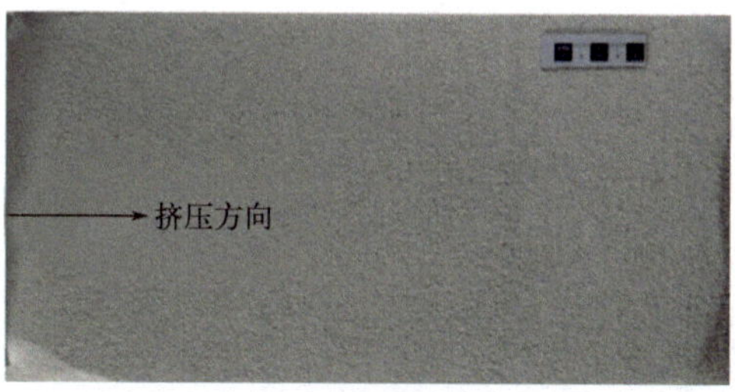

(a) 缩短量=0cm

(b) 缩短量=2cm

图4-85

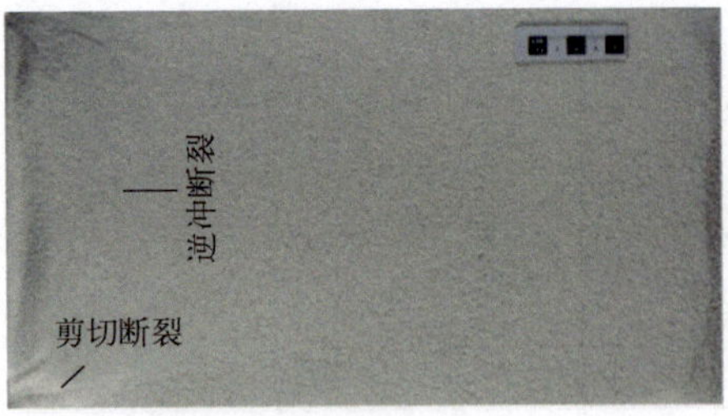

(c) 缩短量=4cm

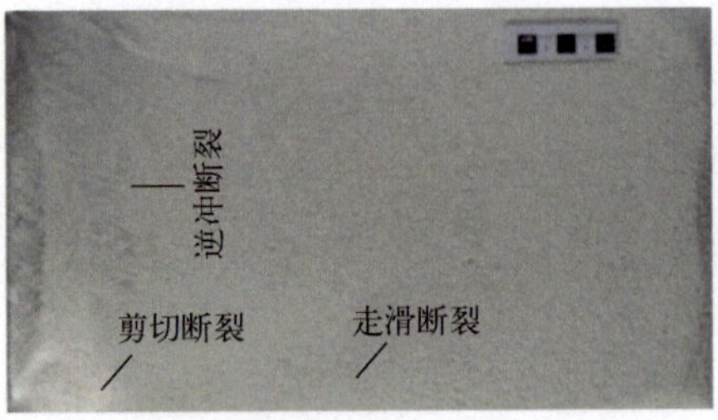

(d) 缩短量=6cm

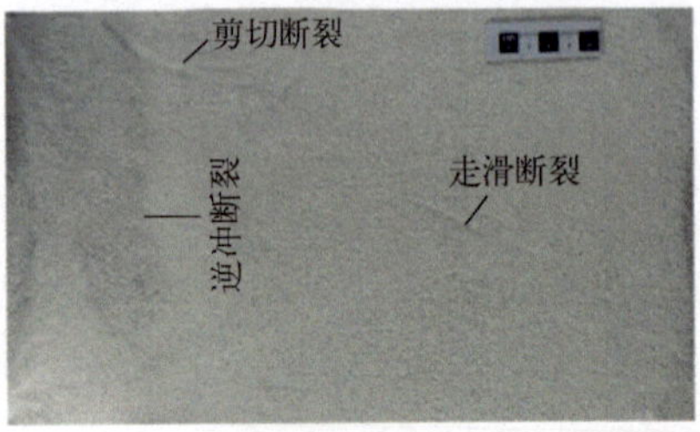

(e) 缩短量=8cm

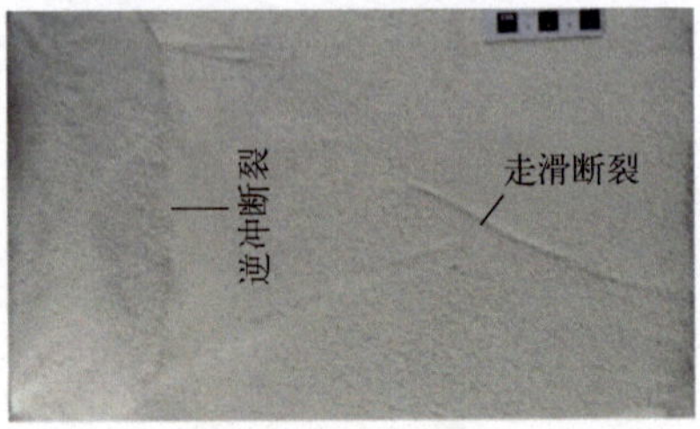

(f) 缩短量=10cm

图4-85　双滑脱层前缘一侧1/2基底减小基底摩擦力的模拟结果平面图

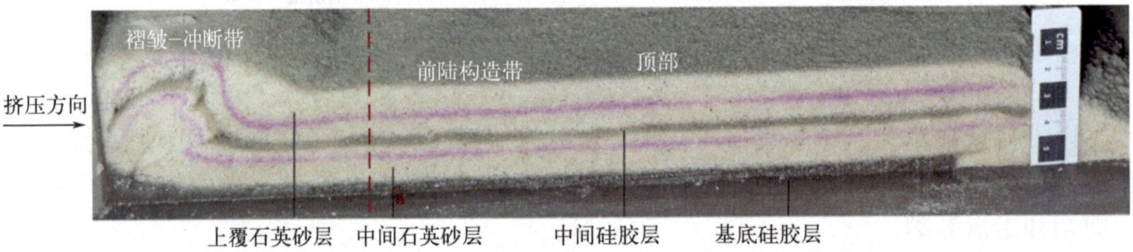

(a)

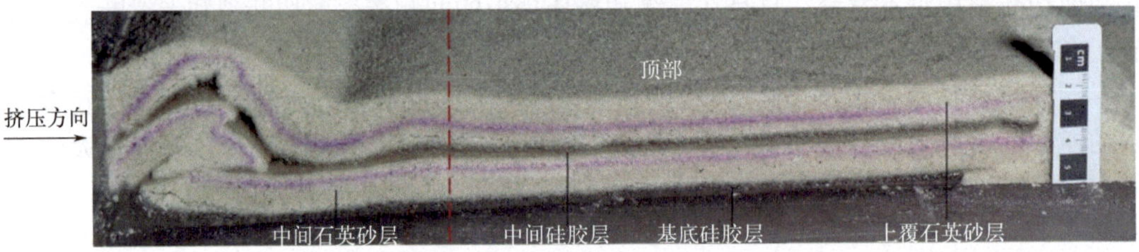

(b)

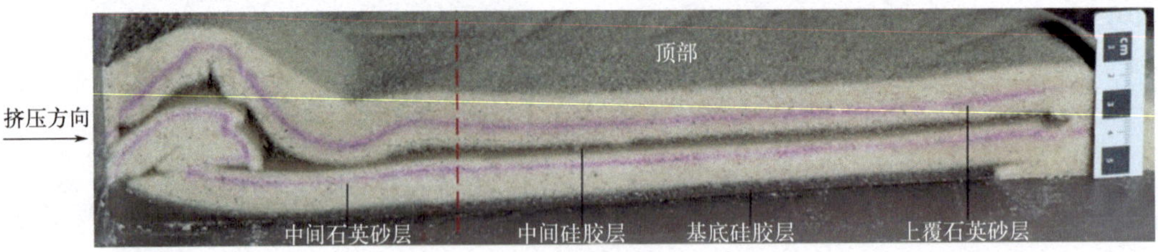

(c)

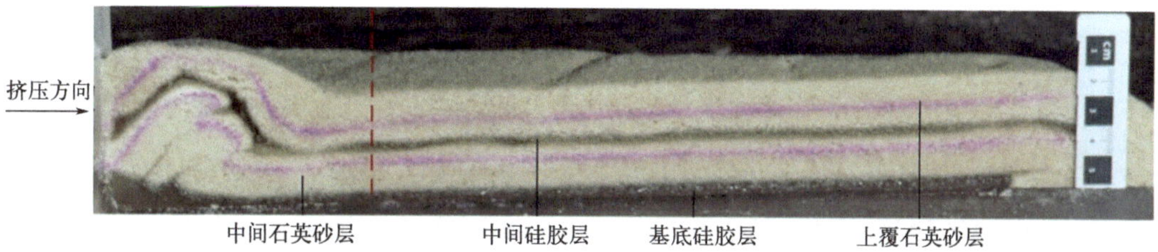

(d)

图4-86　双滑脱层前缘一侧1/2基底减小基底摩擦力的模拟结果剖面图

这表明，基底前缘、后缘局部摩擦性质的改变，会导致褶皱-冲断带平面变形样式的差异，但剖面特征的整体构造格局没有较大变化。

PIV分析表明，速率场高值区在变形的初始阶段，主要呈弧形集中分布在褶皱-冲断带的根带。随着缩短量的增加，速率场高值区形成矩形条带。到了变形的中后期，速率场高值区扩展到褶皱-冲断带的中后缘，形成剪切的块体结构，可以看到块体之间的剪切特征（图4-87）。

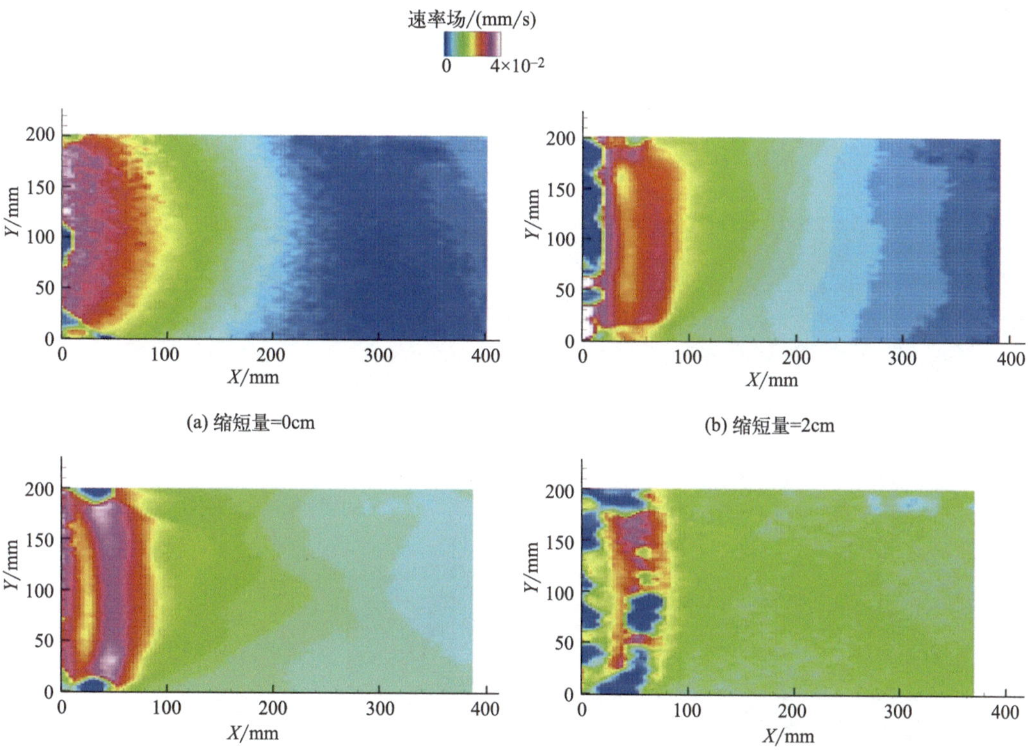

图4-87

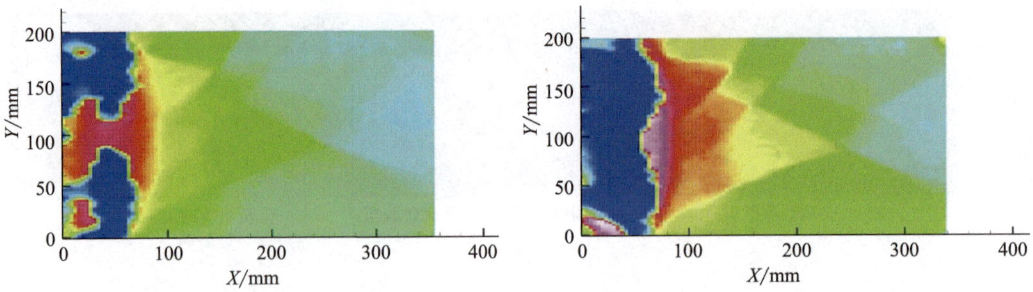

(e) 缩短量=8cm　　(f) 缩短量=10cm

图4-87　双滑脱层前缘一侧1/2基底减小基底摩擦力的模拟结果速率场

应变场特征显示，缩短量=0cm，应变场主要为低值。只有在背挡的中部区域具有低弧度的高值出现。缩短量=2cm，应变场的高值和低值呈条带状分布在褶皱-冲断带的根带区域。与挤压同向的右侧边界位置出现不连续现象。缩短量=4cm，根带局部区域出现应变场高值，大部分区域则出现低值现象。缩短量=6cm，褶皱-冲断带的根带区域应变场高值区域分布面积增大，形成网状分布特征。缩短量=8cm，应变场高值呈两段线状分布在褶皱-冲断带的中后缘。缩短量=10cm，应变场高值呈近似线状分布在褶皱-冲断带的中后缘，而且此阶段前缘出现多条应变低值剪切带（图4-88）。

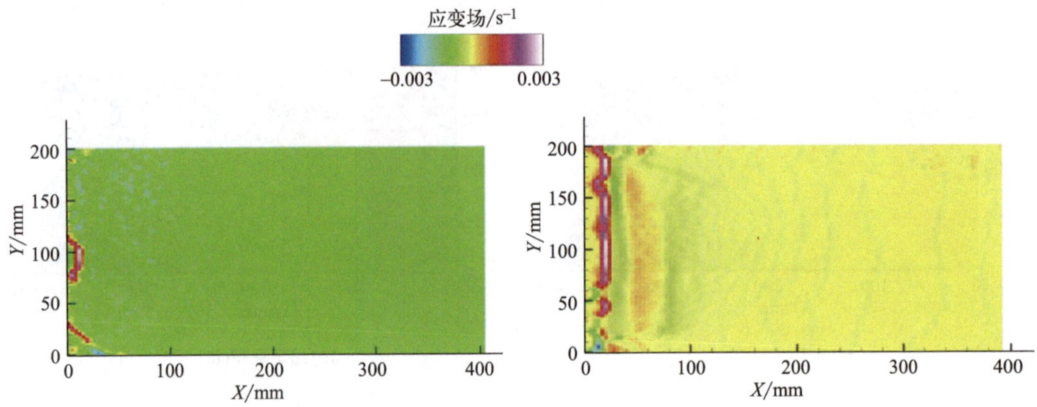

(a) 缩短量=0cm　　(b) 缩短量=2cm

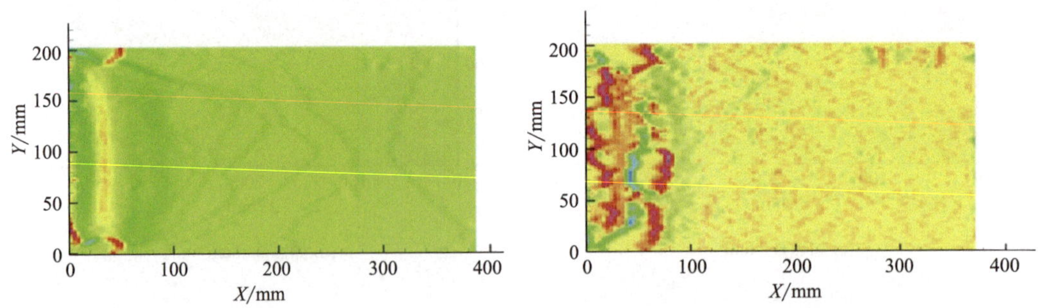

(c) 缩短量=4cm　　(d) 缩短量=6cm

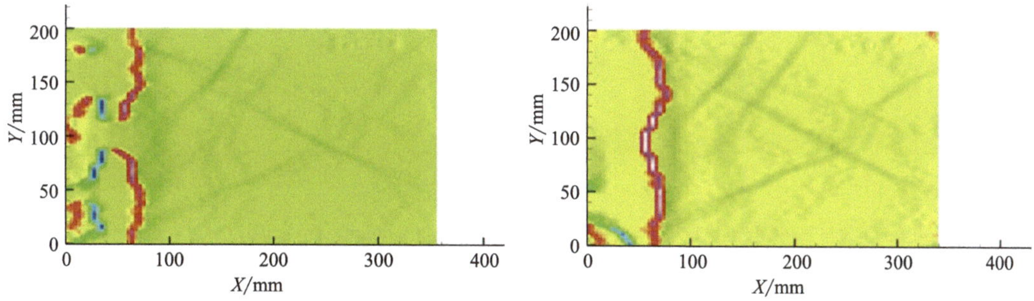

(e) 缩短量=8cm　　(f) 缩短量=10cm

图4-88　双滑脱层前缘一侧1/2基底减小基底摩擦力的模拟结果应变场

模型1、模型2和模型3对比表明，基底的摩擦条件对褶皱–冲断带的变形具有较为强烈的控制作用。整个基底减小侧向摩擦力，形成分布范围较大的褶皱和断层相关褶皱。靠近基底挤压背挡一侧和远离挤压背挡一侧减小基底摩擦力，对褶皱–冲断带平面变形样式具有明显的影响，但对剖面样式的影响并不明显。这是本基底模拟结果的对比结果。当然变形样式的形成还与本组模型的结构具有潜在的关系。

4.2.3　分析与探讨

双滑脱层平面物理模拟显示，由于侧向与基底摩擦属性不同，褶皱–冲断带的变形样式有着极为重要的差异，可能是力学性质导致了复杂变形样式的产生。Zhou and Zhou（2022）对双滑脱层的应力状态进行了分析，建立了双滑脱层褶皱–冲断带的侧向摩擦力公式：

$$\tau_{s1}=\mu_g g\left[\rho_b\left(H_{b2}+\frac{H_{b1}}{2}\right)+\rho_d H_{d2}\right] \tag{4-1}$$

式中，μ_g为石英砂与侧向挡板之间的摩擦系数；g为重力加速度；ρ_b为石英石的密度；ρ_d为硅胶的密度；H_{b1}为下伏石英砂层的厚度；H_{b2}为上覆石英砂层的厚度；H_{d2}为中间层硅胶的厚度。

根据上述公式，进一步探讨了侧向与基底摩擦强度比对褶皱–冲断带变形样式的影响。侧向与基底摩擦系数小于0.05，以形成前冲断裂为主；侧向与基底摩擦系数大于0.09，小于1.15以形成双冲断裂为主；侧向与基底摩擦系数大于1.15，小于105.10，以形成后冲断裂为主，当侧向与基底摩擦系数大于105.10后，又以形成前冲断裂为主（Zhou and Zhou，2022）。Gutscher et al.（2001）研究表明，挤压速率大于1.0cm/min，主要形成前冲断裂，挤压速率在0.5~1.0cm/min，主要形成后冲断裂，当挤压速率在0.05~0.5cm/min，主要形成双冲构造（图4–89）。

以上的研究表明，侧向与基底摩擦强度对褶皱–冲断带的变形样式具有极为重要的控制作用。当然自然界的变形十分复杂，实际的变形样式受控因素很多，还有待于进一步地深入研究和探讨。

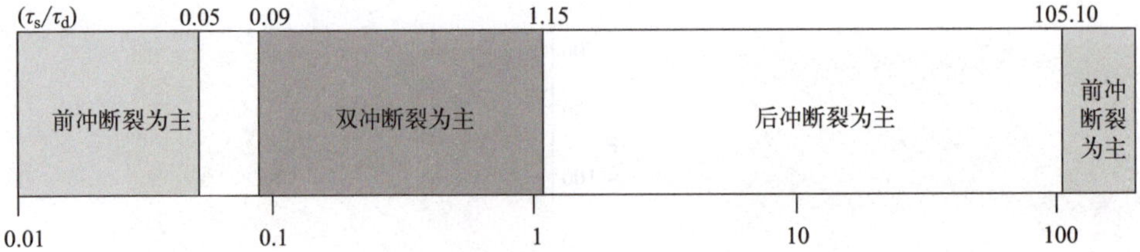

(a) 侧向与基底摩擦系数比值影响的褶皱-冲断带变形模式(Zhou and Zhou，2022)

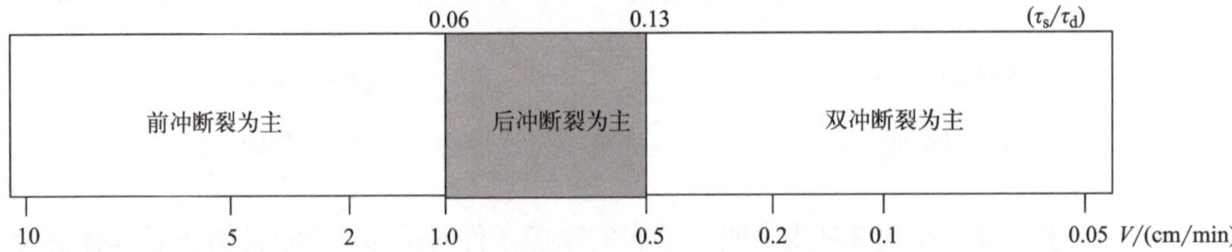

(b) 挤压速率对褶皱-冲断带变形样式的控制模式(Gutscher et al，2001)

图4-89　侧向与基底摩擦系数及挤压速率对褶皱-冲断带变形样式的控制作用模式

4.3 典型案例及应用

4.3.1 案例1：侧向摩擦对褶皱-冲断带变形演化影响的物理模拟

Zhou等（2016年）利用物理模拟技术开展了侧向摩擦对褶皱-冲断带变形演化影响的物理模拟研究。

（1）引言

冲断楔是自然界常见的构造，但它们的成因并非都能用二维视角的库仑冲断楔理论加以合理解释。然而，有些物理模型揭示（物理模型和自然界固有的）侧向剪应力强烈影响了冲断楔的形成，且侧向/基底剪应力比（τ_s/τ_d）可能控制了冲断楔的构造指向，由此表明需要从三维角度考虑冲断楔的成因问题。川东-雪峰褶皱-冲断带不同地壳层次出现两个指向相反的冲断系统，并可能包含了世界上另一个大型的纯后冲冲断楔，其成因仍然存在疑惑。揭示基底/侧向剪应力比和构造指向的关系可以促进对冲断楔成因以及川东-雪峰褶皱-冲断带成因的深入理解。然而，因缺乏系统的实验对这一关系仍不十分清楚。于是，本案例对2种模型进行了不同τ_s/τ_d值条件下的系统实验。本案例的模型结果揭示了一个位于软弱滑脱层之上冲断楔的构造指向从前冲（当τ_s/τ_d <0.09）向双冲（当τ_s/τ_d=0.09~1.15）、再向后冲（当τ_s/τ_d >1.15）变化的特征。川东-雪峰褶皱冲断带两个指向相反的冲断系统可以同时形成于单一的中生代北西向缩短作用，很可能与两者具有明显不同的τ_s/τ_d值有关。

冲断楔（或正在活动的冲断带）是汇聚板块边界地壳中最为常见的变形面貌。学界已经认识并揭示了绝大多数的冲断楔主要由叠瓦式前冲断层，或由前冲与后冲断层等构成，呈前冲或双冲构造指向（Davis et al，1983；Pennock et al，1989；Bonini，

2007；Furuichi et al，2023）。这两种类型的冲断楔可以用库仑冲断楔理论加以完美解释（Dahlen，1990；Davis et al，1983），并可在物理模拟和数值模拟模型中得到很好的再现（Cotton and Koyi，2000；Huiqi et al，1992；Smit et al，2003；Couzens-Schultz et al，2003；Graveleau et al，2012；Buiter，2012；He et al，2022；Zhou and Zhou，2022；Deville，2023）。然而，有关自然界不常见，且只能在少数特定条件模型中重现的后冲指向冲断楔（主要由后冲构造叠瓦逆冲断层构成）的成因，却难以用仅基于二维视角的库仑冲断楔理论加以恰当解释（Bonini，2007；Gutscher et al，2001；Zhou et al，2007；2016；Zhou and Zhou，2022）。

过去的研究表明，冲断楔的运动学指向受一系列因素影响：如支撑挡板的几何特征与强度（Bonini et al，2000；Byrne et al，1993；Lallemand et al，1994；Rossetti et al，2022；He et al，2022；Suares et al，2022；Krstkanic et al，2022）、基底软弱层的强度与角度（Dahlen，1990；Davis et al，1983；Huiqi et al，1992；Koyi and Vendeville，2003；Rossetti et al，2000；Smit et al，2003；Santolaria et al，2021；Rowan et al，2022）、上覆脆性层的强度与厚度（Dahlen，1990；Davis et al，1983；Huiqi et al，1992；Lohrmann et al，2003；Teixell and Koyi，2003；Santolaria et al，2021；2024）、上覆脆性层与基底韧性层的强度比（Bonini，2001；2003；Couzens-Schultz et al，2003）、地层的侧向流变学差异（Cotton and Koyi，2000；Bonini，2007）、区域性的初始表面起伏和地貌等（Marques and Cobbold，2002；2006；Pons and Mourgues，2012）。同时，一些特殊的因素被认为是形成纯后冲冲断楔的成因，如向陆倾斜和基底具有软弱层（Mackay，1995；Mackay et al，1992；1995；Seely，1997；Tobin et al，1993；Underwood，2002；Zhou et al，2007；Santolaria et al，2021）、向海一侧倾斜的支撑挡板（Byrne et al，1993；Byrne and Hibbard，1987；Gulick et al，1998；Gutscher et al，2001）、沿走向上流变学差异和基底剪切强度（Bonini，2007；Werf et al，2023）、缩短速率等（Gutscher et al，2001；Zhou and Zhou，2022）。以上这些均是从二维的角度考虑问题，这些对卡斯卡底古陆纯后冲冲断楔成因解释的因素，在物理模拟和数值模拟中很难再现（Zhou and Zhou，2022）。

前人的研究认为，由于侧向挡板作用产生的侧向摩擦力的影响仅仅发生在靠近挡板位置的区域，并认为侧向摩擦力对模型的整个模拟结果不具有潜在的影响（Cotton and Koyi，2000；Liu et al，1992；Marques and Cobbold，2002；Smit et al，2003；Zhou et al，2007；He et al，2023）。尽管如此，只有少数的物理模型揭示了石英砂与侧向挡板之间的摩擦作用会产生侧向摩擦力的方向和幅度差异（Costa and Vendeville，2002；2004；Vendeville，1991；2007；Souloumiac et al，2012；Zhou and Zhou，2022）；或者相邻块体之间由于流变学差异（Bonini，2007；Cotton and Koyi，2000）导致侧向摩擦力的产生，这也许会强烈影响和控制冲断楔的变形演化和运动学指向，尤其是具有软弱层的冲断楔构造中。在平面特征上，自然界的冲断楔具有弯曲的特征是由沿走向上变形扩展的速度差异造成的（Bahroudi and Koyi，2003；Cotton and Koyi，2000），这意味着侧向剪应力不仅在物理模型中可以再现，而且在实际的逆冲变形中是存在的。同时，在物理模型中，脆性层强度与基底剪切强度比值相同，而侧向与基底剪应力比值不同，或者侧向摩擦力的方向不同，均会导致冲断楔的构造运动学指向不同（Costa and Vendeville，2002；2004；Zhou et al，2016；Zhou and Zhou，2022）。这就意味着侧向与基底摩擦力之比和侧向摩擦力的方向也许控制了冲断楔的运动学指向，而上覆脆性层与基底剪切强度之比不具有明显的控制作用。而且，Zhou（2016）的模型揭示：a. 不同的侧向摩擦力方向会导致冲断楔形成差异，甚至相反的运动学指向；b. 冲断楔的运动学指向与侧向与基底的摩擦系数比有关；c. 在向后的侧向摩擦力和较高的侧向与基底摩擦力比值的作用下，可以形成冲断楔的纯后冲构造，但是相同的模型，当侧向摩擦力变为0时，纯后冲构造这样的变形样式很快就会消失。所有这些事实意味着侧向摩擦力对冲断楔具有重要影响，并可能控制了冲断楔的变形发展，同时，这也许表明冲断楔的运动学指向与侧向与基底摩擦力之比存在密切的关系（Zhou and Zhou，2022）。这一现象不仅在物理模拟中，而且在实际的冲断楔变形中也存在。这意味着冲断楔的成因及动力学需要从三维的角度考虑（经典的库仑冲断楔理论仅是从二维的角度考虑变形）。如Vendeville（2007）所论述一样，边界效应（侧向摩擦力）具有强烈的影响，甚至控制远离边界的区域，对整个模型的变形演化都具有重要的控制作用。物理模型的力学性质，与实际的地质构造极为相似，也是三维的。

尽管如此，由于缺乏系统的物理模拟和数值模拟研究，冲断楔的运动学指向与侧向和基底剪应力之比之间的研究仍然没有得到完全理解。位于中国南方的川东-雪峰褶皱-冲断带在地壳尺度具有反向叠加的逆冲构造，它的成因困扰学术界多年，并且在物理模拟和数值模拟中也没有得到较好的证实（Zhou and Zhou，2022）。这就暗示着通过侧向和基底摩擦力之比与冲断楔的运动指向之间的关系研究，也许能够帮助对各种类型的冲断楔，类似川东-雪峰冲断楔成因的理解。这些构造应用经典的库仑冲断楔理论是无法得到合理解释的。

在本案例研究中，针对这一科学问题，开展了系统的物理模拟研究。本案例的实验结果成功地揭示了冲断楔的运动学指向与侧向和基底摩擦力比值之间的关系，并证实了侧向摩擦力（侧向摩擦条件）是决定整个模型的一个重要控制因素，而不仅仅只影响与挡板相邻的边界区域。

（2）模型设计

背挡挤压模型，挤压方向与侧向摩擦力的方向相反。基底硅胶层，上覆石英砂层。总厚度为4cm。形成凹向挤压一侧的弧形冲断楔［图4-90（a）和（b）］。

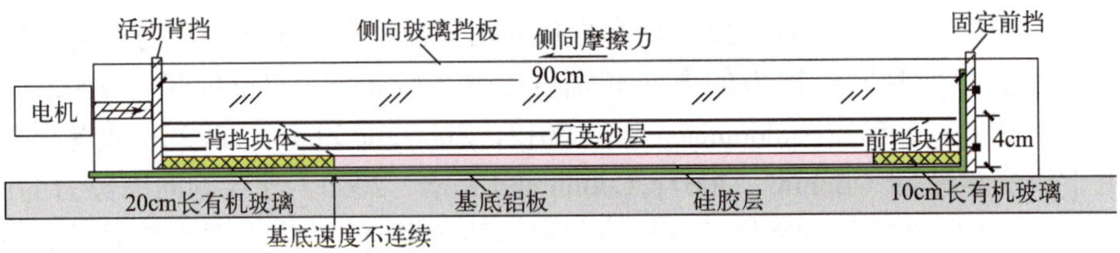

(a)

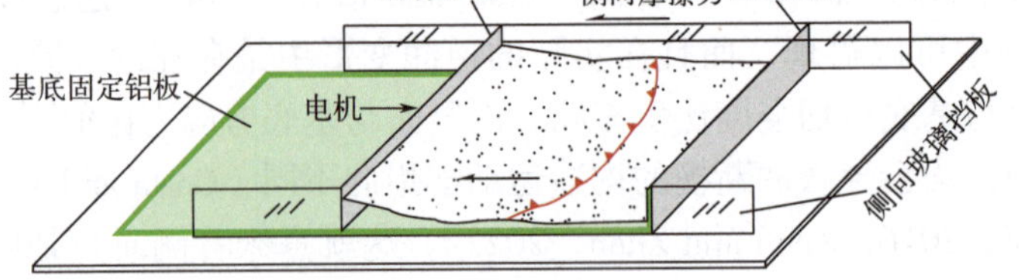

(b)

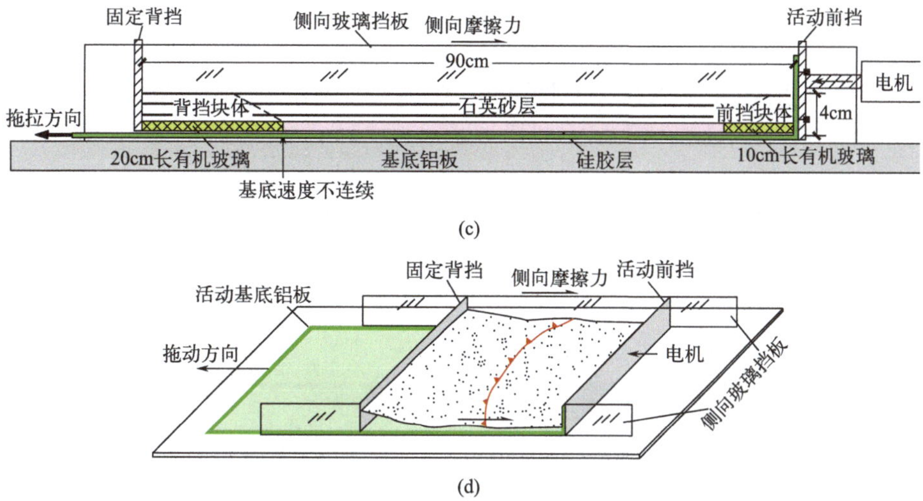

图4-90　侧向摩擦对褶皱-冲断带变形演化影响装置（Zhou et al，2016）

基底拖拉模型，挤压方向与侧向摩擦力的方向相同。基底硅胶层，上覆石英砂层。总厚度为4cm。形成凸向挤压一侧的弧形冲断楔［图4–90（c）和（d），表4–2］该模型设计与Souloumiac et al.（2012）具有一定的相似性。

表4-2　模型参数及相似性系数

参数	模型	实际	比例系数
石英砂密度/（g/cm^3）	1.43	2.40	0.60
硅胶密度/（g/cm^3）	0.94	2.20	0.43
内摩擦系数	0.65	0.6~0.85	0.76~1.08
黏度/（Pa·s）	9.47×10^{3}	10^{18}	9.47×10^{-15}
重力加速度/（m/s^2）	9.81	9.81	1
长度/m	0.01	1000	10^{-5}
应力/Pa	421	7.06×10^{7}	6×10^{-6}
时间/s	3000~180000	1.90×10^{12}~1.14×10^{14}	1.58×10^{-9}
应变速率/s^{-1}	1.0×10^{-2}~1.67×10^{-4}	1.58×10^{-11}~2.63×10^{-13}	6.63×10^{8}

（3）模拟结果

所有模型显示褶皱–冲断带在横向上的变形特征和演化过程较为相似。以上两组模型的变形均是从基底不连续的位置开始。但是，它们的运动学指向存在明显的差异。背挡挤压模型指向前缘，而基底拖拉模型指向拖拉一侧（图4–91）。这表明，侧向摩擦力的方向可以改变褶皱–冲断带的运动方向。

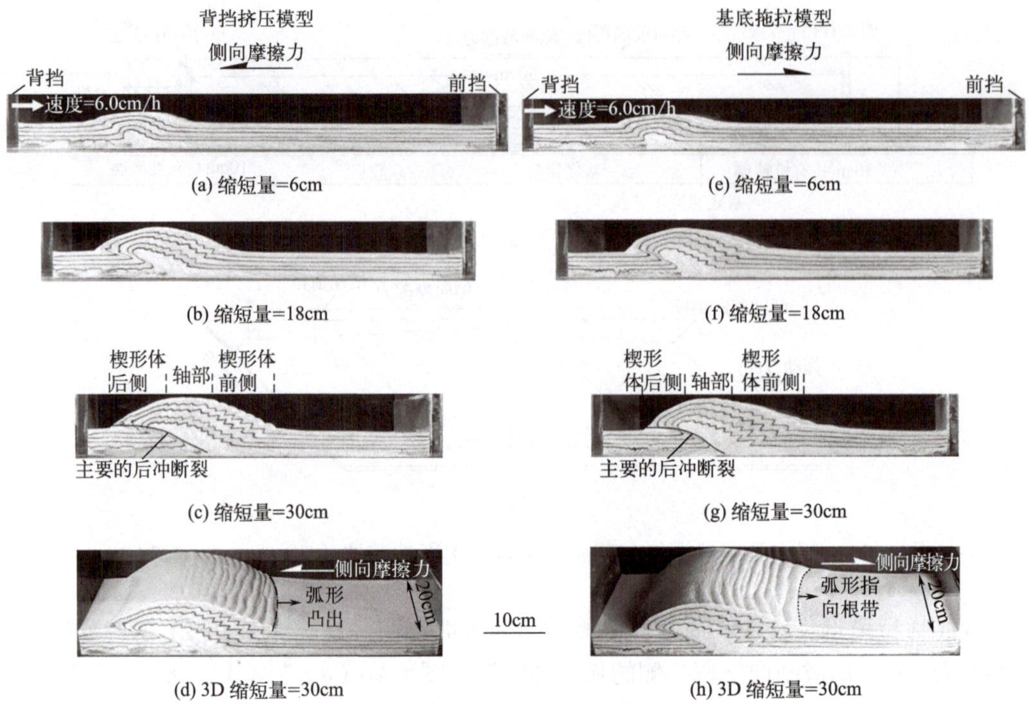

图4-91 侧向模拟结果序列照片1（Zhou et al，2016）

物理模拟还揭示，基底摩擦强度与侧向摩擦强度的差异导致了褶皱-冲断带的变形演化过程具有一定的差异。较大的侧向与基底摩擦力之比（比值为20），背挡挤压模型形成前冲和后冲对称型的褶皱-冲断带。基底拖拉模型形成后冲为主的褶皱-冲断带。相反，较低的侧向与基底摩擦力之比（比值为0.3），背挡挤压模型和基底拖拉模型均形成箱状褶皱。该体系模型表明，侧向与基底摩擦强度比对褶皱-冲断带的变形演化具有一定的潜在影响。

4.3.2 案例2：背挡形态和基底摩擦属性对帕米尔弧形褶皱-冲断带影响的物理模拟

4.3.2.1 引言

褶皱-冲断带是造山带和前陆盆地常见的变形特征。全世界有超过20个的褶皱-冲断带，如扎格罗斯褶皱-冲断带、喜马拉雅山、帕米尔弧形褶皱-冲断带、阿巴拉契亚山、安第斯山、落基山、阿尔卑斯山和侏罗山等（Ratschbacher et al，1991a；1991b；Macedo and Marshak，1999；Smit et al，2003；Davis et al，1983；Tikoff and Peterson，1998；Rossetti et al，2000；Bonini，2001；2003；Keep，2003；Marques and Cobbold，2002；2006；Graveleau et al，2012；Santolaria et al，2015；Zhou et al，2016；Schori et al，2021）。褶皱-冲断带受到广泛的关注是因为其具有复杂的变形样式，而且研究表明褶皱-冲断带的变形样式与油气资源的分布具有密切的关系（Bonini et al，2012；Graveleau et al，2012）。因此，开展褶皱-冲断带的变形演化研究，对油气及矿产资源

的勘探发现，以及造山带和板块构造的重建具有关键的作用。

弧形的褶皱－冲断带是造山带和增生楔中极为典型的构造变形样式。有关弧形褶皱－冲断带的形成演化及成因，前人开展了许多物理模拟研究（Calassou et al，1993；Cotton and Koyi，2000；Macedo and Marshak，1999；Marshak，2004；Marshak and Wilkerson，1992；Schreurs et al，2001；Zweigel，1998；Marques and Cobbold，2002；2006；Reiter et al，2011；Durate et al，2011）和数值模拟研究（Laubscher，1972；Ries and Shackleton，1976；Eldredge et al，1985；Marshak et al，1992；Gray and Stamatakos，1997）。前人的研究表明，弧形褶皱－冲断带的形成与基底韧性层的强度、汇聚的速度、缩减块体的形状和类型、地层结构、侧向摩擦以及其他相关因素的形成有关（Ratschbacher et al，1991a；1991b；Macedo and Marshak，1999；Marshak，2011；Reiter et al，2011；Zhou and Zhou，2022）。例如，Durate et al.（2011）利用3D物理模拟技术测试了大西洋北东段增生楔扭动构造的形成原因，并解释了走滑断裂的形成机制；Reiter et al.（2011）利用基底摩擦属性差异，控制变形的速率，解释了帕米尔弧形构造带相邻块体之间的变形特征差异。Macedo and Marshak（1999）对世界各地20余个褶皱－冲断带的弧形迹线特征进行了统计分析，并开展了背挡几何特征对弧形褶皱－冲断带的形成影响的物理模拟研究（图4-92和图4-93）。图4-92中，图4-92（a）~（d）修编自Macedo and Marshak，1999，图4-92（g）~（i）修编自He et al，2022。

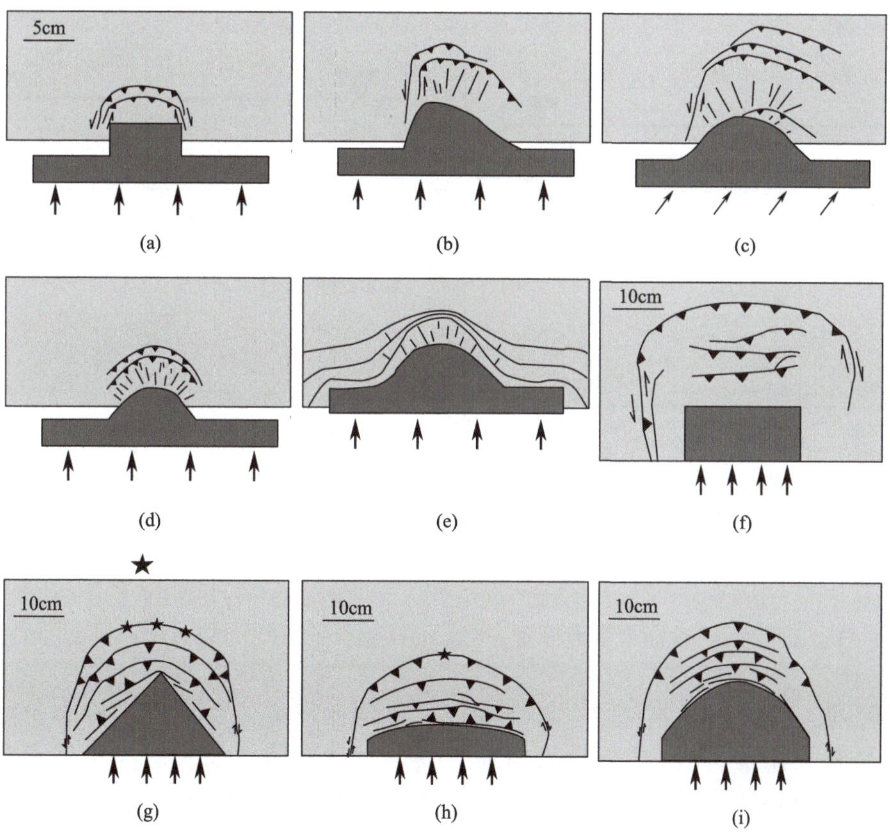

图4-92　弧形褶皱-冲断带模型设计

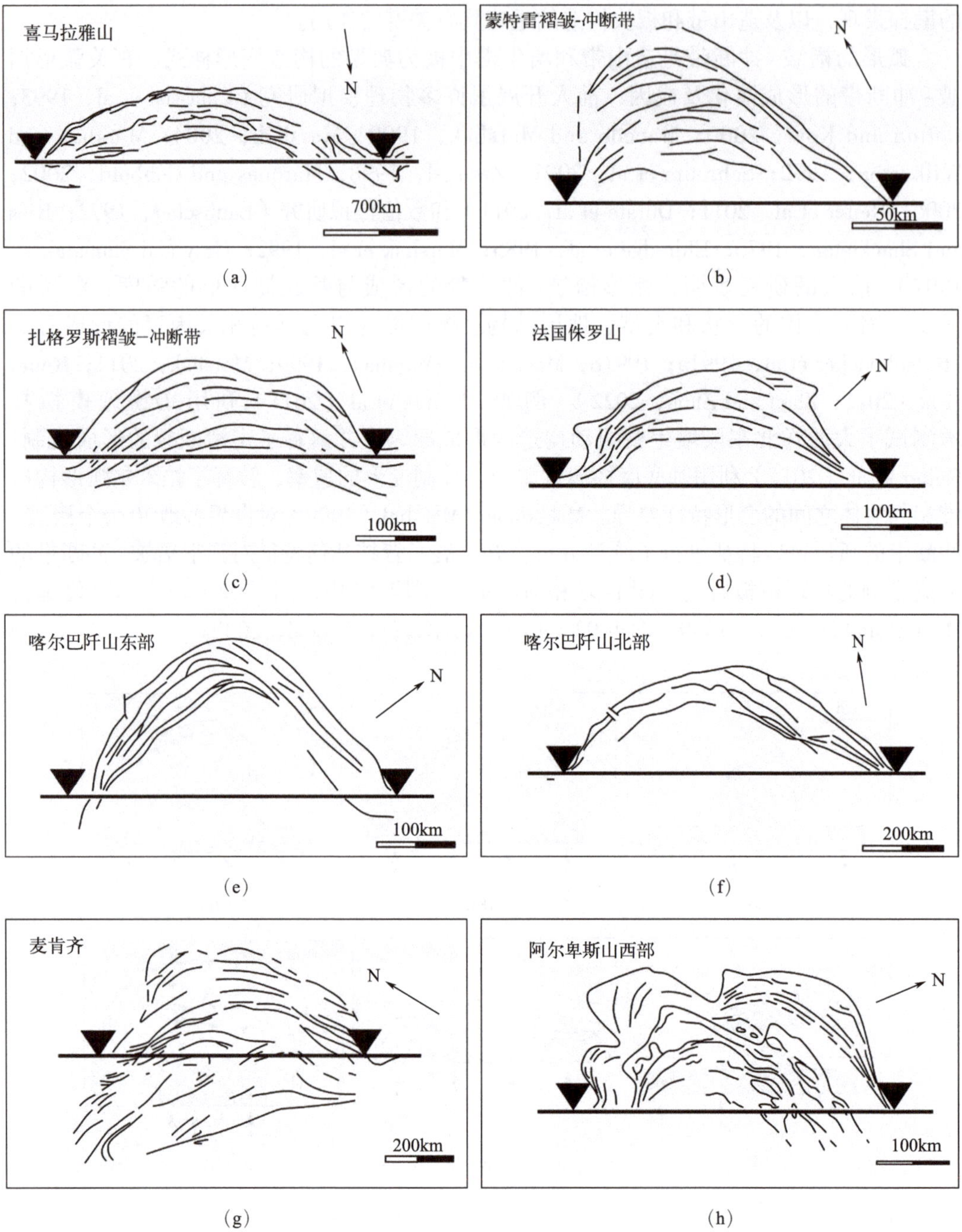

图4-93　弧形褶皱-冲断带变形样式（Macedo and Marshak，1999；He et al，2022）

尽管前人对弧形的褶皱-冲断带进行了一定的研究，并取得了许多重要的认识。但是有关弧形褶皱-冲断带沿横向的变形运动学特征及其形成仍然存在争议（Ratschbacher et al，1991a；1991b；Marshak et al，1992；Calassou et al，1993；Macedo and Marshak，1999；Gutscher et al，2001；Zhou and Zhou，2022）。同时，前人对帕米尔弧形构造带的研究主要集中在以下几个方面：a.块体在挤压汇聚过程中，相邻块体的运动速度差异（Chatelain et al，1980；Sippl et al，2013）；b.地貌、地层中软弱夹层以及先存软弱带（Marques and Cobbold，2006；Borderie et al，2018 ；Cao et al，2020）和印度－亚洲碰撞，以及青藏高原的地壳强度对帕米尔弧形褶皱－冲断带变形的影响（Le Pichon et al，1992；Tapponnier et al，1982；Houseman and England，1996；Robinson et al，2004；图4–94）。尽管如此，有关帕尔弧形构造带的变形演化过程和逆冲断裂在横向上的运动学指向的研究并不十分清楚。

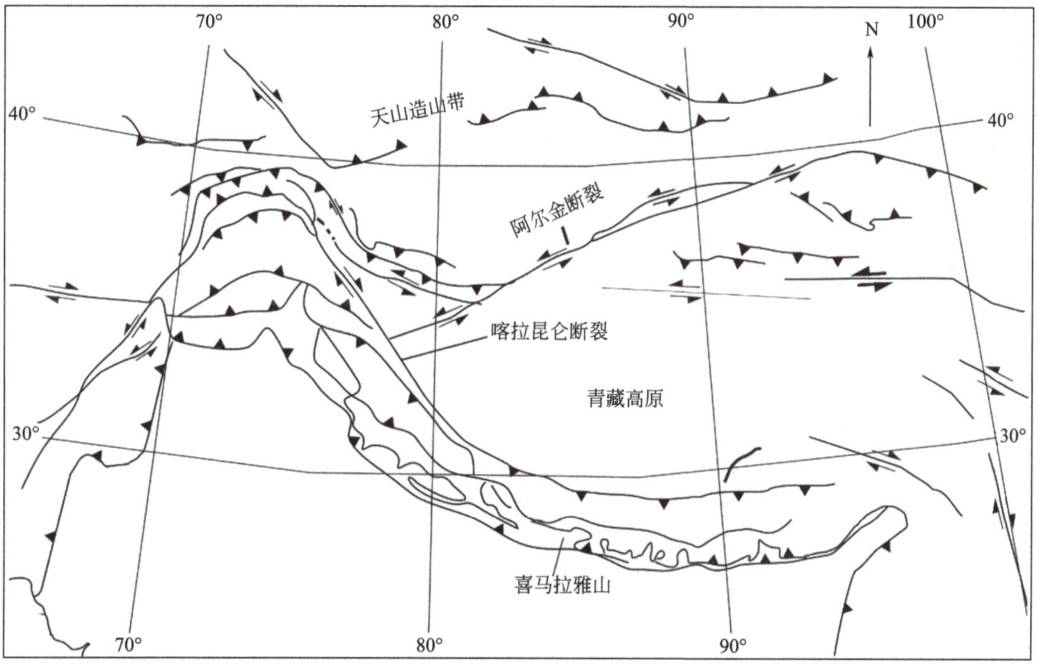

图4-94 帕米尔弧形褶皱-冲断带变形样式（Macedo and Marshak，1999；He et al，2022）

前人对弧形褶皱－冲断带的物理模拟研究表明，背挡几何形态和基底摩擦对其变形具有重要的控制作用（Ruh et al，2013；2017；Klinkmüller et al，2016；Borderie et al，2018）。因此，本案例基于前人的研究，建立了4组不同基底属性和背挡几何形态的模型［几何形态特征有别于Macedo and Marshak（1999）的物理模型］，对弧形褶皱－冲断带的变形扩展和演化过程进行了系统的物理模拟研究。模拟结果与帕米尔弧形褶皱－冲断带进行了对比，表明帕米尔弧形褶皱－冲断带的逆冲断裂的运动学指向和变形演化过程与其背挡和基底摩擦作用紧密相关。

4.3.2.2 区域地质背景

帕米尔构造位于青藏高原西北部，其北部与天山毗邻，西部与塔吉克盆地接壤，东部是塔里木盆地，南部是印度地块。整体上，帕米尔平面几何形态是由南向北突出的弧形构造。前人把帕米尔弧形构造称为青藏高原西构造结（Robinson et al，2004；Robinson，2009；Liu et al，2020；Li et al，2020；图4–94）。通过研究，笔者认为帕米尔构造由北帕米尔、中帕米尔和南帕米尔三部分所构成。北帕米尔附属于亚洲地块，南帕米尔属于冈瓦纳地体，中间属于特提斯缝合带。北帕米尔的地层时代主要是古生代至三叠纪。中帕米尔和帕米尔地层时代主要是冈瓦纳。缝合带边界断裂分割了南帕米尔和喀喇昆仑地体（Burtman and Molnar，1993；Schwab et al，2004；Li et al，2020）。该区域地壳平均厚度70km，并且在中地壳20~25km呈现速度带（Sippl et al，2013；Cao et al，2020）。

前人研究表明，帕米尔构造结的形成主要是印度板块与亚洲板块碰撞所致（Robinson et al，2004）。帕尔米构造带的形成和演化具有两种代表性观点：一种观点是递进扩展变形。依据递进扩展变形的观点，新生代的早期没有弧形。尽管如此，帕米尔的北部边界断裂和喀拉昆仑山已向外扩展。在晚渐新世至早中新世，印度板块向北已运动到现今的位置（Burtman and Molnar，1993）。另一种观点是先存薄弱构造模型，其研究认为帕米尔弧形构造带在早新生代就已经汇聚到现今所在位置，印度板块和亚洲板块的碰撞发生在新生代，且印度板块向北的运动距离十分有限（Chen et al，2018；Cao et al，2020）。虽然前人对此开展了大量的研究（Robinson，2009；Cao et al，2013；Lu et al，2020；Cao et al，2020），但是对于帕米尔弧形构造带的形成原因、演化过程和运动学特征仍然没有得到统一认识，当前的研究仍然不够系统深入。

基于野外地质观察和区域地质数据，学界揭示了帕米尔弧形构造带发育的断裂主要有前缘断裂、边界逆冲断裂、喀拉昆仑断裂和中央主断裂。构造变形样式主要是前冲构造、后冲构造，并且不同断裂的运动学特征十分明显（Robinson et al，2004；Robinson，2009；Liu et al，2020）。印度-亚洲碰撞模型揭示了帕米尔弧形构造带的缩短速率大约为30mm/a。GPS数据显示帕米尔北部新生代的缩短量为300~900km（Cao et al，2013；Burtman and Molnar，1993；Schmidt et al，2011；Sippl et al，2013）。磷灰石-裂变径迹年龄显示，帕米尔新生代逆冲构造的初始活动大约发生在2000万~2500万年前（Yin et al，1998；Li et al，2020）。这为帕米尔弧形构造带的变形演化物理模拟研究奠定了有利条件。

4.3.2.3 物理模型设计

（1）模型研究策略

帕米尔弧形构造变形演化的模型设计及讨论如下（表4-3、表4-4）。

表4-3 模型参数

模型系列	18mm上覆脆性层	2mm基底层	缩短量/mm	挤压速率/（mm/h）	背挡形态
模型1	石英砂	石英砂	300	250	矩形
模型5	石英砂	微玻璃珠	300	250	矩形
模型9	石英砂	硅胶层	300	250	矩形
模型2	石英砂	石英砂	300	250	三角形
模型6	石英砂	微玻璃珠	300	250	三角形
模型10	石英砂	硅胶层	300	250	三角形

续表

模型系列	18mm上覆脆性层	2mm基底层	缩短量/mm	挤压速率/（mm/h）	背挡形态
模型3	石英砂	石英砂	300	250	低弯度
模型7	石英砂	微玻璃珠	300	250	低弯度
模型11	石英砂	硅胶层	300	250	低弯度
模型4	石英砂	石英砂	300	250	高弯度
模型8	石英砂	微玻璃珠	300	250	高弯度
模型12	石英砂	硅胶层	300	250	高弯度
模型13	石英砂	硅胶层	300	250	矩形
模型14	石英砂	硅胶层	300	50	矩形

表4-4　相似性系数（Bonini，2007；Zwaan et al，2022）

参数	模型	实际	相似系数（*）
脆性层密度ρ_b/（kg/m^3）	1600	2600	ρ_b*=0.62
韧性层密度ρ_d/（kg/m^3）	965	2200	ρ_d*=0.44
韧性层黏度η/（Pa・s）	20000	1.0×10^{20}	η*=2.0×10^{-16}
长度l/m	0.001	1×10^3	l*=1.0×10^{-6}
内摩擦系数μ	0.6	0.6~0.85	μ*=0.7~1
内聚力c/Pa	80	4×10^7	c*=2×10^{-6}
重力加速度g/（m/s^2）	9.81	9.81	g*=1
应力σ/Pa	229	5.1×10^8	$\sigma^*=\rho_b^*g^*l^*=6.2\times10^{-7}$
时间t/s	4320	1.35×10^{13}	t*=3.2×10^{-10}
应变速率ε/s^{-1}	1.8×10^{-4}	3.1×10^{-15}	ε*=5.8×10^{10}
挤压速率v/（m/s）	6.9×10^{-5}	2.2×10^{-8}	v*=3.1×10^3

①挤压垂直挡板库仑楔理论模型。

在过去，物理模拟实验研究已基本揭示了褶皱–冲断带变形演化的潜在控制因素（Calassou et al，1993；Marques and Cobbold，2002；2006；Marshak，2004；Duarte et al，2011；Reiter et al，2011）。在这些实验中，前人的工作主要是开展相邻块体之间的运动速度差异和古构造抬升作用对帕米尔弧形构造的变形样式研究（Reiter et al，2011，Wang et al，2016）。

本案例的研究，主要是应用刚性后挡的几何形态（模型1~模型4）对纯的脆性体的变形演化进行模拟分析。本系列模型的设计符合库仑楔理论。有关变形的缩减模型在前人的研究中已得到应用（Calassou et al，1993；Bonini et al，1999；Reiter et al，2011；Persson and Sokoutis，2002；图4–95）。

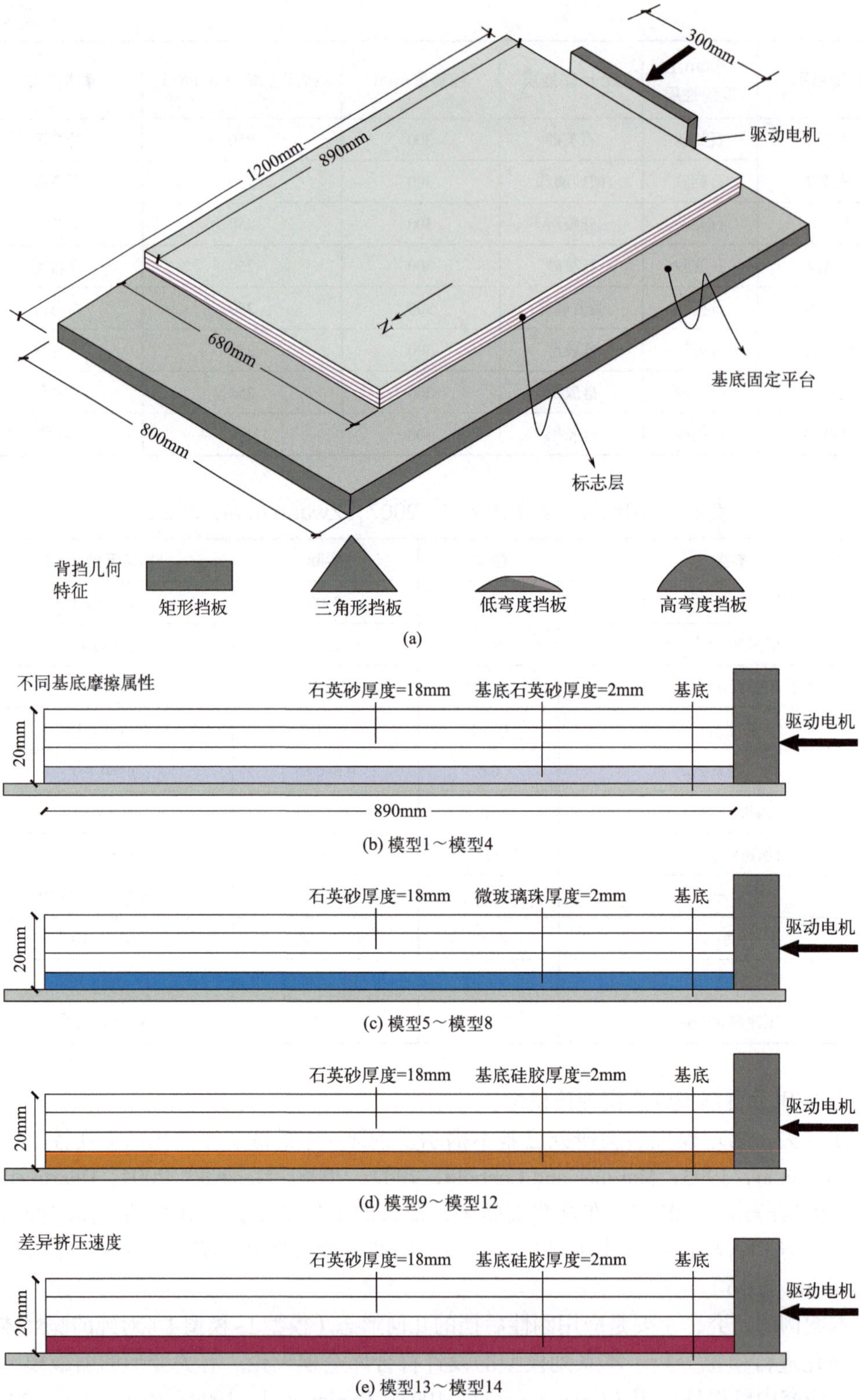
300mm
驱动电机
1200mm
890mm
N
680mm
800mm
基底固定平台
标志层
背挡几何特征
矩形挡板
三角形挡板
低弯度挡板
高弯度挡板
(a)
不同基底摩擦属性
石英砂厚度=18mm
基底石英砂厚度=2mm
基底
20mm
驱动电机
890mm
(b) 模型1～模型4
石英砂厚度=18mm
微玻璃珠厚度=2mm
基底
20mm
驱动电机
(c) 模型5～模型8
石英砂厚度=18mm
基底硅胶厚度=2mm
基底
20mm
驱动电机
(d) 模型9～模型12
差异挤压速度
石英砂厚度=18mm
基底硅胶厚度=2mm
基底
20mm
驱动电机
(e) 模型13～模型14

图4-95　模型设计

$$\tau = \tau_0 + \sigma \sin\varphi \tag{4-2}$$

式中，φ为内摩擦系数；τ_0为内聚力强度；σ为正应力。

$$\alpha + \beta \approx \left(\frac{1-\sin\varphi}{1+\sin\varphi}\right)(\beta + \mu_b) \tag{4-3}$$

式中，$\alpha+\beta$为临界角。随着基底摩擦强度μ_b的增大，临界角$\alpha+\beta$也逐渐增大。随着内摩擦角的增大，临界角值逐渐减小。在一种特殊的情况下，内摩擦角=30°，变形楔表面倾角 $\alpha \approx \frac{1}{3}(\mu_b - 2\beta)$(Dahlen,1990)大多数材料的内摩擦角分布在35°~40°。当然，分选磨圆更好的微玻璃珠的内摩擦角为25°~30°（Klinkmüller et al，2016）。

② 挤压垂直挡板非库仑楔模型。

尽管纯前冲构造和冲起构造在自然界十分常见，但是存在特殊的纯后冲构造和部分逆冲构造，利用库仑冲断楔理论难以得到合理解释（Gutscher et al，2001；Bonini，2007；Zhou et al，2016）。例如，北美洲的卡斯卡迪古陆增生楔、中亚的巴基斯坦盐脊等褶皱–冲断带的形成可能与深部地层温度、地层压力以及地层软弱层的流变学结构特征相关（Davis et al，1983；Dahlen，1984；1990；Gutscher et al，2001）。因此，自然界基底滑脱层、盐岩、页岩和石膏层或许对褶皱–冲断带的构造变形样式具有重要的控制作用。本案例脆–韧性模型5~模型14与前人的模型进行对比，模拟结果与帕米尔弧形褶皱–冲断带现今的构造变形样式具有较好的相似性。

（2）模型构建及模型材料

本案例研究所有模型实验在葡萄牙里斯本大学完成。模拟实验平台的尺寸长为89cm，宽为68cm，背挡的长为30cm，高为15cm。所有模型均进行了相似性重复验证。

① 模型构建。

模型1~模型4主要模拟在背挡几何形态影响下的纯脆性变形［图4–95（a）、图4–95（b）］。变形缩短速率为0.069mm/s，总缩短量为30cm。石英砂的初始厚度为2cm，粒径为0.245mm。为了让模拟结果的变形特征更加清晰，在实验中，应用带颜色的石英砂作为标志层。本模拟结果与前人的模拟结果进行了对比（Smit et al，2003；Reiter et al，2011）。

模型5~模型8是在模型1~模型4的基础上，利用微玻璃珠改变基底属性进行模拟。前人的物理模拟研究表明，基底滑脱层对褶皱–冲断带的变形样式具有重要的控制作用。这在中亚的帕米尔构造带、地中海褶皱–冲断带中得到了证实（Reiter et al，2011；Bonini et al，2012；Fedorika et al，2018）。本系列模型的上覆石英砂厚度为1.9cm，基底微玻璃珠厚度为0.1cm。挤压速率与前一系列模型相同，均为0.069mm/s［图4–95（c）］。当前的模型主要讨论背挡几何形态和减小基底摩擦属性对变形样式的影响。

模型9~模型12是脆–韧性模型，基底硅胶层结构。前人的物理模拟研究表明，基底滑脱层对褶皱–冲断带的变形样式具有重要的控制作用。如中亚的巴基斯坦盐脊前陆盆地、塔吉克盆地帕米尔构造结（Smit et al，2003；Mohajer et al，2010）。模型上覆石英砂厚度为1.5cm，基底硅胶层厚度为0.5cm。缩短速率与前两系列模型相同，均为0.069mm/s［图4–95（d）］。当前模型主要讨论改变基底性质条件下的变形样式。

模型13和模型14仍然是脆-韧性模型，脆性层厚度为1.5cm，基底韧性层厚度为0.5cm。但变形速率和背挡的几何形态有所不同。模型13的变形速率为0.069mm/s，模型14的变形速率为0.00139mm/s［图4-95（e）］。当前模型讨论矩形背挡条件下、不同速率对脆-韧性变形样式的影响。

在所有实验中，均对每一个模型的变形演化过程进行了侧面和顶部的动态监测。每间隔5min进行一次数据采集。模拟实验结束后，洒水固定模型进行切片，开展模型内部变形特征分析。

② 模型材料及相似性。

松散的石英砂是模拟地壳脆性变形的理想材料，也在褶皱-冲断带研究中得到广泛应用。一定黏度的硅胶和微玻璃珠也是模拟地壳韧性变形的理想材料，在前人的模拟实验中已开展了相关的测试分析（Bonini，2007；Reiter et al，2011；Graveleau et al，2012；Keppler et al，2013；He et al，2018）。本节使用的石英砂密度为1600kg/m^3，内摩擦角为30°，粒径为200~400mm。室温为24℃，硅胶的黏度为20000Pa·s，密度为965kg/m^3。微玻璃珠的粒径为300μm，内聚力为80Pa。

4.3.2.4 模拟结果

（1）基底石英砂模型的变形样式

4组模型均形成了褶皱-冲断带变形和走滑断裂，但是它们的变形样式之间具有显著的差异（图4-96）。矩形背挡模型1的根带区域平坦。褶皱-冲断带的趋势线呈现紊乱状态，部分趋势线被切割，变形体的边缘区域平直延伸［图4-96（a）］。三角形背挡模型2的弧形趋势线近似平行于挡板边界，且以弧形特征弯曲排列，但是趋势线之间的间距较小，十分紧闭［图4-96（b）］。弯曲幅度较小的弧形背挡模型3显示，褶皱-冲断带趋势线幅度较小，呈弧形平行排列，但是在两侧边界区域趋势线发生交会［图4-96（c）］。弧形幅度较大的背挡模型4显示，褶皱-冲断带弧形趋势线平行于弧形边界。趋势线水平方向伸展量较小，变形趋势线之间的间距仍然较小［图4-96（d）］。

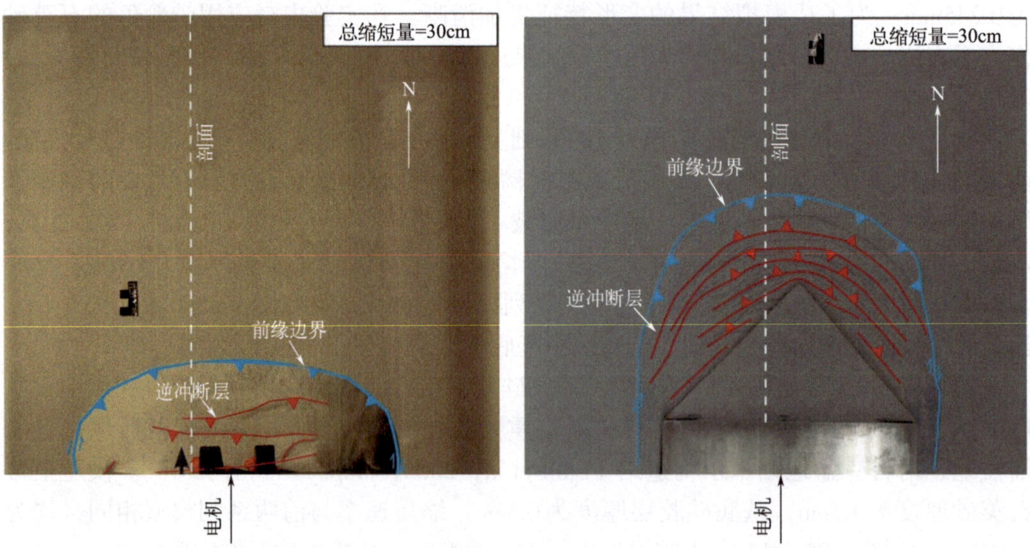

(a) 模型1　　(b) 模型2

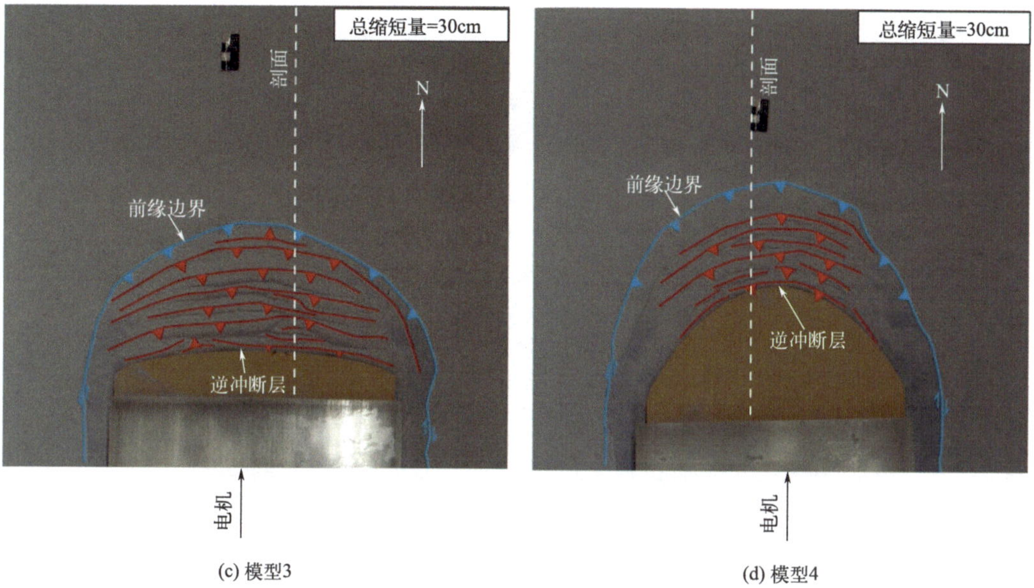

图4-96　不同背挡条件下脆性基底石英砂模拟结果平面图

4组模型的剖面特征显示，均形成了叠瓦式的逆冲断裂，并且它们的地貌特征不同（图4-97）。模型1的逆冲断层倾角比较大，地貌比较陡；前陆构造带的逆冲断裂倾角比较小，隆升的幅度也比较小［图4-96（a）］。模型2形成的逆冲断裂倾角较大，并且产生对称型冲起构造［图4-96（b）］。模型3在背挡的一侧形成逆冲断层。断层面发生挠曲变形，并在褶皱-冲断带的前缘产生后冲构造［图4-96（c）］。模型4与模型3相似，但是模型4逆冲断裂之间的间距较大，尤其在前陆区域间距差异更明显。该模型的地层倾角12°~65°之间［图4-96（d）］。对比前人的纯脆性模型结果，虽然它们之间具有一定的差异性，但它们的变形样式基本上满足库仑冲断楔理论解（Calassou et al，1993；Duarte et al，2011；Schreurs et al，2016）。

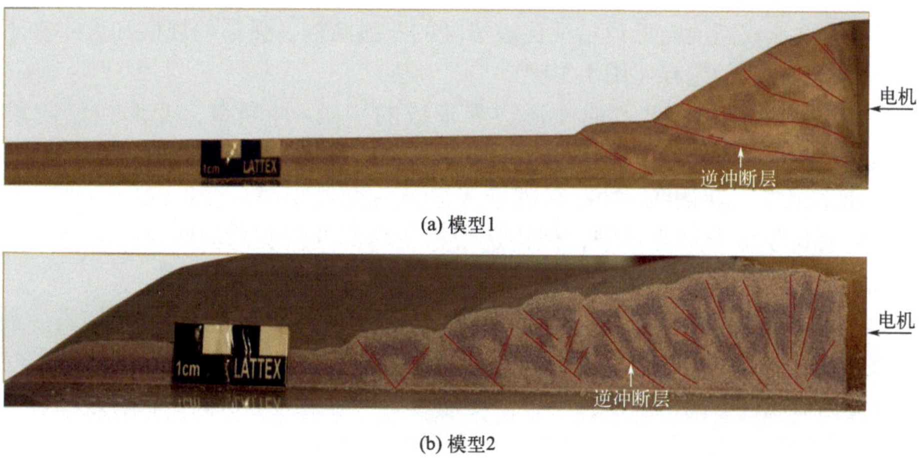

图4-97

(c) 模型3

(d) 模型4

图4-97　不同背挡条件下脆性基底石英砂模拟结果剖面图

模型1PIV分析显示，变形的初始阶段，速率高值区位于根带，近似矩形特征分布。随着缩短量的增加，速率场高值向褶皱-冲断带的前缘扩展。直到变形的最后阶段，速率场高值区仍然近似矩形形态分布，而且分布范围比较小，前缘似弧形结构（图4–98）。

应变场特征整体上与速率场的分布范围和形态相似，但应变场的高值区域与低值区域形成双条带分布。同时，在各变形阶段，区域背景值并不是低值现象，而是显示具有一定的变形位移特征（图4–99）。

模型2PIV分析表明，初始阶段的速率场高值区域的形态与背挡边界几何形态相似，仍然是一个三角形形态。随着变形量的增加，速率场的高值区域变形变化，形成一个弧形边界，但此阶段的弧形边界幅度较小。缩短量=12cm，形成1/2圆弧形的速率场高值区。缩短量=12cm，速率场高值区的分布范围减小，形成窄的弧形条带。变形后期，应变扩展到褶皱-冲断带的前缘，但与运动方向一致的右侧，速率场数值较大。整体上，此阶段仍然是一弧形的速率场分布特征（图4–100）。

应变场特征显示早期与弧形边界相似，但在变形的中后期，应变扩展到褶皱-冲断带的中部以后，形成高值与低值特征比较清晰的双弧结构。弧形的规模和大小在不同的演化阶段，会有一定的差异（图4–101）。

模型3PIV分析表明，低弯曲弧形边界形成的褶皱-冲断带，变形初始阶段仍然形成弧形的速率场高值环带。高值区集中在边界位置。随着变形量的增加，除边界区域具有高速率以外，在褶皱-冲断带的前缘区域应变值很高。变形的中后期，速率场高值仍然主要位于弧形边界区域，但构造带根带内部的应变高值区随时间会发生变化（图4–102）。

应变场特征显示，初始阶段，整个区域褶皱-冲断带的应变场数值比较高，最高值区域仍然位于背挡几何边界处。随着缩短量增加，应变的高低呈现分带现象。变形中期，靠近背挡形成应变高低值双弧结构。变形后期，应变高值从离散状态逐渐变成双弧形结构。整个褶皱-冲断带的根部应变场数值较大（图4–103）。

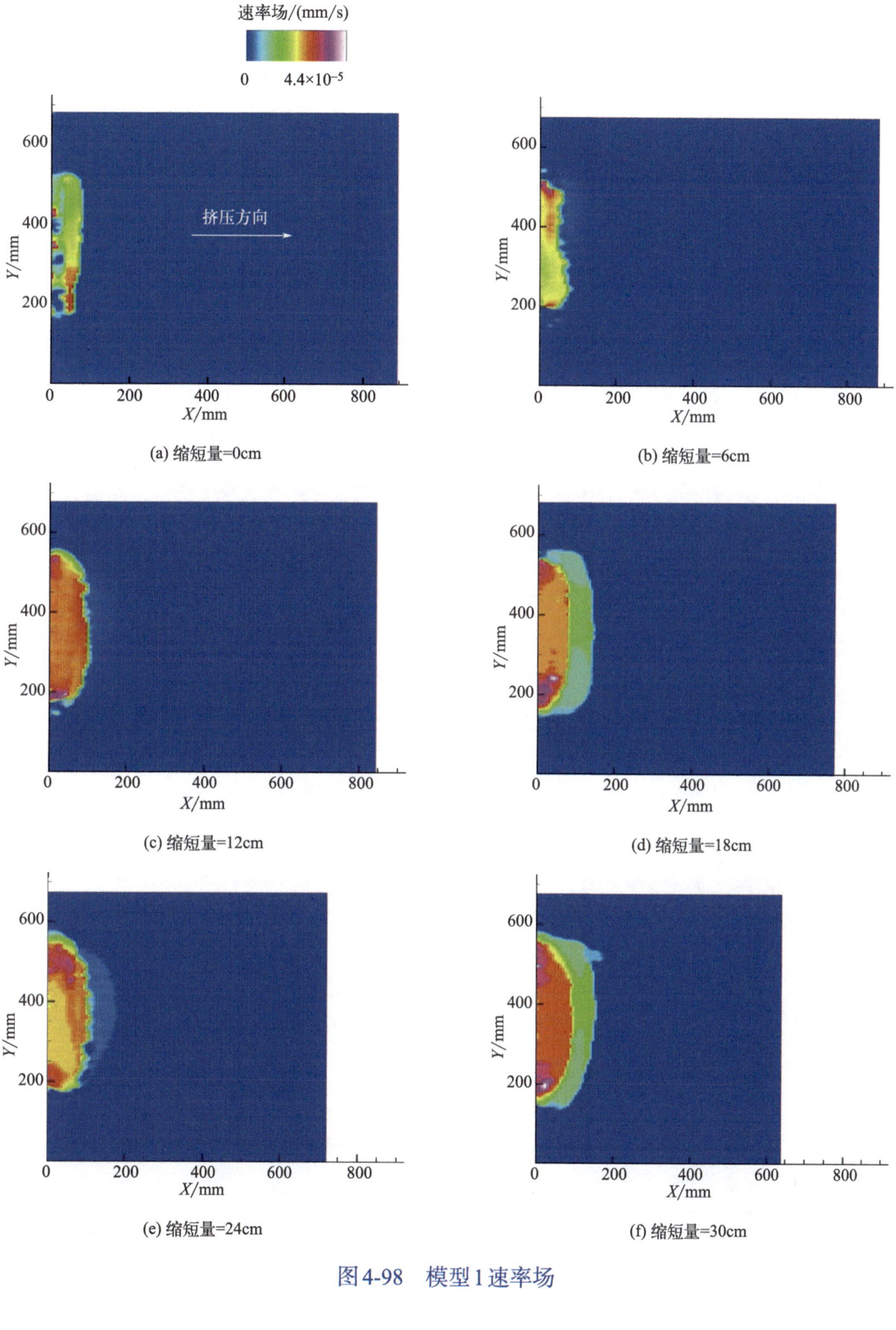

(a) 缩短量=0cm

(b) 缩短量=6cm

(c) 缩短量=12cm

(d) 缩短量=18cm

(e) 缩短量=24cm

(f) 缩短量=30cm

图4-98 模型1速率场

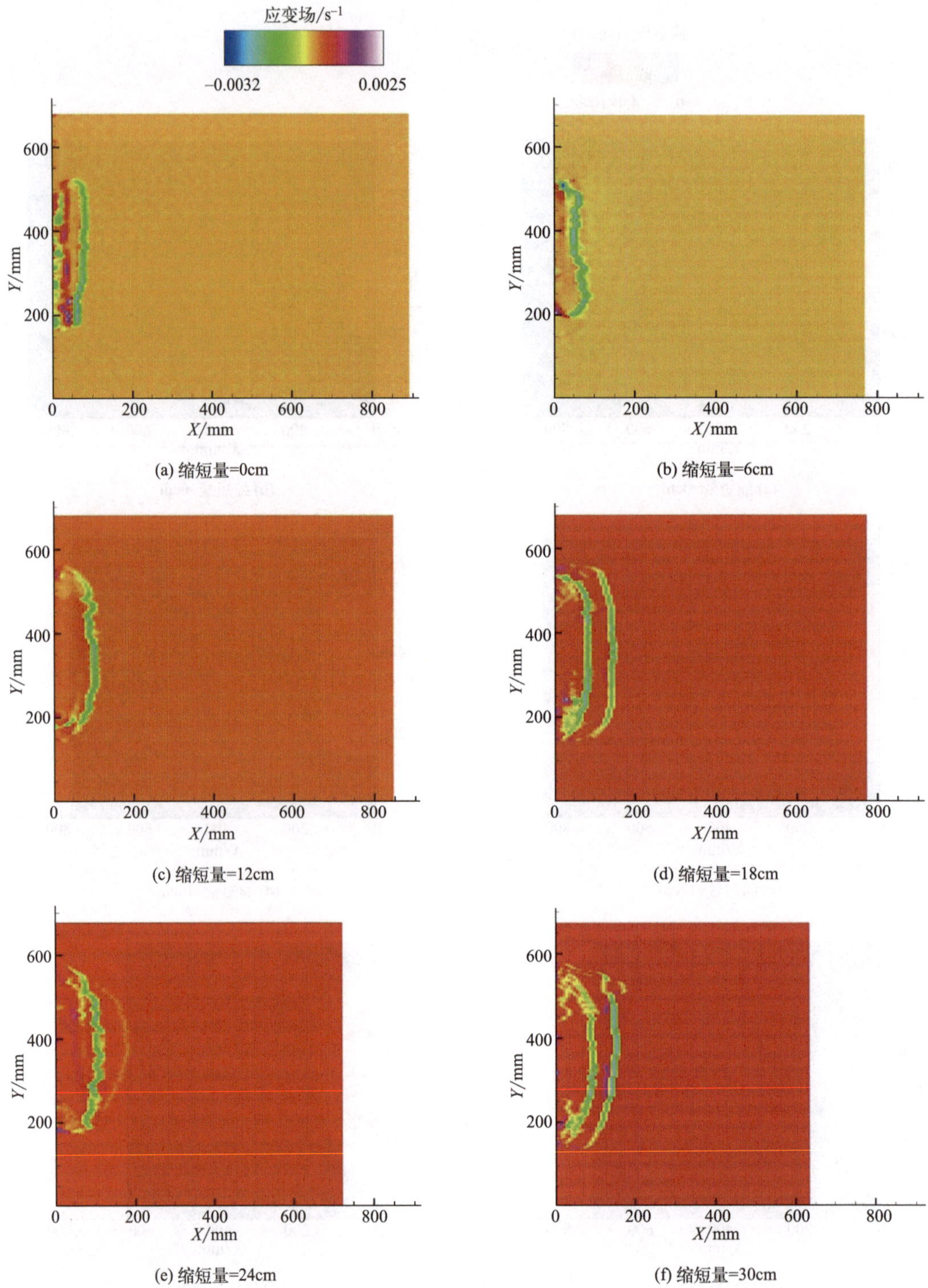

(a) 缩短量=0cm (b) 缩短量=6cm

(c) 缩短量=12cm (d) 缩短量=18cm

(e) 缩短量=24cm (f) 缩短量=30cm

图 4-99 模型 1 应变场

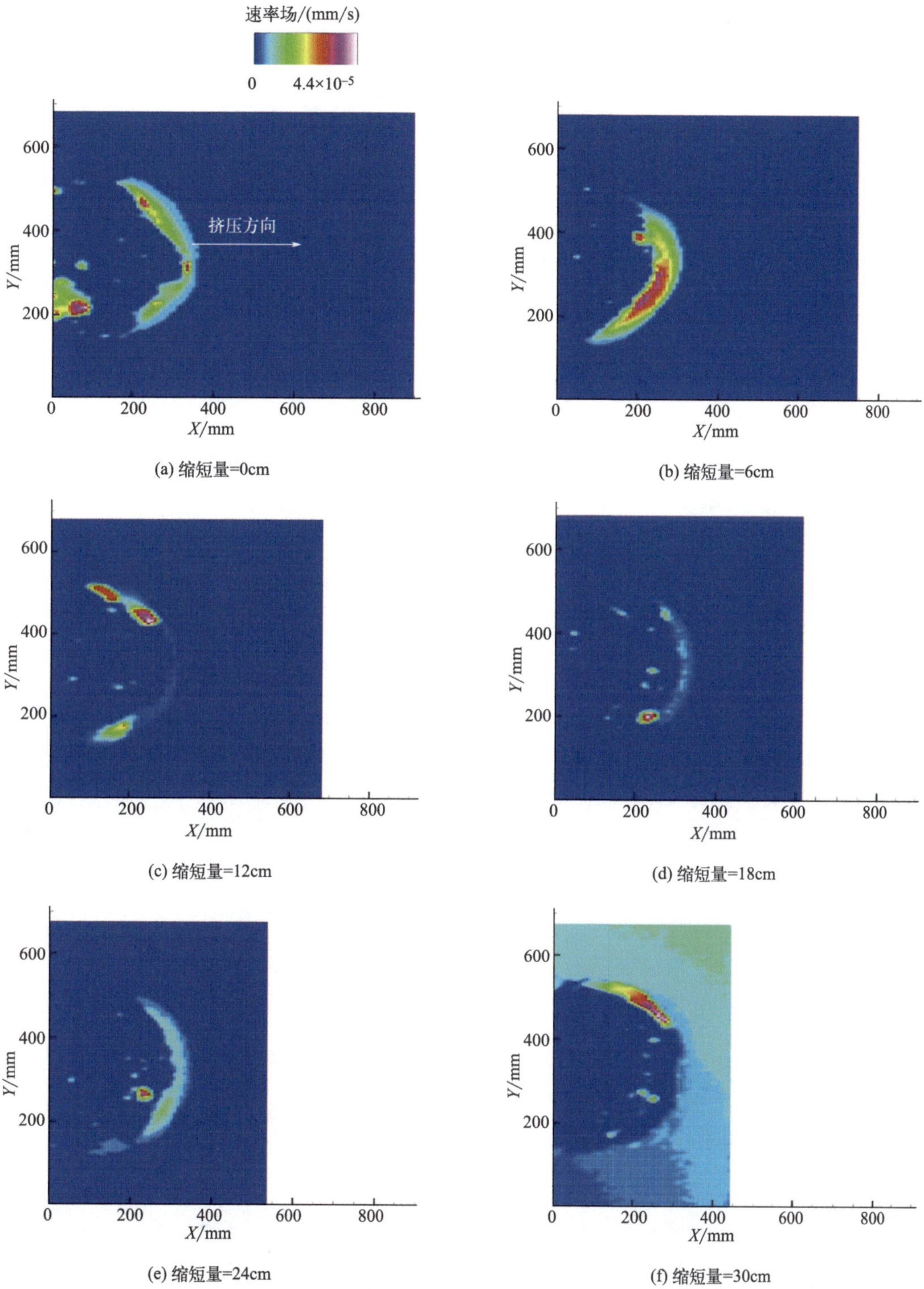

图4-100 模型2速率场

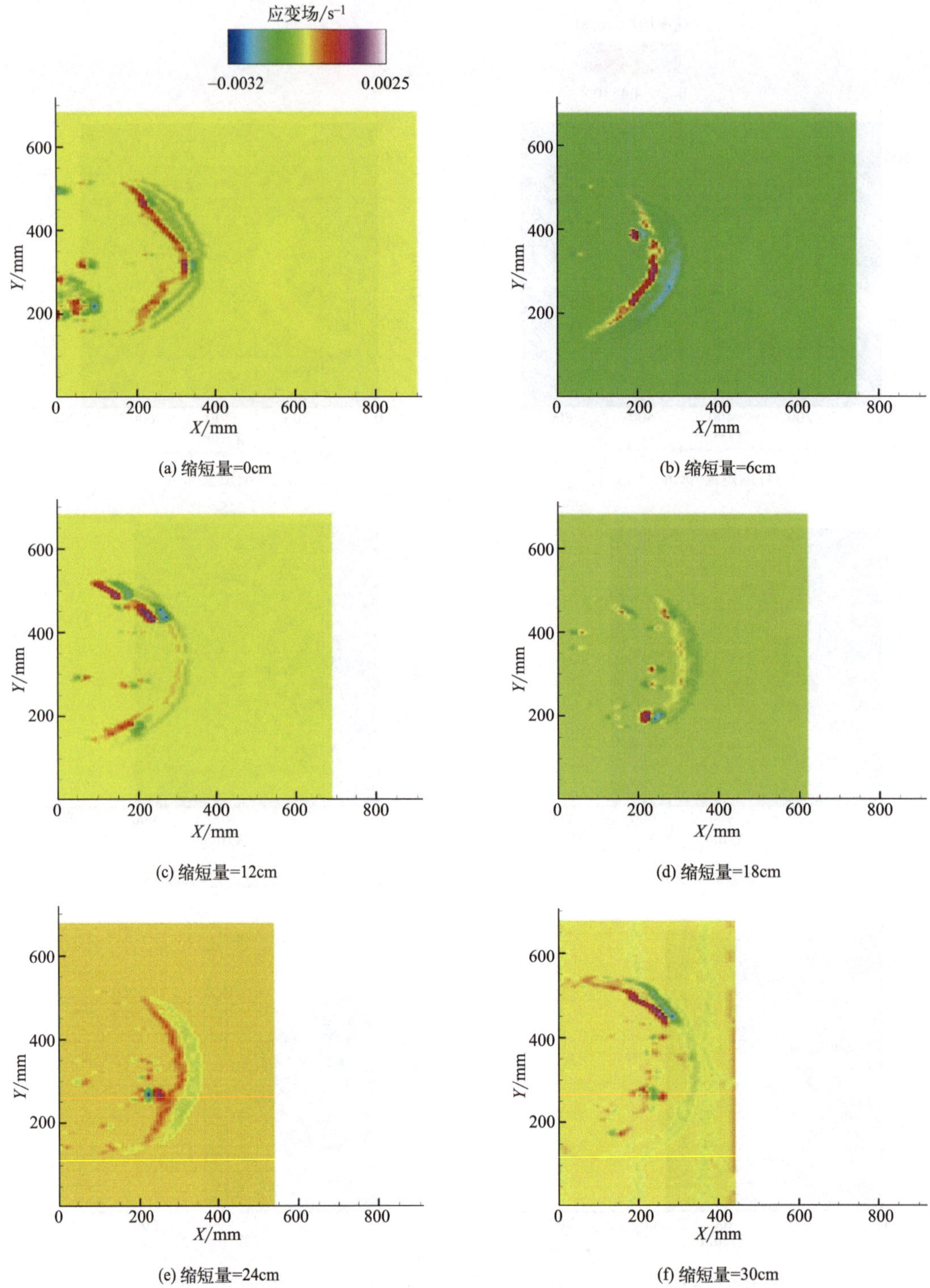

图4-101 模型2应变场

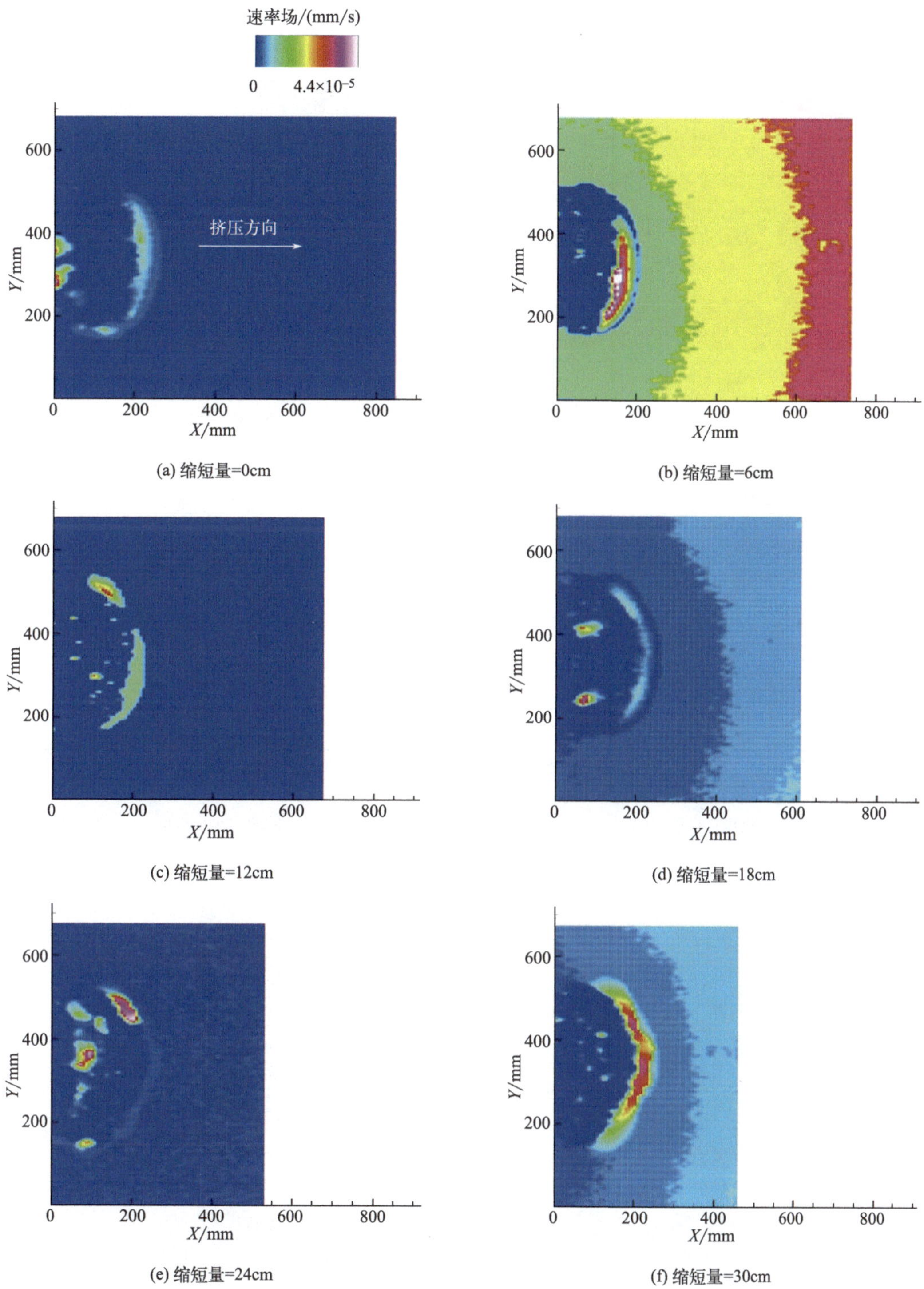

图4-102　模型3速率场

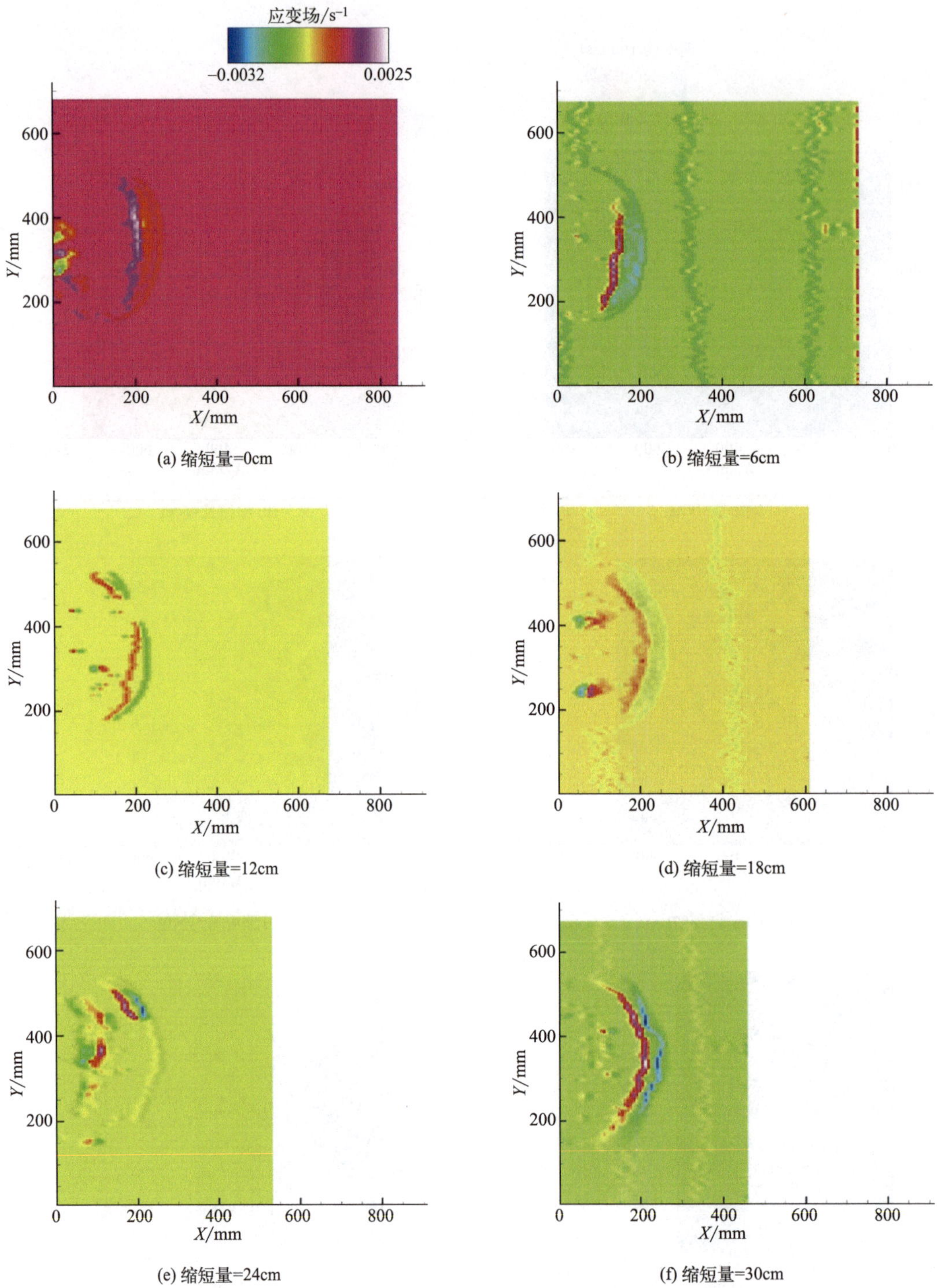

图4-103 模型3应变场

模型4PIV分析显示，变形初始阶段，形成弧形的应变速率场高值区，形态特征似环带。前缘区域局部砂体具有扰动现象。随着缩短量增加，高应变值集中在弧形边界的2个微小区域。变形的中期，速率场高值扩展到褶皱-冲断带的中部，形成新月形环带分布。变形后期，速率场从挤压方向一致的右侧局部扩展到中部，形成弧形条带状（图4-104）。

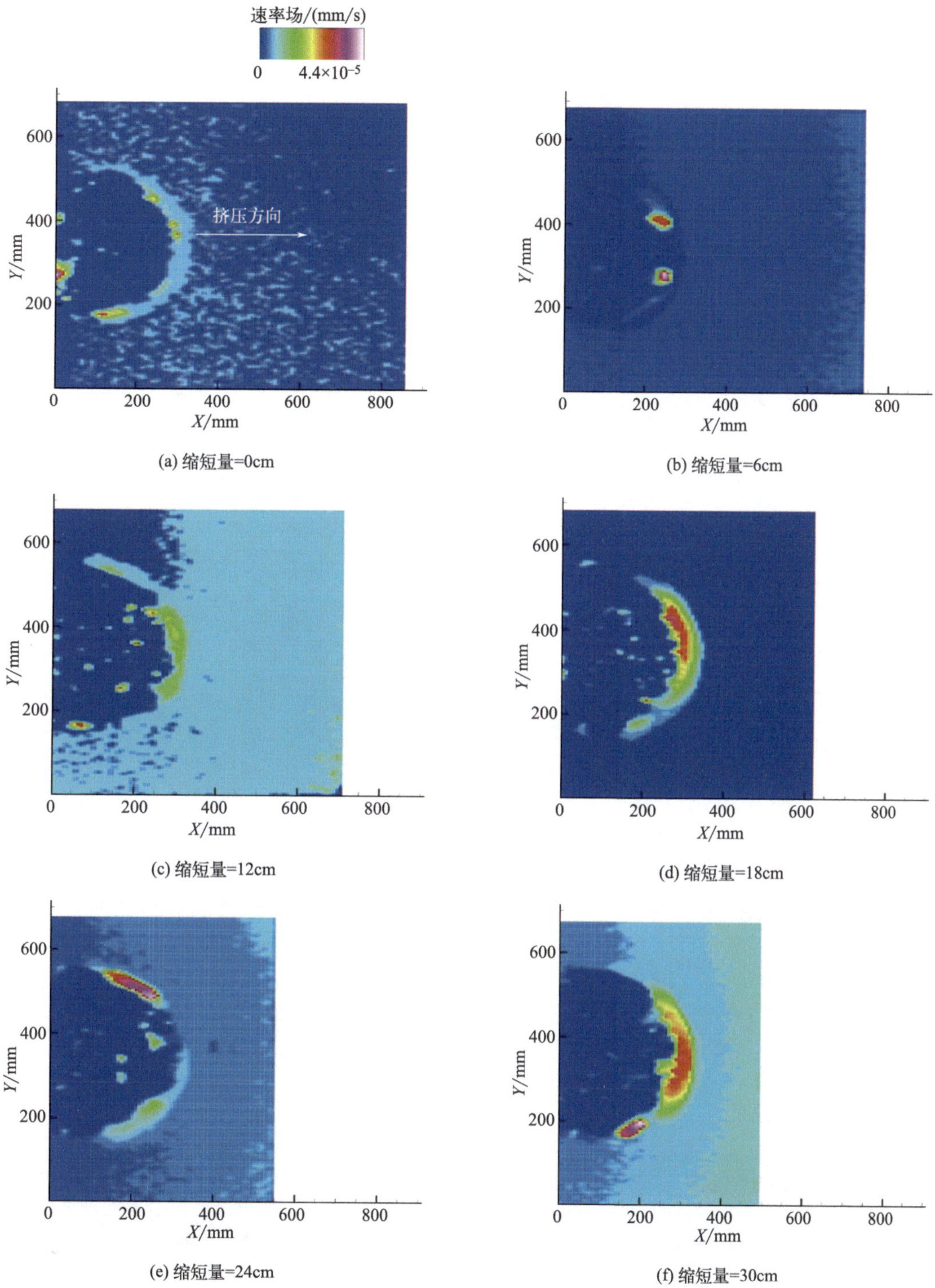

图4-104　模型4速率场

应变场特征与速率场特征分布模式相似。在变化演化过程中，高应变值总是以弧形的特征向褶皱-冲断带的中前缘扩展。弧形的大小与初始边界条件具有较好的一致性（图4-105）。

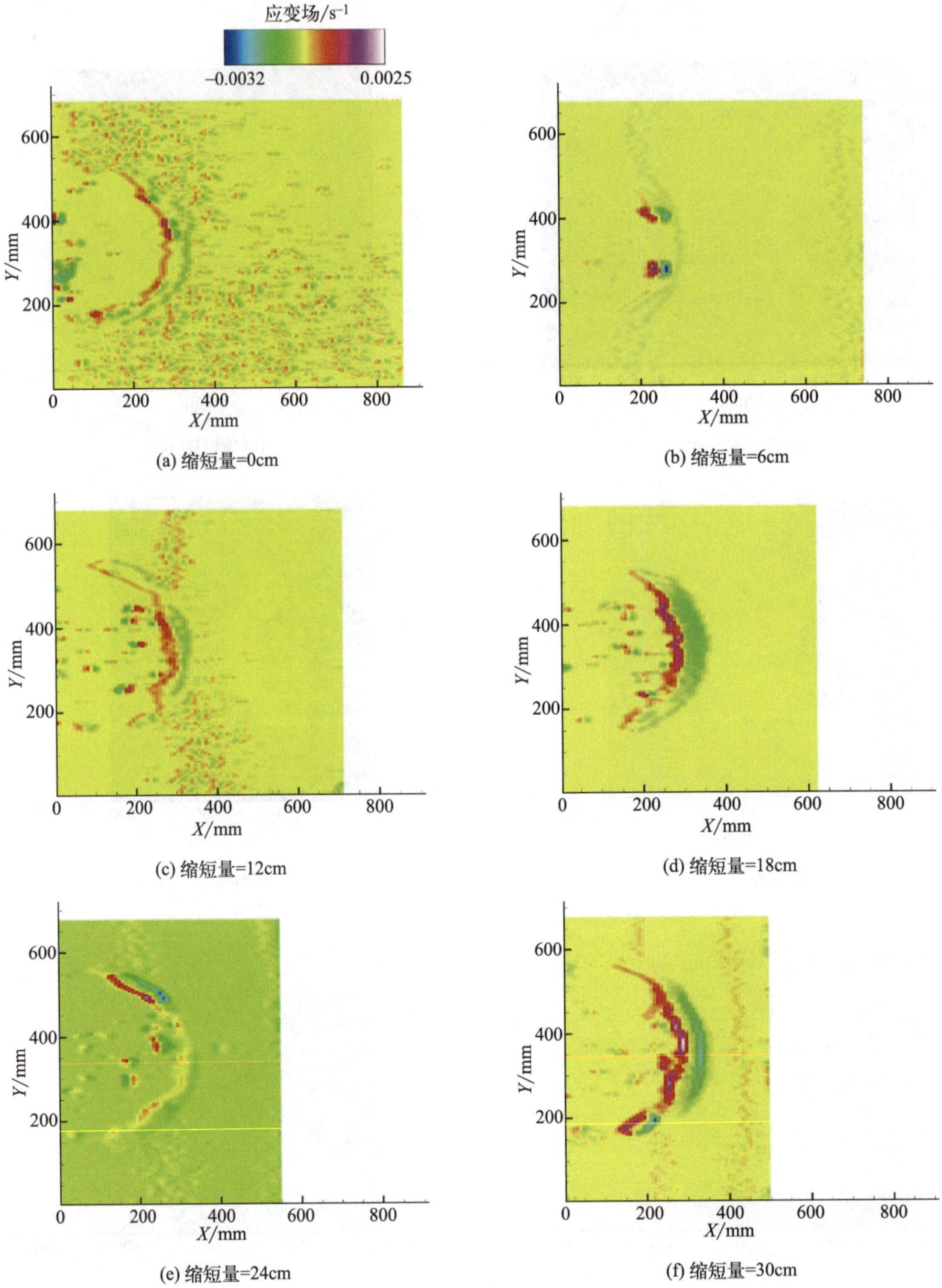

图4-105　模型4应变场

模型1~模型4的变形演化模拟以及PIV分析表明，脆性基底条件下，无论边界是什么形态，最终都会形成弧形的褶皱–冲断带。表明侧向摩擦力是产生弧形变形的一个极为重要的控制因素。但是，褶皱–冲断带弧形的规模大小和曲率，则与初始的边界的几何形态紧密相关。同时，脆性基底的存在，使得在形成前冲断裂的同时，整个褶皱–冲断带的变形范围均比较小。

（2）基底微玻璃珠模型的变形样式

不同的背挡模型和基底未减小摩擦与减小基底摩擦力模型相比，减小基底摩擦模型的变形扩展较快，形成的变形带分布范围较大。而且，它们之间的变形样式差异较大，或许与模型的背挡形态和基底摩擦强度有关。模型5形成近似平行的趋势线；模型6形成平行的弧形趋势线；模型7形成弧形趋势线，但变形的幅度比模型6要小。模型8仍然形成弧形趋势线，但趋势线之间的间距较大（图4–106）。本系列4组模型变形带的中部被其两侧边界区域的样式所削截。

本系列模型的剖面特征显示，主要形成前冲断裂（图4–107）。相比具有基底摩擦的模型，用微玻璃珠减小基底摩擦，形成的逆冲断裂规模较大，倾角变小（11.2°~42°）。

模型5 PIV分析显示，变形初始阶段（缩短量=0~6cm），形成椭圆形的速率场高值区，该高值区分布在靠近根带一侧。随着缩短量的增加，速率场高值区范围缩小，形成局部高值，块状结构。变形中期（缩短量=6~18cm），速率场高值区扩展到褶皱–冲断带中后缘，整体呈弧形结构，此阶段的早期呈离散点斑状，后期呈弧形的环状特征。变形中后期（缩短量=18~30cm），速率场高值从环带转变为块状，并且位于挡板一侧，但整体上，高值和低值仍然形成弧形结构（图4–108）。

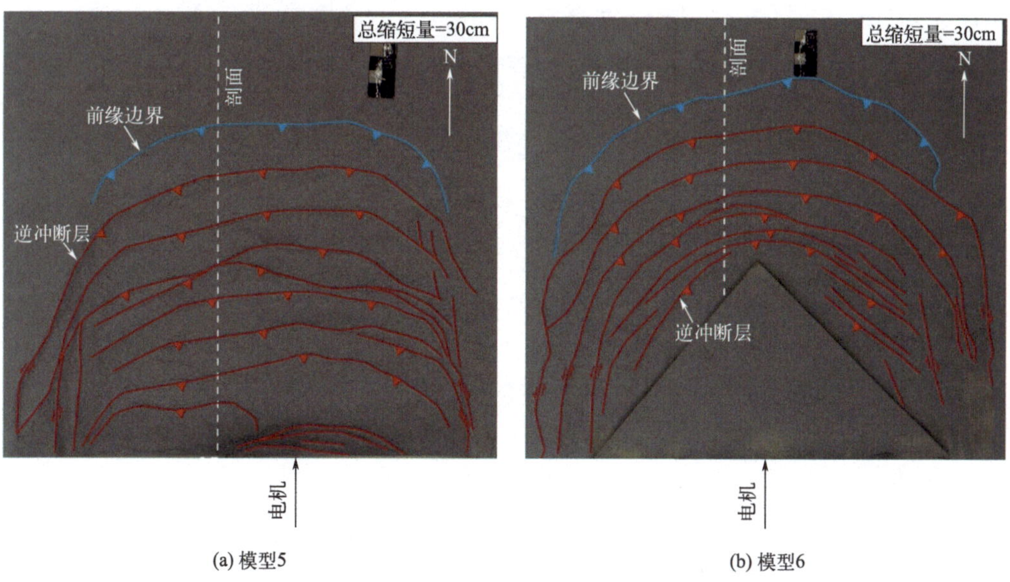

(a) 模型5　　(b) 模型6

图4-106

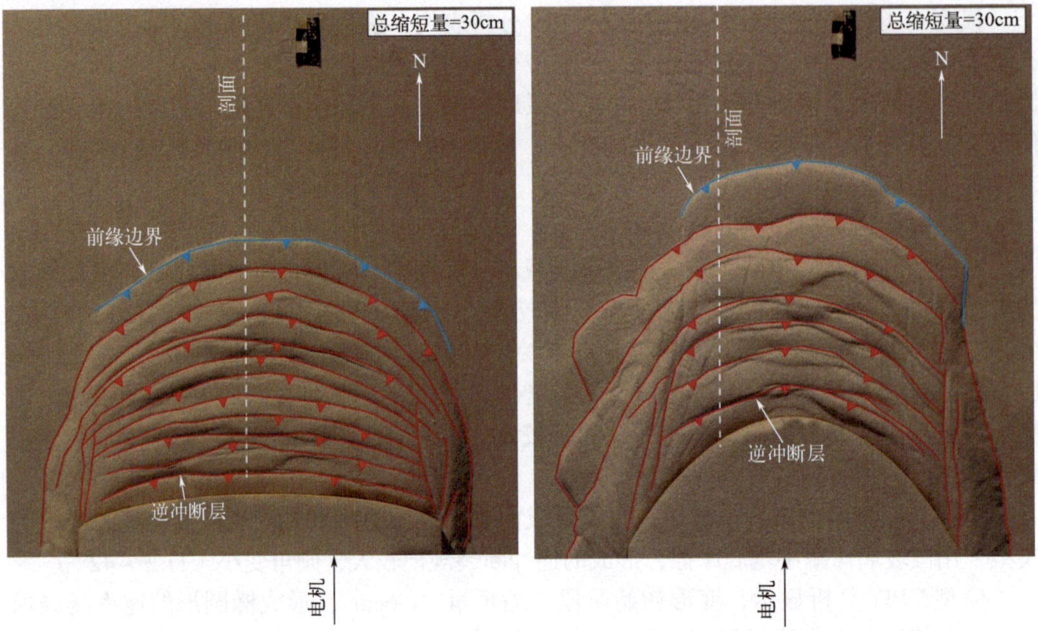

(c) 模型7　　　　(d) 模型8

图4-106　不同背挡条件下基底微玻璃珠模拟结果平面图

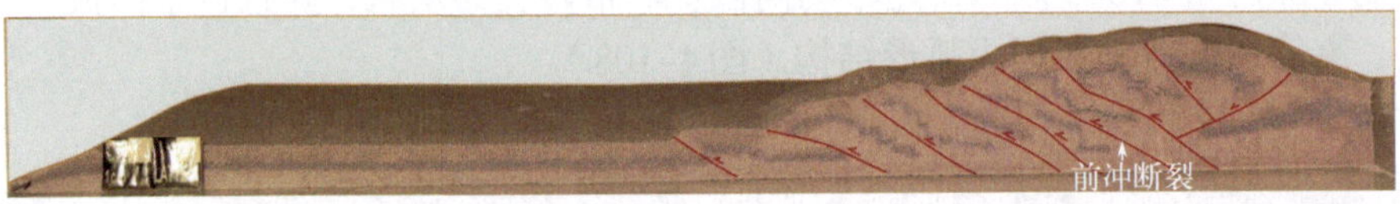

(a) 模型5

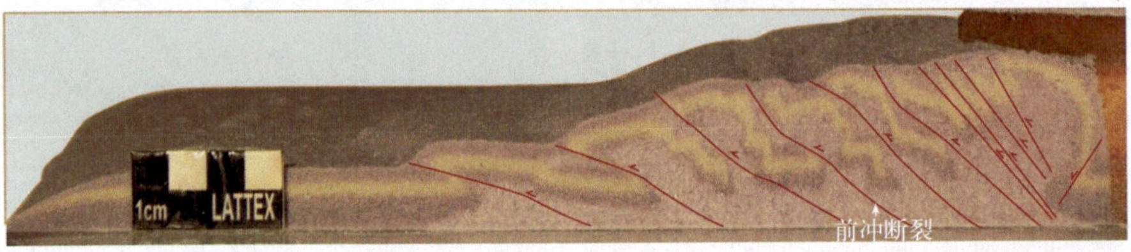

(b) 模型6

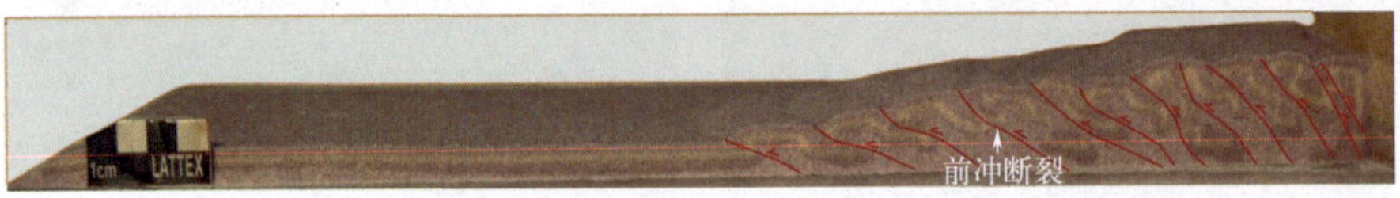

(c) 模型7

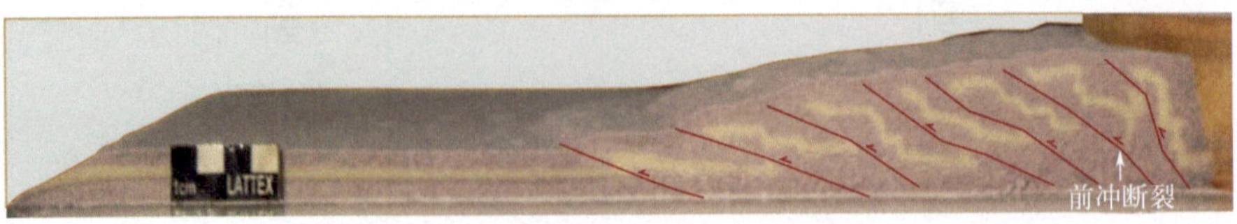

(d) 模型8

图4-107　不同背挡条件下基底微玻璃珠模拟结果剖面图

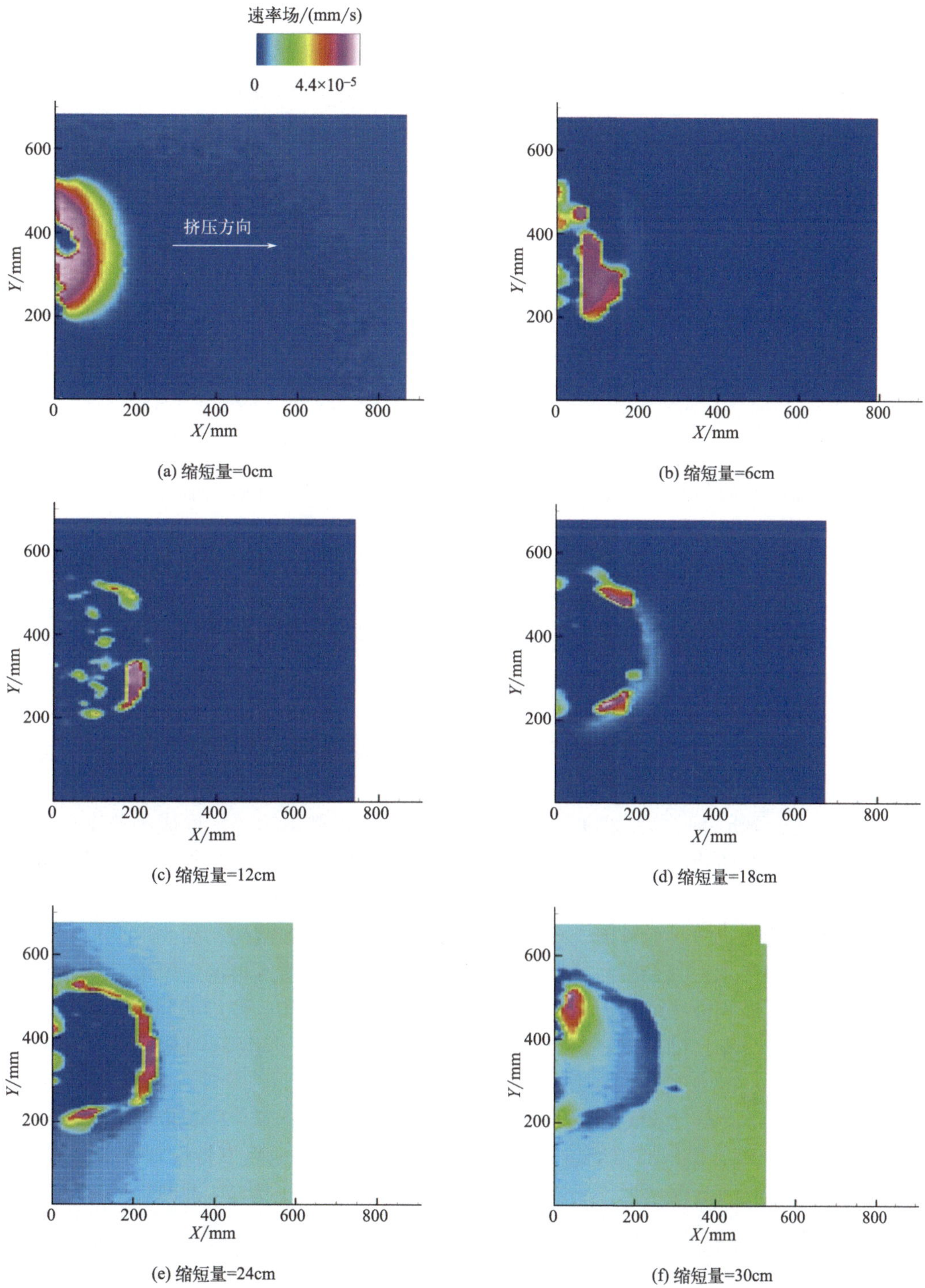

图4-108　模型5速率场

应变场显示的变化范围与速率场具有较好的一致性，但是在细节上存在明显差异。变形初始阶段，高应变值位于褶皱－冲断带的根带，并有两条弧形低应变值位于根带前沿。变形的中期阶段，应变场从局部直线状扩展为弧形结构，高应变值位于弧形的前端，而根带的应变场为低值。变形的后期，应变场高值位于根带的局部区域，前缘的弧形边界为应变低值（图4–109）。模型5微玻璃珠基底，应变的扩展也具有穿时现象，变形早期主要在褶皱－冲断带的根带，中期在变形的中部，后期变形主要集中在根带。这在时空上是变化的。

模型6PIV分析显示，三角形背挡，基底微玻璃珠模型在变形初始阶段，形成窄的三角形速率场高值。随着挤压量的增加，速率场的高值分布范围增大，但形态特征仍然是三角形结构。在变形的中后期，速率场高值区形态变为内侧三角形，而外侧是弧形结构。同时在褶皱－冲断带的中央区域明显高于两侧，此阶段的变形快速传递到了前缘区域（图4–110）。

应变场特征显示，在整个变形演化过程中高应变值均为三角形特征分布。随着变形量的增加，高应变值与低应变值之间的间距逐渐增大。同时，低应变值的弧形条带的弯曲度逐渐减小，形成低幅度的弧形特征（图4–111）。

模型7PIV分析表明，变形初始阶段，速率场高值主要位于根带低幅度挡板区域，但此阶段的应变呈离散的弧形结构特征分布。随着缩短量的增加，速率场高值区以弧形的结构特征向褶皱－冲断带的中前缘扩展。同时，速率场高值区域分布范围增大，弧形的曲率也增大（图4–112）。

应变场的特征整体形态与速率场相似。变形的各个阶段，基本上是弧形的展布特征。变形初始阶段，局部出现直条带特征。其余区域均显示高应变速率场离散，而低应变速率值呈多环带弧形分布（图4–113）。

模型8 PIV分析表明，大幅度的弧形边界与低幅度的弧形边界，形成的速率场高值区不同。在变形的初始阶段，速率场高值呈弓月形。随着缩短量的增加，速率场高值区逐渐向褶皱－冲断带的前缘扩展。弧形带的宽度越来越大（图4–114）。

应变场的特征仍然具有差异，模型7主要是低应变值弧形结构，而高应变值只有在变形的初始阶段出现，其余阶段零星出现。模型8的应变高值区早期呈弧形结构，到了变形的中期，形成尖棱状结构，但前缘低值区仍然是弧形结构。变形的后期，弧形高应变与低应变环带分布。高应变在靠近背挡一侧，而低应变位于褶皱－冲断带的前缘区域（图4–115）。

对比模型5~8，表明基底的性质和边界几何形态对弧形褶皱－冲断带的变形演化具有重要的控制作用。背挡的弧度越大，形成的褶皱－冲断带的弧形特征越弯曲，同时，褶皱－冲断带的变形范围越大。研究还表明，微玻璃珠有利于褶皱－冲断带的变形向前陆地区快速扩展。

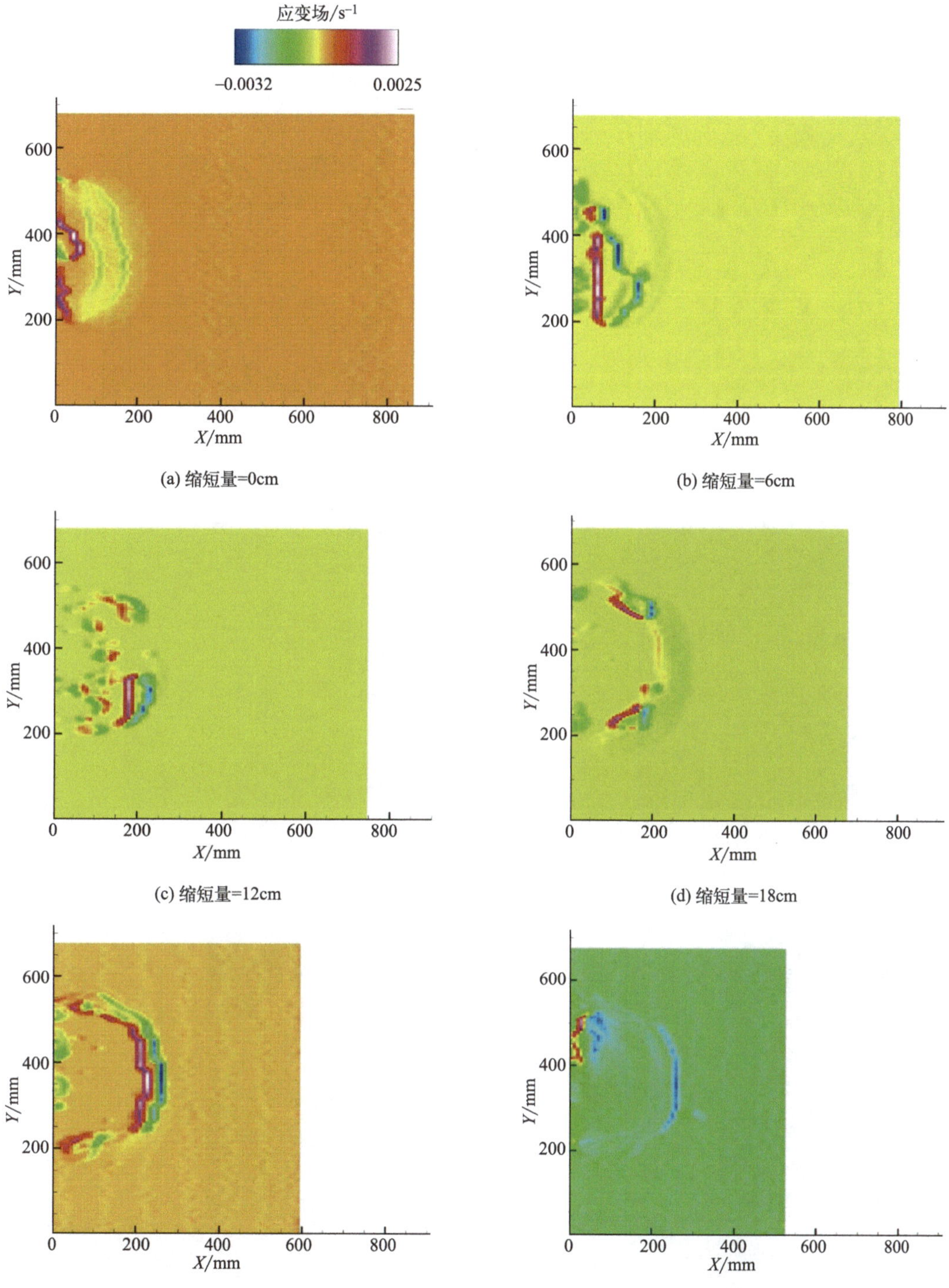

(a) 缩短量=0cm

(b) 缩短量=6cm

(c) 缩短量=12cm

(d) 缩短量=18cm

(e) 缩短量=24cm

(f) 缩短量=30cm

图4-109 模型5应变场

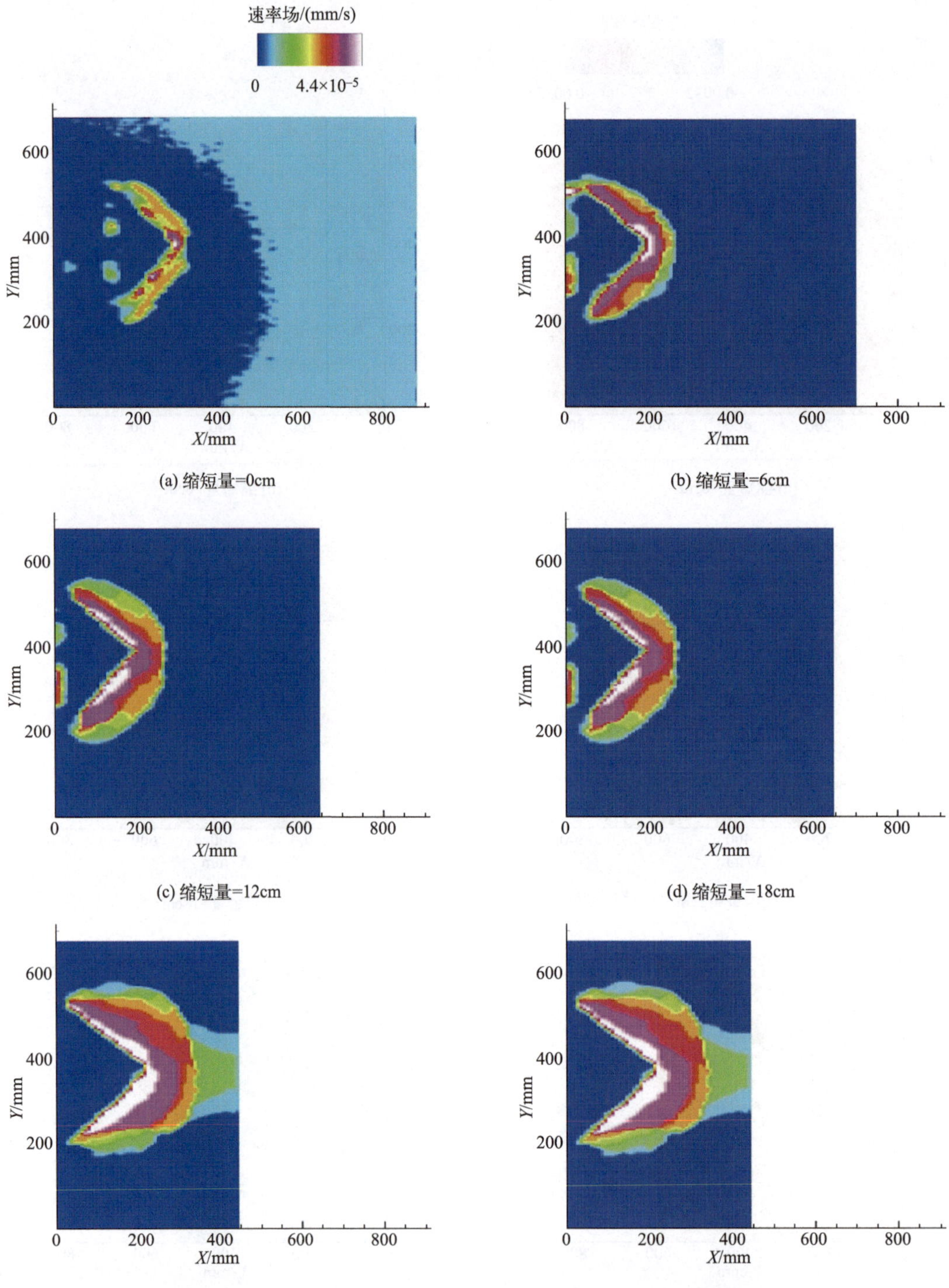

(a) 缩短量=0cm (b) 缩短量=6cm

(c) 缩短量=12cm (d) 缩短量=18cm

(e) 缩短量=24cm (f) 缩短量=30cm

图4-110 模型6速率场

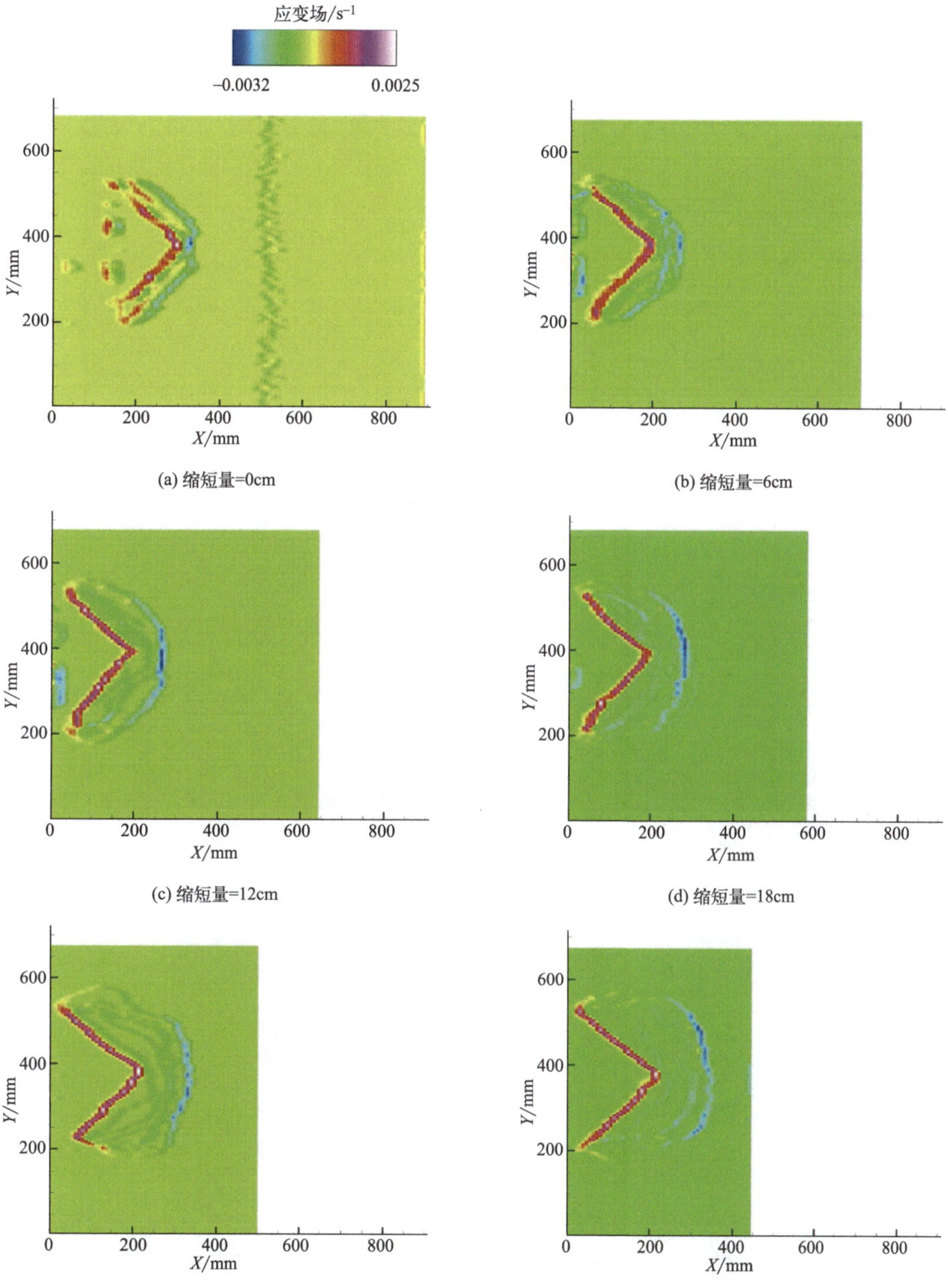

(a) 缩短量=0cm

(b) 缩短量=6cm

(c) 缩短量=12cm

(d) 缩短量=18cm

(e) 缩短量=24cm

(f) 缩短量=30cm

图4-111　模型6变场

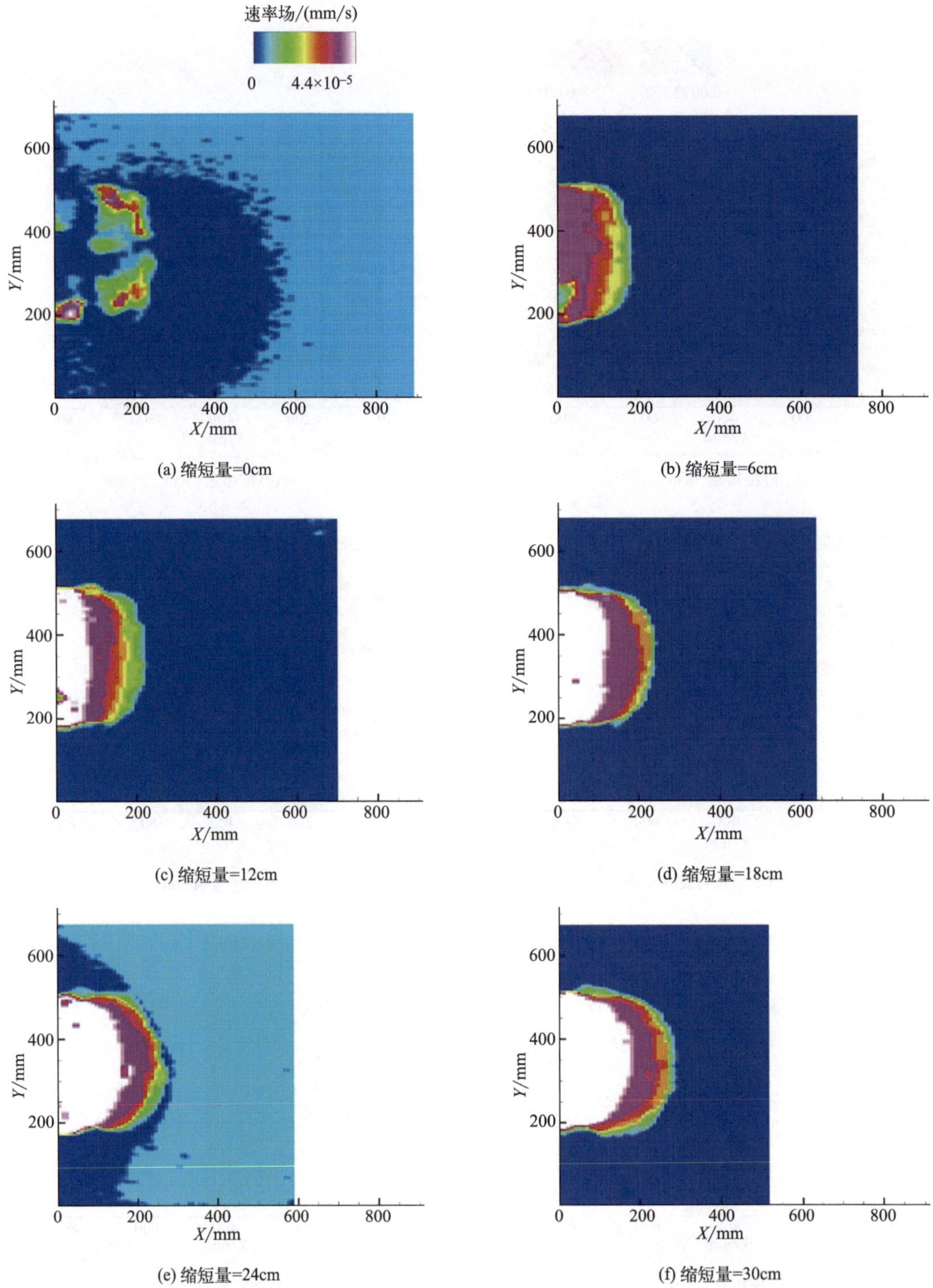

(a) 缩短量=0cm　(b) 缩短量=6cm

(c) 缩短量=12cm　(d) 缩短量=18cm

(e) 缩短量=24cm　(f) 缩短量=30cm

图4-112　模型7速率场

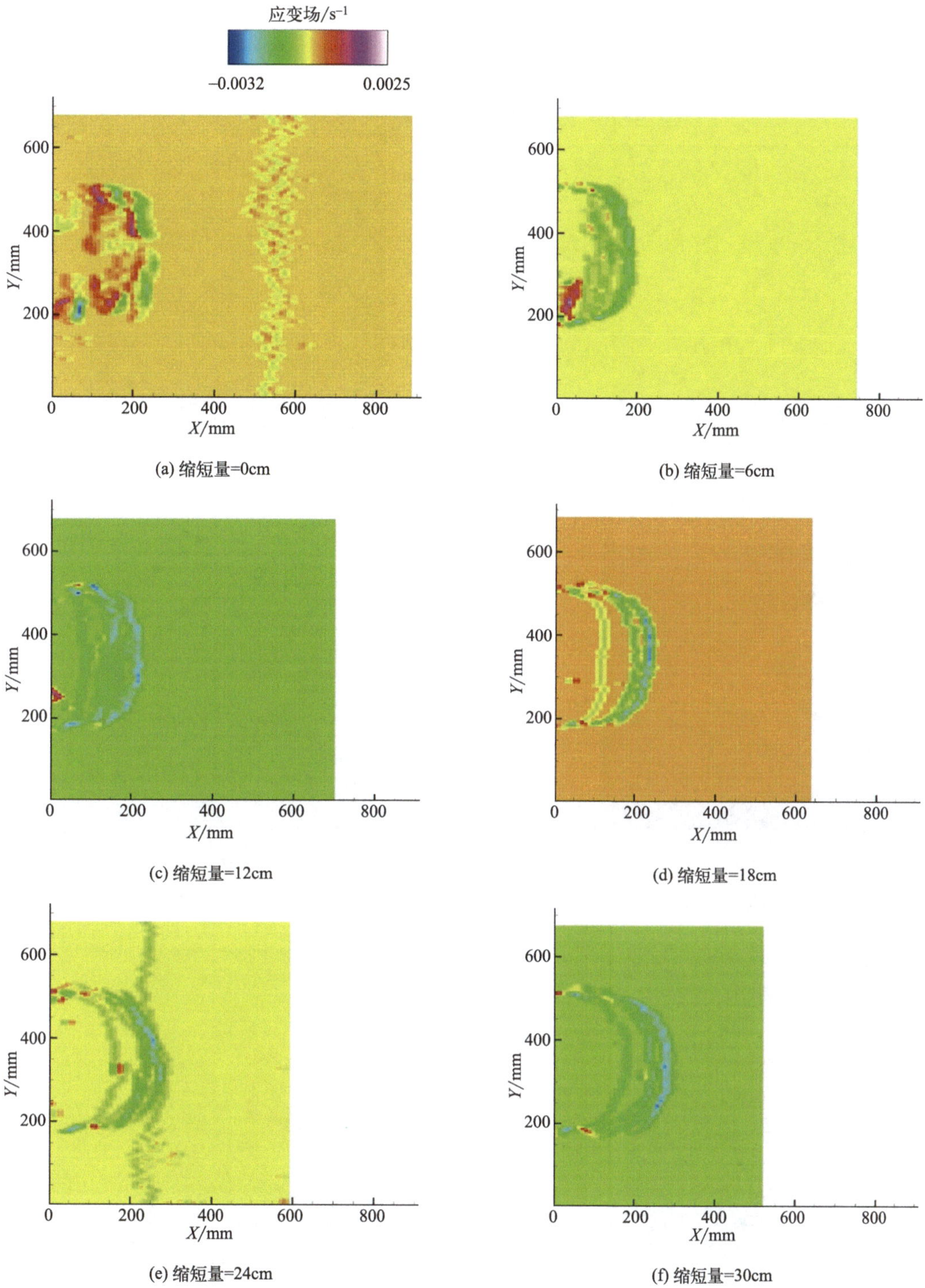

图4-113　模型7应变场

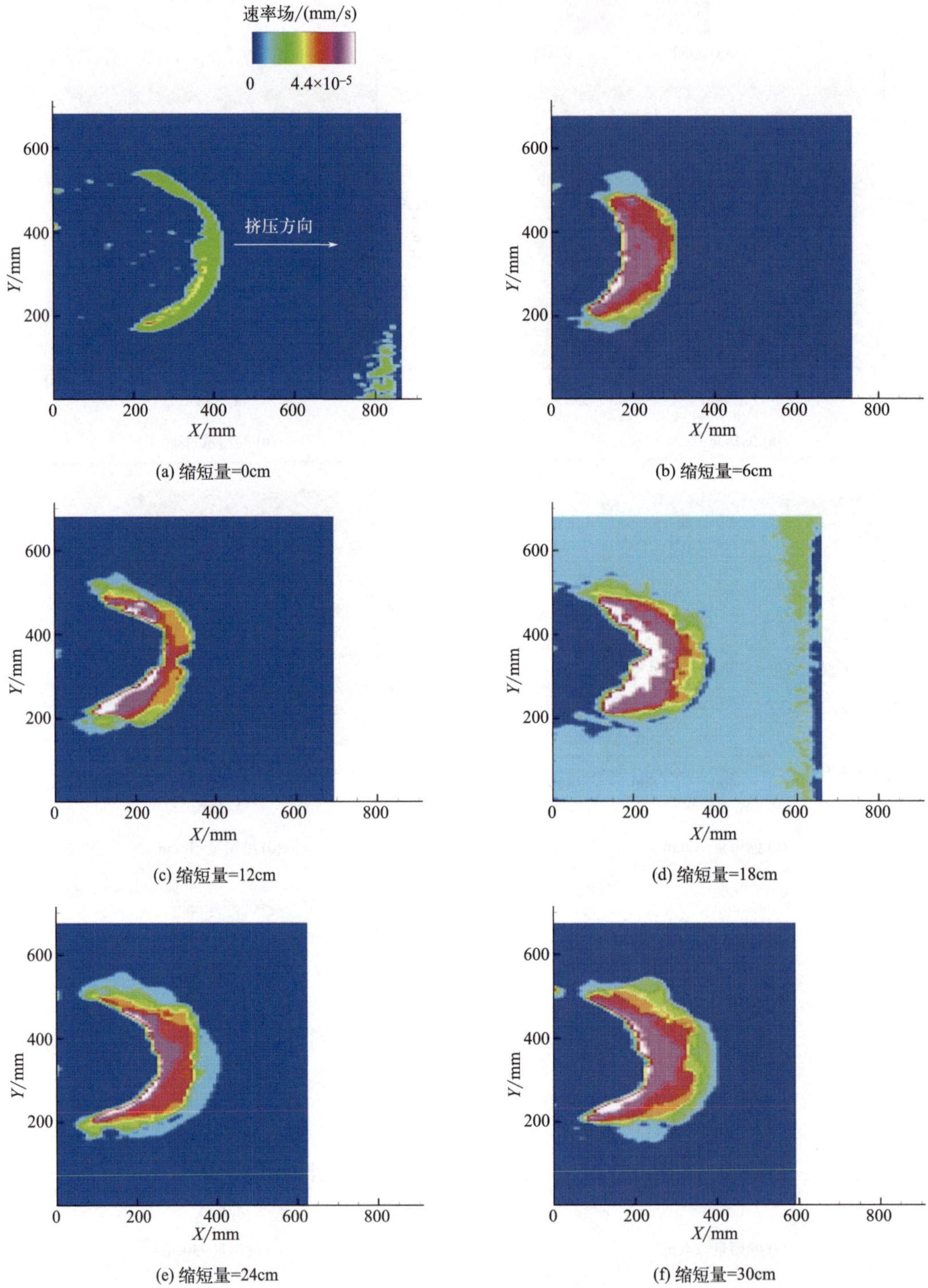

图4-114 模型8速率场

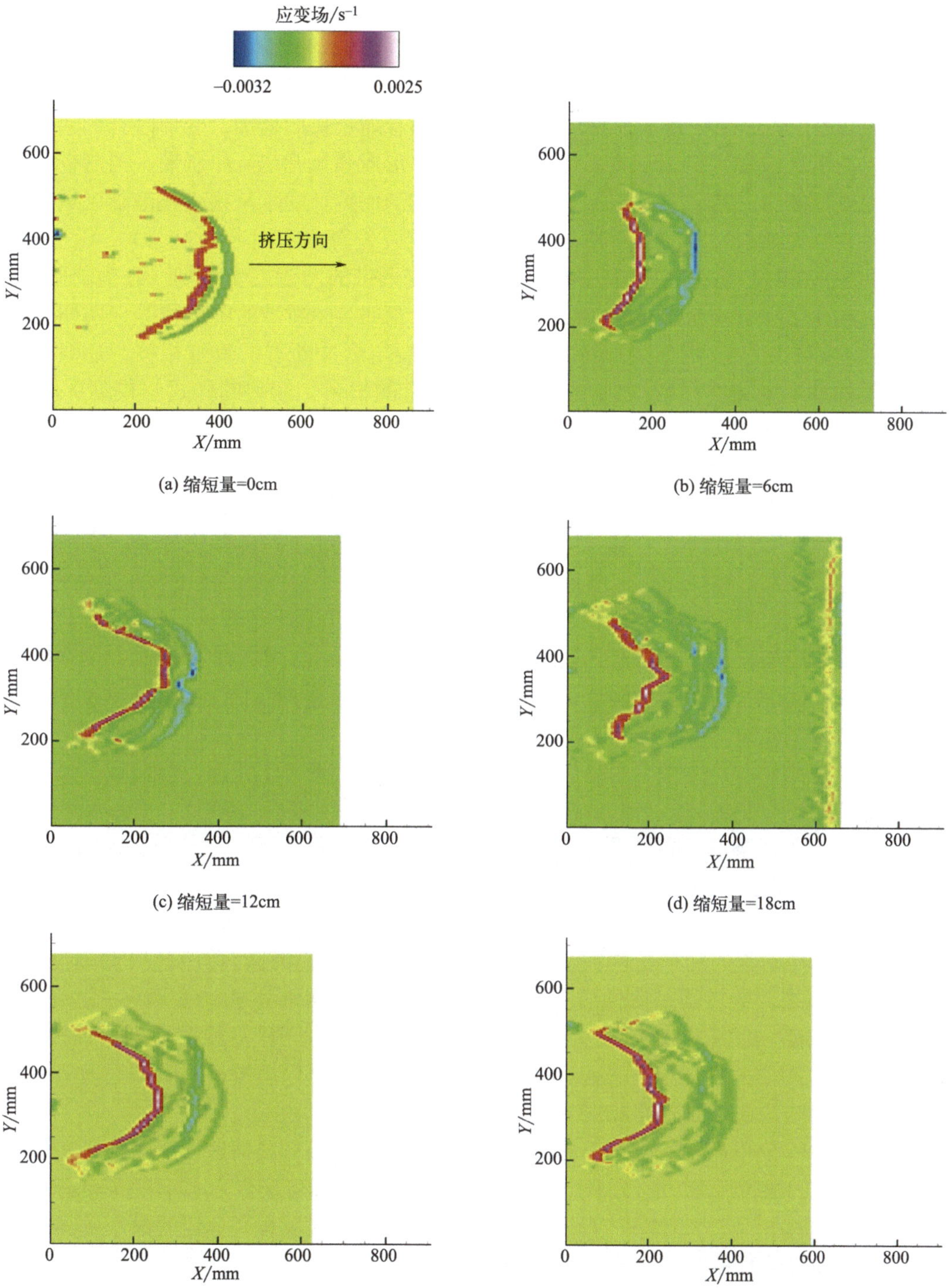

(a) 缩短量=0cm (b) 缩短量=6cm

(c) 缩短量=12cm (d) 缩短量=18cm

(e) 缩短量=24cm (f) 缩短量=30cm

图4-115 模型8应变场

（3）基底硅胶层模型的变形样式

基底硅胶模型显示褶皱-冲断带变形的扩展范围减小，但是形成的变形样式比较明显。尽管如此，由于背挡模型的差异，其变形样式在不同模型中，仍然具有一定的差异。模型9，变形首先发生在褶皱-冲断带的根带，然后应变再慢慢扩展到前陆区域。在变形的初始阶段，主要形成逆冲断裂和褶皱。随着缩短量的增加，变形隆升的幅度增大，靠近挡板区域发生垮塌现象。缩短量=30cm，形成弧形褶皱-冲断带。构造带内部的趋势线平行排列［图4-116（a）］。本系列模型的剖面特征显示从根带至前陆区域，形成了前冲和后冲断裂。同时，后冲与前冲断裂是交互发育的［图4-117（a）］。模型10，褶皱-冲断带弧形趋势线在中部区域平行，在其变形带的两侧发生交切。在前陆区域，构造线中部几乎平行于挤压挡板。缩短量=30cm，褶皱-冲断带的中部较宽，两侧变形较窄［图4-116（b）］。剖面变形特征显示前冲断裂与后冲断裂的数量相等，近似于形成对称型的冲起构造。尽管如此，在褶皱-冲断带的根带，断裂的样式与模型9不同，但变形主要是向前陆汇聚［图4-117（b）］。模型11与模型10具有较大的相似性，均形成弧形的褶皱-冲断带［图4-116（c）］。模型11的剖面特征显示，该模型形成前冲断裂，其断裂的倾角小于模型9的逆冲断裂的倾角［图4-117（c）］。模型12大部分应变集中在根带区域。弧形趋势线在褶皱-冲断带的中部幅度较小，两侧幅度较大。在前陆地区，构造趋势线弧形特征显示［图4-116（d）］。

模型9 PIV分析显示，模型矩形背挡形成的速率场高值靠近根带，呈块状结构特征。随着缩短量的增加，速率场高值区呈条带状，分布范围减小。变形中期阶段，速率场高值呈弧形，并逐渐快速向前陆构造带发展。变形后期，速率场高值主要分布在褶皱-冲断带的根带，呈弧形结构特征（图4-118）。

应变场特征显示，尽管应变场初始形态特征为线状，平行于背挡，但前缘呈弧形分布。变形中期，应变场高值与低值相邻，呈向前陆方向突出的弧形特征。变形晚期，应变场高值区为平直条带，而且平行于背挡，但应变场低值区呈弧形，分布在褶皱-冲断带的前缘区域（图4-119）。

模型9与模型1、模型5对比，尽管其构造变形样式相同，但其变形特征差异较大，首先是褶皱-冲断带的变形范围减小。产生倒转断层和冲起构造，而模型1和模型5主要形成前冲断裂。这表明基底性质不同，形成的褶皱-冲断带的构造变形样式也不同。模型1脆性基底，摩擦系数较大，而模型5微玻璃珠，有利于应变快速传递，而模型9基底硅胶层，其黏度较大，快速运动时产生的剪应力较大，但缓慢运动时基底剪应力较小，有利于前陆构造带形成冲起构造。

模型10 PIV分析显示，在三角形变形的初始阶段，速率场高值区以三角形形态位于褶皱-冲断带的根带区域。随着缩短量的增加，速率场高值区主要以弧形的条带分布在褶皱-冲断带的中后缘。但各个变形演化阶段，应变高值区域具有一定的微小差异，在变形后期速率场高值的弧度弯曲有所减弱（图4-120）。

模型10应变场分析结果与模型2和模型6具有一定的相似性。变形早期，高应变值均以三角形特征显示。但是随着缩短量的增加，尤其是到了变形的中后期，应变场高值区几乎以弧形出现。而且，弧形高应变值的曲率并不大，形成新月形结构（图4-121）。

模型11 PIV分析显示，在初始变形阶段，速率场高值区与中值区呈弧形分布在褶

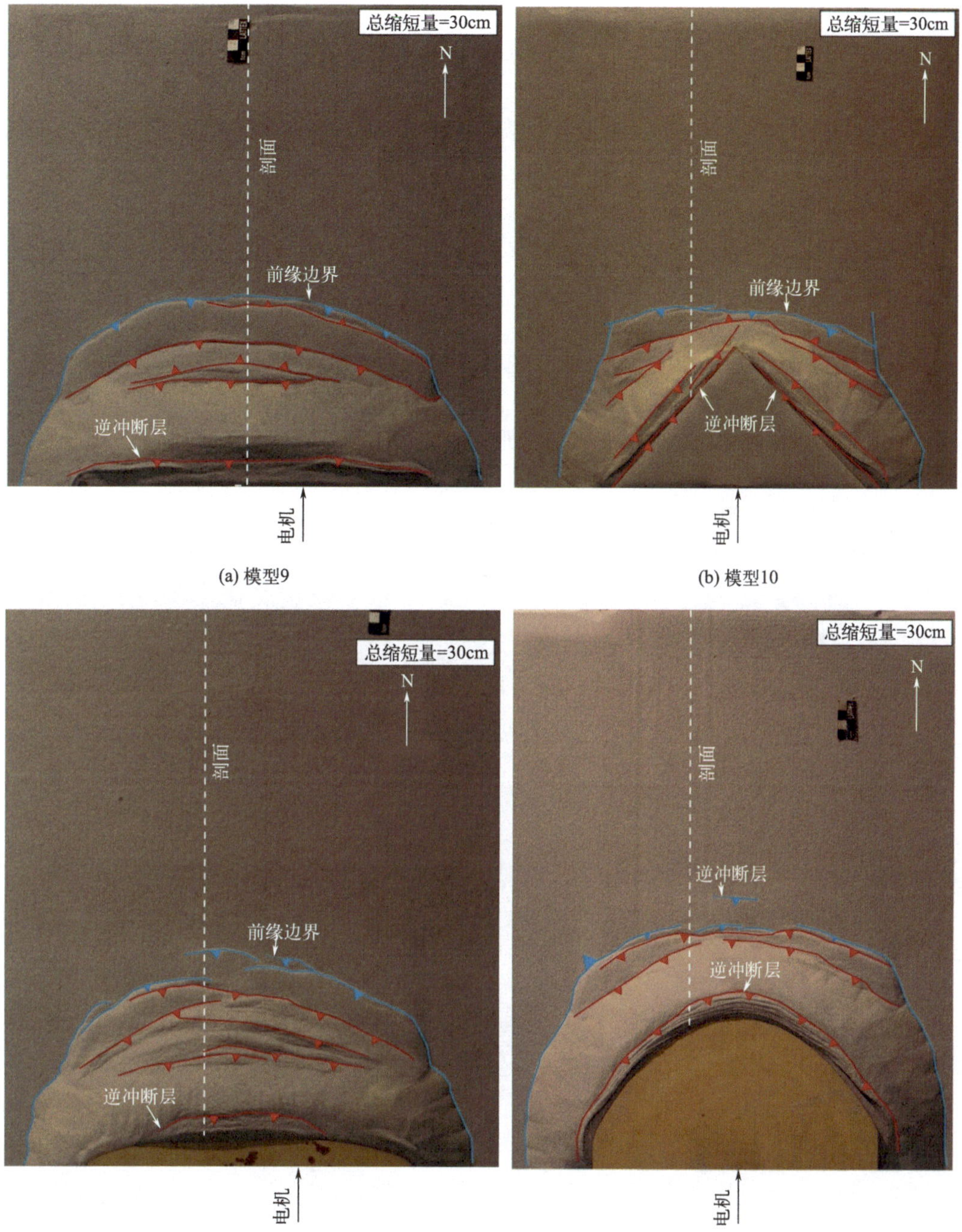

(a) 模型9　(b) 模型10　(c) 模型11　(d) 模型12

图4-116　不同背挡条件下基底硅胶层模拟结果平面图

皱-冲断带的根带区域。随着挤压缩短量的增加，应变高值区逐渐减小，并向前缘扩展。形成弧形的速率场。整体上，速率场的扩展范围比较小（图4-122）。

应变场显示，在初始变形阶段，高应变场值呈直线状，而低应变场值呈弧形结构分布在褶皱-冲断带的根带区域。随着缩短量的进一步增加，应变场高值和低值之间的间距减小，弧形的曲率也逐渐减小，低幅度分布在褶皱-冲断带的中后缘区域（图4-123）。

对比模型3和模型7，低幅度弧形背挡几何形态，在基底硅胶的作用下形成的弧形褶皱-冲断带的应变扩展较慢，变形带的分布范围较小。表明基底硅胶层的拖拽作用，以及基底剪应力作用对褶皱-冲断带的变形具有重要的控制作用。

模型12 PIV分析显示，变形初始阶段，速率场的高值呈弧形环带，与模型11低幅度弧形几个形态不同。在变形的中后期阶段，速率场的高值形态与模型11相似，只是分布的宽度较大（图4-124）。

当然，应变场也存在一定的差异。在变形初始阶段，模型12的应变场高值呈现三角形特征，而应变场低值区形成一弧形环带。在变形的中后期，应变高值与低值之间的间距越来越小。弧形的曲率也逐渐减小，形成低弯度的弧形应变区（图4-125）。

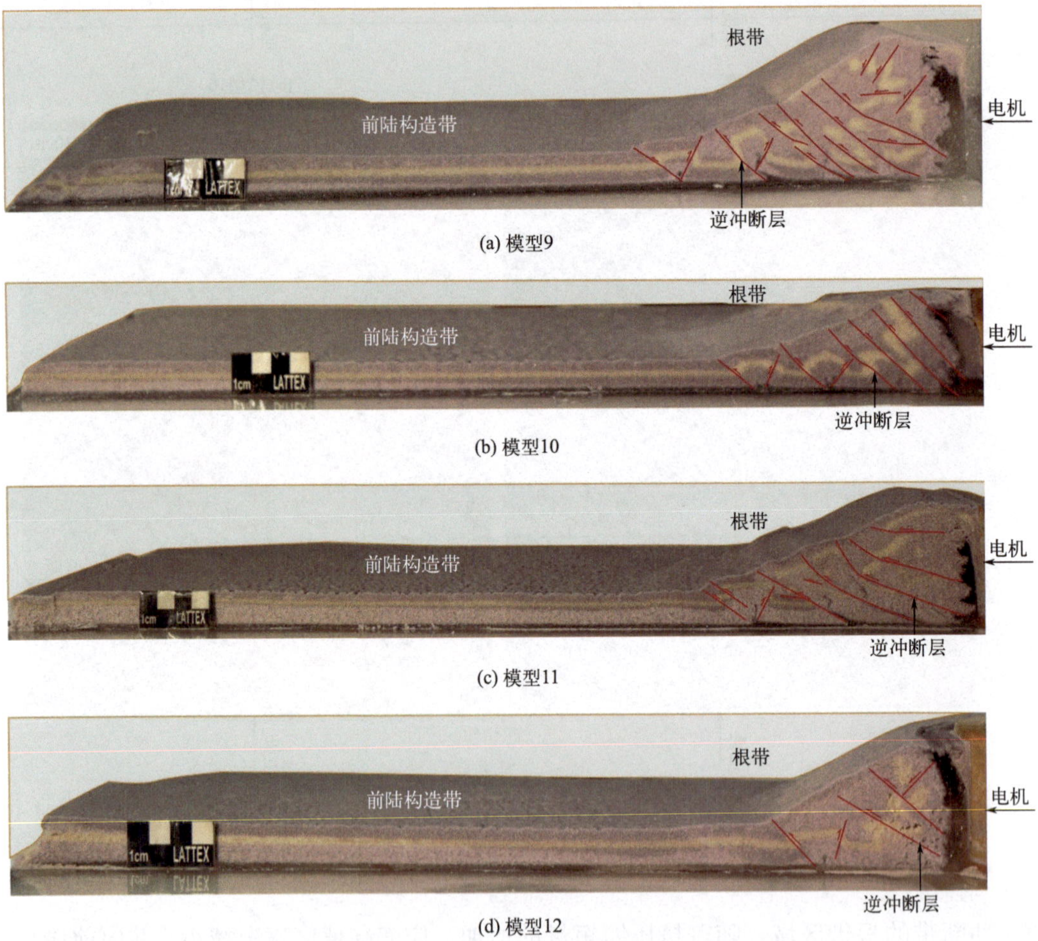

图4-117　不同背挡条件下基底硅胶层模拟结果剖面图

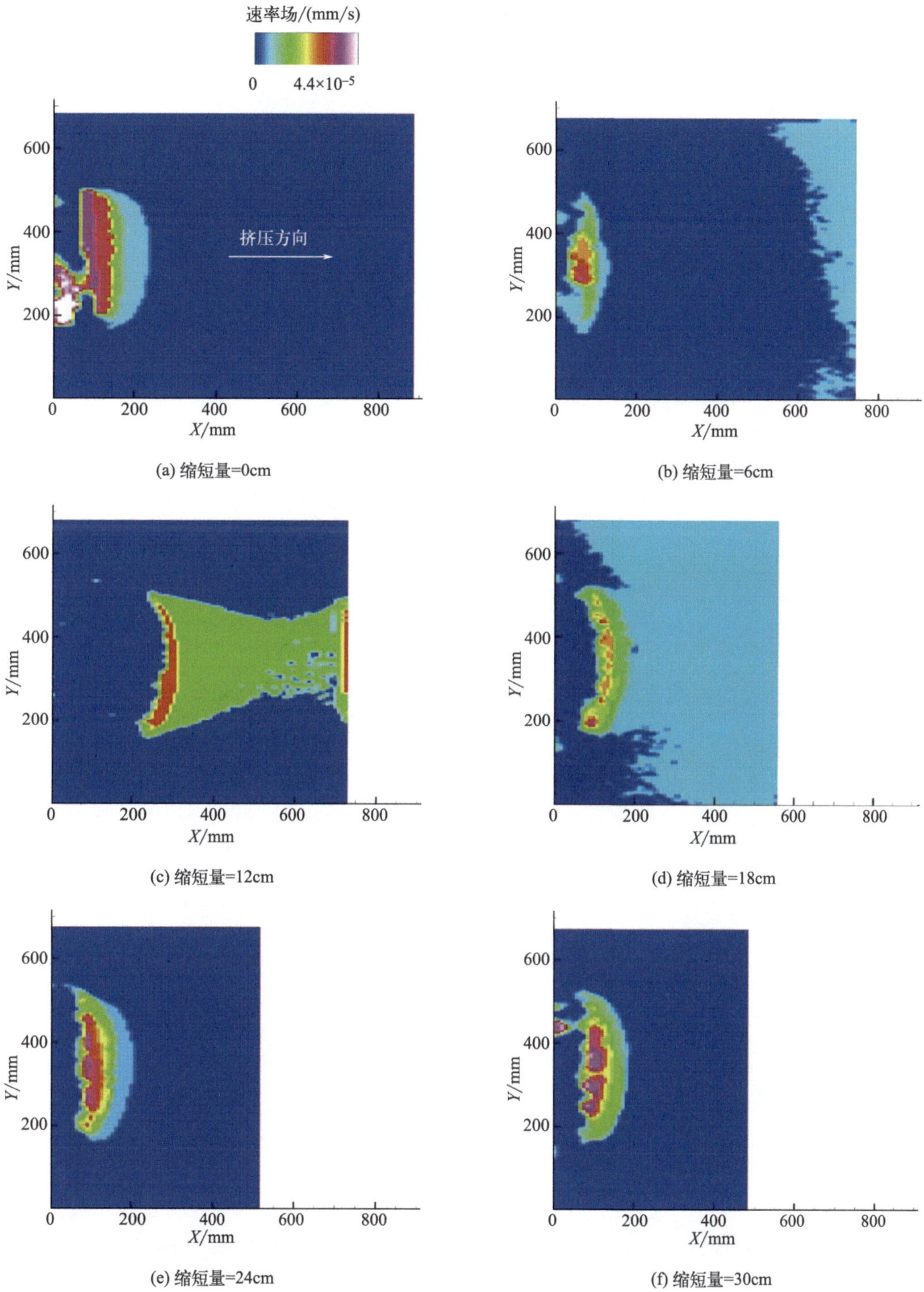

图4-118　模型9速率场

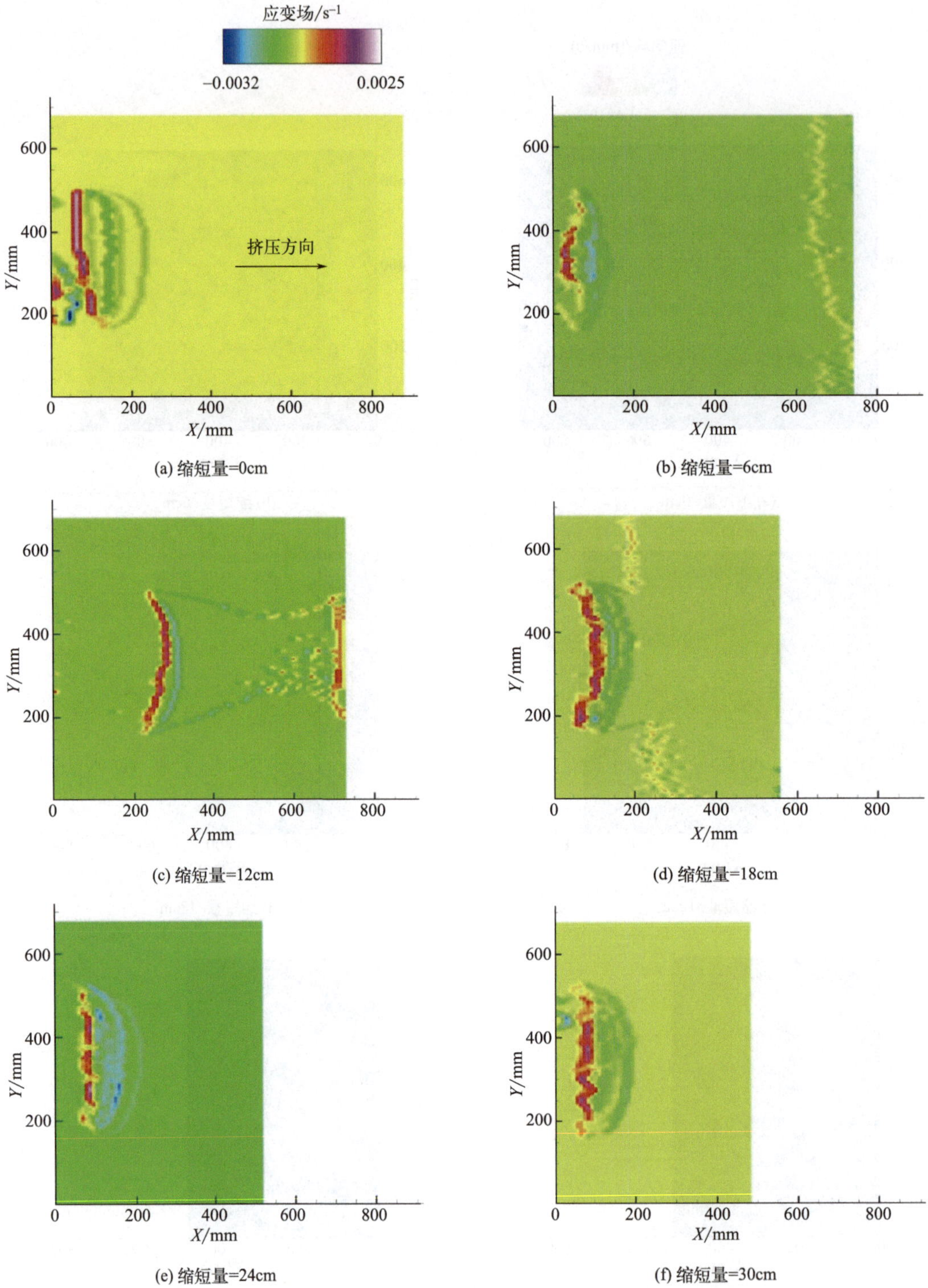

图4-119　模型9应变场

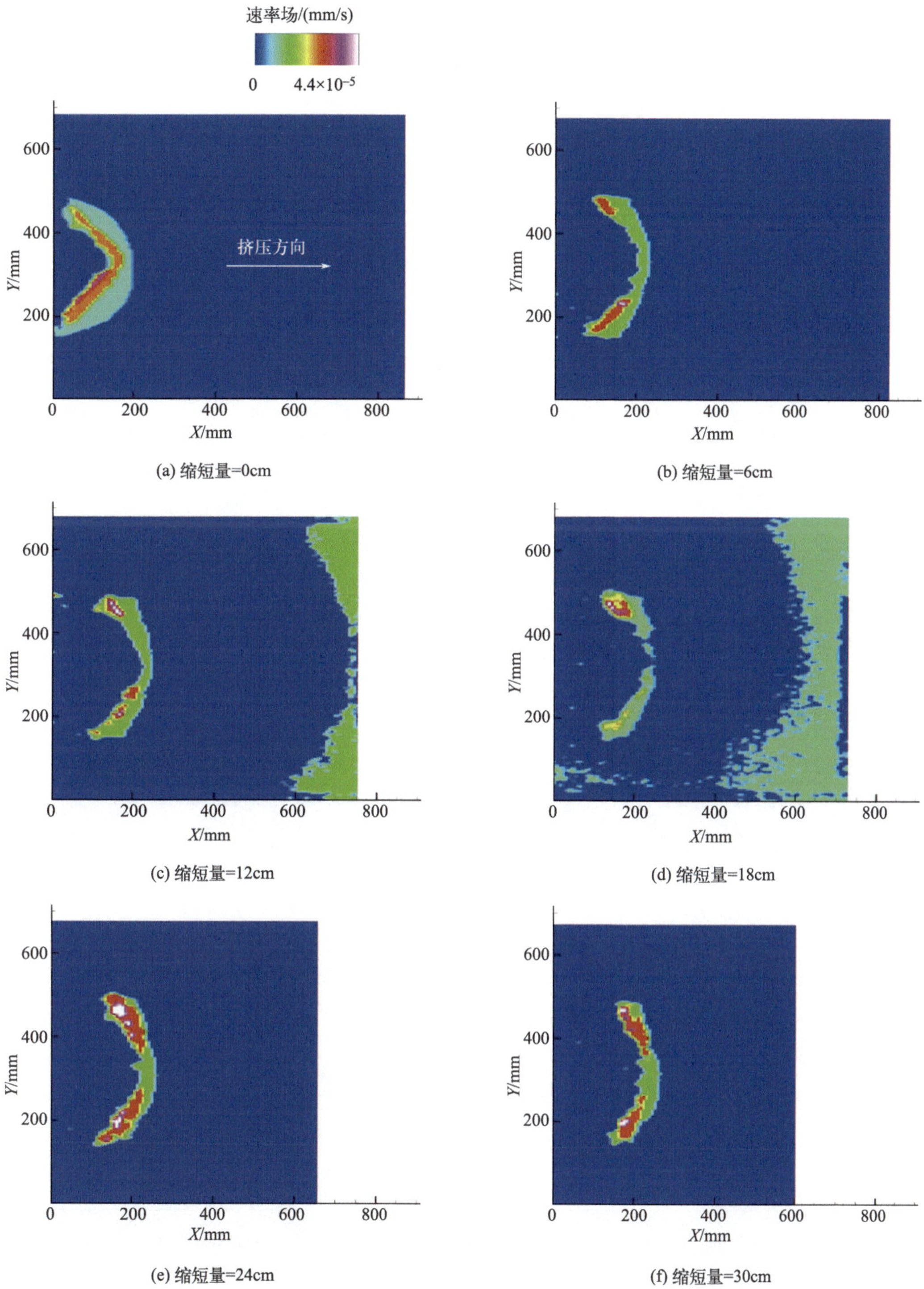

图4-120　模型10速率场

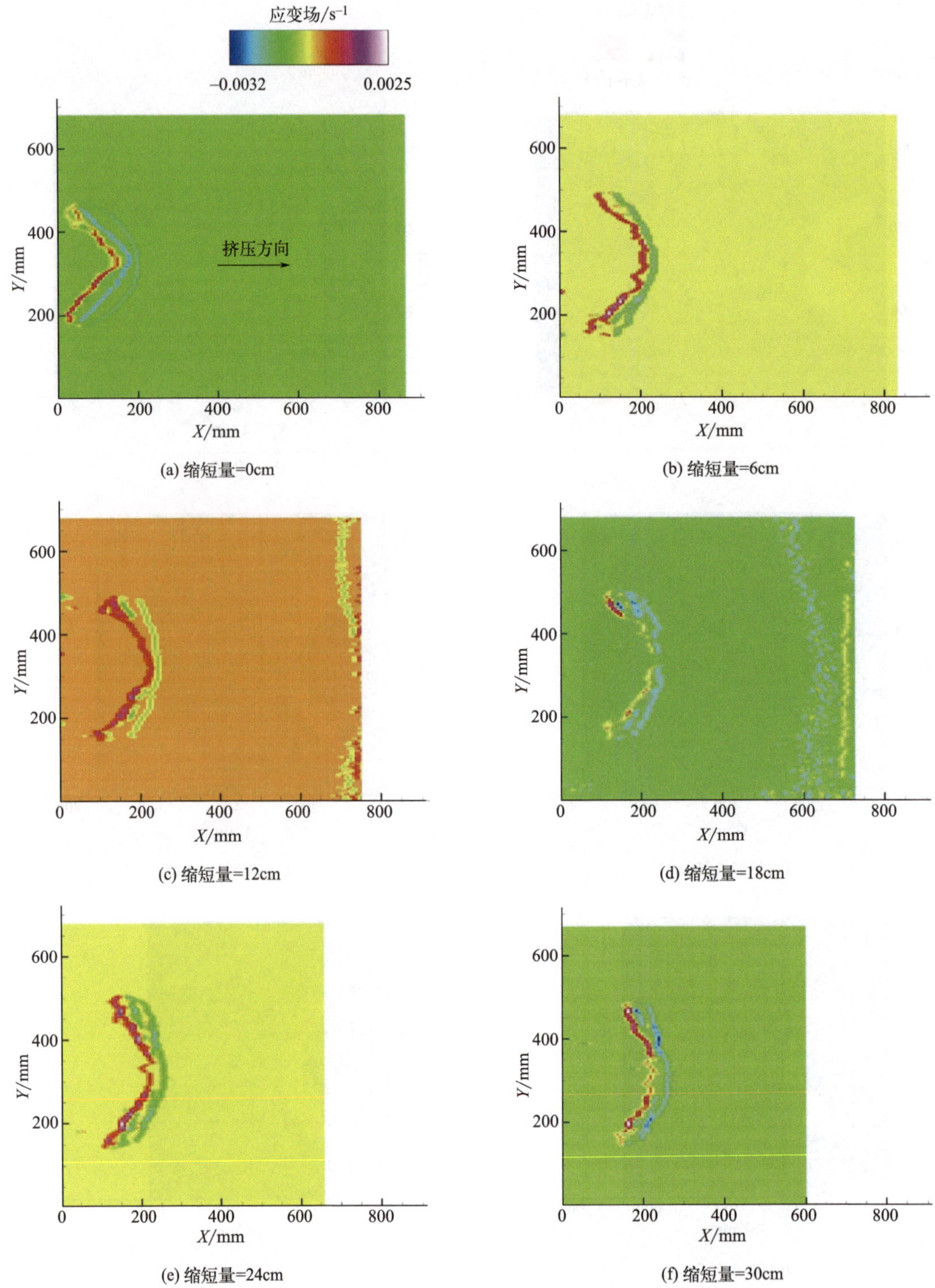

图4-121　模型10应变场

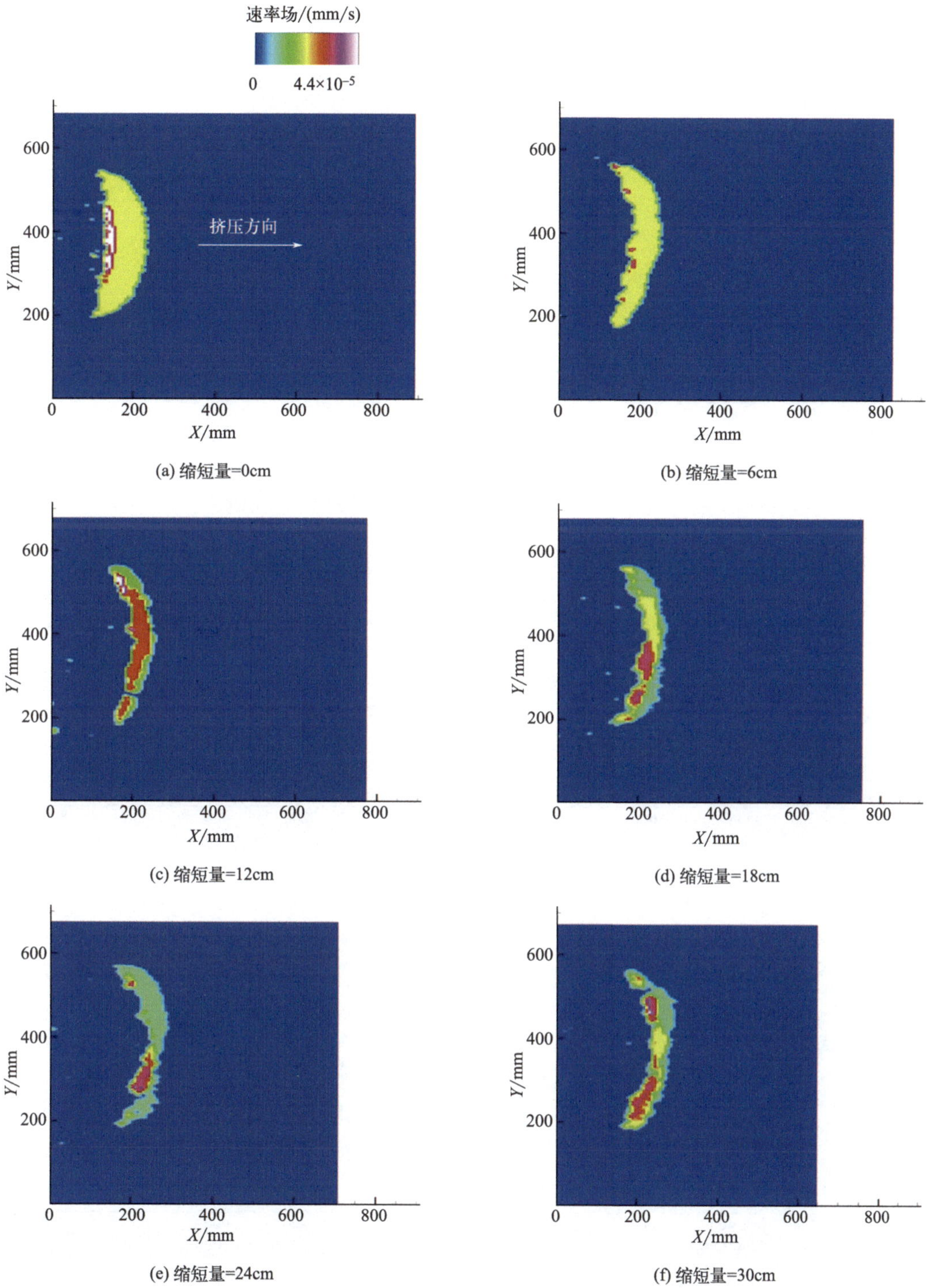

图4-122 模型11速率场

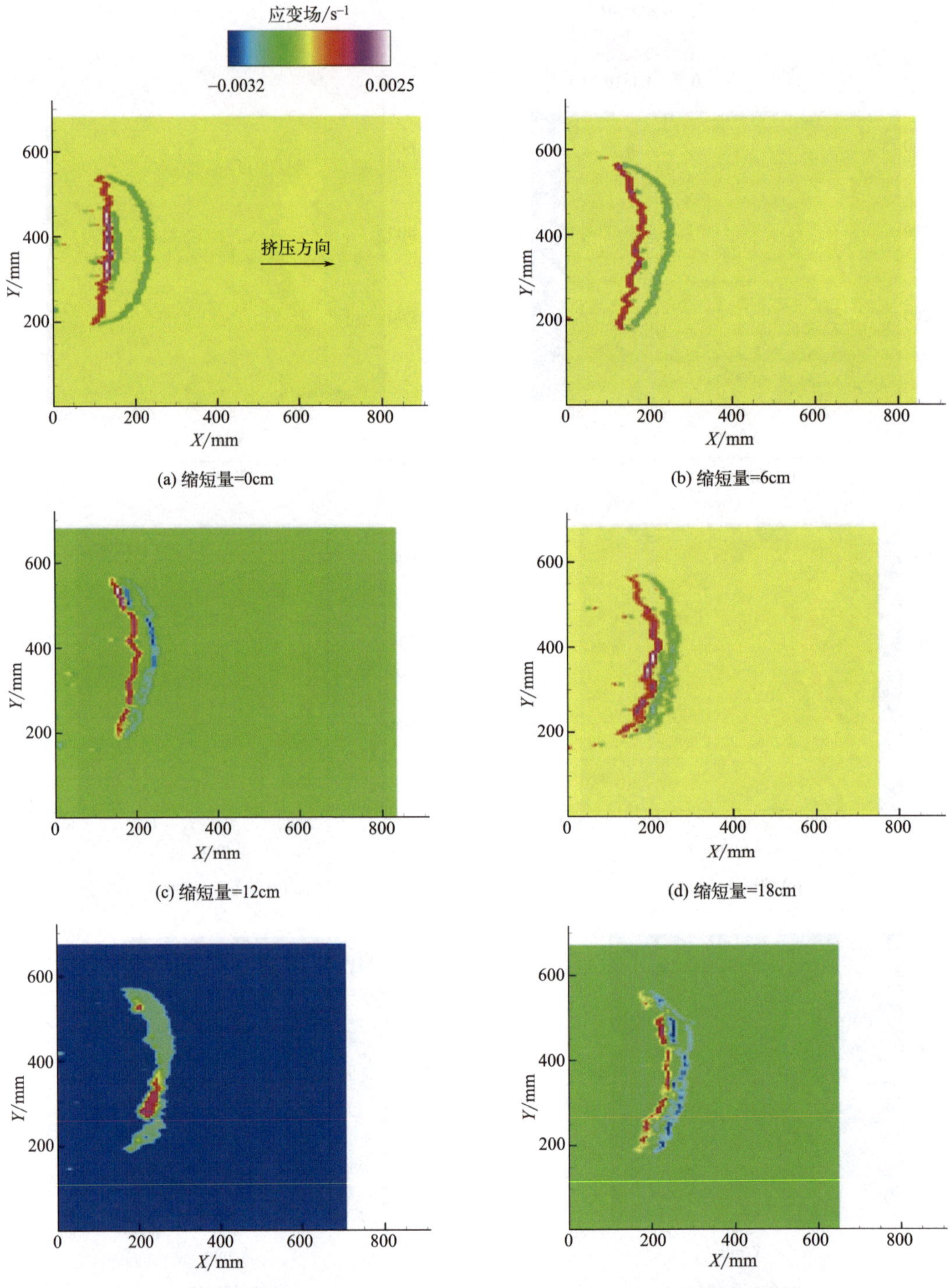

图4-123　模型11应变场

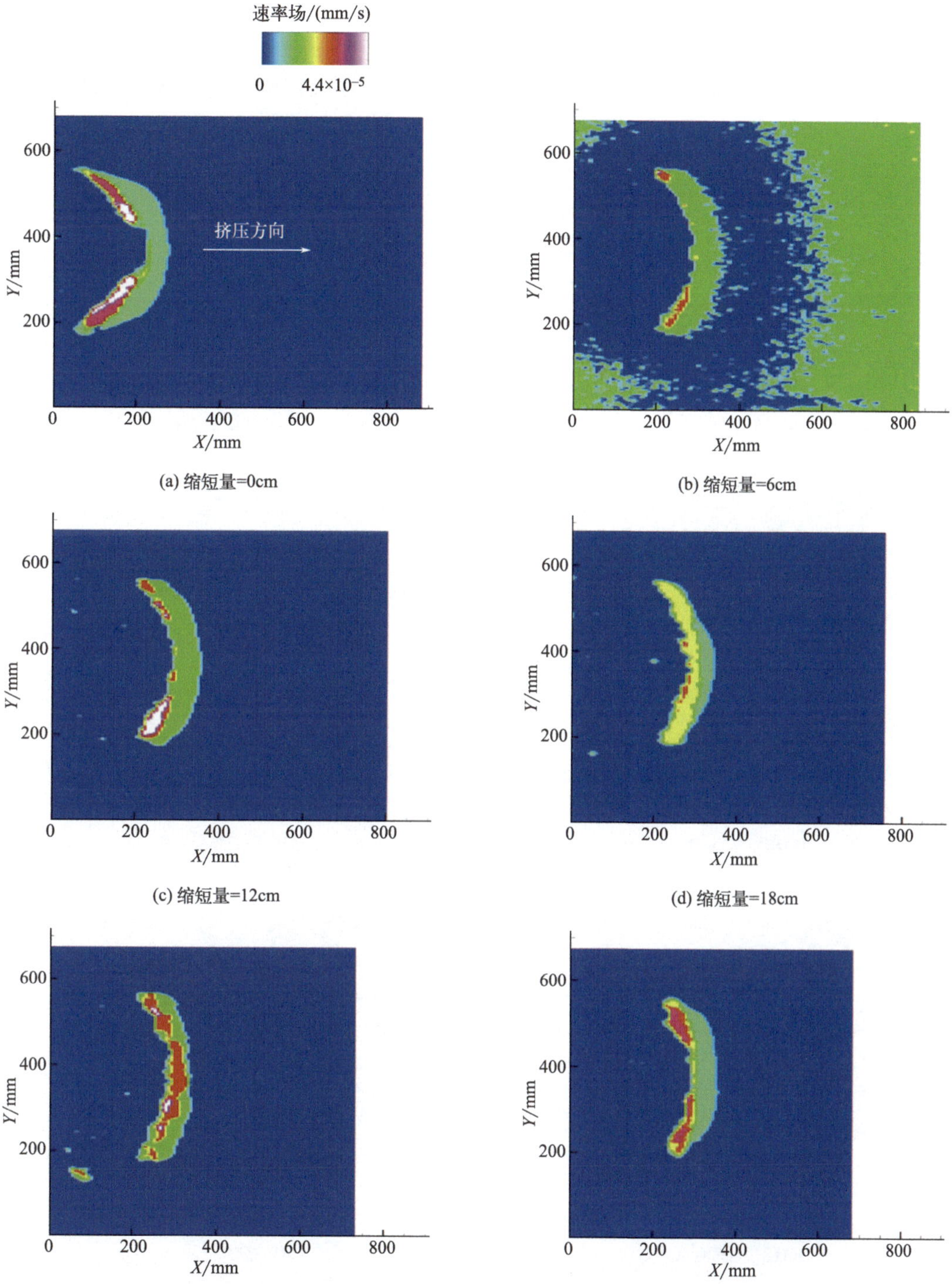

(a) 缩短量=0cm　(b) 缩短量=6cm　(c) 缩短量=12cm　(d) 缩短量=18cm　(e) 缩短量=24cm　(f) 缩短量=30cm

图4-124　模型12速率场

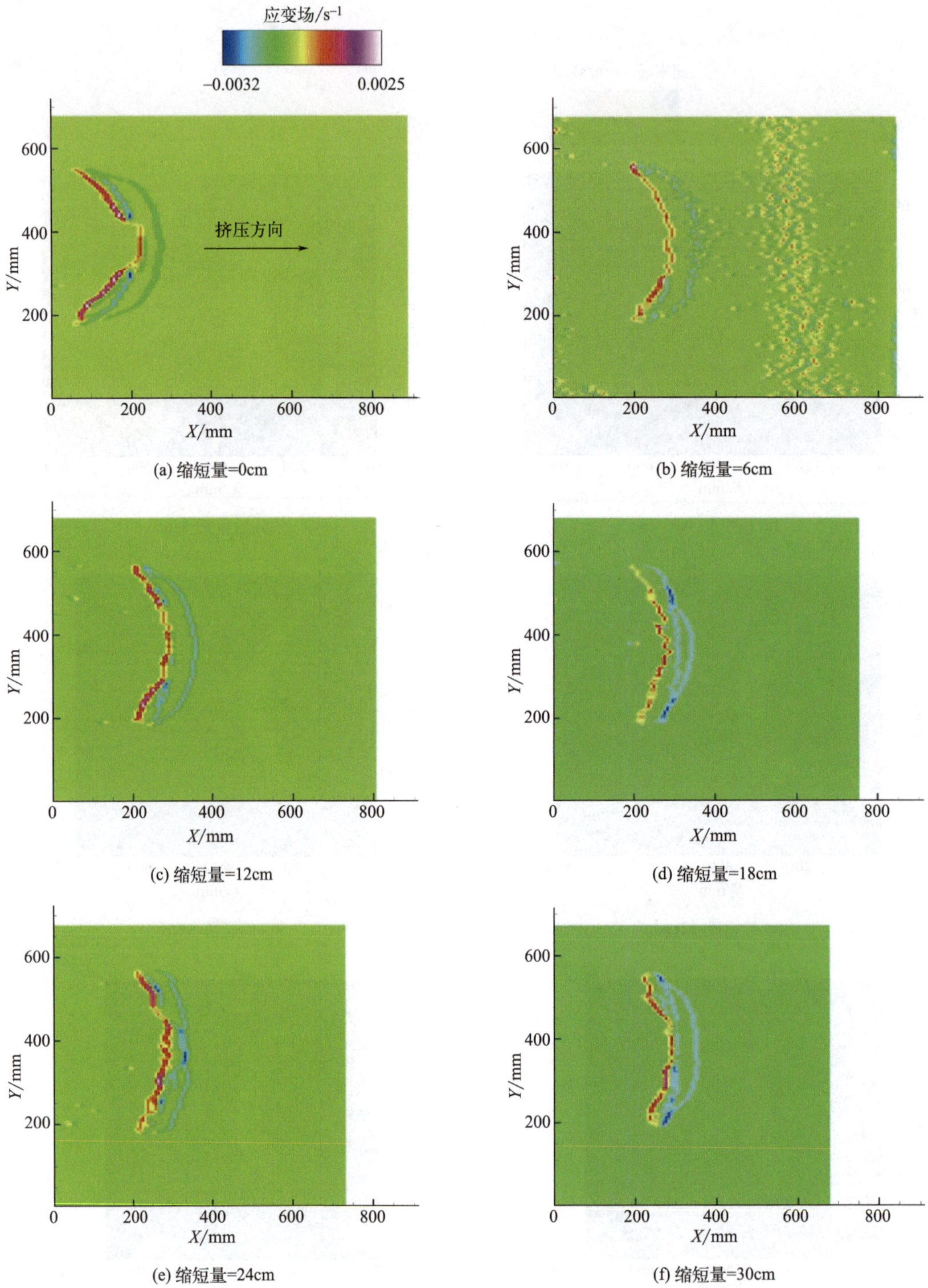

图4-125　模型12应变场

（4）硅胶减小基底摩擦模型的变形样式

模型13，形成的褶皱–冲断带分布范围较大，产生了11条弧形褶皱。剖面特征显示，褶皱呈冲起构造特征，但没有明显的运动学指向［图4–126（g）］。模型14，在褶皱–冲断带的根带形成前冲构造，褶皱–冲断带的前缘形成后冲构造，而且在中央区域形成冲起构造［图4–126（h）］。

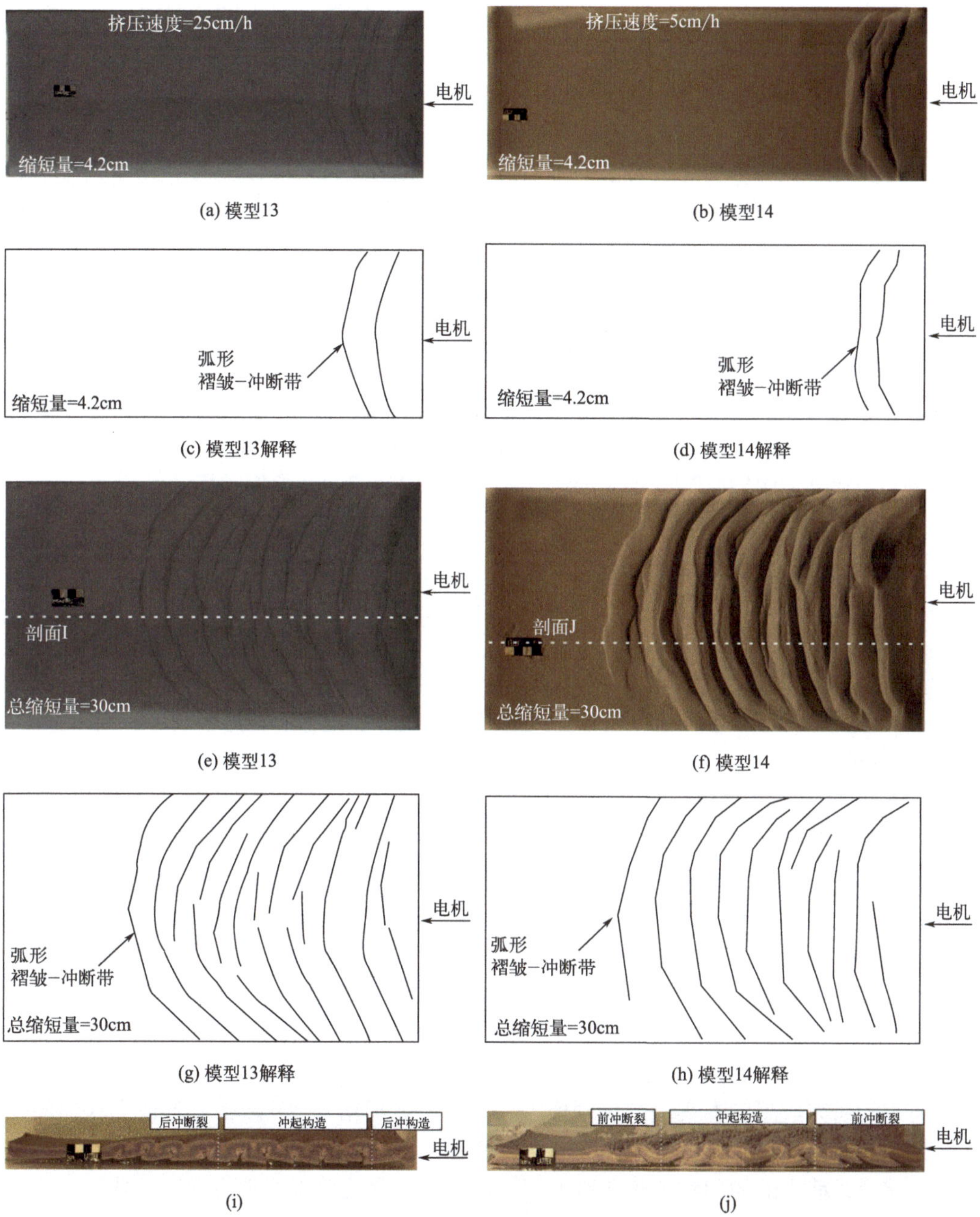

图4-126　不同背挡条件下挤压速率差异模拟结果图

4.3.2.5 模拟结果对比讨论

（1）模拟结果新认识

本研究所有物理模型均产生类似于增生楔和造山带的弧形构造（图4–126）。然而，由于构造条件的差异，它们的变形特征有差异。在背挡差异几何特征和基底石英砂条件下，形成叠瓦式逆冲构造，主要产生前冲断裂，可以用库仑冲断楔解释。矩形背挡、三角形背挡和弧形背挡对逆冲断裂的扩展方向具有重要影响。尤其在三角形背挡模型中，平面特征显示，三角形背挡的构造趋势线在弧形褶皱–冲断带的中部区域直线平行，在构造带的两侧汇聚，整体上与挤压背挡的几何形态近似平行。

基底微玻璃珠和硅胶模型模拟结果揭示弧形褶皱–冲断带的变形范围比较大是由于基底摩擦强度较小。对比基底石英砂模型，其软弱基底模型的扩展变形趋势线较长，同时在构造带两侧的构造趋势具有汇聚现象。4组模型的剖面特征显示构造线呈叠瓦状的前冲构造。基底硅胶层显示弧形褶皱–冲断带的分布范围小，应变主要分布在根带区域，其隆升区域的厚度是前陆地区厚度的3倍左右，剖面特征显示形成前冲、后冲和对称型的冲起构造。靠近根带，变形模式主要是前冲和后冲断裂发育。以上的研究表明背挡形态和基底性质会导致弧形褶皱–冲断带形成差异的变形样式。

（2）与前人的模拟研究成果进行对比

模型背挡的宽度小于模型中变形体的宽度，其形成的变形样式与前人的模拟结果存在较大的差异（Ratschbache et al，1991a；1991b；Calassou et al，1993；Macedo and Marshak，1999）。前人的背挡模型宽度与变形体的宽度相同，他们的模拟结果：

① 构造趋势线平行于背挡；

② 构造趋势线两侧汇聚；

③ 构造趋势线会交于一点；

④ 呈反向分离现象；

⑤ 趋势线截断；

⑥ 趋势线出现紊乱（Ratschbache et al，1991a；1991b；Macedo and Marshak，1999）。Calassou et al.（1993）和Lu and Malavieille（1994）建立的模型具有断坡，并且宽度大于变形砂体。

因为断坡的存在，变形体出现不连续的应力传递。同时，在前人的研究中，已讨论了基底摩擦对构造转换带的影响，他们的研究也出现刚性块体的旋转产生对称型的弧形构造。背挡形状改变形成弧形褶皱–冲断带是因为基底摩擦属性改变导致了应变分布和构造变形样式的改变。基底摩擦强度减小，弧形褶皱–冲断带的变形范围增大。基底摩擦强度增大，弧形褶皱–冲断带的变形区域减小。脆性基底主要形成叠瓦式的逆冲断裂，韧性基底形成前冲和后冲断裂。同时，因为背挡几何形态的不同，其变形样式差异极大。

（3）弧形褶皱–冲断带的变形控制因素

前人的研究成果和本案例的物理模拟结果表明弧形褶皱–冲断带的形成与块体的几何特征和基底摩擦属性、侧向摩擦、基底滑脱层的分布、地层的厚度和变形速率等紧密相关。同时，前人的物理模拟和数值模拟揭示了岩石的流变学、重力和缩减块体的边界条件对构造变形过程具有潜在的控制作用（Ratschbacher et al，1991a）。尽管如此，背挡几何特征、基底的变形结构和侧向摩擦条件仍然十分重要，值得系统模拟研究。垂直挤压方向的背挡使得构造带内部产生的变形与应力方向垂直。当背挡小于变形体的面积，会形成弧形褶皱–冲断带。同时，因为背挡形态的改变，应力和应变在传递过程中，会形成差异的分布特征，而且更容易形成弧形褶皱–冲断带。弧形褶皱–冲断带的变形范围会因基底的摩擦属性差异而变化。脆性基底、韧性基底和刚性基底，其变形扩展的样式均不同（He et al，2018）。有关侧向摩擦条件对弧形褶皱–冲断带的控制在前人的研究中已有所论述（Marques and Cobbold，2006）。

前人对弧形褶皱–冲断带的控制因素进行了模拟探讨（Calassou et al，1993；Macedo and Marshak，1999；Marques and Cobbold，2006）。尽管如此，由于帕米尔等弧形构造带存在特殊的地质条件，其形成的控制因素也许存在差异，需要进一步探讨。

（4）与帕米尔弧形褶皱–冲断带对比

本案例的物理模拟结果揭示了背挡几何形态和基底韧性摩擦会形成前冲和后冲构造。但模型2的构造变形样式与帕米尔构造的变形样式更为相似（图4–127）。它揭示了帕米尔弧形构造带的变形演化是在脆性基底和背挡块体差异下所形成的。

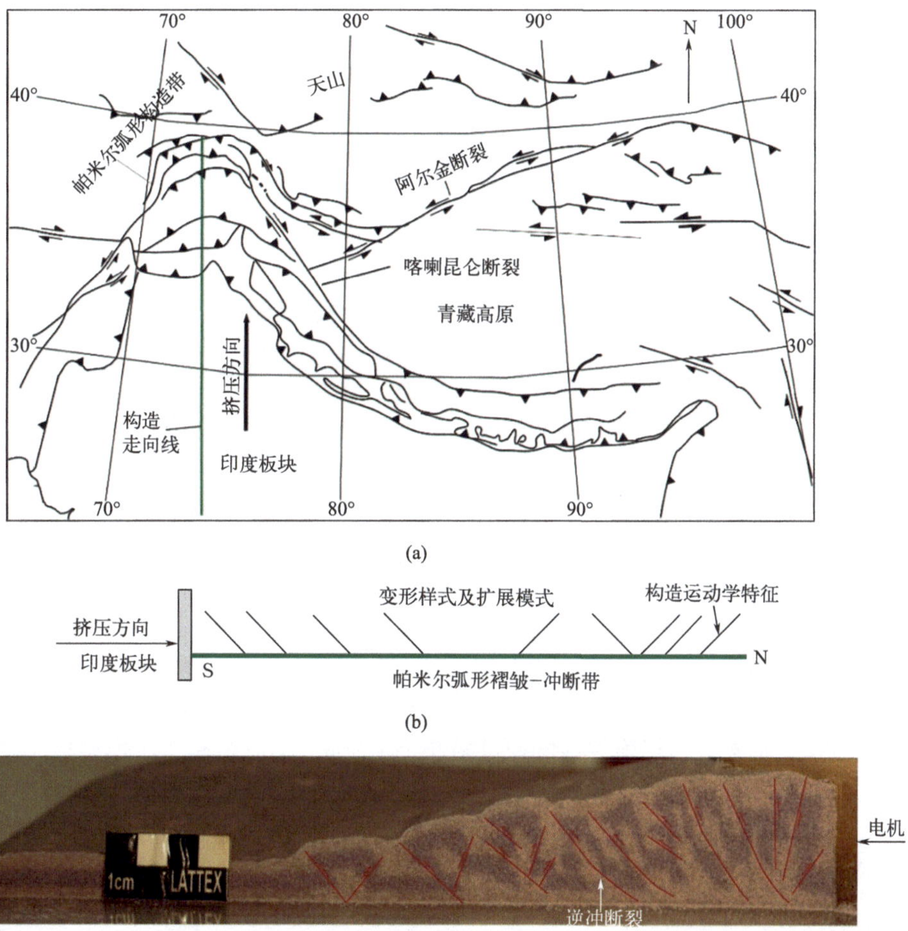

(c) 模型2-e

图4-127　模拟结果与帕米尔弧形构造带特征对比

4.3.2.6 研究结论

本案例讨论了背挡几何特征和基底摩擦属性差异对弧形褶皱-冲断带形成机制的影响，并进行了物理模拟研究。同时，将研究结果与帕米尔弧形构造带的变形特征进行了对比，得出如下结论：

① 物理模拟揭示边界几何形态对弧形褶皱-冲断带的变形样式和应变分布范围具有重要的控制作用。当背挡垂直，形成的弧形褶皱-冲断带分布范围小。背挡低弧度，形成的弧形褶皱-冲断带分布范围较大。同时，差异的背挡几何特征会导致弧形褶皱-冲断带形成前冲、后冲及其组合样式。

② 块体的基底摩擦属性也会影响弧形褶皱-冲断带的变形样式和扩展速度。软弱基底硅胶层，弧形褶皱-冲断带扩展的范围小，逆冲断裂之间的间距变小。脆性基底石英砂层，扩展范围处于中等。软弱基底微玻璃珠层，弧形褶皱-冲断带的扩展范围较大，产生的逆冲断裂之间的间距也增大。

③ 模型结果进一步表明背挡矩形和基底脆性结构，形成的弧形褶皱-冲断带产生的逆冲断裂的运动学特征表现为从前冲逐渐扩展为后冲，然后又逐渐扩展为前冲和后冲。模拟结果与帕米尔弧形构造带特征进行对比，变形样式具有较好的相似性。这意味着帕米尔弧形构造带是在印度-亚洲碰撞作用下，在边界几何特征和脆性基底摩擦属性控制作用下形成的。

④ 本案例的模拟研究虽然未考虑剥蚀和沉积作用对变形演化的控制作用，但在第一层次上对弧形褶皱-冲断带的形成及其影响进行了讨论，这为深入理解弧形褶皱-冲断带的变形演化过程提供了重要的构造物理学意义。

4.3.3 案例3：逆冲推覆构造的形成机制模拟研究

逆冲推覆构造的扩展变形机制研究，尤其是长距离的扩展变形是构造物理研究的热点。早在20世纪50年代（Hubbert and Rubey，1959）就开展了相关的分析研究。研究认为脆性层的厚度对褶皱-冲断带的扩展距离大小具有重要的控制作用。由于该模型针对的只是脆性模型，对脆韧性结构的复杂模型并未开展系统的模拟分析。同时，后来针对逆冲推覆构造的长距离扩展研究的模拟工作十分缺乏。对此，本案例系统开展了脆、韧性结构条下逆冲推覆构造的控制因素研究。

（1）模型设计

本案例的模拟研究中，设计了4组模型。第一组（模型1~模型4）为脆性层厚度为3.0cm，挤压速率分别为40cm/h，30cm/h，20cm/h和10cm/h。第二组（模型5~模型8）在第一组模型基础上，把脆性层的厚度减小为1.5cm。第三组模型（模型9~模型11）测试不同脆性层密度对变形的影响。它们的密度分别为240kg/m^3、965kg/m^3、1600kg/m^3。第四组（模型12~模型15）。它们的脆性层厚度分别为1cm、1.5cm、2cm和3cm。

所有模型侧向用硅油减小摩擦力。模拟材料脆性层主要为石英砂，韧性层为2cm硅胶。硅胶的黏度在室温条件下为20000Pa·s。模型总的缩短量为10cm。在测试过程中每间隔5min拍照一次。所有模型在遵义师范学院构造物理模拟实验室完成。

（2）模拟结果

模拟结果显示，随着挤压速率的减小，褶皱-冲断带的变形样式发生变化。模型形成共轭剪切断裂，两个参考圆发生变形。褶皱-冲断带根带产生逆冲断裂和凹陷。模型2仍然产生走滑断裂和逆冲断层，但褶皱-冲断带前缘变形强度减小。模型3在边界区域形成剪切断裂，但褶皱-冲断带根带具有增厚现象。模型4产生逆冲断裂，但褶皱-冲断带中前缘未产生明显变形（图4-128）。

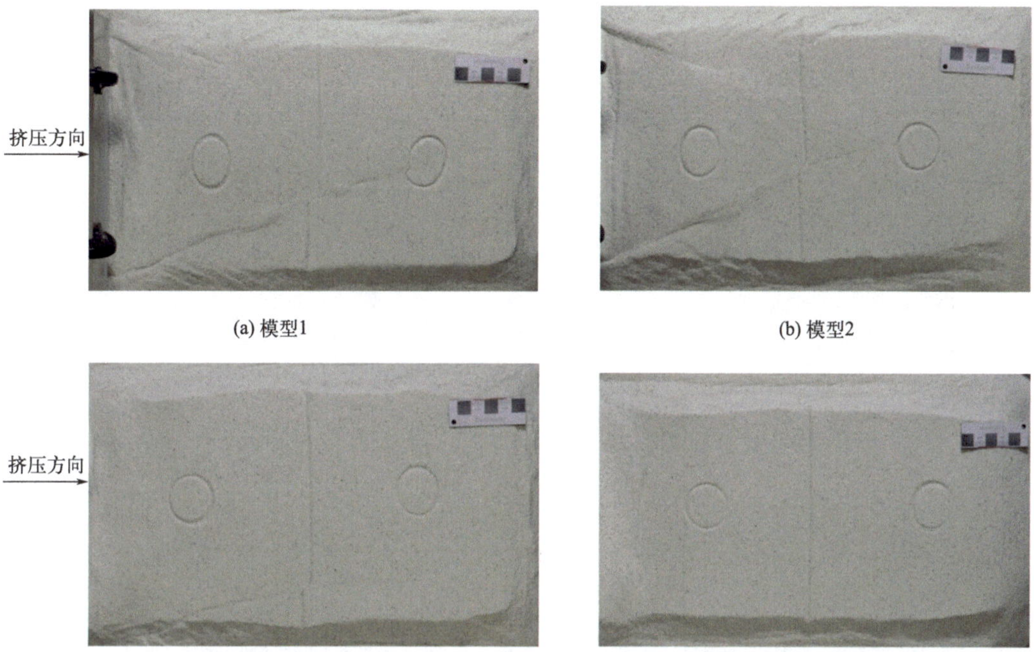

(a) 模型1　　(b) 模型2

(c) 模型3　　(d) 模型4

图4-128　脆性层厚度为3cm条件下的速率差异模拟结果

模型5在褶皱-冲断带一侧形成隆起和逆冲断层。靠近挤压一侧的参考圆已经变形模糊不清。模型6与模型5比较相似，但模型6的根带参考圆未消失。模型7的根带区域隆升幅度较大，而且参考圆也发生强烈变形。模型8产生逆冲断层和走滑断裂（图4-129）。

模型9产生数条逆冲断层。在靠近根带两侧的边界区域，产生了明显的剪切破裂，形成雁列式结构特征。模型10产生1条逆冲断裂和4条共轭走滑断裂。模型11产生1条逆冲断层，其余区域未见明显的变形。高密度模型产生1条走滑断裂（图4-130）。

模型12产生2条逆冲断裂和隆升幅度高的褶皱，在中部参考线一段形成走滑断裂。模型13在褶皱-冲断带前缘产生2条正断层，其余区域未见明显变形。模型14参考圆未变形，褶皱-冲断带的扩展位移与后侧挡板的位移值一致，均为10cm。模型15产生1条规模较大的走滑断裂和1条规模较小的走滑断裂，参考圆未见明显变形（图4-131）。

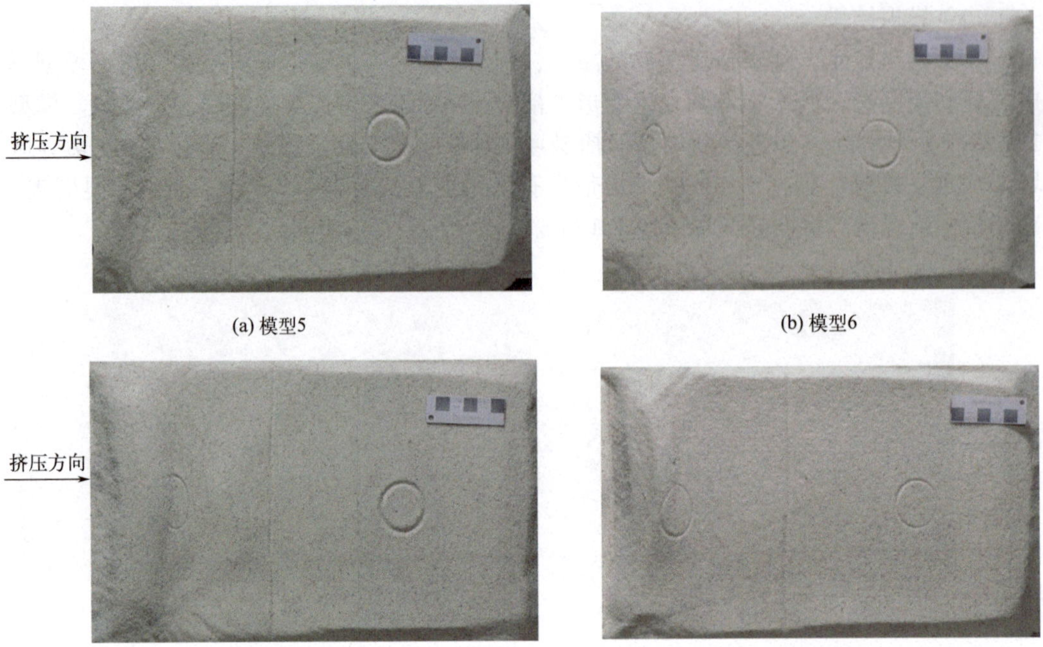

(a) 模型5　　(b) 模型6

(c) 模型7　　(d) 模型9

图4-129　脆性层厚度为1.5cm条件下的速率差异模拟结果

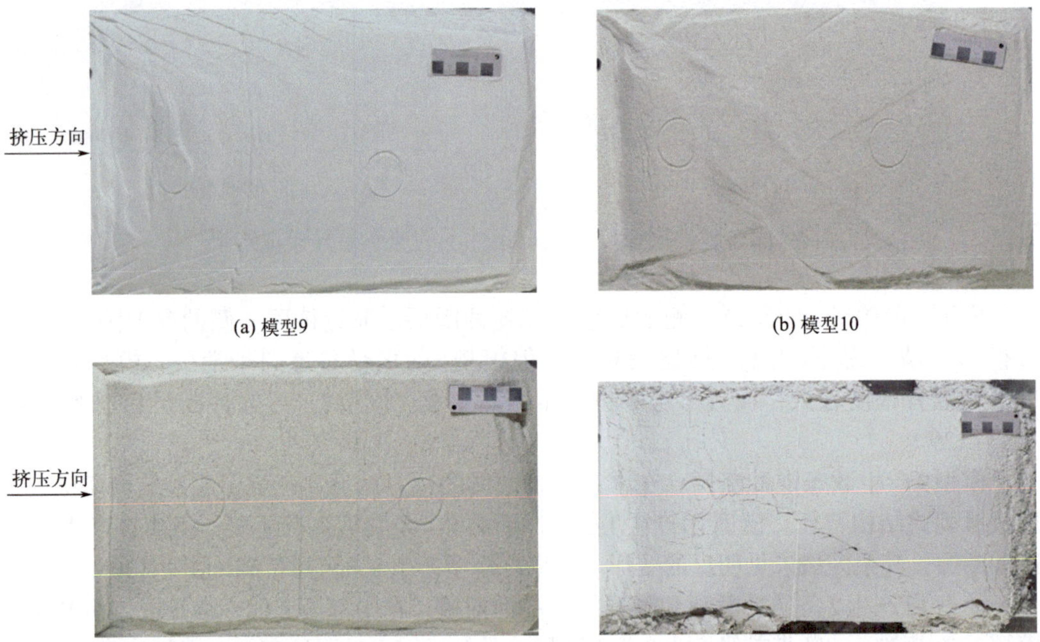

(a) 模型9　　(b) 模型10

(c) 模型11　　(d) 高密度模型（密度=4000kg/m^3）

图4-130　密度差异控制模拟结果

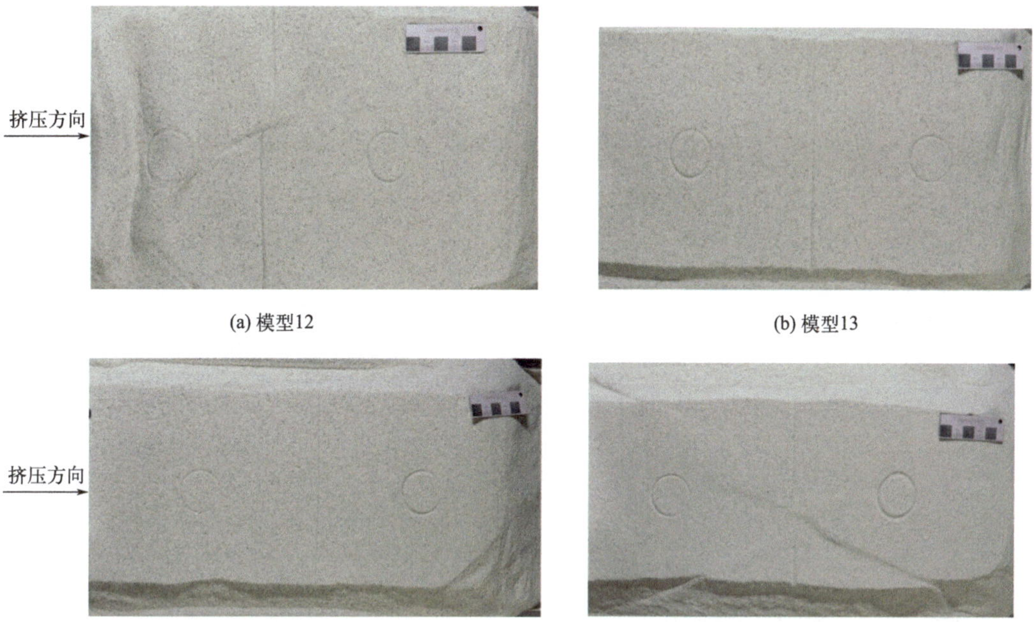

(a) 模型12　(b) 模型13　(c) 模型14　(d) 模型15

图4-131　脆性层差异控制模拟结果

（3）速率控制模型PIV分析结果

为了简化分析过程，只开展了每组模型的第一个实验和最后一个实验PIV应变速率场分析（图4-132~图4-135）。

模型1的PIV速率场特征显示，缩短量为0~6cm，应变速率场高值区从褶皱-冲断带的根带到前沿逐渐扩展。初始阶段的应变速率低值区主要分布在前陆盆地构造带一

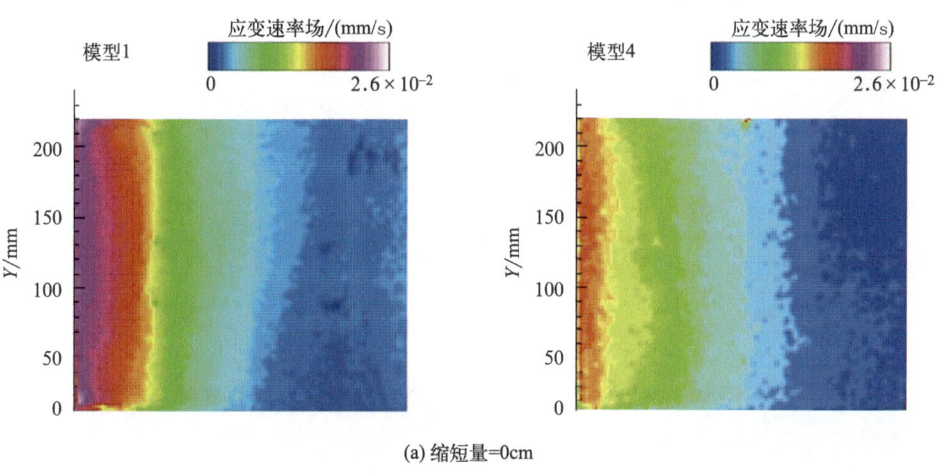

(a) 缩短量=0cm

图4-132

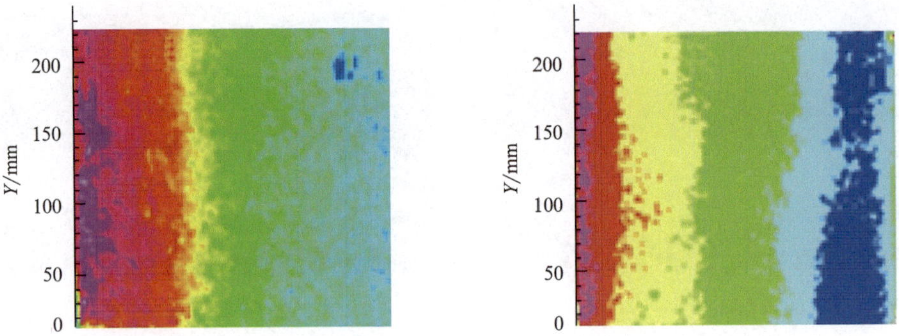

(b) 缩短量=2cm

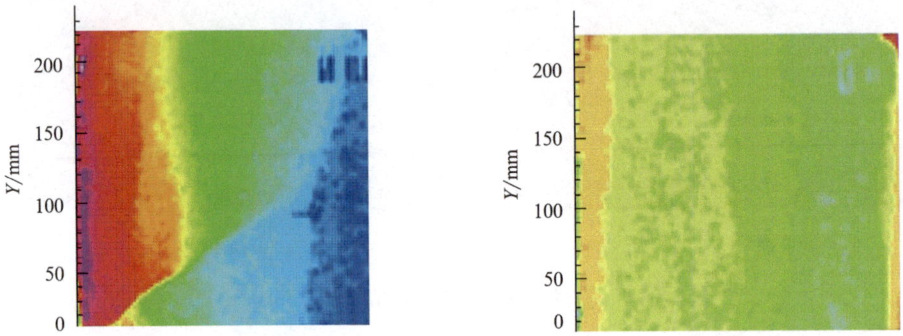

(c) 缩短量=4cm

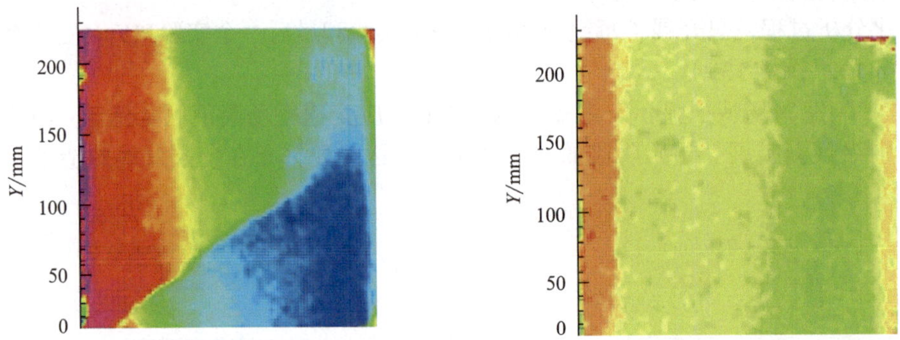

(d) 缩短量=6cm

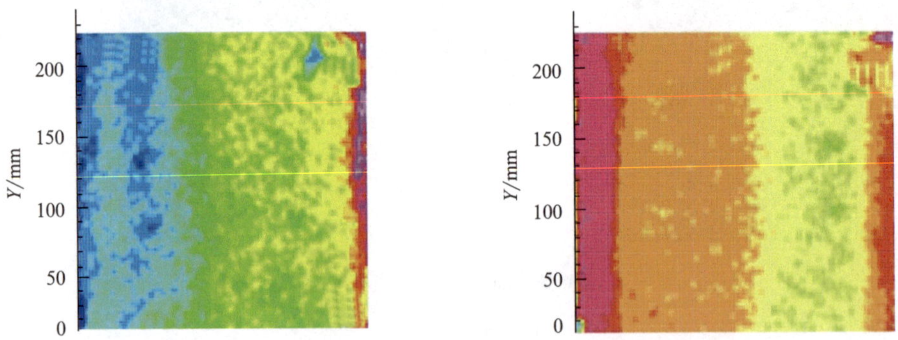

(e) 缩短量=8cm

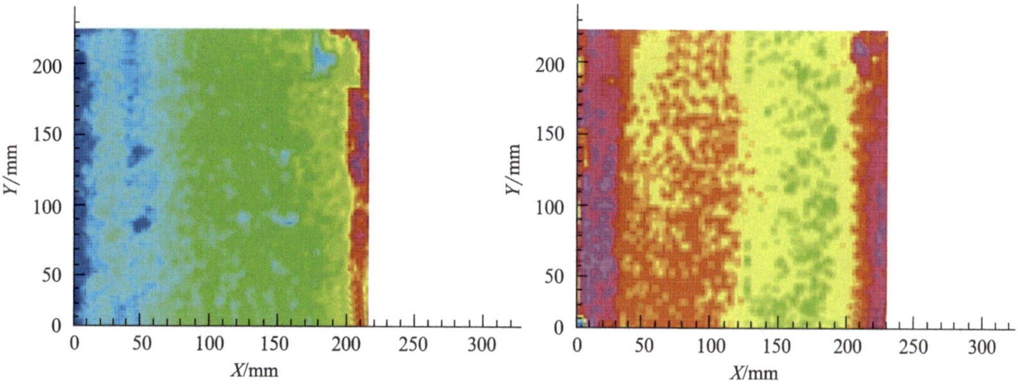

(f) 缩短量=10cm

图4-132　模型1~4不同演化阶段PIV分析结果

侧。缩短量为6~10cm，褶皱-冲断带的应变速率高值区主要分布在前陆构造带一侧，而根带的应变速率场呈现低值。模型4的PIV速率场特征显示，缩短量为0~6cm，应变速率场高值区主要集中在褶皱-冲断带的根带，其余区域呈弥散型分布。整体上，前陆构造带的应变速率场呈现低值特征。缩短量为6~10cm，褶皱-冲断带的应变速率高值区主要分布在根带和前陆靠近后侧挡板一侧，褶皱-冲断带的中部区域的应变速率场呈现低值（图4-132）。

模型5的PIV应变速率场显示，缩短量为0~2cm。应变速率高值区从褶皱-冲断带的根带向前沿缓慢扩展。缩短量为2~4cm，应变速率高值区主要分布在前侧挡板和后侧挡板，呈线状分布特征。缩短量为4~6cm，高应变速率值又集中分布在构造带挤压挡板一侧，有向构造中部区扩展的趋势。缩短量为6~10cm，高应变速率值主要集中在前挡和背挡两侧，中部区域呈现低值现象。模型8的PIV应变速率场显示，缩短量为0~4cm，高值区从褶皱-冲断带的根带向中部逐渐扩展，低值区主要位于前缘构造带。缩短量为4~10cm，高应变速率值又开始逐渐减弱，此阶段的应变速率值整体上处于低值状态（图4-133）。

模型9的PIV应变速率场显示，缩短量为0~6cm，高值区从零星分布的根带有逐渐向前沿扩展的趋势。缩短量为6~10cm，高应变速率值主要分布在褶皱-冲断带的根带区域。分布范围广，但高值不集中，比较分散。整体上，低密度模型的应变速率场数值比较小。模型11的PIV应变速率场显示，缩短量为0~10cm，高值区域逐渐向褶皱-冲断带中前缘扩展。到了变形晚期，背挡和前挡两侧的应变速率场均显示为低值现象（图4-134）。

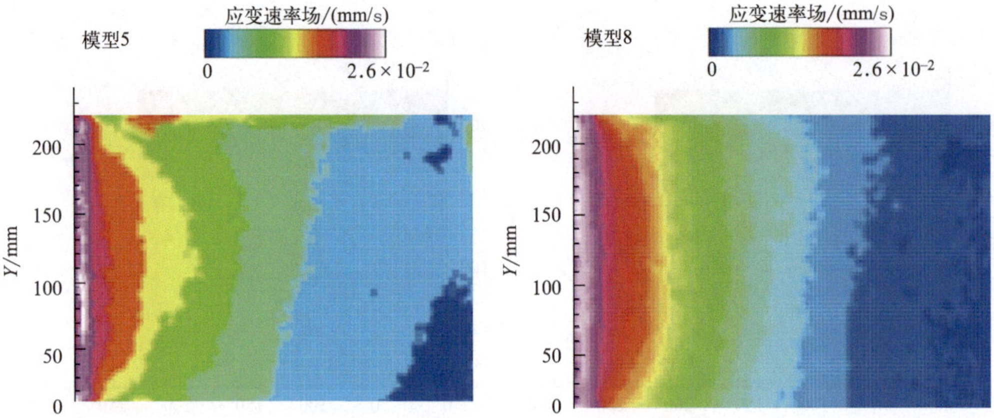

(a) 缩短量=0cm

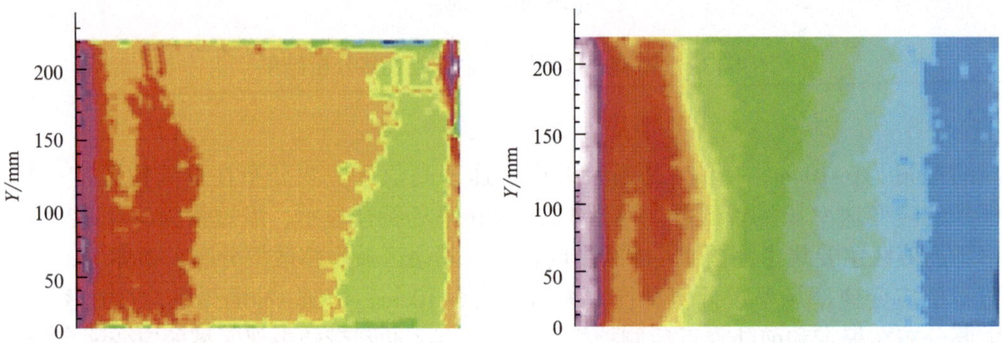

(b) 缩短量=2cm

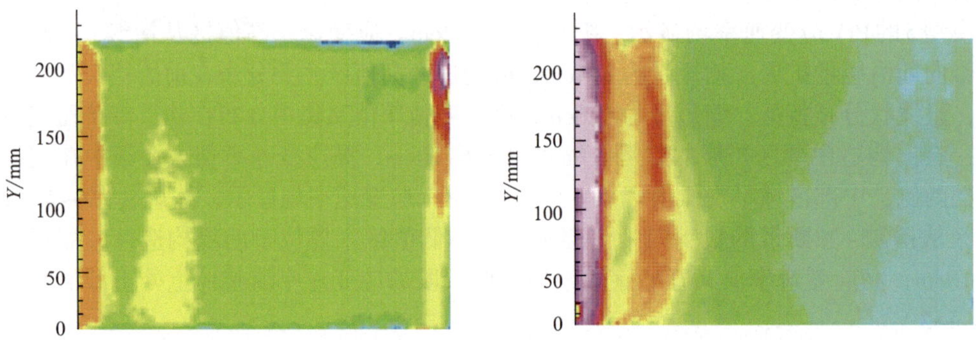

(c) 缩短量=4cm

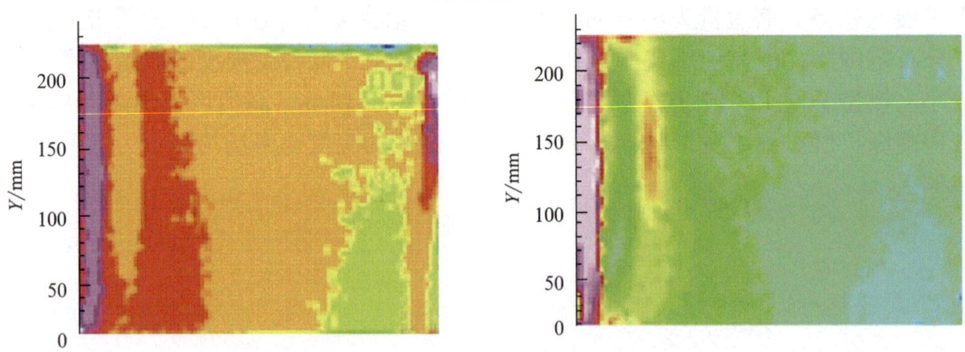

(d) 缩短量=6cm

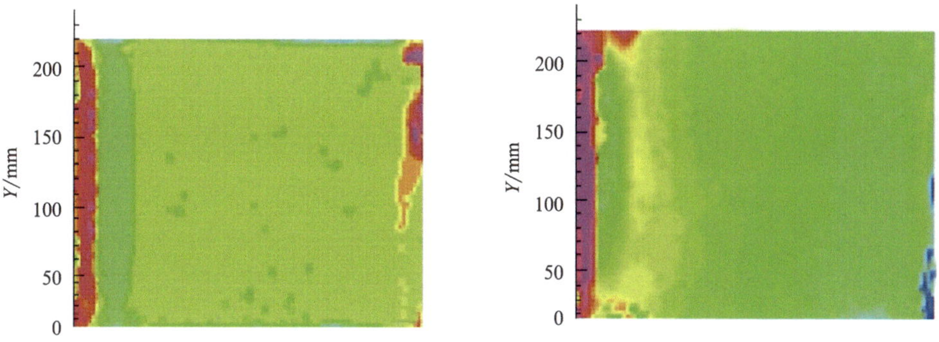

(e) 缩短量=8cm

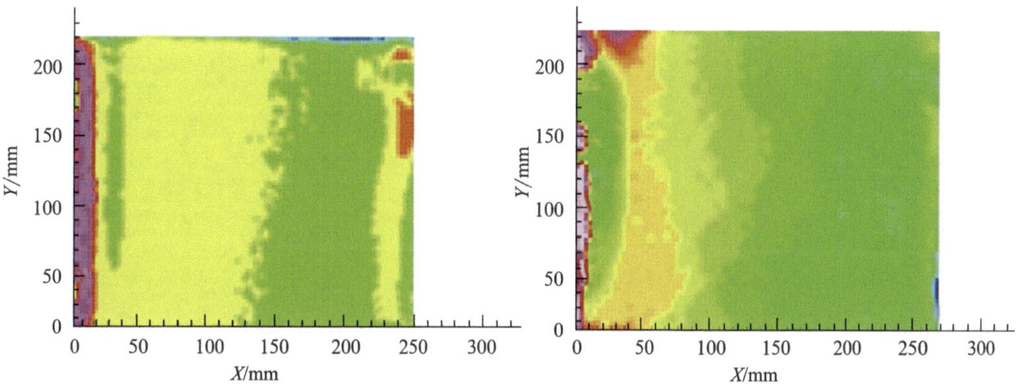

(f) 缩短量=10cm

图4-133　模型5~8不同演化阶段PIV分析结果

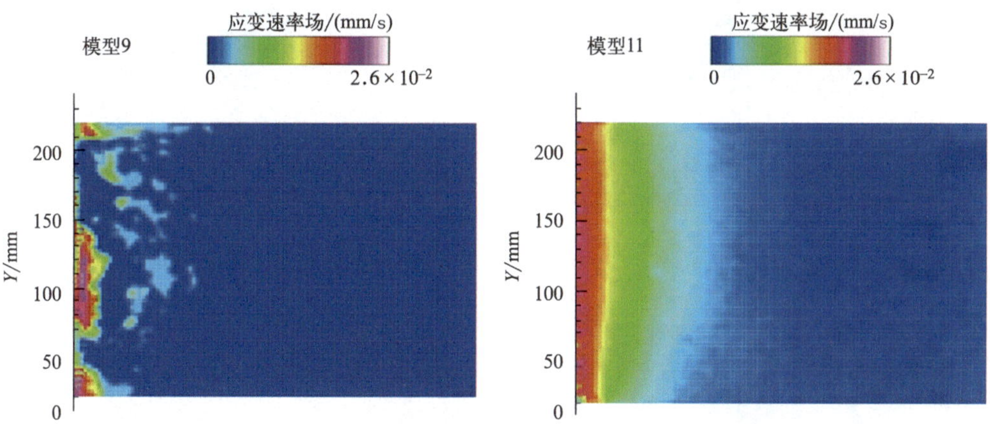

(a) 缩短量=0cm

图4-134

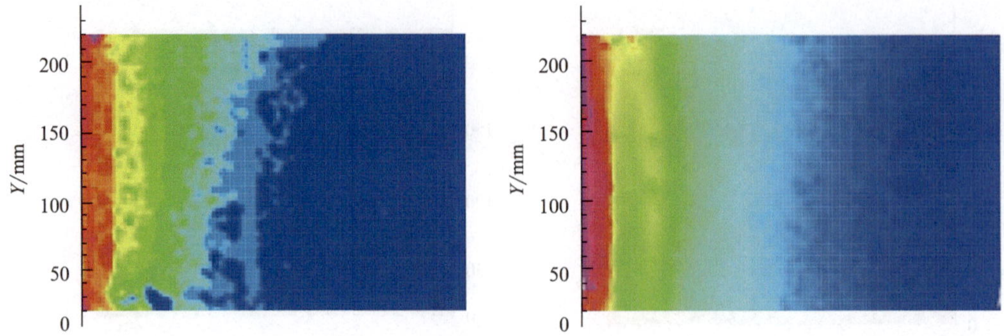

(b) 缩短量=2cm

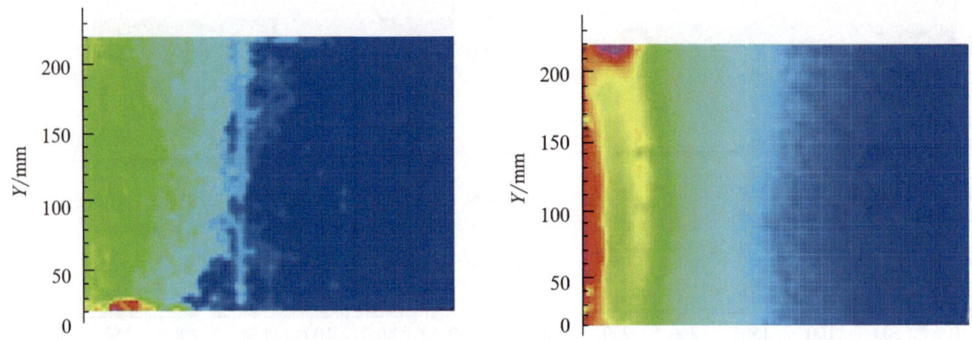

(c) 缩短量=4cm

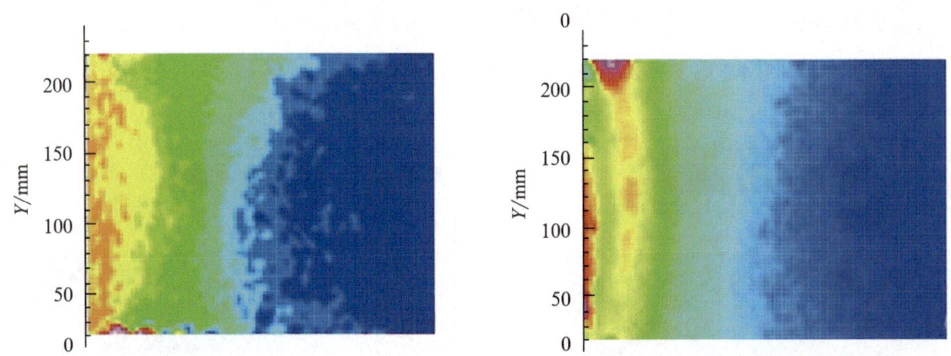

(d) 缩短量=6cm

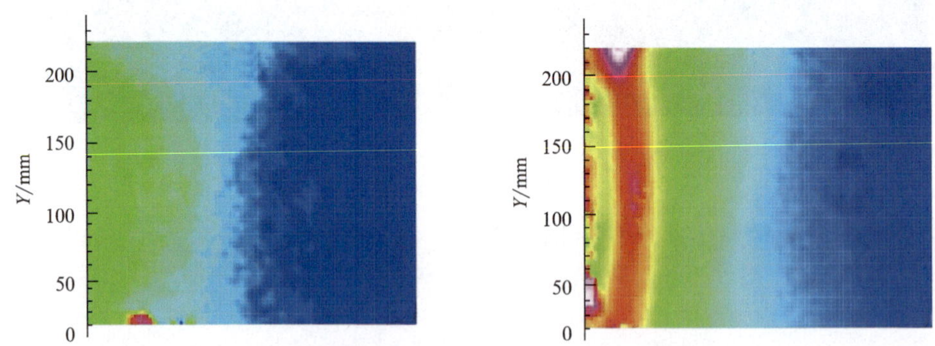

(e) 缩短量=8cm

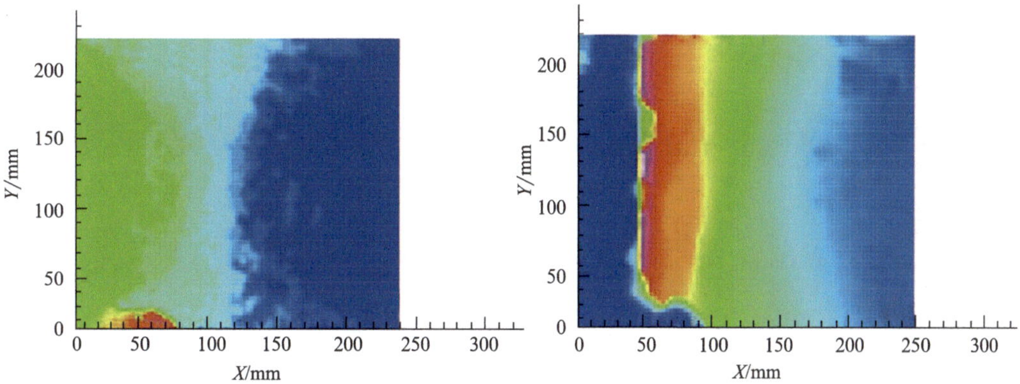

(f) 缩短量=10cm

图4-134　模型9~11高密度模型不同演化阶段PIV分析结果

模型12的PIV应变速率场显示，缩短量为0~4cm，褶皱-冲断带的高值区从根带向前沿逐渐减小。缩短量为4~10cm，褶皱-冲断带的高值区从根带向前沿又逐渐增大，但整体上的高值区主要分布在根带一侧。模型15的PIV应变速率场显示，缩短量为0~4cm，褶皱-冲断带的高值区从根带向前沿逐渐减小。缩短量为6~10cm，褶皱-冲断带的高值区从根带向前沿又再次增大，然后再逐渐减小。整体上，此模型的应变速率场分布现象规律性不明显（图4-135）。

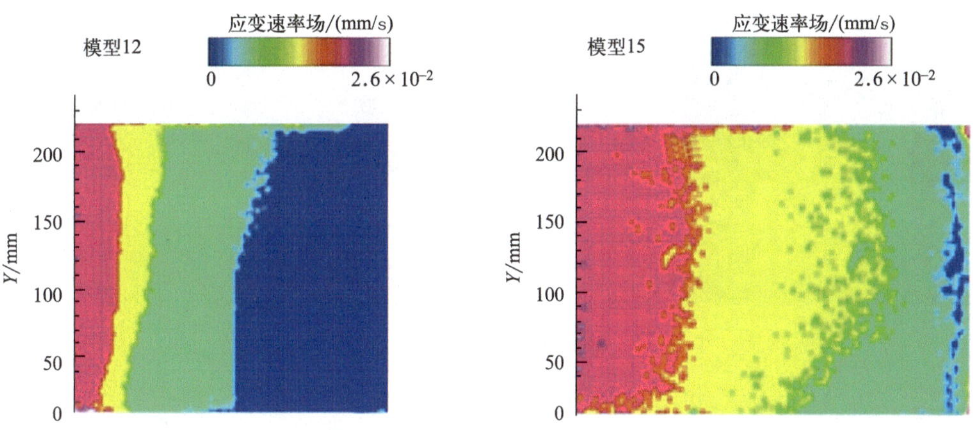

(a) 缩短量=0cm

图4-135

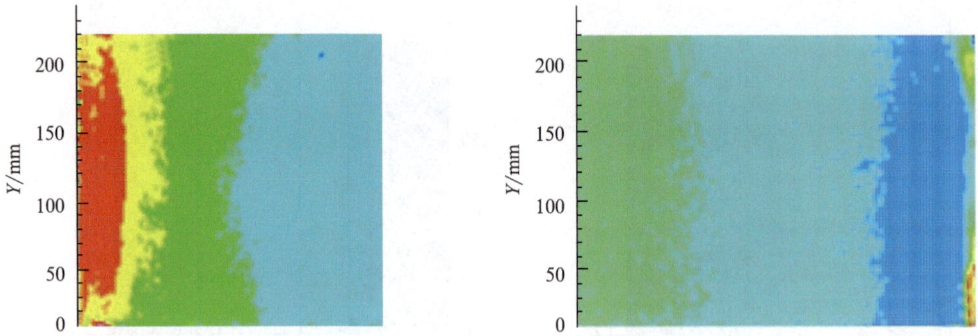

(b) 缩短量=2cm

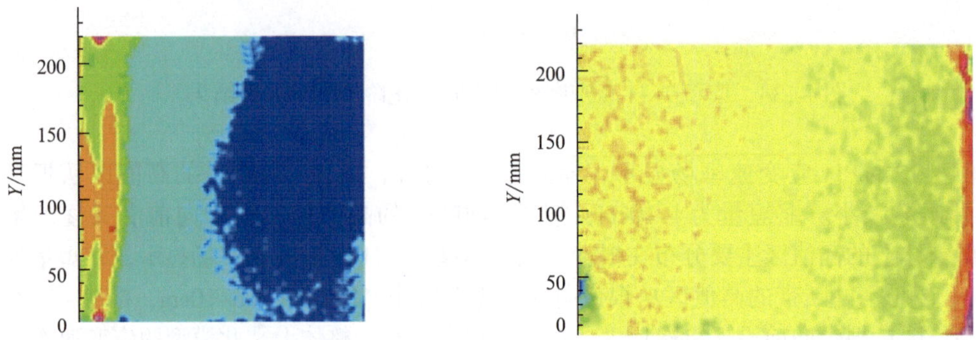

(c) 缩短量=4cm

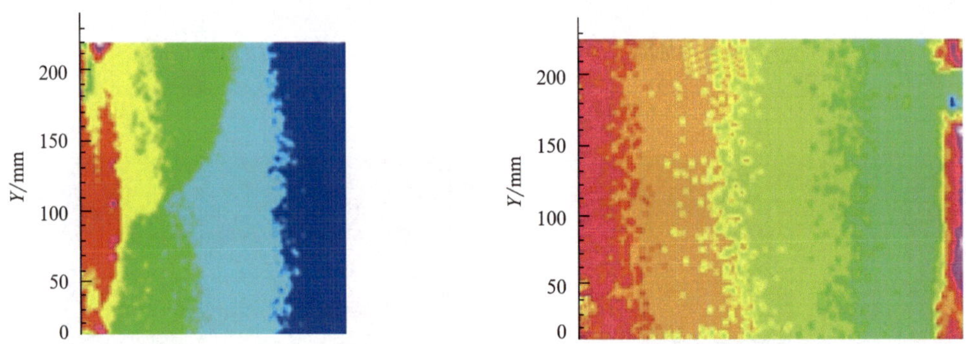

(d) 缩短量=6cm

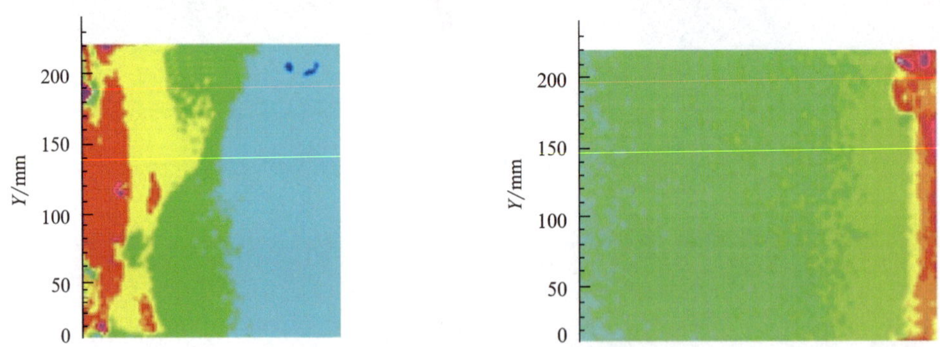

(e) 缩短量=8cm

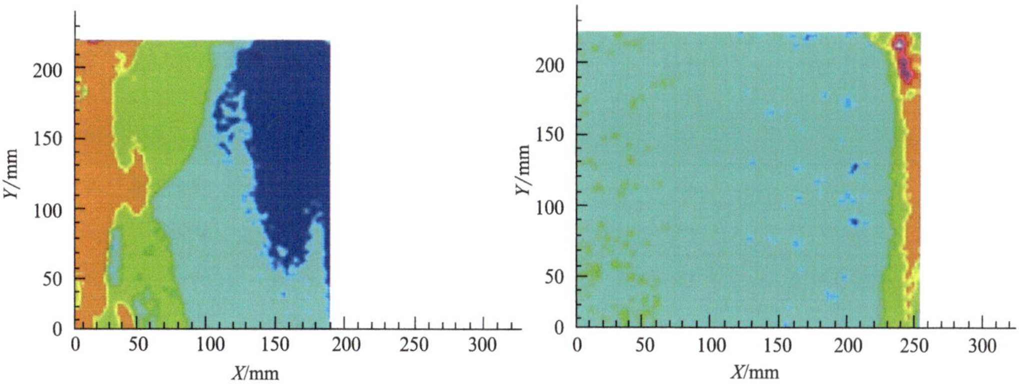

(f) 缩短量=10cm

图4-135 模型12~模型15不同演化阶段PIV分析结果

本案例模拟结果应用到川东构造的动力学特征上，表明川东构造带的变形力学可能来自北西龙门山一带。该研究成果与Gao et al.（2016）的深地震解释模型具有一致性。

4.3.4 案例4：川东雪峰变形演化机制物理模拟

本案例通过改变基底硅胶层厚度改变基底摩擦力探讨川东雪峰的变形演化过程。

4.3.4.1 模型设计

川东设计不同基底结构模型5组（表4–5），探讨差异基底摩擦力条件下川东马尾状构造的形成过程。

表4-5 川东构造带模型及韧性层厚度参数

模型	挤压速率/（cm/h）	缩短量/cm	脆性层厚/cm	韧性层厚/cm	构造带基底结构	挤压一端基底结构	模型边界几何特征
模型1	0.5	15	0.6	0.4	无硅油	刚性基底	弧形
模型2	0.5	15	0.6	0.4	无硅油	刚性基底	弧形+挠曲
模型3	0.5	15	0.6	0.4	硅油	软弱基底	弧形+挠曲
模型4	0.5	15	0.6	0.4	无硅油	软弱基底	弧形+挠曲
模型5	0.5	15	0.6	0.4	硅油	软弱基底	弧形+挠曲

湘鄂西同样设计不同基底结构模型6组（表4–6），探讨差异基底摩擦力条件下湘鄂西的变形演化特征。

表4-6 湘鄂西构造带模型及韧性层厚度参数

模型	挤压速率/(cm/h)	缩短量/cm	脆性层厚/cm	韧性层厚/cm	构造带基底结构	挤压一端基底结构	模型边界几何特征
模型1	0.9	10	0.8	0.8	无硅油	软弱基底	弧形
模型2	0.9	10	0.6	1.0	无硅油	软弱基底	弧形+挠曲
模型3	0.9	10	0.6	1.0	硅油	软弱基底	弧形+挠曲
模型4	0.9	10	0.4	1.2	硅油	软弱基底	弧形+挠曲
模型5	0.9	10	0.2	1.4	硅油	软弱基底	弧形+挠曲
模型6	0.9	10	0.2	1.4	石英砂	脆性基底	弧形+挠曲

4.3.4.2 实验结果

模拟结果主要由川东构造带、湘鄂西构造带以及川东-湘鄂西褶皱-冲断带的模型实验三部分组成。依据模型设计和研究目标的需要，系统地开展了边界几何形态、地层组合、基底摩擦作用及流变学结构等参数对川东-湘鄂西褶皱-冲断带变形演化及成因机制的模拟实验，结果如下。

（1）川东构造带变形演化特征模拟结果

川东构造带较为典型的特征是马尾状褶皱样式发育。至今为止，尽管前人在该地区开展了大量的地表地质调查和勘探工作，但是针对有关马尾状构造的演化特征及其控制因素，并未取得系统深入的理解，同时也缺乏系统的3D物理模拟分析。本案例对边界几何特征，基底摩擦作用及流变学结构差异的物理模型开展了变形演化影响及控制因素分析，研究结果表明初始边界条件、基底摩擦作用及地层流变学结构三个因素对川东南马尾状构造具有重要的控制作用。

1）边界几何特征模型

模型1和模型2模拟结果显示（图4-136和图4-137），挤压量在3cm时出现齐岳山初始边界断裂。随着挤压量的增加，变形缩短产生的构造变形样式发生变化，产生的褶皱与初始边界近似平行展布。当挤压量增加到6cm时，模型2冲断带前沿出现向北西凸出的弧形褶皱，而模型1仍然是沿着挤压一侧边界产生褶皱。当挤压量增加到9cm时，模型1的褶皱轴迹变得弯曲，而模型2的轴迹比较平滑且川东构造带出现微小褶皱。当挤压量增加到12cm时，模型1出现马尾状构造雏形，而模型2靠近挤压一侧的褶皱密度增大，产生向北西凸出的次级弧形褶皱。当挤压量增大到15cm时，模型1出现马尾状构造变形样式，模型2也具有一定的马尾状样式，但应变主要分布在靠近挤压一侧。

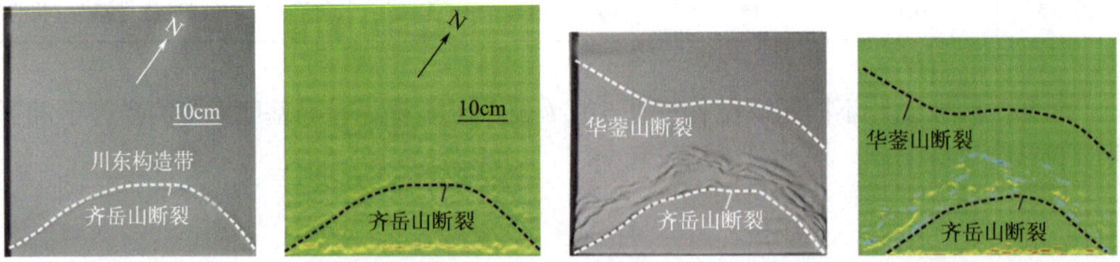

(a) D=1cm (b) D=1cm (g) D=9cm (h) D=9cm

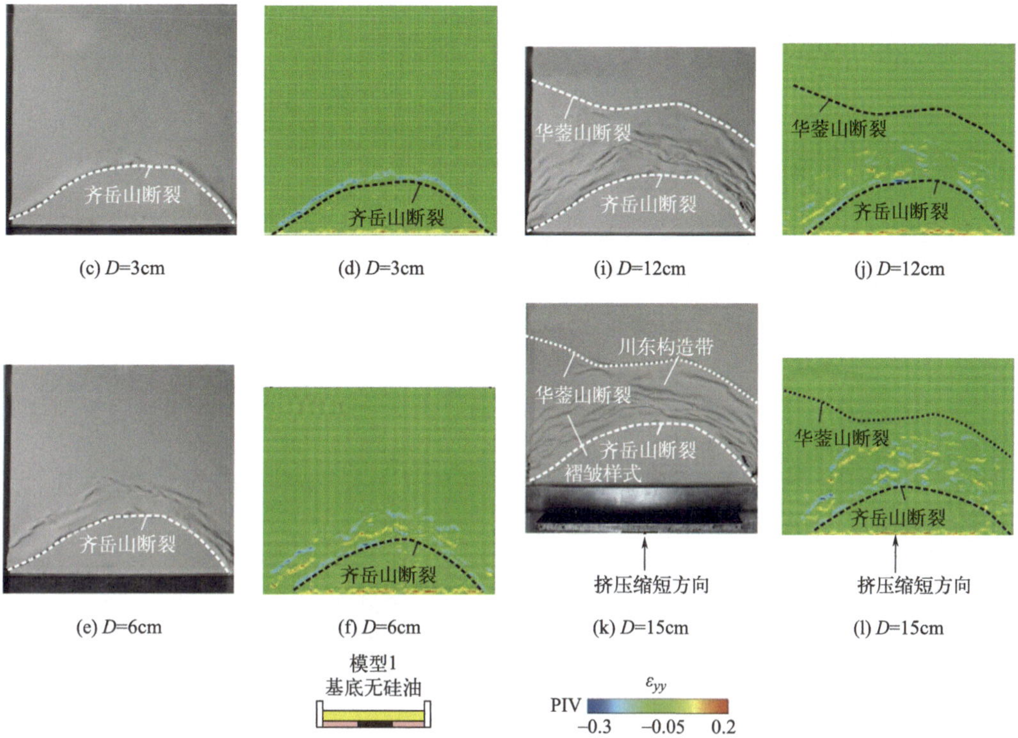

图4-136　模型1在缩短量D分别为1cm、3cm、6cm、9cm、12cm、15cm的模拟结果

左侧为变形照片，右侧为沿挤压方向的PIV应变场处理结果

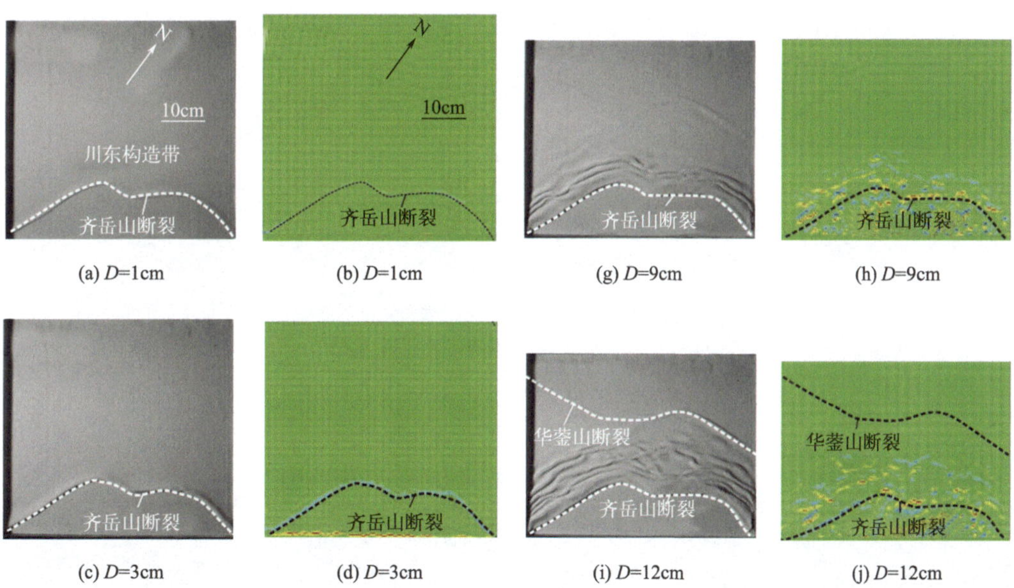

图4-137

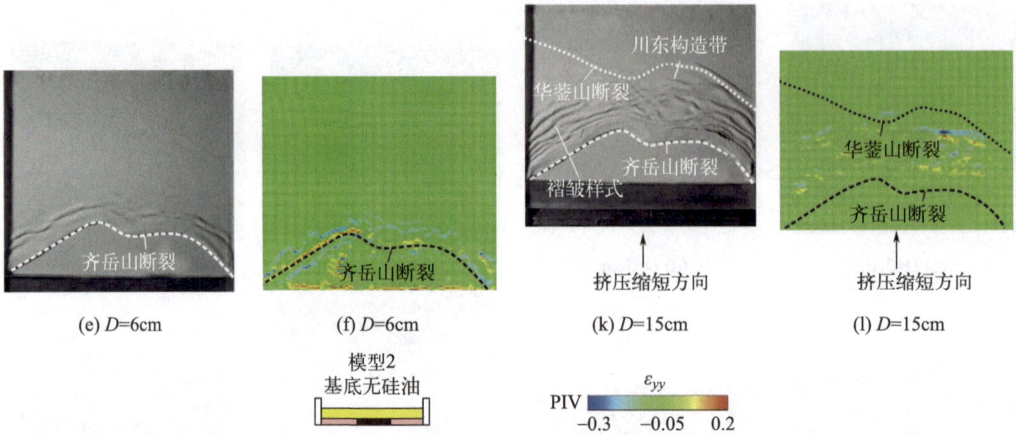

图4-137 模型2缩短量D分别为1cm、3cm、6cm、9cm、12cm、15cm的模拟结果

2）基底摩擦作用模型

模型3是在模型2的基础上，使用硅油减小基底摩擦作用（图4-138）。挤压量3cm时，模型2产生的褶皱较为紧闭，隆升的幅度较大，而模型3模型隆升幅度较小而且应变传递到川东构造带内部。当挤压量增加到6cm时，模型2靠近挤压一端出现两条褶皱带，前缘华蓥山断裂出现雏形，而模型3在构造带内部出现多条分散褶皱。当挤压量增大到9cm时，模型3形成多个褶皱围限的地貌盆地，形成多方向延伸的褶皱，而模型2褶皱仍然比较紧闭。当挤压量增大到12cm时，模型3应变分布的范围增大，以形成隔挡式褶皱为主，而模型2靠近挤压一端的褶皱数量增多。当挤压量增大到15cm时，模型2的褶皱变得紧闭，华蓥山边界断裂更加清晰，模型3褶皱轴迹变得弯曲，同时华蓥山边界断裂南部向东南方向弯曲。

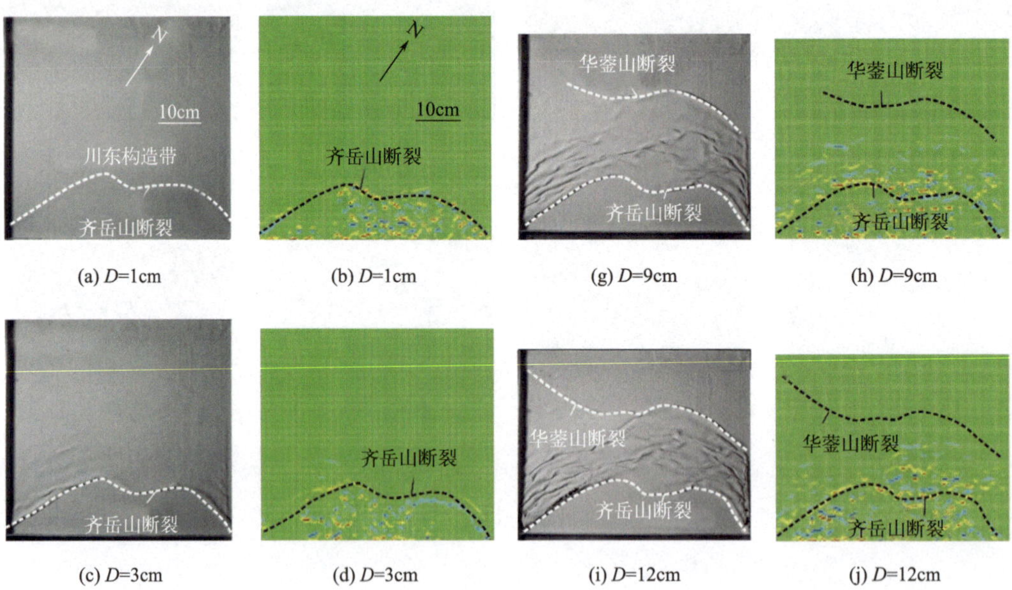

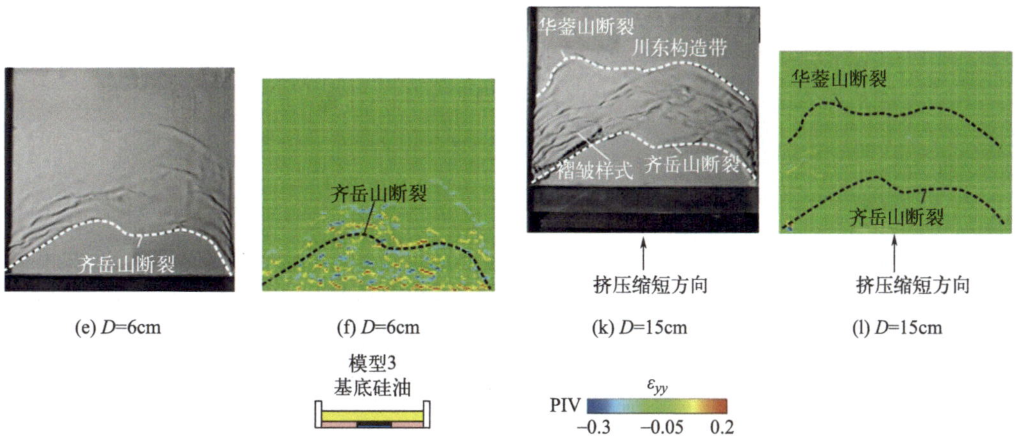

图4-138　模型3缩短量D分别为1cm、3cm、6cm、9cm、12cm、15cm的模拟结果

3）流变学结构差异模型

模型4和模型5是在前3个模型的基础上，改变地层的流变学结构（图4-139和图4-140）。实验结果显示，挤压量为3cm时，齐岳山边界断裂出现，但断裂横向并不连续。当挤压量增大到6cm时，模型4比模型5产生的褶皱更为紧闭，应变集中分布在齐岳山断裂一侧，而模型3的应变已扩展到川东构造带内部。当挤压量增大到9cm时，模型4在挤压一端出现多条褶皱，模型5产生的褶皱数量较少，此时模型4的应变已经快速扩展到川东构造带内部，褶皱规模较大、数量增多。当挤压量增大到12cm时，模型4华蓥山断裂出现，靠近挤压一端的褶皱数量增多，模型5产生的褶皱数量较少，但多处出现隐伏隆起。当挤压量增大到15cm时，模型4产生与弧形挤压边界近似平行的褶皱带，且华蓥山褶皱带两侧变形较弱，模型5最大变形缩短量分布在齐岳山弧形构造带西北一侧，其东南一侧地貌则出现明显隆起。

4）模拟结果对比

实验中，边界条件、基底摩擦及地层流变学结构3个方面的差异模拟结果对比可以清晰识别出，模型1的马尾状构造特征比其余模型展现得更为清晰（图4-141）。模型1的背斜沿齐岳山边界断裂近似平行展布，且变形缩短量在区域内均匀分布。模型2因边界与模型1不同，在川东南褶皱变形幅度较大。模型3形成多个方向展布的背斜，平面分布特征较为复杂。模型4，背斜主要集中分布在川东构造带东南一侧。模型5的应变主要集中在挤压一端，川东形成的背斜较少。

5）模拟结果与实际特征对比

物理模拟结果与地区构造特征相比，所有模型结果都再现了向北西凸出的褶皱分布样式。但不同边界条件和流变学结构的模型，形成的褶皱样式差异较大。模拟结果在一定程度上揭示了该区的构造变形的形成，与实际构造特征具有较大的相似性，但同时也存在一定的局限性。

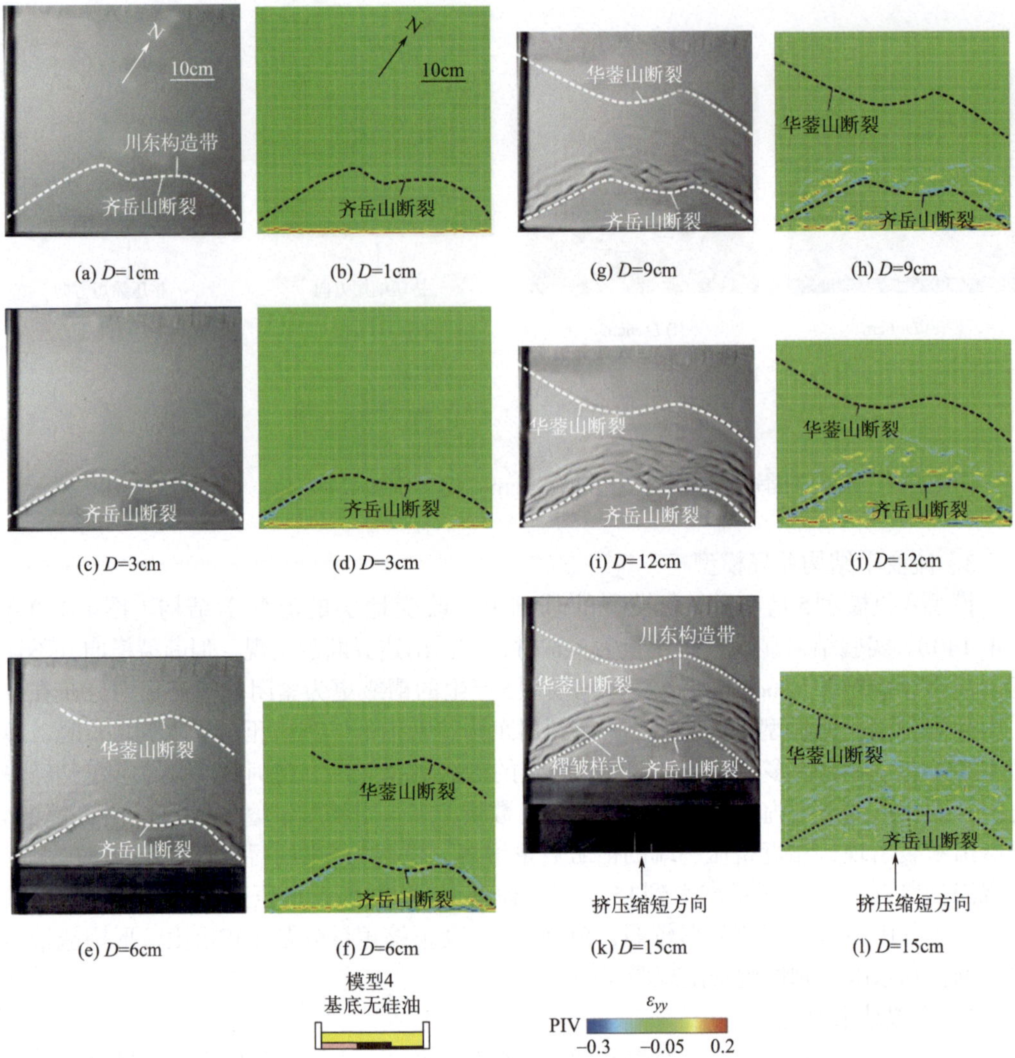

图4-139　模型4缩短量D分别为1cm、3cm、6cm、9cm、12cm、15cm的模拟结果

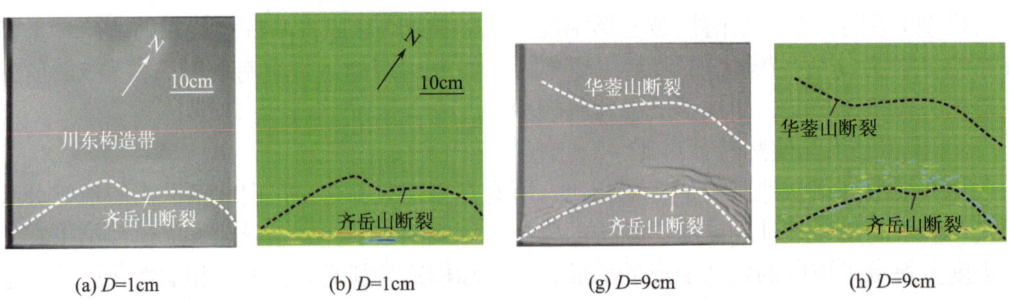

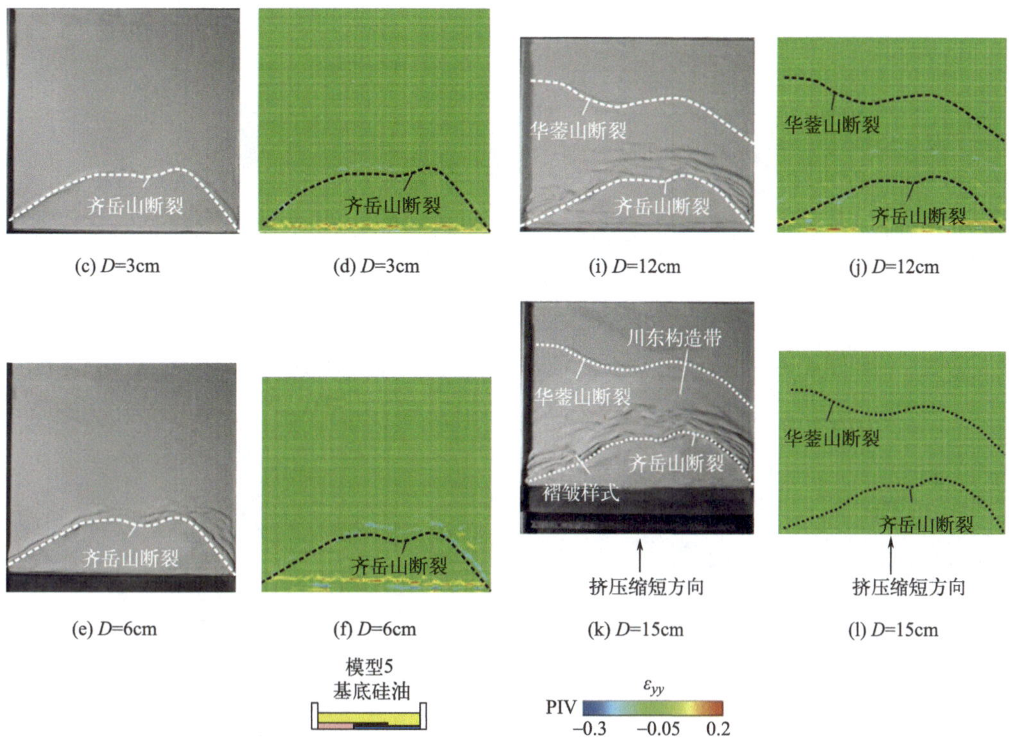

图4-140 模型5缩短量D分别为1cm、3cm、6cm、9cm、12cm、15cm的模拟结果

模拟结果相似之处有，实验再现了川东构造带褶皱分布样式（图4-141），特别是模型1再现了川东南马尾状褶皱带构造变形样式和川东平行排列的隔档式褶皱，为深入理解川东马尾状褶皱带的控制及形成机制提供了构造物理学证据。

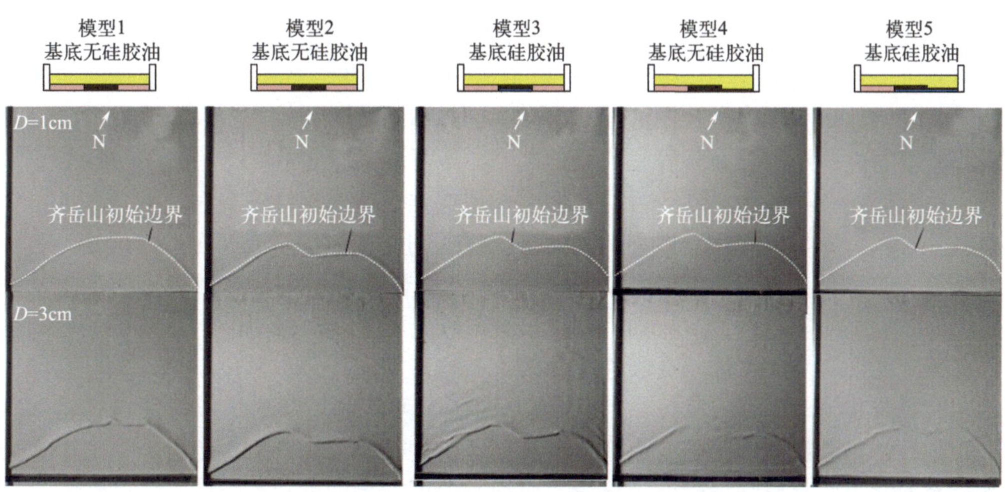

图4-141

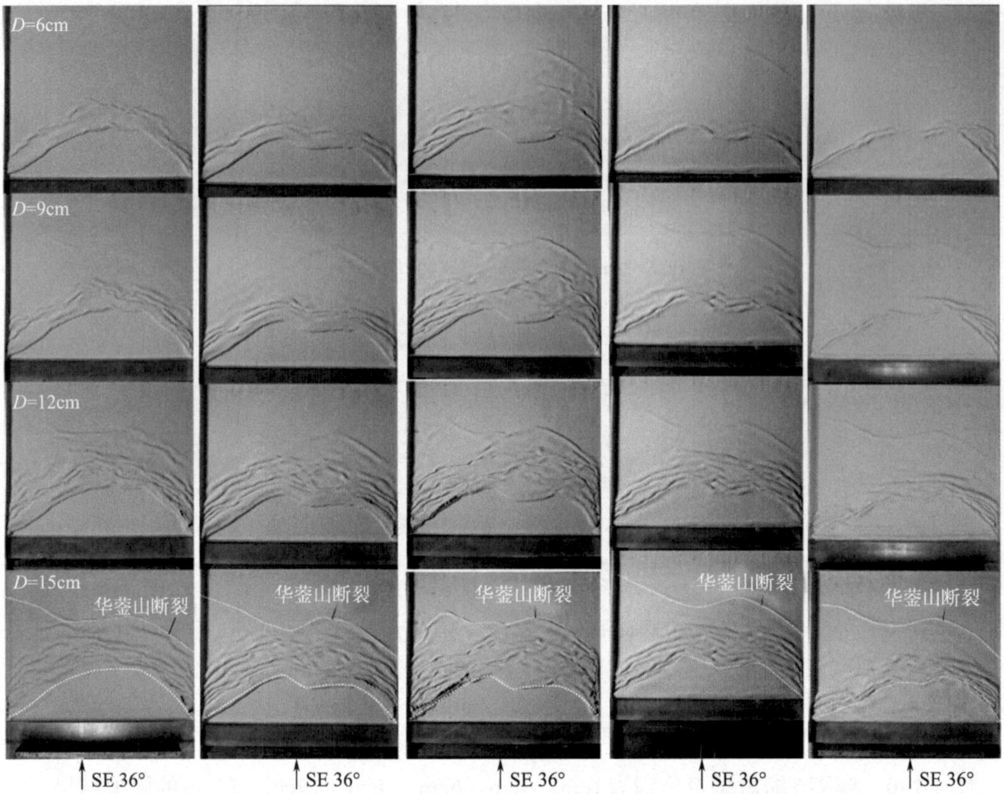

图4-141　川东构造带各组（5组）模型模拟结果对比

模拟结果与实际存在的差异有，模拟结果在华蓥山边界断裂带的变形特征和马尾状褶皱带西南一侧形成的褶皱在形态特征上不够清晰，有待下一步继续深入研究。

（2）湘鄂西构造带变形演化特征模拟结果

湘鄂西构造带具有明显的构造格架，其东南一侧是向北东向展布的大庸断裂，北西一侧也是北东向展布的齐岳山断裂，北东是大巴山构造带，而南部是右江褶皱带。该区地层隆升剥蚀严重，古生代寒武系、奥陶系、志留系、泥盆系、石炭系和二叠系出露地表，但不同位置地层分布差异较大。地貌崎岖不平，靠近雪峰一带，地形和地貌更为复杂。地面地质分析揭示，新元古代和古生代地层在区域内部广泛分布，并且前人推测滑脱层分布在新元古界和震旦系之间，具有明显的韧性特征。研究区震旦基底新元古代地层恢复，沉积地层约为14km。同时，根据地层层长守恒原理计算所得该区的地层缩短率约为24%（缩短量约为80km）。虽然该区构造变形复杂，但是，构造特征的分布仍然具有一定的规律可循，体现在断裂密度较大，构造变形样式以紧闭褶皱、箱状褶皱为主。同时前人的物理模拟表明，三维物理模拟技术可以对复杂的变形特征进行精细刻画。为此，针对湘鄂西实际的变形特征，开展了该地区不同脆、韧性组合，基底摩擦力控制及流变学属性差异的物理模拟分析。详细的模拟结果如下。

1）脆、韧性组合差异模拟

模型总厚度为1.6cm，在基底韧性层厚度分别为0.8cm，0.6cm，0.4cm，0.2cm的条件下进行了4组实验（图4-142~图4-146）。基底厚0.8cm的硅胶滑脱层，初期的变形特征为大庸和齐岳山断裂带几乎同时隆起，湘鄂西构造带东南和北西分别形成明显的箱状褶皱，此阶段应变场主要沿大庸断裂呈条带状平行分布。变形中期除了边界附近产生箱状褶皱外，在湘鄂西构造带中部也形成了明显的箱状褶皱，此阶段应变场逐渐向前缘扩展；变形晚期除了形成不同方向的箱状褶皱外，还形成了明显开阔的地貌盆地，此阶段应变场已扩展到研究区中部构造带（图4-142）。基底厚0.6cm的硅胶滑脱层，变形初期应变主要集中在雪峰北缘大庸断裂带，随着缩短量的增加，应变由南东向北西方向逐渐扩展，并最终止于齐岳山断裂带，构造变形样式为沿大庸断裂北侧分布的一系列箱状褶皱，应变主要集中分布在湘鄂西构造带的东南一侧（图4-143）。基底厚0.4cm的硅胶滑脱层，变形初期特征为沿大庸断裂带形成箱状褶皱，此阶段高应变场值主要集中分布在湘鄂西东南一侧。变形中期在齐岳山和大庸断裂两侧形成箱状褶皱；变形晚期形成与边界平行和斜交的褶皱，此阶段应变已从湘鄂西东南一侧传递到了构造带内部（图4-145）。基底厚0.2cm的硅胶滑脱层，变形初期缩短量主要集中分布在湘鄂西东南一侧，形成与边界近似平行的褶皱。变形中期挤压应变量传递到了齐岳山构造带，形成明显的箱状褶皱；变形晚期变形特征为湘鄂西东南一侧的褶皱数量较多，幅度较大；而西北靠近齐岳山构造带，褶皱的数量和幅度有所减小。此阶段高应变场值主要集中分布在研究区的东南一侧，并且呈不连续的条带状展布（图4-146）。

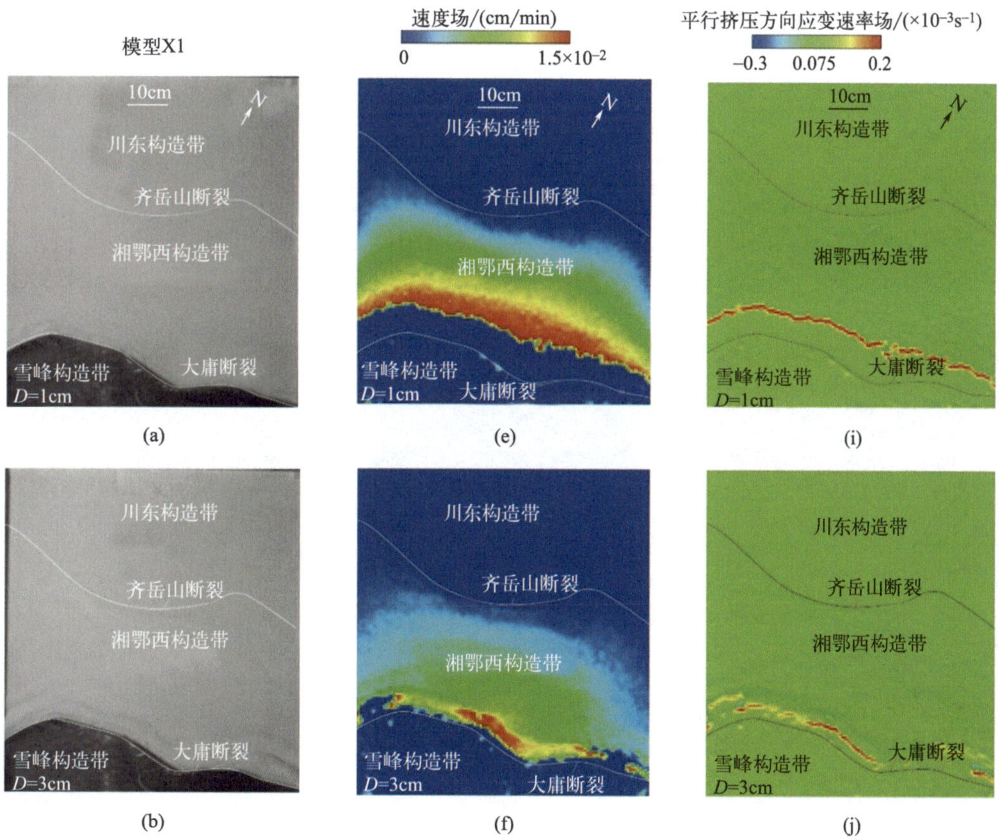

图4-142

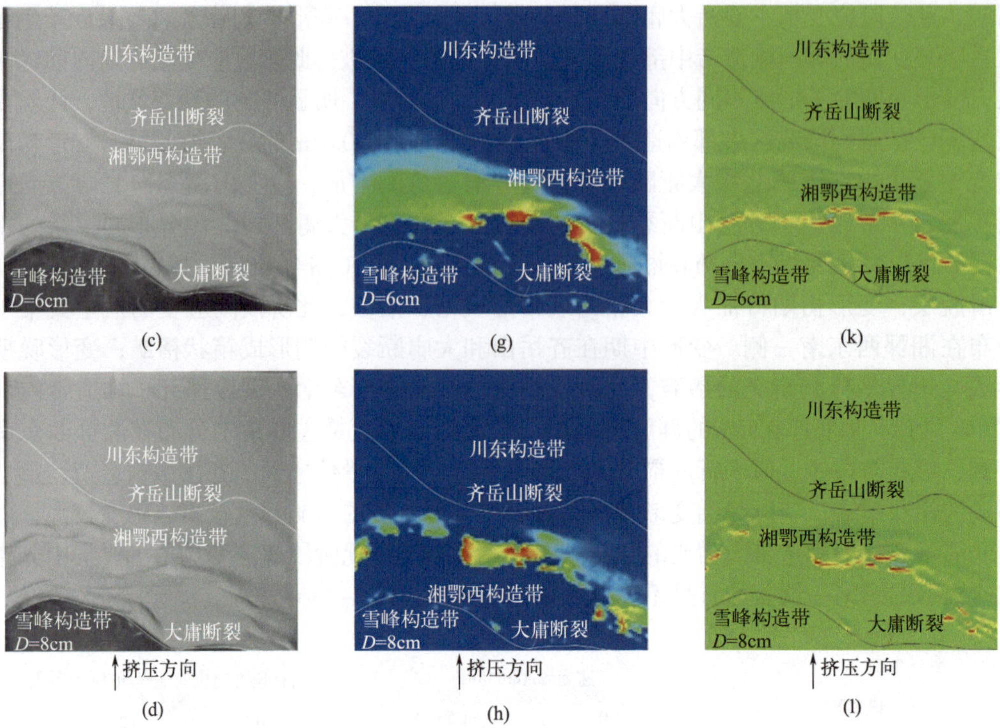

图4-142　湘鄂西基底硅胶厚度为0.8cm模型
（缩短量为1cm、3cm、6cm、8cm阶段）的模拟结果

（a）~（d）平面照片；（e）~（h）速率场；（i）~（l）应变速率场

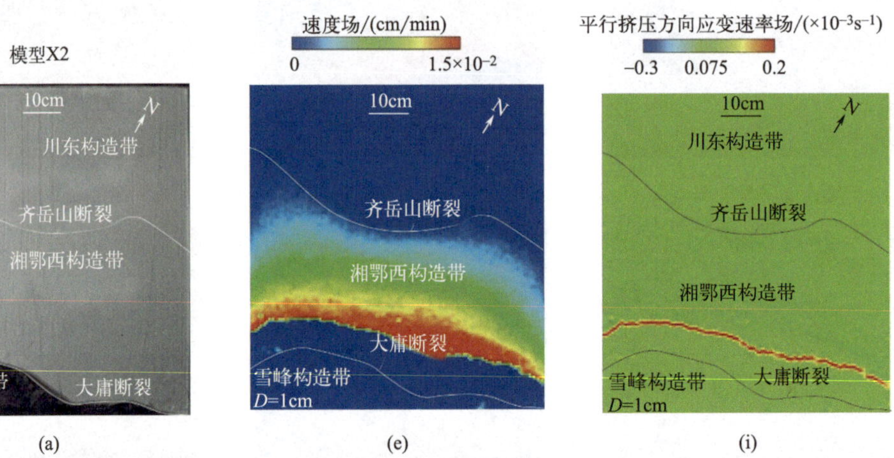

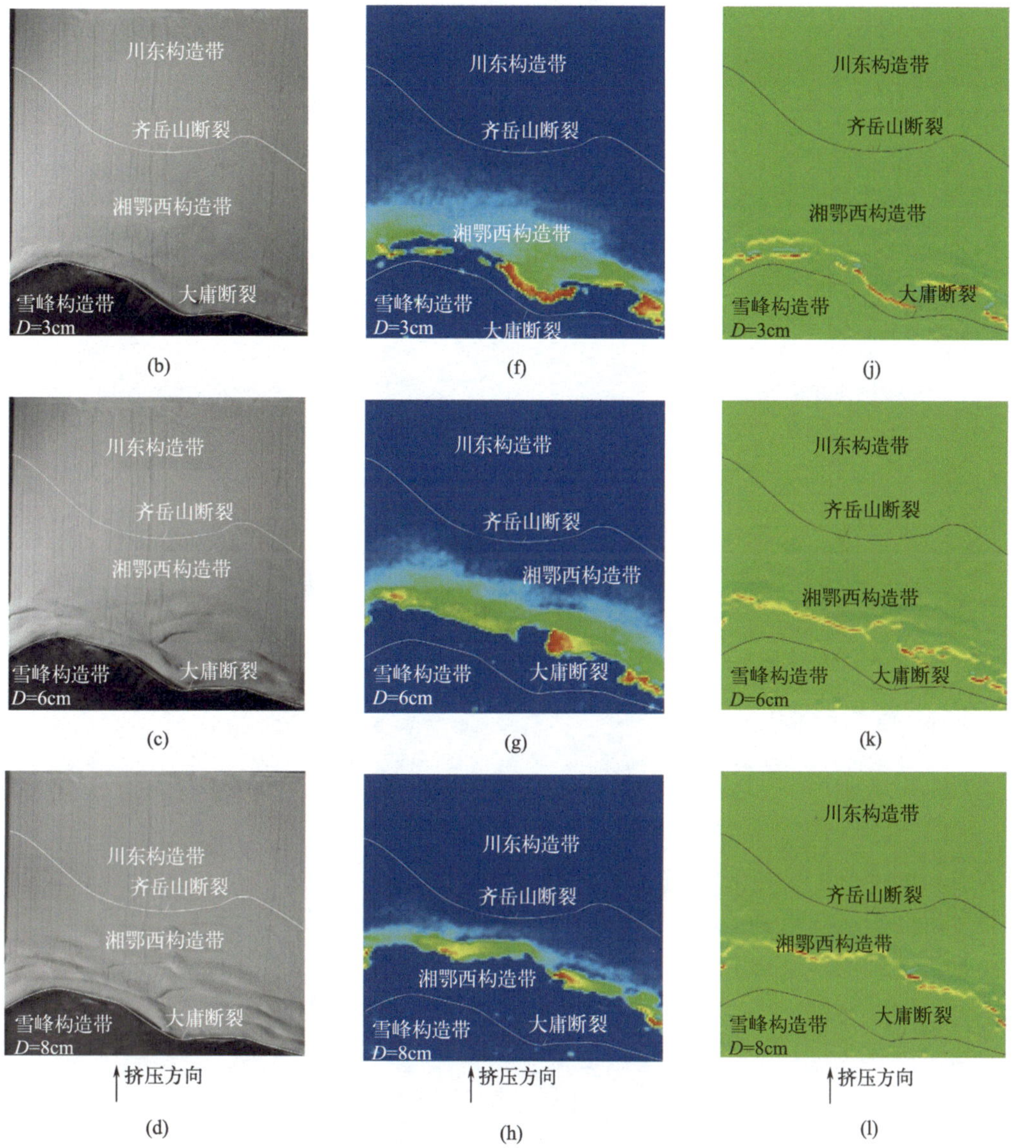

图4-143　湘鄂西基底硅胶厚度为0.6cm模型（缩短量为1cm、3cm、6cm、8cm阶段）的模拟结果

（a）~（d）平面照片；（e）~（h）速率场；（i）~（l）应变速率场

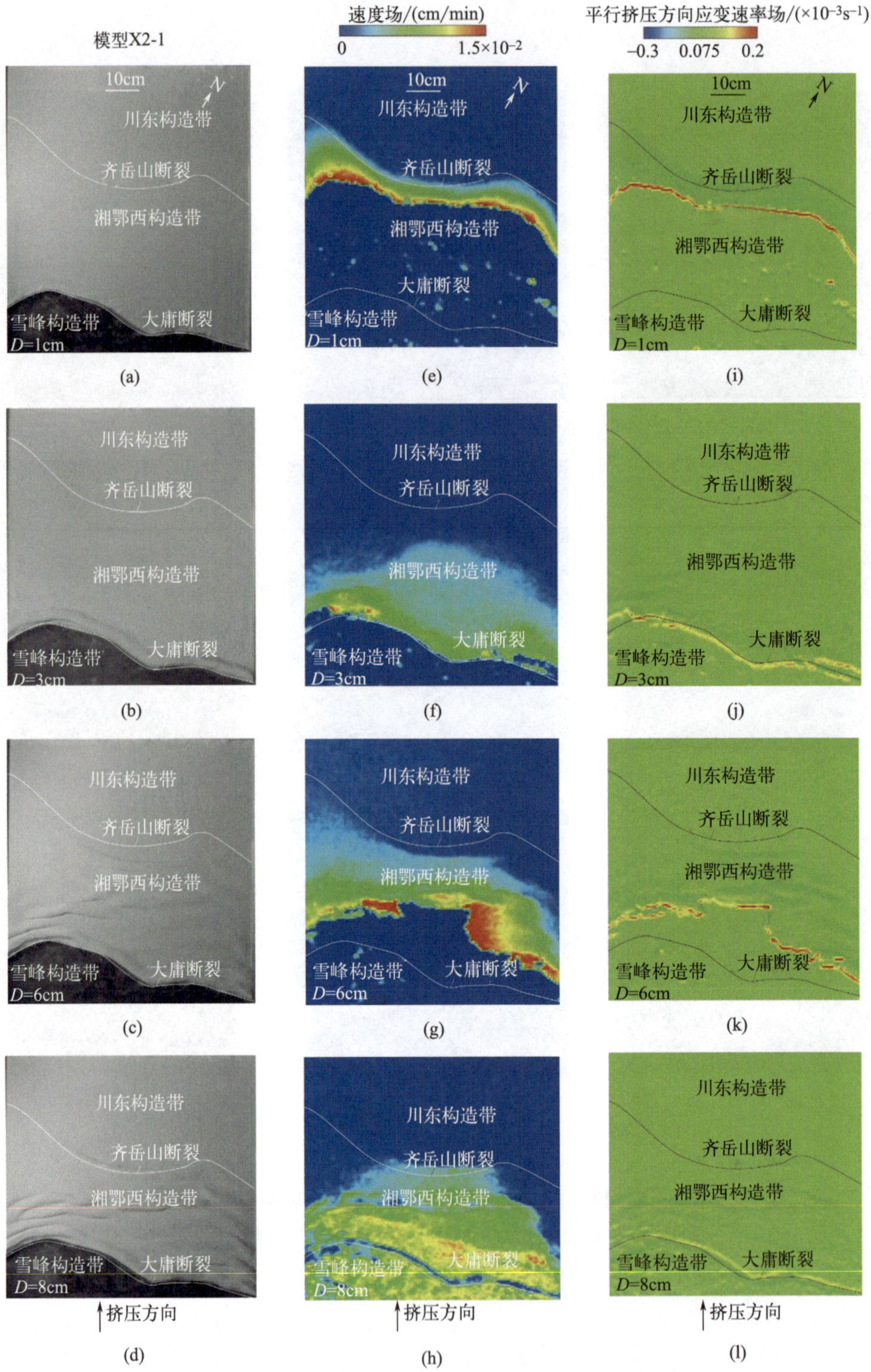

图4-144　湘鄂西基底硅胶厚度为0.6cm且硅胶之下有薄层硅油模型（缩短量为1cm、3cm、6cm、8cm阶段）的模拟结果

（a）~（d）平面照片；（e）~（h）速率场；（i）~（l）应变速率场

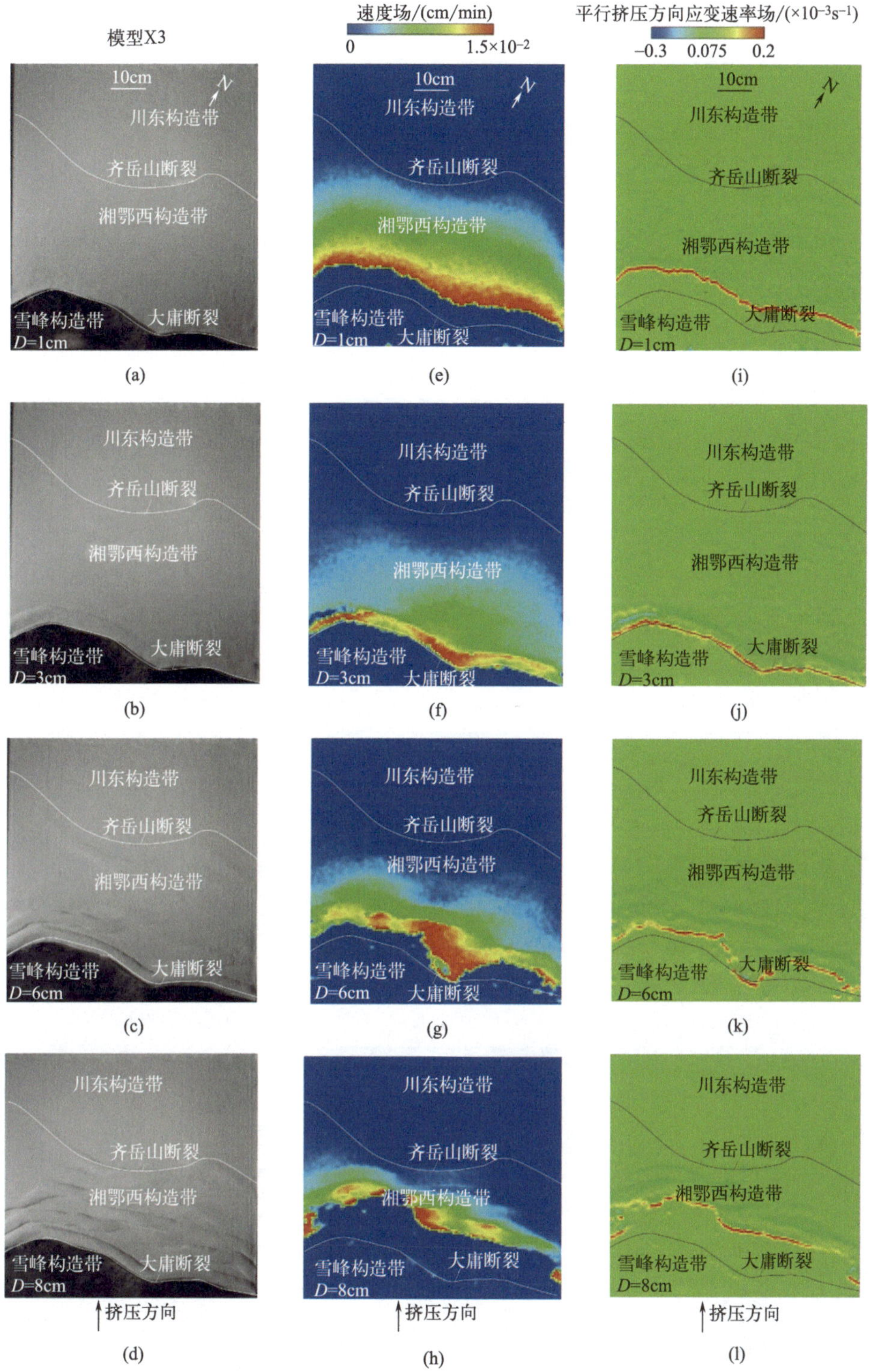

图4-145 湘鄂西基底硅胶厚度为0.4cm模型（缩短量为1cm、3cm、6cm、8cm阶段）的模拟结果

（a）~（d）平面照片；（e）~（h）速率场；（i）~（l）应变速率场

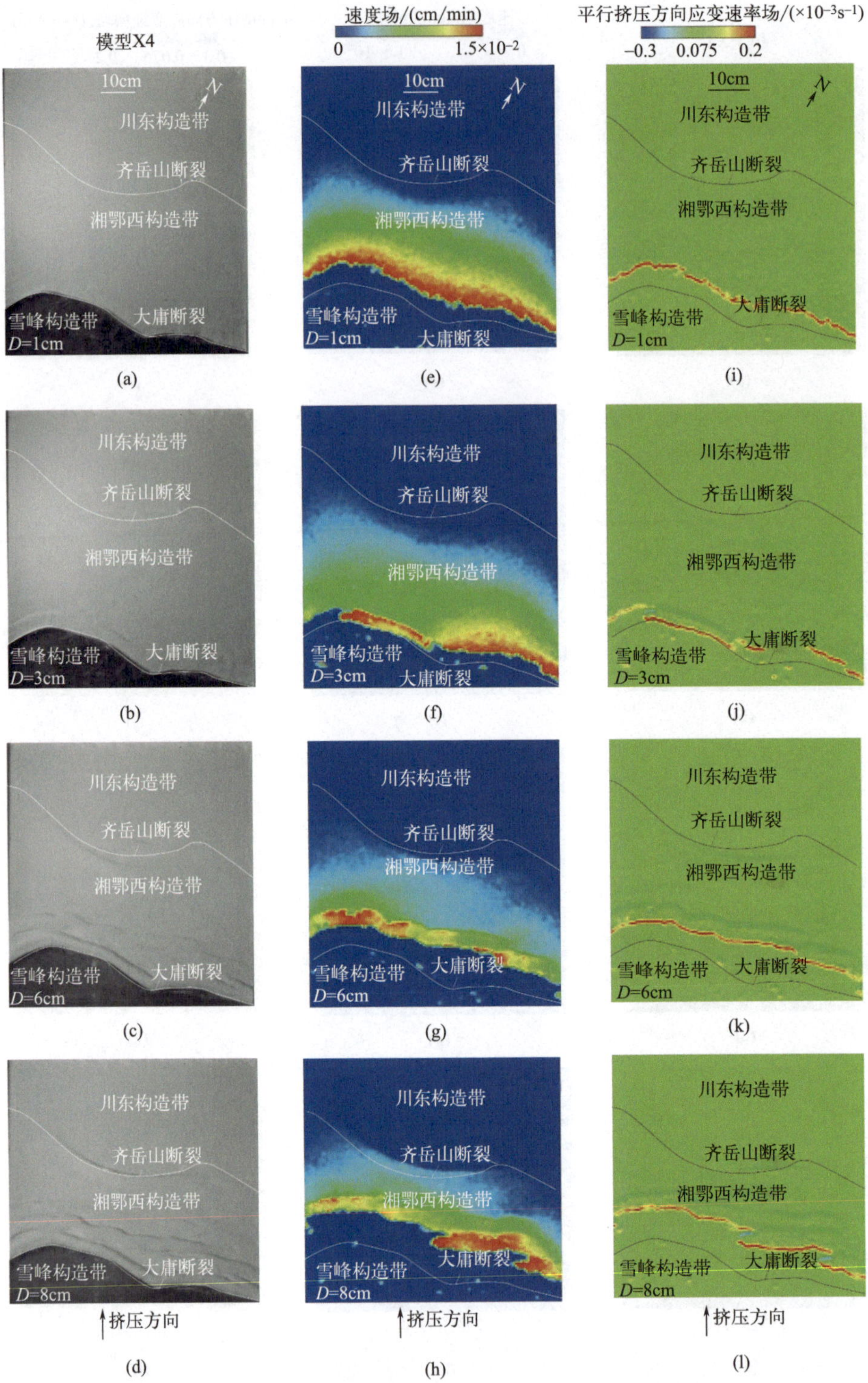

图4-146　湘鄂西基底硅胶厚度为0.2cm模型（缩短量为1cm、3cm、6cm、8cm阶段）的模拟结果

（a）~（d）平面照片；（e）~（h）速率场；（i）~（l）应变速率场

2）基底摩擦差异模拟

模型厚度仍然是1.6cm，但其中一组模型基底韧性层厚0.6cm，韧性基底之下分别设置或者取消薄层硅油（图4-143和图4-144），而另一组基底韧性层厚0.2cm，基底设置石英砂或者取消石英砂（图4-146和图4-147）。两组模拟结果对比显示，基底摩擦力较小的模型应变扩展较快。在变形初期，应变就已传递到湘鄂西北西段的齐岳山构造带，变形样式主要是形成与边界断裂近似平行的箱状褶皱。基底高摩擦力模型，应变由湘鄂西东南一侧逐渐向其西北一侧扩展，形成的褶皱样式有北东、北西、南北向等延伸的高幅度箱状褶皱。

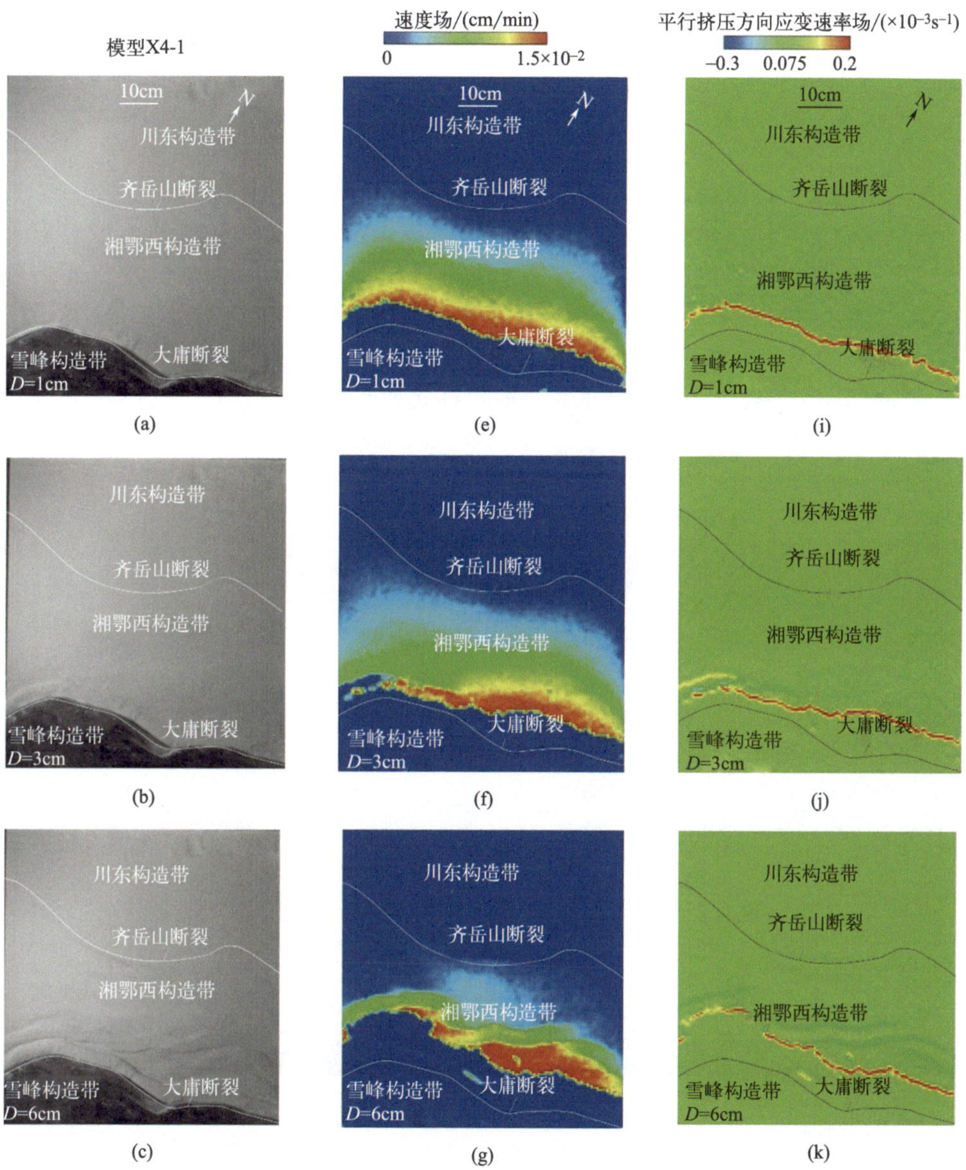

图4-147

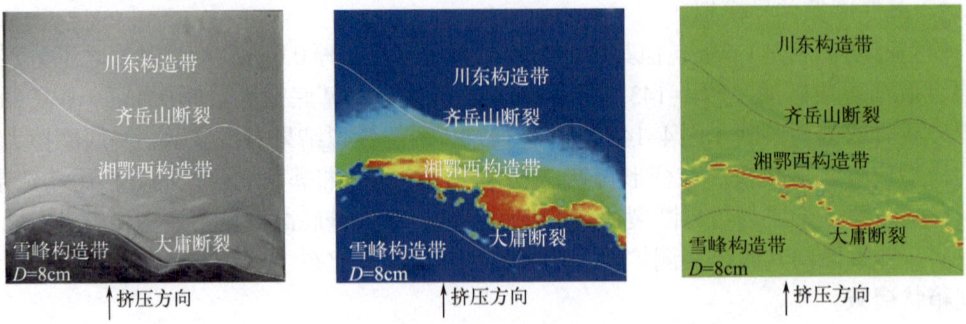

(d) (h) (l)

图4-147　湘鄂西基底硅胶厚度为0.2cm且硅胶之下有薄层石英砂模型（缩短量为1cm、3cm、6cm、8cm阶段）的模拟结果

（a）~（d）平面照片；（e）~（h）速率场；（i）~（l）应变速率场

3）基底流变学特征差异模拟

模拟结果显示基底流变学特征不同，对褶皱-冲断带变形样式的形成具有重要影响。脆性基底和较薄的韧性基底，变形缩短速率较小，应变向前陆地区扩展较慢（图4-142，图4-144和图4-148）。反之，基底韧性厚度大，应变传递较快，形成的雪峰北缘大庸断裂与齐岳山断裂具有同步性，同时形成背斜宽大、向斜紧闭的箱状褶皱。但是，基底韧性层厚度太大，形成的构造变形样式和褶皱特征与现今构造复原特征差异较大。

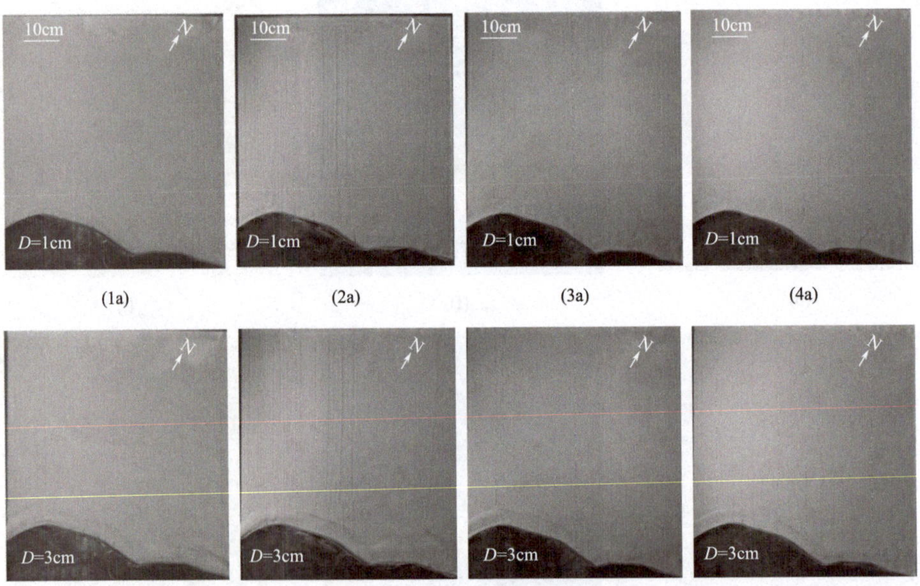

(1a) (2a) (3a) (4a)

(1b) (2b) (3b) (4b)

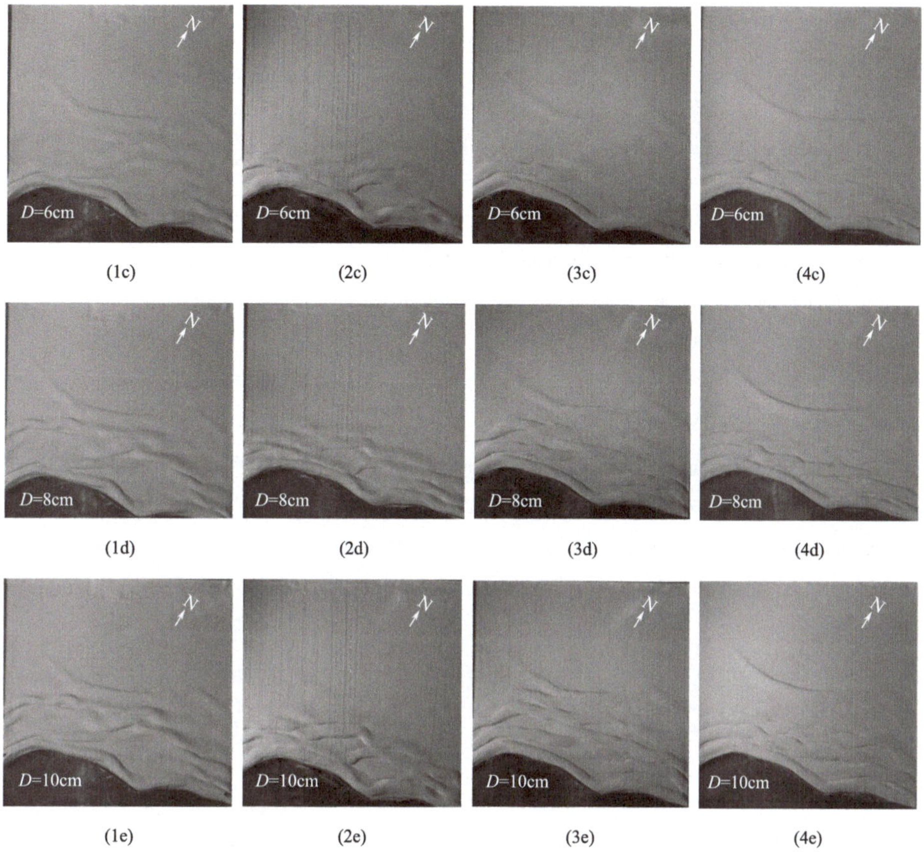

图4-148　湘鄂西各组（4组）模型模拟结果对比

（1a）~（1e）模型X1；（2a）~（2e）模型X2；（3a）~（3e）模型X3；（4a）~（4e）模型X4

4）模拟结果对比

不同基底硅胶厚度（2mm、4mm、6mm、8mm）的4组试验对比结果（图4-148）表明，基底软弱层的厚度差异对构造变形样式的形成具有明显的控制作用。基底软弱层越厚，越有利于应变从挤压一端向阻挡一端传递；而基底软弱层越薄，则越不利于挤压一端的应变向被挤压一端传递，因此，基底软弱层的厚度差异对变形样式产生重要影响。特别是研究区的褶皱样式，虽然每一组模型最终形成的褶皱均为箱状褶皱，但形成的褶皱特征及其分布存在明显差异。模型的基底硅胶层越厚，应变向前缘传递得越快，形成的宽缓向斜主要分布在挤压一侧，同时北西一侧的边界形态更为清晰；反之，模型基底硅胶层越薄，应变向前缘传递得越慢，形成的宽缓向斜则分布在变形带的北西一侧且边界形态较为模糊。因此，如上实验结果表明适当厚度的基底韧性层作用和一定的脆韧性组合是形成川东-湘鄂西褶皱-冲断带构造特征的重要条件。

参考文献

Bahroudi A，Koyi H A，2003. Effect of spatial distribution of Hormuz salt on deformation style in the Zagros fold and thrust belt：an analogue modelling approach. Journal of the Geological Society，London，160：719-733.

Bonini M，2007. Deformation patterns and structural vergence in brittle-ductile thrust wedges：An additional analogue modelling perspective. Journal of Structural Geology，29：141-158.

Bonini M，2001. Passive roof thrusting and forelandward fold propagation in scaled brittle-ductile physical models of thrust wedges. Journal of Geophysical Research，106：2291-2311.

Bonini M，2003. Detachment folding，fold amplification，and diapirism in thrust wedge experiments. Tectonics，22：1065.

Bonini M，Sani F，Antonielli B，2012. Basin Inversion and Contractional Reactivation of Inherited Normal Fault：A Review Based on Previous and New Experimental Models. Tectonophysics，522-523：55-88.

Bonini M, Sokoutis D, Talbot C T, et al, 1999. Indenter growth in analogue models of Alpine-type deformation. Tectonics, 18（1）: 119-128.

Bonini M，Sokoutisb D，Mulugetac G，et al，2000. Modelling hanging wall accommodation above rigid thrust ramps. Journal of Structural Geology，22：1165-1179.

Borderie S，Graveleau F，Witt C，et al，2018. Impact of an interbedded viscous décollement on the structural and kinematic coupling in fold-and-thrust belts：Insights from analogue modeling. Tectonophysics，722：118-137.

Buiter S，2012. A review of brittle compressional wedge models. Tectonophysics，530-531：1-17.

Burtman V S，Molnar P H，1993. Geological and Geophysical Evidence for Deep Subduction of Continental Crust Beneath the Pamir. Geological Society of America Special Paper，281.

Byrne D E，Wang W H，Davis D M，1993. Mechanical role of backstops in the growth of forearcs. Tectonics，12（1）：123-144.

Byrne T，Jim Hibbard J，1987. Landward vergence in accretionary prisms：The role of the backstop and thermal history. Geology，15：1163-1167.

Calassou S，Larroque C，Malavielle J，1993. Transfer zones of deformation in thrust wedges：an experimental study. Tectonophysics，221：325-344.

Cao K，Wang G C，Beek P，et al，2013. Cenozoic thermo-tectonic evolution of the northeastern Pamir revealed by zircon and apatite fission-track thermochronology. Tectonophysics，589：17-32.

Cao Y P，Chen H L，Lin X B，et al，2020. The effect of pre-existing weak zone on the formation of the pamir salient：insights from physical analogue modeling. Acta Geologica Sinica，94（6）：1752-1762.

Chatelain J，Roecker S，Hatzfeld D，et al，1980. Microearthquake seismicity and fault plane solutions in the Hindu Kush region and their tectonic implications. Journal of Geophysics Research，85（B3）：1365-1387.

Chen X W，Chen H L，Lin X B，et al，2018. Arcuate Pamir in the Paleogene ？ Insights from a review of stratigraphy and sedimentology of the basin fifills in the foreland of NE Chinese Pamir，western Tarim Basin. Earth-Science Reviews，108：1-16.

Costa E，Vendeville B C，2002. Experimental insights on the geometry and kinematics of fold-and-thrust belts above weak，viscous evaporitic decollement. Journal of Structural Geology，24：1729-1739.

Costa E，Vendeville B C，2004. Experimental insights on the geometry and kinematics of fold-and-thrust belts above weak， viscous evaporitic decollement: reply to comments by Hemin Koyi and James Cotton. Journal of Structural Geology, 26: 2139-2143.

Cotton J, Koyi H, 2000. Modeling of thrust fronts above ductile and frictional detachments: Application to structures in the Salt Range and Potwar Plateau, Pakistan. Geological Society of America Bulletin, 112: 351-363.

Couzens-Schultza B A, Vendevilleb B C, Wiltschko D V, 2003. Duplex style and triangle zone formation: insights from physical modeling. Journal of Structural Geology, 25: 1623-1644.

Dahlen F, 1990, Critical taper model of fold-and-thrust belts and accretionary wedges. Annual Review of Earth and Planetary Sciences, 18: 55-99.

Dahlen F A, Suppe J, Davis D, 1984. Mechanics of Fold-and-Thrust Belts and Accretionary Wedges: Cohesive Coulomb Theory. Journal of Geophysical Research, 89 (B12): 10087-10101.

Davis D, Suppe J, Dahlen F A, 1983. Mechanics of fold and thrust belts and accretionary wedges. Journal of Geophysical Research, 88: 1153-1172.

Deville E, 2023. Dynamics of Brittle-Viscous Accretionary Wedges as Revealed by Geophysical and Drilling Data and Analog Modeling of the Barbados Prism. Tectonics, 42: e2023TC007851.

Duarte J C, Rosas F M, Terrinha P, et al, 2011. Thrust-wrench interference tectonics in the Gulf of Cadiz (Africa-Iberia plate boundary in the North-East Atlantic): Insights from analogue models. Marine Geology, 289: 135-149.

Eldredge S, Bachtadse V, Vander-Voo R, 1985. Paleomagnetism and the orocline hypothesis. Tectonophysics, 119: 153-179.

Fedorika J, Toscania G, Lodolob E, et al, 2018. Structural analysis and Miocene-to-Present tectonic evolution of a lithospheric-scale, transcurrent lineament: The Sciacca Fault (Sicilian Channel, Central Mediterranean Sea). Tectonophysics, 722: 342-355.

Furuichi M, Chen J, Nishiura D, et al, 2023. Thrust formation using a numerical granular rock box experiment. Tectonophysics, 862: 229963.

Gao R, Chen C, Wang H, et al, 2016. Sinoprobe deep reflection profile reveals a Neo-Proterozoic subduction zone beneath Sichuan Basin. Earth and Planetaty Science Letters, 454: 86-91.

Graveleau F, Malavieille J, Dominguez S, 2012. Experimental Modelling of Orogenic Wedges: A Review. Tectonophysics, 538: 1-66.

Gray M B, Stamatakos J, 1997. New model for evolution of fold and thrust belt curvature based on integrated structural and paleomagnetic results from the Pennsylvania salient. Geology, 25: 1067-1070.

Gulick S, Meltzer A, Clarke S, 1998. Seismic struc-ture of the southern Cascadia subduction zone and accretionary prism north of the Mendocino triple junction. Journal of Geophysical Research, 103 (B11): 27207-27222.

Gutscher M, Klaeschen D, Flueh E, et al, 2001. Non-Coulomb wedges, wrong-way thrusting, and natural hazards in Cascadia. Geology, 29: 379-382.

He W G, Shen C B, Wu L, et al, 2022. Deformational in curved fold-and-thrust belts: As a function of backstop shape and basal friction: Insights from analogue modeling and application to the Pamir salient, Hindu Kush region. Journal of Structural Geology, 162: 104680.

He W G, Zhou J X, Yuan K, 2018. Deformation evolution of Eastern Sichuan-Xuefeng fold-thrust belt in South China: Insights from analogue modelling. Journal of Structural Geology, 109: 74-85.

He W G, Yu Y X, Luo Y, et al, 2023. Effects of friction properties and rheological structures on the deformation patterns and evolution of fold-and-thrust belts—New insights from analogue modeling. Journal of Structural Geology, 173: 104904.

Houseman G，England P，1996. A lithospheric-thickening model for the Indo-Asian collision// Yin A，Harrison T M. The tectonic evolution of Asia. New York：Cambridge University Press：3-17.

Hubbert M K，Rubey W W，1959. Role of fluid in mechanics of overthrust faulting. Buttetin of the Geological Society of America，70：116-166.

Huiqi L，McClay K，Powell D，1992. Physical models of thrust wedges// McClay K. Thrust tectonics：71-81.

Keppler R，Rosas F M，Nagel T J，2013. Thin viscous middle-crust and evolving fault distribution during continental rifting：Insights from analog modeling experiments. Tectonophysics，608：161-175.

Klinkmüller M，Schreurs G，Rosenau M，et al，2016. Properties of granular analogue model materials：A community wide survey. Tectonophysics，684：23-38.

Koyi H A，Vendeville B C，2003. The effect of décollement dip on geometry and kinematics of model accretionary wedges. Journal of Structural Geology，25：1145-1450.

Krstkanic N，Willingshofer E，Matenco L，et al，2022. The influence of back-arc extension direction on the strain partitioning associated with continental indentation：Analogue modelling and implications for the Circum-Moesian Fault System of South-Eastern Europe. Journal of Structural Geology，159：104599.

Lallemand S E，Schnurle P，Malavieille J，1994. Coulomb theory applied to accretionary and nonaccretionary wedges：Possible causes for tectonic erosion and/or frontal accretion. Journal of Geophysical Research，99（b6）：12033-12055.

Laubscher H P，1972. Some overall aspects of the Jura dynamics. American Journal of Science，272：293-304.

Le Pichon X，Fournier M，Jolivet L，1992. Kinematics，topography，shortening，and extrusion in the India-Eurasia collision. Tectonics，11：1085-1098.

Li Y P，Robinson A C，Gadoev M，et al，2020. Was the Pamir salient built along a Late Paleozoic embayment on the southern Asian margin？. Earth and Planetary Science Letters，550：1-13.

Liu H，McClay K R，Powell D，1992. Physical models of thrust wedges// McClay K R. Thrust Tectonics. London：Chapman and Hall：71-81.

Liu Y D，Tan X B，Ye Y J，et al，2020. Role of erosion in creating thrust recesses in a critical-taper wedge：An example from Eastern Tibet. Earth and Planetary Science Letters，540：116270.

Lohrmann J，Kukowski N，Adam J，et al，2003. The impact of analogue material properties on the geometry，kinematics，and dynamics of convergent sand wedges. Journal of Structural Geology 25：1691-1711.

Lu C Y，Malavieille J，1994. Oblique convergence，indentation and rotation tectonic in Taiwan Mountain belt：insights from experimental modelling. Earth and Planetary Science Letters，121（3-4）：477-494.

Lu L X，Sun J M，Zhang Z L，et al，2020. Late Miocene accelerated exhumation in the central Tajik Basin and implications for northward indention and lateral growth of the Pamir. Tectonophysics，787：228438.

Macedo J，Marshak S，1999. Control on the geometry of fold-thrust belt salient. Geological Society of America Bulletin，111（12）：1808-1822.

MacKay M E，1995. Structural variatiou and landward vergence at the toe of the Oregon accretionary prism. Tectonics，14（6）：1309-1320.

MacKay M E，Moore G F，Cochrane G R，et al，1992. Landward vergence and oblique structural trends in the Oregon margin accre-tionary prism：Implications and effect on fluid flow. Earth and Planetary Science Letters，109（3-4）：477-491.

Marques F O，Cobbold P R，2002. Topography as a major factor in the development of arcuate thrust belts：insights from sandbox experiments. Tectonophysics，348（4）：247-268.

Marques F O, Cobbold P R, 2006. Effects of topography on the curvature of fold and thrust belts during shortening of a 2-layer model of continental lithosphere. Tectonophysics, 415(1-4): 65-80.

Marshak S, 2004. Salients, Recesses, Arcs, Oroclines, and Syntaxes; a Review of Ideas Concerning the Formation of Map view curves in Fold-thrust Belts. AAPG Memoir, 82: 131-156.

Marshak S, Wilkerson M S, 1992. Effect of overburden thickness on thrust belt geometry and development. Tectonics, 11(3): 560-566.

Mohadjer S, Bendick R, Ischuk A, et al, 2010. Partitioning of India-Eurasia convergence in the Pamir-Hindu Kush from GPS measurements. Geophysical Research Letters, 37: 1-6.

Pennock E, Lillie R, Zaman A, et al, 1989. Structural interpretation of seismic reflection data from eastern Salt Range and Potwar Plateau, Pakistan. The American Association of Petroleum Geologists Bulletin, 73: 841-857.

Persson K, Sokoutis D, 2002. Analogue models of orogenic wedges controlled by erosion. Tectonophysics, 356: 323-336.

Pons A, Mourgues R, 2012. Deformation and stability of over-pressured wedges: Insight from sandbox models. Journal of Geophysical Research, 117: B09404.

Ratschbacher L, Frisch W, Linzer H G, 1991b. Lateral extrusion in the eastern Alps. Tectonic, 10(2): 257-271.

Ratschbacher L, Merle O, Davy P, et al, 1991a. Lateral extrusion in the eastern Alps. Tectonic, 10(2): 245-256.

Reiter K, Kukowski N, Ratschbacher L, 2011. The interaction of two indenters in analogue experiments and implications for curved fold-and-thrust belts. Earth and Planetary Science Letters, 302: 132-146.

Ries A C, Shackleton R M, 1976. Patterns of strain variation in arcuate fold belts. Royal Society of London Philosophical Transactions, 283: 281-288.

Robinson A C, 2009. Geologic offsets across the northern Karakorum fault: implications for its role and terrane correlations in the western Himalayan-Tibetan orogen. Earth and Planetary Science Letters, 279: 123-130.

Robinson A C, Yin A, Manning C E, et al, 2004. Tectonic evolution of the northeastern Pamir: constraints from the northern portion of the Cenozoic Kongur Shan extensional system, western China. Geological Society of America Bulletin, 116: 953-973.

Rossetti F, Faccenna C, Ranalli G, et al, 2000. Convergence rate-dependent growth of experimental viscous orogenic wedges. Earth and Planetary Science Letters, 178: 367-372.

Rossetti F, Faccenna, C, Ranalli G, 2002. The influence of backstop dip and convergence velocity in the growth of viscons doubly-vergent orogenic wedges: insights from thermomechanical laboratory experimennts. Journal of Structural Geology, 21: 953-962.

Rowan M G, Munoz J A, Roca E, et al, 2022. Linked detachment folds, thrust faults, and salt diapirs: Observations and analog models. Marine and Petroleum Geology, 37: 184-194.

Ruh J B, Gerya T, Burg J P, 2013. High-resolution 3D numerical modeling of thrust wedges: Influence of décollement strength on transfer zones. Geochem Geophys Geosystems, 14: 1131-1155.

Ruh J B, Gerya T, Burg J P, 2017. Toward 4D modeling of orogenic belts: Example from the transpressive Zagros Fold Belt. Tectonophysics, 702: 82-89.

Santolaria P, Granado P, Carrera N, et al, 2021. From down building to contractional reactivation of salt-sediment systems: Insights from analog modeling. Tectonophysics, 819: 229078.

Santolaria P, Izquierdo-Llavall E, Soto R, et al, 2024. Origin of oblique structures controlled by pre-tectonic thickness variations in frictional and salt-bearing fold-and-thrust belts: Insights from analogue modelling. Journal of Structural Geology,

179：105042.

Santolaria P，Vendeville B，Graveleau F，et al，2015. Double evaporitic décollements：Influence of pinch-out overlapping in experimental thrust wedges. Journal of Structural Geology，76：35-51.

Schmidt J，Hacker B R，Ratschbacher L，2011. Cenozoic deep crust in the Pamir. Earth Planetary Science Letters，312（3-4）：411-421.

Schori M，Zwaan F，Schreurs G，et al，2021. Pre-existing Basement Faults Controlling Deformation in the Jura Mountains Fold-and-Thrust Belt：Insights from Analogue Models. Tectonophysics，814：228980.

Schreurs G，Buiter S J H，Boutelier J，et al，2016. Benchmarking analogue models of brittle thrust wedges. Journal of Structural Geology，92：116-139.

Schreurs G，Haenni R，Vock P，2001. Four-dimensional analysis of analogue models；experiments on transfer zones in fold and thrust belts. Geological society of America Bulletin，193：179-190.

Schwab M，Ratschbacher L，Siebel W，2004. Assembly of the Pamirs：age and origin of magmatic belts from the southern Tien Shan to the southern Pamirs and their relation to Tibet. Tectonics，23（4）：1-31.

Seely D，1977，The significance of landward vergence and oblique structural trends on trench inner slopes// Talwani M，Pitman III W. Island Arcs，Deep Sea Trenches and Back-Arc Basins. Washington DC：American Geophysical Union：187-198.

Sippl C，Schurr B，Yuan X，et al，2013. Geometry of the Pamir-Hindu Kush intermediate-depth earthquake zone from local seismic data. Journal of Geophysical Research：Solid Earth，118：1438-1457.

Smit J，Brun J，Sokoutis D，2003. Deformation of brittle-ductile thrust wedges in experiments and nature. Journal of Geophysical Research，108（B10）：2480.

Souloumiac P，Maillot B，Leroy Y M，2012. Bias due to side wall friction in sand box experiments. Journal of Structural Geology，35：90-101.

Suarez R J，Guillaume B，Martinod J，et al，2022. Role of convergence obliquity and inheritance on sliver tectonics：Insights from 3-D subduction experiments. Tectonophysics，842：229583.

Tapponnier P，Peltzer G，Le Dain A Y，et al，1982. Propagating extrusion tectonics in Asia：New insights from simple experiments with plasticine. Geology，10：611-616.

Teixell A，Koyi H A，2003. Experimental and field study of the effects of lithological contrasts on thrust-related deformation. Tectonics，22（5）：1054.

Tikoff B，Peterson K，1998. Physical experiments of transpressional folding. Journal of Structural Geology，20：661-672.

Tikoff B，Wojtal S F，1999. Displacement control of geologic structures. Journal of Structural Geology，21：959-967.

Tobin H，Moore J，MacKay M，et al，1993. Fluid flow along a strike-slip fault at the toe of the Oregon accretionary prism：Implications for the geometry of frontal accretion. Geological Society of America Bulletin，105：569-582.

Underwood M，2002，Strike-parallel variations in clay minerals and fault vergence in the Cascadia subduction zone. Geology，30：155-158.

Vendeville B，1991. Thin-skinned compressional structures above frictional-plastic and viscous décollement layers. Geological Society of America Abstracts with Programs，23（5）：A423.

Vendeville B，2007. The 3-D nature of stress fields in physical experiments and its impact on models overall evolution. Geophysical Research Abstracts，9：02960.

Wang C Y，Cheng X G，Chen H L，et al，2016.The effect of foreland palaeo-uplift on deformation mechanism in the Wupoer fold-and-thrust belt，NE Pamir：Constraints from analogue modelling. Journal of Geodynamics，100：115-129.

Werf I, Schellart W, Strak V, et al, 2023. Analogue modelling of the Ainsa oblique zone in the Southern Central Pyrenees, Spain. Journal of Structural Geology, 177: 104964.

Yin A, Nie S, Craig P, et al, 1998. Late Cenozoic tectonic evolution of the southern Chinese Tian Shan. Tectonics, 17(1): 1-27.

Zhou C, Zhou J X, 2022. Relationship Between Lateral/Basal Shear Stress Ratio and Structural Vergence of Thrust Wedges: Results from Analogue Modeling and Implications for the Origin of Eastern Sichuan-Xuefeng Fold-Thrust Belt in South China. Tectonic, 41 (3): e2021TC007035.

Zhou J, Xu F Y, Wei C G, et al, 2007. Shortening of analogue models with contractive substrata: Insights into the origin of purely landward-vergent thrusting wedge along the Cascadia subduction zone and the deformation evolution of Himalayan-Tibetan orogen. Earth and Planetary Science Letters, 260 : 313-327.

Zhou J, Zhang B, Xu Q, 2016. Effects of lateral friction on the structural evolution of fold-and-thrust belts: Insights from sandbox experiments with implications for the origin of landward-vergent thrust wedges in Cascadia. Geological Society of America Bulletin, 128 (3-4): 669-683.

Zwaan F, Chenin P, Erratt D, et al, 2022. Competition between 3D structural inheritance and kinematics during rifting: Insights from analogue models. Basin Research, 34: 824-854.

Zweigel P, 1998. Arcuate accretionary wedge formation at convex plate margin corners: results of sandbox analogue experiments. Journal of Structural Geology, 20(12): 1597-1609.

第5章 模拟实验误差分析

5.1 重复性实验

在世界各地构造物理模拟实验室开展相同的实验，或者同一实验室开展相同实验的重复测试，进行构造物理模拟实验室相似性的验证，是物理模拟研究的必要工作，也是检验模拟质量是否可靠的重要工作（Schreurs et al，2006；2016）。相似性实验使用的材料属性相同、模型结构相同。同时，基底摩擦属性相同、缩短变形的速率相同、缩短量相同，几乎模型结构的大部分参数相同，只是实验室环境和人为操作上具有差异。因此，不同结构的模型重复性实验，可以进一步揭示物理模拟的相似性和误差的存在及影响。

5.1.1 后侧挡板挤压型实验

此模型水平段脆性层厚度为3.5cm，楔形体的长度为10cm，地貌坡角为10°。楔形体一端背挡提供挤压作用。该模型模拟显示不同的实验室模拟结果存在差异。在瑞士的伯尔尼（Bern）构造物理模拟实验室，模拟结果显示形成前冲式的叠瓦式构造和后冲式断裂叠置，形成了3条前冲断裂和3条后冲断裂，并产生冲起构造，地层层面平滑，无明显的扰动现象。在意大利帕尔马（Parma）构造物理模拟实验室，模拟结果显示形成2条后冲断裂和4条前冲断裂，整个逆冲构造形成背斜样式，地层层面局部出现挠曲现象。在意大利的帕维亚（Pavia）构造物理模拟实验室，模拟结果显示形成4条前冲断裂和2条后冲断裂，横向上形成3个背斜，越靠近根带，形成的背斜越紧闭，同时，剖面还显示形成典型的前陆盆地构造特征。在法国Rueil-Malmaison构造物理模拟实验室测试，显示形成3条前冲断裂和1条后冲断裂，形成断裂的宽度在局部上具有明显不同。在加拿大多伦多（Toronto）构造物理模拟实验室，实验的模拟结果显示形成4条叠瓦式的前冲断裂，无后冲断裂产生。在瑞典乌普萨拉（Uppsala）构造物理模拟实验室测试，则形成3条前冲断裂和3条后冲断裂，在褶皱-冲断带的前缘形成典型的冲起构造（图5-1~图5-8）。

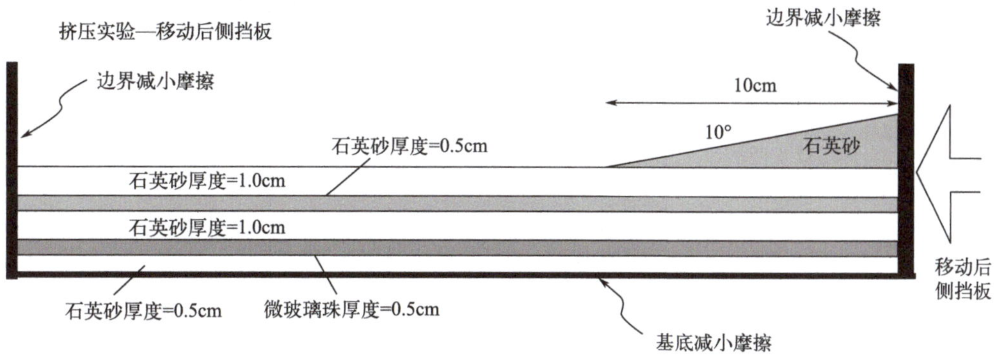

图5-1　后侧挡板挤压型+楔形砂体实验装置

通过环剪测试仪可以测试石英砂的力学特性（Schulze，2008）。测试之前，石英砂存储了一个月才开始测试。室温23℃ ±1℃，相对湿度45%±5%。环剪测试仪允许石英砂内部发生变形，在边界区域产生较低的正应力（20Pa），这与物理模拟观察到的变形值相同。环剪测试仪的外环固定、上覆盖封闭测试的石英砂。测试结果显示，石英砂没有固定的摩擦属性（Lohrmann et al，2003）。石英砂经历了初始弹性变形，然后经历应变硬化达到峰值强度，再经历应变软化达到应力与应变比值稳定区域（图5–2）。

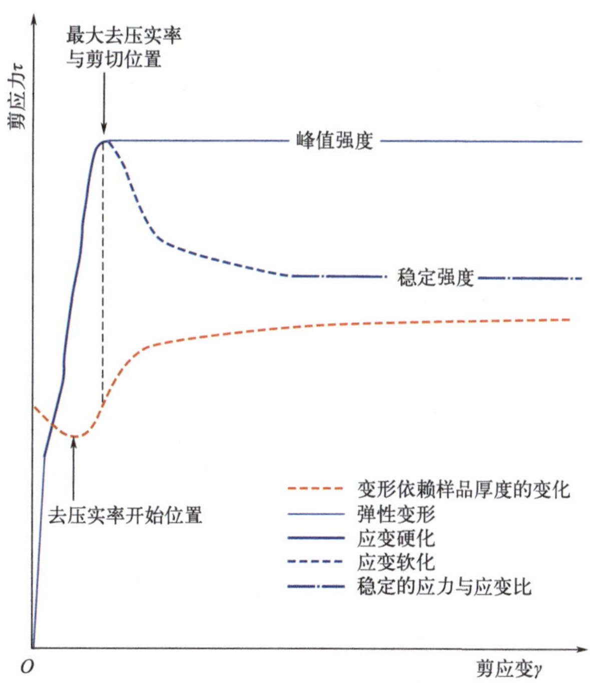

图5-2　石英砂的剪应力与剪应变关系

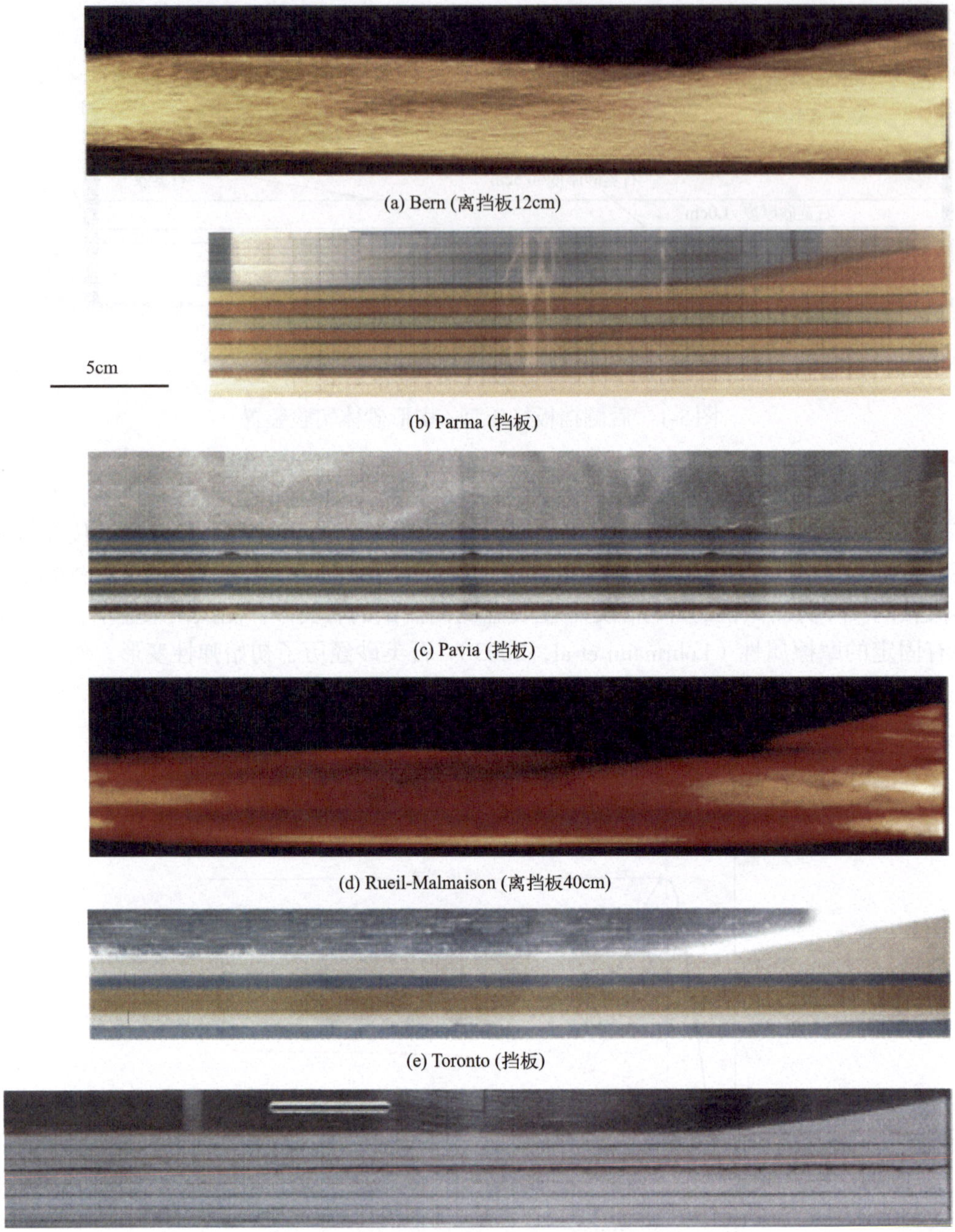

(a) Bern (离挡板12cm)

(b) Parma (挡板)

(c) Pavia (挡板)

(d) Rueil-Malmaison (离挡板40cm)

(e) Toronto (挡板)

(f) Uppsala (挡板)

图 5-3　后侧挡板挤压实验模拟结果 1

(a) Bern

(b) Parma

(c) Pavia

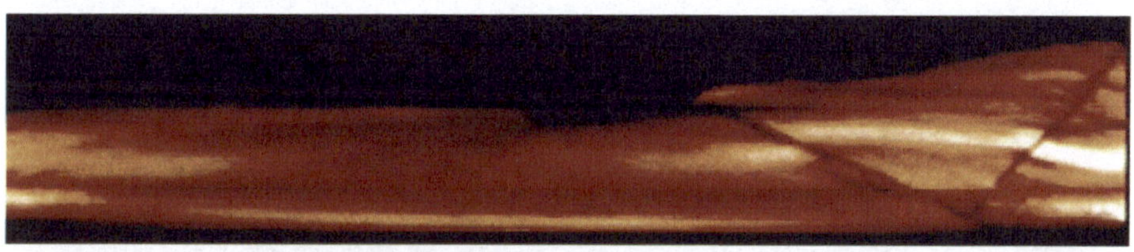

(d) Rueil-Malmaison

(e) Toronto

(f) Uppsala

图5-4　后侧挡板挤压实验模拟结果2

(a) Bern

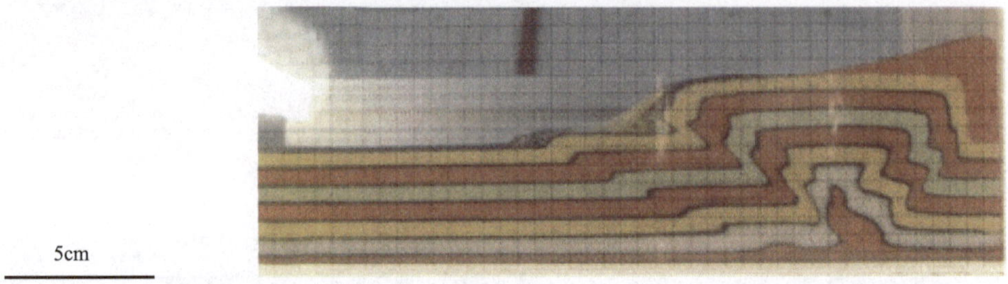

(b) Parma

(c) Pavia

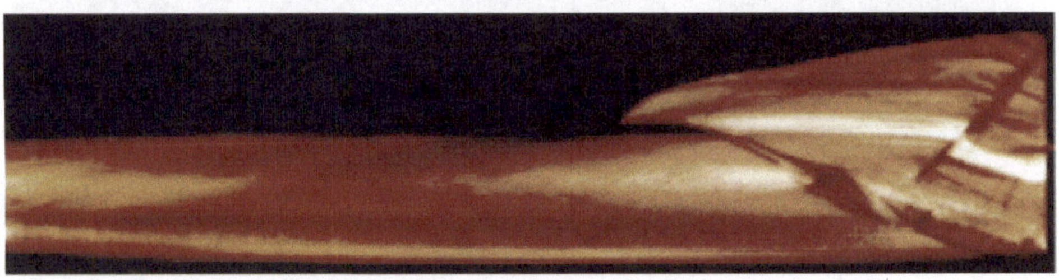

(d) Rueil-Malmaison

(e) Toronto

图5-5 后侧挡板挤压实验模拟结果3

(a) Bern

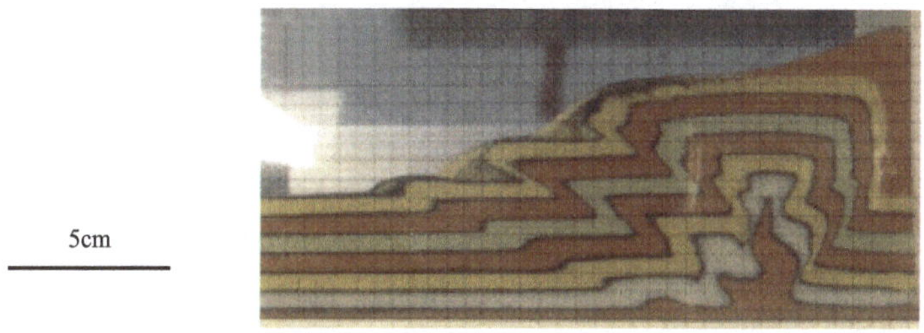

(b) Parma

(c) Pavia

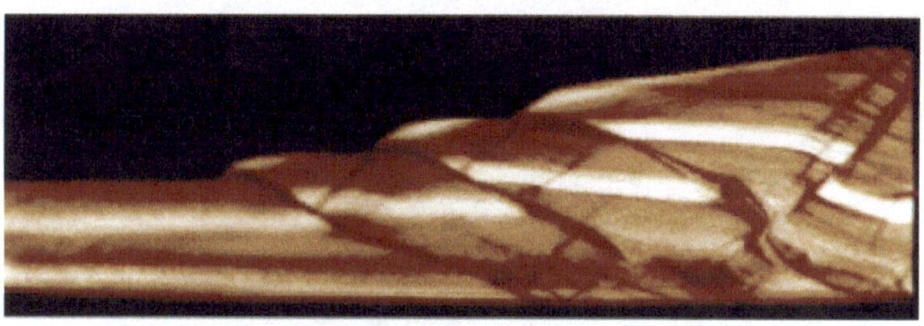

(d) Rueil-Malmaison

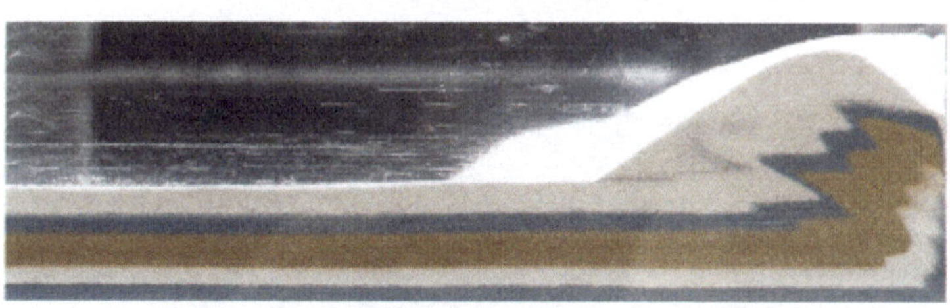

(e) Toronto

图5-6　后侧挡板挤压实验模拟结果4

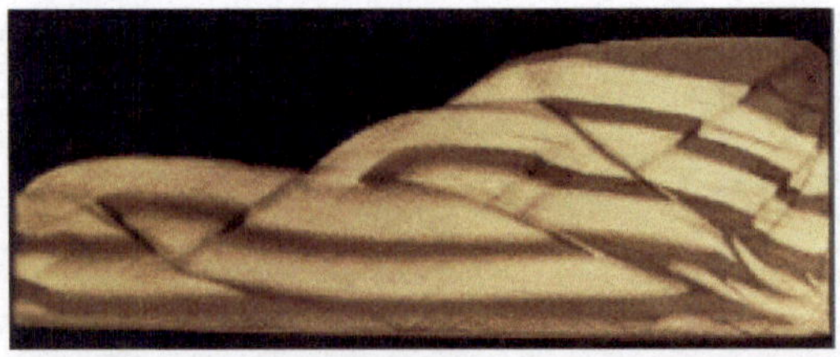

(a) Bern (离挡板12cm)

(b) Parma (挡板)

(c) Pavia (挡板)

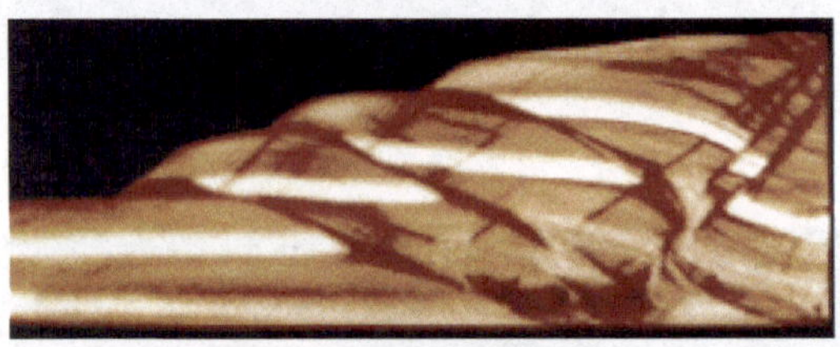

(d) Rueil-Malmaison (离挡板40cm)

(e) Toronto (挡板)

(f) Uppsala (中心)

图5-7 后侧挡板挤压实验模拟结果5

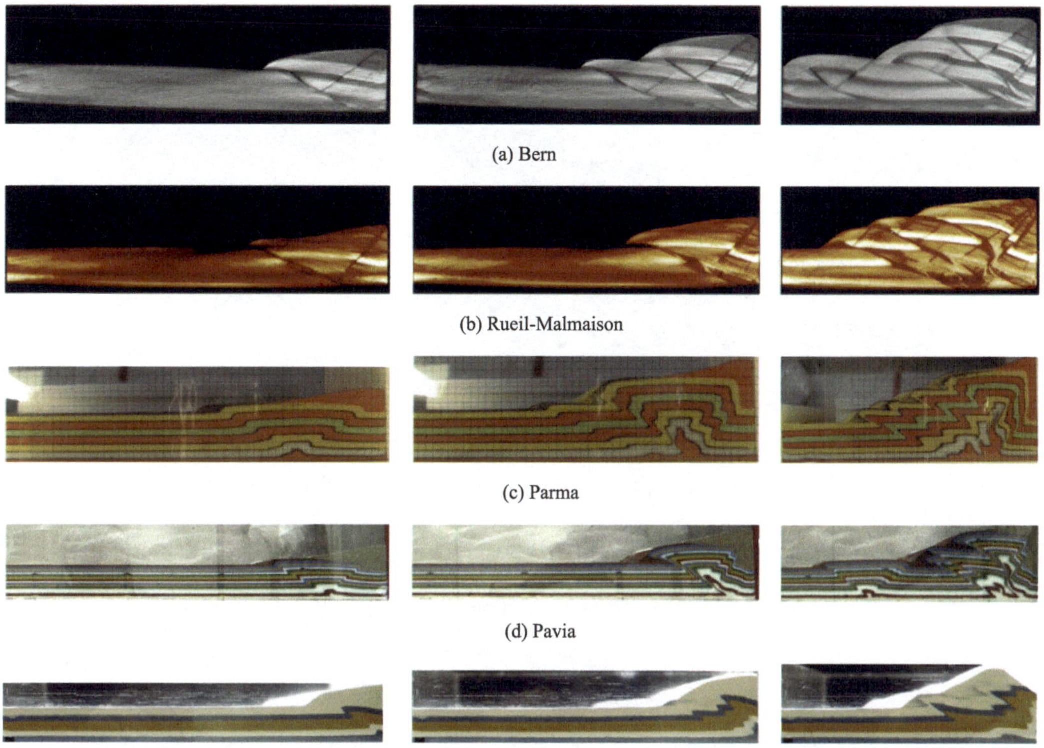

(a) Bern

(b) Rueil-Malmaison

(c) Parma

(d) Pavia

(e) Toronto

图5-8 后侧挡板挤压实验模拟结果6

5.1.2 后侧挡板固定型实验

改变挡板活动方式，测试摩擦力影响。设计了后挡固定，前挡和基底活动条件下的摩擦力对变形影响和控制（图5-9~图5-14）。

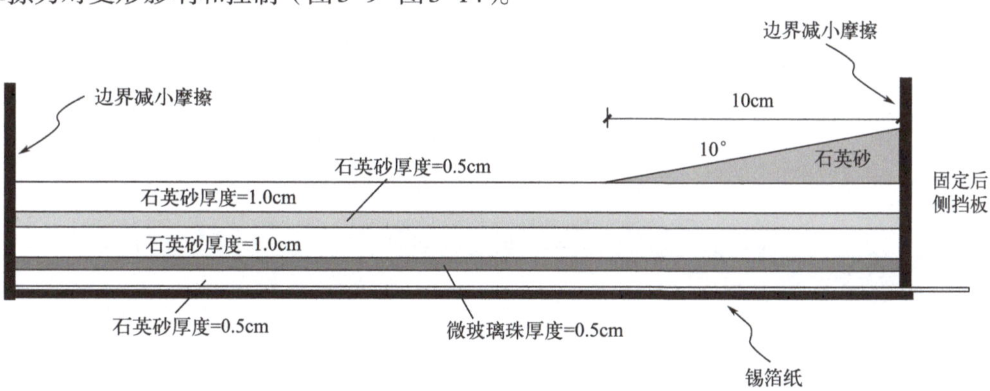

图5-9 后侧挡板固定型+楔形砂体实验装置

模拟结果表明相同的实验在不同实验室测试，会得出差异的模拟结果。同一实验在日本京都（Kyoto）实验室形成前冲构造为主，反冲断裂调节的逆冲构造，具有向前叠置的变形特征。在德国亥姆霍兹波茨坦中心（GFZ Potsdam）测试，得出中部双向冲起构造，前冲与后冲断裂几乎对称（图5-10 ~图5-14）。

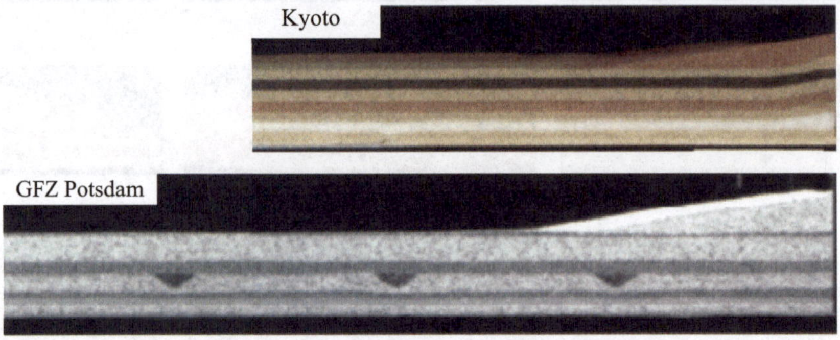

图5-10　后侧挡板固定型实验模拟结果1

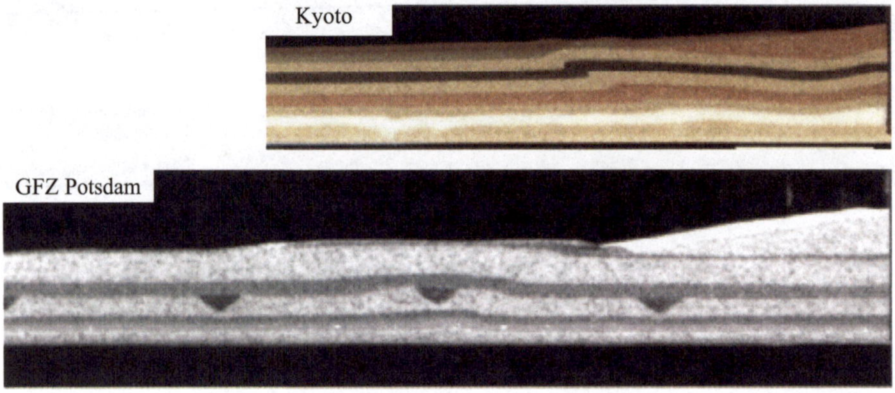

图5-11　后侧挡板固定型实验模拟结果2

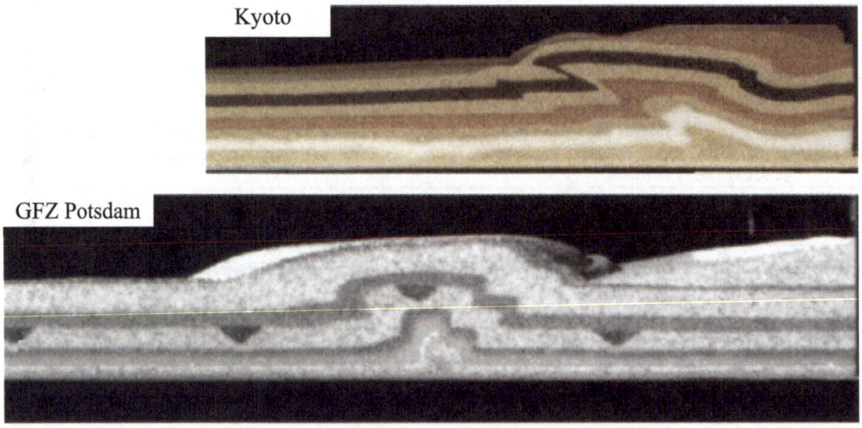

图5-12　后侧挡板固定型实验模拟结果3

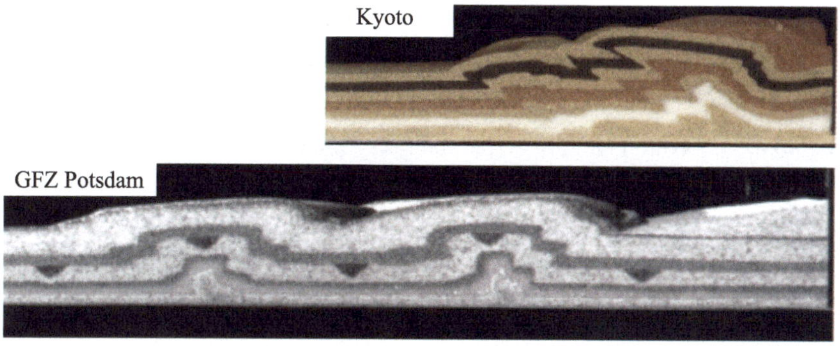

图5-13　后侧挡板固定型实验模拟结果4

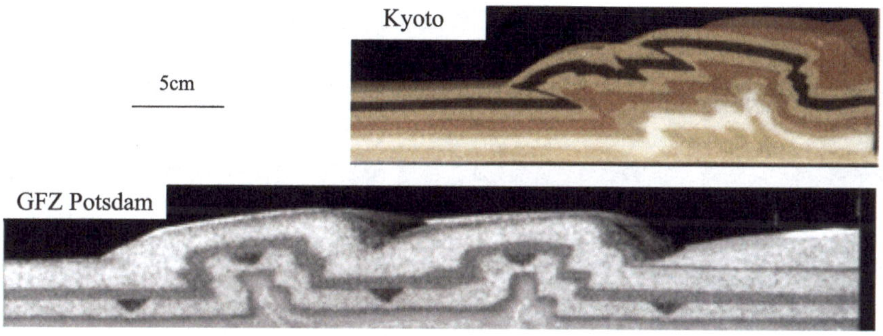

图5-14　后侧挡板固定型实验模拟结果5

5.1.3　背挡无楔形砂体单侧挤压实验

（1）模型设计

模型单侧挤压，内部铺设3cm厚的石英砂层。模型的基底倾角（β）和地貌倾角（α）为0°。前侧挡板和基底固定，且基底不存在侵入现象，基本上是光滑连续的。在后侧挡板的作用下，以2.5cm/h的速度进行挤压。本模型平行于挤压方向没有发生变形的区域长度为35cm，初始厚度为3cm。后侧挡板的挤压位移为10cm（图5-15）。

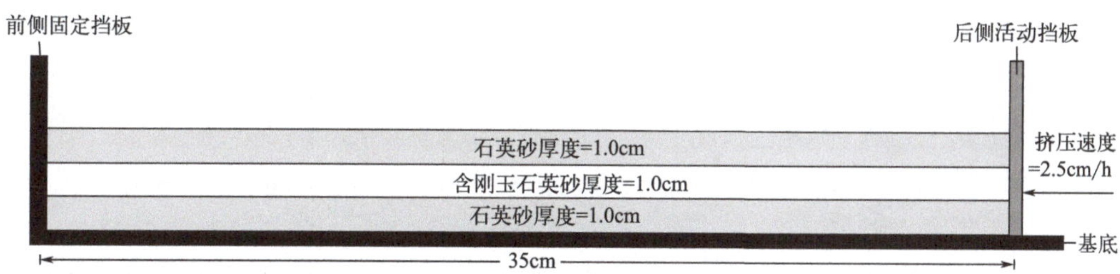

图5-15　表面和基底水平单侧挤压实验装置（Schreurs et al，2016）

（2）模拟结果

瑞士伯尔尼（Bern）大学模拟结果2A形成2条前冲断裂和3条后冲断裂。前冲断裂之间的间距较大，后冲断裂之间的间距较小。瑞士伯尔尼大学模拟结果2B仍然是形成

2条前冲断裂和3条后冲断裂，但是变形样式发生变化，模型的前沿形成典型的断层三角带，构造带内部的扰动现象减弱。德国波茨坦（GFZ Potsdam）构造物理模拟实验室模拟结果显示形成4条前冲断裂和4条后冲断裂，并形成2个典型的断层三角带。法国布雷斯特实验IFP2A形成5条前冲断裂和6条后冲断裂，仍然是形成2个断层三角带，但产生的叠瓦式的逆冲构造比较明显。法国布雷斯特实验IFP 2B形成4条前冲断裂和6条后冲断裂，构造变形样式与IFP 2A相似，但两个断层三角带之间的断裂叠置方式不同（图5-16）。

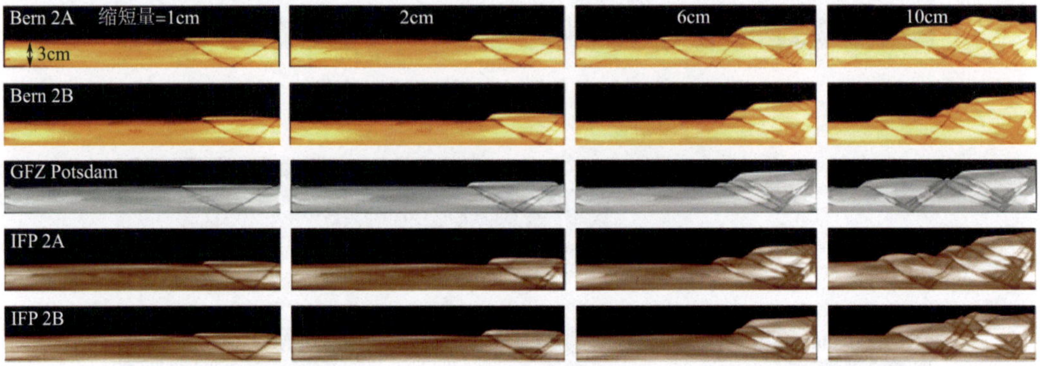

图5-16　表面水平单侧挤压实验不同变形阶段的XRCT扫描成像结果

以下缩短10cm后的剖面特征显示，由于实验环境的变化，构造变形样式具有一定的差异。整体上，均是形成挤压逆冲构造或者断层相关褶皱，但构造变形样式差异较大。在瑞士伯尔尼、法国布雷斯特和德国的波茨坦等实验室模拟结果以断层三角带为主，构造紧闭，叠瓦式的逆冲构造明显。在瑞典乌普萨拉、中国台北和加拿大多伦多等实验室的测试结果显示，相同实验的变形样式发生了变化，形成宽缓的逆冲构造。同时相同实验的重复性验证也具有极大的差异（图5-17）。

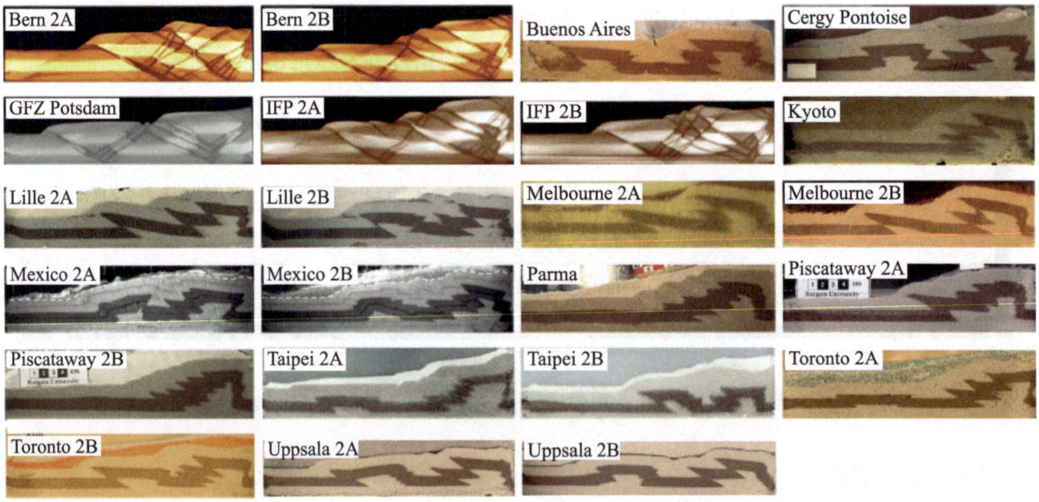

图5-17　表面水平单侧挤压实验在变形缩短10cm以后的不同实验条件的模拟结果对比

5.1.4 伸展型实验

模型基底设置不连续，两侧减小侧向摩擦。模型初始长度20cm，石英砂厚度中间区域为3cm，两侧为3.5cm。摩擦单侧伸展，基底与前侧活动挡板相接，同时向前移动。变形过程中，上覆石英砂与基底的箔纸一起向右侧移动（图5-18）。

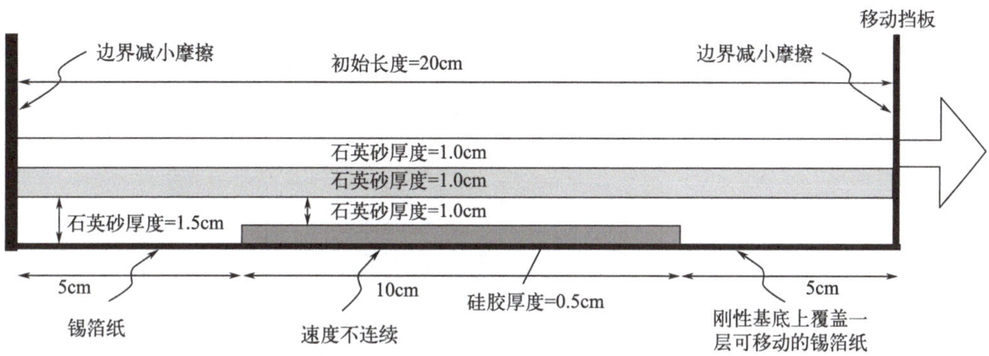

图5-18 伸展型实验装置

瑞士伯尔尼模拟结果显示，在变形初始阶段（伸展量=0~0.5cm），形成2条正断层，形成初始地嵌结构。随着伸展变形量的增加，逐渐形成双地嵌结构特征（伸展量=1.0cm）。伸展量=2.0cm时，产生了7条正断层，形成了明显的双地嵌，地嵌的中央形成典型的凹陷结构特征（图5-19，图中VD表示基底速度不连续点）。

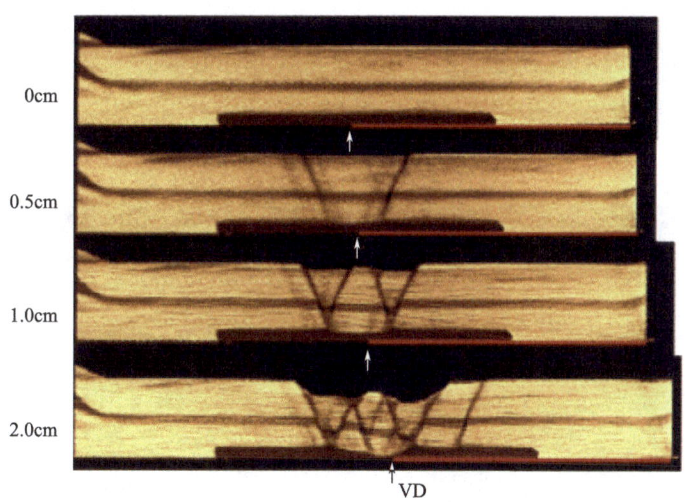

图5-19 瑞士伯尔尼伸展型实验模拟结果

法国吕埃-马迈松模拟结果显示，在变形的初始阶段（伸展量=0.5cm）仍然形成2条正断层和地嵌结构特征。伸展量=1.0cm，形成6条断层，其中4条为边界断层，也是形成双地嵌结构样式。但是伸展量=2.0cm时，形成中央双地嵌，两侧阶梯状的地嵌结构，具有一定的不对称性。此阶段形成了12条正断层。相比前一组实验结果，正断层极为发育（图5-20）。

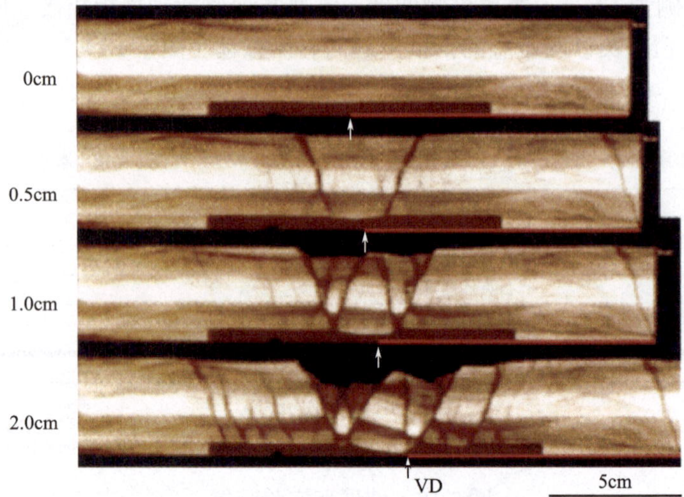

图5-20　法国吕埃-马迈松伸展型实验模拟结果

瑞士伯尔尼实验伸展5cm后的变形结果，形成多条断裂和一个规模较大的地嵌结构，变形带的中部区域，形成典型的凹陷结构特征。意大利佛罗伦萨（Florence）模拟实验显示形成2个对称地嵌和2个半地嵌，总体上呈对称分布。法国吕埃-马迈松实验结果显示形成多条正断层切割的地嵌结构。加拿大多伦多实验显示形成4个地嵌结构。断裂迹线特征比较清晰。在美国新泽西州东北部皮斯卡特维（Piscataway）模拟实验显示形成多条正断层切割的双地嵌，中央构造带的断裂切割上覆地层，规模较大，而两侧断裂规模较小，延伸的距离也较小（图5-21）。

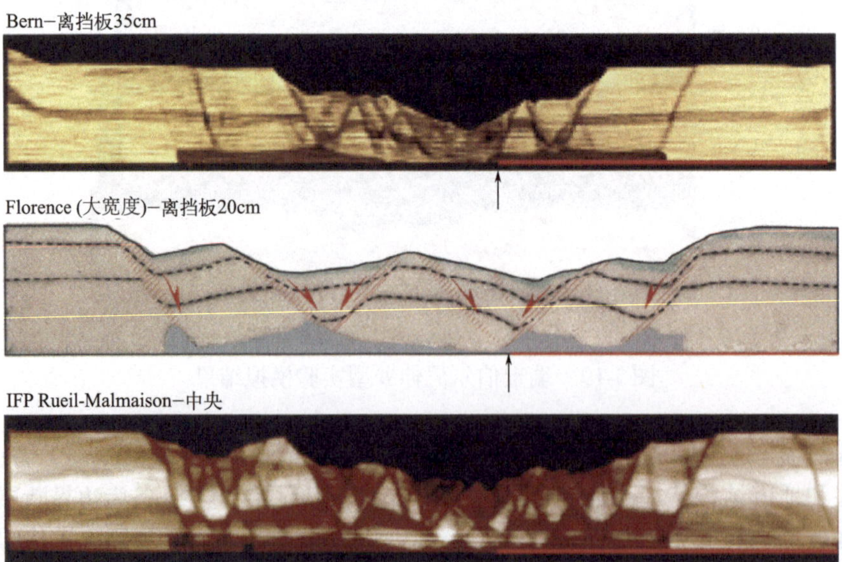

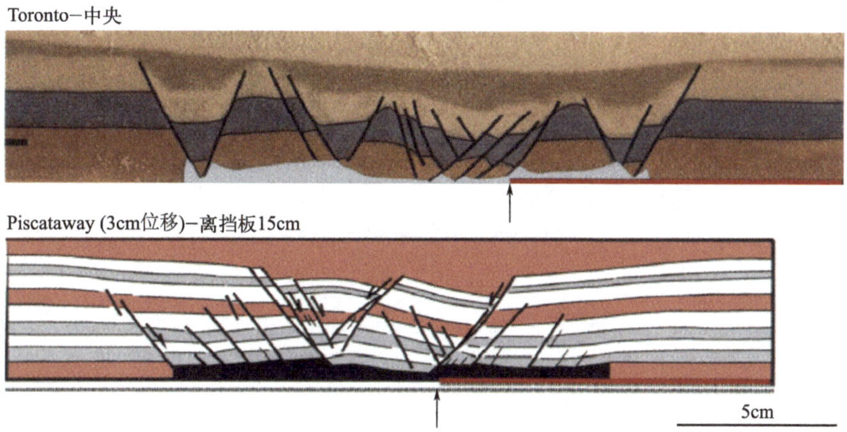

图5-21　实验室伸展型实验模拟结果对比

以上分析表明，不同的构造物理模拟实验室，相同实验的结果具有较大差异。这表明实验的结果与实验室所在区域的位置、环境条件、人为操作等因素相关，应对模拟结果的相似性和重复性引起重视。同时，建立物理模型标准化的模型十分重要，可以进一步证实和验证构造变形的实际演化过程，以避免不必要的误导产生。

5.2　误差分析

一系列的物理模拟相似性分析表明，相同模型的变化和扰动差异与模型的装置、边界条件和材料属性紧密相关。对于挤压型逆冲实验，断层的倾角、断层之间的间距、断层的数量、断层的形成模式和表面倾角之间存在差异。以上这些参数会因模型的基底和边界条件影响而导致变形特征变得更加复杂。

即使最简单的铺设石英砂方式的差异也会导致模拟结果产生一定差异。铺设石英砂的高度和石英砂表面的平整程度对实验结果都具有影响。操作方式会导致石英砂的密度差异、力学性质差异和纵横向的摩擦属性差异。综合对比研究表明，基底摩擦属性的变化差异对模拟结果具有潜在的影响。微小的参数差异将影响构造形成的方式、位置、时间和变形演化等细节不同（图5-22~图5-28）。

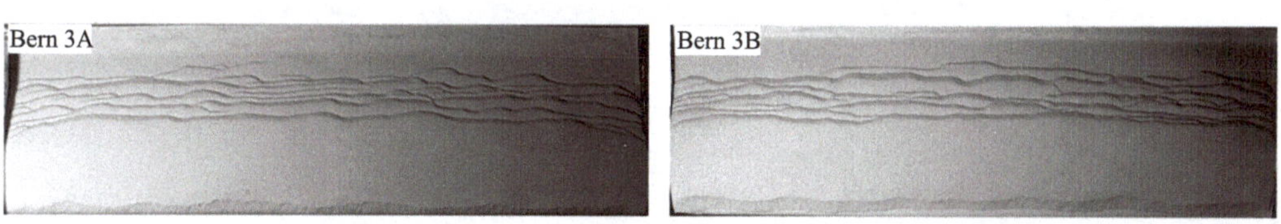

图5-22

图 5-22　不同地区不同实验室的模拟结果对比 1

Buenos Aires—布宜诺斯艾利斯（阿根廷）

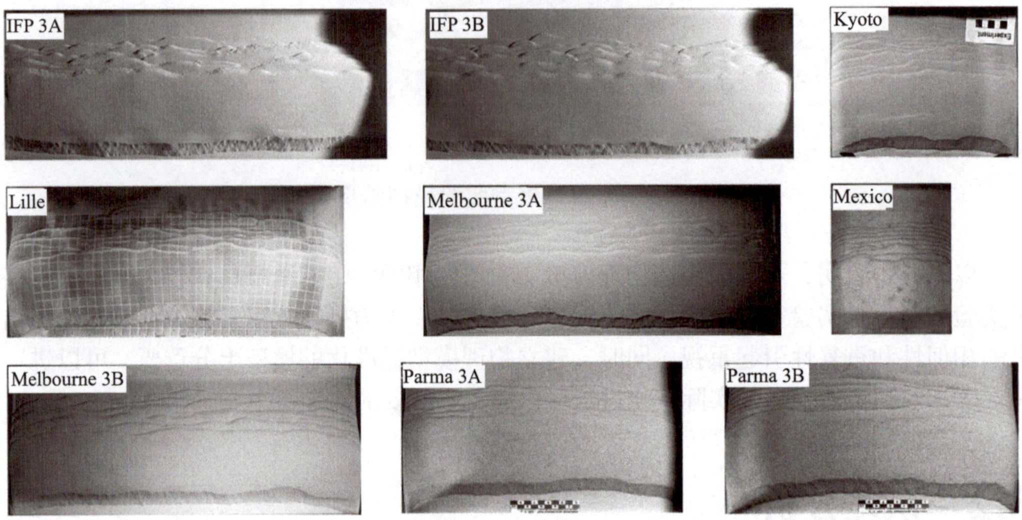

图 5-23　不同地区不同实验室的模拟结果对比 2

IFP—法国石油与新能源研究院；Kyoto—京都（日本）；Lille—里尔（法国）；
Melbourne—墨尔本（澳大利亚）；Mexico—墨西哥；Parma—帕尔马（意大利）

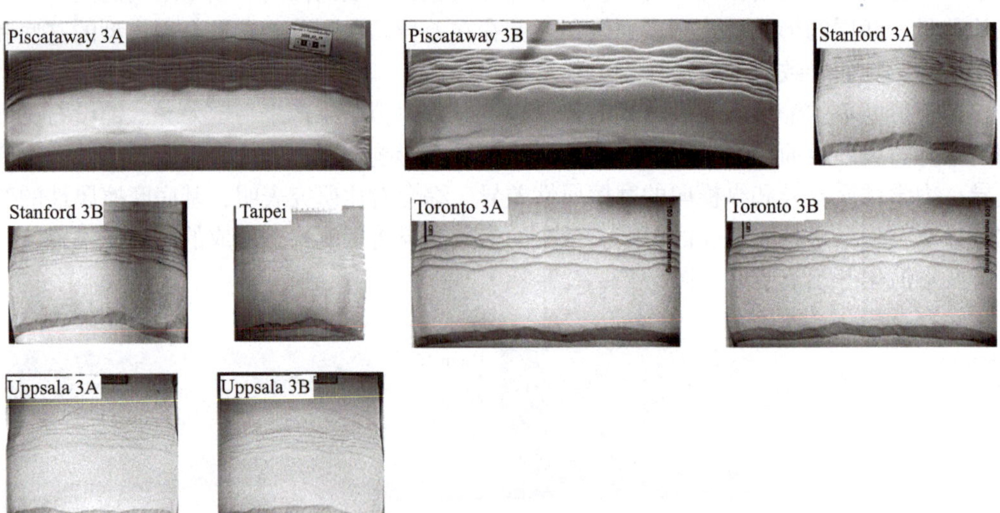

图 5-24　不同地区不同实验室的模拟结果对比 3

Piscataway—皮斯卡维特（美国新泽西州）；Stanford—斯坦福（美国）；Taipei—台北（中国）；
Toronto—多伦多（加拿大）；Uppsala—乌普萨拉（瑞典）

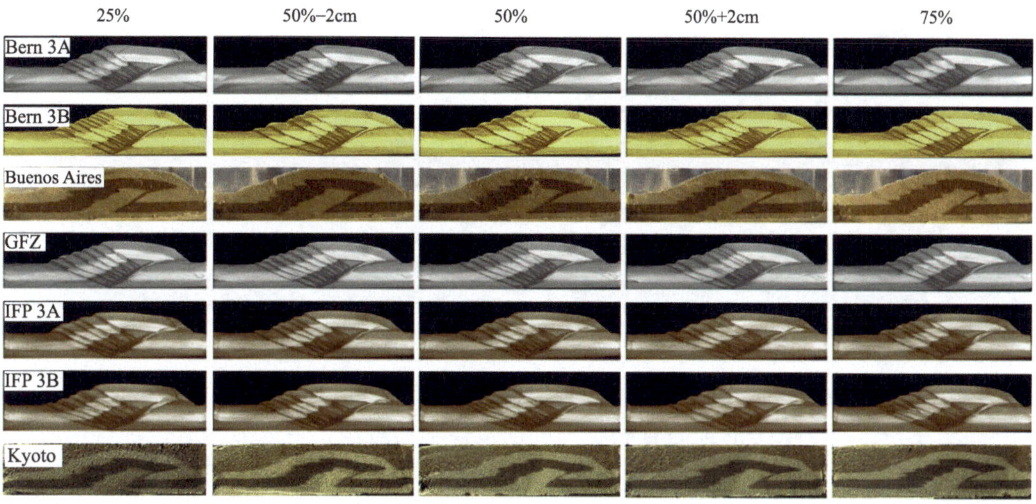

图5-25　不同地区不同实验室的模拟结果对比4

GFZ—德国地学研究中心

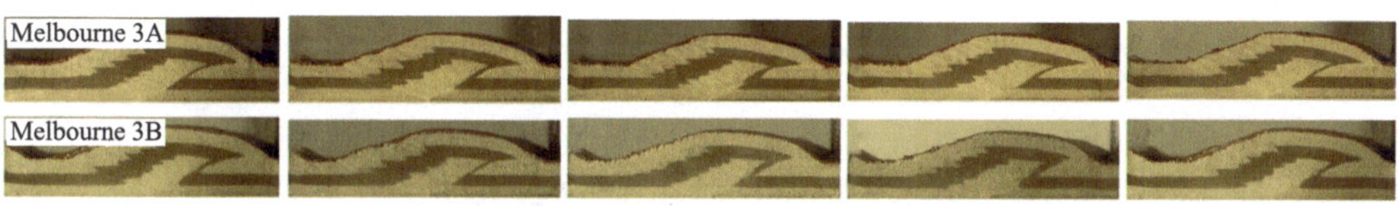

图5-26　不同地区不同实验室的模拟结果对比5

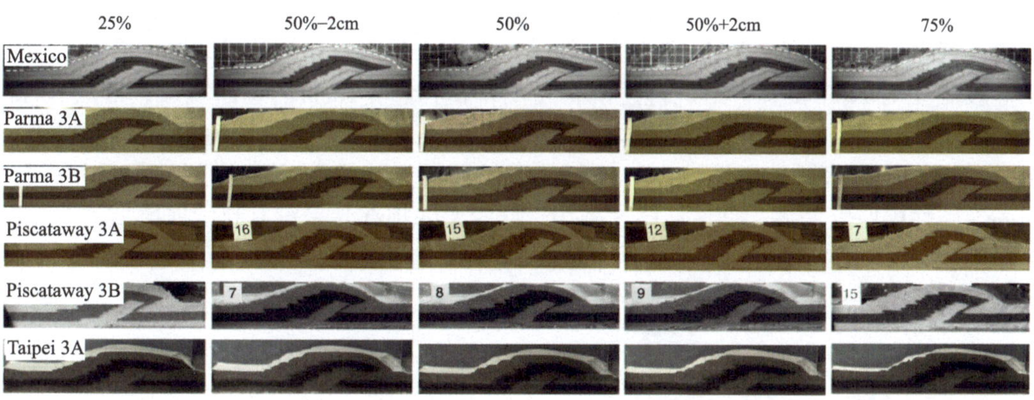

图5-27　不同地区不同实验室的模拟结果对比6

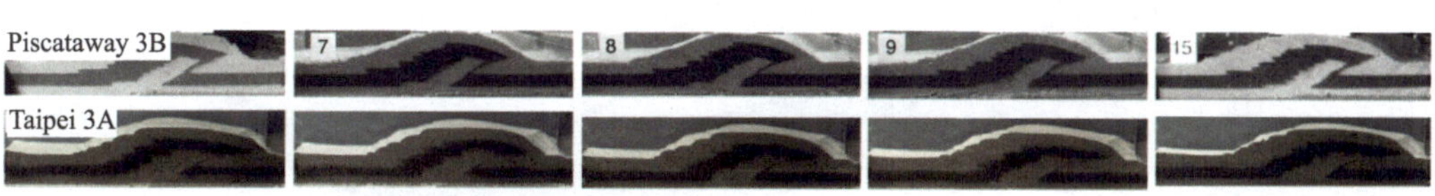

图5-28

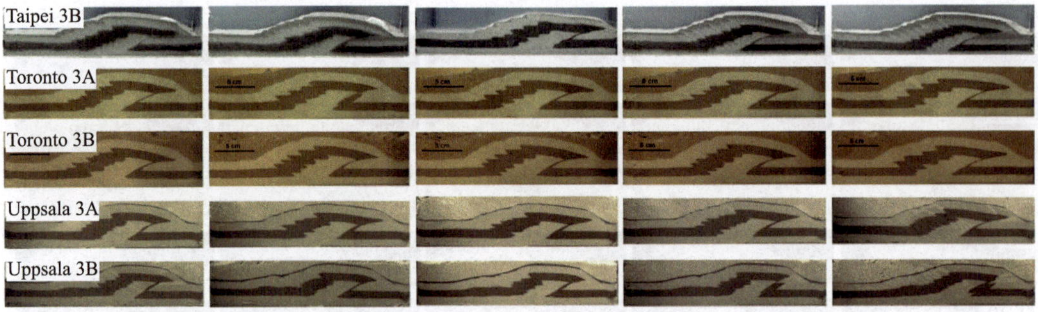

图5-28　不同地区不同实验室的模拟结果对比7

重复性和相似性模型的提高有利于物理模拟技术的进步，可以为构造物理模拟研究人员提供最佳预期“精度”的约束。通过建立如剥蚀、沉积、基底滑脱层和纵横向几何特征的改变等复杂模型以减小模型误差。也可以通过建立模型标准以减小实验结果的误差，尤其是通过激光扫描或图像相关技术，可以定量和半定量地提高模拟结果的精度。

5.3　典型案例及应用

5.3.1　案例1：长距离推覆构造形成机制物理模拟

开展了逆冲推覆构造脆性层厚度为30mm的重复性和相似性测试。模型的长宽高分别为400mm、200mm和50mm，其中石英砂厚30mm，基底硅胶层厚20mm（图5-29）。实验过程中，因人为操作和环境条件的微弱变化，未导致差异的模拟结果。模型1，应用硅胶黏度为9400Pa·s，形成理想的长距离推覆构造，10cm的总缩短量，形成10cm的扩展位移。模型2，使用回收的硅胶进行模型测试，尽管逆冲构造的表面仍然未发生累积性应变，总缩短量仍然为10cm，但变形扩展的位移只有7.0cm。剖面显示靠近挤压一端脆性层厚度增大，韧性层厚度减小，硅胶层的顶部几乎没有起伏。模型3，硅胶的黏度较大，为20000Pa·s。形成1条逆冲断层和2条共轭剪切的断裂或走滑断裂。逆

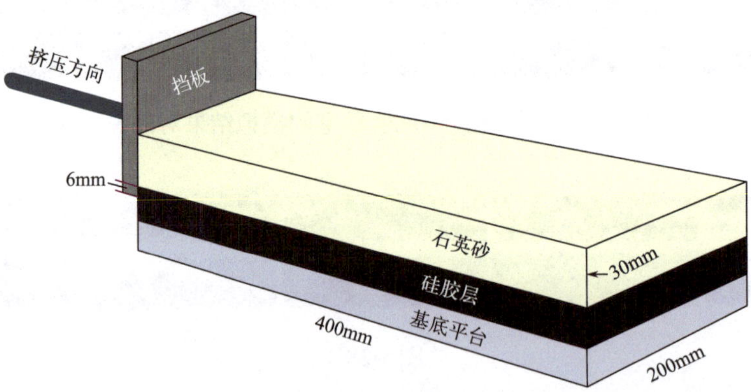

图5-29　褶皱-逆冲带脆性层厚度为30mm模型的重复性实验模型设计

冲构造的扩展位移左侧为3.4cm，中部为6.6cm，右侧为4.4cm。剖面特征显示，硅胶层在逆冲构造的中前沿有局部隆起现象。模型4，逆冲构造带的前沿自由端石英砂长度偏大，约束变形强度增大。模拟结果显示，逆冲构造的左侧位移为6.3cm，右侧位移为7.0cm，形成1条逆冲断裂和1条走滑断裂（图5-30~图5-33）。

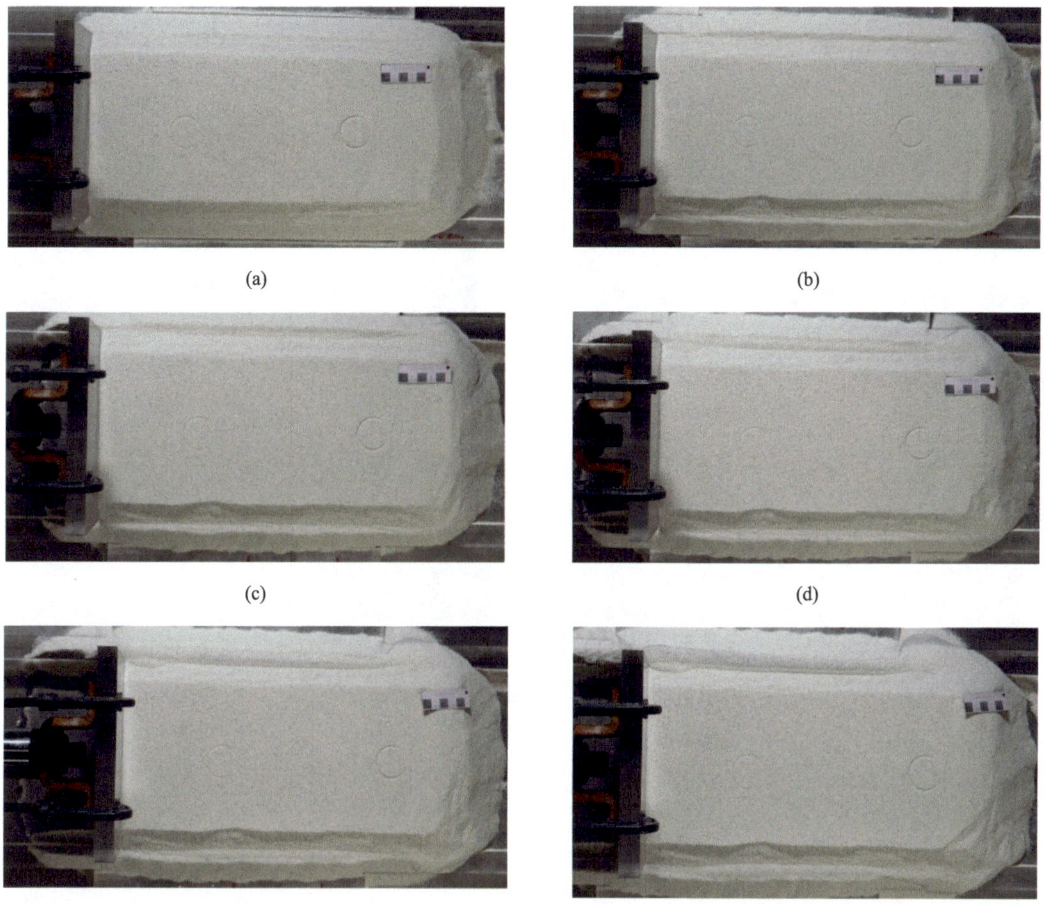

(a) (b) (c) (d) (e) (f)

图5-30　模型1石英砂厚度为3cm，缩短量为10cm，扩展位移为10cm

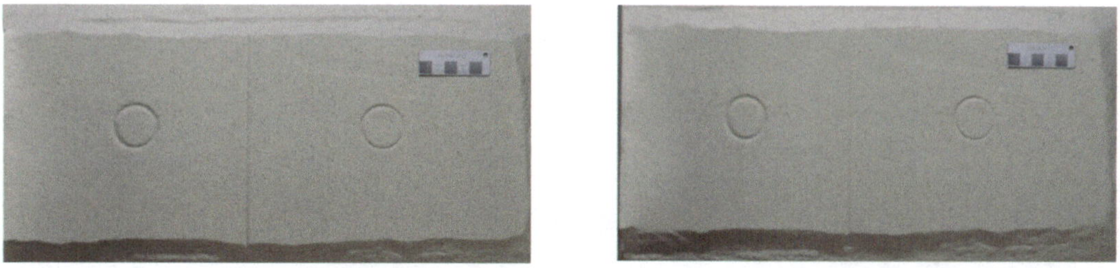

(a) (b)

图5-31

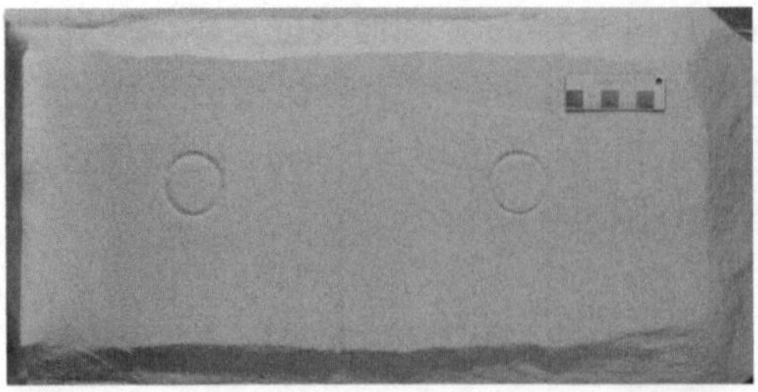

(c)

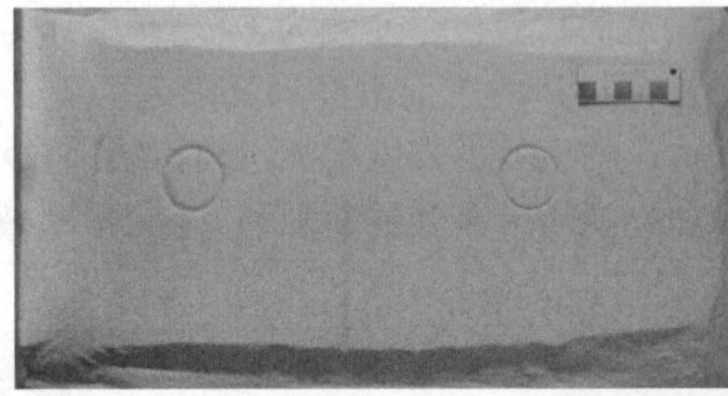

(d)

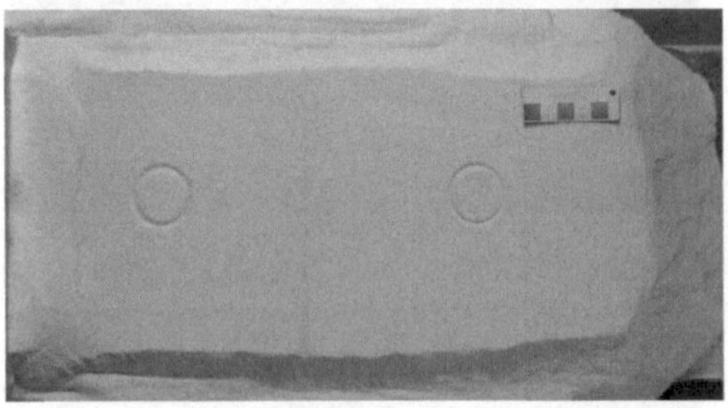

(e)

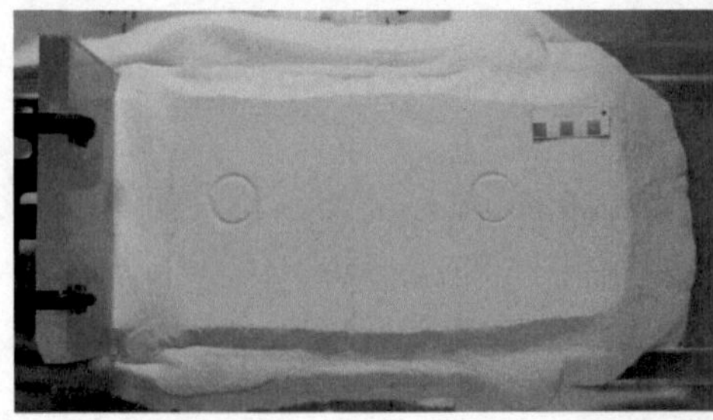

(f)

(g)

图5-31　模型2石英砂厚度为3cm，缩短量为10cm，扩展位移为7.0cm

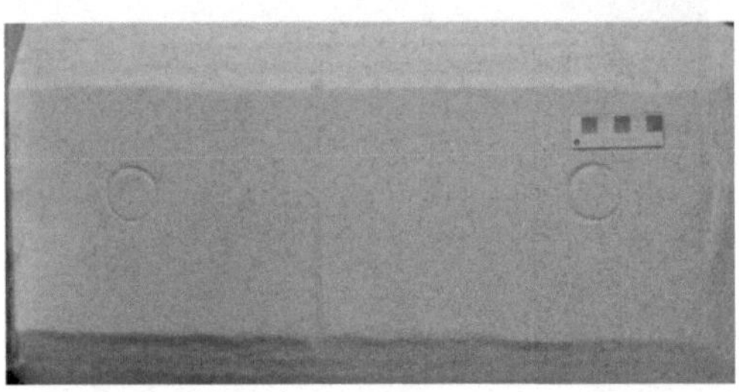

(a)

(b)

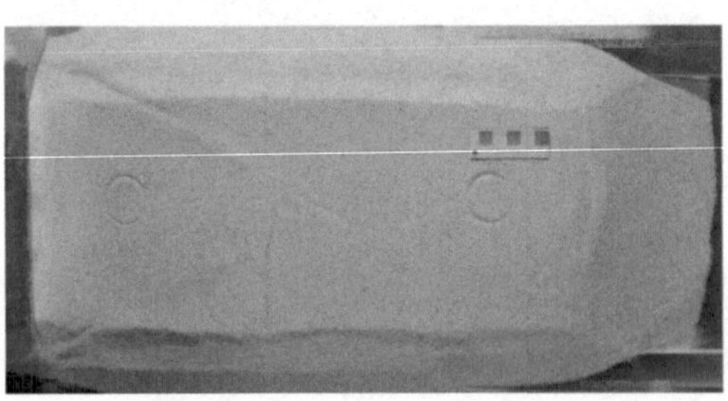

(c)

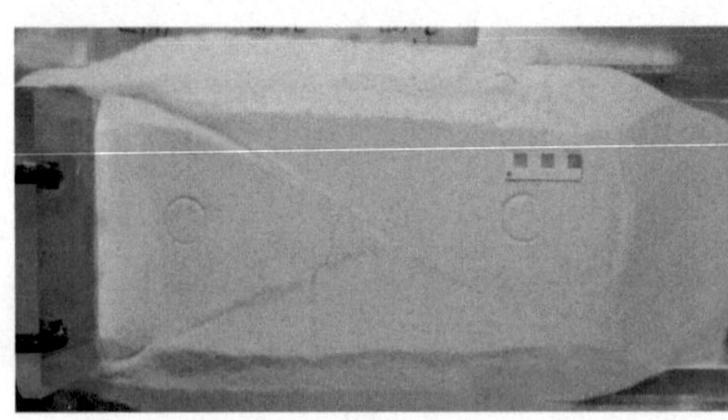

(d)

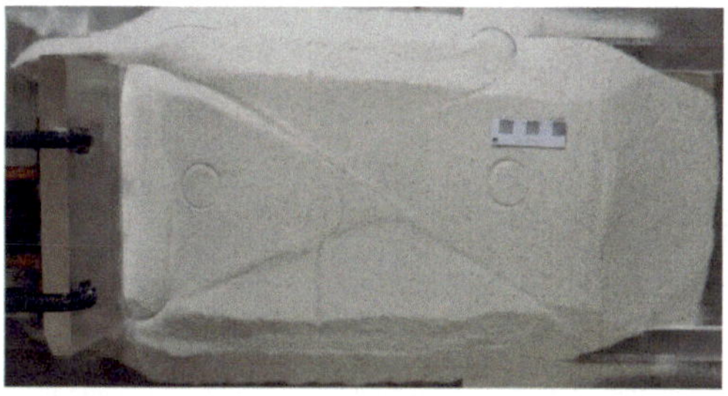

(e)

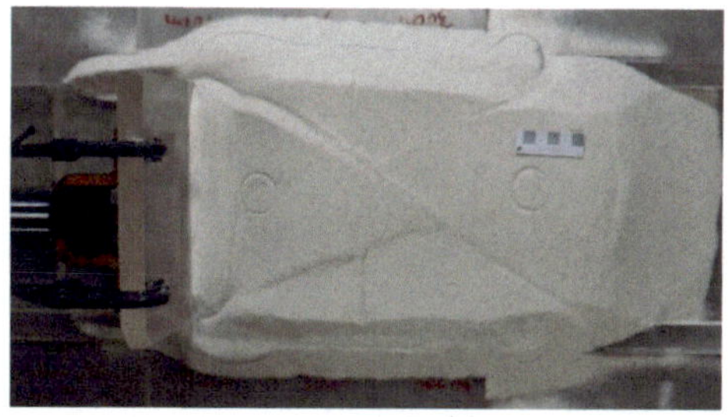

(f)

(g)

图5-32　模型3石英砂厚度为3cm，缩短量为10cm，扩展位移为6.6cm

(a)

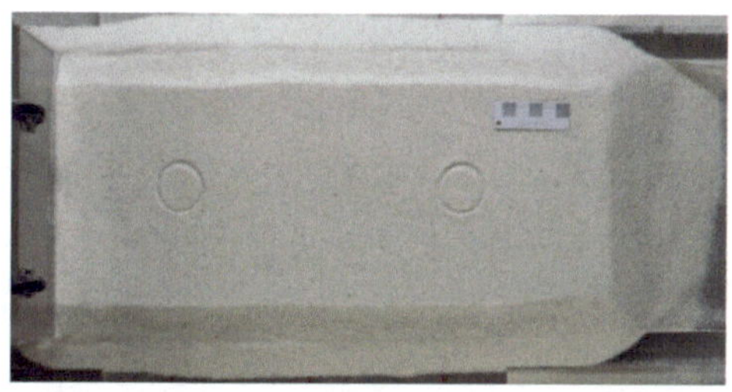

(b)

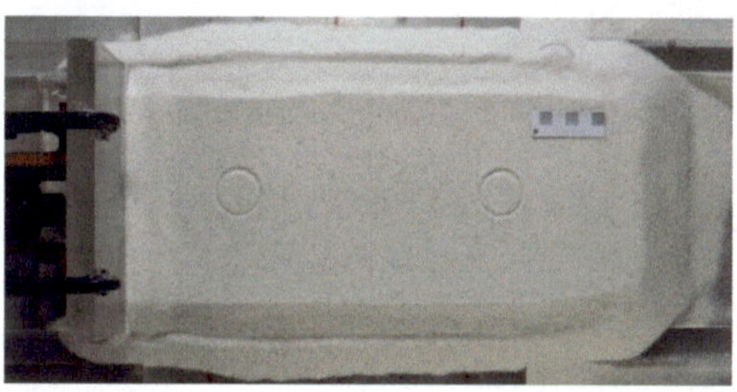

(c)

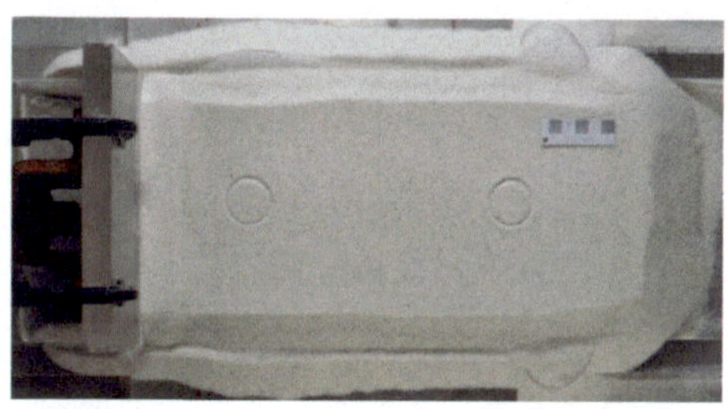

(d)

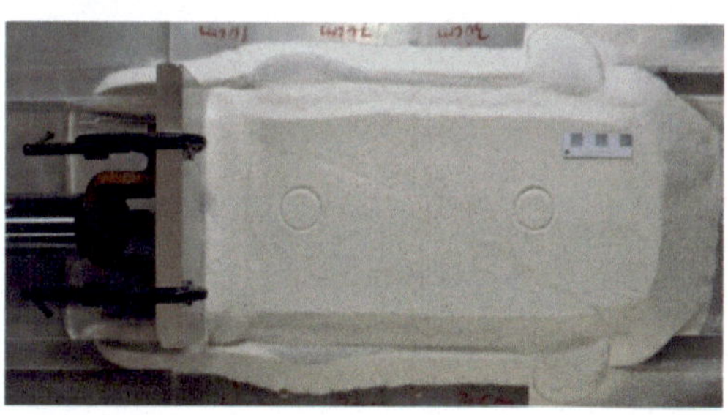

(e)

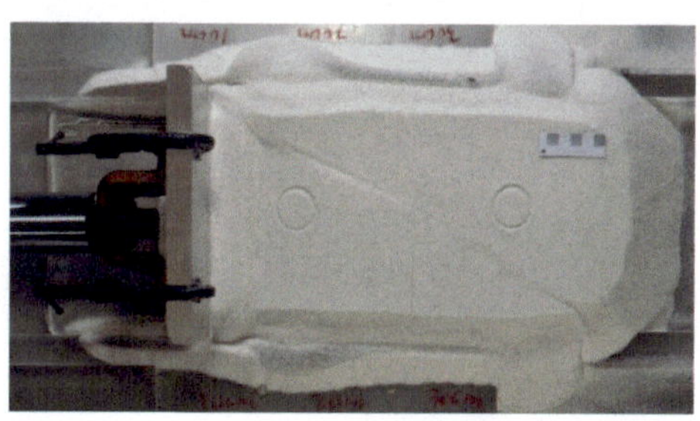

(f)

图5-33

(g)

图5-33　模型4 石英砂厚度为3cm，缩短量为10cm，
扩展位移为6.7cm（左侧）和7.0cm（右侧）

以上4组实验均开展基底硅胶层厚20mm，石英砂厚30mm的相同实验。但4组模型的扩展位移和变形特征存在显著差异。这说明，实验环境和物理模拟的操作需要十分小心和谨慎，稍不注意，或有人为因素，也会导致完全不同的模拟结果。这会给实际的变形演化解释带来错误认识。

5.3.2　案例2：褶皱-冲断带物理模拟相似性验证实验

脆性层厚度与案例1不同，厚度为15mm，其余参数相同。模型1测试时间为2023年12月8日。模型2测试时间为2024年1月8日，模型结构相同。模拟结果显示，变形初始阶段，两个模型均形成一条逆冲断层。变形中期，褶皱-冲断带根带增厚缓慢，应变主要向前沿扩展。变形的后期，仍然形成1条逆冲断层。尽管2组模型的变形样式相同，但模型1的扩展位移值为7.0cm，而模型2的扩展位移值为6.5cm，存在微弱的差异（图5-34）。本组模型结果表明，模型的测试分析效果较好，具有较好的稳定性和一致性。

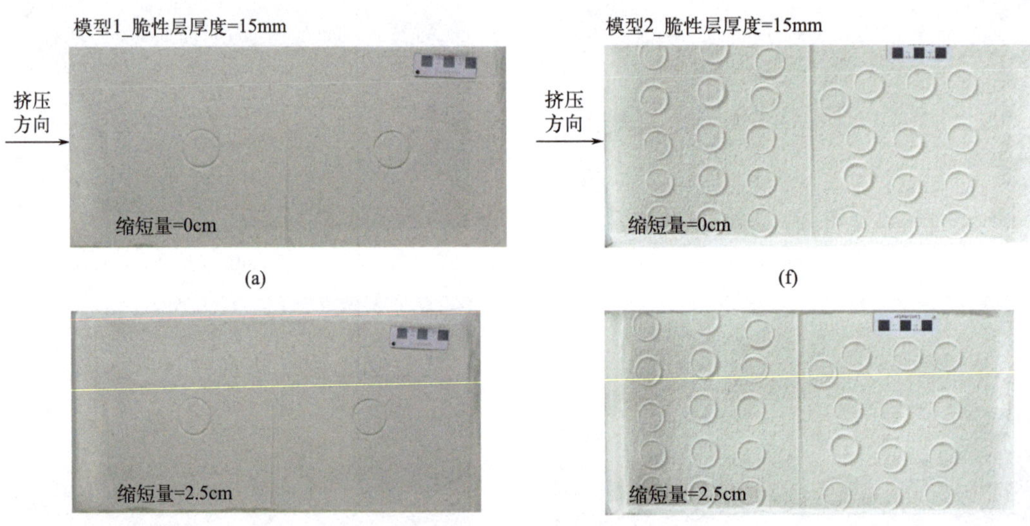

(a)　(f)

(b)　(g)

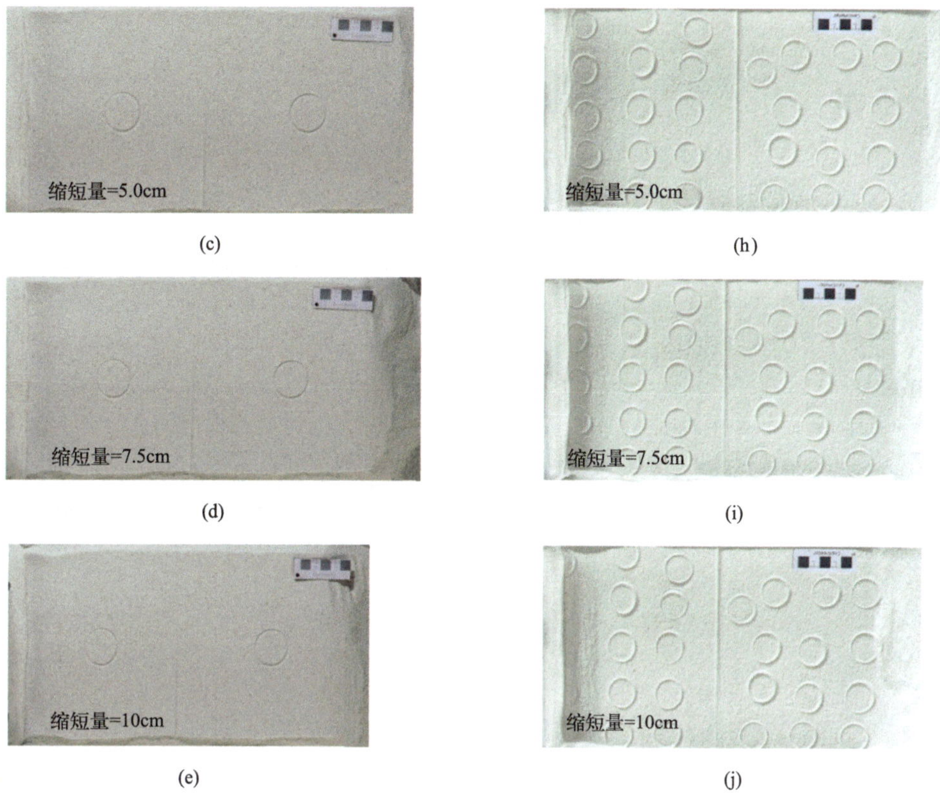

图5-34　模型1和模型2脆性层15mm重复性及相似性对比

以上案例的分析，表明虽然物理模拟可以得出相似的结果，但是实验误差是不可避免的。过去的物理模拟研究表明，重复性实验完全相同的结果有时是不存在的。这估计与人为操作差异、不同时间段的处理误差、地球不同区域的重力场、模型结构的差异、物质属性的微观差异等一系列因素有关。尽管如此，物理模拟技术仍然是现今探讨构造变形演化较为有效的工具，应加强应用，并应重视该技术的应用和潜在价值。

自然界的构造变形是十分复杂的，应用单一的物理模拟实验只能形成一种可能的变形样式，而不是确定性的解。Butler et al.（2020）回顾Cadell对造山带形成开展的大量物理模拟实验及对后人研究的启示时，认为早期的物理模拟也是基于野外观察开展模拟实验的，但它们的模拟实验主要是尽量设计不同模型、应用各种材料努力再现自然界复杂的变形样式，也就是说物理模拟可以再现多种变形样式。Cadell通过模拟研究，基本上模拟出部分构造现象，但是复杂的变形样式仍然没有得到完美呈现。因为地壳的变形经历了构造抬升、剥蚀、沉积、流变学、温度、块体几何特征和物理属性等一系列因素的影响。很难利用单一的实验解决具体构造地质问题。这就告诉读者，物理模拟是一种技术手段，通过该技术可以再现自然界多种变形样式、运动学特征及动力学过程的可能性及多样性，但不应对实际的具体变形构造的形成做出确定性的解，否则会导致极端的错误，进而引起误导。这应引起构造物理学界同行的重视。

参考文献

Butler R W H，Bond C E，Cooper M A，2020. Henry Cadell's "Experimental research in mountain building"：their lessons for interpreting thrust systems and fold–thrust structures. The Geological Society of London，490：1-23.

Schreurs G，Buiter S J H，Boutelier J，et al，2016. Benchmarking analogue models of brittle thrust wedges. Journal of Structural Geology，92：116-139.

Schreurs G，Buiter S J H，Boutelier J，et al，2006. Analogue benchmarks of shortening and extension experiments. The Geological Society of London，253：1-27.

Schulze D，2008. Pulver und Schüttgüter–Fliesseigenschaften und Handhabung. Berlin：Springer.

Lohrmann J，Kukowski N，Adam J，et al，2003. The impact of analogue material properties on the geometry，kinematics，and dynamics of convergent sand wedges. Journal of Structural Geology，25：1691-1771.

第 6 章

发展趋势及总结

6.1 结论

通过系列摩擦属性对褶皱-冲断带影响的物理模拟研究，基本揭示了褶皱-冲断带的变形演化过程及控制因素。侧向摩擦和基底摩擦是控制褶皱-冲断带变形演化过程的重要控制因素。侧向摩擦导致褶皱-冲断带形成前冲或后冲构造变形样式。没有侧向摩擦作用，褶皱-冲断带可能形成前冲构造，同时褶皱-冲断带的变形扩展范围减小。这表明侧向摩擦作用有利于促进构造带应变的传播。减小侧向摩擦力，可以减小弧形褶皱-冲断带的曲率。弧形褶皱-冲断带的形成与侧向摩擦有关，这或许是客观存在的事实。但是，褶皱-冲断带弧形的指向还与其他潜在的控制因素有关。

基底摩擦减小褶皱-冲断带的传播距离，也可以改变褶皱-冲断带的运动学指向和构造变形样式。脆性基底，有利于形成前冲断裂，形成叠瓦式的逆冲断层。韧性基底，有利于形成逆冲断层和断层相关褶皱。减小基底摩擦力，有利于褶皱-冲断带快速向前陆构造带扩展变形。同时，基底摩擦强度的存在，导致变形破裂的极限强度减小，有利于断裂的发育。

脆性层的厚度、重力加速度、密度、侧向摩擦系数和基底摩擦系数等都会影响侧向摩擦力。同时，基底韧性层的黏度、应变速率、变形时间和韧性层的厚度等都会影响基底剪应力的改变。因此，物理模拟表明褶皱-冲断带是多因素控制下的变形结果，其形成演化过程和变形样式的成因较多，需要系统探索。

本书从剖面和平面两个方面开展不同条件下的侧向和基底摩擦属性对褶皱-冲断带的变形演化的物理模拟探索实验，为理解褶皱-冲断带的变形演化机制提供了构造物理学证据，可为从事褶皱-冲断带变形研究和区域油气及矿产资源勘探提供科学依据。

当然，自然界的变形过程十分复杂，当今设计的物理模型，在几何特征和边界条件上仍然存在一定的局限性。但经过同行的长期不断努力，模拟结果一定会逐渐逼近客观自然，同时也会促进褶皱-冲断带变形机制的理解。

6.2 创新点

尽管部分学者认识到了摩擦属性对构造变形具有一定的影响，同时也开展了部分的物理模拟研究，但是针对摩擦属性对褶皱–冲断带变形演化影响的物理模拟研究书籍还很少见，尤其是在平面、剖面、单层滑脱层和双层滑脱层等条件下开展侧向和基底摩擦对褶皱–冲断带变形影响的物理模拟探索十分缺乏。本书在前人研究的基础上，系统地进行了大量的实验研究，为国内外同行和相关领域的专家、学者，以及研究生学习提供了实验证据，也填补了该领域研究的空白，这是本书的创新点。

6.3 发展趋势

6.3.1 摩擦属性的发展趋势

摩擦属性对褶皱–冲断带的变形演化及控制在20世纪中后期就得到了重视，如Davis 等（1983）开始了基底摩擦和内摩擦对变形演化及构造变形样式的研究，取得了很多宝贵的研究成果。早期的研究认为造山带的形成需要一定的摩擦强度才能形成。Huiqi Liu等（1992）研究认为，基底摩擦和各向异性对叠瓦式逆冲推覆构造断层的间距、隆升幅度等均具有明显的影响。随着脆性层基底摩擦系数从0.37增加到0.47，再到0.55，褶皱–冲断带楔形体的地貌坡角分别为1.5°、7°和18.5°，隆升的幅度逐渐增加。后来，在构造变形样式和变形演化研究中，对基底摩擦和内摩擦的研究越来越多（Bonini，2007；Gravelaeu et al，2012；Buiter，2012；Schreurs et al，2016）。尽管如此，基底和侧向摩擦对变形影响的相关研究并不多见。在Costa and Vendeville（2002）应用基底软弱层结构对褶皱–冲断带几何特征和运动学演化开展的相关物理模拟研究中，就意识到侧向摩擦对构造变形样式具有重要的影响，但是针对该项研究，并没有开展系统的探讨。2012年，Souloumiac等学者对模型物质侧向面积与基底面积比对构造变形样式的影响进行了研究，表明比值小于0.1，影响较小；比值增加到0.25，褶皱–冲断带开始变得弯曲；当比值大于0.3以后，弧形褶皱–冲断带弯曲变小；当比值增大到0.9时，弧形曲率几乎消失，但逆冲断裂产生的位置和滑脱层的长度与模型的结构紧密相关。Zhou et al.（2016、2022）和He et al.（2023）针对侧向和基底摩擦强度对单层和双层滑脱层的变形演化及构造变形样式的影响进行了模拟研究，表明侧向摩擦强度和基底的摩擦强度比对褶皱–冲断带的变形具有极为重要的控制作用。

摩擦属性对褶皱–冲断带变形演化影响的探索尽管取得了一定的研究成果，但系统性的模拟研究仍然十分缺乏。尤其侧向摩擦、侧向与基底摩擦以及内摩擦等对褶皱–冲断带变形演化影响的系统研究仍然十分缺乏。因此，该方面未来发展一定很有潜力。未来的发展趋势是利用先进的计算机、无损扫描技术和先进的模型材料和测试技术，系统开展摩擦属性对褶皱–冲断带变形演化的研究，提高模拟结果的可靠性和精确性。

除了摩擦属性影响外，褶皱–冲断带复杂的变形样式还与岩石的结构、先存断裂作用和地层的流变学特性紧密相关。在未来的模型设计中需要充分考虑以上因素的影响，这样构建的物理模拟才能更加合理和可靠（Buiter，2012）。物理模拟技术在将来一定会发展得更加完善，这将为褶皱–冲断带成因理论的完善、构造变形演化的理解和研究，油气及矿产资源的勘探评价带来重要的促进作用。

6.3.2　地貌变形物理模拟发展趋势

挤压、伸展和走滑体系的构造、侵蚀、沉积相互作用对地貌变形演化的物理模拟发展体现在以下三个方面：

① 针对具体断层在变形过程中的地表过程和地貌演化需要进一步的探索；

② 从排水体系划分沉积盆地的角度出发，需要对源-汇系统采用连续的地貌监测技术（图6-1）；

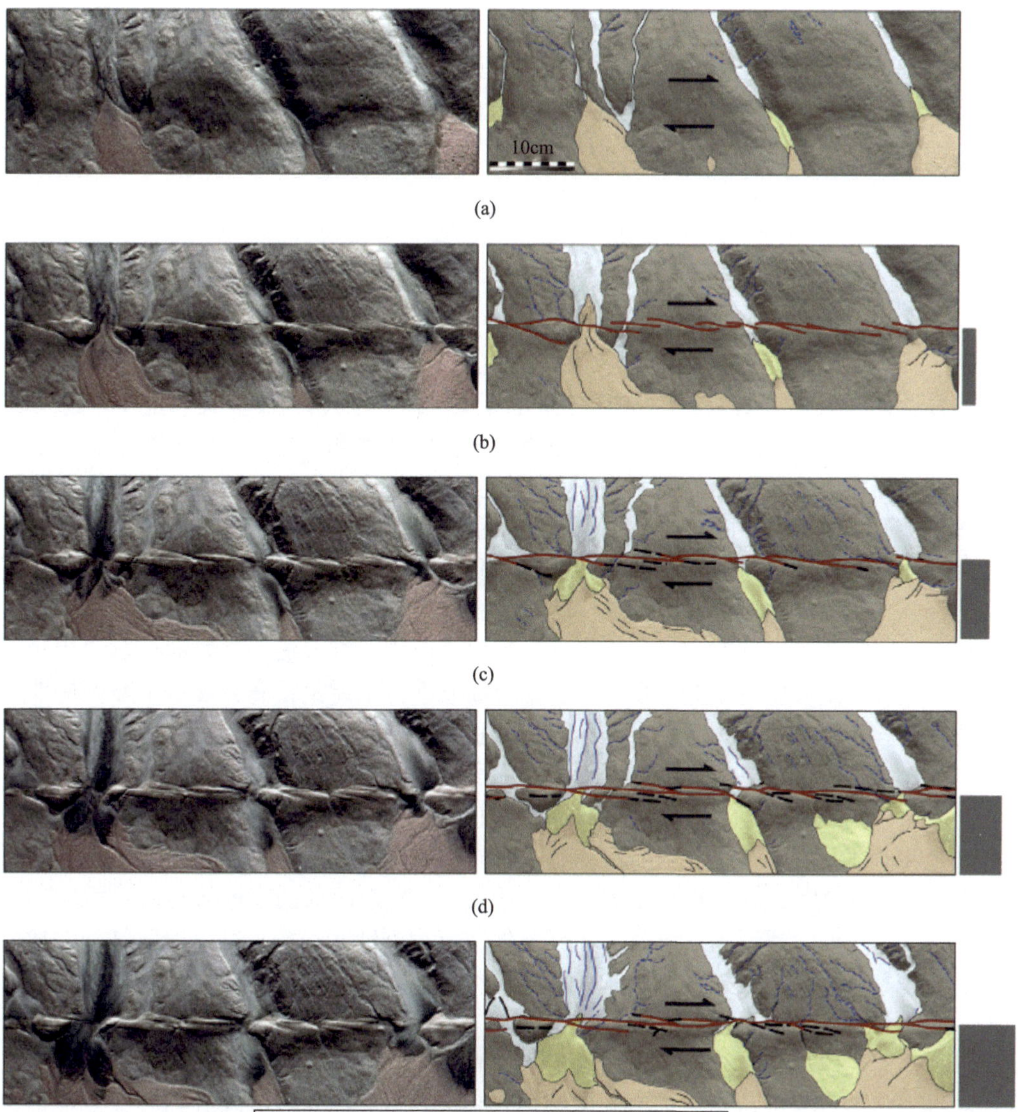

(a)

(b)

(c)

(d)

(e)

图6-1　走滑断裂变形过程的地貌演化跟踪监测（Graveleau et al，2015）

③ 人工智能技术的快速发展，或许会促进物理模拟技术分析精度和可靠性的提升。

通过以上方法的应用，将为构造剥蚀、转换带或汇聚区域的物质加载机理提供重要的构造物理学证据。

6.3.3 模拟技术仍需解决的科学问题

未来，加强构造变形的动力学研究需要关注以下几方面：

① 褶皱-冲断带基底的内聚力影响；

② 逆冲断层是否一定比铲式断层需要的基底摩擦强度大；

③ 不同单元中剪切带倾角是否存在相关性；

④ 哪些因素和过程控制逆冲板片的长度及其均衡作用；

⑤ 模型复杂性尽量能够再现自然构造的变形特征。

尽管物理模拟技术具有强劲的发展趋势，但针对逆冲断裂的倾角、逆冲断裂的数量、断裂之间的间距等判断上，还需要提高模型材料及其分辨率，才能更好地解决科学问题。

6.4 总结

本书褶皱-冲断带摩擦属性对构造变形演化影响的系列物理模拟成果是作者近10年工作的总结，也是对国内外同行在该领域所做工作的归纳和消化，是作者在葡萄牙里斯本大学科学院博士后研究工作期间做了100余组相关实验工作的归纳、提升和发展。前人为该领域开展的工作为本研究和撰写本书奠定了坚实的基础。侧向摩擦、基底摩擦和内摩擦等摩擦属性是研究褶皱-冲断带变形演化十分重要的方面，是构造物理学发展的重要领域，摩擦属性可以影响褶皱-冲断带的变形特征、运动学过程，以及动力学来源的判断，同时摩擦属性对褶皱-冲断带内部的变形样式具有极为重要的控制作用和影响。本研究的大量实验对褶皱-冲断带的变形细节进行了讨论，充分展示了摩擦属性对变形的影响。开展该项系统研究工作，对指导板块构造变形及资源勘探的理解具有促进作用，可为相关科研人员进行系统深入研究提供借鉴。

侧向摩擦对变形的研究尽管起步较晚，但是侧向与基底的摩擦比对变形演化的控制也许是将来发展的一个重要方向。侧向摩擦影响构造带两侧的形态，形成了常见的弧形褶皱-冲断带。如没有侧向摩擦作用，褶皱-冲断带内部的变形将与构造主应力的方向垂直，这是毋庸置疑的。对此，边界条件、沉积剥蚀、构造抬升、地层结构、地层流变学结构等一系列的变形控制因素将会影响褶皱-冲断带内部的应力及应变的扩展和分布。

基底摩擦属性的研究已经有很久的历史，在20世纪的80年代比较热烈。发展至今，尽管取得了很多重要的认识，如基底摩擦属性控制褶皱-冲断带的隆升幅度、变形带宽度和地貌倾角等，但针对基底摩擦属性与其他相关控制因素结合进行的系统测试仍然十分欠缺。本书对基底摩擦作用相关的物理模拟实验工作的总结，对系统认识基底摩擦对褶皱-冲断带的变形和演化、前陆盆地的发展和造山带重建过程等具有重要的指示意义。但是自然界的构造变形过程十分复杂，当前的研究仍然不足，仍然需要继续在该领域开展系统深入的研究。

内摩擦的研究在本书中的介绍相对薄弱，很多成果仍然基于前人的物理模拟分析，当前的研究工作仍然比较欠缺，有待后续加强该领域的研究。

尽管本书存在一定的缺陷，但本书为褶皱-冲断带摩擦属性对构造变形演化的影响所做的大量物理模拟工作，对褶皱-冲带的形成机制、演化过程和动力学特征的深入理解，以及块体构造变形对油气、煤、金属矿产等分布特征及其分布规律的相关影响和控制的认识提供了构造物理学证据，研究工作具有十分重要的价值。同时，物理模拟技术仍然是研究褶皱-冲断带的首选工具，因为它的发展比较成熟。相比较而言，数值模拟技术在褶皱-冲断带的模拟分析中应用较晚，还需要进一步完善（Butler，2020）。充分发挥模拟技术的优势，将物理模拟和数值模拟结合，是未来解决褶皱-冲断带构造变形科学问题的关键，也是重要的发展方向。

参考文献

Buiter S J H，2012. A review of brittle compressional wedge models. Tectonophysics，530-531：1-17.

Bonini M，2007. Deformation patterns and structural vergence in brittle-ductile thrust wedges：An additional analogue modelling perspective. Journal of Structural Geology，29：141-158.

Butler R W H，Bond C E，Cooper M A，2020. Henry Cadell's "Experimental researches in mountain building"：their lessons for interpreting thrust systems and fold–thrust structure. Geological Society，London，Special Publications，490：9-13.

Costaa E，Vendeville B C，2022. Experimental insights on the geometry and kinematics of fold-and-thrust belts above weak，viscous evaporitic decollement. Journal of Structural Geology，24：1729-1739.

Davis D，Suppe J，Dahlen F，1983. Mechenics of fold and thrust belts and acceretionary wedges. Journal of Geophysical Research，88：1153-1172.

Graveleau F，Strak V，Dominguez S C，et al，2015. Experimental modelling of tectonics-erosion-sedimentation interactions in compressional，extensional，and strike–slip settings. Geomorphology，244：146-168.

Graveleau F，Malavieille J，Dominguez S，2012. Experimental modelling of orogenic wedges：A review. Tectonophysics，538-540：1-66.

He W G，Yu Y X，Luo Y，et al，2023. Effects of friction properties and rheological structures on the deformation patterns and evolution of fold-and-thrust belts：New insights from analogue modeling. Journal of Structural Geology，173：104904.

Liu H Q，McClay K，Powell D，1992. Physical models of thrust wedges// McClay K. Thrust tectonics. Dordrecht：Springer：71-81.

Schreurs G，Buiter S J H，Boutelier J，et al，2016. Benchmarking analogue models of brittle thrust wedges. Journal of Structural Geology，92：116-139.

Souloumiac P，Maillot B，Leroy Y M，2012. Bias due to side wall friction in sand box experiments. Journal of Structural Geology，35：90-101.

Zhou J X，Zhang B，Xu Q，2016. Effects of lateral friction on the structural evolution of fold-and-thrust belts：Insights from sandbox experiments with implications for the origin of landward-vergent thrust wedges in Cascadia. Geological Society of America Bulletin，128：669-683.

Zhou C，Zhou J X，2022. Relationship Between Lateral/Basal Shear Stress Ratio and Structural Vergence of Thrust Wedges：Results from Analogue Modeling and Implications for the Origin of Eastern Sichuan–Xuefeng Fold-Thrust Belt in South China. Tectonic，41（3）：e2021TC007035.